TURING 图灵程序设计丛书

U0739122

The Well-Grounded
Java Developer

Second Edition

Java

程序员
修炼之道

（第2版）

[英]本杰明・J. 埃文斯（Benjamin J. Evans）

[美]杰森・克拉克（Jason Clark） 著

[荷]马丁・韦尔伯格（Martijn Verburg）

陈德伟 陆明刚 译

人民邮电出版社

北 京

图书在版编目（CIP）数据

Java 程序员修炼之道 /（英）本杰明·J. 埃文斯
(Benjamin J. Evans)，（美）杰森·克拉克
(Jason Clark)，（荷）马丁·韦尔伯格
(Martijn Verburg) 著；陈德伟，陆明刚译. -- 2 版.
北京：人民邮电出版社，2025. --（图灵程序设计丛书
）. -- ISBN 978-7-115-66232-3

Ⅰ. TP312.8

中国国家版本馆 CIP 数据核字第 2025LY9405 号

内 容 提 要

《Java 程序员修炼之道（第 2 版）》是为有志成为卓越 Java 开发者的人编写的实用指南。相比于第 1 版，第 2 版扩展了内容，深入探讨了 Java 8、11 及更高版本的特性。本书不仅覆盖了 Java 语言本身的新特性，还引入了与现代开发实践息息相关的主题，包括函数式编程、并发、多语言编程及容器化部署等。本书的核心目标是帮助开发者建立扎实的基础，掌握 Java 语言和 JVM 平台的深层知识，同时引导读者了解 Java 生态中的非 Java 语言，如 Kotlin 和 Clojure。通过对 Java 语言核心原理的学习，读者将掌握如何高效地使用 Java，如何应对日益复杂的开发环境，并理解平台的未来演化方向。

◆ 著　　　[英] 本杰明·J. 埃文斯（Benjamin J. Evans）
　　　　　[美] 杰森·克拉克（Jason Clark）
　　　　　[荷] 马丁·韦尔伯格（Martijn Verburg）
　　译　　　陈德伟　陆明刚
　　责任编辑　武芮欣
　　责任印制　胡　南

◆ 人民邮电出版社出版发行　　北京市丰台区成寿寺路 11 号
　　邮编　100164　　电子邮件　315@ptpress.com.cn
　　网址　https://www.ptpress.com.cn
　　固安县铭成印刷有限公司印刷

◆ 开本：800×1000　1/16
　　印张：37　　　　　　　　　　　2025 年 6 月第 2 版
　　字数：874 千字　　　　　　　　2025 年 6 月河北第 1 次印刷
　　　　著作权合同登记号　图字：01-2022-6583 号

定价：159.80 元

读者服务热线：(010)84084456-6009　印装质量热线：(010)81055316
反盗版热线：(010)81055315

对第 1 版的赞誉

这本书站在 Java 开发的前沿，帮助你学习 Java 7 及下一代编程语言。

——Paul Benedict

Corporate Personnel & Associates 公司

要想了解 Java 7 的新特性，推荐购买这本书，你可以随时翻阅以获取 Java 专家的经验。

——Stephen Harrison

FirstFuel Software 公司

这本书汇集了 JVM 平台的知识精华。

——Rick Wagner

红帽公司（Red Hat）

这本书告诉你如何成为一名基础扎实的 Java 开发者，以及如何保持专业水平。

——Heinz Kabutz

The Java Specialists' Newsletter 创始人

序

基础扎实（well-grounded）？《韦氏词典》将"well-grounded"定义为"有扎实的基础"，我喜欢这个定义。我们希望自己能在 Java 领域有扎实的基础——只有知道很多实用知识，才能称自己为 Java 专家。本书在 *Effective Java* 的基础上进一步探讨了相关主题。

这本书的第 1 版非常棒，它为我们介绍了 Java 7 里所有需要知道的知识。这听起来就像是很久以前的事。Java 7 属于另一个时代，当时 Java 至少每 3 年才会添加一些新特性。那时候，我们可以轻易地区分 Java 的不同版本：Java 5，泛型和枚举；Java 7，try-with-resources；Java 8，流和 lambda。当 Oracle 公司开始实施 6 个月的发布周期后，这种舒适、轻松的日子就结束了。记录（record）这个特性是在 Java 14、Java 15 还是 Java 17 中添加的？增强型 switch 在 Java 11 中就已经有了？

对于那些在有冒险精神的公司里工作的程序员来说，发布周期短是非常合适的。每 6 个月他们就会得到一些新的"玩具"，甚至可以尝试一些还没有正式发布的预览特性。这么多的新特性对程序员来说太棒了，但对作者来说就不是那么友好了。墨水还没干，一个新特性的发布就可能使一堆东西过时。

这本书的基本前提仍然保持不变，用我的话来说就是："如果想聘请一名专业的 Java 程序员，你希望他知道什么？他需要什么技能来证明自己基础扎实？"

尽管 Java 有着 6 个月一次的发布节奏，但这本书的第 2 版仍尽可能地保证知识点是最新的。同时，作者并没有一股脑儿地把所有新特性"扔"给读者。严峻的现实是，大多数企业仍然使用旧版本的 Java。即使 Java 18 已经发布，许多银行、保险公司和政府部门仍在使用 Java 8。

和第 1 版相比，第 2 版新增了 200 多页（这里指英文版），相当多的章节有了全新的内容。一些书的新版本并不会使旧版本很快过时，这本书就是这样。因此很长一段时间内，在专业的 Java 程序员的书架上，这本书的两个版本都应该有。

Ben、Jason 和 Martijn 都是 Java 领域的专家。他们分别在红帽公司（Red Hat）、New Relic 公司和微软公司担任高级职位。他们的集体智慧将极大地帮助我们提升技术水平。这本书将帮助我们发现可以改进的不足之处。通过足够的积累，我们将最终能够称自己为基础扎实的 Java 程序员。

Heinz Kabutz

The Java Specialists' Newsletter 创始人

前　言

本书的第 1 版源于一套培训笔记，是为银行外汇部门刚毕业的开发人员编写的。我们中的一个人（Ben）看了看市面上已有的书，发现并没有针对想进阶的 Java 开发人员的新书。在编写该培训笔记的过程中，他意识到自己其实就是在编写那本缺失的书，于是就邀请 Martijn 帮忙一起创作。

编写第 1 版是十多年前的事了，当时 Java 7 还在开发中，如今的技术已经发展得大不相同。作为回应，相比第 1 版，第 2 版有了重大变化。我们最初的主要目标是介绍如下主题：

- ❑ 多语言编程；
- ❑ 依赖注入；
- ❑ 多线程编程；
- ❑ 完善的构建和持续集成实践；
- ❑ Java 7 的新特性。

而当写第 2 版时，我们发现需要做一些改变，包括：

- ❑ 减少一些关于多语言编程的内容；
- ❑ 新增有关函数式编程的内容；
- ❑ 加强对多线程的讨论；
- ❑ 对构建和部署（包括容器）的相关内容进行调整；
- ❑ 讨论 Java 11 和 Java 17 的新特性。

一个非常重要的变化是，第 1 版将 Scala 作为所讨论的 3 种非 Java 语言之一（其他两种是 Groovy 和 Clojure —— 在我们写作时 Kotlin 尚不存在）。那时，许多探索 Scala 的开发人员其实是在寻找 "更好的 Java"（Java, but a better mousetrap）。这本质上是我们在第 1 版中提出的对 Scala 的看法。

然而自那时起，局面发生了变化。Java 8 和 Java 11 占据了主导地位，那些追求 "更好的 Java" 的开发人员大多转向了 Kotlin（或继续使用 Java）。与此同时，Scala 成了一种优先支持函数式编程、非常强大的静态类型 JVM 语言。Scala 的这种发展趋势对那些喜欢它的人来说很好，但同时伴随着一些代价，例如运行时越来越复杂，以及随着时间的推移，Scala 与 Java 的共同点越来越少。

这种发展有时被简称为 "Scala 想成为 JVM 上的 Haskell"，这并不完全准确。因此，在决定从第 2 版中删除 Groovy 之后，我们花了相当长的时间认真考虑是保留 Scala，还是用 Kotlin 取代它。

我们最终的结论是，Scala 正朝着自己的函数式编程优先的方向发展，而我们希望为刚接触非 Java 语言（如 Kotlin）的 Java 开发人员提供一种更容易上手的语言。这让我们进退两难。Scala 中易于被 Java 开发人员理解的部分与 Kotlin 非常相似（在某些情况下两者的语法几乎相同），但这两种语言的理念和发展方向完全不同。如果要足够深入地解释 Scala 是什么（这样讲解，内容才能与 Kotlin 不同），那么必然会占用本书太大的篇幅。

因此，我们最终决定将非 Java 语言从三种减少到两种，以腾出篇幅来深入讲解这两种语言（Kotlin 和 Clojure）。出于这个原因，尽管偶尔会评论一下 Scala，但我们不会将整节（更不用说整章）的篇幅都用在这方面。

与 Kotlin 或 Java 相比，Clojure 很不一样。实际上，Clojure 是一种截然不同的语言。举例来说，我们在编写第 15 章时遇到了一些困难，这是因为 Clojure 的很多概念（比如高阶函数和递归）已经在其他语言中介绍过，而且这些概念只是 Clojure 中的"一部分"。这一章的讨论没有遵循 Java 和 Kotlin 里的模式，而是朝着不同的方向进行的。Clojure 从根本上来说是一种更加面向函数的语言。如果我们写作时遵循与其他语言完全相同的结构，那么最终只会导致很多内容重复。

软件开发也是一种社交活动，我们希望这一主题在本书中被清晰地表达出来。我们认为，软件开发的技术方面很重要，但人与人之间微妙的沟通和互动同样重要。在一本书中，很难解释这些内容，但这个主题会贯穿始终。

对技术的深度参与和持续学习的热情是开发人员保持自己的职业生涯活力的关键。在本书中，我们希望能够突出一些可以点燃这种热情的主题。这是一次观光之旅，而不是百科全书式的研究，但这正是本书的目的——引导你开始探索，然后让你自行跟进那些能激发你想象力的话题。

从新版 Java 的最新特性，到现代软件开发的最佳实践，再到对平台未来的展望，我们都做了讲解。在此过程中，我们还展示了 Java 技术人员在职业生涯中遇到的一些精彩内容。

并发、性能、字节码和类加载是最让我们着迷的一些核心内容。此外，我们还讨论了在 JVM 上可用的新的非 Java 语言，原因有两个：

- 非 Java 语言在整个 Java 生态系统中的重要性日益提升；
- 不管你使用哪种语言，了解不同语言带来的不同观点，都能让你成为一名更加全面的程序员。

最重要的是，这是一场具有前瞻性的旅程，我们优先关注你和你的兴趣。我们认为，成为一名基础扎实的 Java 开发人员有助于你持续参与开发，掌控自己的开发过程，并能更多地了解不断变化的 Java 世界和围绕 Java 的生态系统。我们希望本书中经过精心提炼的经验对你来说既实用又有趣，读起来不仅引人深思，而且令人愉悦。本书的写作过程也是这样的！

致　谢

我们要感谢以下人员对本书的贡献：负责开发编辑工作的 Elesha Hyde，负责技术审校工作的 Jonathon Thoms，和我们详细讨论了类加载过程的 Alex Buckley。还有 Heinz Kabutz，他不仅提供了很多关于并发内容的建议，还写了一篇精彩的序言，甚至连公关工作都帮我们做了一些；Holly Cummins 启发我们编写了本书第 1 版，还持续提供务实的建议；Bruce Durling 和我们讨论了有关 Clojure 的内容；Dan Heidinga 为我们详细说明了 Valhalla 项目的现状；Piotr Jagielski、Louis Jacomet、József Bartók 和 Tom Tresansky 更正了一些关于 Gradle 工作原理的细节内容；Andrew Binstock 仔细阅读了几章内容，并一如既往地提供了出色的建议。

我们还要感谢 Manning 的工作人员：审稿编辑 Mihaela Batinić、技术审稿人 Michael Haller、项目编辑 Deirdre Hiam、文字编辑 Pamela Hunt，以及校对员 Jason Everett。还要感谢其他审阅者，包括 Adam Koch、Alain Lompo、Alex Gout、Andres Sacco、Andy Keffalas、Anshuman Purohit、Ashley Eatly、Christian Thoudahl、Christopher Kardell、Claudia Maderthaner、Conor Redmond、Irfan Ullah 博士、Eddú Meléndez Gonzales、Ezra Simeloff、George Thomas、Gilberto Taccari、Hugo da Silva Possani、Igor Karp、Jared Duncan、Javid Asgarov、Jean-François Morin、Jerome Meyer、Kent R. Spillner、Kimberly L Winston-Jackson、Konstantin Eremin、Matt Deimel、Michael Haller、Michael Wall、Mikhail Kovalev、Patricia Gee、Ramanan Natarajan、Raphael Villela、Satej Kumar Sahu、Sergio Edgar Martínez Pacheco 和 Simona Ruso，你们的建议提升了本书的质量。

来自 Jason 的致谢

这些年来我要感谢的人有很多。

感谢 Nimmo 女士，感谢您在中学英语课上给我写的那些愚蠢的小故事加分，您的鼓励让我走上了终身写作之路。

感谢我的母亲，感谢您对阅读的热爱，我很高兴自己继承了这一点。

感谢我的父亲，感谢您与我分享了自己对计算机的热爱，这不仅让我从事了现在的职业，还让我有机会将这份快乐分享给他人。

感谢 Ben，首先感谢你我之间的友谊，我被你对 JVM 的好奇心和热情深深吸引了，并因此也深入了解了 JVM。当然，还要感谢你邀请我参与《Java 程序员修炼之道（第 2 版）》的撰写。写作的工作量超出了我们的预期，但我们最终写就了一本更好的书！

最后，感谢我的妻子 Amber、我的孩子 Coraline 和 Asher。在这美妙而奇特的写书过程中，你们始终给予我爱与支持。

来自 Martijn 的致谢

首先，感谢 Ben 和 Jason 邀请我参与《Java 程序员修炼之道（第 2 版）》的撰写。与你们相比，我的贡献微不足道，但你们仍然慷慨地坚持将我的名字放在封面上。

感谢 Kerry，在过去十余年的风风雨雨里，你给予了我巨大的支持。每当我说"这次只是稍微修改一下，我保证!"时，你总是以微笑回应。

感谢 Hunter，你对生活的热情触动了我，让我回想起自己最初为何会选择编程这一充满创意与乐趣的领域。希望你无论走什么路都能收获同样的快乐。

感谢微软公司的 Java 工程组、Eclipse Adoptium 社区、伦敦 Java 社区、Java Champions 社区，以及许多其他无法一一列举的朋友。你们时时激励着我，让我每天都有新的收获，每次交流结束时我就知道自己又有许多新知识要学了。

来自 Ben 的致谢

感谢我的父母 Martin 和 Sue，感谢他们坚定不移地相信我会走出一条属于自己、少有人走的路。

感谢我的妻子 Anna，感谢她创作的插图、她的艺术视角，以及在本书撰写过程中的不懈支持和理解。

感谢 Marianito，在本书撰写过程中，他发现开着的笔记本计算机提供了一个绝妙的温暖之地，可以让他睡个好觉。

感谢 Joselito，他对为什么我会坐在那里，如此着迷于一块屏幕感到好奇，而这块屏幕远没有另一个房间里播放着宇宙飞船和爆炸场面的屏幕来得有趣。这种好奇让他克服了自己对屏幕的恐惧。

关于本书

谁应该阅读本书

欢迎来到《Java 程序员修炼之道（第 2 版）》的世界。本书旨在将你培养成能适应未来 10 年发展的 Java 开发者，重新点燃你对 Java 语言和平台的热情。在阅读过程中，你将发现新的 Java 特性，熟悉现代软件开发技术（如测试驱动开发和基于容器的部署），并开始探索 JVM 上的非 Java 语言。

首先，让我们阅读一下 James Iry 在其精彩的博客文章《既不完整也不怎么正确的编程语言简史》中对 Java 语言的描述。

> 1996 年，James Gosling 发明了 Java。Java 是一种相对冗长、垃圾自动回收、基于类、静态类型、单一分派的面向对象语言，具有单一实现继承和多重接口继承。Sun 公司曾大力宣传 Java 的创新之处。

虽然这里对 Java 的介绍主要是为了给后面的"调侃"埋下伏笔——在介绍 C# 时，他使用了同样的描述，但这里对 Java 的评价并不低。完整的博文包含了许多精彩内容，非常值得你在闲暇时阅读。

确实，我们面对着一个非常现实的问题：为什么我们还在谈论一门已经有近 30 年历史的语言？难道它不应该很稳定，已经没什么新鲜或有趣的内容可供讨论了吗？

如果情况真是这样，那本书的篇幅就会很短。我们之所以还在讨论 Java，是因为 Java 最大的优势就是其核心设计决策，而这些决策已被证明十分成功。

- ❑ 自动管理运行时环境（如垃圾回收、即时编译）；
- ❑ 简单的语法和相对较少的核心概念；
- ❑ 对语言演变采取保守的态度；
- ❑ 在语言库中增加新功能和新的复杂性；
- ❑ 广泛的开放生态系统。

这些设计决策推动了 Java 世界的创新——Java 的核心概念简单明了，这降低了人们加入开发者社区的门槛；广泛的生态系统使新手能够轻松找到符合自己需求的既存组件。这些特点使得 Java 平台和语言保持强大且充满活力，尽管该语言传统上被认为变革缓慢。事实证明，Java 的强一致性与渐进式演变赢得了许多软件开发者的青睐。

如何使用本书

本书的内容最好从头到尾阅读，但我们理解一些读者可能希望直接阅读特定主题，所以本书也尽量满足这种阅读风格。我们坚信动手学习，因此建议读者在阅读时尝试书中提供的示例代码。下面就为那些偏好阅读独立章节的读者介绍如何使用本书。

《Java 程序员修炼之道（第 2 版）》分为以下 5 个部分：

- ❑ 从 Java 8 到 Java 11 及更高版本；
- ❑ 内部原理；
- ❑ JVM 上的多语言编程；
- ❑ 构建和运行 Java 应用；
- ❑ Java 世界的前沿展望。

第一部分（第 1~3 章）将讲解 Java 最新版本的内容。本书整体上基于 Java 11 的语法和语义，如果用到了更新版本的语法和语义，将会特别指出。

第二部分（第 4~7 章）将介绍一些内部原理。艺术界有一句老话："想要打破规则，首先要了解规则。"这几章将概述如何先遵循然后打破 Java 编程语言的规则。

第三部分（第 8~10 章）将介绍 JVM 上的多语言编程。第 8 章是必读内容，因为它讨论了 JVM 语言的分类和使用，为后续内容奠定了基础。

接下来的两章将介绍一门类似 Java、支持面向对象编程和函数式编程的语言（Kotlin），以及一门真正的函数式编程语言（Clojure）。这两章可以单独阅读，但对函数式编程不熟悉的读者最好按顺序阅读。

第四部分（第 11~14 章）将介绍现代项目中的构建、部署和测试，并假设读者至少对单元测试有基本的理解，此处我们将使用 JUnit 进行演示。

第五部分（第 15~18 章）将在之前介绍过的主题的基础上进行更深入的探讨，内容涉及函数式编程、并发和平台内部原理。尽管这些章可以单独阅读，但在某些地方，我们假设你已阅读前面的内容或熟悉这些主题。

本书的目标读者是那些希望丰富语言知识、更新平台知识的 Java 开发者。如果你想了解现代 Java 的相关内容，本书就是为你准备的。

如果你想提高在函数式编程、并发和高级测试等方面的技巧，加深对它们的理解，本书将为你打下良好的基础。如果你对非 Java 语言的学习感到好奇，想拓宽自己的视野，成为更全面的程序员，本书也很适合你。

关于代码

你需要下载和安装 Java 17（或 Java 11），按照相应操作系统进行下载和安装即可。你可以在常用的 Java 供应商网站或 Eclipse 基金会创立的 Adoptium 项目中找到相应的二进制文件和安装说明。

Java 11（和 Java 17）可以在 macOS、Windows、Linux，以及几乎其他所有现代操作系统和硬件平台上运行。

注意　如果你想进一步了解有关 Java 许可的内容，可查看附录 A，其中有详细的介绍。

本书展示了许多代码，既有编号的代码清单，也有放在普通文本中的代码。在这两种情况下，源代码采用等宽字体，以与普通文本区分开来。

在大多数情况下，我们重新格式化了源代码，添加了换行符并重新调整了缩进，以适应纸质书的版面空间。此外，如果正文中有描述代码含义的语句，代码中的注释就从示例中移除了。许多代码示例带有注释，以突出重要概念。

你可以在图灵社区（**iTuring.cn**）搜索本书书名，本书主页有代码的下载入口，你也可以访问 Manning 网站下载本书代码。

大多数读者可能希望在 IDE 中尝试运行代码示例。对于 Java 11、Java 17、Kotlin 和 Clojure 的最新版本，主流的 IDE 均能提供良好的支持：

- Eclipse IDE；
- IntelliJ IDEA 社区版（或终极版）；
- Apache NetBeans。

关于封面

《Java 程序员修炼之道（第 2 版）》封面上的插图名为"卖花姑娘"，取自 Sylvain Maréchal 于 19 世纪出版的地区服饰习俗汇编，该书在法国出版发行。在那个时代，通过人们的着装可以轻松辨别他们的居住地、职业或社会地位。Manning 使用几个世纪前丰富多彩的地区文化插图作为图书封面，以此赞颂计算机行业的创造力和主动性，并通过这些历史插图的封面使过去的文化重新焕发活力，进入现代读者的视野。

目　录

第五部分　Java世界的前沿展望

Part 1

从 Java 8 到 Java 17 及更高版本

本书的前 3 章主要讨论从 Java 8 到 Java 17 的一些重要变化。第 1 章概述了 Java 11 的一些可提升开发人员开发体验的功能。从 Java 8 开始，Java 生态系统和发布周期已经发生了巨大的变化，这一章会讲到这些变化，并讨论这些变化对开发人员意味着什么。这些变化包括：

- □ var 关键字；
- □ 集合的工厂方法；
- □ 支持 HTTP/2 的全新 HttpClient 实现；
- □ 单文件源代码程序。

之后，我们将深入学习多年来 Java 领域发生的重大变化之———引入完整的模块系统。我们将了解 Java 发生这种巨大变化的必要性。模块系统经过精心设计，可以被逐步引入我们的项目里。随着逐步深入理解模块概念，我们将知道如何在自己的应用程序和库中利用这一系统。

在新的发布周期下，Java 17 汇集了一些重要的新特性，它们包括：

- □ 文本块；
- □ switch 表达式；
- □ 记录类型；
- □ 密封类型。

第一部分结束时，我们会很自然地用 Java 17 的方式来思考问题和编写代码。我们在后续章节中还会用到 Java 17 的新特性，所以你还有机会温习这些新知识。

## 第 1 章

现代 Java 介绍 1

本章重点
- ❑ Java 语言和 Java 平台
- ❑ Java 的新发布模型
- ❑ 类型推断增强（var 关键字）
- ❑ 孵化特性和预览特性
- ❑ 语言更改
- ❑ Java 11 中的小变更

欢迎进入新的 Java 世界！这是一个激动人心的时刻。作为最新的长期支持（LTS）版本，Java 17 已经于 2021 年 9 月发布，并且被许多勇于探索的团队采用。

在撰写本书时，除了一些新版本试用，Java 11（于 2018 年 9 月发布）和更早的 Java 8（于 2014 年发布）被采用的比例情况差不多。Java 11 提供了很多值得推荐的特性，特别是对于正在进行云端部署的团队而言，不过其采纳速度在某些团队中略显缓慢。

因此，在本书的第一部分，我们将介绍 Java 11 和 Java 17 中的一些新特性。希望这个讨论能说服一些不愿意升级到 Java 11 或 Java 17 的团队和经理。而对于那些在 Java 8 中就已经存在的功能，它们在新版本中用起来比以往任何时候都方便。

本章的重点将放在 Java 11 上，因为它是市场份额占比最大的 LTS 版本，而且 Java 17 还没有被全面采用。不过，在第 3 章，我们将介绍 Java 17 的新特性，让读者始终能了解到最新的情况。

下面让我们先讨论一下 Java 作为语言和平台的二元性，这是现代 Java 的核心。这个知识点将贯穿全书，是一个必须掌握的基本要点。

1.1 Java 语言和 Java 平台

作为术语，Java 可以指代好几个相关的概念。一般来说，人们用它来指代编写可读代码的编程语言或更广泛的 "Java 平台"。

然而，不同的作者对语言和平台的构成会有不同的定义，这让人们有时不太清楚两者的区别，分不清代码里使用的编程特性是来自语言还是平台。

因为本书的大部分内容需要你理解两者的区别，所以这里需要说明一下。下面是我们给出的定义。

- **Java 语言**：在"关于本书"中，我们提到 Java 语言是一种面向对象的静态类型语言，不少读者应该已经对这种说法非常熟悉了。Java 语言还有一个非常明显的特点：它是（或者应该是）人类可读的。
- **Java 平台**：平台是提供运行时环境的软件。Java 虚拟机（JVM）负责把类文件形式的代码（人类不可读）链接起来并执行。JVM 不能直接解释 Java 语言的源文件，你要先把源文件转换成类文件。

作为软件系统，Java 成功的一个重要原因在于它是一个标准。它有明确的规范来描述其应有的工作方式。标准化允许不同的供应商和项目组有自己的实现，只要这些实现在理论上能以相同的方式运行。规范并不能保证不同的实现在处理相同的任务时表现一致，但它们可以保证结果的正确性。

控制 Java 系统的规范有多种，其中最重要的是 Java 语言规范（Java Language Specification，JLS）和 JVM 规范（JVM Specification，VMSpec）。现代 Java 非常重视这种分离。事实上，JVM 规范已经不再直接引用 Java 语言规范。接下来，我们将更加深入地讨论两者的差异。

注意　如今，JVM 实际上是一个非常通用且与语言无关的程序运行环境。这是规范分离的原因之一。

面对上面所描述的二元性，你自然想问：它们之间还有什么关联吗？如果它们如此泾渭分明，那又是如何共同形成 Java 系统的呢？

语言和平台通过共享类文件格式（.class 文件）的定义来建立联系。认真研究类文件定义会让你受益匪浅（我们将在第 4 章中提供一个示例）。事实上，这正是优秀 Java 程序员进阶为卓越程序员的方法之一。在图 1-1 中，我们可以看到 Java 代码生成和使用的完整过程。

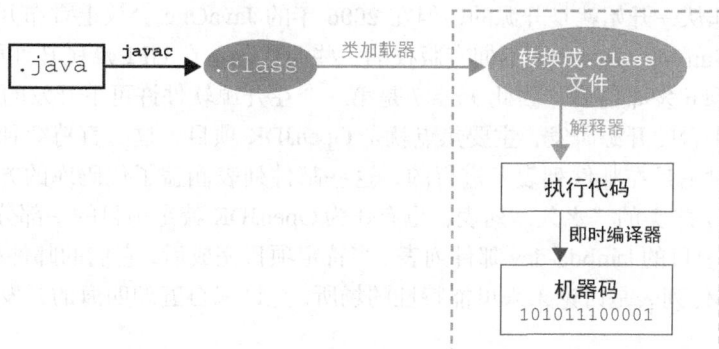

图 1-1　Java 源代码被转换为 .class 文件

如图 1-1 所示，Java 代码一开始是可读的源代码，然后由 javac 编译成 .class 文件并加载到

JVM 中。在加载过程中对 .class 文件进行操作和更改是很常见的。许多流行的 Java 框架在类加载时会对类文件进行改造并注入动态行为，例如进行代码监测或查找替换 Java 类。

> **注意**　类加载是 Java 平台的一个基本特性，我们将在第 4 章对它进行详细讲解。

Java 是编译型语言还是解释型语言？Java 源代码先被编译成 .class 文件然后在 JVM 上运行，这是人们对 Java 的标准看法。如果进一步问，许多开发人员还知道字节码最开始由 JVM 解释，但稍后会进行即时编译。继续问的话，许多人对字节码的理解就很模糊了，认为它是机器码，运行在想象中或简化的 CPU 里。

事实上，JVM 字节码处于人类可读源代码和机器码的中间地带。在编译原理的技术术语中，字节码实际上是一种中间语言，而不是实际的机器码。这意味着将 Java 源代码转换为字节码的过程在 C++ 程序员或 Go 程序员看来并不是真正的编译，并且 javac 也不是与 gcc 意义相同的编译器，它实际上是一个 Java 源代码的类文件生成器。Java 生态系统中真正的编译器是如图 1-1 中的即时编译器。

有人将 Java 系统描述为"动态编译"。这强调重要的编译是运行时的即时编译，而不是在构建过程中生成类文件。

> **注意**　源代码编译器 javac 的存在导致许多开发人员将 Java 视为一种静态的编译语言。其实在运行时，Java 环境实际上是非常动态的——它只是将其隐藏在了表面之下。

那么，关于"Java 是编译型语言还是解释型语言"这一问题，真正的答案是什么？你可以回答"都是"。现在我们已经把语言和平台的区别解释清楚了，下面我们继续讨论 Java 的新发布模型。

1.2　Java 的新发布模型

Java 语言并非从一开始就是开源的，但在 2006 年的 JavaOne 会议上宣布开源后，Java 本身的源代码（除去 Sun Microsystems 不拥有版权的一些源代码）在 GPLv2+CE 许可下进行了发布。

当时正值 Java 6 发布前后，因此 Java 7 是第一个在开源软件许可下开发的 Java 版本。从那时起，对于 Java 平台的开源研发，主要焦点就是 OpenJDK 项目，这一直持续到了今天。

许多项目的讨论是在邮件列表上进行的，这些邮件列表涵盖了代码库的方方面面。有诸如 core-libs（核心库）之类的"永久"列表，也有作为 OpenJDK 特定项目的一部分而形成的临时列表，例如 lambdas 项目的 lambda-dev 邮件列表。当特定项目完成后，它们的邮件列表就不再活跃。总的来说，这些邮件列表是讨论未来可能特性的场所，允许来自五湖四海的开发人员参与 Java 新版本的开发。

> **注意**　Sun Microsystems 在 Java 7 发布前不久被 Oracle 收购。因此，Oracle 的所有 Java 版本都是基于开源代码库的。

　　Java 的开源版本使用了一个特性驱动的发布周期，其中单个主要特性定义了整个版本（例如，Java 8 的 lambda 或 Java 9 的模块）。

　　然而，随着 Java 9 的发布，Java 的发布模型发生了变化。从 Java 10 开始，Oracle 决定 Java 将按照严格的、基于时间的模型来发布。这意味着 OpenJDK 现在使用的是主干开发模式，其中包括以下内容：

- 新特性在分支上开发，只有当代码完成时才合并到主干上；
- 发布按严格的时间节奏进行；
- 特性延迟不会导致发布延迟，延迟的特性会保留到下一个版本；
- （理论上）主干上的当前最新代码应该始终是可发布的；
- 如有必要，可以随时推出紧急修复版本；
- 通过单独的 OpenJDK 项目来探索和研究更长期的未来方向。

　　Java 的新版本每 6 个月发布一次，各供应商（Oracle、Eclipse Adoptium、Amazon、Azul 等）可以选择将其中任何一个版本设为 LTS 版本。不过在实践中，所有供应商都遵循相同的策略，即每 3 年发布一个 LTS 版本。

注意　在 2021 年底，大家都在讨论是否将 LTS 版本的发布频率从 3 年缩短为两年。因此下一个 LTS 版本可能是 2023 年发布的 Java 21，而不是 2024 年的 Java 23。

　　Java 8 以后的第一个 LTS 版本是 Java 11。Oracle 的原本意图是让 Java 社区定期升级并在功能发布时采用新版本。然而，在实践中，社区（尤其是企业客户）对这种模式有抵触情绪，他们更愿意从一个 LTS 版本升级到下一个 LTS 版本。

　　当然，这种方法限制了 Java 新特性的采用速度并减缓了创新速度。然而，企业软件的现实就是如此，许多人仍然认为升级 Java 版本是一项重大的任务。图 1-2 是 Java 近来的版本发布时间表。

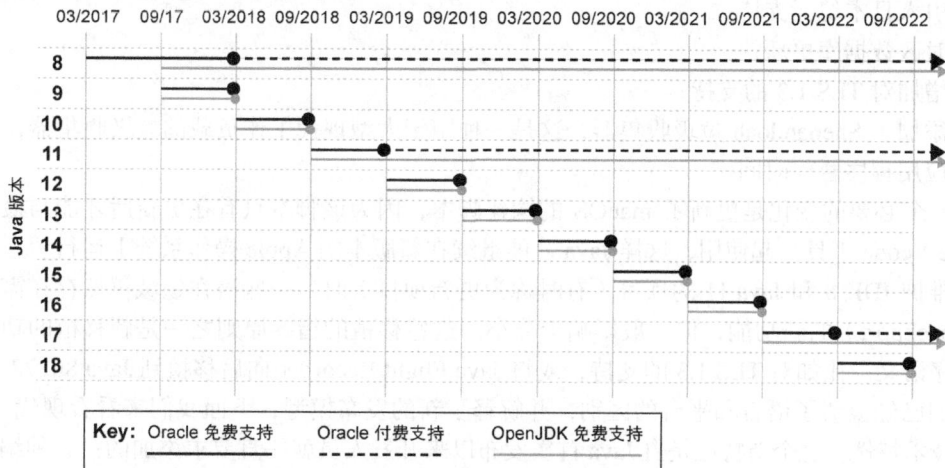

图 1-2　Java 最近版本的发布时间表

　　虽然图 1-2 中显示的发布路线包含每 6 个月一次的主版本，但真正具有重要用途的版本是 LTS 版本：Java 17（于 2021 年 9 月发布）、Java 11（于 2018 年 9 月发布）和模块引入之前的版本 Java 8，Java 8 已有 7 年多的历史。Java 8 和 Java 11 的市场份额大致相当，最近 Java 11 的市场份额已经超过了 50%，并且还在快速增长。和从 Java 8 迁移到 Java 11 相比，Java 17 的采用预计会快得多，因为它在早期迁移过程中已经解决了模块系统所引入的迁移障碍和安全限制问题。

　　新发布模型的另一个重大变化是 Oracle 更改了其发行许可证。尽管 Oracle 的 JDK 是从 OpenJDK 源代码构建的，但其二进制文件并未使用 OSS 许可。相反，Oracle 的 JDK 是专有软件，从 JDK 11 开始，Oracle 只为每个版本提供 6 个月的免费支持和更新。这意味着许多依赖 Oracle 免费更新的人现在面临一个选择：向 Oracle 支付支持和更新费用，或者使用不同发行版的开源二进制文件。

　　人们可以选择的 JDK 供应商有 Eclipse Adoptium（其前身为 AdoptOpenJDK）、阿里巴巴（Dragonwell）、Amazon（Corretto）、Azul Systems（Zulu）、IBM、Microsoft、Red Hat 和 SAP。

注意　本书作者中的两位作者（Martijn Verburg 和 Benjamin J. Evans）帮助创建了 AdoptOpenJDK 项目，该项目已发展成供应商中立的 Eclipse Adoptium 社区项目，能构建和发布高质量、免费和开源的 Java 二进制发行版。

　　面对发行许可的变化和如此多可供选择的供应商，我们需要谨慎选择自己和所在团队使用的 Java 发行版。值得庆幸的是，Java 生态系统的领导者编写了详细的指南。

　　尽管 Java 发布模型已经更改为定期发布，但绝大多数团队仍在使用 JDK 8 或 11。这些 LTS 版本由社区（包括主要供应商）维护，并且仍会定期收到安全更新和错误修复。对 LTS 版本所做的更改范围很小，并且一般是内部更新，这是特意的。除了安全性和小错误修复，LTS 版本只允许进行小的更改。这些更改一般是确保 LTS 版本在其预期生命周期内继续正常工作。最近的 LTS 版本做了如下更新：

- ❑ 引入日本纪元支持；
- ❑ 时区数据库更新；
- ❑ 增加对 TLS 1.3 的支持；
- ❑ 添加了 Shenandoah 垃圾收集器，这是一种用于大型现代工作负载的垃圾收集器，可减少应用程序暂停时间。

　　另一个必要的变化是更新了 macOS 的构建脚本，因为该脚本只有在更新后才能与最新版本的 Apple Xcode 工具一起使用，这样 Java 才能继续在新版本的 Apple 操作系统上运行。

　　在维护 JDK 8 和 Java 11 的项目（有时称为更新项目）时，一些潜在领域仍然存在需要向后移植（backport）的新功能，但一般影响十分小。这些移植的指导原则之一是新移植的功能不得改变程序语义。比如对 TLS 1.3 的支持，或将 Java Flight Recorder 向后移植到 Java 8u272。

　　我们已经澄清了语言和平台的区别，并解释了新的发布模型，下面我们来看看现代 Java 的第一个技术特性。这个新特性是自 Java 首次发布以来开发人员就一直要求添加的：一种编写 Java 程序时能减少输入工作量的方法。

1.3 类型推断增强（`var` 关键字）

Java 语言历来以冗长著称。但是，在最近的版本中，Java 已经越来越多地使用**类型推断**（type inference）。源代码编译器利用这一特性自动计算程序中的一些类型信息。因此，开发者就不需要在代码中声明所有内容。

注意 类型推断的目的是减少样板代码、消除重复，产生更简洁和可读的代码。

这种趋势始于 Java 5，当时引入了泛型方法。泛型方法允许我们对泛型类型参数进行非常有限的类型推断，而不必显式提供所需的确切类型，如下所示：

```
List<Integer> empty = Collections.<Integer>emptyList();
```

右侧的泛型类型参数可以省略，如下所示：

```
List<Integer> empty = Collections.emptyList();
```

这种使用泛型方法的方式很常见，以至于许多开发人员记不住带有显式类型参数的形式。这是一件好事——这意味着类型推断做了它应该做的事情，删除了多余的样板代码，这样代码就更易读了。

类型推断的下一个重要增强来自 Java 7，它在处理泛型时引入了一个变化。在 Java 7 之前，下面的代码很常见：

```
Map<Integer, Map<String, String>> usersLists =
                    new HashMap<Integer, Map<String, String>>();
```

这是一种冗长的方式，它声明了一些使用 userid（整数型）标识的用户，每个用户都有一组特定于该用户的属性（建模为字符串到字符串的映射）。

事实上，上面的代码几乎一半是重复字符，这些重复内容并没有提供什么信息。所以，从 Java 7 开始，我们可以这样写：

```
Map<Integer, Map<String, String>> usersLists = new HashMap<>();
```

编译器会自动计算出右侧的类型信息。在为右侧表达式计算正确的类型时，编译器做了很多工作，而不仅仅是替换那些定义了完整类型的文本。

注意 因为缩短后的类型声明看起来像菱形，所以这种形式称为菱形语法（也称钻石语法）。

Java 8 添加了更多的类型推断来支持 lambda 表达式。在下面这个例子中，类型推断算法可以推断出 s 的类型是 `String`：

```
Function<String, Integer> lengthFn = s -> s.length();
```

在现代 Java 中，类型推断更进一步，出现了**局部变量类型推断**（Local Variable Type Inference，LVTI），也称为 `var`。这个功能是在 Java 10 中添加的，它允许开发人员推断**变量**（variable）的类型，而不是**值**（value）的类型，如下所示：

```
var names = new ArrayList<String>();
```

这一特性主要是通过将 `var` 作为保留的特殊类型名称来实现的，并非通过引入新的语言关键字。因此，从技术上讲，开发人员仍然可以使用 `var` 作为变量、方法或包的名称。

注意 `var` 的使用意味着代码编写方式的一个重要转变，它将焦点重新放在了代码本身，而不是类型信息。然而，随着这种灵活性的增加，我们也需要承担更大的责任。务必确保变量命名得当，以便于未来的代码维护者和阅读者理解。

此外，由于 `var` 现在被用作类型推断的标识符，任何之前使用了 `var` 作为类型名称的代码将需要重新编译。不过，由于大多数 Java 开发人员遵循将类型名称的首字母大写的约定，因此名为 `var` 的现有类型实例应该非常少。例如，代码清单 1-1 所示的代码是完全合法的。

代码清单 1-1 坏代码

```
package var;

public class Var {
  private static Var var = null;
  public static Var var() {
    return var;
  }

  public static void var(Var var) {
    Var.var = var;
  }
}
```

然后可以这样调用：

```
var var = var();
if (var == null) {
  var(new Var());
}
```

但是，即使可以这样做，也不意味着我们应该这样做。像代码清单 1-1 中那样编写代码既不会让你结识新朋友，也不会通过代码审查。

`var` 的目的是减少冗长的 Java 代码，并让从其他语言转向 Java 的程序员逐渐熟悉 Java。它没有引入动态类型，所有的 Java 变量都还具有静态类型，只不过不需要在所有情况下都明确写出来。

Java 中的类型推断是局部的，对于 `var`，算法只检查局部变量的声明。这意味着它不能用于字段、方法参数或返回类型。编译器使用一种**约束求解**（constraint solving）的形式来判断是否存在满足代码要求的类型。

注意 `var` 仅在源代码编译器（javac）中实现，对运行时或性能没有任何影响。

例如，在前面的代码示例中，我们声明了 `lengthFn`，约束求解器可以推断出方法参数 s 的类型必须兼容 `String`，这是在 `Function` 的参数类型里明确指定的。在 Java 中，`String` 类型是 `final` 的，因此编译器可以断定 s 的类型是 `String`。

如果想要编译器推断类型，程序员就必须要提供足够的信息来让它求解约束方程。例如，代码 `var fn = s -> s.length();` 就没有足够的类型信息供编译器推断 `fn` 的类型，因此它无法编译。另一个重要的例子是 `var n = null;`，编译器无法解析它，因为空值可以分配给任何引用类型的变量，因此没有关于 n 可能是什么类型的信息。在这种情况下，我们说推理器需要求解的类型约束方程是"欠定方程"——这是一个数学术语，表示求解方程的数量与变量的数量无法对应起来。

我们可以想象这样一种类型推断方案，它不仅仅检查局部变量的初始声明，还基于更多代码做出推断决策，如下所示：

```
var n = null;
String.format(n);
```

更复杂的推理算法（或人类分析师）可能会得出 n 的类型实际上是字符串的结论，因为 `format()` 方法的第一个参数是字符串。

这种推断似乎很有吸引力，但是与软件中的其他决策一样，它涉及一种权衡。更复杂的推理意味着更长的编译时间、更多样化的推理失败情况。这也意味着程序员必须培养更复杂的直觉才能正确使用非局部类型推断。

在其他编程语言中，可能会采取不同的权衡策略，但 Java 在类型推断上的做法是明确的：它仅依赖变量声明来进行类型推断。LVTI 的目标是减少代码中的样本文本和冗余部分，它应该谨慎使用，仅在能够提高代码清晰度时才应用，而不是作为一种被无节制使用的"金锤"反模式。

下面是一些使用 LVTI 的情形：
- ❑ 在简单的初始化代码中，右侧是对构造器或静态工厂方法的调用时；
- ❑ 当删除显式类型会消除重复或冗余信息时；
- ❑ 当变量的名称已经表明了它们的类型时；
- ❑ 当局部变量的作用域较窄，其用法简单时。

Java 语言的核心开发人员 Stuart Marks 在他的 LVTI 使用指南中提供了一套完整的使用经验法则，对此感兴趣的读者可以进一步了解。

作为本节的小结，我们将探讨 var 的另一种高级用法——**不可表示类型**（nondenotable type）。这些类型在 Java 中是合法的，但它们不能作为变量类型出现，而是需要通过类型推断来确定。下面是一个使用 Java 9 `jshell` 交互环境的简单示例：

```
jshell> var duck = new Object() {
   ...>     void quack() {
   ...>         System.out.println("Quack!");
   ...>     }
   ...> }
duck ==> $0@5910e440
```

```
jshell> duck.quack();
Quack!
```

变量 duck 有一个不寻常的类型——它实际上是 Object 类型的，但通过 quack() 方法做了扩展。尽管这个对象可能像鸭子一样嘎嘎叫（quack），但它的类型没有名称，所以我们不能将这个类型用作方法参数或返回类型。

使用 LVTI，我们可以将其用作局部变量的推断类型，这样我们就可以在方法中使用这个类型。当然，该类型不能在局部变量范围之外使用，因此这个语言特性的整体效果是有限的。Java之所以引入它，更多的是出于探索，而不是其他方面的考虑。

尽管存在这些限制，但这确实代表了 Java 对存在于其他语言中的一些特性的探索——上面提到的这个特性在静态类型语言中称为**结构类型**（**structural typing**），在动态类型语言（特别是Python）中称为**鸭子类型**（**duck typing**）。

1.4　语言和平台的更改

我们认为有必要解释语言发生更改的原因，以及哪些内容发生了更改。在 Java 新版本的开发过程中，人们常常会对新的语言特性产生浓厚的兴趣，但对该特性需要多长时间才能设计周全并顺利发布，人们并不是很了解。

我们可能还注意到，在像 Java 这样成熟的运行时环境中，语言特性往往是从其他语言或库中发展而来的，它们先在流行的框架中被使用，然后才被添加到语言或运行时本身。我们希望大家对这一领域有所了解，消除一些误解。但是，如果你对 Java 的发展方式不是很感兴趣，可以跳到1.5 节来学习语言的变更。

Java 语言变更所涉及的工作量是一个曲线，某些实现方式比其他实现方式需要更多的工作量。在图 1-3 中，我们对新特性的实现方式进行了分类，并画出每种分类所需的工作量。

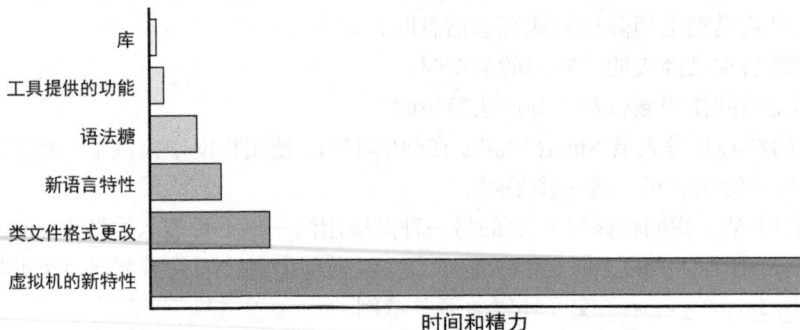

图 1-3　以不同方式实现新特性所涉及的相对工作量

一般来说，工作量越少越好。这意味着一个新特性如果可以在库中实现，Java 团队通常会用库实现。但并非所有特性都可以轻松地在库里或 IDE 中实现，很多时候无法这样做是因为某些功能必须要在平台内部实现。以下是一些新特性，我们按语言特性实现复杂度图表做了归类：

　　□ 库变动——集合工厂方法（Java 9）
　　□ 语法糖——数字中的下划线（Java 7）
　　□ 小的新语言特性——`try-with-resources`（**Java 7**）
　　□ 类文件格式变化——注解（**Java 5**）
　　□ 新的 JVM 特性——Nestmates（Java 11）
　　□ 主要新特性——lambda 表达式（Java 8）
　　下面我们详细分析一下这些复杂度上的变化是如何发生的。

1.4.1　撒点儿糖

　　语法糖（syntactic sugar）是一个经常被用来描述语言特征的词语。也就是说，尽管语言中已经存在一种表现形式，但通过包装成语法糖的形式，使它更易于使用。

　　根据经验，在编译过程的早期，这些称为语法糖的特性通常会被编译器转换成它们的基本形式，这个过程称为"脱糖"。

　　因此，语法糖是比较容易实现的修改。它们通常涉及相对较少的工作量并且只涉及对编译器（在 Java 中是 `javac`）的更改。

　　此时我们可能会问的一个问题是：对规范来说，什么是小改动？Java 7 中有一个很简单的改动，就是在 JLS 的 14.11 节中添加一个单词 "String"，它允许在 `switch` 语句中使用字符串。作为一个变更点，你可能再也找不出比这个更小的修改了，但是这样一个非常小的变更仍对规范的其他几个方面产生了影响。任何更改都会产生后果，因此语言设计者必须在整个语言设计中全面考虑这些后果。

1.4.2　语言更改

　　任何更改都应该严格执行（或至少考虑）下面这些操作：
　　□ 更新 JLS；
　　□ 在源代码编译器中实现一个原型；
　　□ 添加对更改必不可少的库支持；编写测试和示例；
　　□ 更新文档。
　　此外，如果更改涉及 JVM 或平台方面，则必须执行以下操作：
　　□ 更新 VM 规范；
　　□ 实现 JVM 更改；
　　□ 添加对类文件和 JVM 工具的支持；考虑对反射的影响；
　　□ 考虑对序列化的影响；
　　□ 考虑对本地代码组件的影响，例如 Java 本地接口（JNI）。
　　这里的工作量可不小！在进行更改时，一个经常会受到严重影响的领域是类型系统。这并不是因为 Java 的类型系统很糟糕，而是因为对具有丰富静态类型系统的语言来说，类型系统的不同地方会存在很多可能的交互点，对它们进行更改很容易产生意想不到的问题。

1.4.3　JSR 和 JEP

对 Java 平台的更改主要基于两种机制。第一种是 **Java 规范请求**（Java Specification Request，JSR），它由 **Java 社区进程**（Java Community Process，JCP）指定，用于确定标准 API，包括外部库和主要的内部平台 API。

过去，这是对 Java 平台进行更改的唯一途径，通常是基于已经成熟的技术达成共识。不过，近年来，为了更快地实施更改，尤其是在更小的范围内，**JDK 增强提案**（JDK Enhancement Proposal，JEP）机制得到了很大发展，它是一种更轻量级的 JSR 替代方案。平台 JSR（Platform JSR），也称"保护伞 JSR"（Umbrella JSR），是由针对 Java 下一版本的 JEP 组成的集合。JSR 的目的是为整个生态系统添加额外的知识产权保护。

在讨论新的 Java 功能时，通常会用 JEP 编号来指代即将推出或最近发布的功能。完整的 JEP 列表，包括已交付或撤回的 JEP 可以在互联网上找到。

1.4.4　孵化特性和预览特性

在新的发布模型下，Java 提供了两种机制，允许我们在特性最终确定之前对其进行试用。这些机制旨在通过从更广泛的用户群体收集反馈，使特性在成为 Java 永久部分之前能够得到改进或撤销，从而帮助 Java 团队提供更好的功能实现。

孵化特性（incubating feature）是新的 API 及其实现，它们以最简单的形式作为独立的模块来发布（我们将在第 2 章中详细介绍 Java 模块）。这些模块的名称清楚地表明了这些 API 是临时性的，并且会在特性最终被确定时更改。

注意　这意味着如果你的代码依赖非最终版本的孵化特性，那在孵化特性定版后就需要进行更改。

孵化特性的一个显著的例子是对 HTTP 第二个版本（通常称为 HTTP/2）的支持。在 Java 9 中，它作为孵化模块 `jdk.incubator.http` 发布。此模块使用 `jdk.incubator` 命名空间而不是 `java` 命名空间，这种命名方式清楚地表明该特性是非标准的并且可能会发生变化。当该特性在 Java 11 中被标准化时，它被移到 `java` 命名空间下的 `java.net.http` 模块中。

注意　当在第 18 章讨论外部内存访问 API 时，我们会遇到另一个孵化特性，它来自 OpenJDK 的 Panama 项目。

这种特性的主要优点是可以将孵化特性隔离到单个命名空间中。开发人员可以快速试用该特性，甚至在生产代码中使用它，但前提是当该特性标准化后，他们乐意修改代码并重新进行编译和链接。

预览特性（preview feature）是 Java 最近几个版本提供的另一种机制，用来发布非最终特性。它们比孵化特性更具侵入性，因为它们是作为语言本身的一部分实现的。这些特性可能需要以下方面的支持：

- ❏ javac 编译器；
- ❏ 字节码格式；
- ❏ 类文件和类加载。

只有将特定标志传递给编译器和运行时环境时，它们才可用。在未启用的情况下尝试使用预览特性，无论是在编译时还是在运行时都会报错。

这使得它们（与孵化特性相比）处理起来更复杂。因此，预览特性无法真正用于生产。另外，它们的类文件格式并没有最终确定，并且可能永远不会被任何 Java 生产版本支持。

这意味着预览特性仅适用于实验，或者让开发人员测试和熟悉它们，因为在几乎所有的生产部署中，只有完全确定的特性才会用于生产代码。

Java 11 不包含任何预览特性（switch 表达式的第一个预览版本出现在 Java 12 中），因此很难在本节中给出一个很好的例子。不过，在第 3 章讨论 Java 17 时，我们将深入探讨预览特性。

1.5　Java 11 中的小变更

从 Java 8 开始，每个版本都带来了一些新的小特性。下面我们快速浏览一下这些重要特性——不过这并非全部。

1.5.1　集合工厂（JEP 213）

Java 应该提供一种简单的方法来声明集合字面量，即哑对象的集合（例如 List 或 Map），这是一个被人们广泛期待的增强功能。这种特性的吸引力在于，许多语言支持这种形式，而 Java 本身一直支持数组字面量，如下所示：

```
jshell> int[] numbers = {1, 2, 3};
numbers ==> int[3] { 1, 2, 3 }
```

然而，尽管表面上这个特性看起来没什么问题，但在语言级别添加此特性存在一些明显的缺点。例如，尽管 ArrayList、HashMap 和 HashSet 是开发人员最熟悉的实现，但 Java 集合的主要设计原则是基于接口，而不是类。Java 集合的非官方实现版本也存在并被广泛使用。

这意味着，引入与特性实现直接耦合的新语法会违背最初的设计意图，即使这些实现非常普遍。最后的设计决策是，利用 Java 8 在接口上添加静态方法的特性，在相关接口中添加简单的工厂方法。这样，我们得到的代码如下所示：

```
Set<String> set = Set.of("a", "b", "c");

var list = List.of("x", "y");
```

和在语言层面上的实现相比，这个方法冗长一些，但实现的复杂性成本要低很多。这些新方法提供了一组重载实现，如下所示：

```
List<E> List<E>.<E>of()
List<E> List<E>.<E>of(E e1)
List<E> List<E>.<E>of(E e1, E e2)
List<E> List<E>.<E>of(E e1, E e2, E e3)
List<E> List<E>.<E>of(E e1, E e2, E e3, E e4)
List<E> List<E>.<E>of(E e1, E e2, E e3, E e4, E e5)
List<E> List<E>.<E>of(E e1, E e2, E e3, E e4, E e5, E e6)
List<E> List<E>.<E>of(E e1, E e2, E e3, E e4, E e5, E e6, E e7)
List<E> List<E>.<E>of(E e1, E e2, E e3, E e4, E e5, E e6, E e7, E e8)
List<E> List<E>.<E>of(E e1, E e2, E e3, E e4, E e5, E e6, E e7, E e8, E e9)
List<E> List<E>.<E>of(E e1, E e2, E e3, E e4, E e5, E e6, E e7, E e8, E e9, E e10)
List<E> List<E>.<E>of(E... elements)
```

这里包含了处理常见情况的方法（最多 10 个元素），以及一个可变参数方法，用来处理超过 10 个元素的不常见情况。

对于 Map，情况稍微复杂一些，因为 Map 有两个泛型参数（键类型和值类型），虽然简单的情况可以这样写：

```
var m1 = Map.of(k1, v1);
var m2 = Map.of(k1, v1, k2, v2);
```

但如果想在 Map 里实现与可变参数等效的功能并不容易。我们可以将工厂方法 ofEntries() 与静态辅助方法 entry() 结合使用，从而提供等效的可变参数形式，如下所示：

```
Map.ofEntries(
    entry(k1, v1),
    entry(k2, v2),
    // ...
    entry(kn, vn));
```

开发人员应当注意，工厂方法生成的是不可变类型的实例，如下所示：

```
jshell> var ints = List.of(2, 3, 5, 7);
ints ==> [2, 3, 5, 7]

jshell> ints.getClass();
$2 ==> class java.util.ImmutableCollections$ListN
```

这些类实现的是 Java 集合里的不可变接口，它们不是我们熟悉的可变类（例如 ArrayList 和 HashMap）。尝试修改这些类型的实例将会抛出异常提示。

1.5.2　移除企业版模块（JEP 320）

随着时间的推移，Java 标准版（Java SE）添加了一些模块，这些模块实际上是 Java 企业版（Java EE）的内容，例如 JAXB、JAX-WS、CORBA、JTA。

在 Java 9 中，以下技术的相关包被移入了非核心模块，并被标记为弃用状态，方便后续移除：

❏ java.activation（JAF）；

❑ java.corba（CORBA）；

❑ java.transaction（JTA）；

❑ java.xml.bind（JAXB）；

❑ java.xml.ws（JAX-WS 以及一些相关技术）；

❑ java.xml.ws.annotation（通用注解）。

为简化平台，在 Java 11 中这些包已经被移除。以下 3 个用于工具和聚合的模块也从核心的 SE 版本中移除了：

❑ java.se.ee（以上 6 个模块的聚合模块）；

❑ jdk.xml.ws（JAX-WS 的工具）；

❑ jdk.xml.bind（JAXB 的工具）。

基于 Java 11 或更高版本构建的项目如果想要使用这些功能，就需要显式引入外部依赖。这意味着一些在 Java 8 下可以成功构建、依赖这些 API 的程序，在迁移到 Java 11 时可能需要修改它们的构建脚本。第 11 章将全面地探讨这个特定的问题。

1.5.3 HTTP/2（Java 11）

如今 HTTP 标准的新版本 HTTP/2 已经发布。本节将探讨历史悠久的 HTTP 1.1 规范（可追溯到 1997 年）最终更新的原因。然后我们将了解 Java 11 是如何让熟悉 HTTP 的开发人员利用 HTTP/2 提供的新特性和高性能的。

作为 1997 年就有的技术，HTTP 1.1 显示出了它的时代局限性，特别是在现代 Web 应用程序性能方面的局限性。这些局限包括：

❑ 队首阻塞；

❑ 连接限制（限制单个站点的连接数）；

❑ HTTP 报文头的性能开销。

HTTP/2 在传输层对协议进行了更新，专注于解决那些不再适用于现代网络工作方式的基本性能问题。由于 HTTP/2 的性能改进侧重于字节数据如何在客户端和服务器之间流动，HTTP/2实际上并没有改变许多熟悉的 HTTP 概念：请求/响应、报文头、状态码、响应体，这些在 HTTP/2 中的语义和在 HTTP 1.1 中相同。

队首阻塞

HTTP 中的通信是通过 TCP 套接字进行的。尽管 HTTP 1.1 会默认重用单个套接字，以避免重复建立连接的开销，但该协议规定即使多个请求共享一个套接字发送（这一过程称为流水线，见图 1-4），这些请求也必须按发送顺序返回响应。这意味着来自服务器的缓慢响应会阻碍后续的请求，但理论上这些请求本可以更快返回。这种情况在下载资源时导致浏览器渲染停顿是很常见的。同样，每个连接在同一时间只能处理一个响应的限制会对很多场景造成瓶颈，比如 JVM 应用程序与基于 HTTP 的服务之间的通信。

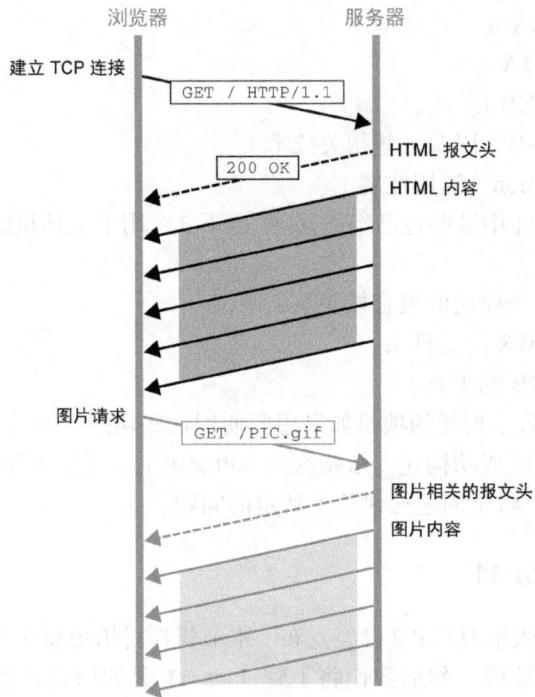

图 1-4 HTTP 1.1 传输

HTTP/2 从一开始就设计为能够在同一连接上多路复用请求，如图 1-5 所示。它支持客户端和服务器之间同时传输多个数据流，甚至还能接收单个请求的报文头和报文体。

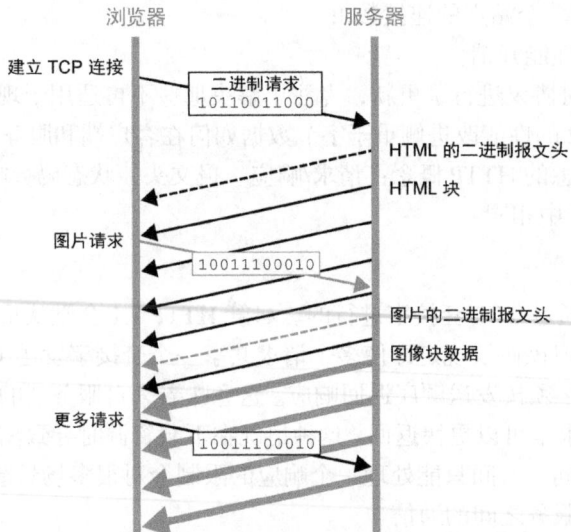

图 1-5 HTTP/2 传输

　　这从根本上改变了开发人员数十年来使用 HTTP 1.1 形成的一些固有认知。例如，长期以来人们普遍认为，在网站上传输大量小文件不如传输较大的捆绑文件高效。为提高效率，JavaScript、CSS 和图像都有自己的技术和工具来将许多较小的文件合并成较大的文件进行传输。在 HTTP/2 中，多路复用技术意味着资源传输不会受到其他慢速请求的阻塞，较小的响应可能会被更准确地缓存，从而提供更好的用户体验。

连接限制

　　HTTP 1.1 规范建议将服务器的并发连接数限制为两个。这个建议被列为应该遵循而不是必须遵循，现代 Web 浏览器通常允许每个域有 6～8 个并发连接。这种对站点的并发下载限制常常导致开发人员使用多个域名来提供服务，或者使用前面提到的文件合并方式。

　　HTTP/2 解决了这个问题，每个连接都可以根据需要发出尽可能多的并发请求。浏览器只建立一个到指定域的连接，但可以通过这一连接同时执行许多请求。

　　在 JVM 应用程序中，我们可以使用 HTTP 1.1 连接池来实现更多并发请求，HTTP/2 则为我们提供了另一种内置方式来发出更多请求。

HTTP 报文头的性能开销

　　HTTP 的一个重要特性是能够随请求发送报文头。HTTP 本身是无状态的，但报文头可以让我们的应用程序在请求之间保持状态（比如用户已登录的场景）。

　　如果客户端和服务器就压缩算法（通常是 gzip）达成一致，HTTP 1.1 有效负载的报文体就可以被压缩，但这个压缩不包括报文头。随着更丰富的 Web 应用程序发出越来越多的请求，越来越大的重复报文头成了一个新问题，尤其是对于那些较大的网站来说。

　　HTTP/2 使用新的报文头二进制格式解决了这个问题。作为使用该协议的用户，我们不必考虑太多，它内置在客户端和服务器传输报文头的方法中。

所有的传输都基于 TLS

　　1997 年，HTTP 1.1 所面对的互联网与我们今天看到的大相径庭。那时互联网上的商业活动刚起步，安全性并不是早期协议设计的主要考量点。计算系统的速度也很慢，使得加密之类的做法往往过于昂贵。

　　HTTP/2 于 2015 年被正式采纳，它面对的是一个更加注重安全的世界。此外，使用 TLS（在早期版本中称为 SSL）对 Web 请求进行全面加密所需的计算资源非常少，这在很大程度上消除了关于是否加密的争议。因此，在实践中，HTTP/2 仅支持由 TLS 加密过的请求（理论上，该协议允许以明文传输，但主流实现都没有提供这个功能）。

　　这对 HTTP/2 的部署操作有较大影响，因为它需要数字证书，而这些证书有自己的生命周期，需要定期更新。对于企业来说，这要求企业对证书进行管理。Let's Encrypt 和其他一些证书供应商可以满足这一需求。

其他注意事项

　　尽管未来的趋势是 HTTP/2，但它在互联网上的普及速度并不快。除了加密要求会影响本地开发，这种延迟可能是由以下问题和额外的复杂性造成的。

- ❑ HTTP/2 是二进制的，而使用不透明的格式具有挑战性。
- ❑ 负载均衡器、防火墙和调试工具等 HTTP 层产品需要更新以支持 HTTP/2。
- ❑ 性能优势主要针对基于浏览器的 HTTP 交互。基于 HTTP 工作的后端服务可能不会立即看到升级带来的好处。

Java 11 中的 HTTP/2

HTTP 新版本的到来促使 JEP 110 引入了一个全新的 API。在 JDK 中，它取代了（但没有移除）HttpURLConnection，希望能提供一个满足开发人员需求的可用的 HTTP API，因为许多开发人员已经在寻求外部库来满足他们的 HTTP 开发需求了。

这个 API 支持 HTTP/2 和 Web 套接字，它首先作为孵化特性出现在 Java 9 中。JEP 321 将其移到 Java 11 中的 java.net.http 下，该命名空间后续不会再更改。新的 API 支持 HTTP 1.1 和 HTTP/2，当请求的服务器不支持 HTTP/2 时可以回退到 HTTP 1.1。

我们可以从 HttpRequest 和 HttpClient 开始使用新 API。它们通过构建器实例化，在发出实际的 HTTP 调用之前需要先进行配置，如下所示：

```
var client = HttpClient.newBuilder().build();            构造一个可以发出请求的
                                                         HttpClient 实例

var uri = new URI("https://           ");               使用 HttpRequest 实例
var request = HttpRequest.newBuilder(uri).build();       构造访问 Google 服务器
                                                         的特定请求

var response = client.send(                              同步发出 HTTP 请求并保存
    request,                                             响应。此行代码会一直阻塞，
    HttpResponse.BodyHandlers.ofString(                  直到完成整个请求
        Charset.defaultCharset()));

System.out.println(response.body());                     send 方法需要一段代码来告诉它如何
                                                         处理响应体。这里我们使用标准处理程
                                                         序将响应体作为字符串返回
```

上面的代码演示了 API 的同步使用。在构建完 HttpRequest 和 HttpClient 之后，我们使用 send 方法发起 HTTP 请求。在 HTTP 请求完成之前，我们不会收到返回的响应对象，这很像 JDK 中旧的 HTTP API。

在 send 方法中，第一个参数是我们设置的请求，第二个参数值得仔细研究。send 方法并不总是期望返回单一类型，它为我们提供了 HttpResponse.BodyHandler<T> 接口，我们需要实现这个接口来处理响应。HttpResponse.BodyHandlers 提供了一些有用的基本处理程序，可以使用字节数组、字符串或文件的形式接收响应。我们可以通过实现 BodyHandler 来自定义这个行为。所有这些内容都是基于 java.util.concurrent.Flow 的发布和订阅机制，这是一种叫作响应式流（reactive stream）的编程模型。

HTTP/2 最显著的优势之一是它内置的多路复用。仅使用同步发送并不能真正获得这些好处，因此 `HttpClient` 还支持 `sendAsync` 方法。`sendAsync` 返回了一个 `CompletableFuture` 实例，该实例对 `HttpResponse` 进行了包装，提供了一组丰富的功能，这些功能与 `CompletableFuture` 在平台其他部分提供的类似，如下所示：

```
var client = HttpClient.newBuilder().build();          像以前一样创建
                                                        客户端和请求
var uri = new URI("https://            ");
var request = HttpRequest.newBuilder(uri).build();  ◄   使用 CompletableFuture.
                                                        allOf 等待所有请求完成
var handler = HttpResponse.BodyHandlers.ofString();
CompletableFuture.allOf(
    client.sendAsync(request, handler)                  当 future 完成时，我们
        .thenAccept((resp) ->                     ◄     使用 thenAccept 来接
                    System.out.println(resp.body()),    收响应
    client.sendAsync(request, handler)
        .thenAccept((resp) ->                           我们可以重用同一个
                    System.out.println(resp.body()),    客户端同时发出多个
    client.sendAsync(request, handler)                  请求
        .thenAccept((resp) ->
                    System.out.println(resp.body())
).join();
```

调用 `sendAsync` 发起 HTTP 请求，该请求返回了非阻塞的 `future` 实例

在这里，我们重新创建了请求和客户端，随后异步重复调用了 3 次。`CompletableFuture.allOf` 整合了这 3 个 `future` 实例，我们使用 `join` 来等待它们全部完成。

这里只是简单介绍了这个 API 的两个主要入口点。它提供了大量的功能和定制化配置，从超时配置到 TLS，再到高级异步特性，比如我们可以通过 `HttpResponse.PushPromiseHandler` 来接收 HTTP/2 服务器推送。

JDK 的新 HTTP API 是基于 `future` 和响应式流构建的，它为实现 HTTP 生态系统提供了一个有吸引力的替代方案。`java.net.http` 以最前沿的现代异步编程为设计理念，使 Java 成为未来 Web 发展方向的绝佳选择。

1.5.4　单文件源代码程序（JEP 330）

Java 程序通常的执行方式是将源代码编译成类文件，然后启动一个虚拟机进程作为执行容器来解释类的字节码。

这与 Python、Ruby 和 Perl 等语言非常不同，在这些语言中，程序的源代码是直接解释的。Unix 环境对这些脚本语言的支持有着悠久的历史，但传统上 Java 并不在其中。

随着 JEP 330 的到来，Java 11 提供了一种新的程序执行方式。源代码可以在内存中编译，然后由解释器执行，无须在磁盘上生成 .class 文件，如图 1-6 所示。

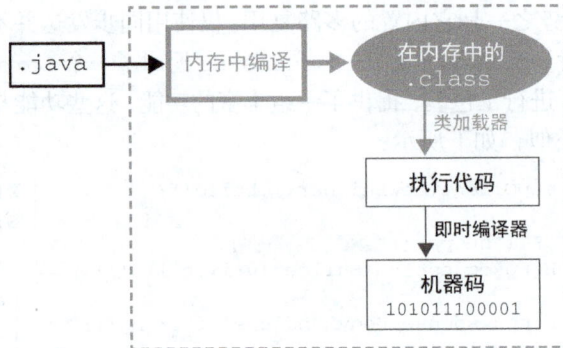

图 1-6　单文件代码的执行

这提供了类似于 Python 和其他脚本语言的用户体验，下面是该功能的一些注意事项：

❑ 仅限存在于单个源文件中的代码；

❑ 不能在同一次运行中编译额外的源文件；

❑ 源文件可以包含任意数量的类；

❑ 必须以源文件中声明的第一个类作为入口；

❑ 必须在入口类中定义 main 方法。

我们还可以使用 --source 标志来启用源代码兼容模式，这本质上就是脚本的语言版本设置。

执行时必须遵循 Java 文件命名约定，因此类名应与文件名匹配。但是，不应使用 .java 扩展名，因为这会给启动器带来混淆。

这种类型的 Java 脚本还可以包含一个 shebang（#!）行，如下所示：

```
#!/usr/bin/java --source 11

public final class HTTP2Check {
    public static void main(String[] args) {
        if (args.length < 1) {
            usage();
        }
        // 我们的 HTTP 调用实现……    ← 我们在本书资源中提供了
    }                                    HTTP2Check 的完整代码
}
```

shebang 行将文件标记为可执行，并提供了必要的参数来直接调用，如下所示：

```
$ ./HTTP2Check https://
https://
```

尽管此功能并未将脚本语言的完整体验带到 Java 中，但它可以作为一种便捷方式来编写 Unix 传统中那些简单有用的工具，而无须引入另一种编程语言。

小结

- Java 语言和平台是 Java 生态系统中两个独立（但又紧密相关）的组件。Java 平台不仅支持 Java 语言，还支持其他多种编程语言。
- 自 Java 8 起，Java 平台采用了全新的定时发布模式。新版本每 6 个月发布一次，LTS 版本每 3 年或每两年发布一次。
- 截至本书撰写之时，最新的 LTS 版本为 Java 11 和 Java 17，同时 Java 8 仍然得到支持。
- 由于 Java 注重向后兼容性，对 Java 进行更改通常不容易。和仅限于库或编译器的更改相比，在虚拟机中实现的更改通常更复杂。
- Java 11 引入了许多值得升级的有用特性：
  - 简化变量定义的 var 关键字；
  - 简化创建 List、Map 和其他集合的工厂方法；
  - 完全支持 HTTP/2 的全新 HttpClient 实现；
  - 无须先编译成类文件就可以直接运行的单文件程序。

## 第 2 章

Java 模块

2

本章重点
- ❑ 平台模块
- ❑ 新的访问控制语义
- ❑ 构建模块化应用程序
- ❑ 多版本 JAR

正如第 1 章所述，早期 Java 版本（包括 Java 9）的发布计划是由特性来驱动的，每个版本都引入了重要的新特性，这些特性定义了该版本或者与版本的发布密切相关。

对于 Java 9 而言，这一核心新特性就是 Java 平台模块（也称为 JPMS、Jigsaw，简称模块）。这个特性在正式发布前就经过了多年的讨论，它对 Java 平台进行了重大的增强和更改。早在 2009 年和 2010 年，Java 团队就曾计划将其作为 Java 7 的一部分推出。

在本章中，我们将探讨为什么需要模块，介绍用于阐明模块概念的新语法，并学习如何在应用程序中使用模块。随后，我们还将讨论如何在构建中使用 JDK 和第三方模块，以及如何将应用程序或库打包为模块。

注意 模块代表一种打包和部署代码的新方式，模块化的应用程序会更健壮。当然，如果你没有使用模块的特定需求或计划，也可以仅使用现代 Java（比如 Java 11 或 Java 17）功能，不用急于应用模块功能。

模块的出现对应用程序的架构有着深远的影响，对关注进程内存占用、启动成本和预热时间等方面的现代项目来说，模块有着诸多好处。模块还可以帮助解决所谓 JAR Hell（JAR 地狱）问题，该问题一直是具有复杂依赖关系的 Java 应用程序中的一个难题。下面我们开始学习相关内容。

2.1 场景设置

模块是 Java 语言（从 Java 9 开始）的一个全新概念。它是应用程序部署和依赖的单元，对运行时具有语义上的约束。模块与 Java 中的现有概念有较大区别，在 Java 现有概念中：

❑ JAR 文件对运行时是不可见的，它们基本上只包含类文件的压缩目录；

❑ 包实际上是命名空间，将类组合在一起来进行访问控制；

❑ 依赖关系仅在类级别进行定义；

❑ 访问控制和反射的结合使得系统基本上是开放的，没有明确的部署单元边界，受到的控制程度很低。

模块带来了以下优势：

❑ 能够定义模块之间的依赖信息，因此可以在编译或应用程序启动时检测到各种解析和链接问题；

❑ 能提供适当的封装，这样内部包和类就可以拒绝未授权的用户访问；

❑ 模块是具有元数据的部署单元，这些元数据可以被现代 Java 运行时理解和使用，并能被 Java 类型系统所表示（例如，通过反射）。

注意　在模块出现之前，核心语言和运行时环境中并没有与依赖相关的聚合元数据。这些元数据只在构建系统（如 Maven）中定义，或者在 JVM 既不知道也不关心的第三方模块（如 OSGI 或 JBoss 模块）中定义。

正如我们在 Java 8 中体验到的那样，Java 世界缺失了一个重要的概念，而 Java 模块就是对这个缺失概念的实现。

注意　Java 模块通常被打包为特殊的 JAR 文件，但它们并不受这种格式的限制（稍后我们将看到其他格式）。

模块系统的目的是使部署单元（模块）尽可能独立。因此模块能够单独加载和链接，尽管在实践中，实际的应用程序很可能会依赖一组提供相关功能（例如安全性）的模块。

2.1.1　Jigsaw 项目

OpenJDK 通过 Jigsaw 项目来实现模块功能。Jigsaw 项目旨在提供一个功能齐全的模块化解决方案，具体包括以下目标：

❑ 模块化 JDK 平台源代码；

❑ 减少进程内存占用；

❑ 缩短应用程序的启动时间；

❑ 提供 JDK 和应用程序代码都可用的模块；

❑ 在 Java 中首次允许真正的严格封装；

❑ 向 Java 语言添加新的、以前不可能实现的访问控制模式。

以上这些目标还受到以下具体目标的驱动，这些具体目标更多地关注 JDK 和 Java 运行时的改进：

□ 不再使用单个整体的运行时 JAR(`rt.jar`)；

□ 对 JDK 内部进行更好的封装和保护；

□ 允许重大的内部更改（一些更改可能会破坏外部库对 JDK 的未授权访问）；

□ 将模块作为"超级包"(super package）引入。

这些具体目标可能需要更详细的解释，因为它们与平台的内部实现联系得更紧密。

Java 运行时从单体转为模块化

JAR 格式本质上是一个包含类的 zip 文件，它的历史可以追溯到 Java 平台的早期阶段，但是这种格式并没有针对 Java 类和应用程序进行过专门的优化。放弃 Java 平台的 JAR 格式可以让我们在多个方面进行优化，比如在提升启动性能方面。

模块提供了两种新格式：JMOD 和 JIMAGE。它们在程序生命周期的不同时期（分别是编译/链接时和运行时）使用。

JMOD 格式有点儿类似于现有的 JAR 格式，但它允许将本地代码作为单个文件的一部分包含在内（而不像 Java 8 那样必须发布单独的共享对象文件）。对于大多数开发人员来说，一般是将自己的模块打包为模块化的 JAR 而不是 JMOD，比如将模块发布到 Maven 库时。

JIMAGE 格式用于表示 Java 运行时镜像。在 Java 8 之前，只存在两种可能的运行时镜像（JDK 和 JRE），但这在很大程度上是出于历史原因。Oracle 在 Java 8 里引入了 Server JRE（以及运行时精简模式）作为实现完全模块化的基础。为了满足服务器端应用程序的需求，Server JRE 删除了一些功能（例如 GUI 框架），从而缩小了占用空间。

模块化应用程序具有足够的元数据，可以在程序启动之前就知道确切的依赖。这样，它只需要加载所需的内容，效率更高。我们甚至可以更进一步，自定义一个运行时镜像，它可以随应用程序一起提供，只包含应用程序所需的内容，而无须提供一个完整的 Java 通用安装文件。本章结尾在介绍 `jlink` 工具时会提及这个场景。

下面我们来认识一下 `jimage` 工具，它可以显示 Java 运行时镜像的详细信息。例如，对于 Java 15 的完整运行时（过去包含在 JDK 中的所有内容），使用 `jimage` 工具将有如下输出：

```
$ jimage info $JAVA_HOME/lib/modules
 Major Version:  1
 Minor Version:  0
 Flags:          0
 Resource Count: 32780
 Table Length:   32780
 Offsets Size:   131120
 Redirects Size: 131120
 Locations Size: 680101
 Strings Size:   746471
 Index Size:     1688840
```

或者

```
$ jimage list $JAVA_HOME/lib/modules
jimage: /Library/Java/JavaVirtualMachines/java15/Contents/Home/lib/modules
```

```
Module: java.base
    META-INF/services/java.nio.file.spi.FileSystemProvider
    apple/security/AppleProvider$1.class
    apple/security/AppleProvider$ProviderService.class
    apple/security/AppleProvider.class
    apple/security/KeychainStore$CertKeychainItemPair.class
    apple/security/KeychainStore$KeyEntry.class
    apple/security/KeychainStore$TrustedCertEntry.class
    apple/security/KeychainStore.class
    com/sun/crypto/provider/AESCipher$AES128_CBC_NoPadding.class
    ... // 接下来还有很多行
```

弃用 rt.jar 可以显著提升启动性能，并且能够只优化应用程序所需的内容。新格式的设计对开发人员是不透明的，并且对实现具有依赖性。以前我们只需解压 rt.jar 就能访问 JDK 的类库，但在新格式下是做不到的。然而，这仅仅是使程序员更难以访问 Java 平台内部结构的措施之一，同时也是模块系统的目标之一。

封装内部结构

Java 平台与其用户之间的契约是 API 契约：向后兼容性仅在接口层面，而不是在实现的细节中。

然而，Java 用户并没有遵守契约，而是逐渐开始使用平台实现中从未打算让公众访问的部分。

这个问题不容忽视。为了能满足未来的需求并使 Java 平台现代化，OpenJDK 平台的开发人员希望能自由地修改 JVM 和平台类的实现，以提供新功能和更好的性能，同时不必担心破坏用户的应用程序。

对平台内部进行重大更改的一个主要障碍是 Java 的访问控制方式，正如我们在 Java 8 中体验到的那样，Java 的访问控制级别仅限于 public、private、protected 和包级别的 private，并且这些修饰符仅适用于类级别和更低级别。

尽管可以通过多种方式（例如通过反射或在相关包中创建其他类）来突破这些限制，但并没有万无一失的方法（阻止 Java 高手的方法）来保护内部结构。

以前使用变通方法访问内部结构通常是有正当理由的。但随着平台的成熟，我们在 Java 中基本已经能访问所有所需的功能。因此，不受保护的内部组件成了平台继续发展的负担，并且没有带来任何好处，而模块的引入可以解决这个历史遗留问题。

总而言之，Jigsaw 项目希望同时能解决多个问题——除了能使运行时更小，还能缩短启动时间并整理内部包之间的依赖关系。这些问题很难（或不可能）通过逐步改进来解决。对成熟的软件平台来说，这种涉及多方面的改进机会并不常见，因此 Jigsaw 项目团队希望抓住这一机会，对 Java 平台进行全面的升级和优化。

JVM 现在是模块化的

要验证这一点，只需看看下面这个简单的程序：

```
public class StackTraceDemo {
    public static void main(String[] args) {
        var i = Integer.parseInt("Fail");
```

```
    }
}
```

如果编译并运行上面的代码，会产生运行时异常，如下所示：

```
$ java StackTraceDemo
Exception in thread "main" java.lang.NumberFormatException:
  For input string: "Fail"
    at java.base/java.lang.NumberFormatException.forInputString(
    NumberFormatException.java:65)
    at java.base/java.lang.Integer.parseInt(Integer.java:652)
    at java.base/java.lang.Integer.parseInt(Integer.java:770)
    at StackTraceDemo.main(StackTraceDemo.java:3)
```

我们可以清楚地看到栈跟踪的格式与 Java 8 使用的格式有所不同。特别是，栈帧现在由模块名（java.base）、包名、类名和行号共同组成。这清楚地表明平台的模块化特性无处不在，即使最简单的程序也是如此。

2.1.2   模块图

模块化的关键是**模块图**（module graph），它表示模块之间的依赖关系。模块通过一些新语法使这种依赖关系显式化，而编译器和运行时可以信任这种依赖关系。一个非常重要的概念是，模块图必须是**有向无环图**（directed acyclic graph，DAG），所以在数学上，不能有任何循环依赖。

注意   重要的是要认识到，在现代 Java 环境中，所有的应用程序都运行在模块化 JRE 之上，并不会有"模块化模式"和"传统类路径模式"的区分。

虽然并不是每个开发人员都需要成为模块系统方面的专家，但基础良好的 Java 开发人员会在了解这个新特性后受益，模块改变了程序在 JVM 上的执行方式。我们先来看看下面这个模块系统，如图 2-1 所示，这是大多数开发人员会遇到的。

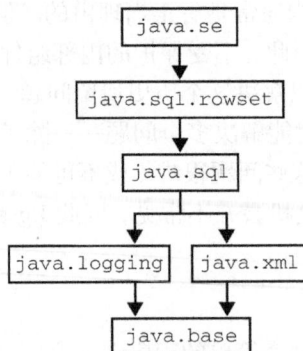

图 2-1   JDK 系统模块（简化图）

在图 2-1 中，我们可以看到 JDK 里的一些主要模块的简化视图。注意，模块 java.base 是所有模块的依赖。在绘制模块图时，通常会忽略对 `java.base` 的隐式依赖，以减少视觉上的干扰。

图 2-1 展示了一组干净且相对简单的模块边界，我们可以把它与 Java 8 中 JDK 进行对比。在模块出现之前，Java 的顶级代码单元是包。不过，Java 8 标准运行时中有将近 1000 个包，这基本上是不可能画出来的，而且其中的依赖关系非常复杂，以至于人们难以理解。

将非模块化的 JDK 重塑为今天看到的定义明确的形式并非易事，JDK 模块化的交付道路很长。Java 9 于 2017 年 9 月发布，但该功能的开发早在 Java 8 发布之前就已经开始了。特别是有几个子目标是模块交付的必要前提，包括：

❏ 模块化 JDK 中源代码的布局（JEP 201）；

❏ 模块化运行时镜像的结构（JEP 220）；

❏ 解耦 JDK 包之间复杂的实现依赖关系。

尽管模块功能直到 Java 9 才发布，但大部分清理工作是在 Java 8 中进行的，甚至其中的运行时精简模式（compact profile）在 Java 8 中就发布了，我们将在本章结尾介绍这个特性。

2.1.3 保护内部

模块需要解决的主要问题之一是用户的 Java 框架与 JDK 内部实现细节的过度耦合。例如，下面这段 Java 8 代码继承了一个内部的类来访问底层的 `URLCanonicalizer`。

这段代码仅作为演示，帮助我们探讨模块和访问控制。在实际代码中，一定要避免直接访问 JDK 中没有公开的类。

```java
import sun.net.URLCanonicalizer;

public class MyURLHandler extends URLCanonicalizer {

    public boolean isSimple(String url) {
        return isSimpleHostName(url);
    }
}
```

`URLCanonicalizer` 是一段代码，它接受符合 URL 标准的各种形式的 URL，并将其转换为标准（规范）形式。我们希望将这个标准 URL 作为内容位置的唯一真实来源，同时允许通过多个不同形式的 URL 来访问它。如果我们尝试使用 Java 8 编译这段代码，`javac` 会发出告警信息，提示我们正在访问内部的 API，如下所示：

```
$ javac MyURLHandler.java
MyURLHandler.java:1: warning: URLCanonicalizer is internal proprietary API
  and may be removed in a future release

import sun.net.URLCanonicalizer;
              ^
MyURLHandler.java:3: warning: URLCanonicalizer is internal proprietary API
  and may be removed in a future release

public class MyURLHandler extends URLCanonicalizer {
                                  ^
2 warnings
```

默认情况下，编译器仍然允许访问，这导致我们得到了一个与 JDK 内部实现紧密耦合的用户类。这种耦合很容易受到破坏，一旦被调用的代码发生了移动或替换，这个用户类就无法正常运行。

如果滥用这种开放性的开发人员很多，那就很难甚至不可能对内部进行更改，因为这样做会破坏已部署的库和应用程序。

注意　URLCanonicalizer 类需要被多个不同的包调用，而不仅限于它自己的包，因此它必须是公共类，而不能是包级别私有的，这也意味着任何用户都可以访问它。

针对这一常见问题，解决方案是对 Java 的访问控制模型进行一次性更改，此更改同时适用于调用 JDK 的用户代码和调用第三方库的应用程序。

2.1.4　新的访问控制语义

模块为 Java 的访问控制模型添加了一个新概念：导出包。在 Java 8 及更早的版本里，任何包的代码都可以调用包中公共类的公共方法，这有时称为**猎枪隐私**（shotgun privacy），它来自另一门编程语言中的名言：

> Perl 不热衷于强制控制隐私。它宁愿你是因为没有被邀请而待在客厅外面，而不是因为它有猎枪。

——Larry Wall

然而对于 Java 来说，广泛使用内部 API 带来了很大的问题。越来越多的库依赖使用内部 API 提供难以（或无法）通过其他方式实现的功能，这威胁到了平台的长期健康。

在 Java 8 里，我们无法对整个包实施访问控制。这意味着 JDK 团队即使定义了公共 API，也无法保证用户不会依赖该 API 或不会直接链接到内部实现。

包中以 java 或 javax 开头的任何内容都是公共 API，而其余内容为内部实现，但这只是一个约定。正如我们已经看到的那样，没有 VM 或类加载机制强制检查这一点。

不过，在模块系统中，这种情况发生了改变。新增的 exports 关键字可以指定哪些包被视为模块的公共 API。在模块化的 JDK 中，包 sun.net 没有被导出，所以之前 Java 8 的 URLCanonicalizer 代码将无法编译。下面是我们尝试使用 Java 11 编译时可能遇到的情况：

```
$ javac src/ch02/MyURLHandler.java
src/ch02/MyURLHandler.java:3: error: package sun.net is not visible
import sun.net.URLCanonicalizer;
              ^
  (package sun.net is declared in module java.base, which does not export
     it to the unnamed module)
src/ch02/MyURLHandler.java:8: error: cannot find symbol
        return isSimpleHostName(url);
               ^
  symbol:   method isSimpleHostName(String)
  location: class MyURLHandler
2 errors
```

注意，错误消息明确指出 `sun.net` 包现在不可见，编译器甚至找不到这个方法。这是 Java 访问控制工作方式的一个根本性改变，现在我们只能访问导出包上的方法。公共类上的公共方法已经不再自动对所有代码可见。

不过，许多开发人员可能看不到这个更改。如果我们是遵守规则的 Java 开发人员，就不会直接调用内部包中的 API。但是，我们可能会依赖第三方库或框架，所以需要深入了解实际情况，以避免未来遇到问题时不知所措。

注意 封装不是免费的，模块化前的 Java 实际上是一个非常开放的系统。模块提供了结构化程度更高的设计，这可能会让许多 Java 开发人员觉得这些额外的保护措施带来了限制。下面我们来看看编写 Java 模块代码的新语法。

2.2 模块的基本语法

Java 平台模块被定义为一个概念单元，它将加载的一组包和类声明为单个实体。每个模块必须声明一个新文件，称为**模块描述符**（module descriptor），表示为 module-info.java，该文件包含以下内容：

- 模块名称；
- 模块依赖；
- 公共 API（导出包）；
- 反射访问权限；
- 提供的服务；
- 依赖的服务。

该文件必须放在源代码层次结构中的合适位置。例如，在 Maven 风格的布局中，完整的模块名称 `wgjd.discovery` 直接放在 **src/main/java** 后，里面包含了 module-info.java 和包的根目录，如下所示：

```
src
└── main
    └── java
        └── wgjd.discovery
            ├── wgjd
            |   └── discovery
            |       ├── internal
            |       |   ├── AttachOutput.java
            |       |   └── PlainAttachOutput.java
            |       ├── VMIntrospector.java
            |       └── Discovery.java
            └── module-info.java
```

当然，这与非模块化的 Java 项目略有不同，后者通常指定 **src/main/java** 作为包的根目录。但是，我们还是非常熟悉模块根目录下的包层次结构。

注意 当构建模块化项目时，模块描述符会被编译成类文件 module-info.class，尽管从命名上来看该文件就是普通的 Java 类，但它与我们在 Java 平台中看到的常见类文件有很大不同。

在本章中，我们将介绍模块描述符的基本指令，但不会深入探讨模块提供的所有功能，特别是模块中的服务（service）。

下面是模块描述符的一个简单示例：

```
module wgjd.discovery {
    exports wgjd.discovery;
    requires java.instrument;
    requires jdk.attach;
    requires jdk.internal.jvmstat;
}
```

这里包含 3 个新的关键字——module、exports 和 requires——大多数 Java 程序员看到语法命名应该就大概了解了它们的用途。关键字 module 只用来声明作用范围。

注意 module-info.java 这个名字会让人联想到 package-info.java，它们有些关联。因为包对运行时来说并不是真正可见的，所以需要一种变通方法来获取应用于整个包的注解元数据。这个方法就是 package-info.java。在模块化的世界中，模块与更多的元数据相关联，因此采用了一个相似的名称。新语法实际上由受限的关键字组成，这些关键字在 Java 语言规范中是这样描述的：

还有 10 个字符序列是受限关键字：open、module、requires、transitive、exports、opens、to、uses、provides 和 with。这些字符序列只有在 ModuleDeclaration 和 ModuleDirective 的开始或结束位置出现时，才被视为关键字。

简单来说，这些新关键字仅在模块元数据的描述符中起作用，在一般的 Java 源代码中不会被视为关键字。但是，最好避免将这些单词用作 Java 标识符，即使从技术上说，使用它们是没有问题的。这与第 1 章提及的 var 的情况相同，我们将使用更宽松的定义，在本书的其余部分将它们称为关键字。

2.2.1 导出和依赖

exports 关键字接收一个包名作为参数。上面的那个例子里出现的：

```
exports wgjd.discovery;
```

意味着应用程序模块导出了包 wgjd.discovery，但是因为描述符没有提到任何其他包，所以 wgjd.discovery.internal 没有被导出。因此，它对 discovery 模块之外的代码不可见。

模块描述符中可以有多个导出行，事实上，这很常见。也可以使用 exports ... to ... 语法进行更细粒度的控制，指定只有某些外部模块才可以访问模块的某个包。

> **注意**　单个模块可以导出一个或多个包，这些包构成了模块的公共 API，是其他模块代码唯一可以访问的包，除非进行了重写（例如，通过命令行开关）。

requires 关键字用于声明当前模块的依赖关系，它需要一个参数，该参数是模块名称，而不是包名称。java.base 模块包含了 Java 运行时最基本的包和类。我们可以使用 jmod 命令看一下：

```
$ jmod describe $JAVA_HOME/jmods/java.base.jmod
java.base@11.0.3
exports java.io
exports java.lang
exports java.lang.annotation
exports java.lang.invoke
exports java.lang.module
exports java.lang.ref
exports java.lang.reflect
exports java.math
exports java.net
exports java.net.spi
exports java.nio
... // 接下来还有很多行
```

这些包基本上会被每个 Java 程序使用，因此 java.base 是每个模块的隐式依赖，不需要在 **module-info.java** 中显式声明。这与 java.lang 是每个 Java 类的隐式导入包非常相似。

模块名称的一些基本规则和约定如下：

- ❏ 模块存在于全局命名空间中；
- ❏ 模块名称必须是唯一的；
- ❏ 如果适用，使用标准的 com.company.project 约定。

模块中的一个关键概念是传递性。下面我们将深入探讨这个概念，因为它不仅出现在模块的上下文中，而且也出现在普通的 Java 库（JAR 文件）依赖中（第 11 章将做进一步讲解）。

2.2.2　传递性

传递性（transitivity）是一个非常通用的计算机术语，并不特定于 Java，它描述了当一个代码单元依赖其他单元才能运行时发生的情况，这些单元本身也可能依赖其他单元。我们的原始代码甚至可能从未提及这些底层依赖，但它们仍然需要被引入，否则我们的应用程序将无法运行。

要理解为什么会这样以及传递性为什么很重要，我们需要考虑两个模块 A 和 B，其中 A 依赖 B，那么可能有两种不同的情况：

- ❏ A 的导出方法中没有直接提及 B 中的类型；
- ❏ A 将 B 中的类型作为其 API 的一部分。

在第一种情况下，如果 A 的客户端（那些使用 A 的模块）没有同时依赖 B，A 就无法使用。这对 A 的客户端来说是一个不必要的负担。

模块系统提供了一个简单的语法来解决这个问题：`requires transitive`。如果模块 A 对依赖的另一个模块使用传递性依赖，那么任何依赖 A 的代码也将隐含地获取这些传递性依赖。

尽管在某些用例中使用 `requires transitive` 是不可避免的，但一般来说，在编写模块时，我们应尽量减少使用传递性依赖。在第 11 章讨论构建工具时，我们将进一步探讨传递性依赖。

2.3　模块加载

我们在第 1 章中提到过 Java 类加载，如果你是第一次听说这个概念，或者没有任何相关经验，那也不用担心。最重要的是知道存在以下 4 种类型的模块（其中一些模块在加载时的行为略有不同）：

- ❑ 平台模块；
- ❑ 应用模块；
- ❑ 自动模块；
- ❑ 未命名模块。

如果你熟悉类加载，那么你应该知道模块的引入改变了类加载机制中的一些操作细节。

现代 JVM 具有模块感知类加载器（module-aware class loader），它加载 JRE 类的方式与 Java 8 大不相同。一个关键概念是**模块路径**（module path），它是一系列指向模块（或包含模块的目录）的路径。模块路径类似于传统的 Java 类路径，但两者是不同的。

注意　我们将在第 4 章简要介绍类加载，并向读者介绍现代 Java 的加载方式。

模块化下的类加载基本原则如下：

- ❑ 模块是从模块路径开始解析的，而不是以前的类路径；
- ❑ 在启动时，JVM 解析模块图，模块图必须是非循环的；
- ❑ 模块图的根是一个模块，它是执行的起点，包含具有 `main` 方法的入口类。

已经模块化的依赖称为应用模块（application module），它们被放置在模块路径上。未模块化的依赖放置在以前的类路径中，并通过迁移机制加入模块系统。

模块解析使用深度优先遍历，并且由于图是非循环的，所以解析算法能够在线性时间内完成。下面，我们将更深入地研究这 4 种模块。

2.3.1　平台模块

平台模块是来自模块化 JDK 本身的模块。平台模块本来是 Java 8 中整体运行时（rt.jar）的一部分（也可能来自辅助的 JAR，例如 `tools.jar`）。我们可以使用 `--list-modules` 标志来获取可用的平台模块列表，如下所示：

```
$ java --list-modules
java.base@11.0.6
java.compiler@11.0.6
```

```
...
java.xml@11.0.6
java.xml.crypto@11.0.6
jdk.accessibility@11.0.6
...
jdk.unsupported@11.0.6
...
```

这个命令会提供一个完整的列表, 我们在图 2-1 中只展示了其中一部分。

注意　模块及其对应名称的完整列表取决于所使用的 Java 版本。例如, 在 Oracle 的 GraalVM 实现中, 可能存在一些额外的模块, 如 `com.oracle.graal.graal_enterprise`、`org.graalvm.js.scriptengine` 和 `org.graalvm.sdk`。

平台模块大量使用**限定导出** (qualified exporting) 机制, 其中一些包仅导出到指定的模块列表, 因此不是任何包都能访问它们的。

发行版中最重要的模块是 `java.base`, 它是所有其他模块的隐式依赖项, 包含了 `java.lang`、`java.util`、`java.io` 和其他基本包。这个模块基本上对应着运行一个应用程序所需的最小 Java 运行时。

与之相对的是**聚合器模块** (aggregator module), 它们不包含任何代码, 但作为一种快捷机制, 允许应用程序以传递方式引入非常广泛的依赖。例如, `java.se` 模块被引入了整个 Java SE 平台。

2.3.2　应用模块

应用模块是应用程序本身或应用程序的模块化依赖。应用模块有时也称为**库模块** (library module)。

注意　平台模块和应用模块在技术上没有任何区别, 这种区别纯粹是概念上的。此外, 它们使用的类加载器也不同, 我们将在第 4 章中讨论这一点。

应用程序所依赖的第三方库也是应用模块。例如, 用于操作 JSON 的 Jackson 库从 2.10 版本开始已经模块化了, 因此它可以被认为是一个应用模块 (库模块)。

应用模块通常依赖平台模块和其他应用模块。我们应该尽可能地限制这些模块的依赖关系, 并避免将 `java.se` 作为依赖。

2.3.3　自动模块

模块系统的一个特别设计是不允许在模块中引用类路径。这个限制似乎会带来潜在的问题——如果一个模块需要依赖一些尚未模块化的代码, 那该怎么办?

解决方案是将非模块化的 JAR 文件移动到模块路径下 (并将其从类路径中删除)。完成后,

JAR 文件就变成了一个自动模块。模块系统会自动为这个模块生成一个名字，这个名字来源于 JAR 文件的名字。

自动模块会导出它包含的每个包，并且自动依赖模块路径中的所有其他模块。自动模块没有正确的模块依赖信息，因为它们既没有显式声明依赖关系，也没有公布它们的 API。这意味着它们不是模块系统中的"一等公民"，不能提供与真正的 Java 模块相同级别的保证。

我们可以将自动模块和对应的名称添加到 JAR 里的 MANIFEST.MF 文件中，以显式指定一个名称。这通常作为迁移到 Java 模块时的中间步骤，因为这样开发人员就可以提前保留模块名称，并且获得与模块化代码互操作的一些好处。

例如，Apache Commons Lang 库尚未完全模块化，但它提供了 `org.apache.commons.lang3` 作为自动模块名称。即使它的维护者还没有将它完全模块化，其他模块也可以声明它们依赖这个自动模块。

2.3.4   未命名模块

类路径上的所有类和 JAR 都会添加到单个模块，即未命名模块。这样做是为了向后兼容，但如果这些代码始终保留在未命名模块中，模块系统的作用就无法充分发挥了。

对于完全非模块化的应用程序（例如，在 Java 11 运行时之上运行的 Java 8 应用程序），类路径的内容会被转储到未命名模块中，其根模块被认为是 `java.se`。

模块化代码不能依赖未命名模块，因此，在实践中，模块不能依赖类路径中的任何内容。通常使用自动模块来处理这种情况。在形式上，未命名模块依赖 JDK 中的所有模块和模块路径，因为它复制了 Java 模块化之前的行为。

2.4   构建模块化应用程序

现在在我们来构建一个模块化应用程序。首先，我们需要构建模块图（有向无环图）。这个图必须有一个**根模块**（root module），在下面的示例中，根模块就是包含应用程序入口类的模块。应用程序的模块图是根模块的所有模块依赖关系的传递闭包。

然后，我们将修改在第 1 章中创建的 **HTTP** 站点检查工具，使其成为一个模块化应用程序。示例的文件布局如下：

```
.
└── wgjd.sitecheck
    └── wgjd
    |   └── sitecheck
    |       ├── concurrent
    |       |   └── ParallelHTTPChecker.java
    |       ├── internal
    |       |   └── TrustEveryone.java
    |       ├── HTTPChecker.java
    |       └── SiteCheck.java
    └── module-info.java
```

我们将某些关注点（例如 `TrustEveryone` 的实现）分解到它们自己的类中，而不是将它们表示为静态内部类（因为之前所有代码都放在一个文件中）。我们还设置了单独的包，并在示例中导出所有包。模块文件与我们之前看到的类似：

```
module wgjd.sitecheck {
  requires java.net.http;
  exports wgjd.sitecheck;
  exports wgjd.sitecheck.concurrent;
}
```

注意应用模块对 `java.net.http` 的依赖。为了观察缺少依赖时会发生什么，我们注释掉对 **HTTP** 模块的依赖，并尝试使用 `javac` 编译项目：

```
$ javac -d out wgjd.sitecheck/module-info.java \
    wgjd.sitecheck/wgjd/sitecheck/*.java \
    wgjd.sitecheck/wgjd/sitecheck/*/*.java
wgjd.sitecheck/wgjd/sitecheck/SiteCheck.java:8: error:
  package java.net.http is not visible
import java.net.http.*;
                  ^
  (package java.net.http is declared in module java.net.http, but
      module wgjd.sitecheck does not read it)
wgjd.sitecheck/wgjd/sitecheck/concurrent/ParallelHTTPChecker.java:4:
  error: package java.net.http is not visible
import java.net.http.*;
                  ^
```

// 其他相似的错误

这个失败表明，对于一些简单的问题，模块系统很容易解决。模块系统检测到缺失的模块，并尝试提供解决方案：建议我们将缺失的模块添加为依赖。如果我们按建议进行修复，那么模块将按预期正常构建。不过，对于更复杂的问题，我们可能就需要调整编译步骤或通过开关手动控制模块系统了。

2.4.1 模块的命令行开关

编译模块时，可以使用多个命令行开关来控制模块化的编译（以及后续的执行），比较常见的有下面这些。

- ❏ `list-modules`：打印所有模块。
- ❏ `module-path`：指定一个或多个包含模块的目录。
- ❏ `add-reads`：向流程中添加额外的 `requires`。
- ❏ `add-exports`：在编译时添加额外的 `exports`。
- ❏ `add-opens`：在运行时启用对所有类型的反射访问。
- ❏ `add-modules`：将模块列表添加到默认集合。
- ❏ `illegal-access=permit|warn|deny`：改变反射访问规则。

接下来，我们看看其中一个开关的作用。它将演示模块打包时经常会出现的一个问题，这也是许多开发人员在开始使用模块时会遇到的问题。

当使用模块时，我们有时会发现应用程序破坏了封装。例如，从 Java 8 迁移过来的应用程序有时会访问不再导出的内部包。

假设我们有一个结构简单的项目，它使用 Attach API 动态连接到主机上运行的其他 JVM，并输出它们的一些基本信息。这个项目的布局与前面例子中的基本相同：

```
.
└── wgjd.discovery
    ├── wgjd
    │   └── discovery
    │       ├── internal
    │       │   └── AttachOutput.java
    │       ├── Discovery.java
    │       └── VMIntrospector.java
    └── module-info.java
```

项目编译后会出现一系列错误：

```
$ javac -d out/wgjd.discovery wgjd.discovery/module-info.java \
  wgjd.discovery/wgjd/discovery/*.java \
  wgjd.discovery/wgjd/discovery/internal/*

wgjd.discovery/wgjd/discovery/VMIntrospector.java:4: error: package
  sun.jvmstat.monitor is not visible
import sun.jvmstat.monitor.MonitorException;
                  ^
    (package sun.jvmstat.monitor is declared in module jdk.internal.jvmstat,
      which does not export it to module wgjd.discovery)
wgjd.discovery/wgjd/discovery/VMIntrospector.java:5: error: package
  sun.jvmstat.monitor is not visible
import sun.jvmstat.monitor.MonitoredHost;
                  ^
    (package sun.jvmstat.monitor is declared in module jdk.internal.jvmstat,
      which does not export it to module wgjd.discovery)
```

这些错误是由项目代码使用了内部 API 引起的，如下所示：

```java
public class VMIntrospector implements Consumer<VirtualMachineDescriptor> {

    @Override
    public void accept(VirtualMachineDescriptor vmd) {
        var isAttachable = false;
        var vmVersion = "";
        try {
            var vmId = new VmIdentifier(vmd.id());
            var monitoredHost = MonitoredHost.getMonitoredHost(vmId);
            var monitoredVm = monitoredHost.getMonitoredVm(vmId, -1);
            try {
                isAttachable = MonitoredVmUtil.isAttachable(monitoredVm);
                vmVersion = MonitoredVmUtil.vmVersion(monitoredVm);
            } finally {
                monitoredHost.detach(monitoredVm);
```

```
        }
    } catch (URISyntaxException | MonitorException e) {
        e.printStackTrace();
    }

    System.out.println(
            vmd.id() + '\t' + vmd.displayName() + '\t' + vmVersion +
            '\t' + isAttachable);
    }
}
```

虽然像 `VirtualMachineDescriptor` 这样的类是 `jdk.attach` 模块导出接口的一部分（该类在导出包 com.sun.tools.attach 中），但我们依赖的其他类（例如 sun.jvmstat.monitor 中的 `MonitoredVmUtil`）不能被访问。幸运的是，**Java** 提供了工具来软化模块边界，从而实现对非导出包的访问。

为此，我们需要添加一个开关 add-exports 来强制访问 jdk.internal.jvmstat 模块的内部，这也意味着我们破坏了封装。编译命令如下所示：

```
$ javac -d out/wgjd.discovery \
  --add-exports=jdk.internal.jvmstat/sun.jvmstat.monitor=wgjd.discovery \
  wgjd.discovery/module-info.java \
  wgjd.discovery/wgjd/discovery/*.java \
  wgjd.discovery/wgjd/discovery/internal/*
```

在 --add-exports 语法中，我们必须提供需要访问的模块和包名称，以及被授予访问权限的模块。

2.4.2　运行模块化应用

在模块化之前，只有以下两种方法可以启动 Java 应用程序：

```
java -cp classes wgjd.Hello
java -jar my-app.jar
```

Java 程序员应该熟悉这些，我们经常需要从 JAR 文件中运行启动类或主类。在现代 **Java** 中，又新增了两种启动程序的方法。我们在 1.5.4 节中了解了运行单文件程序的方法，现在我们将学习第 4 种方法：运行模块的主类。语法如下：

```
java --module-path mods -m my.module/my.module.Main
```

然而，就像上面的编译示例一样，我们可能需要额外的命令行开关。例如，运行之前的示例应用：

```
$ java --module-path out -m wgjd.discovery/wgjd.discovery.Discovery
Exception in thread "main" java.lang.IllegalAccessError:
  class wgjd.discovery.VMIntrospector (in module wgjd.discovery) cannot
    access class sun.jvmstat.monitor.MonitorException (in module
      jdk.internal.jvmstat) because module jdk.internal.jvmstat does not
        export sun.jvmstat.monitor to module wgjd.discovery
```

```
        at wgjd.discovery/wgjd.discovery.VMIntrospector.accept(
VMIntrospector.java:19)
        at wgjd.discovery/wgjd.discovery.Discovery.main(Discovery.java:26)
```

为了防止出现这个错误，我们还必须在执行程序时提供破坏封装的开关，如下所示：

```
$ java --module-path out \
  --add-exports=jdk.internal.jvmstat/sun.jvmstat.monitor=wgjd.discovery \
  -m wgjd.discovery/wgjd.discovery.Discovery

Java processes:
PID     Display Name      VM Version      Attachable
53407   wgjd.discovery/wgjd.discovery.Discovery      15-ea+24-1168      true
```

如果运行时系统找不到我们请求的根模块，那么我们会看到这样的异常提示：

```
$ java --module-path mods -m wgjd.hello/wgjd.hello.HelloWorld
Error occurred during initialization of boot layer
java.lang.module.FindException: Module wgjd.hello not found
```

虽然这个错误消息很简短，但它向我们展示了 JDK 的一些新内容，包括：

❑ 新包 java.lang.module；

❑ 新异常 FindException。

这再次表明，模块系统确实已成为 Java 程序执行中不可或缺的一部分，即使它并不总是显而易见。

接下来，我们将简要介绍模块与反射的交互。在此之前，希望你已经熟悉反射。如果你还不熟悉，请暂时跳过 2.4.3 节的内容，在阅读完第 4 章关于类加载和反射的内容，然后再来学习。

2.4.3　模块与反射

在 Java 8 中，开发人员可以使用反射来访问运行时系统里的绝大部分内容，甚至还可以绕过 Java 的访问控制检查，例如，通过所谓 setAccessible() 来调用其他类的私有方法。

正如我们看到的那样，模块改变了访问控制的规则，这也适用于反射，其目的是，在默认情况下，只有导出的包才能被反射访问。

不过，模块系统的创建者意识到，有时开发人员的确想将代码的反射访问权限授予某些包（不是直接访问），这需要明确的许可，我们可以使用 opens 关键字来指定哪些内部包能够通过反射来访问。此外，还可以使用语法 opens...to... 来控制更细粒度的访问，允许特定的模块以反射的方式来访问指定的包。

前面的讨论似乎暗示我们熟悉的那些反射技巧已经不再适用。实际情况则更复杂，最好通过命令行开关 --illegal-access 来解释。这个开关有 3 个配置项：permit、warn 和 deny，它们用来控制反射检查的严格程度。

模块系统的初衷一直是让整个 Java 生态系统逐步实现规范的封装，反射也不例外。因此在某个时候，开关将默认配置为 deny（最终可能会完全移除）。这种变化显然不可能在一夜之间发生。如果反射开关突然设置为 deny，Java 生态系统的许多领域将会崩溃，也不会有人升级 JDK。

不过，当 Java 17 发布时，Java 9 已经发布 4 年了，这个开关带来的告警信息也已经存在了 4 年，这为开发者留出了足够的时间。因此，Java 16 决定将 `--illegal-access` 的默认选项更改为 `deny`，并在 Java 17 中完全移除了该选项。

注意 应用程序直接从 Java 8 迁移到 Java 17 可能比执行两次升级（先从 Java 8 到 Java 11，然后从 Java 11 到 Java 17）更麻烦，原因之一就是反射封装语义的变化。

我们仍然可以使用 `--add-opens` 命令行选项或 **Add-Opens JAR** 清单属性来使用特定包。对于需要使用反射且尚未完全模块化的库或框架来说，可能需要采用这种做法。不过 Java 17 删除了允许全局访问的选项。

其他有助于版本迁移的概念是**开放模块**（open module）。它通过简单的声明完全放开了反射访问，允许对模块中的所有包进行反射访问，但不能在编译时访问。这使应用可以兼容现有代码和框架，是一种更松散的封装形式。因此，最好避免使用开放模块，或者仅将它用作迁移到模块化构建时的过渡形式。在第 17 章，我们将探讨使用 `Unsafe` 包的具体案例，这是一个很好的例子，可以用来说明模块化世界里反射存在的一些问题。

2.5 模块架构

模块代表了一种全新的打包和部署代码的方式。团队需要采用一些新的实践来充分利用模块的新功能和架构优势。不过好消息是，我们可以在项目中只使用现代 Java 功能而无须立即引入模块。类路径和 JAR 文件的传统方法仍然有效，直到团队准备好全面采用模块。

事实上，Mark Reinhold（Oracle 的 Java 首席架构师）曾就应用程序采用模块化的"必要性"发表过以下言论。

> 无须切换到模块。
> 从来不需要切换到模块。
> Java 9 及更高版本通过未命名模块的概念支持传统类路径上的 JAR 文件，并且可能会一直这样做，直到宇宙热寂为止。
> 是否开始使用模块完全取决于你。
> 如果你维护着一个变化不大的大型遗留项目，那么可能不值得付出努力进行模块化改造。
>
> ——Mark Reinhold

在理想情况下，模块应该是所有新开发应用程序的默认设置，但事实证明这在实践中可能很复杂，因此在迁移过程中，可遵循如下步骤：

1. 升级到 Java 11（仅限类路径）；
2. 设置自动模块名称；
3. 重构成一个包含所有代码的单体模块；

4. 根据需要，将单体模块分解成单独的模块。

通常，到第 3 步时，我们会对外暴露很多内部实现代码。这通常意味着，步骤 4 的部分工作是创建额外的包来容纳内部代码和实现代码，并将代码重构到这些包中。

如果你仍在使用 Java 8 并且还没有准备好迁移到模块，可以执行以下操作来为迁移做准备：

❏ 在 MANIFEST.MF 中引入一个自动模块名称；

❏ 从部署工件中删除拆分包；

❏ 使用 jdeps 和运行时精简模式来减少不必要的依赖。

使用明确的自动模块名称将简化迁移工作。自动模块名称虽然会被所有不支持模块的 Java 版本忽略，但仍然允许我们为自己的库保留一个稳定的名称，并能将一些代码移出未命名的模块。它还有一个优点是，调用方能够随时迁移到模块，因为我们已经公布了自己模块将要使用的名称。

2.5.1　拆分包

开发人员在开始使用模块时遇到的一个常见问题是**拆分包**（split package）。当两个或更多个独立的 JAR 文件包含的类属于同一个包时就会出现这个问题。在非模块化应用程序中，拆分包没有问题，因为 JAR 文件和包对运行时均没有特别的意义。但是，在模块化的世界中，一个包只能属于一个模块，不能拆分。

如果应用程序的依赖含有拆分包，那么当计划迁移到模块时，就必须解决这个问题，没有其他绕过这个问题的办法。对于团队控制的代码来说，这需要额外的工作，但做起来并不难。一个方法是由构建系统生成特定的构件（通常使用 -all 后缀），它可以同时拥有模块化和非模块化的版本，并包含所有拆分包中的共同内容。

对于外部依赖，解决方式会更复杂。我们可能需要将第三方开源代码重新打包到一个 JAR 中，作为自动模块来使用。

2.5.2　Java 8 运行时精简模式

运行时精简模式是 Java 8 的一项特性。它是体积更小的运行时环境，同时实现了 JVM 和 Java 语言规范。这项特性在 Java 8 中被引入，作为 Java 9 中模块化的基础。

运行时精简模式必须包含 Java 语言规范中明确提及的所有类和包。运行时精简模式中包含的包通常与完整的 Java SE 平台中同名的包相同。只存在极少数例外，但这些例外情况都会被明确指出。

运行时精简模式的主要应用场景之一是作为服务器应用程序或其他环境的基础运行时，在这些环境中不应该部署不必要的功能。比如，从过往来看，大量安全漏洞与 Java 的 GUI 功能有关，尤其是 Swing 和 AWT。在用不到这些功能的应用程序中不部署相关的包，我们就可以获得额外的安全性，特别是对于服务器应用程序来说。

注意　Oracle 曾经发布过一个精简的 JRE（"Server JRE"），它扮演的角色与精简模式 1 非常相似。

精简模式 1（Compact 1）是能够用来运行应用程序的最小包集。它包含 50 个包，常见的包如下所示：

- ❑ `java.io`
- ❑ `java.lang`
- ❑ `java.math`
- ❑ `java.net`
- ❑ `java.text`
- ❑ `java.util`

此外，它还包含一些意想不到的包，但它们为现代应用程序提供了很多基础类：

- ❑ `java.util.concurrent.atomic`
- ❑ `java.util.function`
- ❑ `javax.crypto.interfaces`
- ❑ `javax.net.ssl`
- ❑ `javax.security.auth.x500`

精简模式 2（Compact 2）要大得多，包含诸如 XML、SQL、RMI 和安全性所需的包。精简模式 3（Compact 3）更大，基本上由整个 JRE 组成，移除了窗口类和 GUI 组件——类似于 `java.se` 模块。

注意 所有精简模式都包含 `Object` 引用的传递闭包类型，以及语言规范中提到的所有类型。

精简模式 1 最接近最小运行时，因此在某些方面它类似于 `java.base` 模块的原型形式。理想情况下，如果应用程序或库可以仅以精简模式 1 作为依赖运行，那么就应该这么做。

为了帮助检查应用程序能否使用精简模式 1 或其他模式，JDK 提供了 `jdeps`。这是 Java 8 和 Java 11 附带的静态分析工具，用于检查包或类的依赖关系。该工具能以多种不同的方式使用，从识别应用程序需要在哪个精简模式下运行，到识别调用 JDK 内部 API（例如 `sun.misc` 类）的开发人员代码，再到帮助跟踪传递性依赖。它对应用从 Java 8 迁移到 Java 11 非常有帮助，并且适用于 JAR 和模块。在最简单的形式中，`jdeps` 接受一个类或包作为输入参数，然后输出一个简短的包列表，这些包都是输入参数的依赖。例如，对于前面提到的 `Discovery` 类：

```
$ jdeps Discovery.class
Discovery.class -> java.base
Discovery.class -> jdk.attach
Discovery.class -> not found
   wgjd.discovery              -> com.sun.tools.attach     jdk.attach
   wgjd.discovery              -> java.io                  java.base
   wgjd.discovery              -> java.lang                java.base
   wgjd.discovery              -> java.util                java.base
   wgjd.discovery              -> wgjd.discovery.internal  not found
```

可以使用 `-P` 参数来显示运行该类（或包）需要哪种模式，当然，这仅适用于 Java 8 运行时。

接下来，我们继续快速了解一下一个有良好基础的 Java 开发人员应该知道的另一种迁移技术：多版本 JAR。

2.5.3　多版本 JAR

这个新功能允许我们构建一个 JAR 文件，该文件包含的库和组件既可以在 Java 8 上运行，也可以在现代模块化 JVM 上运行。例如，我们的 JAR 文件可以依赖仅在高版本中可用的类，同时还能通过回退和存根等技术在早期版本上运行。

要制作多版本 JAR，我们需要在 JAR 的清单文件中包含下面这个条目：

```
Multi-Release: true
```

此条目仅对 Java 9 及以上的 JVM 有意义，因此如果这种 JAR 在 Java 8（或更早版本）VM 上运行，它的多版本性质就会被忽略。

以 Java 9 及以上版本为目标的类称为**变体代码**（variant code），存储在 JAR 中的 META-INF 特殊目录中，如下所示：

```
META-INF/versions/<version number>
```

该机制基于对单个类的覆盖来实现。Java 9 及更高版本会在版本目录下查找与主目录下名称完全相同的类。如果找到，则使用此版本覆盖主目录下的类。

注意　Java 类文件里含有创建它们的 Java 编译器的版本号，也就是类文件版本号。在较新的 Java 版本上创建的代码无法运行在较旧的 JVM 上。

META-INF/versions 目录会被 Java 8 及更早的版本忽略，而多版本 JAR 就是使用了这个巧妙的技巧来解决如下问题：多版本 JAR 中包含的某些类文件会因版本太高而无法在 Java 8 上运行。

然而，这也意味着主目录下的类和任何覆盖它的变体代码必须有相同的 API，因为它们会以完全相同的方式链接。

示例：构建多版本 JAR

下面我们将提供一个获取正在运行的 JVM 的进程 ID 的示例。在 Java 9 之前，这个功能实现起来有点儿麻烦，需要使用 `java.lang.management` 包进行一些变通操作。

Java 11 提供了一个 API，可以从 Process API 中获取 PID，因此我们希望实现一个简单的多版本 JAR，它在 Process API 可用时使用这种简单方式，并仅在必要时回退到基于 JMX 的方式。

主类如下所示：

```
public class Main {
    public static void main(String[] args) {
        System.out.println(GetPID.getPid());
    }
}
```

注意，依赖版本实现的功能已被隔离到一个单独的类 `GetPID` 中。下面的示例使用了 Java 8 中的旧 API 实现，代码有些冗长：

```java
public class GetPID {
  public static long getPid() {
    System.out.println("Java 8 version...");   我们包含此行代码，表示这里使用
    // ManagementFactory.getRuntimeMXBean().getName()返回当前运行的 JVM 名称
    // 在 Sun 和 Oracle JVM 里，这个名称的格式为<pid>@<hostname>

    final var jvmName = ManagementFactory.getRuntimeMXBean().getName();
    final var index = jvmName.indexOf('@');
    if (index < 1) {
        return 0;
    }

    try {
        return Long.parseLong(jvmName.substring(0, index));
    } catch (NumberFormatException e) {
        return 0;
    }
  }
}
```

（旁注：我们包含此行代码，表示这里使用的是 Java 8 中的旧 API 实现）

我们需要解析 JMX 方法返回的字符串。即便如此，我们的解决方案也不能保证可以实现跨 JVM 迁移。相比之下，**Java 9** 及更高版本的 API 提供了更简单的标准方法：

```java
public class GetPID {
    public static long getPid() {
        // 使用 Java 9 中新提供的 ProcessHandle API
        var ph = ProcessHandle.current();
        return ph.pid();
    }
}
```

`ProcessHandle` 类在包 `java.lang` 中，因此我们不需要使用 `import` 语句。

接下来我们需要打包成多版本 JAR，将 **Java 11** 版本的代码包含在其中，如果 JVM 版本足够高，就可以使用这个版本的代码了，否则就需要使用回退版本。下面是一个比较合适的代码布局：

```
.
└── src
    ├── main
    │   └── java
    │       └── wgjd2ed
    │           ├── Main.java
    │           └── GetPID.java
    └── versions
        └── 11
            └── java
                └── wgjd2ed
                    └── GetPID.java
```

代码库的主目录部分需要用 **Java 8** 编译，版本目录下的代码使用对应的 **Java** 版本编译，然后

"手动"打包成多版本 JAR（使用 `jar` 命令直接打包）。

注意 这里的代码布局遵循构建工具 Maven 和 Gradle 的约定，我们将在第 11 章中进行进一步的讲解。

我们使用 JDK 命令 `javac` 编译代码，通过 `--release` 标志指定代码的编译目标版本是 Java 8：

```
$ javac --release 8 -d out src/main/java/wgjd2ed/*.java
```

接下来，我们编译变体代码，指定编译目标版本是 Java 11，同时提供了单独的输出目录 out-11：

```
$ javac --release 11 -d out-11 versions/11/java/wgjd2ed/GetPID.java
```

此外，我们还需要一个 MANIFEST.MF 文件，它可以通过 `jar` 工具自动构建，如下所示：

```
$ jar --create --release 11 \
   --file pid.jar --main-class=wgjd2ed.Main
   -C out/ . \
   -C out-11/ .
```

这就创建了一个可运行的多版本 JAR，它的入口类是 `main`。在 Java 11 上运行这个 JAR，可以看到如下输出：

```
$ java -version
openjdk version "11.0.3" 2019-04-16
OpenJDK Runtime Environment AdoptOpenJDK (build 11.0.3+7)
OpenJDK 64-Bit Server VM AdoptOpenJDK (build 11.0.3+7, mixed mode)

$ java -jar pid.jar
13855
```

在 Java 8 上运行：

```
$ java -version
openjdk version "1.8.0_212"
OpenJDK Runtime Environment (AdoptOpenJDK)(build 1.8.0_212-b03)
OpenJDK 64-Bit Server VM (AdoptOpenJDK)(build 25.212-b03, mixed mode)

$ java -jar pid.jar
Java 8 version...
13860
```

注意在 Java 8 版本中我们添加了额外的输出，以便你可以区分这两种情况并确保运行的是两个不同的类。对于多版本 JAR 的真实用例，代码在这两种情况下一般都执行相同的操作（即使实际执行环境回退到 Java 8 版本），或者在遇到不支持该功能的 JVM 时能以优雅或可预测的方式失败。

我们建议采用的一个重要架构模式是将特定 JDK 版本的代码隔离到一个包或一组包中，这一策略的有效性取决于代码的功能范围和复杂性。

该工作需要遵循的一些基本原则如下：

- 主代码库必须能够使用 Java 8 构建；
- Java 11 的特定部分必须使用 Java 11 构建；
- Java 11 的特定部分必须位于单独的版本目录下，与主目录隔离；
- 最终结果应该是一个单一的 JAR；
- 构建配置尽可能保持简单；
- 考虑将多版本 JAR 模块化。

最后一点尤为重要，对于复杂项目来说更是如此，这些项目需要一个更强大的构建工具，而不仅仅是 javac 和 jar。

2.6 超越模块

在本章结尾，我们将快速探讨模块之外的内容。回想一下，模块的全部意义在于为 Java 语言引入了一个缺失的概念：部署单元具有依赖保证，而源代码编译器和运行时都可以信任这种保证。

这种可以信任的模块化依赖在现代软件部署中有许多应用场景。在 Java 中，随着工具和生态系统开始全面支持模块，模块的采用速度虽然缓慢但稳定增长，而模块的优势也逐渐被广泛理解。

下面我们通过学习新特性 JLink 来结束本章，该功能是与模块一起添加到 Java 平台的。它能够将简化的 Java 运行时与应用程序打包在一起，使用它的应用程序具有以下优点：

- 将应用程序和 JVM 打包到一个独立的目录下；
- 减少应用程序和 JRE 包的占用空间和整体下载大小；
- 减少调试开销，因为不需要提前安装 JVM 并验证 Java 应用程序是否能在 JVM 上运行。

JLink 生成的自包含目录可以被轻松地打包成可部署构件（例如 Linux 的 .rpm 或 .deb、macOS 的 .dmg 或 Windows 的 .msi），为现代 Java 应用程序提供简单的安装体验。

在某些方面，Java 8 中的运行时精简模式提供了 JLink 的早期版本功能，但随模块一起发布的正式版本更加有用和全面，我们将重用本章前面的示例来进行演示。下面是一个简单的 **module-info.java** 文件：

```
module wgjd.discovery {
    exports wgjd.discovery;

    requires java.instrument;
    requires java.logging;
    requires jdk.attach;
    requires jdk.internal.jvmstat;
}
```

它可以通过如下命令构建到 JLink 包中：

```
$ jlink --module-path $JAVA_HOME/jmods/:out  --output bundle/ --add-modules
  wgjd.discovery
```

在示例中，我们生成了一个 JLink 包，它可以作为 TAR 包交付或打包到 Linux 包中（例如.deb 或 .rpm）。我们甚至可以更进一步，使用静态编译将这个包转换为本地可执行文件，但对此的讨论超出了本书的范围。

使用 JLink 时我们应该注意以下两点：
- 它只适用于具有完全模块化依赖关系的应用程序；
- 它不适用于非模块化代码，包括自动模块。

这是因为，JLink 依赖模块图中的强声明信息来确保 JRE 的所有必要部分都包含在捆绑包中。每个依赖都需要一个 module-info.class。如果没有这些信息，构建出来的 JRE 很可能是不安全的。

遗憾的是，现实世界中应用程序所依赖的许多库仍未完全模块化。这大大降低了 JLink 的实用性。为了解决这个问题，工具制造商开发了插件，重新打包未进行模块化的库，让它们变成"真正的"模块。我们将在第 11 章讨论这些工具，这些工具需要结合构建系统使用。因此，对 JLink 的学习将被放置到第 11 章，届时将讲解构建工具。

小结

- 模块是 Java 中的一个新概念。它们对包进行分组，并提供了有关整个单元、其依赖及公共接口的元数据。这些约束随后由编译器和运行时强制执行。
- 模块不是部署结构（例如，不同的文件格式）。模块化的库和应用程序仍然可以通过 JAR 文件分发，并通过标准构建工具下载。
- 转向模块需要改变我们开发 Java 应用程序的方式：
  - module-info.java 文件中的新语法控制着类和方法在模块系统中的公开方式；
  - 类加载系统知道模块定义的限制并能加载非模块化代码；
  - 使用模块化构建需要新的命令行标志并需要更改 Java 项目的标准布局。
- 模块也会带来许多好处：
  - 由于更精细的控制，从根本上来说用模块构建的应用程序实现了现代化部署，并有更好的可维护性；
  - 模块是减少应用程序大小的关键，尤其是在容器中；
  - 模块为其他新功能（例如静态编译）铺平了道路。
- 迁移到模块系统可能具有挑战性，尤其需要注意遗留的单体应用程序。即使在第一个模块化运行时发布 3 年后，模块的采用仍然是零散且不完整的。
- 多版本 JAR 和运行时精简模式等技术可以帮助现有的 Java 8 项目做好与模块化生态系统集成的准备，即使它们现在还不能迁移。

第 3 章

Java 17

3

本章重点
- ❑ 文本块
- ❑ `switch` 表达式
- ❑ 记录类型（`record`）
- ❑ 密封类型（`sealed`）

文本块、`switch` 表达式、记录类型和密封类型是从 Java 12 到 Java 17 添加到 Java 语言和平台的主要新特性。

注意　如果想要详细了解 Java 8 以来 Java 发布方式的变化，可以回顾第 1 章或附录 A 中的相关讨论。

除了主要且用户可见的语言更新，Java 17 还包含了许多内部改进（尤其是性能提升方面）。本章将重点介绍可能会改变开发人员编写 Java 代码方式的主要特性。

3.1　文本块

从 Java 1.0 开始，开发人员就一直在抱怨 Java 的字符串，因为与其他编程语言（例如 Groovy、Scala 或 Kotlin）相比，Java 的字符串显得有些原始。

Java 历来只提供一种类型的字符串——双引号字符串，其中某些字符（特别是 " 和 \）必须进行转义才能使用。在很多场景下，我们需要使用复杂的转义字符串。

文本块（text block）作为预览特性经历了多次迭代（我们在第 1 章中简要讨论过预览特性），它现在是 Java 17 中的标准特性。它将字符串字面量扩展为多行，从而扩充了 Java 语法中的字符串概念。此外，这一特性也减少了大多数转义字符的使用。一直以来，不少 Java 程序员觉得使用过多的转义字符是一个障碍。

注意　与其他编程语言不同，Java 文本块目前不支持字符串插值，不过 Java 正在积极考虑将此特性包含到未来的版本中。

除了帮助 Java 程序员摆脱处理过多转义字符的麻烦，文本块的另一个目标就是允许使用可读的代码字符串，这些代码不是 Java 代码但需要嵌入 Java 程序中。毕竟在一个 Java 程序中包含 SQL 或 JSON（甚至 XML）是很常见的。

在 Java 17 之前，在这些场景里使用字符串很不方便。因此许多团队借助具有额外复杂性的外部模板库。由于文本块的出现，在许多情况下，这些库不再是必需的。

下面我们通过 SQL 查询的例子来了解文本块是如何工作的。在本章中，我们将使用外汇交易方面的示例。假设客户订单存储在 SQL 数据库中，我们将通过如下查询语句来访问该数据库：

```
String query = """
        SELECT "ORDER_ID", "QUANTITY", "CURRENCY_PAIR" FROM "ORDERS"
        WHERE "CLIENT_ID" = ?
        ORDER BY "DATE_TIME", "STATUS" LIMIT 100;
        """;
```

我们应该注意两点。首先，文本块以 """ 开始和结束，这个符号在 Java 15 之前是不允许使用的。其次，文本块可以在每行的开头使用空格缩进，空格会被忽略。

如果打印这个查询变量，那么我们将得到以下构造后的字符串：

```
SELECT "ORDER_ID", "QUANTITY", "CURRENCY_PAIR" FROM "ORDERS"
WHERE "CLIENT_ID" = ?
ORDER BY "DATE_TIME", "STATUS" LIMIT 100;
```

文本块就是一个字符串类型的常量表达式，与字符串字面量没什么区别。不同之处在于，文本块会经过 javac 处理，然后将常量记录在类文件中，处理步骤如下：

1. 行终止字符被转换为 LF（\u000A），即 Unix 风格的行结束符；
2. 如示例所示，文本块周围的空白会被删除；
3. 文本块中的转义序列会被解释执行。

这些步骤按上述顺序执行是有原因的。具体来说，最后的转义字符解释意味着块可以包含文字转义序列（例如 \n），而不会被前面的步骤修改或删除。

注意 在运行时，从字符串字面量获得的字符串常量和从文本块中获得的字符串常量没有任何区别。类文件不以任何方式记录常量的原始来源。

有关文本块的更多信息，请参阅 JEP 378。接下来我们继续了解 switch 表达式。

3.2   switch 表达式

从第一个版本开始，Java 就支持 switch 语句。Java 的语法从 C 和 C++ 中汲取了很多灵感，switch 语句也不例外，如下所示：

```
switch(month) {
  case 1:
    System.out.println("January");
    break;
```

```
case 2:
  System.out.println("February");
  break;
// 省略
}
```

如果一个分支没有以 break 结束，switch 会允许继续执行下一个分支。Java 的 switch 语法也继承了这个特性，这种特性允许我们可以对逻辑相同的 case 进行分组，如下所示：

```
switch(month) {
  case 12:
  case 1:
  case 2:
    System.out.println("Winter, brrrr");
    break;
  case 3:
  case 4:
  case 5:
    System.out.println("Spring has sprung!");
    break;
  // 省略
}
```

虽然这种做法有其便利之处，但也容易引入错误。忘记设置 break 是新老程序员都容易犯的一个错误，并且经常会导致漏洞。在上面的例子中，我们就因为省略了第一个 break 而同时输出了冬季和春季两条消息，得到了错误的结果。

此外，在尝试保存某个值来供后续使用时，switch 语句也显得"笨拙"。例如，假设我们想获取一个消息并在其他地方使用而不是输出它，我们必须在 switch 外部设置一个变量，然后在每个分支中正确地设置它，同时还要保证在 switch 语句之外这个值还存在。如下所示：

```
String message = null;
  switch(month) {
  case 12:
  case 1:
  case 2:
    message = "Winter, brrrr";
    break;
  case 3:
  case 4:
  case 5:
    message = "Spring has sprung!";
    break;
  // 省略
}
```

正如上面忘记设置 break 的例子，这里我们也必须确保每个分支都正确设置了消息变量，否则可能会得到错误的结果。当然，我们应该有更好的解决办法。

Java 14（JEP 361）引入的 switch 表达式提供了解决此类问题的替代方案，同时也为 Java 语言的发展开辟了新道路。这一特性的目标之一是缩小 Java 与那些更注重函数式编程的语言（例如 Haskell、Scala 或 Kotlin）之间的差距。switch 表达式的初始版本很简洁，如下所示：

```
String message = switch(month) {
  case 12:
  case 1:
  case 2:
    yield "Winter, brrrr";
  case 3:
  case 4:
  case 5:
    yield "Spring has sprung!";
  // 省略
}
```

在这个更新后的形式中，我们不需要在每个分支中设置变量。相反，每个分支都可以使用新的 yield 关键字将我们想要的值赋给一个字符串变量。switch 表达式作为一个整体会返回一个结果值——该值来自某个分支（每个分支都必须使用 yield）。

通过这个例子，我们可以看到这个新特性的名称（switch 表达式）与以前的 switch 语句相比有了更多意义。在编程语言中，语句是为了产生副作用而执行的一段代码，而表达式是为了产生值而执行的代码。在 Java 14 之前，switch 只是一个有副作用的语句，但现在它可以用作表达式并产生值。

switch 表达式还有另一种更简洁的语法，它的应用场景可能更广泛，如下所示：

```
String message = switch(month) {
  case 1, 2, 12  -> "Winter, brrrr";
  case 3, 4, 5   -> "Spring has sprung!";
  case 6, 7, 8   -> "Summer is here!";
  case 9, 10, 11 -> "Fall has descended";
  default        -> {
    throw new IllegalArgumentException("Oops, that's not a month");
  }
}
```

-> 表示我们处于 switch 表达式中，在这种情况下，不需要显式使用 yield。default 分支展示了在不产生值的情况下如何使用 {} 语句块。如果想使用 switch 表达式的值（示例中将值赋给了 message 变量），每行分支都需要使用 yield 或抛出异常。

此外，新的格式不仅更加实用和简短，它还解决了实际存在的问题。现在，多个分支直接由 case 关键字后面的逗号分隔，这样就不需要担心忘记使用 break 的问题。新语法中的 switch 表达式不会一直往下执行，这降低了出错的可能性。

增加的保障措施并不止于此。switch 语句的另一个常见错误是遗漏一个本应该处理的分支。如果从前面的例子中删除 default 行，我们会得到一个编译错误，如下所示：

```
error: the switch expression does not cover all possible input values
      String message = switch(month) {
                       ^
```

与 switch 语句不同，switch 表达式必须处理输入类型所有可能的情况，否则代码将无法编译。这种强制性有助于我们考虑并覆盖所有情况。switch 表达式还能和 Java 的枚举结合使用，正如看到的那样，如果重写上面的 switch 示例，使用类型安全的常量而不是 int，我们会得到如下代码：

```
String message = switch(month) {
    case JANUARY, FEBRUARY, DECEMBER   -> "Winter, brrrr";
    case MARCH, APRIL, MAY             -> "Spring has sprung!";
    case JUNE, JULY, AUGUST            -> "Summer is here!";
    case SEPTEMBER, OCTOBER, NOVEMBER  -> "Fall has descended";
};
```

上述新功能作为一个独立特性也很有用，它帮助我们简化了一个常见的 switch 使用场景。在上面的示例中，switch 表达式表现得有点儿像函数，它根据输入值返回一个输出值。事实上，switch 表达式的规则要求每个可能的输入值都必须有一个对应的输出值。

注意 如果所有可能的枚举常量都出现在了 switch 表达式中，那么就可以完全匹配而不需要提供默认情况——编译器可以利用枚举常量的穷尽性来确保所有情况都被处理了。

但是，对于使用 int 等类型的 switch 表达式，我们必须包含一个默认子句，因为列出所有大约 40 亿个可能的值是不可行的。

switch 表达式是模式匹配的基础，而模式匹配是 Java 未来版本的一个主要特性，我们将在本章后面和本书后面继续讨论。下面我们将了解下一个新特性：**记录类型**（record）。

3.3 record

record 是一种新形式的 Java 类，旨在执行以下操作：

- 为纯数据聚合建模提供一流的方法；
- 补齐 Java 类型系统中可能存在的短板；
- 为通用编程模式提供语言级语法；
- 减少类里的样板代码。

上述要点的顺序很重要，事实上，record 更多的是关于语言语义的，而不仅仅是关于样板代码的减少和语法的（尽管后者是许多开发人员关注的）。首先，我们探讨一下 record 的基本概念。

record 的想法是扩展 Java 语言，创建一种简洁的方式来表示一个类，该类只包含"字段，仅仅是字段，除了字段别无其他"。通过对类进行声明，编译器可以帮助我们自动创建所有需要的方法，并让所有字段都参与 hashCode() 等方法。

注意 "record 是字段的透明载体"这一语义其实是对其语法做了这样的限定："访问器方法和其他样板代码自动从 record 定义中派生。"

要了解它在日常编程中的表现,请回顾一下 Java 编程中最常见的一个痛点:为了使用一个类,我们通常需要为它编写大量的代码,比如:

- ☐ `toString()`
- ☐ `hashCode()` 和 `equals()`
- ☐ **Getter** 方法
- ☐ 公共构造器
- ……

对于简单的实体类,这些方法通常是枯燥重复的。尽管很多 **IDE** 可以自动生成这些代码,但是在有 `record` 之前,Java 语言并没有提供任何直接的方式做到这一点。比如有时我们阅读别人编写的代码时,看起来好像使用 **IDE** 来生成了 `hashCode()` 和 `equals()`,用到了类中的所有字段,但如果不检查实现的每一行代码,我们怎么能确定呢?如果在重构期间添加了一个字段但没有重新生成相关方法,就可能产生错误。

`record` 解决了这些问题。如果一个类型被声明为 `record`,它就是一个强声明,编译器和运行时将对其进行检查。让我们看看 `record` 的实际应用效果。

为了全面地解释 `record`,我们需要一个具体的实体类示例,让我们继续使用外汇交易的例子。如果读者对这个领域不太熟悉也不用担心——我们将在接下来的内容中解释读者需要了解的知识。在本书的后面,我们将继续使用这个示例,所以这是了解 `record` 的一个很好的起点。

下面我们来看看如何使用 `record` 和其他一些功能来改进我们的领域建模,从而获得更清晰、简洁和易于理解的代码。以进行外汇交易时的订单为例,一个基本的订单类型可能包括以下内容:

- ☐ 买入或卖出的单位数量(以百万计的货币单位);
- ☐ 买入或卖出(通常分别称为出价和要价);
- ☐ 货币对(**currency pair**);
- ☐ 下订单的时间;
- ☐ 订单在被取消之前可以存在的时间,即生存时间(time-to-live,**TTL**)。

例如,我有 100 万英镑,想在下一秒内以每英镑 1.25 美元的价格出售,那么我的订单为"以 1.25 美元的价格卖出英镑/美元汇率,订单时效为 1 秒"。在 Java 中,我们可能会声明一个实体类来表示这个订单(这里我们使用类来实现,后面将给出更好的方法):

```java
public final class FXOrderClassic {
    private final int units;
    private final CurrencyPair pair;
    private final Side side;
    private final double price;
    private final LocalDateTime sentAt;
    private final int ttl;

    public FXOrderClassic(int units, CurrencyPair pair, Side side,
                          double price, LocalDateTime sentAt, int ttl) {
        this.units = units;
```

```
        this.pair = pair; // CurrencyPair 是一个简单的枚举
        this.side = side; // Side 是一个简单的枚举
        this.price = price;
        this.sentAt = sentAt;
        this.ttl = ttl;
    }

    public int units() {
        return units;
    }

    public CurrencyPair pair() {
        return pair;
    }

    public Side side() {
        return side;
    }

    public double price() {
        return price;
    }

    public LocalDateTime sentAt() {
        return sentAt;
    }

    public int ttl() {
        return ttl;
    }

    @Override
    public boolean equals(Object o) {
        if (this == o) return true;
        if (o == null || getClass() != o.getClass()) return false;

        FXOrderClassic that = (FXOrderClassic) o;

        if (units != that.units) return false;
        if (Double.compare(that.price, price) != 0) return false;
        if (ttl != that.ttl) return false;
        if (pair != that.pair) return false;
        if (side != that.side) return false;
        return sentAt != null ? sentAt.equals(that.sentAt) :
                                that.sentAt == null;
    }

    @Override
    public int hashCode() {
        int result;
        long temp;
        result = units;
        result = 31 * result + (pair != null ? pair.hashCode() : 0);
        result = 31 * result + (side != null ? side.hashCode() : 0);
```

```
        temp = Double.doubleToLongBits(price);
        result = 31 * result + (int) (temp ^ (temp >>> 32));
        result = 31 * result + (sentAt != null ? sentAt.hashCode() : 0);
        result = 31 * result + ttl;
        return result;
    }

    @Override
    public String toString() {
        return "FXOrderClassic{" +
                "units=" + units +
                ", pair=" + pair +
                ", side=" + side +
                ", price=" + price +
                ", sentAt=" + sentAt +
                ", ttl=" + ttl +
                '}';
    }
}
```

可以看到，以上代码可真不少，它们意味着可以这样创建订单：

```
var order = new FXOrderClassic(1, CurrencyPair.GBPUSD, Side.Bid,
                               1.25, LocalDateTime.now(), 1000);
```

但是，上面的代码中有多少是必要的呢？在旧版本的 Java 中，大多数开发人员可能只声明字段，然后使用 IDE 自动生成所有方法。现在，让我们看看 record 如何改善这种情况。

注意　除了定义类，Java 没有提供任何方式来表示数据聚合，因此很明显，任何"只包含字段"的类型都是一个类。

---

record 是不可变的（在 Java 中，这表明"所有字段都是 final 的"），它是一组固定值的透明载体，这些值也称为**记录组件**（record component）。每个组件都包含提供该值的 final 字段和用于检索该值的访问器方法，字段名称和访问器名称与组件名称相同。

字段列表提供了 record 的状态描述。在一般类中，字段 x、构造器里的参数 x 和访问器 x() 可能没有任何关系，但在 record 中，根据定义，它们代表着同一件事——记录本身就是它的状态。

为了创建新实例，record 还生成了一个**规范构造器**（canonical constructor），它有一个与声明的状态描述完全匹配的参数列表。Java 语言现在也提供了声明 record 的简洁语法，程序员只需要声明组成 record 的组件名称和类型，如下所示：

```
public record FXOrder(int units,
                      CurrencyPair pair,
                      Side side,
                      double price,
                      LocalDateTime sentAt,
                      int ttl) {}
```

上面呈现了我们声明的 record，它不仅减少了输入量，而且在语义上更加明确。FXOrder

类型只提供状态,其任何实例都只是字段值的透明聚合。

如果我们用 javap 检查这个类文件,就会看到编译器已经自动生成了一堆样板代码:

```
$ javap FXOrder.class
Compiled from "FXOrder.java"
public final class FXOrder extends java.lang.record {
    public FXOrder(int, CurrencyPair, Side,
                    double, java.time.LocalDateTime, int);

    public java.lang.String toString();
    public final int hashCode();
    public final boolean equals(java.lang.Object);
    public int units();
    public CurrencyPair pair();
    public Side side();
    public double price();
    public java.time.LocalDateTime sentAt();
    public int ttl();
}
```

这看起来类似于我们在基于类的实现中必须要编写的那些方法。事实上,构造器和访问器方法的行为与以前完全一样。但是,像 toString() 和 equals() 这样的方法的实现可能会让一些开发人员感到意外,如下所示:

```
public java.lang.String toString();
    Code:
      0: aload_0
      1: invokedynamic #51,  0              // InvokeDynamic #0:toString:
                                            // (LFXOrder;)Ljava/lang/String;
      6: areturn
```

也就是说,toString() 方法(以及 equals() 和 hashCode())是基于 invokedynamic 机制来实现的。这是一种强大的技术,我们将在本书的后面部分(第 4 章和第 16 章)进一步探讨。

我们还可以看到有一个新类 java.lang.record,它充当了所有 record 类的父类。它是一个抽象类型,将 equals()、hashCode() 和 toString() 都声明为抽象方法。java.lang.record 类不能直接被继承,我们可以通过编译以下代码来确认这一点:

```
public final class FXOrderClassic extends record {
    private final int units;
    private final CurrencyPair pair;
    private final Side side;
    private final double price;
    private final LocalDateTime sentAt;
    private final int ttl;

    // 省略该类的其余部分
}
```

编译器会拒绝此次编译:

```
$ javac FXOrderClassic.java
FXOrderClassic.java:3: error: records cannot directly extend record
public final class FXOrderClassic extends record {
                                          ^
1 error
```

生成 record 的唯一方法是显式声明一个 record，然后让 javac 帮助创建类文件。这样做也确保了所有生成的 record 类都是 final 的。

除了自动生成相应方法以减少样板代码，record 中的其他几个核心功能也有其特殊性。首先，对于 equals() 方法，record 必须遵守一个特殊约定——如果 record R 具有组件 c1,c2,...,cn，并且 record 实例按如下方式复制：

```
R copy = new R(r.c1(), r.c2(),..., r.cn());
```

那么 r.equals(copy) 返回的一定是 true。注意，这个特殊约定是对 equals() 和 hashCode() 常见约定的补充，而并不是替换。

接下来，我们继续讨论 record 在设计层面的一些特性。为此，我们需要回顾枚举在 Java 中的工作方式。Java 中的枚举是一种特殊形式的类，它实现了一种设计模式（finitely many typesafe instance，有限多类型安全实例），但语法开销十分小，编译器为我们自动生成了一堆代码。

类似地，Java 中的 record 是一种特殊形式的类，它以最少的语法实现了一种模式——数据载体（Data Carrier 或 Just Holds Field）。我们需要的所有样板代码都由编译器自动生成。尽管仅包含字段的数据载体类这概念看似简单、直观，但其具体含义值得探讨。

在最初设计 record 时，Java 团队考虑了许多可能的设计选项，如下所示：

❑ 减少样板代码的 POJO；

❑ Java Bean 2.0；

❑ 命名元组；

❑ 产品类型（代数数据类型的一种形式）。

Brian Goetz 在他的原始设计草图中详细讨论了这些可能性。每个设计选项都带有附加的次要问题，这些问题来自 record 的核心设计选择，问题如下所列。

❑ Hibernate 是否可以代理它们？

❑ 它们是否与经典 Java Bean 完全兼容？

❑ 它们是否支持名称擦除/"形状延展性"（shape malleability）？

❑ 它们是否能实现模式匹配和解构？

基于上面这 4 个问题中的任何一个来设计 record 似乎都是合理的——每个设计选项都有其优点和缺点。但是，最终的设计选择了命名元组，这在一定程度上是由 Java 类型系统中的一个关键设计思想名义类型（nominal typing）所驱动的。下面我们将详细了解这个概念。

3.3.1　名义类型

在基于名义类型实现的静态类型系统中，每个 Java 存储（如变量、字段）都有一个确定的类型，并且每个类型都有一个名称，该名称（至少在某种程度上）对程序员是有意义的。

即使涉及匿名类时，类型仍然是有名称的，只是这些名称是由编译器分配的，它们不是 Java 语言中有效的类型名称（但它们在 JVM 中仍然有效）。例如，我们可以在 jshell 中看到：

```
jshell> var o = new Object() {
   ...>    public void bar() { System.out.println("bar!"); }
   ...> }
o ==> $0@37f8bb67

jshell> var o2 = new Object() {
   ...>    public void bar() { System.out.println("bar!"); }
   ...> }
o2 ==> $1@31cefde0

jshell> o = o2;
|  Error:
|  incompatible types: $1 cannot be converted to $0
|  o = o 2;
|      ^^
```

注意，即使匿名类以完全相同的方式声明，编译器仍然生成了两个不同的匿名类 $0 和 $1，并且不允许它们相互赋值，因为在 Java 类型系统中，这两个变量具有不同的类型。

注意　在一些非 Java 语言中，类的整体形状（例如，它有哪些字段和方法）可以用作类型（而不是显式类型名称），这称为结构类型。

如果 record 打破 Java 的传统，采用结构类型来实现，那将是一个重大改变。而 "record 是命名元组" 的设计选项意味着 record 在能够使用元组的地方运行良好。这包括很多场景，例如复合映射键，或模拟方法的多重返回。下面是一个复合映射键的示例：

```
record OrderPartition(CurrencyPair pair, Side side) {}
```

相反，record 不一定能很好地替代当前使用 Java Bean 的场景。这出于多种原因，特别是 Java Bean 是可变的，而 record 是不可变的，并且它们对访问器有不同的约定。record 将访问器方法命名为与字段名称相同的名称（可能是因为字段和方法名称在 Java 中处于不同的命名空间），而 Bean 将 get 和 set 放在方法名称前面。

除了简单的单行声明形式，record 作为真正的类，还提供了一些额外的灵活性。具体来说，开发人员可以定义除自动生成的默认值之外的其他方法、构造器和静态字段。但是，应谨慎使用这些功能。记住，record 的设计意图是允许开发人员将相关字段分组为一个单一的、不可变的数据项。

我们有时可能需要在 record 中创建一些静态工厂方法，用于模拟某些 record 参数的默认值。例如，假设有一个 Person 类，它具有不可变的出生日期字段，我们可能需要在这个类中定义一个 currentAge() 方法。

一个好的经验法则是：向基本数据载体中添加大量附加方法（或使其实现多个接口）的诱惑

力越大，就越有可能使用完整的类，而不是 record。

3.3.2 紧凑记录构造器

简单/"完整类"经验法则的一个可能的例外是**紧凑构造器**（compact constructor）的使用，Java 语言规范是这样描述它的：

> record 类的紧凑构造器的形式参数是隐式声明的。它们由 record 类的派生形式参数列表给出。
>
> 使用紧凑构造器声明时，开发者只需要在规范构造器的主体中给出供验证用和（或）标准化的代码，其余的初始化代码由编译器提供。
>
> ——Java 语言规范

例如，我们可能想要验证订单以确保买入或卖出时订单金额不为负，或设置的生存时间是有效的，如下所示：

```java
public record FXOrder(int units, CurrencyPair pair, Side side,
                      double price, LocalDateTime sentAt, int ttl) {
    public FXOrder {
        if (units < 1) {
            throw new IllegalArgumentException(
                "FXOrder units must be positive");
        }
        if (ttl < 0) {
            throw new IllegalArgumentException(
                "FXOrder TTL must be positive, or 0 for market orders");
        }
        if (price <= 0.0) {
            throw new IllegalArgumentException(
                "FXOrder price must be positive");
        }
    }
}
```

与其他语言中的匿名元组相比，Java record 的一个优势是构造器主体允许在创建 record 实例时运行代码，这样就可以进行验证（如果传递了无效状态，则抛出异常）。这在纯结构类型的元组中是不可能的。

在 record 主体中使用静态工厂方法也很有意义，例如，它可以解决 Java 中缺少默认参数值的问题。在前面所举的外汇交易示例中，我们可以包含一个这样的静态工厂方法：

```java
public static FXOrder of(CurrencyPair pair, Side side, double price) {
    var now = LocalDateTime.now();
    return new FXOrder(1, pair, side, price, now, 1000);
}
```

这声明了一个使用默认参数来创建订单的快速方法。当然，也可以声明为其他构造器。开发人员应根据具体场景选择最适合的方法。

备用构造器的另一个用途是创建 record 实例作为复合映射键，如下所示：

```
record OrderPartition(CurrencyPair pair, Side side) {
    public OrderPartition(FXOrder order) {
        this(order.pair(), order.side());
    }
}
```

3

然后我们就可以将 OrderPartition 类型用作映射键。例如，我们可以为交易匹配引擎构建一个订单簿，如下所示：

```
public final class MatchingEngine {
    private final Map<OrderPartition, RankedOrderBook> orderBooks =
                                              new TreeMap<>();

    public void addOrder(final FXOrder o) {
        orderBooks.get(new OrderPartition(o)).addAndRank(o);
        checkForCrosses(o.pair());
    }

    public void checkForCrosses(final CurrencyPair pair) {
        // 现在是否有与卖单相匹配的买单?
    }
    // ...
}
```

当收到新订单时，addOrder() 方法获取相应的订单分组（由货币对和买方/卖方的元组组成），并将新订单添加到这个订单分组里。新订单可能与账簿上已有的订单一样（这称为订单的交叉），因此我们需要在 checkForCrosses() 方法中进行检查。

有时我们可能不想使用紧凑构造器，而希望使用完整且显式的规范构造器。这意味着我们需要在构造器中做一些实际的工作——在简单的数据载体类中做实际工作的场景并不常见。不过，对于某些情况，比如需要对传入参数进行防御性复制，这是必要的。因此，编译器允许使用显式规范构造器，但在使用此方法之前请务必考虑清楚。

record 的目的是成为简单的数据载体，它是一种新的元组版本，与 Java 已有的类型系统保持逻辑一致。它可以帮助许多应用程序保持实体类的清晰和简单，同时还有助于团队消除许多低级的手工编码工作。此外，它还能减少或消除应用程序对 Lombok 等库的依赖。

许多开发人员在开始使用 record 后觉得它对自己的应用程序有很大的帮助。它还与同样出现在 Java 17 中的另一个新特性——密封类型——结合得非常好。

3.4 sealed

Java 的枚举是一个众所周知的语言特性。它允许程序员对一组有限的替代方案进行建模，这些替代方案表示一种类型的所有可能值——有效的类型安全常量。

我们继续使用外汇交易的示例。下面是一个表示不同订单类型的 OrderType 枚举：

```
enum OrderType {
    MARKET,
```

```
    LIMIT
}
```

这代表了两种可能的外汇订单类型：一种是接受当前最佳价格的市价订单，另一种是仅在特定价格可用时执行的限价订单。Java 平台通过让编译器自动生成一种特殊形式的类型来实现枚举。

注意 与其他类相比，运行时实际上是以一种稍微特殊的方式处理 java.lang.Enum（所有枚举类都直接继承它）的，但这里我们不必关注细节。

我们反编译这个枚举后，会看到编译器生成了如下内容：

```
$ javap -c -p OrderType.class
final class OrderType extends java.lang.Enum<OrderType> {
  public static final OrderType MARKET;

  public static final OrderType LIMIT;

  ...
  // 私有构造器
}
```

在类文件中，枚举的所有可能值都定义为 public static final 变量，其构造器是私有的，因此无法创建额外的实例。

实际上，枚举就像是单例模式的泛化，不过它不是类的唯一实例，而是存在有限数量的实例。这种模式非常有用，尤其是因为它提供了一个**穷尽**的概念：给定一个非空的 OrderType 对象，我们就可以确定它是 MARKET 或 LIMIT 的实例。

然而，如果想在 Java 11 中对许多不同的订单进行建模，就必须在两个令人不太理想的选项之间做出选择。我们可以选择使用单一的实现类（或 record）FXOrder，它带有一个保存了实际类型的状态字段。这个模式之所以有效，是因为状态字段是枚举类型，它可以指明该特定对象是哪种类型的。但这显然不是最佳实现，因为它要求开发人员跟踪内部状态位，而这本应该是类型系统自行管理的。或者，我们可以声明一个抽象基类 BaseOrder，然后提供两个具体的类型 MarketOrder 和 LimitOrder 作为它的子类。

这里的问题在于，Java 从最开始就被设计为一种默认可继承的开放语言。父类可以先编译，而子类可以在几年甚至几十年后编译。在 Java 11 里，Java 语言允许的类继承结构是开放式继承（默认）和无继承（使用 final 关键字）。

我们可以在类中声明一个包私有的构造器，这实际上意味着该类"只能由同包的类继承"，但运行时没有任何检查来阻止用户在不属于该应用的包中创建新类，所以这最多是一种不完全的保护措施。

如果我们定义了一个 BaseOrder 类，那么就没有办法防止第三方创建一个继承了 BaseOrder 的 EvilOrder 类。更糟糕的是，这种不必要的继承可能会在 BaseOrder 类型编译后的数年或数十年后发生，这是我们不希望看到的。

结论是，到目前为止，开发人员一直受到限制，如果他们想要面向未来，就必须使用一个字段来保存 BaseOrder 的实际类型。Java 17 改变了这种情况，它提供了一种新的方式来更细粒度地控制继承：**密封类型**（sealed）。

注意 这种能力以各种形式存在于其他编程语言中，并且在最近几年变得流行起来，尽管它实际上是一个相当古老的想法。

在 Java 实现中，sealed 表达的概念是类型可以被继承，但只能通过已知的子类型列表进行继承，而不能使用其他类型来继承。下面是一个使用了新语法的 Pet 类示例（稍后我们将返回到外汇交易示例）：

```java
public abstract sealed class Pet {
    private final String name;

    protected Pet(String name) {
        this.name = name;
    }

    public String name() {
        return name;
    }

    public static final class Cat extends Pet {
        public Cat(String name) {
            super(name);
        }

        void meow() {
            System.out.println(name() +" meows");
        }
    }

    public static final class Dog extends Pet {
        public Dog(String name) {
            super(name);
        }

        void bark() {
            System.out.println(name() +" barks");
        }
    }
}
```

类 Pet 被声明为 sealed，这是 Java 中一个新引入的关键字。sealed 表示该类只能在当前编译单元内部进行继承。因此，子类必须嵌套在当前类中。我们还声明了 Pet 是抽象的，因为我们并不需要 Pet 实例，只需要 Pet.Cat 和 Pet.Dog 对象。这为我们提供了一个很好的方法以实现之前描述过的面向对象（OO）建模模式，同时避免了我们讨论过的缺点。

　　sealed 也可以与接口一起使用，并且在实践中，接口的密封形式可能比类形式的使用场景更广泛。下面我们看一下如何使用 sealed 来为不同类型的外汇订单建模：

```
public sealed interface FXOrder permits MarketOrder, LimitOrder {
    int units();
    CurrencyPair pair();
    Side side();
    LocalDateTime sentAt();
}

public record MarketOrder(int units,
                          CurrencyPair pair,
                          Side side,
                          LocalDateTime sentAt,
                          boolean allOrNothing) implements FXOrder {

    // 这里省略了构造器和工厂方法
}

public record LimitOrder(int units,
                         CurrencyPair pair,
                         Side side,
                         LocalDateTime sentAt,
                         double price,
                         int ttl) implements FXOrder {

    // 这里省略了构造器和工厂方法
}
```

　　这里有几点需要注意。首先，FXOrder 现在是一个密封接口。其次，我们可以看到使用了第二个新关键字 permits，它允许开发人员列出这个密封接口的可能实现——在这个例子中，我们的实现是 record。

注意　当使用 permits 时，实现类不必位于同一个文件中，它们可以是单独的编译单元。

　　最后，我们得到了一个不错的结果——MarketOrder 和 LimitOrder 设计得很合理，它们具有特定于自己类型的行为。例如，市价订单会匹配立即可用的最佳价格，而不需要指定价格。此外，限价订单需要指定订单能接受的价格，以及可以等待多长时间（TTL）。如果我们使用一个字段来定义对象的"真实类型"，就不会那么简单了，因为所有子类型的所有方法都必须在基类型中声明，或者不得不进行向下类型转换，这通常被视为不够优雅的编程实践。

　　如果使用这些类型进行编程，我们就会知道遇到的任何 FXOrder 实例必须是 MarketOrder 类型或 LimitOrder 类型。更重要的是，编译器也可以使用这些信息。库代码现在可以安全地假设这些可能性是固定的，并且客户端代码也不能违反该假设。

　　Java 以前的面向对象模型代表了类型关系的两个基本概念："类型 X 是类型 Y"和"类型 X 包含类型 Y"。sealed 引入了一个在 Java 中以前无法建模的面向对象概念："类型 X 要么是类型 Y，要么是类型 Z"。或者它们也可以被看作：

- ❑ final 类和公开类之间的中转站；
- ❑ 应用于类型而不是实例的枚举模式。

就面向对象编程理论而言，密封类型引入了一种新的形式关系，因为 o 的类型集可能是 Y 和 Z 的并集。因此，在其他语言中它被称为**联合类型**（union type）或**求和类型**（sum type），但不要混淆——它与 C 语言的 union 不同。

例如，Scala 程序员可以使用 case 类和 sealed 关键字来实现类似的想法（我们稍后将介绍 Kotlin 在这个问题上的做法）。

除了 JVM，Rust 语言还提供了**不相交联合类型**（disjoint union type）的概念，尽管它使用 enum 关键字来引用它们，但这可能会让 Java 程序员感到困惑。在函数式编程领域，一些语言（例如 Haskell）提供了一种名为**代数数据类型**（algebraic data type）的特性，其中包括求和类型。事实上，通过结合密封类型和 record，Java 17 实现了这一特性。

从表面上看，这些类型似乎是 Java 中的全新概念，但它们与枚举的高度相似性应该为许多 Java 程序员提供了一个良好的切入点。事实上，与这些类型相似的概念已经存在于 Java 中：multicatch 子句中的异常参数类型。

下面这句话摘自 Java 语言规范（JLS 11 中的 14.20 节）：

> 异常参数的声明类型，其类型是替代项 D1 | D2 | ... | Dn 的联合，可以表示为 lub(D1, D2, ..., Dn)。

然而，在 **multicatch** 的情况下，真正的联合类型不能写成局部变量的类型——它是**不可表示的**（nondenotable）。也就是说，在 **multicatch** 的情况下，我们也不能创建类型为联合类型的局部变量。

关于 Java 的密封类型，最后需要指出的是：它们必须有一个基类，该基类被所有允许的类型继承；或者要有一个公共接口，该接口需要被所有允许的类型实现。我们不能说一个类型是 String 类型或者 Integer 类型，因为除了 Object，String 类型和 Integer 类型没有共同的继承关系。

注意　其他一些语言确实允许构造通用的联合类型，但这在 Java 中是不可能的。

3.5　instanceof 的新用法

尽管 instanceof 运算符自 Java 1.0 以来就是 Java 语言的一部分，但它有时会遭到一些 Java 开发人员的批评。在其最简单的用法中，它提供了这样一个测试：如果值 x 可以赋值给类型 Y 的变量，则 x instanceof Y 返回 true，否则返回 false（注意，对任何类型的 Y，null instanceof Y 都返回 false）。

这种用法因其破坏了面向对象设计的纯粹性而受到批评，因为它意味着对象类型和参数类型的选择可能缺乏精确性。但是在实践中，在某些情况下，开发人员必须处理在编译时类型不完全可知的情况。例如，对于一个通过反射获得的对象，我们对其类型知之甚少或一无所知。

在这种情况下，适当的做法是使用 instanceof 检查类型是否符合预期，然后执行向下转型。instanceof 对此提供了保护，确保这种转型不会在运行时导致 ClassCastException。下面是一个相关的代码示例：

```
Object o = // ...
if (o instanceof String) {
    String s = (String)o;
    System.out.println(s.length());
} else {
    System.out.println("Not a String");
}
```

从开发人员的角度来看，Java 17 提供的 instanceof 新用法非常简单，它只是提供了一种避免强制类型转换的方法，下面是一个相关的代码示例：

```
if (o instanceof String s) {
    System.out.println(s.length());          ◄—— s 的作用域在这个分支里
} else {
    System.out.println("Not a String");      ◄—— s 的作用域不在 else 分支里
}

// ...          ◄—— if 语句结束后，s 的作用域也就终止了
```

然而，尽管这个特性可能看起来不那么重要，但我们能从该特性的 JEP 命名方式中得到一些重要信息。JEP 394 的标题是"instanceof 的模式匹配"，它引入了一个新概念——模式（pattern）。

注意 我们需要理解这里所说的模式匹配与文本处理和正则表达式中的**模式匹配**不同。

在 Java 中，模式是以下两个部分的组合：
1. 应用于值的谓词（predicate）；
2. 一组从值中提取的局部变量，称为**模式变量**（pattern variable）。

关键是模式变量只有在谓词成功应用于值时才会被提取。

在 Java 17 中，instanceof 运算符已经被扩展为可以接收类型或类型模式（type pattern），其中类型模式由指定类型的谓词以及单个模式变量组成。

注意 我们将在 3.6 节中更详细地介绍类型模式。

就目前而言，升级后的 instanceof 似乎意义不大，但这是 Java 语言首次引入模式，而且正如我们看到的那样，这仅仅是个开始，更多的模式匹配用法即将到来。

至此，我们完成了对 Java 17 语言新特性的探讨，接下来介绍一些预览特性。

3.6　模式匹配和预览特性

在第 1 章中，我们介绍了预览特性的概念，由于 Java 11 没有任何预览特性，我们当时无法提供一个具体的例子。下面我们继续探讨 Java 17 引入的预览特性。

事实上，我们在本章中讨论的所有新语言特性，包括 switch 表达式、record 和 sealed，都经历了相同的生命周期。它们都是从预览特性开始，经过一轮或多轮公开预览后才作为正式特性交付的。例如，sealed 最初在 Java 15 中作为预览特性引入，然后在 Java 16 中再次预览，最终在 Java 17 LTS 中成为正式特性。

本节将介绍另一个预览特性，它将模式匹配的概念从 instanceof 扩展到了 switch。Java 17 包含了该特性的第一个版本，但它仅作为预览特性（有关预览特性的更多信息，请参阅第 1 章）。在最终版本发布之前，该特性的语法可能会发生变化（甚至可能会被撤回，尽管对于模式匹配来说，这种情况的可能性很小）。

接下来，我们看看如何在一个简单的案例中使用模式匹配来处理一些必须要操作的未知类型对象。我们可以使用 instanceof 的新用法来编写一些安全代码，如下所示：

```
Object o = // ...

if (o instanceof String s) {
    System.out.println("String of length:"+ s.length());
} else if (o instanceof Integer i) {
    System.out.println("Integer:"+ i);
} else {
    System.out.println("Not a String or Integer");
}
```

代码很快就变得冗长起来。不过我们已经将类型模式引入了 switch 表达式，并且我们还能使用简单的 instanceof 布尔表达式。因此，在当前（Java 17）预览特性的语法中，我们可以将之前的代码重写为一个简单形式，如下所示：

```
var msg = switch (o) {
    case String s       -> "String of length:"+ s.length();
    case Integer i      -> "Integer:"+ i;
    case null, default -> "Not a String or Integer";  ◄──
};
System.out.println(msg);
```

现在允许将 Null 作为 case 标签，以防止出现 NullPointerException

对于那些想要使用预览特性的开发人员，我们应该解释如何使用预览特性来进行构建和运行。如果尝试像以前一样编译使用预览特性的示例代码，会出现如下错误：

```
$ javac ch3/Java17Examples.java
ch3/Java17Examples.java:68: error: patterns in switch statements are a
  preview feature and are disabled by default.

         case String s -> "String of length:"+ s.length();
              ^
  (use --enable-preview to enable patterns in switch statements)
1 error
```

编译器提示可能需要启用预览特性，接下来，我们使用启用标志再次尝试编译：

```
$ javac --enable-preview -source 17 ch3/Java17Examples.java
Note: ch3/Java17Examples.java uses preview features of Java SE 17.
Note: Recompile with -Xlint:preview for details.
```

在运行时也会出现同样的情况：

```
$ java ch3.Java17Examples
Error: LinkageError occurred while loading main class ch3.Java17Examples
    java.lang.UnsupportedClassVersionError: Preview features are not enabled
    for ch16/Java17Examples (class file version 61.65535). Try running with
    '--enable-preview'
```

最后，如果我们使用预览启用标志，那么代码会成功运行：

```
$ java --enable-preview ch13.Java17Examples
```

虽然不断地使用预览启用标志可能有些烦琐，但这是为了保护使用预览特性的开发人员，防止他们不小心将预览特性部署到生产环境中，从而引起问题。同样重要的是，当尝试运行包含预览特性的类时，我们需要特别注意类文件的版本消息。如果我们明确地使用预览特性进行编译，我们不会得到标准的类文件，大多数团队不应该在生产环境中运行这样的代码。

在 Java 17 中，预览版本的模式匹配还能与密封类型紧密集成。具体来说，密封类型提供了所有可能的类型，而模式可以利用这一点。例如，在处理外汇交易订单响应时，我们可能有以下几个类型：

```
public sealed interface FXOrderResponse
        permits FXAccepted, FXFill, FXReject, FXCancelled {
    LocalDateTime timestamp();
    long orderId();
}
```

我们可以将这些类型与 switch 表达式和类型模式相结合，编写如下代码：

```
FXOrderResponse resp = // ... 从市场上获取的响应
var msg = switch (resp) {
    case FXAccepted a  -> a.orderId() + " Accepted";
    case FXFill f      -> f.orderId() + " Filled "+ f.units();
    case FXReject r    -> r.orderId() + " Rejected: "+ r.reason();
    case FXCancelled c -> c.orderId() + " Cancelled";
    case null          -> "Order is null";
};
System.out.println(msg);
```

注意，我们明确包含了一个 null 分支来确保这段代码是安全的（不会抛出 NullPointer-Exception），并且我们不需要 default 分支。我们不需要 default 分支，是因为编译器可以检查所有允许的 FXOrderResponse 子类型，并得出模式匹配是完全匹配的结论，它涵盖了所有可能的情况。只有当匹配不完全，且未覆盖某些情况时，才需要 default 分支。

这个预览版本还包括了一个**保护模式**（guarded pattern），它允许用布尔保护条件来修饰模式，只有当模式谓词和保护条件都为真时，整个模式才匹配。如果只想查看大额订单的详细信息，我们可以将前面的示例更改为如下代码：

```
case FXFill f && f.units() < 100 -> f.orderId() + " Small Fill";
case FXFill f                     -> f.orderId() + " Fill "+ f.units();
```

注意，我们应首先测试更具体的情况（少于 100 个单位的小订单），只有当这个条件不满足时才会尝试匹配下一个情况，即没有保护条件的匹配。注意，我们可以在保护条件的作用域内使用模式变量。我们将在第 18 章讨论 Java 的未来，介绍一些没来得及出现在 Java 17 中的特性，届时我们会对模式匹配进行进一步的探讨。

小结

Java 17 引入了许多新特性，开发人员可以立即在自己的代码中利用这些特性。

❑ 文本块：用于处理多行字符串。

❑ switch 表达式：提供了更现代化的开发体验。

❑ 记录类型：一种新的透明数据载体。

❑ 密封类型：一个重要的面向对象建模新概念。

❑ 模式匹配：虽然从 Java 17 开始还没有完全交付，但它清楚地表明了 Java 在即将发布的版本中的发展方向。

Part 2

## 第二部分

内部原理

本部分将深入探讨 JVM 的工作原理。我们将从类加载开始讲起。许多 Java 开发人员并不了解 JVM 是如何加载、链接和验证类文件的。当类加载器发生冲突时，可能会错误地加载不兼容版本的类，这不仅会浪费时间，还可能会带来一系列问题。

如果能深入了解 Java 的类文件和字节码的内部结构，我们就拥有了一项强大的调试技能。我们将学习如何使用 javap 来探索和理解字节码。

随后，我们将了解硬件领域发生的多核 CPU 革命，有良好基础的 Java 开发人员需要了解 Java 的并发能力。第 5 章和第 6 章将介绍如何充分利用现代处理器的并发能力。首先，我们将学习并发理论，以及自 2006 年以来（自 Java 5 开始）Java 用于并发编程的构建块。我们还将介绍 Java 内存模型，以及如何在该模型中实现线程和并发。

一旦掌握了这些理论知识，我们就开始了解 java.util.concurrent 包，它为 Java 的并发开发提供了现代化的架构基础。

性能调优通常被视为一门艺术，而不是一门科学。跟踪和修复性能问题往往需要开发团队投入大量的时间和精力。在本部分的最后一章中，我们将学习如何基于测量而非猜测来进行性能调优，到时我们将看到为什么不能靠猜测来调优。我们将掌握科学的方法，以便快速找到性能问题的关键所在。

我们将特别关注垃圾收集（GC）和即时编译（JIT）器。在 JVM 中，这两个因素是影响性能的主要因素。此外，我们还将学习如何阅读 GC 日志，使用免费的 Java VisualVM（jvisualvm）工具来分析内存的使用情况。

当本部分内容结束时，我们将不再只是关注 IDE 中负责代码开发的开发人员，我们还会知道 Java 和 JVM 在底层是如何工作的，并且能够充分利用这个世界上最强大的通用 VM。

## 第 4 章

类文件和字节码

4

本章重点

❏ 类加载和类对象
❏ 类加载器
❏ 检查类文件
❏ 字节码
❏ 反射

要想成为基础扎实的 Java 开发人员，加深对平台工作原理的理解是一个行之有效的方法。熟悉类加载等核心特性，掌握 JVM 字节码的本质，这些都能帮我们更快地实现这一目标。

有经验的 Java 开发人员可能遇到过这样的场景：一个大量使用依赖注入（DI）技术的应用，比如基于 Spring 开发的应用，启动失败并输出了一条错误消息。如果这个问题不是由一个简单的配置错误引起的，那么追踪问题的根源可能需要了解 DI 框架是如何实现的，这也意味着我们需要理解类加载机制。

另一种假设是，与我们打交道的供应商倒闭了，现在我们手里只有编译后的代码，没有源代码，且文档也不完整，那么我们怎样查看编译后的代码并了解这些代码的含义呢？

在 Java 中，最常见的程序启动失败错误就是 ClassNotFoundException 异常和 NoClass-DefFoundError 错误，但许多开发人员对它们的理解并不深入，不清楚它们的区别，甚至不知道导致它们发生的原因。

本章将重点探讨 Java 平台中涉及这些问题或错误的方方面面。此外，我们还将探讨一些更高级的功能，但它们更适合那些喜欢深入钻研的开发者。如果你的时间有限，可以跳过这些内容。

首先，我们将了解类加载机制。简单来说，类加载就是 JVM 定位并激活新类的过程，加载的类随后会被正在运行的程序使用。我们讨论的核心内容是 Class 对象，它表示 JVM 中的类型。接下来，我们将探讨这些概念是如何构建到语言的主要特性（比如反射）中的。

之后，我们将介绍检查和剖析类文件的工具，比如 JDK 自带的 javap 就是一个很好的选择。介绍完类文件剖析工具后，我们将探讨字节码。你将了解各种类别的 JVM 操作码，并了解运行时在底层是如何工作的。

下面，我们从类加载开始了解。类加载是一个将新类加载到正在运行的 JVM 进程中的过程。在 4.1 节中，我们首先讨论"经典"类加载的基础知识，其实 Java 8 及更早的版本都是基于"经典"类加载的。在本章的后面部分，我们将讨论模块化 JVM 的引入给类加载带来了哪些（小）变化。

4.1 类加载和类对象

在 JVM 中，.class 文件定义了类型，包括字段、方法、继承信息、注解和其他元数据。类文件的格式在 Java 语言标准中有着详细的描述，任何想要在 JVM 上运行的语言都必须遵守这一标准。

注意 类是 Java 平台解析、验证和执行程序代码的基本单元。

对于刚接触 Java 的开发人员来说，很多类加载的机制都是隐藏的。开发人员只需提供可执行的 JAR 文件或应用程序的类名（必须在类路径中），JVM 就会找到并运行该类。

应用程序的依赖（例如 JDK 以外的库）必须位于类路径中，这样 JVM 才能查找并加载它们。不过，Java 语言规范并没有规定这个操作是在应用程序启动时完成，还是稍后根据需要完成。

注意 Java 类加载系统对外提供的 API 相当简单——它有意隐藏了很多复杂性。我们将在本章后面讨论这些可供开发人员使用的 API。

下面我们来看一个简单的示例：

```
Class<?> clazz = Class.forName("MyClass");
```

这行代码将 `MyClass` 加载到当前运行时。从 JVM 的角度来看，需要执行多个步骤才能实现这一点。首先，需要找到名为 `MyClass` 的类文件，然后解析其中包含的类。这些步骤都在本地代码中执行，在 HotSpot（这是迄今为止最常见的 JVM 实现）中，这一过程通过本地方法 `JVM_DefineClass()` 实现。

从较高层次上来看，这个过程实际上就是本地代码在构建 JVM 的内部表示（称为 klass，它不是 Java 对象，我们将在第 17 章中进一步讨论）。如果可以从类文件中成功提取 klass，JVM 就会构造这个 klass 的 Java "镜像"，并将其作为 `Class` 对象传递给 Java 代码。

在此之后，我们就可以使用表示该类型的 `Class` 对象了，并创建它的新实例。在前面的示例中，`clazz` 最终被赋予的是与类型 `MyClass` 对应的 `Class` 对象，而不是 klass，因为 klass 是 JVM 的内部对象而不是 Java 对象。

注意 所有的类加载都遵循这一过程，包括应用程序类、它的所有依赖以及程序启动后可能需要的任何其他类。

在本节中，我们将从 JVM 的角度更详细地探讨这些步骤，并介绍控制整个过程的类加载器。

4.1.1 加载和链接

我们可以将 JVM 视为一个执行容器。从这个角度来看，JVM 的目的是读取类文件并执行相应的字节码。为此，JVM 会按字节数据流格式来读取类文件的内容，然后将其转换为可用形式添加到运行时。这基本上就是下面将要讨论的过程。

这个复杂过程可以分为多步，我们将其称为**加载**（loading）和**链接**（linking）。

注意 对加载和链接的讨论会涉及一些特定于 HotSpot 的细节，但这些内容在其他 JVM 实现中也是类似的。

首先，JVM 要获取构成类文件的字节数据流。这是一个简单的文件读取过程，涉及从文件系统中读取内容并存储到字节数组中（也可以使用其他方式）。

一旦获取了数据流，就可以对它进行解析，检查它是否具有有效的类文件结构（有时这也称为**格式检查**）。如果数据流符合类文件的格式，JVM 会创建一个 klass。在这一阶段，JVM 会填充这个 klass 的信息，并执行一些基本检查，例如确认正在加载的类是否可以访问其声明的父类，以及它是否尝试重写 final 方法。

不过，在加载过程结束时，类对应的数据结构还不能被其他代码使用，因为此时它还不是一个功能完备的类。

然后，我们需要对类进行链接，然后在使用前对其进行初始化。从逻辑上讲，这个步骤分为 3 个子阶段：验证（verification）、准备（preparation）和解析（resolution）。在实际实现中，代码可能不会按这 3 个阶段完全分离，所以如果打算阅读源代码，我们需要意识到这里提供的描述是对流程的高级或概念性描述，并不会和实际的实现代码完全对应。

考虑到这一点，验证过程可以被理解为确认类符合 Java 语言规范，并且不会对系统带来运行时错误或其他问题。链接时各个子阶段之间的关系如图 4-1 所示。

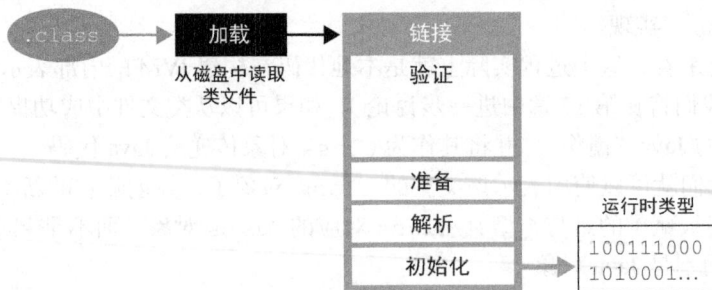

图 4-1 加载和链接（链接的子阶段）

下面将依次讲解各个阶段。

验证

验证是一个相当复杂的过程，它由几个独立的部分组成。例如，JVM 需要检查常量池中包含的符号信息（在 4.3.3 节中我们将详细讨论），确保它们自洽并遵守基本的常量规则。

还有一个关注重点（可能是验证中最复杂的部分）是检查方法的字节码，包括确保字节码运行良好，并且不会试图规避 JVM 的环境控制。

以下是这一阶段会执行的主要检查。

❏ 确保字节码不会尝试非法操纵栈。
❏ 确保每个分支指令（例如，if 或循环）都有正确的目标指令。
❏ 确保调用方法时参数的数量和类型正确。
❏ 确保将正确类型的值赋给了局部变量。
❏ 检查每个可能抛出的异常都有合法的捕获处理程序。

执行这些检查的原因有很多，性能是其中一个方面。在验证阶段，运行时可以跳过这些检查，这样解释执行的代码会运行得更快，其中一些检查还可以简化字节码到机器码的编译过程（即时编译，第 6 章将对此进行介绍）。

准备

准备阶段涉及内存分配，以及让类中的静态变量做好初始化的准备，但它不会初始化变量，也不会执行任何 JVM 字节码。

解析

解析是链接的一部分，JVM 会检查被链接类的父类（及其实现的任何接口）是否已经被链接。如果没有，JVM 会先链接父类，再链接被链接类，这可能会递归链接以前没有见过的新类型。

> **注意**　与类加载相关的一个关键词语是类型的**传递闭包**（transitive closure）。不仅类直接继承的类型需要链接，所有间接引用的类型也都必须链接。

一旦找到并解析了所有需要加载的附加类型，JVM 就可以初始化最初加载的类了。

初始化

初始化是类加载过程的最后一个阶段，在此阶段静态变量会被初始化，静态初始化块也会被执行。这是很重要的一点，因为直到此时，JVM 才开始执行新加载类的字节码。

这一步骤完成后，该类就已经完全加载并准备就绪了。此时，该类可以用于运行时环境，并且可以创建它的新实例。如果其他类加载操作要引用该类，会看到该类已经完全加载并且可用。

4.1.2　类对象

链接和加载过程的最终结果是一个 Class 对象，它表示新加载和链接的类型。此时在 JVM 中的这一 Class 对象功能完备，不过出于性能原因，Class 对象的某些功能会按需初始化。

注意　Class 对象也是常规的 Java 对象。它们存储于 Java 堆中，与其他对象一样。

现在，我们的代码可以使用这个新类型并创建它的实例了。此外，Class 对象提供了很多有用的方法，比如 getSuperclass()方法，它会返回父类对应的 Class 对象。

类对象可以与反射 API 一起使用，以间接访问方法、字段和构造器等。Class 对象具有对 Method、Field 和各种其他对象的引用。这些对象可以在反射 API 中使用以提供对类功能的间接访问，我们将在本章后面看到。图 4-2 呈现了 Class 对象和 Method 引用。

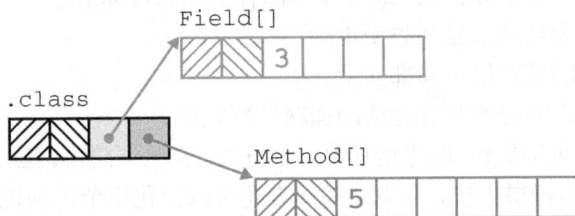

图 4-2　Class 对象和 Method 引用

到目前为止，我们还没有讨论运行时的哪一部分负责定位和链接新加载类的字节流。这个过程是由类加载器处理的，它们是抽象类 ClassLoader 的子类，也是我们接下来要讨论的主题。

4.2　类加载器

Java 是一个具有动态运行时的面向对象系统，它的类型在运行时是活跃的，我们可以修改 Java 平台中正在运行的类型系统——特别是添加新类型。Java 程序的类型在运行时可以被未知类型继承（除非它被 final 修饰或者是密封类）。用户可以访问并使用类加载器，类加载器本身就是 Java 类型，只不过继承了 ClassLoader 类。

注意　在现代 Java 环境中，所有类加载器都是模块化的。类加载总是在模块的上下文中完成。

ClassLoader 类有一些本地方法，实现了对类文件进行加载和链接的底层解析功能，但用户类加载器无法重写这些功能，我们也不能使用本地代码编写类加载器。

下面是 Java 平台自带的几个典型的类加载器，它们在平台启动和正常运行期间完成不同的工作。

- ❑ BootstrapClassLoader（或引导类加载器）——它在 JVM 启动初期就被实例化，因此通常被视为 JVM 本身的一部分。它一般用于加载最基本的系统类，即 java.base。
- ❑ PlatformClassLoader——在基本系统类被加载后，平台类加载器加载应用程序依赖的其余平台模块。这个类加载器是访问平台类的主要入口，无论平台类是由这个加载器加载还是由 BootstrapClassLoader 加载。平台类加载器是一个内部类。

❏ AppClassLoader——应用程序类加载器是最常用的类加载器。它加载应用程序类并完成现代 Java 环境中的大部分工作。在模块化 JVM 中，应用程序类加载器不再是 URLClassLoader 的实例（就像在 Java 8 及以前版本中那样），而是内部类的实例。

我们以第 2 章的 wgjd.sitecheck 模块为例，来看看这些类加载器是如何运行的。首先，将下面的代码添加到 SiteCheck 的 main 方法顶部：

```
...
var clThis = SiteCheck.class.getClassLoader();
System.out.println(clThis);
var clObj = Object.class.getClassLoader();
System.out.println(clObj);
var clHttp = HttpClient.class.getClassLoader();
System.out.println(clHttp);
...
```

然后，使用以下命令重新编译示例代码：

```
$ javac -d out wgjd.sitecheck/module-info.java \
        wgjd.sitecheck/wgjd/sitecheck/ *.java \
        wgjd.sitecheck/wgjd/sitecheck/ */ *.java
```

接着，像下面这样运行：

```
$ java -cp out wgjd.sitecheck.SiteCheck http://
```

注意，这里使用了"起始模块"语法而不是显式指定起始类。
运行后我们会看到如下输出：

```
jdk.internal.loader.ClassLoaders$AppClassLoader@277050dc
null
jdk.internal.loader.ClassLoaders$PlatformClassLoader@12bb4df8
http://
```

Object（在 java.base 中）的类加载器打印出来为 null。这是一项安全功能——引导类加载器对其加载的每个类都具有完整访问权限。出于这个原因，在 Java 运行时中表示或使用引导类加载器是没有意义的，这会带来很多错误并且可能会被滥用。

除了它们的核心作用，类加载器还经常用于从 JAR 文件或类路径上的其他位置加载资源（不是类文件，而是图像或配置文件等）。这经常出现在使用 try-with-resources 的场景中，代码大致如下：

```
try (var is = TestMain.class.getResourceAsStream("/resource.csv");
     var br = new BufferedReader(new InputStreamReader(is));) {
    // 省略
}
// 省略了异常处理
```

类加载器以几种不同的形式实现了这个功能，可以返回一个 URL 或一个 InputStream。

4.2.1　自定义类加载器

在更复杂的环境中, 通常会使用一些额外的自定义类加载器, 它们是 `java.lang.ClassLoader` 的（直接或间接）子类。之所以能这么做, 是因为加载器类不是 **final** 的, 事实上 **Java** 鼓励开发人员编写自己的类加载器来满足个人需求。

自定义类加载器会被表示为 **Java** 类型, 它们也需要由类加载器加载。加载这些自定义类加载器的类加载器通常称为父类加载器。不要把它们与类继承中的父类混淆, 它们是不一样的。类加载器是以**委托**（delegation）形式相关联的。

在图 4-3 中, 我们可以看到类加载器的委托层次结构以及不同加载器之间的关系。在某些特殊情况下, 一个自定义类加载器可能会使用不同的类加载器作为它的父类加载器, 但通常情况下它会使用当前运行环境的类加载器作为其父类加载器。

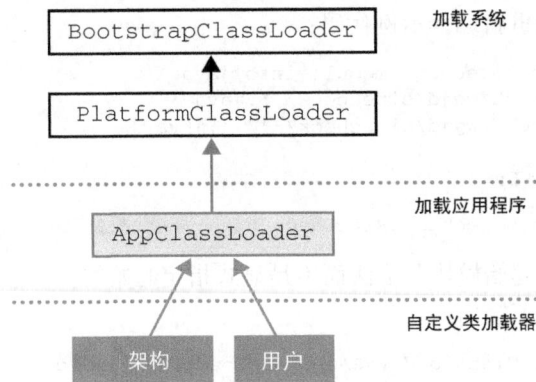

图 4-3　类加载器的层次结构

类加载器自定义机制的关键在于 `ClassLoader` 的 `loadClass()` 方法和 `findClass()` 方法。`loadClass()` 方法是主要入口点, `ClassLoader` 中相关代码的简化形式如下:

```
protected Class<?> loadClass(String name, boolean resolve)
    throws ClassNotFoundException
{
    synchronized (getClassLoadingLock(name)) {
        // 首先检查类是否已加载
        Class<?> c = findLoadedClass(name);
        if (c == null) {
            // 省略
            try {
                if (parent != null) {
                    c = parent.loadClass(name, false);
                } else {
                    c = findBootstrapClassOrNull(name);
                }
            } catch (ClassNotFoundException e) {
                // 如果从非空的父类加载器中找不到类, 则抛出 ClassNotFoundException
            }
```

```
                    if (c == null) {
                        // 如果仍然找不到，那么调用 findClass 方法来查找该类
                        // 省略
                        c = findClass(name);

                        // 省略
                    }
                }
                // 省略

                return c;
            }
        }
```

loadClass()会查看该类是否已经加载，然后询问其父类加载器。如果该类加载失败（请注意对 parent.loadClass(name, false) 的 try-catch 调用），则加载过程会被委托给 findClass()。在 java.lang.ClassLoader 中，findClass() 的定义非常简单，它只抛出一个 ClassNotFoundException。

现在，我们回到本章前面提出的问题，并探讨在类加载期间可能会遇到的一些异常和错误。

类加载异常

ClassNotFoundException 的含义比较简单：类加载器试图加载指定的类，但没有加载成功，因为在请求加载时，JVM 不知道该类，也就是说 JVM 无法找到该类。

接下来是 NoClassDefFoundError，注意这是一个**错误**而不是异常。此错误表明 JVM 知道所请求的类，但在其内部元数据中找不到该类的定义。让我们看一个例子：

```
public class ExampleNoClassDef {

    public static class BadInit {
        private static int thisIsFine = 1 / 0;
    }

    public static void main(String[] args) {
        try {
            var init = new BadInit();
        } catch (Throwable t) {
            System.out.println(t);
        }
        var init2 = new BadInit();
        System.out.println(init2.thisIsFine);
    }
}
```

运行时，我们得到如下输出：

```
$ java ExampleNoClassDef
java.lang.ExceptionInInitializerError
Exception in thread "main" java.lang.NoClassDefFoundError: Could
  not initialize class ExampleNoClassDef$BadInit
    at ExampleNoClassDef.main(ExampleNoClassDef.java:13)
```

这表明 JVM 尝试加载 `BadInit` 类但未成功。尽管如此，该程序还是捕获了异常并继续执行。而当第二次遇到该类时，JVM 的内部元数据表显示该类已经存在，但 JVM 无法加载该类。

JVM 在类加载失败时使用了**负缓存**（negative caching），它没有重新加载，而是抛出了一个错误（`NoClassDefFoundError`）。

另一个常见的错误是 `UnsupportedClassVersionError`，如果类文件是由高于运行时版本的 Java 编译器编译的，当类加载器试图加载这个类文件时就会抛出该错误。例如，用 Java 11 编译某类，然后尝试在 Java 8 上运行它，如下所示：

```
$ java ScratchImpl
Error: A JNI error has occurred please check your installation and try again
Exception in thread "main" java.lang.UnsupportedClassVersionError:
  ScratchImpl has been compiled by a more recent version of the Java
    Runtime (class file version 55.0), this version of the Java Runtime
    only recognizes class file versions up to 52.0
    at java.lang.ClassLoader.defineClass1(Native Method)
    at java.lang.ClassLoader.defineClass(ClassLoader.java:763)
    at java.security.SecureClassLoader.defineClass(SecureClassLoader.java:142)
    at java.net.URLClassLoader.defineClass(URLClassLoader.java:468)
    at java.net.URLClassLoader.access$100(URLClassLoader.java:74)
    at java.net.URLClassLoader$1.run(URLClassLoader.java:369)
    at java.net.URLClassLoader$1.run(URLClassLoader.java:363)
    at java.security.AccessController.doPrivileged(Native Method)
    at java.net.URLClassLoader.findClass(URLClassLoader.java:362)
    at java.lang.ClassLoader.loadClass(ClassLoader.java:424)
    at sun.misc.Launcher$AppClassLoader.loadClass(Launcher.java:349)
    at java.lang.ClassLoader.loadClass(ClassLoader.java:357)
    at sun.launcher.LauncherHelper.checkAndLoadMain(LauncherHelper.java:495)
```

Java 11 的字节码中可能有运行时不支持的特性，因此继续尝试加载它是不安全的。请注意，因为上面示例是一个 Java 8 运行时，所以它的栈跟踪信息中没有与模块化相关的内容。

最后，我们还应该了解一下 `LinkageError`，它是 `NoClassDefFoundError`、`VerifyError` 和 `UnsatisfiedLinkError` 以及其他几种错误的父类。

自定义类加载器

自定义类加载器最简单的方式就是继承 `ClassLoader` 类并重写 `findClass()` 方法。这样我们就可以使用之前讨论过的 `loadClass()` 逻辑，同时大大降低了自定义类加载器的复杂性。

我们的第一个示例是下面这个 `SadClassLoader`，虽然它实际上并没有执行任何操作，但给我们演示了类加载的整个过程：

```
public class LoadSomeClasses {

    public static class SadClassloader extends ClassLoader {
        public SadClassloader() {
            super(SadClassloader.class.getClassLoader());
        }

        public Class<?> findClass(String name) throws
          ClassNotFoundException {
```

```
            System.out.println("I am very concerned that I
              couldn't find the class");
            throw new ClassNotFoundException(name);
        }
    }

    public static void main(String[] args) {
        if (args.length > 0) {
            var loader = new SadClassloader();
            for (var name : args) {
                System.out.println(name +" ::");
                try {
                    var clazz = loader.loadClass(name);
                    System.out.println(clazz);
                } catch (ClassNotFoundException x) {
                    x.printStackTrace();
                }
            }
        }
    }
}
```

在示例中，我们实现了一个非常简单的类加载器，并使用它来尝试加载一些类。这些类可能已经被加载，也可能还没有被加载。

注意　自定义类加载器的一个常见做法是提供一个无参构造器，该构造器调用父类构造器，并将加载该类的加载器作为参数传入（以设置成父类加载器）。

许多自定义类加载器并不比我们的示例复杂多少，它们只是重写了 findClass() 来实现所需的特定功能，比如通过网络查找类。我们曾遇到过一个令人印象深刻的案例，自定义类加载器通过 JDBC 链接到数据库，获取加密的二进制数据，并使用这些字节数据来加载类。之所以这样做，是为了满足在高度监管的环境中对非常敏感的代码进行静态加密的要求。

不过，除了重写 findClass()，我们还可以进行很多操作。例如，loadClass() 不是 **final** 的，因此它可以被重写。其实一些自定义类加载器确实会重写它，从而改变我们之前看到的通用逻辑。

最后，我们再来看看 ClassLoader 中定义的方法 defineClass()。这个方法是类加载的关键，因为它是一个用户可访问方法，用来执行本章前面描述的加载和链接过程。它接收一个字节数组并将其转换为一个类对象，这是在运行时加载不在类路径中的新类的主要机制。

当向 defineClass() 方法传递字节数据时，只有这些数据符合 JVM 类文件格式时，defineClass() 才会被成功调用。如果数据不符合 JVM 类文件格式，这个方法将返回失败，因为其中的加载或验证步骤无法成功执行。

注意　很多高级技术都使用了此方法，比如加载在运行时生成且没有源代码的类，这也是 lambda 表达式机制在 Java 中的实现方式。我们将在第 17 章中对这个主题做进一步探讨。

---

defineClass()方法在 java.lang.ClassLoader 类中定义为既是 protected 也是 final 的，它只能被 ClassLoader 的子类访问。因此，自定义类加载器可以访问 defineClass() 的基本功能，但不能篡改验证或其他底层类加载逻辑。这一点很重要，因为无法更改验证算法是一个非常重要的安全功能，即使自定义类加载器存在问题，它也能确保不会危及 JVM 平台提供的基本安全。

在 HotSpot 中，defineClass()被委托给本地方法 defineClass1()，该方法执行一些基本检查后，会调用名为 JVM_DefineClassWithSource()的 C 函数。

此函数是 JVM 的入口点，它提供了对 HotSpot C 代码的访问。HotSpot 通过 C++方法 ClassFileParser::parseClassFile()将新类加载到 C 语言的 SystemDictionary 中，大部分链接过程，特别是验证算法，都是在这段代码中执行的。

一旦类加载完成，方法的字节码就会被放入 HotSpot 中的方法元数据对象中，这些元数据对象称为 methodOops，随后可供字节码解释器使用。我们可以将其理解为一种方法缓存，只不过出于性能考虑，字节码实际上由 methodOops 持有。

我们已经学习了示例 SadClassloader，下面将探讨其他几个自定义类加载器的例子。首先，我们看看如何用类加载实现依赖注入（DI）。

示例：DI 框架

我们想强调下面两个与 DI 密切相关的概念。

❑ 系统内的功能单元具有依赖信息和配置信息，这是它们正常运行的基础。

❑ 许多对象系统具有难以用代码表达的依赖关系。

对于 DI，我们想到的可能是包含了外部行为、配置和依赖的类。这些元素在对象创建和组装的过程中被注入，从而实现了对象的**运行时链接**（runtime wiring）。在这个例子中，我们将讨论一个虚构的 DI 框架是如何使用类加载器来实现运行时链接的。

注意　我们的实现方式类似于 Spring 框架最初版本的简化形式，现代的 DI 框架要比示例复杂得多，本书的示例仅用于演示。

首先，我们看看如何在 DI 框架下启动应用程序，如下所示：

```
java -cp <CLASSPATH> org.wgjd.DIMain /path/to/config.xml
```

DIMain 类是 DI 框架的入口类。它将读取配置文件，创建对象系统，并将它们链接在一起。注意，DIMain 类不是应用程序类，而是 DI 框架提供的通用组件。

应用程序的 CLASSPATH 中必须包含 3 个要素：a) DI 框架的 JAR 文件；b) config.xml 文件中引用的应用程序类；c) 应用程序中任何其他（非 DI）依赖。示例配置文件如下：

```
<beans>

 <bean id="dao" class="app.ch04.PaymentsDAO">
  <constructor-arg index="0" value="jdbc:postgresql://db.wgjd.org/payments"/>
```

```
  <constructor-arg index="1" value="org.postgresql.Driver"/>
 </bean>

 <bean id="service" class="app.ch04.PaymentService">
   <constructor-arg index="0" ref="dao"/>
 </bean>
</beans>
```

DI 框架使用配置文件来确定要构造哪些对象。在这个示例中我们配置了两个 bean：dao 和 service，框架需要为每个 bean 调用构造器，并传入指定的参数。

类加载发生在两个独立的阶段。第一阶段，（由应用程序类加载器负责）加载类 DIMain 和它引用的其他框架类。DIMain 的 main() 方法开始运行，而配置文件的位置作为参数传给了该方法。

此时，框架已在 JVM 中启动并运行，但尚未触及 config.xml 中指定的用户类。事实上，在 DIMain 检查配置文件之前，框架并不知道需要加载哪些类。

要使用 config.xml 中指定的应用程序配置，需要进行第二阶段的类加载。在示例中，我们使用了自定义的类加载器。

首先，验证 config.xml 文件的一致性，确保它没有错误。然后，在验证通过后，自定义类加载器会尝试从 CLASSPATH 加载相应的类型。如果其中有任何一个类加载失败，整个过程就会中止，从而导致运行时错误。

如果所有类都加载成功，DI 框架就可以继续按照正确的顺序（根据它们的构造器参数）实例化所需的对象。最后，如果所有这些都执行正确，那么应用程序上下文就准备就绪，可以开始运行。

值得重申的是，这个示例是为了演示功能而假设的。虽然完全可以以此构建一个简单的 DI 框架，但实际的 DI 系统要复杂得多。下面我们继续看另一个示例。

示例：一个检测用类加载器

考虑这样一个类加载器，它可以改变类的字节码，从而在加载它们时添加额外的检测信息。当针对转换后的代码运行测试用例时，检测代码会记录测试用例实际测试了哪些方法和代码分支，这样开发人员就可以看到一个类的单元测试的覆盖程度。

这个方法是 EMMA 测试覆盖率工具的基础，该工具可以从互联网中获得。尽管该工具已经过时，不再适用于现代 Java 版本，但是我们经常会遇到使用自定义类加载器的框架和代码，这些加载器会在加载字节码时对其进行转换。

注意 Java 代理方法在加载字节码时也会对它进行修改，这项技术被 New Relic 等工具用于监控性能、提升可观察性和其他目的。

我们已经简要介绍了自定义类加载的几个用例。Java 的很多领域都大量使用了类加载器和相关技术。一些典型的例子包括：

❑ 插件系统；
❑ 框架（无论是供应商提供的还是自己开发的）；
❑ 从特殊位置（不是文件系统或 URL）获取类文件；
❑ Java EE；
❑ 在 JVM 进程开始运行后，添加新的未知代码。

接下来，我们将探讨模块系统是如何影响类加载的，以及它是如何改变上面提到的经典类加载模型的。

4.2.2 模块和类加载

模块系统和类加载在不同的级别上运行，类加载是平台内相对底层、更关注局部的机制，而模块系统关注的是程序单元之间的大规模依赖关系。了解这两种机制是如何相互作用的，以及模块化对程序启动有哪些影响，对深入学习 Java 平台非常重要。

在模块化的 JVM 上运行时，为了执行程序，运行前 JVM 会先计算模块图，这称为**模块解析**（module resolution），它确定根模块及其依赖的传递闭包。

在此过程中，JVM 会执行额外的检查，例如判断是否有同名的模块，以及是否有拆分包。模块图的存在意味着会出现更少的运行时类加载问题，因为 JVM 可以在进程完全启动之前检测到模块路径上丢失的 JAR。

除此之外，在大多数情况下，模块系统对类加载的影响不会太大。此外，模块系统还引入了一些高级特性（例如，使用反射动态加载服务提供者接口），但是大多数开发人员不会用到这些特性。

4.3 检查类文件

类文件是二进制数据块，因此直接使用它们有一定的难度。但在很多情况下我们有必要查看类文件。

比如，应用程序需要使用额外的方法（例如通过 JMX）来提供更好的运行时监控，但重新编译和部署后，当调用管理 API 时，提示这个方法不存在。重新编译和部署似乎没起作用。

为了找出部署问题，我们可能需要检查 `javac` 是否生成了合适的类文件。此外，如果一个类文件没有源代码，我们可能需要检查类文件来验证文档中是否存在错误。

对于这些问题，我们只能使用工具来检查类文件的内容。好在 Oracle JVM 附带了一个名为 `javap` 的工具，用它来查看和反编译类文件非常方便。

我们先介绍 `javap`，以及它用来检查类文件而设置的基本参数。然后，我们将探讨 JVM 内部是如何表示方法名称和类型的。此外，我们还将提到常量池，它是 JVM 内部的一个"藏宝箱"，对于理解字节码的工作原理非常重要。

4.3.1　javap 简介

从查看类声明的方法到输出字节码，javap 可以完成许多任务。下面我们使用本章前面的类加载示例来演示 javap 的基本用法：

```
$ javap LoadSomeClasses.class
Compiled from "LoadSomeClasses.java"
public class LoadSomeClasses {
  public LoadSomeClasses();
  public static void main(java.lang.String[]);
}
```

内部类被编译成一个单独的类，所以我们需要运行下面的命令：

```
$ javap LoadSomeClasses\$SadClassloader.class
Compiled from "LoadSomeClasses.java"
public class LoadSomeClasses$SadClassloader extends java.lang.ClassLoader {
  public LoadSomeClasses$SadClassloader();
  public java.lang.Class<?> findClass(java.lang.String) throws
    java.lang.ClassNotFoundException;
}
```

默认情况下，javap 会显示 public、protected 和默认（包级 protected）级别的方法。如果加上 -p 选项，还会显示 private 方法和字段。

4.3.2　方法签名的内部表示形式

javap 显示的是可供人阅读的表示形式，JVM 在内部使用了不同的方法签名形式。随着对 JVM 研究的深入，我们会经常看到这些内部表示形式。如果你急于学习其他内容，可以跳过本节，不过要记住本节的主题，因为学习后面的内容时可能需要参考本节。

在紧凑形式下，类型名称会被压缩。例如，int 由 I 表示。这些紧凑形式有时为**类型描述符**（type descriptor）。表 4-1 提供了完整的类型描述符列表（包括 void，虽然它不是一种类型，但会出现在方法签名中）。

表 4-1　类型描述符

类型描述符	类　　型
B	**Byte**
C	**Char**
D	双精度浮点型
F	单精度浮点型
I	整型
J	长整型
L<type name>;	引用类型（如 Ljava/lang/String，代表字符串）
S	短整型
V	无返回值
Z	布尔型
[	数组类型

在某些情况下，类型描述符的长度可能比源代码中出现的类型名称更长（例如，`Ljava/lang/Object` 就比 `Object` 长，但类型描述符是完全限定的，因此可以直接解析）。

`javap` 还有一个很有用的选项 `-s`，它可以输出方法签名的类型描述符，因此我们不需要使用表 4-1 进行转换。我们可以使用 `javap` 的这个选项来显示之前示例中一些方法的签名，如下所示：

```
$ javap -s LoadSomeClasses.class
Compiled from "LoadSomeClasses.java"
public class LoadSomeClasses {
  public LoadSomeClasses();
    descriptor: ()V

  public static void main(java.lang.String[]);
    descriptor: ([Ljava/lang/String;)V
}
```

对于内部类，输出如下所示：

```
$ javap -s LoadSomeClasses\$SadClassloader.class
Compiled from "LoadSomeClasses.java"
public class LoadSomeClasses$SadClassloader extends java.lang.ClassLoader {
  public LoadSomeClasses$SadClassloader();
    descriptor: ()V

  public java.lang.Class<?> findClass(java.lang.String) throws
    java.lang.ClassNotFoundException;
    descriptor: (Ljava/lang/String;)Ljava/lang/Class;
}
```

如上所示，方法签名中的每种类型都是用类型描述符表示的。

接下来，我们将探讨类型描述符的另一种用法，它是类文件中非常重要的组成部分——常量池。

4.3.3 常量池

常量池为类文件中的元素（常量）提供了快捷的访问方式。如果你学习过 C 或 Perl 等显式使用符号表的语言，可以将常量池视为 JVM 中的某种类似概念。

下面，我们在代码清单 4-1 中使用一个简单示例来演示常量池，这样我们就不会陷入过多的细节中。这个示例展示了一个简单的"游戏围栏"或"演算本"类。我们可以在它的 `run()` 方法中编写少量代码，以便快速测试 Java 语法功能或类库。

代码清单 4-1   演算本类示例

```
package wgjd.ch04;

public class ScratchImpl {

    private static ScratchImpl inst = null;
```

```
    private ScratchImpl() {

    }

    private void run() {

    }

    public static void main(String[] args) {
        inst = new ScratchImpl();
        inst.run();
    }
}
```

要查看常量池中的信息，可以使用 javap -v，该命令还会输出很多额外的信息，不过这里我们主要关注常量池的信息，如下所示：

```
#1 = Class #2 // wgjd/ch04/ScratchImpl

#2 = Utf8 wgjd/ch04/ScratchImpl

#3 = Class #4 // java/lang/Object

#4 = Utf8 java/lang/Object

#5 = Utf8 inst

#6 = Utf8 Lwgjd/ch04/ScratchImpl;

#7 = Utf8 <clinit>

#8 = Utf8 ()V

#9 = Utf8 Code

#10 = Fieldref #1.#11 // wgjd/ch04/ScratchImpl.inst:Lwgjd/ch04/ScratchImpl;

#11 = NameAndType #5:#6 // instance:Lwgjd/ch04/ScratchImpl;

#12 = Utf8 LineNumberTable

#13 = Utf8 LocalVariableTable

#14 = Utf8 <init>

#15 = Methodref #3.#16 // java/lang/Object."<init>":()V

#16 = NameAndType #14:#8 // "<init>":()V

#17 = Utf8 this

#18 = Utf8 run
```

```
#19 = Utf8 ([Ljava/lang/String;)V

#20 = Methodref #1.#21 // wgjd/ch04/ScratchImpl.run:()V

#21 = NameAndType #18:#8 // run:()V

#22 = Utf8 args

#23 = Utf8 [Ljava/lang/String;

#24 = Utf8 main

#25 = Methodref #1.#16 // wgjd/ch04/ScratchImpl."<init>":()V

#26 = Methodref #1.#27 // wgjd/ch04/ScratchImpl.run:([Ljava/lang/String;)V

#27 = NameAndType #18:#19 // run:([Ljava/lang/String;)V

#28 = Utf8 SourceFile

#29 = Utf8 ScratchImpl.java
```

如上所示，常量池中的条目是有类型的。它们还相互引用，例如 Class 类型的条目就引用了 Utf8 类型的条目。而 Utf8 条目就是一个字符串，所以一个 Class 条目引用的 Utf8 条目就是类名字符串。

表 4-2 列出了可能出现在常量池中的条目类型。来自常量池的条目有时会使用 CONSTANT_ 前缀，例如 CONSTANT_Class。这是为了明确表示它们不是 Java 类型，以减少混淆。

表 4-2　常量池条目

名　　称	描　　述
Class	类常量。指向类的名称（Utf8 条目）
Fieldref	定义一个字段。指向该字段的 Class 和 NameAndType
Methodref	定义一个方法。指向该方法的 Class 和 NameAndType
InterfaceMethodref	定义接口方法。指向该接口方法的 Class 和 NameAndType
String	字符串常量。指向保存该字符串的 Utf8 条目
Integer	整型常量（4 字节）
Float	浮点数常量（4 字节）
Long	长整型常量（8 字节）
Double	双精度浮点数常量（8 字节）
NameAndType	对名称和类型对的描述。指向保存该类型的类型描述符的 Utf8 条目
Utf8	表示 Utf8 编码字符的字节流
InvokeDynamic	invokedynamic 机制的一部分，见第 17 章
MethodHandle	invokedynamic 机制的一部分，见第 17 章
MethodType	invokedynamic 机制的一部分，见第 17 章

通过表 4-2，我们可以查找示例程序常量池中的常量信息。比如条目 #10 中的 `Fieldref`。要解析这个字段，我们需要它的名称、类型和所在的类。#10 的值为#1.#11，这意味着它引用了类#1 中的常量#11。在输出中我们可以看到，#1 是一个 `Class` 类型的常量，#11 是一个 `NameAndType`。#1 对应的是 `ScratchImpl` 类本身，#11 对应的是#5:#6，即一个名为 inst 的 `ScratchImpl` 类型变量。因此，总的来说，#10 指的是 `ScratchImpl` 类自身中的静态变量 inst（你可能已经从上面的输出中猜到了这一点）。

在类加载的验证过程中，有一个步骤是检查类文件中的静态信息是否一致。上面这个示例就展示了 JVM 在加载新类时执行的完整性检查。

我们已经讨论了类文件的一些基本结构。下面我们进入下一个主题，深入探讨与字节码相关的内容。如果能理解源代码是如何转换为字节码的，我们就能更好地了解代码是如何运行的。当学习到第 6 章及以后的内容时，你将更加深入地了解 Java 平台的能力。

4.4　字节码

到目前为止，在我们的讨论中，字节码似乎一直扮演着幕后工作者的角色。下面，让我们先回顾一下已经了解的内容，然后再对它进行详细介绍。

- 字节码是程序的中间表示，介于人类可读源代码和机器码之间。
- 字节码由 `javac` 根据 Java 源代码文件生成。
- 一些高级语言特性会被编译掉，不会出现在字节码中。例如，Java 的循环结构（如 for、while 等）会消失，变成字节码中的分支指令。
- 每个操作码都由 1 字节表示（这也是字节码名称的由来）。
- 字节码是一种抽象表示，而不是"某种虚拟 CPU 上的机器码"。
- 字节码可以进一步编译成机器码，也就是"即时编译"。

理解字节码的概念，有时会让人感觉像是在解决先有鸡还是先有蛋的问题。要想完全理解背后的原理，需要理解字节码本身和它的运行时环境。这里存在着一种循环依赖关系，为了解决这个问题，我们先通过一个相对简单的例子来初步了解字节码。可能一开始，你看不懂这个示例中的某些内容，不过随着对字节码的学习，你可以随时返回这里，重新看看这个示例。

在这个示例后，我们将介绍有关运行时环境的背景信息，并对 JVM 的操作码进行分类，包括那些用于数学运算、调用和快捷操作的操作码。最后，我们将以一个字符串连接示例作为结尾。下面，我们先来了解如何查看.class 文件中的字节码。

4.4.1　分解类文件

使用带有 -c 开关的 `javap`，我们可以反编译类。在这个示例中，我们将使用之前的 `ScratchImpl` 类，主要关注点是检查构成方法的字节码。我们还将使用-p 选项，来查看私有方法的字节码。

`Javap` 的输出信息量可能很大，很容易让人感到不知所措，因此我们将分步进行讲解。首先，我们输出的是标题信息。这里的信息没有什么特别的，如下所示：

```
$ javap -c -p wgjd/ch04/ScratchImpl.class

Compiled from "ScratchImpl.java"

public class wgjd.ch04.ScratchImpl extends java.lang.Object {
  private static wgjd.ch04.ScratchImpl inst;
```

接下来是静态块。静态块是变量初始化的地方，所以在这里，inst 被初始化为 null。眼尖的读者可能会注意到 putstatic 是一个将值赋给静态字段的操作码：

```
static {};

Code:
  0: aconst_null
  1: putstatic #10 // Field inst:Lwgjd/ch04/ScratchImpl;
  4: return
```

在前面的代码中，数字表示从方法起始处到字节码流的偏移量。所以，字节 1 是 putstatic 操作码，字节 2 和字节 3 表示常量池中的 16 位索引值。在这个例子中，16 位索引值是 10，这意味着该值（这里是 null）存储在常量池条目 #10 指代的字段中。字节码流的第 4 个字节是返回操作码，表示代码块的结尾。

接下来是构造器。

```
private wgjd.ch04.ScratchImpl();

Code:
  0: aload_0
  1: invokespecial #15 // Method java/lang/Object."<init>":()V
  4: return
```

在 Java 中，void 构造器总会隐式调用父类的构造器。我们可以在字节码中看到这一点，即 invokespecial 指令。通常，任何方法调用都将转换为 JVM 的 5 个调用指令之一，我们将在 4.4.7 节中对此进行详细介绍。

构造器的调用需要指定一个目标，这个目标由 aload_0 指令提供。它会加载一个引用（地址）并使用一种快捷方式来读取第 0 个局部变量，即当前对象。这种快捷方式将在 4.4.9 节中详细介绍。

在 run() 方法中基本没有代码，它只是一个用于测试其他代码的类。这个方法运行后会立即返回到调用者，并且没有任何返回值（因为该方法的返回类型是 void）：

```
private void run();

Code:
  0: return
```

在 main 方法中，我们初始化了 inst 并创建了一个对象。这里演示了一个常见的基本字节码模式：

```
public static void main(java.lang.String[]);
Code:
 0: new #1 // class wgjd/ch04/ScratchImpl
 3: dup
 4: invokespecial #21 // Method "<init>":()V
```

这种模式由 3 个操作码指令（new、dup 和调用了<init>方法的 invokespecial）组成，表示新实例的创建。

操作码 new 为新实例分配内存，并将对它的引用放在栈顶。操作码 dup 复制栈顶的引用（所以现在有两个副本）。要完成对象的完全创建，我们还需要调用构造器的主体。<init>方法包含了构造器的主体代码，因此我们使用 invokespecial 调用该代码块。

当方法被调用后，接收者对象（如果存在）的引用以及方法参数会从栈中被移除。这就是我们需要先执行 dup 的原因——如果没有它，新分配的对象的唯一引用会在调用时被移除，导致该对象之后无法被访问。

接下来，我们看看 main 方法中剩余的字节码：

```
 7: putstatic #10 // Field inst:Lwgjd/ch04/ScratchImpl;
10: getstatic #10 // Field inst:Lwgjd/ch04/ScratchImpl;
13: invokevirtual #22 // Method run:()V
16: return
```

指令 7 保存了已创建的单例对象的地址。指令 10 将其放回栈顶，以便指令 13 调用它的方法。方法调用是通过 invokevirtual 操作码完成的，它会执行 Java 实例方法的"标准"分派。

> 注意　通常，javac 生成的字节码是非常简单的，没有经过优化，JVM 后期会依赖即时编译器对其进行深度优化。因此，如果字节码相对简单明了，对后续优化会有所帮助。在 JVM 实现者看来，"字节码就应该傻傻的"。

invokevirtual 操作码会检查对象继承层次结构中的方法重写。这可能会让人觉得有点儿奇怪，因为私有方法是不能被重写的。你可能认为源代码编译器应该使用 invokespecial 而不是 invokevirtual 来调用私有方法。事实上，在早期的 Java 版本中的确是这样的，但是最近的 Java 版本对此进行了变更。更详细的信息可以参阅第 17 章中有关嵌套类的部分。

下面，我们将探讨字节码的运行时环境。之后，我们将用一个表格来描述主要的操作码指令，其中包括加载/存储、数学运算、执行控制、方法调用和平台操作。我们还将讨论操作码可能的快捷形式，最后会给出一个例子。

4.4.2　运行时环境

JVM 使用栈机，因此了解栈机的操作对理解字节码至关重要。JVM 与硬件 CPU（例如 x64 或 ARM 芯片）最明显的差别在于 JVM 没有寄存器，而是使用栈完成所有的计算和操作。这个栈称为**计算栈**（evaluation stack），在 VM 规范中的正式名称是**操作数栈**（operand stack），这两个术语我们后面都会用到。

操作数栈处于方法的作用范围内，当方法被调用时，就会创建一个新的操作数栈。当然，JVM 也会为每个 Java 线程创建一个调用栈，记录哪些方法已经执行（这是 Java 栈跟踪的基础）。清楚区分线程调用栈和方法操作数栈对我们来说至关重要。

图 4-4 显示了操作数栈如何对两个 int 常量执行加法运算。我们在每个步骤下面展示了相应的 JVM 字节码。本章的后面部分将介绍这些字节码，因此如果你现在不能完全理解，也不用担心。

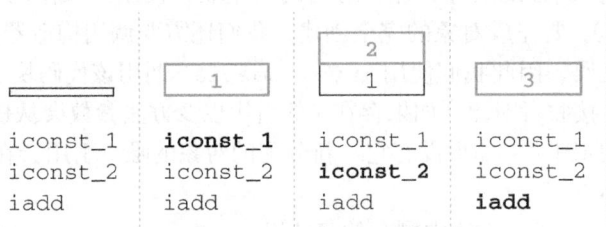

图 4-4 使用栈进行数值计算

正如我们在本章前面所讨论的，当一个类被链接到运行时环境后，JVM 会检查它的字节码。此外，很多验证过程其实就是在分析栈上的类型模式。

注意 只有当栈上的值类型正确时，对它的操作才有效。如果将对象的引用压入栈，然后将其视为 int 并尝试进行算术运算，那么可能会产生未定义的行为或错误。

在类加载的验证阶段，JVM 会执行大量检查，以确保新加载的类中的方法不会滥用栈。这可以防止格式错误或恶意的类被系统执行，从而避免出现问题。

当方法运行时，我们需要一块内存区域来创建操作数栈，并在操作数栈上执行计算。此外，每个正在运行的线程都需要一个调用栈，用于记录当前正在运行的方法，栈跟踪系统监控的正是这个栈。这两个栈在某些情况下会有交互。例如，考虑下面这行代码：

```
var numPets = 3 + petRecords.getNumberOfPets("Ben");
```

为了计算出这行代码的结果，JVM 将数字 3 压入操作数栈，然后调用方法来计算 Ben 有多少只宠物。为此，我们需要把接收方对象（调用方法的对象，在本例中为 petRecords）压入操作数栈，然后再压入所有调用参数。

随后，使用 invoke 操作码来调用 getNumberOfPets() 方法，这会将控制权转移到被调用的方法，该方法会出现在调用栈中。不过当进入新方法时，JVM 会启用新的操作数栈，因此调用者操作数栈中已有的值不会影响被调用方法的计算结果。

当 getNumberOfPets() 执行完成后，返回值被压入调用者的操作数栈中，与 getNumber-OfPets() 相关的内容会从调用栈中移除。最后，执行加法运算，将两个值相加，得到最终结果。

下面，我们将详细讲解字节码。字节码是一个很大的主题，包含许多特殊场景，因此我们只对字节码的主要内容进行概述，而不会进行全面的分析。

4.4.3　操作码介绍

JVM 字节码由一系列操作代码（操作码）组成，一些操作码指令后面跟着参数。操作码会找到相应的栈，对栈进行转换操作，将参数移走，放入结果。

每个操作码都由一个单字节值表示，因此最多存在 255 个可能的操作码。目前，大约有 200个操作码被使用。这已经很多了。尽管我们无法详尽地列出每个操作码的作用，但大多数操作码基本可以按功能归类为不同类别，每个类别提供类似的功能。我们将逐一讨论这些类别，帮助你理解它们。有些操作码不好界定应该归为哪一类，不过它们一般很少用到。

注意　JVM 不是纯粹的面向对象的运行时环境，它支持基本类型。这在一些操作码中有所体现，很多基本的操作码类型（例如 store 和 add）都需要提供不同的变体来处理基本类型。

操作码表有下面 4 列信息。

□ 名称——这是操作码类型的通用名称。大多数情况下，会有几个相关的操作码在执行类似的操作。

□ 参数——操作码的参数。以 i 开头的参数表示无符号字节，可以作为索引查询常量池或局部变量表。

注意　可以将字节连接在一起以得到更长的索引，因此 i1,i2 表示通过位移和加法"从这两个字节中获得一个 16 位索引"：((i1 << 8) + i2)。

如果参数出现在括号中，这就表示并非所有形式的操作码都会使用它们。

□ 栈布局——这显示了操作码执行前后栈的状态。括号中的元素表示，并非所有形式的操作码都会使用它们，或者这些元素是可选的（例如调用操作码）。

□ 描述——操作码的作用描述。

下面，我们通过 getfield 操作码来看看如何使用表 4-3。这个操作码用于读取对象的字段值。

| getfield | i1, i2 | [obj] -> [val] | 从栈顶对象的常量池里获取指定索引的字段 |

第一列给出了操作码的名称 getfield。第二列说明了字节码流中的操作码后面有两个参数。这些参数放在一起形成了一个 16 位的值，可以用来从常量池中获取所需的字段（记住，常量池索引始终是 16 位的）。栈布局列显示，该操作码会将栈顶对象替换为指定字段的值。

这个操作码在执行时还删除了栈顶的对象，这样做可以使字节码更加紧凑，无须进行大量烦琐的清理工作，也不必考虑删除使用过的对象实例。

4.4.4　加载和存储操作码

加载和存储操作码一般用来将值加载到栈中或检索值。表 4-3 展示了主要的加载和存储操作码。

表 4-3　加载和存储操作码

名　称	参　数	栈　布　局	描　述
load	(i1)	[] -> [val]	从局部变量加载值（基本类型或引用类型）到栈上。存在快捷形式和针对不同类型的变体
ldc	i1	[] -> [val]	从常量池中加载常量到栈上，针对不同类型有不同的变体
store	(i1)	[val] -> []	将值（基本类型或引用类型）从栈中移走，存到局部变量中。存在快捷形式和针对不同类型的变体
dup		[val] -> [val, val]	复制栈顶的值，存在不同形式的变体
getfield	i1, i2	[obj] -> [val]	从栈顶对象的常量池中获取指定索引处的字段
putfield	i1, i2	[obj,val] -> []	将值赋给对象在常量池中指定索引处的字段
getstatic	i1, i2	[] -> [val]	获取常量池中指定索引处的静态字段的值
putstatic	i1, i2	[val] -> []	将值赋给常量池中指定索引处的静态字段

正如之前提到的，加载和存储指令有很多不同形式的变体。例如将双精度数从局部变量加载到栈上的 dload 操作码，以及将对象引用从栈弹出到局部变量的 astore 操作码。

下面举一个 getfield 和 putfield 的简单例子。如下所示：

```
public class Scratch {
    private int i;

    public Scratch() {
        i = 0;
    }

    public int getI() {
        return i;
    }

    public void setI(int i) {
        this.i = i;
    }
}
```

将方法 getter 和 setter 反编译后，我们会得到如下内容：

```
public int getI();
    Code:
        0: aload_0
        1: getfield        #7                  // 字段 i:I
        4: ireturn

public void setI(int);
    Code:
```

```
0: aload_0
1: iload_1
2: putfield      #7                              // 字段 i:I
5: return
```

这个例子展示了将临时变量传输到堆存储之前如何使用栈来保存它们。

4.4.5 数学运算操作码

这些操作码会在栈上执行数学运算。它们从栈顶取出参数并进行计算，这些参数（总是基本类型）必须完全匹配，平台也提供了大量对基本类型进行类型转换的操作码。表 4-4 给出了基本的算术操作码。

类型转换（cast）操作码的名称非常简短，比如 i2d 就是将 int 转为 double 的操作码。需要注意的是，cast 一词并没有出现在类型转换操作码的名称中，因此我们在表 4-4 中用括号将其括了起来。

表 4-4　算术操作码

名称	参数	栈 布 局	描　　述
add	-	[val1, val2]→ [res]	将栈顶的两个值相加（必须都是基本类型且类型相同），并将结果存入栈中。存在快捷形式和针对不同类型的变体
sub	-	[val1, val2]→ [res]	将栈顶的两个值相减（必须都是基本类型且类型相同），并将结果存入栈中。存在快捷形式和针对不同类型的变体
div	-	[val1, val2]→ [res]	将栈顶的两个值相除（必须都是基本类型且类型相同），并将结果存入栈中。存在快捷形式和针对不同类型的变体
mul	-	[val1, val2]→ [res]	将栈顶的两个值相乘（必须都是基本类型且类型相同），并将结果存入栈中。存在快捷形式和针对不同类型的变体
(cast)	-	[value]→ [res]	将值从一种基本类型转换为另一种。每种可能的类型转换都有对应的形式

4.4.6 流程控制操作码

如前所述，JVM 字节码中不存在高级语言的控制结构。相反，流程控制由少数几个原始指令完成，如表 4-5 所示。

表 4-5　流程控制操作码

名　　称	参　　数	栈 布 局	描　　述
if	b1, b2	[val1, val2] → [] 或[val1] → []	如果符合特定条件，则跳转到特定分支的偏移量处
goto	b1, b2	[] → []	无条件跳转到分支偏移量处。有宽大模式
tableswitch	{视情况而定}	[index] → []	用于实现 switch
lookupswitch	{视情况而定}	[key] → []	用于实现 switch

与查找常量的索引字节一样，参数 `b1`、`b2` 用于构建方法内部的字节码跳转地址。它们不能用于跳出方法：类加载时会对此进行检查，如果出现异常情况，将导致类验证失败。

`if` 操作码系列的指令比我们预期的多，它有超过 15 条指令来处理源代码的各种情况（例如，数字比较、检查引用是否相等）。

注意 `if` 操作码系列还包含两个已弃用的指令：`jsr` 和 `ret`，它们不再由 `javac` 生成，并且在现代 Java 版本中被视为非法指令。

还有一种宽大模式的 `goto` 指令（`goto_w`），它采用 4 字节的参数来构建一个偏移量，该偏移量可以大于 64 KB。我们一般不使用这个指令，因为它只适用于代码量非常大的方法（而且这种方法还有其他问题，例如方法太大可能会导致无法进行 JIT 编译）。还有 `ldc_w` 指令，它可以在非常大的常量池中进行寻址。

4.4.7 调用操作码

调用操作码中有 4 个操作码用于处理常规方法调用，此外在 Java 7 中新添加了一个特别的操作码 `invokedynamic`，我们将在第 17 章中对它进行进一步的探讨。这 5 个方法调用操作码如表 4-6 所示。

表 4-6 调用操作码

名 称	参 数	栈 布 局	描 述
invokestatic	i1, i2	[(val1,...)] → []	调用一个静态方法
invokevirtual	i1, i2	[obj,(val1,...)] → []	调用一个"常规"的实例方法
invokeinterface	i1, i2, count, 0	[obj,(val1,...)] → []	调用一个接口方法
invokespecial	i1, i2	[obj,(val1,...)] → []	调用一个"特殊"的实例方法
invokedynamic	i1, i2, 0, 0	[val1,...] → []	动态调用，详见第 17 章

通过下面的示例，我们可以很容易地看出这些操作码的区别。

```java
long time = System.currentTimeMillis();

// 这里将变量声明为 HashMap 是故意的，请继续往下阅读
HashMap<String, String> hm = new HashMap<>();
hm.put("now", "bar");

Map<String, String> m = hm;
m.put("foo", "baz");
```

使用 `javap -c` 查看字节码：

```
Code:
    0: invokestatic  #2  // Method java/lang/System.currentTimeMillis:()J
    3: lstore_1
    4: new           #3 // class java/util/HashMap
    7: dup
    8: invokespecial #4 // Method java/util/HashMap."<init>":()V
   11: astore_3
   12: aload_3
   13: ldc           #5 // String now
   15: ldc           #6 // String bar
   17: invokevirtual #7 // Method java/util/HashMap.put:(
                        //Ljava/lang/Object;Ljava/lang/Object;)
                        //Ljava/lang/Object;
   20: pop
   21: aload_3
   22: astore        4
   24: aload         4
   26: ldc           #8 // String foo
   28: ldc           #9 // String baz
   30: invokeinterface #10,  3 // InterfaceMethod java/util/Map.put:(
                            //Ljava/lang/Object;Ljava/lang/Object;)
                            //Ljava/lang/Object;
   35: pop
```

正如之前讨论的，**Java** 的方法调用实际上会被转换为相应的 `invoke*` 字节码。让我们仔细观察下面的代码：

```
    0: invokestatic  #2 // Method java/lang/System.currentTimeMillis:()J
    3: lstore_1
```

对 `System.currentTimeMillis()` 的静态调用被转换为 `invokestatic`，它的字节码位置为 0。此方法没有参数，因此在调用之前无须加载任何内容到操作数栈中。

接下来，字节 `00 02` 出现在字节流中，它们组合成一个 16 位的数，用作常量池中的偏移量。

反编译器为我们添加了一个注释，指明了偏移量 `#2` 对应哪个方法。在本示例中，正如预期的那样，它对应方法 `System.currentTimeMillis()`。

方法返回后，调用结果放在了栈上。在偏移量 3 处，我们看到无参操作码 `lstore_1` 将返回值保存到局部变量 1 中。

我们可以看到变量 `time` 没有被使用。`javac` 的设计目标之一是尽可能忠实地表示 **Java** 源代码的内容，无论它是否有实际意义。因此，即使 `System.currentTimeMillis()` 的返回值在后面的程序中没有被使用，它仍然被存储起来。

这实际上是一段"哑字节码"，从平台的角度来看，类文件的字节码格式才是对编译器（JIT 编译器）真正重要的输入格式：

```
    4: new           #3 // class java/util/HashMap
    7: dup
    8: invokespecial #4 // Method java/util/HashMap."<init>":()V
   11: astore_3
   12: aload_3
```

```
13: ldc              #5 // String now
15: ldc              #6 // String bar
17: invokevirtual    #7 // Method java/util/HashMap.put:(
                        //Ljava/lang/Object;Ljava/lang/Object;)
                        //Ljava/lang/Object;
20: pop
```

字节码 4 到 10 会创建一个新的 HashMap 实例，然后字节码 11 处的指令将其副本保存到局部变量中。接下来，字节码 12 到 16 处的指令使用 HashMap 对象和 put() 的参数来设置栈。put() 方法的实际调用由字节码 17 到 19 执行。

这里使用的调用操作码是 invokevirtual，因为局部变量的类型是 HashMap，它是一个类类型。我们稍后会看到，如果将局部变量声明为 Map 会发生什么。

实例方法调用不同于静态方法调用，因为静态方法不需要通过实例对象（有时称为接收者对象）来调用。

注意 在字节码中，只有将接收方对象和调用参数压入操作数栈上才能发出调用指令，完成实例调用。

在上面的示例中，我们没有使用 put() 的返回值，因此字节码 20 将其从栈中移除：

```
21: aload_3
22: astore           4
24: aload            4
26: ldc              #8 // String foo
28: ldc              #9 // String baz
30: invokeinterface #10,  3 //InterfaceMethod java/util/Map.put:(
                        //Ljava/lang/Object;Ljava/lang/Object;)
                        //Ljava/lang/Object;
35: pop
```

字节码 21 到 25 乍一看似乎有点儿奇怪。字节码 4 创建了 HashMap 实例，然后字节码 11 将其保存到局部变量 3 中，字节码 21 到 25 又将其加载回栈中，并且将引用的副本保存到局部变量 4 中。这个过程会将它从栈中移除，因此在使用前必须从变量 4 重新加载。之所以这么复杂，是因为在 Java 源代码中，我们创建了一个额外的局部变量（类型为 Map 而不是 HashMap），虽然它的引用与原始变量相同，但字节码还是做了额外处理。这也是字节码会尽可能贴近源代码的一个例子。

处理完栈和变量后，字节码 26 到 29 加载了要放置在 Map 中的值。在栈准备好接收参数后，字节码 30 调用了 put() 方法。虽然调用的是完全相同的方法，但此处使用的操作码是 invokeinterface，这是因为这个局部变量是 Map 接口类型。put() 的返回值再次被字节码 35 处的 pop 指令丢弃。

除了需要了解 Java 方法调用会转换为哪些操作，我们还需要注意调用操作码时的一些问题。首先，invokeinterface 有额外的参数，这是由历史原因和向后兼容性导致的，现在这些额外参数已经不再使用。其次，invokedynamic 参数中有两个额外的零，它们是为了保持向前兼容。

另一个需要注意的地方是普通实例方法调用和特殊实例方法调用的区别。普通调用是虚拟的（virtual），这意味着如果在运行时想调用确切的方法，JVM 需要使用标准 Java 方法的重写规则去查找。

不过，在一些特殊情况下，比如调用父类方法时，我们不希望重写规则生效，因此需要使用一个不同的调用操作码来实现。这就是为什么我们需要操作码 invokespecial，它在调用方法时不会考虑重写机制，而是直接调用明确指定的方法。

4.4.8　平台操作码

平台操作码包括用于分配新对象实例的操作码 new，以及与线程相关的操作码 monitorenter 和 monitorexit。它们的详细信息见表 4-7。

表 4-7　平台操作码

名　　称	参　　数	栈　布　局	描　　述
new	i1, i2	[] -> [obj]	为新对象分配内存，其类型由指定索引处的常量确定
monitorenter		[obj] -> []	锁住对象
monitorexit		[obj] -> []	解锁对象

平台操作码用于控制对象生命周期的某些方面，例如创建新对象和锁住对象。需要注意的是，操作码 new 只分配存储空间，如果对象要进一步构建，需要执行构造器中的代码。

在字节码级别，构造器被转换为一个具有特殊名称的方法<init>。这个方法不能通过 Java 用户代码调用，但可以通过字节码调用。这就是我们前面看到的用来创建对象的独特字节码模式：new 后面跟着 dup，然后使用 invokespecial 调用<init>方法。

操作码 monitorenter 和 monitorexit 对应于同步块的开始和结束。

4.4.9　操作码的快捷形式

对局部变量的访问通常比对其他内容的访问频繁，所以用特殊的操作码来表示"在局部变量上直接执行某常见操作"很有意义，这样就不需要将局部变量指定为参数。在加载/存储操作码中，就有这种操作码：aload_0 和 dstore_2，它们比等效字节序列 aload 00 或 dstore 02 少一字节。

注意　节省一字节可能看起来并不多，但这样的节省在类文件的处理过程中会逐渐累积。Java 最初的主要使用场景是 applet，它通过拨号调制解调器以每秒 28.8 千比特的速度下载。在这种带宽速度的限制下，尽可能减少字节数非常重要。

要想成为基础扎实的 Java 开发人员，你需要学习和掌握如何使用 javap 命令来反编译自己的类文件，并学会识别常见的字节码模式。我们已经对字节码做了简要介绍，接下来探讨下一个主题——反射。

4.5　反射

反射是 Java 开发人员应该掌握的关键技术之一。反射功能极其强大，但许多开发人员使用它时都觉得有些困难，因为它似乎与开发人员编写代码的方式不同。

反射实现的功能就是对对象进行查询或内省，并在运行时发现和使用它们。根据上下文，反射有下面几种不同的含义：

- 编程语言 API；
- 一种编程风格或技术；
- 支持反射技术的运行时机制；
- 语言类型系统的属性。

在面向对象系统中，反射的本质是编程环境可以将程序的类型和方法表示为对象。只有在语言的运行时环境支持下才有可能使用反射，反射是语言动态特性的实现基础。

使用反射进行编程时，我们可以在不使用静态类型的情况下操作对象。这种能力似乎是一种倒退，但如果我们可以在不知道类型的情况下使用对象，那么这意味着我们可以在运行时构建和使用任何类型的库、框架和工具，甚至包括源代码中不存在的类型。

当 Java 刚发布时，反射是它成为主流编程语言的关键因素之一。尽管其他语言（尤其是 Smalltalk）更早地引入了反射，但在 Java 发布时反射并不是主流编程语言的通用部分。

4.5.1　反射概述

对反射的描述通常很抽象，它令人困惑、难以理解。为了具体地解释什么是反射，下面我们使用 JShell 做一些演示。

```
jshell> Object o = new Object();
o ==> java.lang.Object@a67c67e

jshell> Class<?> clz = o.getClass();
clz ==> class java.lang.Object
```

这里展示了 `Object` 类型的类对象，让我们初步了解了反射是什么。事实上，`clz` 的类型是 `Class<Object>`，但是当通过类加载或者 `getClass()` 获取类对象时，我们不得不使用泛型中的未知类型？来表示它，如下所示：

```
jshell> Class<Object> clz = Object.class;
clz ==> class java.lang.Object

jshell> Class<Object> clz = o.getClass();
|  Error:
|  incompatible types: java.lang.Class<capture#1 of ? extends
   java.lang.Object> cannot be converted to java.lang.Class<java.lang.Object>
|  Class<Object> clz = o.getClass();
|                      ^----------^
```

这是因为反射是一种动态运行时机制，源代码编译器并不知道真正的类型 `Class<Object>`。

这给反射带来了不可避免的额外复杂性，因为我们不能依赖 Java 类型系统。不过，这种动态特性正是反射的核心——如果在编译时不知道对象是什么类型，那就只能以常规的方式来操作它。我们可以利用反射的这种灵活性来构建一个开放且可扩展的系统。

注意　基于反射构建的系统在本质上是开放的。而我们在第 2 章中学习到，Java 模块试图在平台中实现更强的封装，这两者实际上是冲突的。

许多熟悉的框架和开发工具都使用反射实现其功能，例如调试器和代码浏览器。插件架构、交互环境和 REPL 系统也广泛使用反射。事实上，如果没有反射子系统，JShell 是实现不了的。下面，我们使用 JShell 来探索反射的一些关键特性，如下所示：

```
jshell> class Pet {
   ...>    public void feed() {
   ...>       System.out.println("Feed the pet");
   ...>    }
   ...> }
|  created class Pet

jshell> var clz = Pet.class;
clz ==> class Pet
```

在示例中我们创建了一个 Pet 类的类对象 clz，这个类对象可以用来实现其他功能，比如创建一个新实例，如下所示：

```
jshell> Object o = clz.newInstance();
 o ==> Pet@66480dd7
```

这里的问题是 newInstance() 返回的对象类型是 Object，而 Object 类型在这里对我们来说用处不是很大。当然，我们可以将 o 转型到 Pet，但我们需要提前知道是什么类型，而这与反射的动态特性是矛盾的。我们来尝试一下其他方法：

```
jshell> import java.lang.reflect.Method;

jshell> Method m = clz.getMethod("feed", new Class[0]);
m ==> public void Pet.feed()
```

现在我们有一个表示方法 feed() 的对象，但它属于抽象元数据，不会被附加到任何特定的实例上。

对于代表方法的对象，最自然的事情就是调用它。类 java.lang.reflect.Method 定义了一个方法 invoke()，它可以调用 Method 对象表示的方法。

注意　使用 JShell 时，我们省略了许多异常处理代码。如果在常规 Java 代码中使用反射，我们必须捕获可能会抛出的异常。

为了成功调用，我们提供的参数数量和类型都必须是正确的，参数列表还包括调用方法的接收方对象（假设该方法是实例方法）。在这个示例中，它看起来是这样的：

```
jshell> Object ret = m.invoke(o);
Feed the pet
ret ==> null
```
该调用返回了 **null**，因为 **feed()** 方法没有返回值

除了 `Method` 对象，反射还提供了其他对象来表示 Java 类型系统中的一些基本概念，比如字段、注解和构造器。这些类都位于 `java.lang.reflect` 包中，其中一些（例如 `Constructor`）是泛型类。

反射子系统需要升级才能适配模块系统。反射提供了处理类和方法的 API，因此为了处理模块，反射也提供了相应的 API，它的关键类是 `java.lang.Module`，我们可以直接从 `Class` 对象中访问它，如下所示：

```
var module = String.class.getModule();
var descriptor = module.getDescriptor();
```

模块的描述符是 `ModuleDescriptor` 类型，它提供了模块元数据的只读视图——基本上等同于 `module-info.class` 的内容。

新的反射 API 也提供了动态功能，比如模块发现，这是通过 `ModuleFinder` 接口实现的。如何在模块系统里使用反射是一个很大的主题，超出了本书的范围。感兴趣的读者可以阅读 **Nicolai Parlog** 所著的 *The Java Module System*（**Manning**，**2019**）[1]的第 12 章，以获得更多信息。

4.5.2 类加载与反射

下面，我们看一个结合了类加载和反射的例子。例子中的类加载器并没有遵循常规的 `findClass()` 和 `loadClass()` 流程，而是继承了 `ClassLoader`，并直接访问了受保护的 `defineClass()` 方法。

这个类的 `main` 方法接收一个文件名列表，如果传入的是 Java 类，它会使用反射依次访问每个方法并检测是否是本地方法，如下所示：

```
public class NativeMethodChecker {

    public static class EasyLoader extends ClassLoader {
        public EasyLoader() {
            super(EasyLoader.class.getClassLoader());
        }

        public Class<?> loadFromDisk(String fName) throws IOException {
            var b = Files.readAllBytes(Path.of(fName));
            return defineClass(null, b, 0, b.length);
        }
    }
```

---

① 本书中文版《深入理解 Java 模块系统》由人民邮电社出版社于 2020 年出版。——编者注

```java
    public static void main(String[] args) {
        if (args.length > 0) {
            var loader = new EasyLoader();
            for (var file : args) {
                System.out.println(file +" ::");
                try {
                    var clazz = loader.loadFromDisk(file);
                    for (var m : clazz.getMethods()) {
                        if (Modifier.isNative(m.getModifiers())) {
                            System.out.println(m.getName());
                        }
                    }
                } catch (IOException | ClassFormatError x) {
                    System.out.println("Not a class file");
                }
            }
        }
    }
}
```

以上示例探索了 Java 平台的动态特性，帮助我们了解反射 API 的工作原理。但是，基础扎实的 Java 开发人员还必须意识到反射的局限性，以及它偶尔带来的挫折感，这一点很重要。

4.5.3　反射的局限性

自 JDK 1.1（1996 年）发布以来，反射 API 就一直是 Java 平台的一部分，在之后的 25 年里，反射暴露出了许多问题和弱点。下面是其中的一些不便之处。

❑ 反射 API 非常旧，大量使用了数组类型（反射的出现早于 Java 集合）。
❑ 不容易弄清楚调用的是哪个重载方法。
❑ 访问方法的反射 API 有两个：getMethod() 和 getDeclaredMethod()。
❑ 反射 API 提供了 setAccessible() 方法，用来忽略访问控制。
❑ 反射调用的异常处理很复杂，需要将检查型异常转为运行时异常。对于传递或返回基本类型的反射调用，必须使用装箱和拆箱。
❑ 基本类型需要用占位符类表示，例如 int.class，它实际上是 Class<Integer> 类型。void 方法需要使用 java.lang.Void 类型。

Java 反射之所以一直被人们诟病，不仅因为 API 中存在各种问题，还有很多其他原因，其中包括对 JVM 的 JIT 编译器不友好。

注意　添加方法句柄 API 的主要原因之一是解决反射调用的性能问题，我们将在第 17 章中对此进行探讨。

反射还存在一个问题，不过这可能更像是一个哲学问题（或称为反模式）：开发人员经常会遇到反射，它是 Java 程序员在职业发展道路上遇到的第一项真正高级的技术。因此，它可能会被过度使用，或者被当成一种万能的解决方案，用于实现过于灵活的系统，又或者开发一个并不

必要的内部微型框架（有时称为内部框架反模式）。这样的系统可配置性非常高，但代价是将领域模型的很多内容编码到了配置中，而没有直接在领域类型中建模。

反射是一项卓越的功能，每位基础扎实的 Java 开发人员都应该熟练掌握它。但是，它并不适用于所有情况，因此开发人员在使用它时应当谨慎。

小结

- □ 类文件格式和类加载是 JVM 运行的核心。对于任何想要在 VM 上运行的语言来说，它们都是必不可少的。
- □ 类加载的各个阶段都提供了措施来增强运行时的安全性和性能。
- □ JVM 字节码可以被分为具有相关功能的不同类别。
- □ 使用 javap 反编译类文件，可以帮助我们理解 Java 的底层原理。
- □ 反射是一个很重要的特性，它的功能非常强大。

## 第 5 章

Java 并发基础

5

本章重点
- 并发理论
- 块结构并发
- 同步
- Java 内存模型
- 字节码中的并发支持

Java 有两套并发 API：旧版本的 API 通常称为**块结构并发**（block-structured concurrency）或**基于同步的并发**（synchronization-based concurrency），有时也叫作传统并发；而新版本的并发 API 通常由包名 `java.util.concurrent` 指代。

本书将对这两种并发 API 进行讨论。本章我们先学习第一种并发 API，在第 6 章我们将介绍 `java.util.concurrent`。之后我们会在本书第 16 章重新回到并发主题，对高级并发技术、非 Java JVM 语言中的并发，以及并发和函数式编程之间的相互作用进行讨论。

下面我们开始学习传统的并发方法，它是 Java 5 之前唯一可用的并发 API。正如名称"基于同步的并发"所隐含的那样，传统并发是平台内置的语言级 API，依赖于 `synchronized` 和 `volatile` 关键字来实现。

传统并发 API 比较底层，使用起来可能有些困难。但开发者应该熟练掌握，因为它为本书后面解释其他类型的并发提供了坚实的基础。

事实上，如果我们不了解本章介绍的这些底层 API，就很难正确推理出其他形式的并发模型。当讲到相关主题时，我们还会介绍与并发理论相关的知识，它们可以用来阐明本书后面讨论的其他并发模型，包括非 Java 语言中的并发。

为了理解 Java 的并发编程方法，我们需要先学习一些理论知识。之后我们将了解这些知识对系统设计和实现的影响。我们将会讨论其中最重要的两个因素：安全性和活跃度，并会提及一些其他因素。

本章的一个重要部分（也是本章篇幅最长的部分）是介绍块结构并发，以及探索底层的线程 API。在本章最后，我们将讨论 Java 内存模型，并使用在第 4 章学到的字节码技术来理解 Java 并发编程复杂性的根源。

5.1　并发理论

在学习基本的并发理论之前，我们先讲一个并发领域的警示故事。

5.1.1　我已经了解线程了

这是开发人员最可能犯的（并且可能也是最致命的）错误之一。他们认为只要熟悉了 `Thread`、`Runnable`，以及 Java 并发机制里语言级的基本原语，自己就是一名称职的并发代码开发人员了。事实上，并发性是一个非常广泛的主题，开发一个正常工作的多线程程序是很困难的，即使是经验丰富、优秀的开发人员也会遇到问题。

还有一点应该注意的是，目前并发领域的研究工作正开展得热火朝天。在过去 5 到 10 年对并发的研究持续进行，且势头有增无减。这些研究成果可能会对 Java 和其他我们使用的语言产生影响。

在本书的第 1 版，我们曾写道："如果非要我们挑一个在未来 5 年中很可能会改变行业惯例的计算机基础领域，那就是并发。"历史不仅证实了这一说法，而且我们也很乐意将这一预测继续向前推进，虽然很多并发处理方式已成为编程领域的一部分，但未来 5 年将继续对这些并发处理方式进行研究。

因此，本章的目的不是试图成为并发编程领域的权威指南，而是帮助你了解并发的底层平台机制，这些机制解释了 Java 并发的内部工作原理。我们将提供充分的并发理论知识，以便你能够理解相关的问题，并正确应对并发所带来的挑战。接下来，我们先介绍并发程序开发人员应该掌握的硬件知识，因为并发编程的性能在一定程度上会受到硬件架构的限制。

5.1.2　硬件

我们先来了解一些有关并发和多线程的基本事实：
- 并发编程从根本上来说是关于性能的；
- 如果系统使用串行算法就能运行得很好，那就没必要使用并发算法；
- 现代计算机系统的 CPU 都是多核的，甚至手机都是双核或四核的；
- 所有的 Java 程序都是多线程的，即使只有一个应用程序线程的系统也是如此。

最后一点之所以正确，是因为 JVM 本身就是一个多线程的系统（例如，用于 JIT 编译或垃圾收集的线程），它可以运行在多个 CPU 核上。此外，标准库也包括一些实现了多线程算法的 API，这些 API 在运行时会并发执行任务。

注意　由于 JVM 运行时系统的性能改进，很多时候 Java 应用程序只需要升级 JVM 版本就可以运行得更快。

第 7 章将对硬件进行更全面的讨论，而本章介绍的硬件知识都是一些需要提前了解的和并发编程相关的基础内容。

下面我们先来了解一下 Amdahl 定律，该定律以 IBM 计算机科学家 Gene Amdahl 的姓氏命名，他被称为"大型机之父"。

5.1.3 Amdahl 定律

这是一个简单、粗略但十分有用的模型，可以用来推理多个执行单元在共享工作时的效率。在该模型中，执行单元是抽象的，因此我们可以将它视为线程，也可以视为进程，或任何其他能够执行工作的实体。

注意 Amdahl 定律不会受到内部细节的影响，这些内部细节包括工作如何完成、执行单元的确切性质或计算系统的实现方式等。

在 Amdahl 定律中，假设有一个单一的任务，它可以细分成更小的单元进行处理。这样我们就可以使用多个执行单元来减少完成工作所花费的时间。

因此，如果有 N 个处理器或线程来处理工作，那么我们可能就会以为花费的时间为 T1/N，其中 T1 表示在单个处理器上完成工作所花费的时间。在这个模型中，我们可以通过增加执行单元（N）来尽可能快地完成工作。

但是，拆分工作是有代价的。任务的细分和重组都有开销，只不过有时会比较小而已。假设此开销（也就是计算的串行部分）只占总花费的百分之几，我们可以用数字 s（0 < s < 1）来表示。s 的一个比较常见的值可能是 0.05（或 5%，取决于你喜欢哪种表达方式）。这意味着无论我们投入多少处理单元，该任务至少需要 s * T1 才能完成。

当然，这里假设 s 不依赖于 N，但实际上，随着 N 的增加，s 所代表的工作划分可能会变得更加复杂，从而需要更多的时间。很难想象有系统架构能让 s 随着 N 的增加而减少。因此，"s 不变"的假设已经是最佳情况了。

所以，理解 Amdahl 定律的最简单的方法是：如果 s 在 0 和 1 之间，那么可以达到的最大加速比是 1/s。这个结果有些令人沮丧，因为这意味着即使通信开销仅为 2%，系统可以实现的最大加速比（即使有数千个处理器全速工作）也是有上限的，这个上限就是最快只能加速 50 倍。

实际的 Amdahl 公式稍微复杂一些，如下所示：

$$T(N) = s + (1/N) * (T1 - s)$$

它可以表示成图 5-1 的形式。注意，x 轴是对数刻度，因为很难在线性刻度上表示 1/s 加速化的收敛。

Amdahl 定律

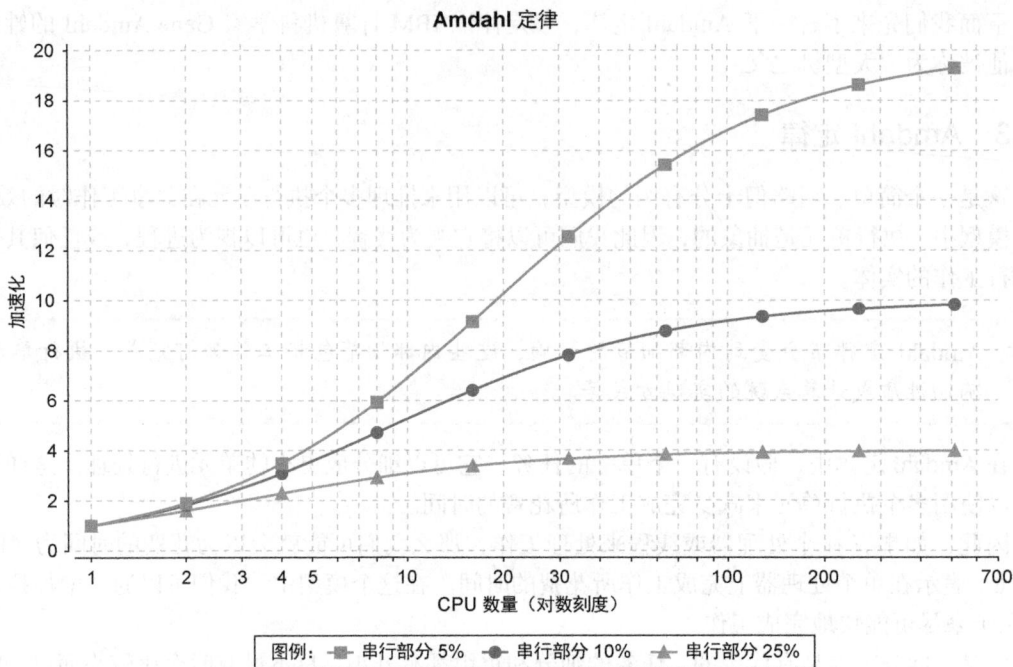

图 5-1 Amdahl 定律

现在我们已经了解了一些硬件知识，也学习了一个非常简单的并发模型，下面我们开始深入了解 Java 处理线程的细节。

5.1.4 Java 的线程模型

Java 的线程模型基于以下两个基本概念：

☐ 共享的、默认可见的可变状态；

☐ 操作系统的抢占式线程调度。

我们从以下几个方面思考一下这两个概念：

☐ 对象可以很容易地在进程内的所有线程之间共享；

☐ 对象可以被任何引用它的线程修改；

☐ 线程调度程序（操作系统）差不多可以随时将线程从 CPU 核上调入、调出；

☐ 方法必须能够在运行时被调出，否则无限循环的方法将一直占用 CPU；

☐ 然而这种不可预测的线程调度可能会导致方法被中断，导致对象出现不一致状态；

☐ 为了保护脆弱的数据，对象可以被锁住。

最后一点至关重要，因为没有它，一个线程就无法正确地看到其他线程所做的更改。在 Java 中，锁定对象的能力是由关键字 synchronized 实现的。

注意 从底层实现上来说，Java 为每个对象提供了**监视器**（monitor），它将锁（又名互斥）和等待特定条件变为真的能力结合起来，实现了对象锁定。

Java 里基于线程和锁的并发机制非常底层，也很难使用。为了解决这个问题，Java 5 引入了一组并发库，即 `java.util.concurrent`。它以并发库所在的 Java 包命名，提供了一组用于编写并发代码的工具，这些工具要比传统的块结构并发原语更容易使用。我们将在第 6 章讨论 `java.util.concurrent`，本章主要关注语言级并发功能。

5.1.5 经验教训

Java 是第一个内置多线程支持的主流编程语言。这在当时可以说是一个巨大的进步，但在十几年后的今天，我们已经对并发有了更多了解，知道了如何编写更好的并发代码。

事实证明，Java 的一些初始设计决策对大多数程序员来说并不友好，它带来了很多问题，因为硬件的发展趋势是向多核处理器发展，而唯一能利用好这些内核的就是并发代码。我们将在本章讨论编写 Java 并发代码的一些困难。现代处理器对并发编程有着合理的需求，我们将在第 7 章讨论性能时对此做进一步介绍。

随着开发人员编写并发代码的经验越来越丰富，他们发现一些对系统至关重要的关注点反复出现，我们将这些关注点称为设计原则。在面向对象的并发系统的设计中，它们是实际存在且经常相互冲突的高级概念。在接下来的几节里，我们将花时间研究其中最重要的设计原则。

5.2 设计原则

下面列出了并发编程中最重要的一些设计原则，它们是 Doug Lea 在实现 `java.util.concurrent` 并发库时列出的：

- 安全性（也称为并发类型安全）；
- 活跃度；
- 性能；
- 重用性。

下面我们来逐一解读。

5.2.1 安全性

安全性是指不管同时有多少操作，对象实例都能保持自洽。如果对象系统具有此属性，那它就是并发类型安全的。

并发可以被看作对象建模和类型安全概念的一种延伸。在非并发代码中，要确保不管调用了对象中的什么公开方法，在方法结束时对象都处于定义良好且一致的状态。这一般是通过保证对象的所有状态都是私有的来实现的，并且公开的 API 方法只能以一致的方式修改对象状态。

并发类型安全与对象的类型安全一样，但它用在更复杂的环境下，其中多个线程可能同时在不同的 CPU 内核上对同一对象进行操作。例如，考虑下面这个简单的类：

```java
public class StringStack {
    private String[] values = new String[16];
    private int current = 0;

    public boolean push(String s) {
        // 省略了异常处理
        if (current < values.length) {
            values[current] = s;
            current = current + 1;
        }
        return false;
    }

    public String pop() {
        if (current < 1) {
            return null;
        }
        current = current - 1;
        return values[current];
    }
}
```

当该类由单线程客户端代码使用时能正常运行，但在抢占式线程调度中就会出现问题。例如，线程的上下文切换可能发生在下面的代码中：

```java
public boolean push(String s) {
    if (current < values.length) {
        values[current] = s;
        // ... 上下文切换发生在此处    ◁──  对象会处于不一致
        current = current + 1;                 且不正确的状态
    }
    return false;
}
```

如果随后在另一个线程中查看该对象，会发现该对象状态的一部分（`values`）被更新，但另一部分（`current`）没有被更新。探索并解决这个问题是本章的主题。

我们通常采用的安全策略是永远不要从处于不一致状态的非私有方法中返回，此外，在处于不一致状态时也不要调用非私有方法（当然也不要调用任何其他对象上的方法）。如果能将这种做法与一些保护对象状态的方法（例如同步锁或临界区）相结合，则可以保证系统安全。

5.2.2　活跃度

在一个活跃的系统里，每个操作最终要么成功要么失败。不活跃的系统基本上是停滞不前的——它既不会成功也不会失败。

在上面的定义里，关键词是"最终"——运行中的瞬时故障（尽管不理想，但单独来看这不是问题）和永久性故障是有区别的。瞬时故障可能由许多潜在问题引起，例如：

- ❑ 处于锁定状态或等待获取线程锁；
- ❑ 等待输入（如网络 I/O）；
- ❑ 资源的临时故障；
- ❑ 没有足够的 CPU 时间来运行线程。

造成永久性故障的原因也很多，最常见的包括：

- ❑ 死锁；
- ❑ 不可恢复的资源问题（例如网络文件系统 NFS 不可访问）；
- ❑ 信号丢失。

尽管你对它们可能已经很熟悉了，但本章后续还是会讨论一下锁和其他几个问题。

5.2.3　性能

系统的性能可以通过多种方式进行量化。在第 7 章中，我们将讨论性能分析和调优技术，并介绍一些开发人员需要了解的指标。在这里，我们可以把性能理解为系统利用给定资源所能完成的工作量。

5.2.4　重用性

重用性是我们要讲解的最后一条设计原则，它在其他设计原则中并没有被提及。尽管有时不容易实现，但我们还是非常希望能设计出易于重用的并发系统。我们可以基于可重用工具集（比如 `java.util.concurrent`），在其之上构建不可重用的应用代码。

5.2.5　这些设计原则为何以及如何相互冲突

这些设计原则通常存在相互对立的情况，这也是"设计一个良好的并发系统"具有挑战性的原因。我们通过以下几点来阐述这个问题。

- ❑ 安全性与活跃度的对立——安全性关注的是确保不发生不良事件，而活跃度要求系统必须展现出进展。
- ❑ 可重用系统倾向于开放其内核，这可能会带来安全问题。
- ❑ 一个系统如果简单地通过使用大量的锁来确保安全性，那么它的性能就会受到影响。

最终，我们需要让代码尽量达到平衡状态，使其既能够灵活地应对各种问题，又能够保证安全性，同时在活跃度和性能上也能达到令人满意的水平。达到这种平衡状态是一项挑战，但幸运的是，我们接下来将与你分享一些实战经验。下面是几个最常见的技巧。

(1) 尽可能限制各子系统的对外通信。数据隐藏对于增强安全性至关重要。

(2) 尽可能提高各子系统内部结构的确定性。例如，即便子系统会以并发且不确定性的方式进行交互，子系统内部的线程和对象设计也要尽可能地倾向于静态。

(3) 使用客户端应用必须遵守的策略和方法。这种技术很强大，但其有效性依赖于客户端应用的协同。如果某个不遵守规则的应用行为不当，我们很难发现问题。

(4) 在文档中记录所要求的行为。这是效果最差的替代方案，但如果代码要部署在非常通用的环境中，我们就需要采用这个办法。

开发人员应该了解所有这些可能的安全机制，并且尽可能选择最有效的技术。不过，我们也必须认识到，在某些情况下，只能采用效果相对较差的技术。

5.2.6　系统开销之源

并发系统的许多方面会导致固有的系统开销，这些开销来自：
- 监视器（锁和条件变量）；
- 上下文切换次数；
- 线程数；
- 调度策略；
- 内存局部性；
- 算法设计。

我们应该基于这个列表创建一个检查清单，并在编写并发代码时，确保自己已经针对这个清单做了认真思考。

算法设计虽然是最后一项，但它是一个能让开发人员脱颖而出的领域。不管用的是什么语言，学好算法设计都能让你成为一个更优秀的程序员。

在这里强烈推荐两本关于算法的著作。一本是 Thomas H. Cormen 等人所著的《算法导论》（MIT，2009），不要被它的书名误导，这是一本内容严谨的著作。还有一本是《算法设计（第 3 版）》，它的作者是 Steven S. Skiena。不管是单线程算法还是并发算法，这些书都是丰富你这方面知识的绝佳选择。

我们将在本章和后续章节（尤其是第 7 章关于性能的部分）中进一步探讨开销来源。现在，让我们转向下一个主题——回顾 Java 中的"传统"并发，并详细探讨它为什么难用。

5.3　块结构并发

块结构并发（Java 5 之前）是 Java 语言内置的并发机制，而本书大部分内容讨论的是块结构并发的替代方案。如果想从这些讨论中获益，就需要深入了解块结构并发。

为此，在本章的后面部分，我们将探讨 Java 的并发关键字（synchronized、volatile 等），它们可以用来进行多线程编程，只是这种方式比较原始。我们会将这些讨论放在设计原则的情境中，并探讨它们的未来发展趋势。

接下来，我们将简要介绍线程的生命周期，然后讨论编写并发代码的常见技术和陷阱，例如完全同步对象、死锁、volatile 关键字以及不可变性。

5.3.1 同步与锁

我们应该已经知道，synchronized 关键字既可以用在代码块上，也可以用在方法上。它表示在进入该代码块或方法之前，线程必须获得相应的锁。假设我们想从银行账户取款，可以使用如下方法：

```
public synchronized boolean withdraw(int amount) {
    // 检查余额是否大于 0，不大于则抛出异常
    if (balance >= amount) {
        balance = balance - amount;
        return true;
    }

    return false;
}
```

同一时间只会有一个线程尝试从该账户提款

执行该方法时必须获取属于对象实例的锁（在静态同步方法中则是类对象的锁）。对于代码块，程序员应该指明要获取哪个对象的锁。

对任何一个对象的同步块或同步方法，每次只能有一个线程进入；如果其他线程试图进入，它们将被 JVM 挂起。不管试图进入的是该对象的同一个同步块还是不同的同步块，JVM 都会如此处理。这种结构在并发理论中被称为**临界区**（critical section），这个术语在 C++ 中更常见。

注意 你有没有想过 Java 中用于确立临界区的关键字为什么是 synchronized，而不是 "critical" 或 "locked"？同步的是什么？我们将在 5.3.5 节讨论这个问题。如果你现在不知道答案，或者从来没想过这些问题，最好花几分钟思考一下。

下面，我们介绍一些有关 Java 同步和锁的基本知识，希望你已经掌握了其中的大部分（或全部）。

- ❑ 只能锁定对象，不能锁定原始类型。
- ❑ 如果锁定的是对象数组，则其中的单个对象不会被锁定。
- ❑ 同步方法可以视为包含整个方法的同步代码块，也就是(this) { ... }形式，但要注意它们的字节码表示是不同的。
- ❑ 静态同步方法锁定的是 Class 对象，因为没有实例对象可以锁定。
- ❑ 如果要锁定一个Class 对象，请慎重考虑是使用显式锁定，还是使用getClass()获取，这两种方式对子类的影响不同。
- ❑ 内部类的同步是独立于外部类的（要理解为什么会这样，可以想想内部类是如何实现的）。
- ❑ synchronized 并不是方法签名的一部分，所以它不能出现在接口的方法声明中。
- ❑ 非同步方法不查看或关心锁的状态，即使同步方法正在运行，它们也可以被调用。
- ❑ Java 的锁是可重入的，也就是说持有锁的线程在遇到同一个锁的同步点时（比如一个同步方法调用同一个类内的另一个同步方法）是可以继续执行的。

注意 在其他语言中存在着不可重入的锁机制（用 **Java** 也能实现类似的效果。如果想了解更多复杂的实现细节，可以阅读 `java.util.concurrent.locks` 中 `ReentrantLock` 的文档），不过，这些不可重入的锁通常很难使用，除非你对自己的操作非常有把握，否则最好不要使用它们。

对 Java 同步的回顾就到此为止。接下来，我们将探讨线程在其生命周期中的状态转换。

5.3.2 线程的状态模型

图 5-2 展示了 Java 线程的状态模型，它描述了 Java 线程的整个生命周期。

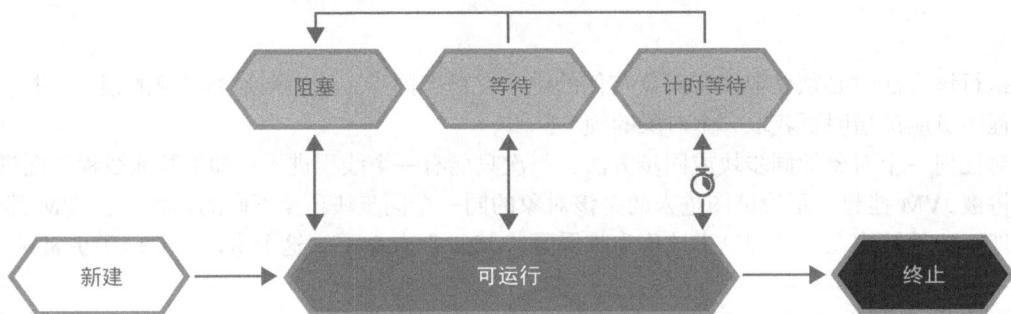

图 5-2 Java 线程的状态模型

Java 提供了一个名为 `Thread.State` 的枚举，在这个枚举里可以找到状态模型中的这些状态。需要注意的是，这个状态模型并不直接反映操作系统线程的状态，而是在其之上的一层抽象。

注意 每个操作系统都有自己的线程实现，它们的细节可能有所不同。尽管在大多数情况下，现代操作系统的线程和调度实现很相似，但并非总是如此（例如 Solaris 或 Windows XP）。

Java 线程对象在创建之初处于 NEW 状态，此时对应的 OS 线程还不存在（并且可能永远不会生成）。要运行该线程，需要调用 `Thread.start()`，这会向操作系统发出创建线程的信号。

调度程序会将新线程放入运行队列，等待合适的 CPU 核心来执行（如果机器负载较重，可能会等待一段时间）。如果线程被分配了 CPU 时间片，它就可以运行了。当 CPU 时间片消耗完毕后，线程会被放回运行队列，等待后续 CPU 时间片的分配。这就是我们在 5.1.4 节中提到的抢占式线程调度。

Java 线程对象先获取 CPU 时间片，然后才能运行，运行完毕后再被放回运行队列，在整个调度过程中，线程对象一直处于 RUNNABLE 状态。除了调度操作，线程本身也可以表明它当前无法使用 CPU。这可以通过以下两种方式实现。

1. 程序代码通过调用 `Thread.sleep()` 来指示线程在运行之前等待一段固定的时间。
2. 线程调用 `Object.wait()` 来等待，直到满足某些外部条件。

在这两种情况下，操作系统都会立即将线程从 CPU 中移出，不过之后线程的行为是不同的。

在第一种情况下，线程需要休眠一段时间。Java 线程会转为 TIMED_WAITING 状态，操作系统会设置一个计时器。当计时器到期后，休眠的线程会被唤醒并放回运行队列中，准备再次运行。

第二种情况略有不同。它使用 Java 对象监视器的条件（condition）功能。线程状态会转为 WAITING 并无限期地等待。它通常不会被唤醒，除非操作系统发出信号表明条件可能已经满足——通常是其他线程在当前对象上调用了 Object.notify() 来触发。

除了这两种受线程控制的可能状态，线程还可以转换为 BLOCKED 状态，此时它正等待 I/O 操作或获取另一个线程持有的锁。最后，如果 Java 线程对应的 OS 线程已经停止执行，那么该线程对象就会转为 TERMINATED 状态。下面我们介绍一个解决同步问题的常见方法——完全同步对象。

5.3.3 完全同步对象

在本章的前面部分，我们介绍了并发类型安全的概念，并提到了一种实现策略。下面我们深入探讨这种实现策略，它通常被称为完全同步对象（fully synchronized object）。如果一个类遵从下面的所有规则，那么我们就可以认为它是线程安全且活跃的。

一个满足下面所有条件的类就是完全同步类。

- 不管使用哪个构造器，所有字段都能初始化为一致状态。
- 没有公共字段。
- 从任何非私有方法返回后，对象实例都能保证处于一致状态（假设调用方法时状态是一致的）。
- 可以证明所有方法都能在有限时间内终止。
- 所有方法都是同步的。
- 当处于非一致状态时，不会调用其他实例的方法。
- 当处于非一致状态时，不会调用非私有方法。

代码清单 5-1 显示了一个完全同步类 FSOAccount，它对银行系统后台账户进行建模，前缀 FSO 清楚地表明该类实现了完全同步。

该类提供了存款、取款和余额查询功能，调用这些功能时会出现经典的读写操作冲突，所以我们需要使用同步来防止状态的不一致。

代码清单 5-1　完全同步类

```
public class FSOAccount {
    private double balance;    ←—— 没有公共字段

    public FSOAccount(double openingBalance) {
        // 检查 openingBalance 是否大于 0，不大于就抛出异常        ┐ 所有字段都在构造器中
        balance = openingBalance;                              ├— 初始化
    }
```

```java
public synchronized boolean withdraw(int amount) {
    // 检查 amount 是否大于 0，不大于就抛出异常
    if (balance >= amount) {
        balance = balance - amount;
        return true;
    }

    return false;
}

public synchronized void deposit(int amount) {
    // 检查 amount 是否大于 0，不大于就抛出异常
    balance = balance + amount;
}

public synchronized double getBalance() {
    return balance;
}
}
```

所有方法都是
同步的

乍一看，这个类似乎没什么问题，既安全又能正常处理业务。但其问题在于性能，一个类是安全且活跃的并不意味着它的性能也好。在这个示例中我们必须使用 synchronized 来协调所有对余额的访问（get 和 put），而锁定操作会减慢速度。这是这种并发处理方式的核心问题。

除了性能外，代码清单 5-1 中的代码还相当脆弱。示例代码很少，因此我们通过肉眼就能看到在同步方法之外并没有访问 balance 字段。

但在实际的大型系统中，由于代码量太大，这种人工验证是不可能的。在使用这种方式处理并发的大型代码库中，并发错误很容易蔓延，这也是 Java 社区寻找更完善的解决方法的另一个原因。

5.3.4　死锁

另一个典型的并发问题（不仅仅存在于 Java）是死锁。我们在代码清单 5-2 中对前面的示例做了一些扩展。在这个版本中，除了对账户余额建模，我们还提供了一个 transferTo() 方法，它可以将钱从一个账户转移到另一个账户。

注意　这里的示例是对构建多线程事务系统的粗浅尝试。它旨在演示死锁，不能用于实际系统开发。

在代码清单 5-2 中，我们添加了一个方法来在两个 FSOAccount 对象之间转移资金，如下所示。

代码清单 5-2　死锁示例

```java
public synchronized boolean transferTo(FSOAccount other, int amount) {
    // 检查 amount 是否大于 0，不大于就抛出异常
```

```
        // 模拟一些其他可能需要的检查操作
        try {
            Thread.sleep(10);
        } catch (InterruptedException e) {
            Thread.currentThread().interrupt();
        }
        if (balance >= amount) {
            balance = balance - amount;
            other.deposit(amount);
            return true;
        }

        return false;
    }
```

接下来，我们在主类中实际引入一些并发操作，如下所示：

```
public class FSOMain {
    private static final int MAX_TRANSFERS = 1_000;

    public static void main(String[] args) throws InterruptedException {
        FSOAccount a = new FSOAccount(10_000);
        FSOAccount b = new FSOAccount(10_000);
        Thread tA = new Thread(() -> {
            for (int i = 0; i < MAX_TRANSFERS; i = i + 1) {
                boolean ok = a.transferTo(b, 1);
                if (!ok) {
                    System.out.println("Thread A failed at "+ i);
                }
            }
        });
        Thread tB = new Thread(() -> {
            for (int i = 0; i < MAX_TRANSFERS; i = i + 1) {
                boolean ok = b.transferTo(a, 1);
                if (!ok) {
                    System.out.println("Thread B failed at "+ i);
                }
            }
        });
        tA.start();
        tB.start();
        tA.join();
        tB.join();
        System.out.println("End: "+ a.getBalance() + " : "+ b.getBalance());
    }
}
```

乍一看，这段代码没什么问题。我们的两个事务由不同的线程执行，代码逻辑好像也很正常，只是线程在两个账户之间转移资金，而且所有的方法都是同步的。

注意，我们在 transferTo() 方法中引入了一个 sleep() 操作，这样做是为了线程调度器可以同时运行两个线程，从而带来了发生死锁的可能。

注意   这里引入 sleep() 是出于演示目的，我们编写实际的银行转账代码时并不需要这样做。
引入它只是用来模拟可能存在的代码运行效果，比如由调用数据库或授权检查引起的
延迟。

如果运行上面的示例代码，我们可能会看到死锁，也就是两个线程都会运行一段时间并最终
卡住。原因是线程在执行 transferTo() 方法之前要求另一个线程释放它持有的锁，而另一个
线程也是如此，如图 5-3 所示。

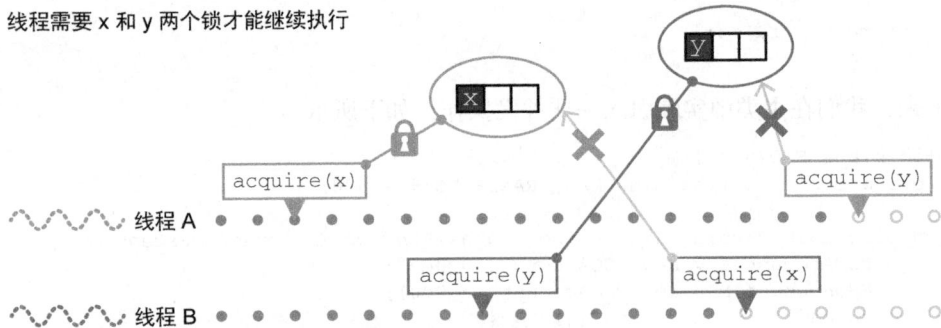

图 5-3   死锁线程

图 5-4 演示了另一种死锁查看方式，它使用了 JDK 任务控制工具里的线程转储功能。我们
将在第 7 章中详细介绍该工具，并展示如何使用这个十分有用的功能。

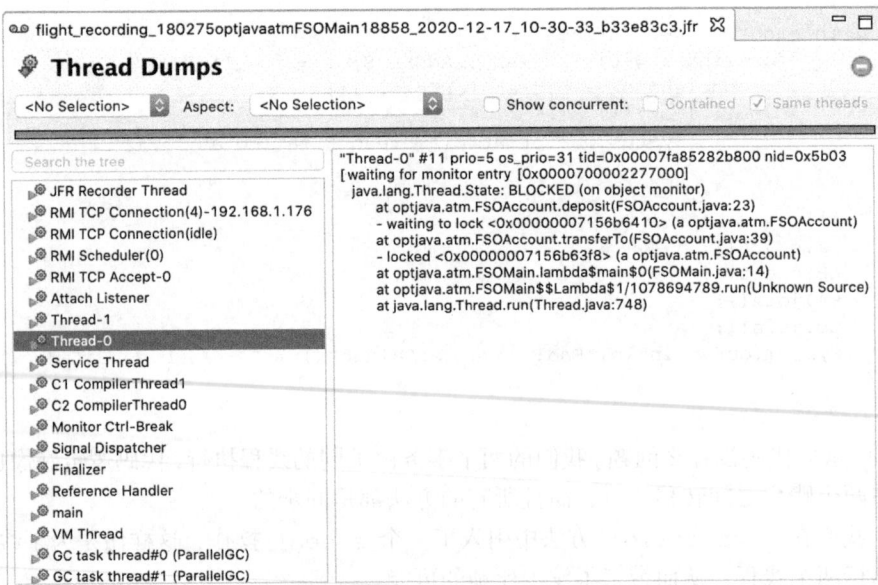

图 5-4   死锁线程（另一种查看方式）

这两个线程分别是 Thread-0 和 Thread-1，我们可以看到 Thread-0 获取了一个对象锁并处于 BLOCKED 状态，等待获取另一个对象的锁。而 Thread-1 的线程转储显示了相反的锁信息，因此出现了死锁。

注意　对完全同步对象来说，这种死锁的发生是因为违反了"限时"原则。当代码调用 other.deposit() 时，我们无法保证代码将运行多长时间，因为 Java 内存模型无法保证何时释放被阻塞的监视器。

要处理死锁，一种方法是在线程中始终以相同的顺序获取锁。在前面的示例中，第一个启动的线程以 A、B 的顺序获取它们，而第二个线程以 B、A 的顺序获取它们。如果两个线程都坚持以 A、B 的顺序获取它们，就能避免死锁，因为第二个线程会处于阻塞状态，直到第一个线程完成操作并释放它的锁。在本章后面部分，我们将展示一种非常简单的方法来以相同的顺序获取所有的锁，并对这个方法的效果进行验证。

接下来，我们将回到之前提到的那个问题：Java 中用于确立临界区的关键字为什么是 synchronized？这个问题还将引导我们展开对 volatile 关键字的讨论。

5.3.5　为什么要同步

并发编程的一个简单概念模型是 CPU 分时，也就是说，线程在单个内核上切换。这个经典模型如图 5-5 所示。

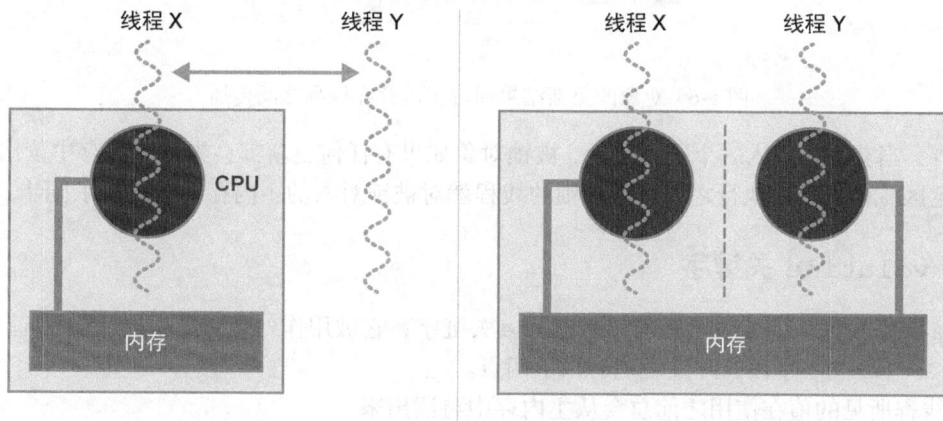

图 5-5　单核（左）和多核（右）场景下的并发和线程

然而，这个模型已经不能准确描述现代硬件了。20 年前的程序员可能连续工作数年都不会遇到拥有多核 CPU 的系统，但现在早就不是这种情况了。

如今，任何手机或比手机更大的设备都有多个内核，因此我们的思维模型也应该不同了。我们需要考虑多线程的场景，认识到多个线程可能在同一时刻运行在不同的内核上，而且可能会共享数据，这在图 5-5 中有所展示。为了提高效率，运行中的线程可能会缓存自己正在操作的数据。

注意　我们仍然会讨论单核场景下的线程执行理论模型，之所以这样做，纯粹是为了展示我们
　　　　讨论的这些非确定性并发问题是固有的，而不是由硬件的特定方面引起的。

对图 5-5 做了深入了解后，我们再来看一下用于锁定代码块或锁定方法的关键字为什么是
synchronized。

我们之前问过，代码清单 5-1 中的代码同步的是什么？答案是：被锁对象在不同线程中的内
存表示。也就是说，在同步方法（或同步块）执行完成后，对被锁对象所做的任何更改都会在释
放锁之前刷回主内存，如图 5-6 所示。

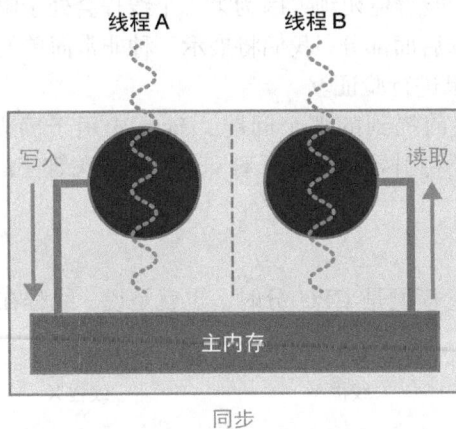

图 5-6　对象的更新结果通过主内存在线程之间传播

此外，当获得锁进入一个同步块后，被锁对象如果有任何更新都会先从主内存中读出来，所
以在锁定区域代码开始执行之前，持有锁的线程就对被锁对象的主内存视图进行了同步。

5.3.6　volatile 关键字

Java 从一开始（Java 1.0）就有 volatile 关键字，它被用作处理对象字段（包括基本类型）
的并发。volatile 字段的并发规则有以下两点。

❑ 线程所见的值在使用之前总会从主内存中再读出来。

❑ 线程所写的值总会在字节码指令完成之前刷回到主内存中。

volatile 的这种围绕单字段的操作有时被看成一个小小的同步块，但这是一种误导，因为
volatile 不涉及任何锁定。synchronized 的作用是对一个对象使用互斥锁，保证只有一个
线程能执行该对象的同步方法。同步方法里可能包含对象的许多读写操作，从其他线程的角度
来看，这些读写操作是一个不可分割的执行单元，因为在退出并将该对象刷回主内存之前，方法
在对象上执行的结果是不可见的。

volatile 的关键在于只对内存位置进行一次操作，并且操作结果立即刷新到主内存中。这意味着只会有单次读取或单次写入，而不会有其他操作。我们在图 5-6 中看到过这两种操作。

只有变量的写入不依赖于变量的当前状态（读取操作）时，才可以使用 volatile 关键字来修饰字段，因为 volatile 只能保证单个操作的结果。

例如，用 volatile 修饰的变量使用递增（++）和递减（--）运算符是不安全的，因为它们等同于 v = v + 1 或 v = v - 1。这两段代码是**状态依赖更新**（state-dependent update）的经典示例。

如果当前状态很重要，就必须引入锁来确保数据完全安全。在某些情况下我们可以使用 volatile 来简化代码编写，但代价是每次访问时都要进行额外的刷新。此外还要注意，volatile 机制不引入任何锁，因此使用 volatile 不会导致死锁，死锁只在同步时发生。在本章的后面，我们将遇到一些使用 volatile 的程序代码，到时再详细地讨论它。

5.3.7　Thread 类的状态和方法

java.lang.Thread 是一个存在于堆中的 Java 对象，包含了操作系统线程的元数据。这些操作系统线程可能是现在实际存在的，也可能是曾经存在或将来才会创建的。

根据主流操作系统上的 OS 线程状态，Java 为线程对象定义了如下几种状态。这些状态与我们在图 5-2 中看到的状态模型密切相关。

❑ NEW：线程对象已经创建，但对应的 OS 线程还没有。
❑ RUNNABLE：线程处于可运行状态，操作系统负责调度它。
❑ BLOCKED：线程没有运行，它需要获取锁或等待某个系统调用的结果。
❑ WAITING：线程没有运行，它调用了 Object.wait() 或 Thread.join()。
❑ TIMED_WAITING：线程没有运行，它调用了 Thread.sleep()。
❑ TERMINATED：线程没有运行，它已结束执行。

无论线程的 run() 方法是正常退出还是抛出异常，所有线程都以 NEW 状态开始并以 TERMINATED 状态结束。

注意　对于 RUNNABLE 线程，Java 线程状态模型并不区分它是处于实际执行中还是在运行队列中等待。

线程的实际创建是由 start() 方法完成的，该方法会调用本地代码执行相关的系统调用（例如 Linux 上的 clone() 方法）来创建线程，并且会执行线程 run() 方法中的代码。

Java 中的 Thread 方法可以分为 3 组。我们不会对每个方法都展示它的 API 文档，这些文档里有很多重复内容。不过我们会指出这些文档在哪里，读者可以自行查阅相关文档来获取更多信息。

第 1 组是读取线程元数据的方法：

❑ getId()
❑ getName()

❏ getState()

❏ getPriority()

❏ isAlive()

❏ isDaemon()

❏ isInterrupted()

有些元数据（例如从 getId() 中获得的线程 ID）在线程的生命周期内是固定的。有些元数据会随着线程运行而改变，比如线程状态和中断状态。还有一些元数据可以由程序员设置，比如名称和进程守护状态。这就引出了第 2 组方法：

❏ setDaemon()

❏ setName()

❏ setPriority()

❏ setUncaughtExceptionHandler()

如果想修改线程的配置和属性，通常需要在线程启动之前进行。

最后一组是线程控制方法，用于启动新线程并与其他正在运行的线程交互：

❏ start()

❏ interrupt()

❏ join()

注意 Thread.sleep() 没有出现在这个列表中，因为它是一个针对当前线程的静态方法。

注意 某些具有超时功能的线程方法（比如带有超时参数的 Thread.join()）可能会导致线程处于 TIMED_WAITING 而非 WAITING 状态。

下面我们来看一个简单的多线程程序，它演示了一个线程在自己的生命周期中会用到哪些方法：

```
Runnable r = () -> {
    var start = System.currentTimeMillis();
    try {
        Thread.sleep(1000);
    } catch (InterruptedException e) {
        e.printStackTrace();
    }
    var thisThread = Thread.currentThread();
    System.out.println(thisThread.getName() +
        " slept for "+ (System.currentTimeMillis() - start));
};

var t = new Thread(r);      创建线程的元数据
                            对象
t.setName("Worker");
t.start();                  操作系统创建一个
                            实际的线程
Thread.sleep(100);
t.join();                   主线程暂停，等待 Worker
System.out.println("Exiting");  线程退出后再继续
```

5

这个示例非常简单：主线程创建 Worker 线程，启动它，然后在调用 join() 方法之前等待 100 毫秒（让调度程序有机会运行）。join() 方法的调用会导致主线程暂停，直到 Worker 线程退出。而与此同时，Worker 线程会结束睡眠，恢复执行并输出消息。

注意 睡眠的时间并不一定正好是 1000 毫秒。操作系统的调度程序是不确定的，除非被唤醒，它会尝试确保线程在指定的时间内休眠。不过多线程编程经常需要处理各种意外情况，后面的内容将会讲到。

线程中断

使用线程时，我们通常希望能够安全地中断线程正在执行的工作，Thread 对象也为此提供了相应的方法。然而，中断行为可能并不像我们预期的那样。我们运行下面的代码来创建一个正在工作的线程，然后尝试中断它：

```
var t = new Thread(() -> { while (true); });    创建并启动一个永远
t.start();                                       运行的新线程

t.interrupt();  ←——  要求线程中断自身
t.join();             （停止执行）
在我们的主线程中等待这个线程结束
```

如果运行这段代码，我们可能会惊讶地发现 join() 方法一直被阻塞。这是因为线程中断是选择性的，我们必须在线程调用的方法里显式检查中断状态并响应它，而示例中的 while 循环并没有做这样的检查。我们可以通过在循环中执行预期的检查来解决这个问题，如下所示：

```
var t = new Thread(() -> { while (!Thread.interrupted()); });
t.start();

t.interrupt();      检查当前线程的中断状态
t.join();           而不是使用 true 来循环
```

现在我们的这个循环会在运行时退出，并且 join() 方法也不再一直阻塞了。

JDK 中的方法经常会在可能阻塞时（无论是在 IO 上、等待锁还是在其他场景中）检查线程的中断状态。一般来说这些方法会抛出 InterruptedException，这是一个检查型异常。这也解释了为什么在方法里调用 Thread.sleep() 需要将 InterruptedException 添加到方法签名里。

我们修改一下前面的示例，看看 Thread.sleep() 被中断时的行为：

```
Runnable r = () -> {
    var start = System.currentTimeMillis();     我们的线程必须处理检查型异常
    try {                                        InterruptedException。当被
        Thread.sleep(1000);                      中断时，它会输出栈信息，然后
    } catch (InterruptedException e) {  ←——      继续执行
        e.printStackTrace();
    }
```

```
    var thisThread = Thread.currentThread();
    System.out.println(thisThread.getName() +
        " slept for "+ (System.currentTimeMillis() - start));
    if (thisThread.isInterrupted()) {
        System.out.println("Thread "+ thisThread.getName() +" interrupted");
    }
};

var t = new Thread(r);
t.setName("Worker");
t.start();              ◁————— 创建 Worker 线程
Thread.sleep(100);
t.interrupt();          ◁——————  主线程中断 Worker
t.join();                         线程
System.out.println("Exiting");
```

当运行这段代码时，我们会看到这样的输出：

```
java.lang.InterruptedException: sleep interrupted
    at java.base/java.lang.Thread.sleep(Native Method)
    at examples.LifecycleWithInterrupt.lambda$main$0
      (LifecycleWithInterrupt.java:9)
    at java.base/java.lang.Thread.run(Thread.java:832)
Worker slept for 101
Exiting
```

如果仔细观察输出内容，我们会发现并没有信息“Thread Worker interrupted”。这说明处理中断时，检查线程中断状态的操作实际上重置了中断状态。也就是说，抛出 InterruptedException 异常的代码清除了该中断，因为当抛出异常时该中断会被认为“已经处理”了。

注意 检查中断状态的方法有两种：查看当前线程状态的静态方法 Thread.interrupted()，以及线程对象的实例方法 isInterrupted()。静态方法在检查后会清除中断状态，和抛出 InterruptedException 的效果一样，而实例方法则不会改变中断状态。

如果想保留线程的中断信息，我们就必须自己处理。如果是想在后续的代码中使用这个状态，可以这样做：

```
Runnable r = () -> {
    var start = System.currentTimeMillis();     设置状态标识来
    var wasInterrupted = false;     ◁————┤ 记录可能的中断
    try {
        Thread.sleep(1000);
    } catch (InterruptedException e) {
        wasInterrupted = true;      ◁————— 记录中断状态
        e.printStackTrace();
    }
    var thisThread = Thread.currentThread();
    System.out.println(thisThread.getName() +
        " slept for "+ (System.currentTimeMillis() - start));
    if (wasInterrupted) {
```

```
            System.out.println("Thread "+ thisThread.getName() +" interrupted");
        }
};

var t = new Thread(r);
t.setName("Worker");
t.start();
Thread.sleep(100);
t.interrupt();
t.join();
System.out.println("Exiting");
```

在更复杂的场景中，我们可能希望重新抛出 InterruptedException 给调用者，或者抛出某种自定义异常，从而执行自己的逻辑，甚至可能希望恢复线程的中断状态，这些都取决于我们的需求。

使用异常和线程

多线程编程的另一个问题是如何处理线程内可能抛出的异常。假设我们正在执行一个来源不明的 Runnable 对象。如果它抛出异常而退出，其他代码可能都不会意识到。幸运的是，线程 **API** 提供了在线程启动前将异常处理程序添加到线程的功能。这个异常处理程序可以用来捕获线程抛出的异常，代码如下所示：

```
var badThread = new Thread(() -> {
    throw new UnsupportedOperationException(); });

// 在启动线程之前为它设置一个名称
badThread.setName("An Exceptional Thread");

// 添加异常处理程序
badThread.setUncaughtExceptionHandler((t, e) -> {
    System.err.printf("Thread %d '%s' has thrown exception " +
                "%s at line %d of %s",
            t.getId(),
            t.getName(),
            e.toString(),
            e.getStackTrace()[0].getLineNumber(),
            e.getStackTrace()[0].getFileName()); });

badThread.start();
```

异常处理程序是 UncaughtExceptionHandler 的一个实例，它是一个函数式接口，定义如下：

```
public interface UncaughtExceptionHandler {
    void uncaughtException(Thread t, Throwable e);
}
```

该方法提供了一个简单的回调，允许线程控制的代码根据捕获的异常采取相应操作。例如，线程池可能会重新启动该线程从而保证池的大小不变。

注意 JVM 会忽略 `uncaughtException()` 方法抛出的任何异常。

在继续学习之前，我们再来讨论一下 Thread 中的其他控制方法，这些方法已被弃用，应用开发人员不应使用这些方法。

弃用的线程方法

Java 是第一个开箱即用地支持多线程编程的主流语言。然而，这种"先行者"的优势也有其不好的一面——并发编程中存在的许多固有问题是由 Java 程序员先遇到的。

这也导致了这样一个事实：原始 **Thread API** 中的某些方法根本不安全，也不适合使用，尤其是 `Thread.stop()`。这个方法基本上不可能安全地使用，它会在没有任何警告的情况下终止另一个线程，并且被终止的线程无法确保被锁定的对象是安全的。

`stop()` 在 Java 早期应用得比较广泛，但之后就被弃用了，因为如果想停止线程，就需要将异常注入到这个线程的执行中。然而，我们不可能准确地知道这个线程执行到哪里了。可能线程正执行到 `finally` 块中就被"杀死"，而开发人员认为 `finally` 块的运行是不会被打断的，这就导致了程序处于损坏状态。

`stop()` 的机制通过在被终止的线程上抛出一个非检查型异常 `ThreadDeath` 来实现其功能。这个异常无法用 `try` 块来捕获（就像无法捕获 `OutOfMemoryError` 一样），因此该异常会立即开始清理被终止线程的栈，并释放所有获得的锁。这导致可能受损的对象立刻被其他线程看到，因此 `stop()` 使用起来并不安全。

`stop()` 的问题众所周知，而除此之外，其他几种废弃方法也有严重的问题。例如，`suspend()` 不会释放任何锁，因此当锁定同步代码的线程被挂起后，任何试图访问这段代码的线程都将永久阻塞，除非挂起的线程被重新激活。这会导致并发代码存在活跃度问题，因此我们应避免使用 `suspend()` 和 `resume()`。`destroy()` 方法则从未真正实现过，即使实现了，它也会遇到同样的问题。

注意 这些危险的线程方法自 Java 1.2 以来就被弃用，这已经是 20 多年前的事了。最近它们被标记为可删除状态。这是一个很大的变动，也让我们了解到 Java 设计团队对这个问题的重视程度。

本章将在后面讲解 Volatile Shutdown 模式，它会让我们了解如何可靠地从一个线程控制另一个线程。下面，我们继续讨论在并发编程中安全共享数据的一些技术。

5.3.8 不变性

不可变对象的应用是一个很重要的技术。这些对象要么没有状态，要么只有 `final` 字段（因此必须在对象的构造器中初始化）。不可变对象始终是安全且活跃的，它们的状态无法改变，所以永远不会处于不一致的状态。

初始化不可变对象所需的任何值都必须传递到构造器中，这可能会导致出现带有很多参数的构造器。许多开发人员使用工厂方法 FactoryMethod 来避免这个问题，在生成新对象时使用类的静态方法而不是构造器。构造器通常设置为 protected 或 private，这样我们就只能使用静态工厂方法来实例化对象。以一个银行系统的简单存款类为例，代码如下所示：

```
public final class Deposit {
    private final double amount;
    private final LocalDate date;
    private final Account payee;

    private Deposit(double amount, LocalDate date, Account payee) {
        this.amount = amount;
        this.date = date;
        this.payee = payee;
    }

    public static Deposit of(double amount, LocalDate date, Account payee) {
        return new Deposit(amount, date, payee);
    }

    public static Deposit of(double amount, Account payee) {
        return new Deposit(amount, LocalDate.now(), payee);
    }
```

这个类有 3 个字段、1 个私有构造器和两个工厂方法，其中一个工厂方法可以创建当天的存款对象。接下来是字段的访问器方法：

```
    public double amount() {
        return amount;
    }

    public LocalDate date() {
        return date;
    }

    public Account payee() {
        return payee;
    }
```

注意，我们的示例代码使用了 record 风格，也就是访问器的方法名与字段名匹配。这与 Bean 风格相反，在 Bean 中 getter 方法以 get 为前缀，setter 方法（对任何非 final 字段）则以 set 为前缀。

不可变对象显然无法更改，那么当我们想要更改其中一个对象时怎么办？如果无法在特定日期进行存款或其他交易，则该交易将"滚动"到第二天。这种场景很常见。我们可以在类里提供一个实例方法来实现这一点，该方法返回一个基本相同的对象，只不过对一些字段做了修改，如下所示：

```
    public Deposit roll() {
        // 记录滚动日期的审计日志
```

```
        return new Deposit(amount, date.plusDays(1), payee);
    }

    public Deposit amend(double newAmount) {
        // 记录修改金额的审计日志
        return new Deposit(newAmount, date, payee);
    }
```

　　不可变对象也存在一些问题。比如我们可能需要将许多参数传递给工厂方法，这很不方便，而在创建不可变对象之前如果需要从多个来源获取信息，就更是如此了。

　　为了解决这个问题，我们可以使用建造者（Builder）模式。建造者模式由两部分组成：实现通用建造者接口的静态内部类，以及不可变类的私有构造器。

　　静态内部类作为不可变类的建造者，为开发人员提供了获取不可变类对象的唯一途径。一种很常见的实现是，建造者类具有与不可变类完全相同的字段，但允许字段发生变化。代码清单 5-3 显示了如何使用建造者模式来为更复杂的存款对象建模。

代码清单 5-3　不可变对象和建造者模式

```
    public static class DepositBuilder implements Builder<Deposit> {
        private double amount;
        private LocalDate date;
        private Account payee;

        public DepositBuilder amount(double amount) {
            this.amount = amount;
            return this;
        }

        public DepositBuilder date(LocalDate date) {
            this.date = date;
            return this;
        }

        public DepositBuilder payee(Account payee) {
            this.payee = payee;
            return this;
        }

        @Override
        public Deposit build() {
            return new Deposit(amount, date, payee);
        }
    }
```

Builder 是一个通用的顶层接口，一般这样定义：

```
public interface Builder<T> {
    T build();
}
```

　　关于建造者模式有几点需要注意。首先，**Builder** 是 SAM（single abstract method，单一抽象方法）类型，从技术上讲，它可以用于 lambda 表达式。不过 Builder 接口的目的是生成不可变实例，它是关于状态收集的，而不是表示函数或回调。这意味着尽管 Builder 接口可以用作函数式接口，但在实践中一般不这样用。

出于这个原因，我们不使用 @FunctionalInterface 注解来修饰 Builder 接口，正如老话所说，"你能做这件事，并不意味着你应该做这件事"。

其次，我们还应该注意建造者不是线程安全的。它假设用户知道不能在线程之间共享建造者。相反，建造者 API 的正确用法是让一个线程使用建造者聚合所有需要的状态，然后生成一个可以与其他线程共享的不可变对象。

注意 如果你发现自己想要在线程之间共享一个建造者，那请停下来，花点儿时间重新思考一下自己的设计，想想你的领域设计是否需要重构。不可变性是一种非常常见的模式，不仅在 Java 中，在其他语言中也被广泛使用，尤其是在函数式编程语言中。

关于不可变对象的最后一点：final 关键字仅适用于直接指向的对象。正如图 5-7 所示，主对象的引用不能重新指向对象 3，但是在对象内部，对象 1 的引用可以重新赋值并指向对象 2。换句话说，final 修饰的引用可以指向具有非 final 字段的对象。这有时称为浅不变性（shallow immutability）。

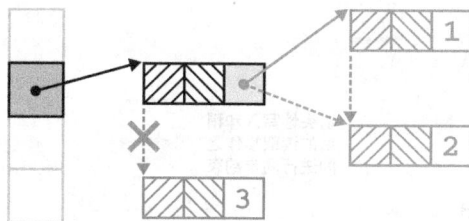

图 5-7 值与引用的不变性

我们换一种方式来看待浅不变性。下面的代码是完全合法的：

```
final var numbers = new LinkedList<Integer>();
```

在此语句中，变量 numbers 和它包含的整数对象是不可变的。但是，List 对象本身仍然是可变的，因为我们可以对 List 里的整数对象进行添加、删除和替换操作。

不变性是一种强大的技术，我们应该在可行的情况下尽量使用它。不过只使用不可变对象是无法开发出高性能系统的，因为对象状态的每次更改都需要生成一个新对象。因此，有时我们不得不借助可变对象。

在 5.4 节，我们将讨论 Java 内存模型中经常被误解的细节。许多 Java 程序员知道 JMM，并且一直在根据自己对它的理解来编码，但可能从来没有真正了解过它。如果你也是这样，那接下来的内容会帮助你重新认识 JMM，并且为你后续的学习打下扎实的基础。JMM 是一个相当有深度的话题，如果你急于学习后面的内容，可以先跳过它。

5.4 Java 内存模型

Java 语言规范（JLS）的 17.4 节介绍了 Java 内存模型（Java Memory Model，JMM），其中的描述非常正式，它使用同步操作和一些偏数学的概念（例如偏序，partial order）描述了 JMM。

对语言理论家和 Java 语言规范的实现者（编译器和 JVM 制造商）来说这很容易理解，但对于那些想了解 Java 多线程代码如何执行的应用开发人员来说，这就很糟糕了。

这里我们不会重复 JLS 里的细节，而是根据几个基本概念列出其中最重要的规则：代码块之间的之前发生（Happens-Before）和同步约束（Synchronizes-With）。

- □ 之前发生——这种关系表明一个代码块在另一个代码块开始之前已经全部执行完。
- □ 同步约束——这意味着动作在执行之前会把对象视图与主内存进行同步。

如果你认真研究过 OO 编程，可能听说过用于描述面向对象构建块的表达式 Has-A 和 Is-A。一些开发人员为了便于理解 Java 的并发性，将之前发生和同步约束看成类似的基本概念构建块。但是，应该强调的是，这两组概念不存在任何直接的联系。在图 5-8 中，我们可以看到一个易失性（volatile）写入和稍后读取操作（用于 println()）之间进行同步约束的例子。

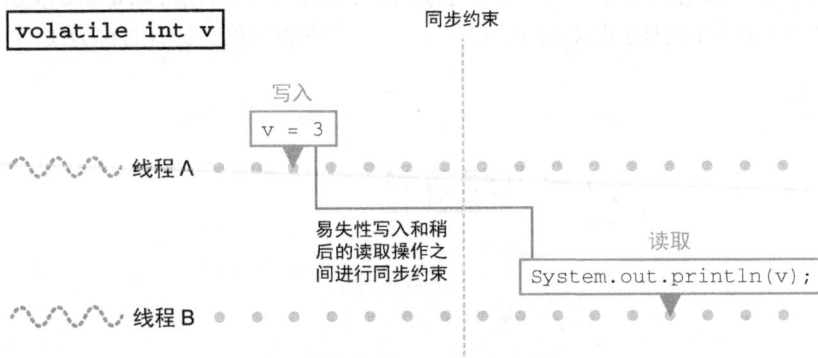

图 5-8 同步约束示例

JMM 主要有下面这些规则。

- □ 监视器上的解锁操作与后续的锁存在同步约束关系。
- □ 易失性变量的写入和后续对该变量的读取之间存在同步约束。
- □ 如果动作 A 受到动作 B 的同步约束，则 A 发生在 B 之前。
- □ 在一个线程里，如果 A 的程序代码出现在 R 之前，则 A 在 B 之前发生。

前两条规则可以概括为"先放后取"，换句话说，在其他操作（包括读取）获取锁之前，线程在写入时持有的锁会被释放。例如，规则保证如果一个线程将某个值写入 volatile 变量，那么稍后读取该变量的任何线程都将看到写入的值（假设没有其他写入操作发生）。

还有其他一些规则，主要是关于敏感行为的，如下所示。

- □ 构造器要在该对象的终结器（finalizer）运行之前完成，也就是说，一个对象必须在终结之前完全构造。

❑ 启动线程的动作与该线程的第一个动作存在同步约束关系。

❑ `Thread.join()` 与所合并线程的最后一个（以及其他所有的）操作存在同步约束关系。

❑ 如果 X 在 Y 之前发生，而 Y 在 Z 之前发生，则 X 在 Z 之前发生（传递性）。

这些简单的规则从平台角度定义了内存和同步如何工作。图 5-9 展示了传递性规则。

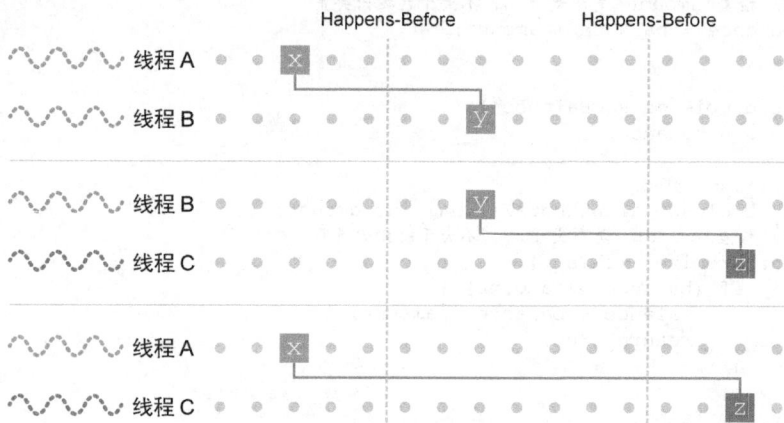

图 5-9 之前发生规则的传递性

> **注意** 实际上，这些规则是 JMM 所做出的最低保证。JVM 的实际表现可能比这些保证要好很多。但对于开发人员来说，这可能是一个很大的陷阱。很多时候某个 JVM 中的特定行为实际上是个隐藏在底层并发中的诡异 bug，很容易给人造成错觉，以为它是提供的安全特性。

从这些最低限度的保证中，我们很容易看出为什么不变性是 Java 并发编程的一个重要概念。如果无法更改对象，就不需要确保更改对所有线程可见。

5.5　通过字节码理解并发

下面我们通过一个经典示例来讨论并发性：银行账户。假设客户的账户如下所示，并且可以调用相应方法来取款和存款。我们提供了关键方法的同步和非同步实现：

```java
public class Account {
    private double balance;

    public Account(int openingBalance) {
        balance = openingBalance;
    }

    public boolean rawWithdraw(int amount) {
        // 检查 amount 是否大于 0，不大于就抛出异常
        if (balance >= amount) {
            balance = balance - amount;
```

```
            return true;
        }
        return false;
    }

    public void rawDeposit(int amount) {
        // 检查 amount 是否大于 0，不大于就抛出异常
        balance = balance + amount;
    }

    public double getRawBalance() {
        return balance;
    }

    public boolean safeWithdraw(final int amount) {
        // 检查 amount 是否大于 0，不大于就抛出异常
        synchronized (this) {
            if (balance >= amount) {
                balance = balance - amount;
                return true;
            }
        }
        return false;
    }

    public void safeDeposit(final int amount) {
        // 检查 amount 是否大于 0，不大于就抛出异常
        synchronized (this) {
            balance = balance + amount;
        }
    }

    public double getSafeBalance() {
        synchronized (this) {
            return balance;
        }
    }
}
```

我们将使用这组方法来探讨 Java 中常见的并发问题。

注意 我们在这里使用代码块同步而不是同步方法是有原因的，稍后会进行解释。

如果需要的话，该类还可以有两个参数的辅助方法，如下所示：

```
    public boolean withdraw(int amount, boolean safe) {
        if (safe) {
            return safeWithdraw(amount);
        } else {
            return rawWithdraw(amount);
        }
    }
```

我们先从解决多线程系统的一个基本问题讲起，它要求我们引入某种保护机制。

5.5.1　更新丢失

为了演示这个称为更新丢失（ Lost Update ）的问题（ 或反模式 ），我们来看一下 `rawDeposit()` 方法的字节码：

```
public void rawDeposit(int);
    Code:
        0: aload_0
        1: aload_0
        2: getfield        #2 // Field balance:D        ← 从对象中读取余额
        5: iload_1
        6: i2d       ← 增加存款金额
        7: dadd                                          ← 将新余额写入对象
        8: putfield        #2 // Field balance:D
       11: return
```

假设我们有两个执行线程 A 和 B，它们同时尝试在同一个账户上进行存款。通过在指令前加上线程标签，我们可以看到在不同线程上执行的字节码指令，它们都作用在同一个对象上。

注意　一些字节码指令有参数跟在它们后面，这会导致在数据流中指令编号偶尔会被"跳过"。

更新丢失之所以发生，是因为应用程序线程的非确定性调度，这可能会导致如下的字节码读取和写入顺序：

```
A0: aload_0
    A1: aload_0
    A2: getfield      #2  // Field balance:D      ← 线程 A 从余额中读取一个值
    A5: iload_1
    A6: i2d
    A7: dadd

// ...              上下文切换 A -> B

        B0: aload_0
        B1: aload_0
        B2: getfield      #2 // Field balance:D    ← 线程 B 从余额中读取与 A 相同的值
        B5: iload_1
        B6: i2d
        B7: dadd
        B8: putfield      #2 // Field balance:D     ← 线程 B 将一个新值写回余额
        B11: return

// ...              上下文切换 B -> A

    A8: putfield      #2 // Field balance:D         ← 线程 A 重写了余额，这导致 B 的更新丢失了
    A11: return
```

更新后的余额由线程使用的操作数栈获取。dadd 操作码将更新后的余额放入栈中，但注意，每个方法调用都有自己的私有操作数栈。因此，在上一个流程中的 B7 处，存在两份更新余额的副本：一份在 A 的操作数栈中，另一份在 B 的操作数栈中。当执行 B8 和 A8 上的两个 putfield

操作时，A8 覆盖了 B8 的值。这就导致了两次存款操作看似都成功了，但实际上只有一个起作用。

我们对账户余额做了两次更新，但资金仍然从账户中丢失，因为余额字段被读取了两次（使用 getfield），然后被写入并覆盖（通过两个 putfield 操作）。例如，在下面这段代码中：

```
Account acc = new Account(0);
Thread tA = new Thread(() -> acc.rawDeposit(70));
Thread tB = new Thread(() -> acc.rawDeposit(50));
tA.start();
tB.start();
tA.join();
tB.join();

System.out.println(acc.getRawBalance());
```

最终余额可能是 50，也可能是 70，两个线程都“成功”地存入了钱。我们一共存入了 120，但最终结果丢失了一部分，这是一个多线程错误的典型示例。

请注意，这个示例很简单。在这样一个简单的例子中可能不会出现所有不确定的可能性。但不要被它误导，当这段代码组合到一个实际系统中时，错误肯定会出现。认为自己的代码没问题（因为它的使用场景很简单）或者试图欺骗并发模型都会不可避免地得到糟糕的结果。

注意　在本书的源代码库中有一个示例 AtmLoop，它展示了上面提到的这种效果，但它依赖于我们尚未讲到的 AtomicInteger 类，因此我们不会在这里展示它。如果你想进一步寻找证据，请看下面的示例。

通常，以下两种访问模式会给我们的账户对象带来问题。

```
A: getfield
B: getfield
B: putfield
A: putfield
```

或：

```
A: getfield
B: getfield
A: putfield
B: putfield
```

线程的非确定性调度是由操作系统导致的，所以这种类型的交错访问是有可能的，并且 Java 对象存在堆中，因此线程在共享的、可变的数据上运行。

我们需要的是引入一种机制，它能以某种方式防止这种情况并确保排序始终采用以下形式：

```
...
A: getfield
A: putfield
...
B: getfield
B: putfield
...
```

这种机制就是我们接下来要讲的同步。

5.5.2   同步的字节码表示

在第 4 章中，我们学习了 JVM 字节码并简要介绍了 monitorenter 和 monitorexit。同步代码块会被转换成这些操作码（稍后我们将讨论同步方法）。我们基于之前的代码示例来演示一下这些操作码的使用：

```
public boolean safeWithdraw(final int amount) {
    // 检查 amount 是否大于 0，不大于就抛出异常
    synchronized (this) {
        if (balance >= amount) {
            balance = balance - amount;
            return true;
        }
    }
    return false;
}
```

这段代码会被转换成 40 字节的 JVM 字节码：

```
public boolean safeWithdraw(int);
    Code:
        0: aload_0
        1: dup
        2: astore_2
        3: monitorenter        ←┐ 同步块从此处
                                  开始
        4: aload_0
        5: getfield        #2   // Field balance:D
        8: iload_1
        9: i2d
       10: dcmpl                ←┐ 检查余额的
       11: iflt        29         if 语句
       14: aload_0
       15: aload_0
       16: getfield     #2   // Field balance:D
       19: iload_1
       20: i2d
       21: dsub                              ┌ 将新值写到
       22: putfield     #2   // Field balance:D   ← 余额字段
       25: iconst_1
       26: aload_2
       27: monitorexit   ←
       28: ireturn
       29: aload_2
       30: monitorexit   ←    同步块在
       31: goto      39        此处结束
       34: astore_3
       35: aload_2
       36: monitorexit   ←
       37: aload_3
       38: athrow
       39: iconst_0
       40: ireturn
```

从方法中返回

眼尖的读者可能会在字节码中发现一些奇怪的地方。我们先来看一下代码的执行路径。如果余额检查成功,则执行字节码 0 ~ 28,不跳转。如果检查失败,先执行字节码 0 ~ 11,然后跳转到 29 ~ 31,再跳转到 39 ~ 40。

乍一看,字节码 34 ~ 38 在任何情况下都不会被执行。这种看似奇怪的现象实际上是由异常处理造成的,一些字节码指令(包括 monitorenter)会抛出异常,因此需要有一个代码异常处理路径。

接下来我们看一下方法的返回类型。在 Java 代码中,我们的返回类型声明为 boolean,但可以看到返回指令使用的是 ireturn,也就是 return 操作码的整型变体。事实上,不存在 byte、short、char 或 boolean 类型的指令。这些类型在编译过程中会被替换为整数。这是类型擦除的一种形式,也是 Java 类型系统中经常被误解的一个地方,特别在应用于泛型和类型参数的情况下。

总的来说,这里的字节码序列比非同步情况的更复杂,但我们理解起来并不困难。它就是将待锁定的对象加载到操作数栈上,然后通过 monitorenter 来获取锁。在这里我们假设成功获得了锁。

接下来,如果其他线程试图在这个对象上执行 monitorenter,该线程会被阻塞,第二个 monitorenter 指令将不会执行,直到持有锁的线程执行 monitorexit 并释放锁。这就是我们处理更新丢失的方式,监视器指令强制执行以下顺序:

```
...
A: monitorenter
A: getfield
A: putfield
A: monitorexit
...
B: monitorenter
B: getfield
B: putfield
B: monitorexit
...
```

这提供了同步块之间的 Happens-Before 关系——在同一对象上,一个同步块的结束在其他同步块开始之前发生,这是由 JMM 保证的。

我们还应该注意,Java 源代码编译器会确保每个包含 monitorenter 的代码路径在结束之前都会执行 monitorexit。不仅如此,在类加载时,类文件验证器会拒绝任何试图规避此规则的类。

"同步是 Java 的一种协作机制"这一说法就是来源于此。下面我们看看当线程 A 调用 safeWithdraw() 而线程 B 调用 rawDeposit() 时会发生什么:

```
public boolean safeWithdraw(final int amount) {
    // 检查 amount 是否大于 0,不大于就抛出异常
    synchronized (this) {
        if (balance >= amount) {
            balance = balance - amount;
            return true;
        }
```

```
        }
        return false;
    }
```

为了便于比较，我们这里再次展示了相关的 Java 代码。

```
public boolean safeWithdraw(int);
    Code:
        0: aload_0
        1: dup
        2: astore_2
        3: monitorenter
        4: aload_0
        5: getfield      #2  // Field balance:D
        8: iload_1
        9: i2d
       10: dcmpl
       11: iflt          29
       14: aload_0
       15: aload_0
       16: getfield      #2  // Field balance:D
       19: iload_1
       20: i2d
       21: dsub
       22: putfield      #2  // Field balance:D
       25: iconst_1
       26: aload_2
       27: monitorexit
       28: ireturn
```

rawDeposit() 的代码非常简单：读取一个字段，做一次算术运算，然后将结果写回这个字段，如下所示：

```
public void rawDeposit(int amount) {
    // 检查 amount 是否大于 0，不大于就抛出异常
    balance = balance + amount;
}
```

字节码看起来挺复杂的，但实际上也很容易理解：

```
public void rawDeposit(int);
    Code:
        0: aload_0
        1: aload_0
        2: getfield      #2 // Field balance:D
        5: iload_1
        6: i2d
        7: dadd
        8: putfield      #2 // Field balance:D
       11: return
```

注意 rawDeposit() 的代码不包含任何监视器指令，而如果没有 monitorenter，锁就不会被获取。

在两个线程 A 和 B 之间，下面这样的排序是完全可能的：

```
// ...
 A3: monitorenter
// ...

A14: aload_0
A15: aload_0
A16: getfield        #2 // Field balance:D

// ... 上下文切换 A -> B

 B0: aload_0
 B1: aload_0
 B2: getfield        #2  // Field balance:D
 B5: iload_1
 B6: i2d
 B7: dadd
 B8: putfield        #2  // Field balance:D

// ... 上下文切换 B -> A

B11: return
A19: iload_1
A20: i2d
A21: dsub
A22: putfield        #2  // Field balance:D
A25: iconst_1
A26: aload_2
A27: monitorexit
A28: ireturn
```

其中 B8 处标注：写入余额（通过非同步方法）

其中 A22 处标注：第二次写入余额（通过同步方法）

这里我们又遇到了更新丢失，当其中一个方法使用同步而另一个方法不使用同步时，就会发生这种情况。存入的金额会丢失。最终我们可以得出结论——要想获得同步提供的保护，所有方法都必须正确使用同步才行。

5.5.3 同步方法

到现在为止，我们一直都在谈论同步块，接下来我们讲解一下同步方法。我们可能认为编译器会插入监视器指令，但实际上并非如此。我们将示例方法更改为如下所示：

```
public synchronized boolean safeWithdraw(final int amount) {
    // 检查 amount 是否大于 0，不大于则抛出异常
    if (balance >= amount) {
        balance = balance - amount;
        return true;
    }
    return false;
}

// 其他代码
```

方法上的 synchronized 修饰符实际上没有出现在字节码序列中，而是出现在了方法的标志中，也就是 ACC_SYNCHRONIZED。重新编译该方法，我们会看到监视器指令并不存在，如下所示：

```
public synchronized boolean safeWithdraw(int);
Code:
    0: aload_0
    1: getfield      #2 // Field balance:D
    4: iload_1
    5: i2d
    6: dcmpl
    7: iflt          23
   10: aload_0
   // 没有监视器指令
```

执行 invoke 指令时，字节码解释器所做的第一件事就是检查方法是否同步。如果是，则解释器执行一个不同的代码路径：首先尝试获取相应的锁。如果该方法没有 ACC_SYNCHRONIZED 标志，则不会进行此检查。

这意味着，正如我们所预料的那样，非同步方法可以与同步方法同时执行，因为只有其中一个执行了锁检查。

5.5.4 非同步读取

很多初学者认为"只有写入数据时才需要同步，读取操作是安全的"，这是关于 Java 并发的一个常见的错误认知。这显然是不正确的。

这种错误的读取安全感之所以存在，很多时候是因为代码里读取逻辑过于简单。当我们在示例中引入小额 ATM 使用费用（比如取款金额的 1%）时会发生什么？

```
private final double atmFeePercent = 0.01;

public boolean safeWithdraw(final int amount, final boolean withFee) {
    // 检查 amount 是否大于 0，不大于则抛出异常
    synchronized (this) {
        if (balance >= amount) {
            balance = balance - amount;
            if (withFee) {
                balance = balance - amount * atmFeePercent;
            }
            return true;
        }
    }
    return false;
}
```

这个方法的字节码会复杂一点儿：

```
public boolean safeWithdraw(int, boolean);
    Code:
        0: aload_0
        1: dup
```

```
 2: astore_3
 3: monitorenter
 4: aload_0
 5: getfield       #2   // Field balance:D
 8: iload_1
 9: i2d
10: dcmpl                          比较余额和
11: iflt           49  ◁─┘         传入金额
14: aload_0
15: aload_0
16: getfield       #2   // Field balance:D
19: iload_1
20: i2d                            更新账户
21: dsub                           余额
22: putfield       #2   // Field balance:D  ◁─┘
25: iload_2
26: ifeq           45
29: aload_0
30: aload_0
31: getfield       #2   // Field balance:D
34: iload_1
35: i2d
36: aload_0
37: getfield       #5   // Field atmFeePercent:D
40: dmul                           扣除费用并再次
41: dsub                           更新余额
42: putfield       #2   // Field balance:D  ◁─┘
45: iconst_1
46: aload_3
47: monitorexit
48: ireturn
49: aload_3
50: monitorexit
51: goto           61
54: astore         4
56: aload_3
57: monitorexit
58: aload          4
60: athrow
61: iconst_0
62: ireturn
```

注意，这里有两个 putfield 指令，safeWithdraw() 使用一个布尔参数来判断是否应该收取费用。两个单独的更新操作增加了产生并发错误的可能性。

读取原始余额的代码非常简单：

```
public double getRawBalance();
    Code:
       0: aload_0
       1: getfield       #2   // Field balance:D
       4: dreturn
```

但是，这段代码执行时可能与扣除费用的代码相交错，如下所示：

```
A14: aload_0
A15: aload_0
A16: getfield       #2  // Field balance:D
A19: iload_1
A20: i2d
A21: dsub
A22: putfield       #2  // Field balance:D  ←┐ 更新提现后的余额
A25: iload_2                                  │（但不包括费用）
A26: ifeq           45
A29: aload_0
A30: aload_0
A31: getfield       #2  // Field balance:D

// ... 上下文切换 A -> B

B0: aload_0
B1: getfield        #2  // Field balance:D  ←┐ 在费用扣除之前
B4: dreturn                                   │读取了余额

// ... 上下文切换 B -> A

A34: iload_1
A35: i2d
A36: aload_0
A37: getfield       #5  // Field atmFeePercent:D
A40: dmul
A41: dsub
A42: putfield       #2  // Field balance:D
```

对非同步读取来说，存在不可重复读取的可能性，也就是说读取的值实际上并不是系统真实的值。如果熟悉 SQL 数据库，这可能会让你想起在数据库事务中执行读取。

注意 你可能会认为自己很了解字节码，可以根据字节码来优化自己的代码。我们应该抵制这种诱惑，这出于几个原因。例如，当代码移交给其他程序员来维护时，他们可能并不了解这些更改的上下文，进行重构时就有可能会出现严重后果。

结论："只读"并不是线程安全的保证。即使只有一个代码路径没有正确使用同步，生成的代码也不是线程安全的，运行在多线程环境中就可能发生错误。下面我们看看死锁是如何出现在字节码中的。

5.5.5 重温死锁

假设我们想在代码中添加账户间转账的功能，代码的初始版本如下所示：

```
public boolean naiveSafeTransferTo(Account other, int amount) {
    // 检查 amount 是否大于 0，不大于则抛出异常
    synchronized (this) {
        if (balance >= amount) {
            balance = balance - amount;
```

```
        synchronized (other) {
            other.rawDeposit(amount);
        }
        return true;
    }
}
return false;
}
```

这个方法产生的字节码相当长，我们已经非常熟悉那些用于检查余额是否足够或异常处理块的字节码了，因此为了方便进行了省略。

注意　现在有两个账户对象，每个对象都有一把锁。为了安全起见，我们需要协调对这两把锁的访问——属于 this 的锁和属于 other 的锁。

我们需要两对监视器指令，每对指令处理相应对象的锁：

```
public boolean naiveSafeTransferTo(Account, int);
    Code:
        0: aload_0
        1: dup
        2: astore_3
        3: monitorenter       <———— 获取 this 对象的锁

    // 省略了我们已经熟悉的账户余额检查字节码

       14: aload_0
       15: aload_0
       16: getfield       #2  // Field balance:D
       19: iload_2
       20: i2d
       21: dsub
       22: putfield       #2  // Field balance:D
       25: aload_1
       26: dup
       27: astore         4
       29: monitorenter      <———— 获取 other 对象的锁
       30: aload_1
       31: iload_2
       32: invokevirtual #6 // Method rawDeposit:(I)V
       35: aload          4
       37: monitorexit       <———— 释放 other 对象的锁
       38: goto           49

    // 省略异常处理字节码

       49: iconst_1
       50: aload_3
       51: monitorexit       <———— 释放 this 对象的锁
       52: ireturn

    // 省略异常处理字节码
```

假设有两个线程 A 和 B，它们试图同时在两个账户之间转账。我们进一步假设线程正在执行对应账户的交易，即线程 A 试图从对象 A 里转钱到对象 B，而线程 B 试图从对象 B 里转钱到对象 A：

```
A0: aload_0
A1: dup
A2: astore_3         ┐ 获取账户对象 A 的
A3: monitorenter  ◄──┘ 锁（由线程A）

// 省略了我们已经熟悉的账户余额检查字节码

B0: aload_0
B1: dup
B2: astore_3         ┐ 获取账户对象 B 的
B3: monitorenter  ◄──┘ 锁（由线程B）

// 省略了我们已经熟悉的账户余额检查字节码

B14: aload_0
B15: aload_0
B16: getfield    #2  // Field balance:D
B19: iload_2
B20: i2d
B21: dsub
B22: putfield    #2  // Field balance:D
B25: aload_1
B26: dup
B27: astore          4    线程 B 试图获取对象 A 的锁，
B29: ...          ◄──┘    失败并阻塞
A14: aload_0
A15: aload_0
A16: getfield    #2  // Field balance:D
A19: iload_2
A20: i2d
A21: dsub
A22: putfield    #2  // Field balance:D
A25: aload_1
A26: dup
A27: astore          4    线程 A 试图获取对象 B 的锁，
A29: ...          ◄──┘    失败并阻塞
```

执行这个字节码序列后，两个线程都无法取得进展。更糟糕的是，只有线程 A 可以释放对象 A 的锁，而只有线程 B 可以释放对象 B 的锁，因此这两个线程被同步机制永久阻塞，这些方法调用将永远无法完成。通过字节码，我们可以清楚地看到导致死锁的真正原因。

5.5.6　重温死锁解决方案

要解决死锁问题，正如前面所讨论的那样，我们需要确保每个线程总是以相同的顺序获取锁。一种方法是线程按顺序获取锁，比如为每个账户对象添加唯一的账户 ID 并实施如下规则："首先获取账户 ID 最小的对象的锁。"

注意　对于没有数字 ID 的对象，我们需要做一些不同的操作，但明确锁获取顺序的一般原则仍然适用。

这个方法有些复杂，要完全正确地执行此操作，我们需要保证账户 ID 不会被重复使用。我们可以引入一个静态 int 字段来实现这一点，该字段保存下一个要分配的账户 ID，并仅在同步方法中更新它，如下所示：

```java
private static int nextAccountId = 1;

private final int accountId;

private static synchronized int getAndIncrementNextAccountId() {
    int result = nextAccountId;
    nextAccountId = nextAccountId + 1;
    return result;
}

public Account(int openingBalance) {
    balance = openingBalance;
    atmFeePercent = 0.01;
    accountId = getAndIncrementNextAccountId();
}

public int getAccountId() {
    return accountId;
}
```

我们不需要同步 getAccountId() 方法，因为 accountId 字段是 final 的且不能更改，如下所示：

```java
public boolean safeTransferTo(final Account other, final int amount) {
    // 检查 amount 是否大于 0，不大于 0 则抛出异常
    if (accountId == other.getAccountId()) {
        // 不能转入自己的账户
        return false;
    }

    if (accountId < other.getAccountId()) {
        synchronized (this) {
            if (balance >= amount) {
                balance = balance - amount;
                synchronized (other) {
                    other.rawDeposit(amount);
                }
                return true;
            }
        }
        return false;
    } else {
        synchronized (other) {
            synchronized (this) {
```

```
                    if (balance >= amount) {
                        balance = balance - amount;
                        other.rawDeposit(amount);
                        return true;
                    }
                }
            }
            return false;
        }
    }
```

最终生成的 Java 代码有点儿不对称。

注意　通过对持有锁的时间进行超时限制，可以清楚地知道代码的哪些部分在获取锁。

前面的代码产生的字节码很长，我们把它分成几个部分。首先，我们比较账户 ID 的大小：

```
// 省略账户余额和相等性检查
13: aload_0
14: getfield      #8   // Field accountId:I
17: aload_1
18: invokevirtual #10  // Method getAccountId:()I
21: if_icmpge      91
```

如果 A<B（示例就是这种情况），那么我们执行指令 24；否则，我们就跳到 91，如下所示：

```
24: aload_0
25: dup
26: astore_3          ┐同步块 synchronized(this)
27: monitorenter  ◄──┘开始执行
28: aload_0
29: getfield      #3   // Field balance:D
32: iload_2
33: i2d
34: dcmpl             ┐如果余额不足，则跳转到 77
35: iflt           77 ◄──┘做进一步处理
```

假设我们的账户有足够的余额，因此控制分支落到字节码 38，也就是 Java 代码 balance = balance - amount 所在之处：

```
38: aload_0
39: aload_0
40: getfield      #3   // Field balance:D
43: iload_2
44: i2d
45: dsub
46: putfield      #3   // Field balance:D
49: aload_1
50: dup
51: astore         4   ┐同步块 synchronized(other)
53: monitorenter  ◄──┘开始执行
54: aload_1
55: iload_2
```

```
56: invokevirtual #9   // Method rawDeposit:(I)V
59: aload         4
61: monitorexit            ←————        同步块 synchronized(other)
62: goto          73                     结束的地方
// 省略异常处理字节码
73: iconst_1                             同步块 synchronized(this)
74: aload_3                ┌————         结束的地方
75: monitorexit            ←————
76: ireturn
```

为了完整起见，下面我们展示一下账户余额不足时的代码路径。你可以看到我们放弃了锁并返回：

```
77: aload_3                             同步块 synchronized(this)
78: monitorexit            ←————        结束的地方
79: goto          89
// 省略异常处理字节码
89: iconst_0
90: ireturn
```

注意，某些指令（例如 invoke 和 monitor）可能会引发异常，我们这里忽略了这些异常处理字节码。该方法的其余部分如下所示：

```
91: aload_1
// ...
// 后面的字节码高度相似，只不过是对应于另一个分支
```

假设账户 A 的 ID 小于账户 B 的 ID，我们来看看会发生什么。

还有一个需要注意的地方：局部变量（在 aload_0 等指令中使用）在两个线程中是不同的。为了显示这种区别，我们用线程编号来标记局部变量，比如 aload_A0 和 aload_A1。虽然这破坏了字节码，但更便于读者理解：

```
A24: aload_A0
A25: dup
A26: astore_A3              线程 A 获取对象 A
A27: monitorenter   ←———    的锁

// 省略余额检查字节码

A38: aload_A0
A39: aload_A0
A40: getfield      #3   // Field balance:D
```

```
// ...                上下文切换 A -> B

B91: aload_B1
B92: dup
B93: astore_B3              线程 B 试图获取对象 A
B94: monitorenter   ←———    的锁：阻塞
```

```
// ...                上下文切换 B -> A

A43: iload_A2
```

```
A44: i2d
A45: dsub
A46: putfield        #3 // Field balance:D
A49: aload_A1
A50: dup
A51: astore          A4        ┐ 线程 A 获取对象 B
A53: monitorenter    ◄─────────┘ 的锁
A54: aload_A1
A55: iload_A2
A56: invokevirtual   #9 // Method rawDeposit:(I)V
A59: aload           A4
A61: monitorexit     ◄─────────┐ 线程 A 释放对象 B
A62: goto            73        ┘ 的锁

// 省略异常处理字节码

A73: iconst_A1
A74: aload_A3                  ┐ 线程 A 释放对象 A 的锁：
A75: monitorexit     ◄─────────┘ 线程 B 可以继续执行了

// ...              上下文切换 A -> B

B95: aload_B0
B96: dup
B97: astore          B4
B99: monitorenter
// ...
B132: ireturn

// ...              上下文切换 B -> A

A76: ireturn
```

毫无疑问这很复杂，关键在于 A0 和 B1，锁定这两个对象将会阻塞第二个线程的执行，账户 A 的 ID 小于账户 B 的 ID 会确保线程 B 进入备用分支执行。

5.5.7 易失性访问

volatile 在字节码中是什么样的？我们通过一个重要模式 Volatile Shutdown 来回答这个问题。

我们之前在讲解危险且已弃用的 stop() 方法时提到过线程间通信的问题，Volatile Shutdown 模式就是用来解决该问题的。考虑一个负责某项工作的类，在最简单的情况下，我们假设工作以离散单元的形式展现，每个单元都有明确定义的完成状态，如下所示：

```
public class TaskManager implements Runnable {
    private volatile boolean shutdown = false;

    public void shutdown() {
        shutdown = true;
    }
```

```
    @Override
    public void run() {
        while (!shutdown) {
                // 做一些工作，例如处理一个工作单元
        }
    }
}
```

该模式的意图很明显，如果 shutdown 标志为 false，我们会继续处理。如果它变为 true，那么 TaskManager 在完成当前工作后会退出 while 循环，线程以"正常关闭"的方式干净地退出。

这里更微妙的地方源自 JMM：对 volatile 变量的写入肯定在对该变量的后续读取之前发生。一旦另一个线程在 TaskManager 对象上调用了 shutdown()，该标志就会更改为 true，下一次读取该标志时就能看到更新后的效果，即在处理下一个工作单元之前。

Volatile Shutdown 模式生成的字节码如下所示：

```
public class TaskManager implements java.lang.Runnable {
  private volatile boolean shutdown;

  public TaskManager();
    Code:
       0: aload_0
       1: invokespecial #1                 // Method java/lang/Object."<init>":()V
       4: aload_0
       5: iconst_0
       6: putfield        #2                // Field shutdown:Z
       9: return

  public void shutdown();
    Code:
       0: aload_0
       1: iconst_1
       2: putfield        #2                // Field shutdown:Z
       5: return

  public void run();
    Code:
       0: aload_0
       1: getfield        #2                // Field shutdown:Z
       4: ifne            10
       7: goto            0
      10: return
  }
```

如果仔细观察，你会发现 volatile 只在字段定义处出现过，操作码上没有它的任何线索，可以使用标准的 getfield 和 putfield 操作码来访问它。

注意 volatile 是一种硬件访问模式，它会生成一条 **CPU** 指令，直接从主内存读取或写入，而忽略硬件缓存。

唯一的区别在于 `putfield` 和 `getfield` 的行为方式：字节码解释器为易失性字段和标准字段提供了不同的执行路径。

事实上，任何一块物理内存都可以以易失的方式访问，而我们稍后会看到，这不是唯一的访问模式。James Gosling 和 Java 的最初设计者在设计语言的基础访问语义（access semantics）时，提供了一些用于字段的关键字，`volatile` 只是其中一个。

并发是 Java 平台的重要特性之一，优秀的开发人员需要对它有深入的了解。我们回顾了 Java 并发的基础知识和多线程系统的设计原则，并讨论了 Java 内存模型和 Java 平台如何实现并发等底层细节。

本章并不旨在讲解并发的所有知识，但它足以让我们入门并进一步学习更多的东西，并且能防止我们编写出危险的并发代码。不过，如果想要成为真正一流的多线程代码开发人员，我们需要了解的知识将远远超出本章涵盖的范围。市面上有许多关于 Java 并发的优秀书籍，其中最好的一本是 Brian Goetz 和其他人合著的《Java 并发编程实战》（Addison-Wesley Professional，2006 年）。

小结

- ❑ Java 线程是一种底层抽象。
- ❑ 多线程会出现在 Java 字节码中。
- ❑ Java 内存模型非常灵活，能提供最低保证。
- ❑ 同步是一种协作机制，所有线程都必须参与才能实现并发安全。
- ❑ 切勿使用 `Thread.stop()` 或 `Thread.suspend()`。

## 第 6 章

JDK 并发库

本章重点
- ❏ 原子类
- ❏ 锁
- ❏ 并发数据
- ❏ 阻塞队列
- ❏ Future 和 CompletableFuture
- ❏ 任务与执行

在本章中，我们将介绍与 `java.util.concurrent` 相关的知识，并讲解如何使用其提供的并发构建块。这些内容是每个有一定基础的开发人员都应该掌握的。通过本章的学习，我们应该能够在代码中熟练运用这些库和并发技术了。

6.1　现代并发程序的构建块

正如第 5 章提过的那样，Java 从一开始就支持并发。而 Java 5（大约是在 20 年前发布的）带来了一种新的使用 Java 并发的方式。这就是 `java.util.concurrent` 包，它提供了一个处理多线程代码的强大工具箱。

注意　虽然在 Java 的后续版本中这些类和包得到了增强，但 Java 5 引入的这些类和包的工作方式并没有太大变化，它们对开发人员来说有很大帮助。

如果你现有的多线程代码还是基于旧的（Java 5 之前的）并发方法，那么就应该考虑使用 `java.util.concurrent` 来重构。根据我们的经验，如果有意识地进行改进，将代码迁移到新的并发 API 中，代码质量将会得到提高，代码将更清晰、更可靠。不管付出多少努力，这都是值得的。

我们将介绍 `java.util.concurrent` 中的一些类和包，例如 `atomic` 和 `locks` 包。我们将在示例中使用这些类和包，让你对它们有更全面的了解。

此外，你还应该阅读它们的 API 文档，并尝试从整体上熟悉这些包。大多数开发人员发现，这些包和类提供的高级别抽象使得并发编程更加容易。

6.2　原子类

java.util.concurrent.atomic 包提供了几个以 Atomic 开头的类，例如 AtomicBoolean、AtomicInteger、AtomicLong 和 AtomicReference。这些类是**并发原语**（concurrency primitive）的最简单形式，用于构建可行的、安全的并发应用程序。

提醒　原子类并不继承相应的基本类型包装类，因此不能使用 AtomicBoolean 代替 Boolean，AtomicInteger 也不是 Integer（但它继承了 Number）。

原子类的要点是提供了线程安全的可变变量。这 4 个原子类都提供了对相应类型的单个变量的访问。

注意　原子类的实现利用了现代处理器的特性，因此只要硬件和操作系统支持，它们就可以是非阻塞的（无锁），几乎所有的现代硬件和操作系统都支持。

原子类提供的访问操作几乎在所有现代硬件上都是无锁的，它的行为类似于 volatile 字段。不过它们被包装在一个比 volatile 功能更强大的类中。该类的 API 提供了用于相应操作的原子方法（意味着全有或全无），包括与状态相关的更新操作（如果不使用锁，就无法对 volatile 变量执行此操作）。因此开发人员可以方便地使用原子类来避免共享数据上的竞态条件（race condition）。

注意　如果想了解原子类是如何实现的，我们将在第 17 章讨论底层细节，届时将介绍它的内部机制和 sun.misc.Unsafe 类。

原子类的一个常见应用场景是实现类似于序列号的功能。我们可以使用 SQL 数据库来提供序列号，不过通过 AtomicInteger 或 AtomicLong 类上的 getAndIncrement() 等原子方法也可以实现这个功能。下面我们将使用原子类来重写第 5 章中的账户示例。

```java
private static AtomicInteger nextAccountId = new AtomicInteger(1);

private final int accountId;
private double balance;

public Account(int openingBalance) {
    balance = openingBalance;
    accountId = nextAccountId.getAndIncrement();
}
```

在创建对象时，我们调用了 AtomicInteger 的实例方法 getAndIncrement()，它返回

一个 `int` 值后自动递增了可变变量 `nextAccountId`。这种原子性保证了两个对象不会共享同一个 `accountId`，这也是我们想要的功能（就像数据库序列号一样）。

注意 我们可以将 `final` 限定符添加到原子变量上，但这不是必需的，因为该字段是静态的，并且该类没有提供任何修改该字段的方法。

再举一个例子，我们使用 `AtomicBoolean` 来重写我们的 **Volatile Shutdown** 示例。

```
public class TaskManager implements Runnable {
    private final AtomicBoolean shutdown = new AtomicBoolean(false);

    public void shutdown() {
        shutdown.set(true);
    }

    @Override
    public void run() {
        while (!shutdown.get()) {
            // 做一些工作，例如处理一个工作单元
        }
    }
}
```

除了这些示例，我们还可以使用 `AtomicReference` 来实现对象的原子更改。一般模式是先对状态做一些修改，然后使用 `AtomicReference` 的 **CAS**（**Compare-and-Swap**，比较并交换）操作来“交换”。

接下来，我们学习 `java.util.concurrent` 是如何使用 `Lock` 接口模拟经典同步方法的。

6.3 锁

块结构的同步方式是基于简单的锁概念。这种方法有许多缺点：

- 锁只有一种类型；
- 对被锁对象的所有同步操作效果都是一样的；
- 在同步代码块或方法开始时取得锁；
- 在同步代码块或方法结束时释放锁；
- 线程要么获得锁，要么阻塞，没有其他可能。

如果我们能重新设计锁，可以在如下方面做出一些改进：

- 添加不同类型的锁，比如读锁和写锁；
- 对锁的位置没有限制，即允许在一个方法中上锁，在另一个方法中解锁；
- 如果线程得不到锁，比如锁由另外一个线程持有，就允许该线程退出或继续做其他事情，这可以通过 `tryLock()` 方法来实现；
- 允许线程尝试获取锁，并可以在超时后放弃。

实现以上这些的关键就是 java.util.concurrent.locks 中的 Lock 接口。此接口附带了以下实现：

- ❑ ReentrantLock——本质上等同于 Java 同步块中使用的锁，但更灵活；
- ❑ ReentrantReadWriteLock——可以在读多写少的情况下提供更好的性能。

注意 Lock 接口还有其他实现，既有在 JDK 中的，也有第三方提供的，但这两个是迄今为止最常见的。

Lock 接口可替代块结构并发提供的功能。例如，代码清单 6-1 展示了如何使用 ReentrantLock 重写第 5 章中避免死锁的示例。

我们需要将锁对象作为字段添加到类中，这样我们就不需要依赖对象上的内置锁。我们还需要以相同的顺序获取锁。在示例中，我们会首先获取具有最小账户 ID 的对象上的锁。

代码清单 6-1 使用 ReentrantLock 重写避免死锁示例

```
private final Lock lock = new ReentrantLock();

public boolean transferTo(SafeAccount other, int amount) {
    // 检查 amount 是否大于 0，不大于 0 则抛出异常
    // ...

    if (accountId == other.getAccountId()) {
        // 不能给自己的账户转钱
        return false;
    }

    var firstLock = accountId < other.getAccountId() ?
            lock : other.lock;
    var secondLock = firstLock == lock ? other.lock : lock;

    firstLock.lock();
    try {
        secondLock.lock();
        try {
            if (balance >= amount) {
                balance = balance - amount;
                other.deposit(amount);
                return true;
            }
            return false;
        } finally {
            secondLock.unlock();
        }
    } finally {
        firstLock.unlock();
    }
}
```

firstLock 对象的账户 ID 较小

secondLock 对象的账户 ID 较大

在调用 lock() 时，需要结合 try-finally 块。在 finally 块中释放锁是 Lock 的一个很

常见的使用模式。

注意　与 `java.util.concurrent` 包中的大部分类一样，这些锁依赖于 `AbstractQueued-`
`Synchronizer` 类来实现它们的功能。

如果你打算复制本会使用的块结构并发，那么这个模式非常有效。不过如果你需要传递 `Lock`
对象（例如从方法中返回它），则不能使用这个模式。

条件对象

`java.util.concurrent` 包提供的另一套 API 是**条件对象**（condition object）。这些 API 在
并发包中的作用类似于内置的 `wait()` 和 `notify()` 方法，但它们提供了更多的灵活性。它们
允许线程无限期地等待某个条件成立，并在该条件变为真时被唤醒。

但是，与内置的条件对象不同（其中对象监视器只有一个信号条件），`Lock` 接口允许程序
员创建任意数量的条件对象。这使得我们可以分离不同的关注点，比如锁可以有多个不相交的方
法组，这些方法可以使用不同的条件对象。

我们可以调用锁对象（实现了 `Lock` 接口）上的 `newCondition()` 方法来创建条件对象（实
现了 `Condition` 接口）。除了条件对象外，并发包还提供了一些**闭锁**（latch）和**屏障**（barrier），
它们在某些情况下可能很有用。

6.4　`CountDownLatch`

`CountDownLatch` 提供了一个简单的**共识屏障**（consensus barrier）：它允许多个线程到达同
一个协调点并等待屏障的释放。它的实现方式是在构造 `CountDownLatch` 实例时设置一个 `int`
类型的计数值。之后我们调用两个方法来控制这个闭锁：`countDown()` 和 `await()`。前者将计
数减 1，后者导致调用线程阻塞，直到计数达到 0（如果计数已经为 0 或更小，则什么也不做）。
在代码清单 6-2 中，`Runnable` 对象使用闭锁来指示它何时完成了分配的工作。

代码清单 6-2　使用闭锁在线程之间发送信号

```java
public static class Counter implements Runnable {
    private final CountDownLatch latch;
    private final int value;
    private final AtomicInteger count;

    public Counter(CountDownLatch l, int v, AtomicInteger c) {
        this.latch = l;
        this.value = v;
        this.count = c;
    }

    @Override
    public void run() {
```

```
                    try {
                        Thread.sleep(100);
以原子方式          } catch (InterruptedException e) {
更新计数值              Thread.currentThread().interrupt();
                    }
              ┌──→  count.addAndGet(value);
              └     latch.countDown();        ←──── 闭锁计数递减
                }
        }
```

注意，countDown()方法是非阻塞的，一旦闭锁递减，运行计数器代码的线程就会退出。我们还需要一些程序应用代码，如下所示（省略了例外情况）。

```
var latch = new CountDownLatch(5);
var count = new AtomicInteger();
for (int i = 0; i < 5; i = i + 1) {
    var r  = new Counter(latch, i, count);
    new Thread(r).start();
}

latch.await();
System.out.println("Total: "+ count.get());
```

在代码中，闭锁设置了一个计数值（在图 6-1 中，该值为 2）。接下来，创建并初始化相同数量的线程，然后启动这些线程。主线程调用闭锁的 await()方法阻塞等待。工作线程执行 sleep()方法，睡眠结束后执行 countDown()方法。所有工作线程都执行完成后，主线程才会继续。图 6-1 展示了整个流程。

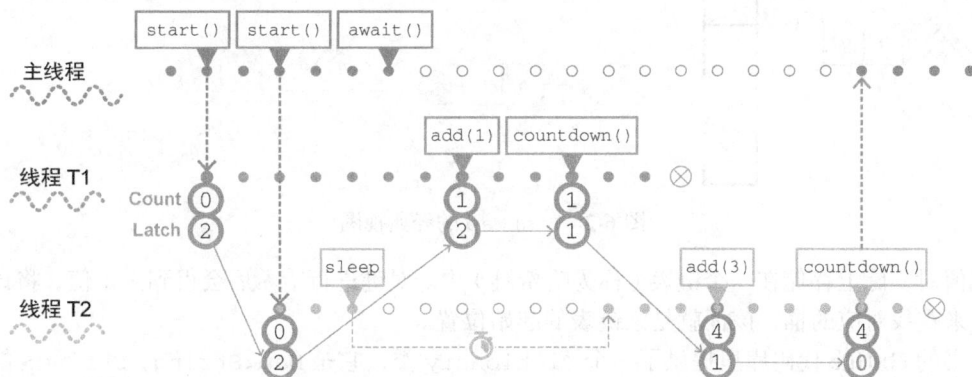

图 6-1 使用 CountDownLatch

下面再讨论一个 CountDownLatch 的使用场景。假设我们有一个应用程序，在服务器准备好接收传入请求之前，需要使用数据预填充多个缓存。我们可以使用共享闭锁轻松地实现这一功能，每个缓存填充线程都持有对共享闭锁的引用。

当缓存完成填充后，操作它的 Runnable 实例会执行 countDown()方法并退出。在所有缓存都填充完成后，主线程（调用 await()并一直阻塞等待）将服务标记为已启动，然后开始接收并处理请求。

我们将讨论的下一个类是 ConcurrentHashMap，它是多线程开发人员工具包中最有用的类之一。

6.5   ConcurrentHashMap

ConcurrentHashMap 类提供了标准 HashMap 的并发版本。通常来说，在构建并发应用程序时，Map 是一种非常有用且常见的数据结构。这是由 Map 的底层数据结构决定的。下面我们通过 HashMap 来探索一下原因。

6.5.1   简化版 HashMap

从图 6-2 可以看到，Java 经典的 HashMap 使用哈希函数来确定把键值对存储在哪个桶中。这就是类名中 Hash 的来源。

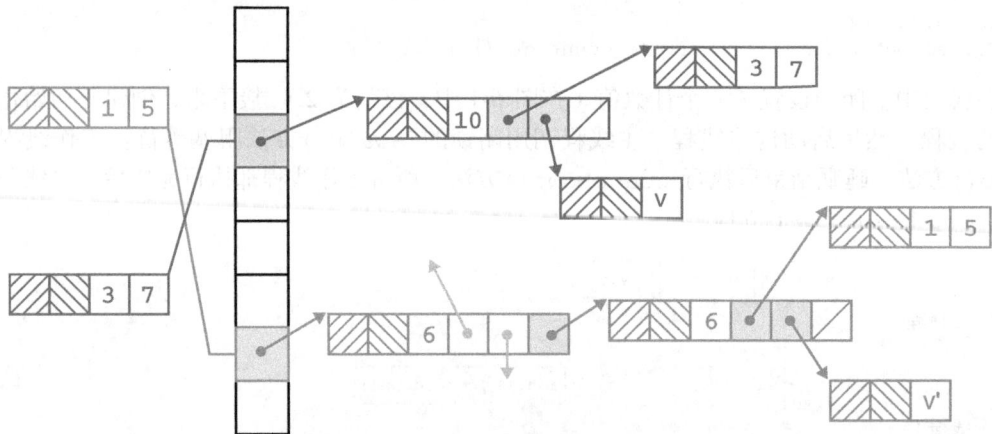

图 6-2 HashMap 的经典视图

键值对实际上存储在一个链表（称为哈希链）中。对键进行哈希后会得到一个值，将该值作为索引来查找对应的桶，该桶就是该链表的起始位置。

本书的 GitHub 代码库里提供了一个 Dictionary 类，它是 Map<String, String> 的简化实现，它参考了 Java 7 里的 HashMap。

注意　现代 JDK 中提供的 HashMap 实现很复杂，因此在本节中，我们将重点放在设计概念更加清晰的简化版 HashMap 上。

Dictionary 类只有两个字段：主数据结构和 size 字段，出于性能考虑我们缓存了映射的大小，如下所示：

```
public class Dictionary implements Map<String, String> {
    private Node[] table = new Node[8];
    private int size;

    @Override
    public int size() {
        return size;
    }

    @Override
    public boolean isEmpty() {
        return size == 0;
    }
}
```

Dictionary 类依赖于一个名为 Node 的辅助类，它代表一个键值对并实现了接口 Map.Entry，如下所示：

```
static class Node implements Map.Entry<String,String> {
    final int hash;
    final String key;
    String value;
    Node next;

    Node(int hash, String key, String value, Node next) {
        this.hash = hash;
        this.key = key;
        this.value = value;
        this.next = next;
    }

    public final String getKey()       { return key; }
    public final String getValue()     { return value; }
    public final String toString() { return key + "=" + value; }

    public final int hashCode() {
        return Objects.hashCode(key) ^ Objects.hashCode(value);
    }

    public final String setValue(String newValue) {
        String oldValue = value;
        value = newValue;
        return oldValue;
    }

    public final boolean equals(Object o) {
        if (o == this)
            return true;
        if (o instanceof Node) {
            Node e = (Node)o;
            if (Objects.equals(key, e.getKey()) &&
                    Objects.equals(value, e.getValue()))
                return true;
        }
        return false;
    }
}
```

要在 Map 中查找值，需要使用 get() 方法，该方法依赖于两个辅助方法 hash() 和 indexFor()，如下所示：

```
@Override
public String get(Object key) {
    if (key == null)
        return null;
    int hash = hash(key);
    for (Node e = table[indexFor(hash, table.length)];
        e != null;
        e = e.next) {
        Object k = e.key;
        if (e.hash == hash && (k == key || key.equals(k)))
            return e.value;
    }
    return null;
}

static final int hash(Object key) {        移位运算，确保
    int h = key.hashCode();                哈希值为正
    return h ^ (h >>> 16);       ◄————
}
                                           按位运算，确保
                                           索引在数组的大
static int indexFor(int h, int length) {   小范围内
    return h & (length - 1);     ◄————
}
```

在 get() 方法中，我们先处理恼人的空指针。之后，我们使用键对象的哈希值作为数组的索引。一般来说，数组的大小会设为 2 的幂次，所以 indexFor() 里的操作基本上都是模运算，它可以确保返回值是表中的有效索引。

注意　在这个示例中，我们阅读代码后可以得出这样一个结论： ArrayIndexOutOfBounds-
　　　　Exception 异常永远不会抛出。但对编译器来说，它无法推断出这个结果。

现在我们有了数组索引，就可以用它查找相应的哈希链。我们从头部开始，沿着哈希链向下走，每一步都会检查是否找到了键对象，如下所示：

```
if (e.hash == hash && ((k = e.key) == key || key.equals(k)))
    return e.value;
```

如果找到了键对象，就可以直接返回相应的值，因为我们将键和值成对存储（实际上就是 Node 对象）。

put() 方法的代码和 get() 方法的代码有点儿类似：

```
@Override
public String put(String key, String value) {
    if (key == null)
        return null;
    int hash = hash(key.hashCode());
```

```
int i = indexFor(hash, table.length);
for (Node e = table[i]; e != null; e = e.next) {
    Object k = e.key;
    if (e.hash == hash && (k == key || key.equals(k))) {
        String oldValue = e.value;
        e.value = value;
        return oldValue;
    }
}

Node e = table[i];
table[i] = new Node(hash, key, value, e);

return null;
}
```

　　这个简化版的哈希数据结构并不是一个能部署到生产环境的程序，它旨在演示 HashMap 的基本行为和一些解决问题的方法，以便我们更容易理解并发问题。

6.5.2　Dictionary 的局限性

　　在继续讨论并发场景之前，我们需要知道简化版的 Dictionary 不支持 Map 中的某些方法。具体来说，Dictionary 类实现了 Map 接口，因此方法 putAll()、keySet()、values() 和 entrySet() 应该都是需要实现的，不过调用这些方法会直接抛出 UnsupportedOperation-Exception 异常。

　　之所以没有实现这些方法，是因为它们比较复杂。正如本书多次提到的那样，Java 集合接口庞大且功能丰富，这对使用者来说很有帮助，因为他们可以有更多的选择，但是，这同时意味着使用者需要做更多的工作来满足这些接口的要求。

　　特别是像 keySet() 这样的方法，它要求我们在代码中提供 Set 实例。通常，我们需要将 Set 作为内部类来实现。不过，这对我们的示例来说过于复杂，所以我们的简化版不支持这些方法。

注意　在本书后面我们将看到，当使用函数式编程时，Collection 接口这种单一、复杂、命令式的设计会带来各种问题。

　　简化版 Dictionary 类在其限制范围内运行良好。但是，它并没有考虑以下两种情况。
□ 随着存储元素数量的增加，需要调整数组的大小。
□ 需要抵御低性能的 hashCode() 带来的危害。

　　上述两种情况中的第一种情况，限制比较严重。哈希数据结构的一个优点是能将一些操作的复杂度从 $O(N)$ 降低到 $O(\log N)$，比如值检索操作。如果 Map 不能随着元素数量的增加而调整数组的大小，那么这种复杂度的增益就会丢失。在一个真正的实现方案中，Map 必须能够随着元素数量的增加而调整数组的大小。

6.5.3 并发 Dictionary

就目前而言，Dictionary 显然不是线程安全的。假设我们有两个线程，一个尝试删除某个键，另一个尝试更新该键对应的值。删除和更新操作都应该返回"成功"，但根据操作的顺序，实际上可能只有其中一个操作成功了。为了解决这个问题，Dictionary 需要支持并发。下面将介绍两种比较简单的并发实现方式。

第一种是第 5 章提到的完全同步对象。这种方式的问题很明显：由于性能开销，完全同步对象对大多数系统来说是不可行的。不过，花点儿时间看看它是如何实现的，对我们有好处。

有两种简单的方法来实现线程安全。第一种是复制 Dictionary 类——我们称它为 Thread-SafeDictionary，然后使其所有方法都是同步的。这种方法简单可行，但会涉及大量重复的代码。

我们还可以使用同步包装器来实现。同步包装器内部包含了一个 Dictionary 对象并为它提供委托服务（也称为转发），代码示例如下：

```
public final class SynchronizedDictionary extends Dictionary {
    private final Dictionary d;

    private SynchronizedDictionary(Dictionary delegate) {
        d = delegate;
    }

    public static SynchronizedDictionary of(Dictionary delegate) {
        return new SynchronizedDictionary(delegate);
    }

    @Override
    public synchronized int size() {
        return d.size();
    }

    @Override
    public synchronized boolean isEmpty() {
        return d.isEmpty();
    }

    // 其他方法

}
```

这个代码示例存在很多问题，其中最严重的是对象 d 没有同步。使用这个类会引发问题，比如其他代码可能会在同步块或方法之外修改对象 d，这样的话我们就会遇到第 5 章讨论过的问题。这不是并发数据结构的正确实现方式。

值得一提的是，JDK 其实提供了这样一个实现：Collections 类中的 synchronizedMap() 方法。正如我们预期的那样，它的工作原理和使用范围与我们的代码示例差不多。

第二种方式是使用不可变性。前面提到过，Java 集合十分庞大且复杂，而在整个集合中可变性假设贯穿其中。Map 和 List 的所有实现类都必须实现这些可变性方法，不管它们想不想要提供这种可变性。

由于这种限制，在 Java 中似乎不存在既是不可变的又符合 Collections API 设计要求的数据结构。如果一个类需要符合 Collections API 的设计要求，那么该类就必须实现可变性方法。不过，Java 提供了一种不太理想的变通方法：如果一个类不想实现某个方法，它可以抛出 Unsupported-OperationException 异常。从语言设计的角度来看，这当然很糟糕，因为接口契约之所以称为契约，就是要求实现者必须遵循这种约定。

这种抛出异常的机制和约定早在 Java 8 出现之前就有了，默认方法的引入也没能改变这种情况。这种做法原本旨在接口中区分必须实现的方法和可选的方法，但是当时的 Java 语言设计中并不支持这种区分。

这是一种糟糕的机制，也不是一个理想的解决方案，特别是 UnsupportedOperation-Exception 还属于运行时异常。如果我们像下面这样应用这种机制，就会遇到问题：

```java
public final class ImmutableDictionary extends Dictionary {
    private final Dictionary d;

    private ImmutableDictionary(Dictionary delegate) {
        d = delegate;
    }

    public static ImmutableDictionary of(Dictionary delegate) {
        return new ImmutableDictionary(delegate);
    }

    @Override
    public int size() {
        return d.size();
    }

    @Override
    public String get(Object key) {
        return d.get(key);
    }

    @Override
    public String put(String key, String value) {
        throw new UnsupportedOperationException();
    }

    // 其他可变方法也会抛出 UnsupportedOperationException 异常

}
```

这个代码示例在某种程度上违反了面向对象的设计原则：用户认为这是一个有效的 Map<String,String> 接口的实现，而当用户试图修改其实例时，它会抛出一个非检查型异常。这甚至会构成一个安全隐患。

注意 这也是 Map.of() 必须做出的妥协：为了完全实现接口，它在调用可变方法时只能抛出异常。

　　然而，这并不是该方式的唯一缺点。我们在第一种方式（完全同步对象）里遇到的问题同样会出现在这里：可变对象仍然存在，并且可以被引用（和更改），这并不是我们想要的结果。下面，我们将探索更好的处理方式。

6.5.4　使用 `ConcurrentHashMap`

　　前面，我们展示了一个简单的 Map 实现并讨论了在并发场景下它带来的各种问题，接下来，我们来认识一下 ConcurrentHashMap。它用起来很简单，在大多数情况下可以用它直接代替 HashMap。

　　ConcurrentHashMap 的关键在于它能够保证线程安全。为了解释为什么需要这个功能，下面我们来看看当两个线程同时向 HashMap 添加元素时会发生什么（此处省略了异常处理情况）：

```
var map = new HashMap<String, String>();
var SIZE = 10_000;

Runnable r1 = () -> {
    for (int i = 0; i < SIZE; i = i + 1) {
        map.put("t1" + i, "0");
    }
    System.out.println("Thread 1 done");
};
Runnable r2 = () -> {
    for (int i = 0; i < SIZE; i = i + 1) {
        map.put("t2" + i, "0");
    }
    System.out.println("Thread 2 done");
};
Thread t1 = new Thread(r1);
Thread t2 = new Thread(r2);
t1.start();
t2.start();

t1.join();
t2.join();
System.out.println("Count: "+ map.size());
```

　　如果运行这段代码，我们会再次遇到更新丢失这一老问题：Count 的输出值会小于 2 *SIZE。而在并发访问 Map 时情况会更糟糕。

　　当数据量比较小时，HashMap 的并发修改问题并不一定会出现。但是，如果增加 SIZE 的值，它最终一定会显现出来。

　　如果将 SIZE 增加到 1_000_000，那么我们很可能会看到更新丢失的问题。而对 Map 进行更新的其中一个线程将无法完成任务，它可能会陷入无限等待中。因此在多线程应用程序中使用 HashMap 是不安全的（示例 Dictionary 类也是如此）。

　　如果用 ConcurrentHashMap 替换 HashMap，那么我们可以看到并发行为是正常的：没有无限等待和更新丢失的情况。它还有一个很棒的特性，即无论如何操作，它都不会抛出 ConcurrentModificationException 异常。

我们来简要地看一下它是如何实现的。实际上，展示 `Dictionary` 实现原理的图 **6-2** 也给出了 `Map` 的多线程实现方法，它比我们在 6.5.3 节提到的两种方法都要好。它基于以下原理：在进行更改时无须锁定整个数据结构，只需锁定正在更改或读取的哈希链（也称为存储桶）。图 **6-3** 展示了它的工作原理，该实现将锁定下移到各个哈希链上。这种技术被称为锁分离（lock striping），它允许多个线程访问 `Map`，前提是它们作用在不同的链上。

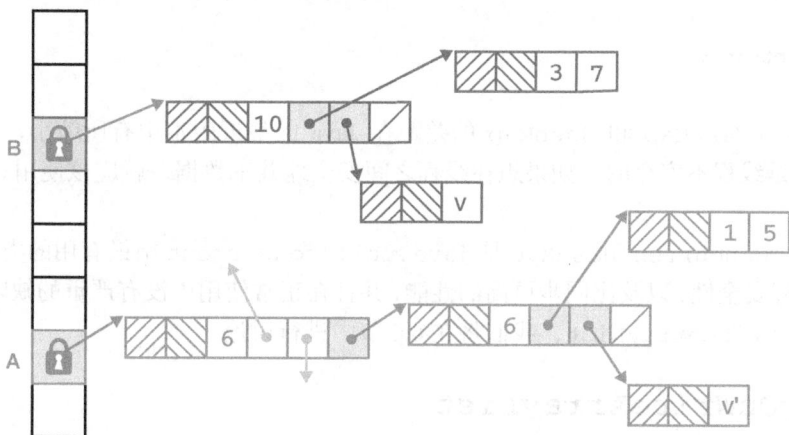

图 6-3 锁分离

当然，如果两个线程需要在同一条链上操作，那么它们仍然会相互排斥。但一般来说，与同步整个 `Map` 相比，这种方式提供了更大的吞吐量。

注意 随着 `Map` 中元素数量的增加，存储桶的大小会进行调整，这意味着随着越来越多的元素添加到 `ConcurrentHashMap` 中，它支持的线程数量将越来越多。

`ConcurrentHashMap` 能够支持并发访问，而对于具体的底层实现细节，大多数开发人员无须太担心。事实上，`ConcurrentHashMap` 的实现在 **Java 8** 中发生了很大的变化，现在它比我们这里描述的设计要复杂得多。

`ConcurrentHashMap` 用起来很方便。在很多情况下，如果想在多线程程序中共享数据，那么只需定义一个 `Map`，然后让实现类型设为 `ConcurrentHashMap` 即可。事实上，如果需要在多个线程中修改 `Map`，那么我们应该始终使用 `ConcurrentHashMap`。虽然它比普通的 `HashMap` 使用更多的资源，且由于某些同步操作，吞吐量会更差，但与更新丢失或无限等待等问题相比，这些不便之处微不足道。我们将在第 7 章中进一步讨论这个问题。

最后，我们还应该注意到，`ConcurrentHashMap` 实际上实现的是 `ConcurrentMap` 接口，该接口继承了 `Map` 接口。为了提供线程安全的修改操作，`ConcurrentMap` 最初包含了以下方法。

❑ `putIfAbsent()`：如果键不存在，则将键值对添加到 `HashMap`。
❑ `remove()`：如果键存在，则安全地删除键值对。

❑ replace()：该方法有两种不同的形式，可以用来在 HashMap 中执行安全替换操作。但在 Java 8 里，其中一些作为默认方法被放到了 Map 接口，例如下面的代码示例。

```
default V putIfAbsent(K key, V value) {
    V v = get(key);
    if (v == null) {
        v = put(key, value);
    }

    return v;
}
```

ConcurrentHashMap 和 HashMap 的差距在 Java 的最近版本中有所缩小，但不要忘记，HashMap 仍然是线程不安全的。如果想在线程之间安全地共享数据，就应该使用 Concurrent-HashMap。

总的来说，ConcurrentHashMap 是 java.util.concurrent 中最有用的类之一。它提供了额外的多线程安全性，以及比同步更高的性能，并且在正常使用中没有严重的缺陷。与 List 对应的是 CopyOnWriteArrayList，我们将在 6.6 节中进行讨论。

6.6 CopyOnWriteArrayList

在 6.5 节中我们看到了两种并不令人满意的并发实现模式：完全同步对象和不可变性。当然，我们也可以将这两种模式应用于 List，它实现起来也很容易，不过也需要使用会抛出运行时异常的可变方法。实现后的代码有着和 Map 一样的问题。

我们能做得更好吗？可惜的是，List 的线性特性在这里没有什么帮助。即使在链表的情况下，多个线程试图修改数据也会引发争用的可能性，例如，在具有大量添加操作的工作负载中。

一个比较好的替代方法是使用 CopyOnWriteArrayList 类。顾名思义，此类是标准 ArrayList 类的替代品，它通过添加**写时复制语义**（copy-on-write semantics）以实现线程安全。这意味着任何改变 List 的操作都将新建一个 List 底层数组的副本（图 6-4）。这也意味着创建的迭代器不必担心遇到意料之外的修改。

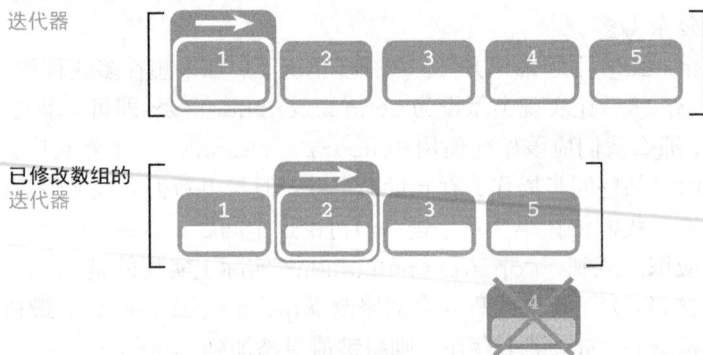

图 6-4 写时复制数组

迭代器保证不会抛出 ConcurrentModificationException，并且不会对 List 进行任何添加、删除或更改。当然，List 内的元素仍然是可以改变的，但 List 不会修改。

在一般的应用场景下，这种实现过于浪费资源，但当遍历操作次数远远超过修改时，或程序员不想自己实现同步，同时又希望排除线程相互干扰时，CopyOnWriteArrayList 是一个不错的选择。

下面我们快速看一下它的核心实现思路。它涉及的关键方法是 iterator()，其中返回一个新的 COWIterator 对象。

```
public Iterator<E> iterator() {
    return new COWIterator<E>(getArray(), 0);
}
```

add()、remove() 和其他可变方法总是克隆一个新的数组副本来进行修改。修改操作是在同步块内完成的，因此 CopyOnWriteArrayList 类有一个内部锁对象，如下所示（注意代码中的注释）：

```
/**
 * 该锁用来保护所有的修改方法。(当内置锁和 ReentrantLock 都可用时，我们倾向于使用内置锁。)
 */
final transient Object lock = new Object();

private transient volatile Object[] array;
```

像 add() 这样的操作可以做如下保护。

```
public boolean add(E e) {
    synchronized (lock) {
        Object[] es = getArray();
        int len = es.length;
        es = Arrays.copyOf(es, len + 1);
        es[len] = e;
        setArray(es);
        return true;
    }
}
```

CopyOnWriteArrayList 的操作效率要低于 ArrayList，原因如下：
- 任何修改操作都需要同步；
- 易失性存储（比如数组）；
- ArrayList 仅在需要调整底层数组大小时才分配内存，而 CopyOnWriteArrayList 在每次修改时都会分配内存并复制数据。

迭代器会存储数组的引用，它代表着数据在该时间点的快照。对 List 的进一步修改将创建一个新副本，而此时迭代器指向的是数组的旧版本，如下所示：

```
static final class COWIterator<E> implements ListIterator<E> {
    /** 数组的快照 */
    private final Object[] snapshot;
    /** 调用 next 返回的元素索引 */
```

```
        private int cursor;

        COWIterator(Object[] es, int initialCursor) {
            cursor = initialCursor;
            snapshot = es;
        }
        // ...
    }
```

需要注意的是，COWIterator 实现了 ListIterator 接口，根据接口契约，它需要支持 List 修改方法，但为了简单起见，所有的修改方法都抛出了 UnsupportedOperationException 异常。

当快速、一致的数据快照（不同的读取器可能偶尔不同）比完美同步更重要时，CopyOnWriteArrayList 对共享数据的处理方式就显得特别有用。在涉及非关键任务数据的情况下，写时复制方法避免了由同步带来的性能损失。

代码清单 6-3 提供了一个写时复制的示例。

代码清单 6-3　写时复制示例

```
var ls = new CopyOnWriteArrayList(List.of(1, 2, 3));
var it = ls.iterator();
ls.add(4);
var modifiedIt = ls.iterator();
while (it.hasNext()) {
    System.out.println("Original: "+ it.next());
}
while (modifiedIt.hasNext()) {
    System.out.println("Modified: "+ modifiedIt.next());
}
```

这段代码专门用来说明迭代器在写时复制语义下的行为，它会产生如下输出。

```
Original: 1
Original: 2
Original: 3
Modified: 1
Modified: 2
Modified: 3
Modified: 4
```

使用 CopyOnWriteArrayList 确实比使用 ConcurrentHashMap 需要考虑的事情多一些，ConcurrentHashMap 基本上就是 HashMap 的并发替代品，而 CopyOnWriteArrayList 则会带来性能问题：写时复制意味着如果列表被更改，就必须复制整个数组。如果列表经常被更改，使用这种方法就会带来性能问题。

CopyOnWriteArrayList 和 synchronizedList()在设计时做了不同的权衡。后者在所有操作上都同步，因此来自不同线程的读取可能会相互阻塞，而在 **COW** 数据结构中并非如此。CopyOnWriteArrayList 在每次修改时都要复制底层数组，而 synchronizedList()仅在数组已满时才这样做（与 ArrayList 的行为相同）。正如我们将在第 7 章中反复提到的那样，仅仅靠查看代码来推测它的性能是极其困难的。如果想获得性能良好的代码，唯一的方法是测试再测试，然后评估测试结果。

在第 15 章中，我们将了解**持久数据结构**（persistent data structure）的概念，这是处理并发数据的另一种方式。**Clojure** 编程语言大量使用了持久数据结构，`CopyOnWriteArrayList`（和 `CopyOnWriteArraySet`）就是持久数据结构的示例实现。

下面我们将了解 `java.util.concurrent` 中另一个主要的公共构建块：队列。它用于在线程之间分配工作单元，是许多灵活可靠的多线程系统的基础。

6.7 阻塞队列

队列是并发编程的一个绝妙的抽象概念，它提供了一种简单可靠的方式，将处理资源分发给工作单元（或者将工作单元分配给处理资源，这取决于你如何看待它）。Java 多线程编程中的许多模式在很大程度上依赖于线程安全的队列，因此对它的完整理解十分重要。`Queue` 接口在 `java.util` 包中，因为队列是一个重要模式，即使在单线程编程中也是如此。不过本节将主要关注多线程用例。

使用队列在线程之间分配工作单元，是一个常见的场景，也是我们将重点关注的用例。`Queue` 最简单的并发版本 `BlockingQueue` 就非常适合在线程之间分配工作单元。

`BlockingQueue` 具有以下两个附加的特殊属性：

❑ 调用 `put()` 时，如果队列已满，操作线程会等待，直到有可用空间；

❑ 调用 `take()` 时，如果队列为空，操作线程会阻塞。

这两个属性非常有用，因为如果一个线程（或线程池）的处理能力超过了另一个线程，则较快的线程就会被强制等待，这对整个系统会起到调节作用，如图 6-5 所示。

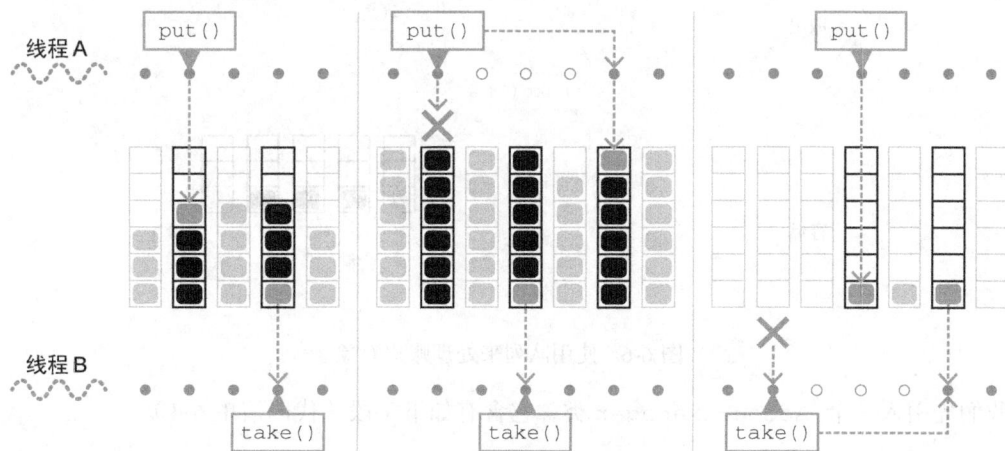

图 6-5 `BlockingQueue`

Java 提供了 `BlockingQueue` 接口的两个基本实现类：`LinkedBlockingQueue` 和 `Array-BlockingQueue`。它们提供的功能略有不同。如果队列大小是确定的，数组的实现方式就非常高效，而在其他情况下，使用链表的实现方式可能会稍微快一些。

不过，不同实现版本的真正区别在于隐含的语义。尽管 LinkedBlockingQueue 在创建时也可以限制大小，但通常来说，我们一般在没有大小限制的情况下使用它，这会生成一个队列大小为 Integer.MAX_VALUE 的对象。这种队列实际上可以被认为是无限的，因为如果一个队列里的元素真的超过了 20 亿，那么应用程序早就无法正常运行了。

因此，虽然理论上 LinkedBlockingQueue 上的 put() 方法可能阻塞，但实际上它永远不会阻塞。这意味着写入队列的线程可以以无限的速率有效地执行。

相比之下，ArrayBlockingQueue 的队列大小是固定的，其大小就是支持它的底层数组的大小。如果生产者线程将对象放入队列的速度快于接收者处理它们的速度，那么在某个时间点，队列会被完全填满。如果此时调用 put()，线程会被阻塞，因此生产者线程会被迫减慢它们生成任务的速度。

ArrayBlockingQueue 的这个特性是**背压**（back pressure）的一种表现形式。背压是并发工程和分布式系统里的一个重要概念。

下面我们使用一个示例来看看 BlockingQueue 的运行情况。我们使用队列和线程来操作账户。在该示例中，我们不再同时锁定两个账户对象了。应用程序的基本架构如图 6-6 所示。

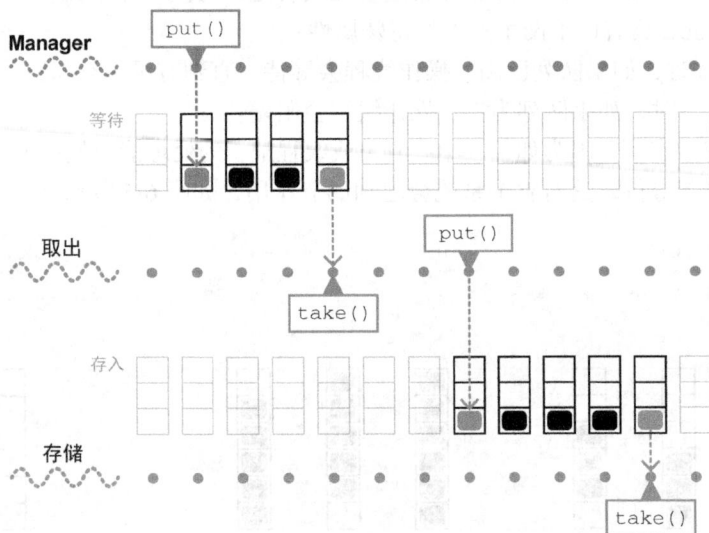

图 6-6　使用队列来处理账户对象

我们先引入一个 AccountManager 类，它含有如下字段（代码清单 6-4）。

代码清单 6-4　AccountManager 类

```
public class AccountManager {
    private ConcurrentHashMap<Integer, Account> accounts =
        new ConcurrentHashMap<>();
    private volatile boolean shutdown = false;
```

```
private BlockingQueue<TransferTask> pending =
    new LinkedBlockingQueue<>();
private BlockingQueue<TransferTask> forDeposit =
    new LinkedBlockingQueue<>();
private BlockingQueue<TransferTask> failed =
    new LinkedBlockingQueue<>();

private Thread withdrawals;
private Thread deposits;
```

阻塞队列里的是 TransferTask 对象，它是要进行传输的数据载体，如下所示：

```
public class TransferTask {
    private final Account sender;
    private final Account receiver;
    private final int amount;

    public TransferTask(Account sender, Account receiver, int amount) {
        this.sender = sender;
        this.receiver = receiver;
        this.amount = amount;
    }

    public Account sender() {
        return sender;
    }

    public int amount() {
        return amount;
    }

    public Account receiver() {
        return receiver;
    }

    // 省略了其他方法
}
```

Transfer 在这里没有额外的语义，这个类只是一个哑数据载体。

注意 TransferTask 类非常简单，在 Java 17 中，可以使用 record 类型来代替（我们在第 3 章中学习过）。

AccountManager 类提供创建账户和提交转账任务的功能，如下所示：

```
public Account createAccount(int balance) {
    var out = new Account(balance);
    accounts.put(out.getAccountId(), out);
    return out;
}

public void submit(TransferTask transfer) {
    if (shutdown) {
```

```
                return false;
            }
            return pending.add(transfer);
        }
```

AccountManager 的实际工作由管理队列任务的两个线程处理。我们先来看一下 withdraw 操作。

```
public void init() {
    Runnable withdraw = () -> {
        boolean interrupted = false;
        while (!interrupted || !pending.isEmpty()) {
            try {
                var task = pending.take();
                var sender = task.sender();
                if (sender.withdraw(task.amount())) {
                    forDeposit.add(task);
                } else {
                    failed.add(task);
                }
            } catch (InterruptedException e) {
                interrupted = true;
            }
        }
        deposits.interrupt();
    };
```

deposit 操作的定义类似，然后我们使用这两个任务来初始化 AccountManager。

```
    Runnable deposit = () -> {
        boolean interrupted = false;
        while (!interrupted || !forDeposit.isEmpty()) {
            try {
                var task = forDeposit.take();
                var receiver = task.receiver();
                receiver.deposit(task.amount());
            } catch (InterruptedException e) {
                interrupted = true;
            }
        }
    };

    init(withdraw, deposit);
}
```

init() 有一个包私有的重载方法，可以用来启动后台线程。它被抽取为一个单独的方法是为了方便后续的测试，如下所示：

```
void init(Runnable withdraw, Runnable deposit) {
    withdrawals = new Thread(withdraw);
    deposits = new Thread(deposit);
    withdrawals.start();
    deposits.start();
}
```

我们需要一些代码来调用它。

```
var manager = new AccountManager();
manager.init();
var acc1 = manager.createAccount(1000);
var acc2 = manager.createAccount(20_000);

var transfer = new TransferTask(acc1, acc2, 100);
manager.submit(transfer);
Thread.sleep(5000);
System.out.println(acc1);
System.out.println(acc2);
manager.shutdown();
manager.await();
```

提交从 acc1
到 acc2 的转
账任务

休眠一段时间，等待
转账任务执行

这会产生如下输出：

```
Account{accountId=1, balance=900.0,
    lock=java.util.concurrent.locks.ReentrantLock@58372a00[Unlocked]}
Account{accountId=2, balance=20100.0,
    lock=java.util.concurrent.locks.ReentrantLock@4dd8dc3[Unlocked]}
```

尽管调用了 shutdown() 和 await()，但由于代码里的方法调用处于阻塞状态，运行中的
程序并不能正常关闭。我们借助图 6-7 来了解一下原因。

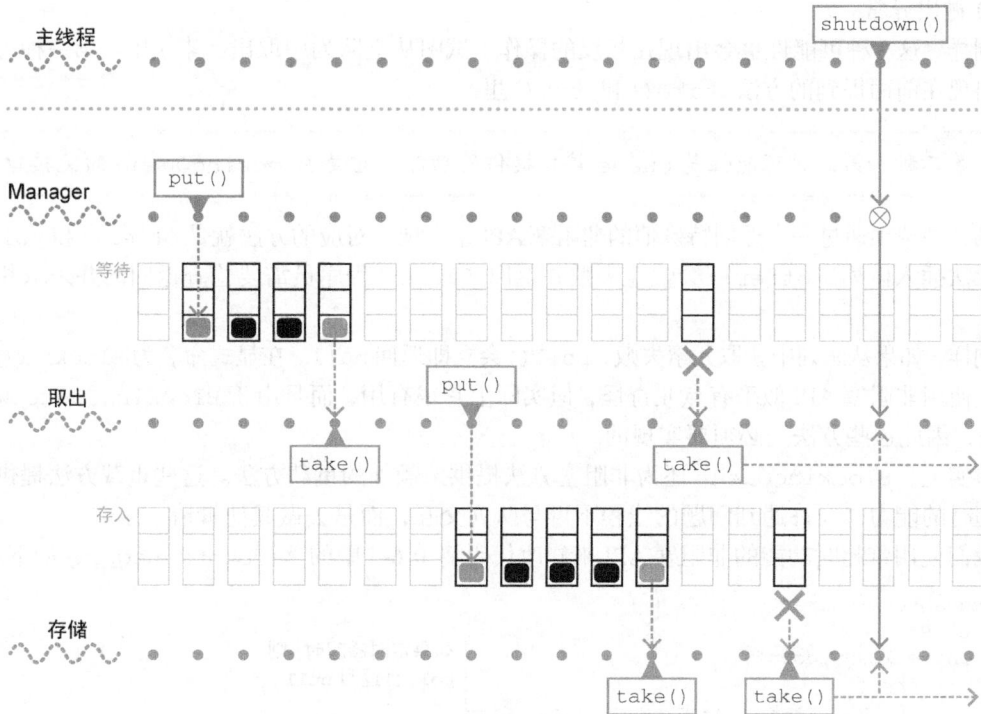

图 6-7　错误的关闭顺序

当主线程调用 shutdown() 时，volatile 修饰的布尔标志 shutdown 被设置为 true，因此后续读取的 shutdown 值都为 true。可惜的是，取款和存款线程都在调用 take() 时被阻塞，因为队列是空的。如果某个对象被放入了 pending 队列，那么取款线程就会处理它，然后将对象放入 forDeposit 队列（假设取款成功）。此时，线程将退出 while 循环并正常终止。

反过来，当 forDeposit 队列中有了新的对象后，存款线程会被唤醒，获取该对象并进行处理，然后退出自己的 while 循环并正常终止。但这个终止过程依赖于队列中持续有任务。当队列为空时，线程将永远处于 take() 方法的阻塞调用中。为了解决这个问题，我们需要了解阻塞队列提供的所有方法。

6.7.1   使用 BlockingQueue API

BlockingQueue 接口提供了 3 种独立的策略来让我们与它交互。要了解这些策略的差异，请考虑 API 在以下场景中的行为：当容量受限的队列已经无法接收新元素时（队列已满），线程尝试将新元素插入队列。

从逻辑上讲，对插入操作来说有以下 3 种可能性：

❏ 一直处于阻塞状态，直到队列中有可用空间；
❏ 返回一个表示失败的值（比如布尔值 false）；
❏ 抛出异常。

同样，这 3 种可能性也会出现在相反的操作（试图从空队列中取出元素）中。第一种可能性一般出现在前面提到的方法 take() 和 put() 里。

注意   第二种和第三种可能性是 Queue 接口提供的功能，它是 BlockingQueue 的父接口。

第二种选项通过一个返回特殊值的非阻塞 API 来实现，对应的方法就是 offer() 和 poll()。如果无法插入队列，offer() 会快速失败并返回 false。程序员需要检查返回码并采取相应的措施。

同样，如果从队列中获取元素失败，poll() 会立即返回 null。在显式命名为 BlockingQueue 的类上使用非阻塞 API 似乎有点儿奇怪，但实际上它很有用，而且由于 BlockingQueue 继承了 Queue，因此这些方法是必须要实现的。

事实上，BlockingQueue 还为非阻塞方法提供了额外的重载方法。这些重载方法提供了轮询和超时的能力，允许遇到问题的线程不再与队列交互，而是去做其他事情。

我们使用带超时功能的非阻塞 API 来修改代码清单 6-4 中的 AccountManager，如下所示：

```
Runnable withraw = () -> {
  LOOP:
  while (!shutdown) {
    try {
        var task = pending.poll(5,              ← 如果定时器超时，则
                                                   poll() 返回 null
                        TimeUnit.SECONDS);
            if (task == null) {
```

```
                continue LOOP;
            }
            var sender = task.sender();
            if (sender.withdraw(task.amount())) {
                forDeposit.put(task);
            } else {
                failed.put(task);
            }
        } catch (InterruptedException e) {
            // 以严重级别记录日志并继续
        }
    }
    // 将队列中全部任务转入失败队列或记录日志
};
```

使用 Java 循环标签
来继续执行

对存款线程也需要进行类似的修改。

这解决了前面所说的关闭问题。现在线程不会在获取元素时永远阻塞了。相反，如果在超时之后还没有获得对象，则 poll() 方法将返回值 null，然后继续循环。同时，由于 volatile 布尔值的可见性保证，当 while 循环条件不再满足时，线程会退出循环并正常关闭。这意味着一旦调用了 shutdown() 方法，AccountManager 会在限定的时间内关闭，这正是我们想要的效果。

在结束对 BlockingQueue API 的讨论之前，我们再看看之前提到的第三种可能性：如果队列操作不能立即完成，则抛出异常，对应的方法是 add() 和 remove()。坦率地说，这两个方法存在一些问题。导致这些问题的原因有多个，其中最重要的是它们在失败时抛出的异常（分别是 IllegalStateException 和 NoSuchElementException）是运行时异常，因此无法要求调用者显式处理。

此外，异常抛出 API 的问题远不止于此。Java 有一条通用原则：异常应该用于处理异常情况，即那些非正常操作的情况。这个原则有时也被说成"不要使用异常进行流量控制"。但是，空队列是完全可能存在的场景，因此通过抛出异常来处理它违反了这个原则。

异常的使用成本一般很高，这是因为异常被实例化时需要构造跟踪栈，并且在抛出期间需要展开这个栈。除非会立即抛出异常，否则最好不要创建异常。出于这些原因，我们建议不要使用 BlockingQueue 里那些抛出异常的方法。

6.7.2　使用工作单元

Queue 接口都是泛化的：它们的定义形式都是 Queue<E>、BlockingQueue<E> 这样的。虽然这看起来有点儿奇怪，但我们可以自定义一个容器类，在容器里对工作内容进行包装，然后在队列中使用该容器类。

假设有一个名为 MyAwesomeClass 的类，它表示我们要在多线程应用程序中处理的工作单元，那么与其这样：

```
BlockingQueue<MyAwesomeClass>
```

不如这样：

```
BlockingQueue<WorkUnit<MyAwesomeClass>>
```

其中，WorkUnit（或 QueueObject，或任何你想要的容器类）是一个包装类，看起来可能像这样：

```
public class WorkUnit<T> {
    private final T workUnit;

    public T getWork() {
        return workUnit;
    }

    public WorkUnit(T workUnit) {
        this.workUnit = workUnit;
    }

    // 省略了其他方法
}
```

之所以这样做，是因为这种间接方式提供了一个添加额外元数据的载体，同时又不会损害所包含类型（在本例中为 MyAwesomeClass）的概念完整性。在图 6-8 中，我们可以看到外部元数据包装器是如何工作的。

图 6-8　使用工作单元作为元数据包装器

这些附加的元数据用处很多，下面提供一些例子。

- 测试（比如显示一个对象的变化历史）。
- 性能指标（比如到达时间或服务质量）。
- 运行时系统信息（比如 MyAwesomeClass 的这个实例是如何被使用的）。

事后再添加这些元数据要困难得多。如果我们发现在某些情况下需要更多的元数据，那么只需要在 WorkUnit 类中简单添加一下就可以了。但是，如果没有使用 WorkUnit，添加新的元数据可能就会导致大量的重构工作。下面我们来讨论 Future，它相当于一个占位符，用来表示 Java 中运行任务（通常在另一个线程上）的执行结果。

6.8　Future

java.util.concurrent 中的 Future 接口是异步任务的一种简单表示：它保存了任务的执行结果，该任务可能尚未完成，也可能在未来某个时间点会完成。Future 的主要方法如下。

- get()：获取结果。如果结果尚不可用，将阻塞直到可用为止。
- isDone()：允许调用者检查任务是否已经完成。它是非阻塞的。

❏ cancel()：在任务完成之前取消。

get()方法还提供了一个有超时功能的重载版本，它不会永远阻塞，与我们之前遇到的有超时功能的 BlockingQueue 方法类似。代码清单 6-5 在一个质数查找器中使用了 Future。

代码清单 6-5　使用 Future 寻找质数

```
Future<Long> fut = getNthPrime(1_000_000_000);
try {
    long result = fut.get(1, TimeUnit.MINUTES);
    System.out.println("Found it: " + result);
} catch (TimeoutException tox) {
    // 已超时，应该取消任务
    System.err.println("Task timed out, cancelling");
    fut.cancel(true);
} catch (InterruptedException e) {
    fut.cancel(true);
    throw e;
} catch (ExecutionException e) {
    fut.cancel(true);
    e.getCause().printStackTrace();
}
```

在这段代码中，getNthPrime()会返回一个在某环境中执行的 Future。这个环境可以是一个或多个后台线程，也可以是本章后面提到的执行器框架。

运行这段代码的线程调用了有超时功能的 get()方法。如果 60 秒后还没有获得响应，线程可以继续循环并再次调用 get()方法阻塞等待。即使在现代硬件上，这个计算也可能会花很长时间，因此我们可能最终还是需要使用 cancel()方法。

在下面这个例子中，我们来演示一下非阻塞 I/O。图 6-9 展示了 Future 的实际应用，在示例中我们可以使用后台线程处理 I/O。

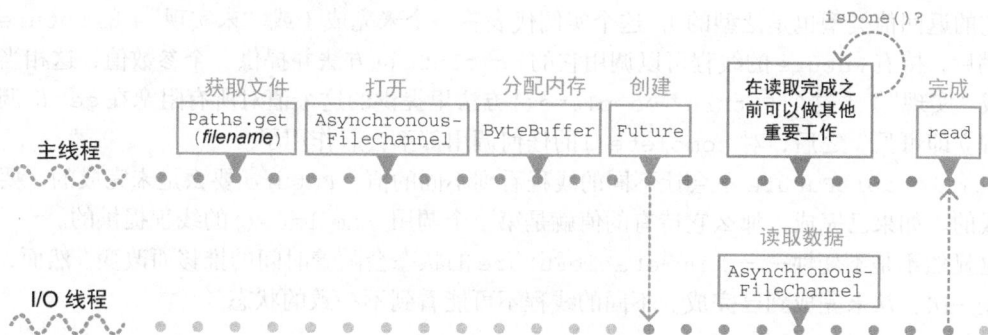

图 6-9　在 Java 中使用 Future

该异步文件 API 是在 Java 7 中引入的，因此已经存在了一段时间。它允许用户这样执行非阻塞并发：

```
try {
    Path file = Paths.get("/Users/karianna/foobar.txt");

    var channel = AsynchronousFileChannel.open(file);   <──  异步打开文件

    var buffer = ByteBuffer.allocate(1_000_000);         请求读取的数据不
    Future<Integer> result = channel.read(buffer, 0);    超过 100 万字节

    BusinessProcess.doSomethingElse();   <──── 做其他事情
准备就
绪时获
取结果 └──> var bytesRead = result.get();
    System.out.println("Bytes read [" + bytesRead + "]");
} catch (IOException | ExecutionException | InterruptedException e) {
    e.printStackTrace();
}
```

当另一个由 Java 运行时管理的线程执行 I/O 操作时，主线程不需要等待，而是继续执行 doSomethingElse()。这种方法很有用，但它需要引入支持异步功能的库。这可能对我们的应用场景有所限制：如果我们想创建自己的异步工作流怎么办？

CompletableFuture

Future 类型是一个接口，而不是一个类。任何想要使用 Future API 的程序都必须提供一个 Future 的具体实现。

这对一些开发人员来说可能具有挑战性，而且很明显，这是 Java 并发工具包功能的缺失，因此从 Java 8 开始，JDK 提供了一个 Future 接口的具体实现，它扩展了 Future 的功能，使其在某些方面更像其他语言（例如 Kotlin 和 Scala）的 Future。

这个实现类就是 CompletableFuture，它实现了 Future 接口并提供了一些附加功能，旨在成为构建异步应用程序的基础构建块。我们可以创建一个 CompletableFuture<T>类型的实例（它的返回值类型也是泛型的），这个实例代表着一个未完成（或"未实现"）的 Future。

稍后，持有 Future 的线程可以调用它的 complete()方法并提供一个参数值，这相当于结束（或"实现"）了这个 Future。complete()方法里提供的这个值对所有阻塞在 get()调用上的线程立即可见。之后，对 complete()的任何调用都不会起作用了。

CompletableFuture 不会让不同的线程看到不同的值。Future 要么是未完成的，要么是已完成的。如果已完成，那么它持有的值就是第一个调用 complete()的线程提供的。

这显然不是不变性——CompletableFuture 的状态会随着时间的推移而改变。然而，它只会改变一次：从未完成到已完成。不同的线程不可能看到不一致的状态。

注意　Java 的 CompletableFuture 类似于在其他语言（例如 JavaScript）中看到的 promise 功能。因此，本书中如果提到"履行承诺"（fulfilling a promise），实际上就是在说这个 Future 已经处于完成状态了。

下面这个示例实现了我们之前提到的 `getNthPrime()`。

```
public static Future<Long> getNthPrime(int n) {          创建一个处于未完成
    var numF = new CompletableFuture<Long>();            状态的 Future

    new Thread( () -> {                                  创建并启动一个
        long num = NumberService.findPrime(n);           新线程来完成这
        numF.complete(num);                              个 Future
    } ).start();                        质数的实际
                                        计算过程
    return numF;
}
```

方法 `getNthPrime()` 先创建一个“空的”`CompletableFuture`，然后将该容器对象返回给它的调用者。为此，我们需要一段代码来调用方法 `getNthPrime()`。相关代码可参考代码清单 6-5。

我们可以把 `CompletableFuture` 类比成客户端/服务器系统。`Future` 接口只提供一个查询方法 `isDone()` 和一个阻塞方法 `get()`。它们扮演客户端的角色，而 `CompletableFuture` 扮演服务器的角色，其 `complete()` 方法将 `Future` 转为完成状态并提供了执行结果。

在这个示例中，一个单独的线程调用了 `NumberService` 中的方法。当获取了结果后，我们将这个 `Future` 实例转为完成状态。

还有一种更简洁的方法也能实现相同的效果。这就是 `CompletableFuture.supplyAsync()` 方法，它接收一个 `Callable<T>` 对象，该对象表示要执行的任务。这个调用使用的是由并发库管理的应用程序线程池，如下所示：

```
public static Future<Long> getNthPrime(int n) {
    return CompletableFuture.supplyAsync(
        () -> NumberService.findPrime(n));
}
```

我们对并发数据结构的初步了解就到此为止，这些数据结构为开发可靠的多线程应用程序提供了基础构建块。

注意　我们将在本书的后面部分详细介绍 `CompletableFuture`，特别是在讨论高级并发和函数式编程的内容中。

接下来，我们将介绍**执行器**（executor）和线程池。和基于 `Thread` 的原始 API 相比，它们提供了更高级、更方便的并发处理方式。

6.9　任务与执行

`java.lang.Thread` 类自 **Java 1.0** 以来就存在了。**Java** 语言最初的卖点之一就是对多线程的语言级内置支持。它功能强大，但支持并发性的方式类似操作系统，因此这些处理并发的 API 过于底层。

这种底层性质使许多程序员难以正确或高效地使用 Java 线程。在 Java 之后发布的其他语言借鉴了 Java 在线程方面的经验,并以它们为基础提供了更好的替代方法,而其中的一些方法反过来又影响了 `java.util.concurrent` 的设计以及后来 Java 并发中的许多创新。

假设存在这样一个任务对象(或工作单元),我们无须为每个任务创建对应线程即可执行它。这意味着任务必须以代码为对象来建模,而不是直接表示为线程。

之后,可以在共享资源(线程池)上分发这些任务。线程执行一个任务直至完成,然后继续执行下一个任务。下面我们来看看如何为这些任务建模。

6.9.1   任务建模

这里,我们将研究两种不同的任务建模方式:`Callable` 接口和 `FutureTask` 类。其实 `Runnable` 也是任务建模的一种方式,但它并不总是那么有用,因为 `run()` 方法没有返回值,我们只能使用它来处理工作。

任务建模的一个很重要但可能表现得并不明显的方面是,如果线程的容量是有限的,那么任务就需要在有限的时间内完成。

如果有无限循环的可能性,这些任务可能会占用线程池中的执行线程,从而减少线程池能够处理的任务数量。随着时间的推移,这最终可能会导致线程池资源耗尽,而无法进一步工作。因此,我们需要小心,保证构造的任务都遵循“在有限的时间内终止”的原则。

`Callable` 接口

`Callable` 接口代表了一个常见的抽象,即一段可以被调用并返回结果的代码。尽管这个概念看起来简单,但实际上它很强大且十分有用。

`Callable` 的一个典型用法是 **lambda** 表达式(或匿名实现)。在下面的示例代码的最后一行,实际上是将 `out.toString()` 的返回值赋给了变量 s。

```
var out = getSampleObject();
Callable<String> cb = () -> out.toString();

String s = cb.call();
```

我们可以将 `Callable` 视为 **lambda** 提供的方法 `call()` 的延迟调用。

`FutureTask` 类

`FutureTask` 类是 `Future` 接口的一个实现,它还实现了 `Runnable` 接口。也就是说,我们可以将 `FutureTask` 直接提交给执行器。`FutureTask` 的 API 基本上是 `Future` 和 `Runnable` 的组合:`get()`、`cancel()`、`isDone()`、`isCancelled()` 和 `run()`,其中最后一个方法会执行实际的工作,并由执行器调用,而不是直接由客户端代码调用。

`FutureTask` 提供了两个构造器:一个接受 `Callable` 参数,另一个接受 `Runnable` 参数,后者会使用 `Executors.callable()` 将 `Runnable` 转换为 `Callable`。`FutureTask` 提供了一种灵活地执行任务的方法,我们可以将工作建模为 `Callable`,然后包装到 `FutureTask` 中。由于

FutureTask 是可运行的，因此我们可以直接将它提交给执行器来执行，并且在必要时取消它。

FutureTask 类为任务和任务管理提供了一个简单的状态模型。可能的状态转换如图 6-10 所示。

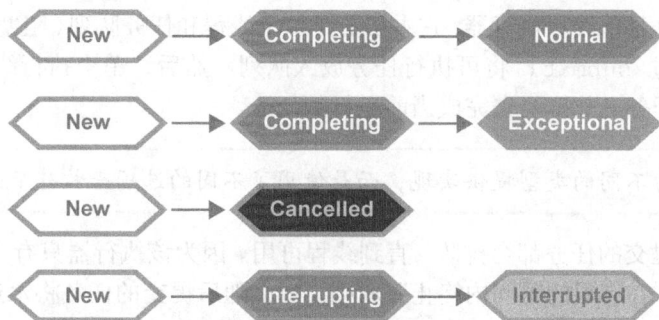

图 6-10 任务的状态模型

对于常见的任务执行场景，这些状态已经够用了。下面我们认识一下 JDK 提供的标准任务执行器。

6.9.2 执行器

JDK 里和线程池相关的接口有好几个。第一个是 Executor，它很简单，定义如下：

```
public interface Executor {
    /**
     * 在未来的某个时间点执行给定的命令。命令可以在新线程中执行，也可以在线程池中执行，
     * 或者在调用线程中执行，这取决于 Executor 的具体实现。
     *
     * @param command the runnable task
     * @throws RejectedExecutionException if this task cannot be
     * accepted for execution
     * @throws NullPointerException if command is null
     */
    void execute(Runnable command);
}
```

注意，尽管此接口只有一个抽象方法（它是所谓 SAM 类型），但它没有使用@Functional-Interface 注解进行标记。虽然可以在 lambda 表达式中使用它，但它并不适用于函数式编程。

事实上，Executor 的应用并不广泛，我们更常使用的是 ExecutorService 接口。它继承了 Executor 接口并提供了 submit() 以及 shutdown() 等生命周期方法。

为了帮助开发人员实例化和使用标准的线程池，JDK 提供了 Executors 类，它包含了多个静态帮助方法（主要是工厂方法）。4 个最常用的方法如下：

```
newSingleThreadExecutor()
newFixedThreadPool(int nThreads)
newCachedThreadPool()
newScheduledThreadPool(int corePoolSize)
```

下面我们依次看看这些方法。在本书的后面部分，我们将深入探讨其他一些更复杂的可能性。

6.9.3   单线程执行器

最简单的执行器是单线程执行器，它本质上是单个线程和任务队列（阻塞队列）的封装组合。客户端代码通过 submit() 将可执行任务放入队列。然后，单个执行线程一次执行一个任务，并在执行下个任务之前需要先完成当前运行的任务。

注意 执行器没有为不同的类型提供实现，而是使用了不同的选项来构建底层线程池。

在线程繁忙时提交的任务都会排队，直到线程可用。因为该执行器只有一个线程，所以如果违反了前面提到的"在有限的时间内终止"原则，那么随后提交的任务将永远不会执行。

注意 单线程执行器对测试来说很有用，因为和其他几个执行器相比，它的确定性更高。

下面是一个使用单线程执行器的简单示例。

```
var pool = Executors.newSingleThreadExecutor();
Runnable hello = () -> System.out.println("Hello world");
pool.submit(hello);
```

submit() 会将可运行任务放置到执行程序的作业队列中，这个放置操作是非阻塞的，除非作业队列已满。

不过我们仍然需要小心：如果主线程立即退出，那么提交的作业可能还没有被线程池的线程获取并运行。与其直接退出，不如在退出前调用执行器的 shutdown() 方法。

shutdown() 方法的详细信息可以在 ThreadPoolExecutor 类中找到。基本上这个方法会保证线程池有序关闭，并继续执行先前提交的任务。不过，执行器不会再接受任何新任务。这有效地解决了我们在代码清单 6-4 中看到的耗尽队列资源的问题。

注意 如果有一个无限循环的任务，则有序关闭的请求就无法正常处理，线程池也永远不会关闭。

当然，如果只知道单线程执行器，就无法深入了解并发编程及其挑战。因此，接下来我们还要看看多线程程序的执行方案。

6.9.4   大小固定的线程池

通过 Executors.newFixedThreadPool() 可以获得一个大小固定的线程池，它本质上是单线程执行器的多线程化。在创建时，用户设置线程数，线程池就会根据指定数量创建线程。

这些线程将被重用，一个接一个地运行任务。该设计避免了用户重复创建线程。与单线程执行器一样，如果所有线程都在使用中，则新任务将存储在阻塞队列中，直到线程空闲为止。

如果任务流稳定且已知，并且所有提交的作业在耗时方面大致相同，则大小固定的线程池特别有用。同样，它很容易通过工厂方法来创建，如下所示：

```
var pool = Executors.newFixedThreadPool(2);
```

该代码创建的线程池有两个执行线程。这两个线程以不确定的方式轮流从队列中接受任务。即使在提交任务时基于时间做了严格排序，也无法保证哪个线程将处理给定的任务。

也就是说，即使任务是按时间排序提交的，也不能认为下游队列中的任务是按时间排序的，如图 6-11 所示。

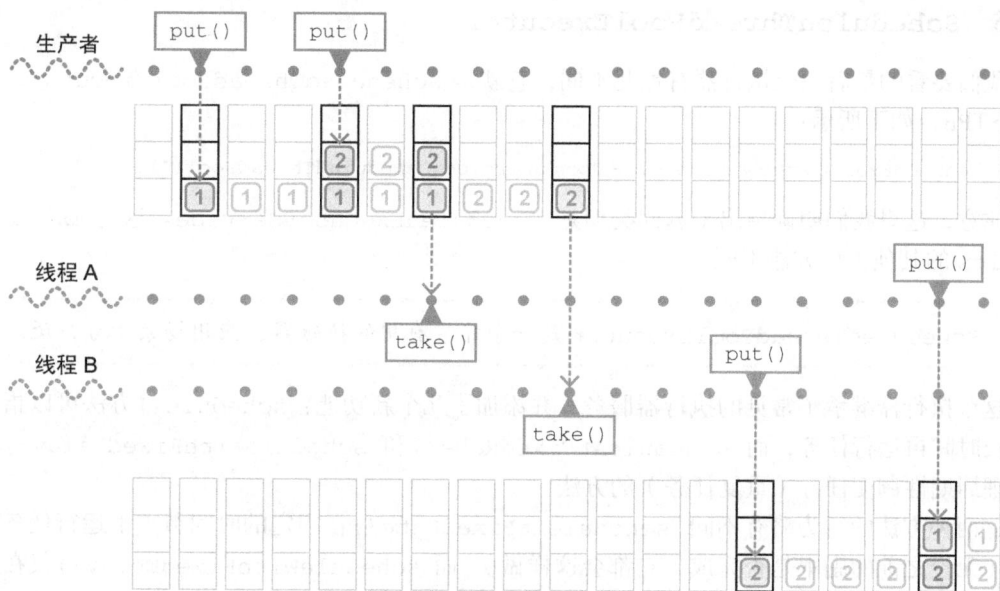

图 6-11　一个线程池和两个处理队列

大小固定的线程池有其用途，但也存在一些不好的地方。如果执行线程死亡，不会有其他线程来替换。因此如果提交的作业抛出了运行时异常，那么可能会导致线程池的资源耗尽。下面我们来看看一种替代方案，它将做出不同的权衡，以避免这种可能性。

6.9.5　缓存线程池

当负载的工作模式已知且相当稳定时，通常使用大小固定的线程池。但是，如果传入的工作不均匀或存在突发现象，那么使用大小固定的线程池可能不是最优的。

CachedThreadPool 是一个无界线程池。如果线程可用，它将重用线程，否则会根据需要，创建新的线程来处理传入的任务，如下所示：

```
var pool = Executors.newCachedThreadPool();
```

在线程池中，如果线程的空闲时间超过了 60 秒，系统就会将其从线程池中移除并销毁。

当然，任务正常终止仍然非常重要，否则，随着时间的推移，线程池将创建越来越多的线程并消耗越来越多的机器资源，这会最终导致崩溃或无法响应。

一般来说，大小固定的线程池和缓存线程池的区别在于线程的重用、创建和销毁方式，选择不同的线程池会带来不一样的实现效果。与大小固定的线程池相比，CachedThreadPool 为小型异步任务提供了更好的性能。但是，与往常一样，如果想知道确切效果，就需要进行适当的性能测试。

6.9.6   ScheduledThreadPoolExecutor

我们要看的最后一个执行器有点儿不同，它就是 ScheduledThreadPoolExecutor，有时称为 STPE，如下所示：

```
ScheduledExecutorService pool = Executors.newScheduledThreadPool(4);
```

注意，这里我们明确指出了返回类型是 ScheduledExecutorService。这与 Executor-Service 的其他工厂方法不同。

注意   ScheduledThreadPoolExecutor 是一个非常有用的执行器，应用场景十分广泛。

这个执行器继承了常见的执行器服务，并添加了几个新功能：schedule()方法可以指定延迟多长时间再运行任务，而 scheduleAtFixedRate()和 scheduleWithFixedDelay()提供了处理周期性调度任务（重复任务）的方法。

这两种方法的行为略有不同。scheduleAtFixedRate()在固定的时间节点上运行任务的新副本（无论之前的副本是否完成，它都会这样做），而 scheduleWithFixedDelay()仅在之前的实例完成且指定的延迟时间已到后才会运行任务的新副本。

除了 ScheduledThreadPoolExecutor，这里提到的其他线程池都是基于通用的 Thread-PoolExecutor 类获得的，只不过使用了不同的参数。例如，Executors.newFixedThreadPool()的定义如下：

```
public static ExecutorService newFixedThreadPool(int nThreads) {
    return new ThreadPoolExecutor(nThreads, nThreads,
                                  0L, TimeUnit.MILLISECONDS,
                                  new LinkedBlockingQueue<Runnable>());
}
```

这就是辅助方法的作用：它提供一种便捷的方式来生成一些标准的线程池，让调用者无须管理 ThreadPoolExecutor 的复杂性。除了 JDK，还有许多其他可用的执行器和线程池，比如来自 Tomcat Web 服务器的 org.apache.catalina.Executor 类。

小结

- ❏ java.util.concurrent 类应该是所有 **Java** 多线程代码的首选工具包:
  - 原子整数;
  - 并发数据结构,尤其是 ConcurrentHashMap;
  - 阻塞队列和闭锁;
  - 线程池和执行器。
- ❏ 这些类可用于实现安全的并发编程技术,包括:
  - 解决 synchronized 锁的不灵活性问题;
  - 使用阻塞队列进行任务切换;
  - 使用闭锁在一组线程之间达成一致;
  - 将任务划分为工作单元;
  - 任务管理,包括安全退出。

6

## 第 7 章

理解 Java 性能

7

本章重点
- 为什么性能很重要
- 垃圾收集
- JIT 编译
- JFR 和 JMC

糟糕的性能不仅会惹恼客户，也会给你的应用带来坏名声。除非是一个被完全垄断的市场，否则客户会用脚投票，走出大门，前往竞争对手那里。要想避免性能不佳带来的损害，我们就需要了解什么是性能分析以及如何进行性能分析。

性能分析和调优是一个庞大的主题，而开发者可能把很多精力浪费在了错误的事情上。这里，想先告诉你关于性能调优的最大秘诀：你必须进行测量。如果不测量，你就无法正确调优。

原因在于，当猜测系统到底哪个部分缓慢时，人类的大脑几乎总是错误的。每个人是都这样，包括你、我或 James Gosling。我们都受制于潜意识里的偏见，倾向于看到可能不存在的模式。事实上，对于"我的 Java 代码的哪一部分需要优化？"这一问题，很多时候答案是，"根本不需要优化"。

考虑一个典型的电子商务 Web 应用程序，它为注册客户提供服务。它有一个 SQL 数据库、提供 Java 服务的 Web 服务器，以及相当标准的网络配置。很多时候，系统里的非 Java 部分（数据库、文件系统、网络）才是真正的瓶颈。但是，如果没有测量，Java 开发人员可能永远不会知道这一点。开发人员可能不会找到并解决真正的问题，而是把时间浪费在其他方面，比如对解决性能问题没有什么效果的代码微优化。

你需要能够回答下面几个基本问题。
- 如果销售额突然提高，客户数量增长了 10 倍，系统是否有足够的内存来应对这种变化？
- 客户从应用程序中体验到的平均响应时间是多少？
- 与竞争对手相比，你在以上方面的表现如何？

请注意，所有这些都是与客户（系统用户）直接相关的系统问题，而不是如下问题。
- lambda 和流是否比 for 循环更快？
- 常规方法（虚方法）是否比接口方法快？

❏ `hashcode()` 性能最快的实现方式是什么？

缺乏经验的性能工程师通常会错误地认为：用户能感受到的性能指标与第二组问题密切相关。

这种假设本质上体现的是一种还原论[①]（reductionism）的观点，实际上在实践中是不正确的。相反，现代软件系统的复杂性导致整体性能成为系统及其所有部分的涌现[②]（emergent）属性。我们几乎不可能分离出特定的微观效果，而微观基准测试对大多数应用开发人员来说，效用非常有限。

相反，要进行性能调优，我们就不能猜测是什么导致系统变慢——变慢意味着"影响了客户体验"。我们必须牢记，唯一起作用的方法就是测量。

我们还需要了解性能调优不是什么。它不是：

❏ 一系列的小技巧和小窍门；

❏ 解决所有问题的万能方案；

❏ 在项目结束时撒上去的灵丹妙药。

你要特别注意第一条。事实上，JVM 是一个非常复杂和高度调优过的环境。如果没有适当的上下文，大多数的小技巧是无用的（甚至可能是有害的）。随着 JVM 在优化代码方面变得越来越智能，一时有效的小技巧也会很快过时。

性能分析实际上是一门实验科学。我们可以将代码视为具有输入并产生输出的科学实验，而性能指标表明系统执行时的工作效率。性能工程师的工作是研究这些输出并寻找模式。这使得性能调优成为应用统计学的一个分支，而不是一堆无稽之谈和民间传说。

本章将对 Java 性能调优实践进行介绍，旨在帮助你快速入门。但性能调优是一个很大的主题，本章只提供一些基础理论知识，并尝试回答以下最基本的问题。

❏ 为什么性能很重要？

❏ 为什么性能分析很难？

❏ JVM 的哪些方面使性能调优变得复杂？

❏ 应该如何考虑和处理性能调优？

❏ 导致系统缓慢最常见的原因是什么？

我们还将介绍 JVM 中的两个子系统，这两个子系统对性能问题至关重要：

❏ 垃圾收集（garbage collection, GC）[③]子系统；

❏ JIT 编译器。

这些内容有点儿偏重理论，但能够帮助你入门性能调优，并且能够用来解决代码面临的实际问题。下面，我们将快速了解一些基本术语，这些术语能够帮助你描述遇到的性能问题，以及制定性能指标。

---

① 还原论是一种哲学思想，认为对于复杂的系统、事物、现象等，可以将其分解为各部分的组合，从而对它们进行理解和描述。——译者注

② 涌现属性是系统学里的一个概念，指的是由于各个部分相互作用、相互制约，系统出现了各个部分都不具备的新的属性。——译者注

③ 本书后面部分将根据上下文，灵活使用措辞"垃圾收集"和"GC"。——编者注

7.1   性能术语：基本定义

为了充分理解本章讨论的内容，我们需要知道一些基本的性能概念。下面列举了性能工程师词典中的一些重要术语：

- ❑ 时延（latency）；
- ❑ 吞吐量（throughput）；
- ❑ 利用率（utilization）；
- ❑ 效率（efficiency）；
- ❑ 容量（capacity）；
- ❑ 可扩展性（scalability）；
- ❑ 退化（degradation）。

Doug Lea 在多线程代码的上下文中讨论过其中的许多术语，但我们在这里考虑的范围更广。当谈到性能时，我们谈论的对象可能是单个多线程进程，也可能是云中托管的整个服务集群。

7.1.1   时延

时延指的是在给定工作量下处理单个工作单元所花费的端到端时间。通常，我们提到的时延都是针对工作量"正常"的情况而言的，但有价值的性能测量一般是展示在工作量不断增加的情况下时延随之改变的函数关系。

图 7-1 显示了随着工作量的增加，性能指标（例如时延）出现了突发的非线性退化，这通常称为性能肘（performance elbow）。

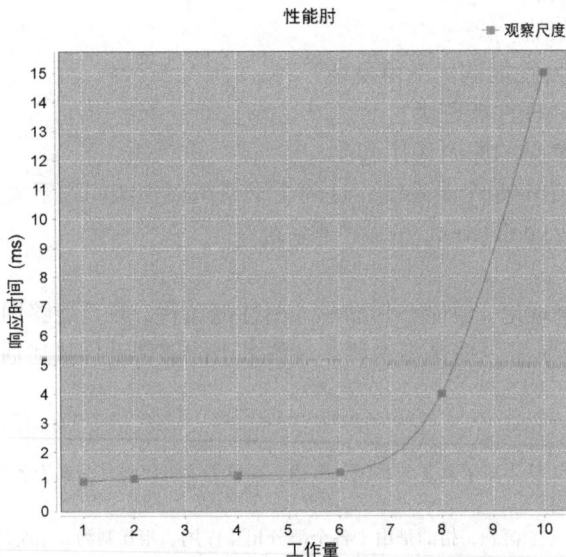

图 7-1   性能肘

7.1.2　吞吐量

吞吐量是系统在给定资源的情况下，在给定时长内完成的单位工作量。一个经常被引用的数字是某个参考平台（例如，具有特定硬件、操作系统和软件环境的品牌服务器）上的每秒事务数。

7.1.3　利用率

利用率表示系统资源被用于处理工作单元的比例，还有一部分资源被用于进行系统清理任务或处于闲置状态。例如，我们通常提到的服务器利用率为 10%，是指 CPU 在运行时用来处理工作单元的百分比。注意，不同资源（例如 CPU 和内存）的利用率可能存在很大的差异。

7.1.4　效率

系统的效率等于吞吐量除以所使用的资源。需要更多资源才能产生相同吞吐量的系统效率较低。

假设我们有两个集群方案。对于实现相同的吞吐量，如果方案 A 需要的服务器数量是方案 B 的两倍，那么它的效率就只有方案 B 的一半。

我们也可以从成本角度来考虑资源：如果方案 A 的成本是方案 B 的两倍（或者需要两倍的员工来运行集群），那么它的效率就只有方案 B 的一半。

7.1.5　容量

容量是任一时刻可以通过系统运行的工作单元（比如事务）的数量。也就是说，它是指在特定时延或吞吐量下，能够同时处理的工作单元数量。

7.1.6　可扩展性

随着新的资源添加到系统中，吞吐量或时延将会发生变化。这种吞吐量或时延的变化就是系统的**可扩展性**。

如果在服务器增加一倍时，方案 A 的吞吐量也增加了一倍，那么这表示系统以完美的线性方式扩展了。在大多数情况下，由于 Amdahl 定律的存在，完美的线性扩展实现起来非常困难。

需要注意的是，系统的可扩展性取决于许多因素，它并不是一成不变的。系统可能会以接近线性的方式扩展至某个点，然后开始严重退化。这是一种不同类型的性能肘。

7.1.7　退化

对于一个网络系统，如果在不增加资源的情况下增加工作单元或请求量，我们通常会观察到这个系统的时延或吞吐量发生变化。这种变化就是系统在额外负载下的性能**退化**。

在正常情况下，性能退化是不好的。也就是说，增加工作单元会对系统的性能造成负面影响（例如导致处理的响应时间增加）。但在某些情况下，性能退化可能是有益的。如果额外的负载导致系统的某些部分超过阈值,迫使系统切换到高性能模式,这可能会让系统更有效地工作,并缩短处理时间,尽管实际上要做的工作并没有减少。JVM 是一个动态性很强的运行时系统,它有好几个部分能实现这种效果。

前述术语是使用最频繁的性能指标。其他指标偶尔也很重要,但这些是通常用于指导性能调优的基本系统统计数据。7.2 节将提出一种方法,这种方法基于对这些指标的密切关注,并且尽可能量化。

7.2　性能分析的实用方法

许多开发人员在执行性能分析任务时,脑子里并不清楚他们想通过性能分析得到什么。开发人员或管理人员在开始做这件事时只是模模糊糊地感觉代码"应该会跑得更快"。

这是完全不对的。要进行真正有效的性能调优,我们应该在开始任何技术工作之前考虑以下几个关键问题。

- ❑ 正在测量的代码有哪些可观测环节?
- ❑ 如何测量这些可观测环节?
- ❑ 这些可观测环节的指标有哪些?
- ❑ 如何判断性能调优是否做好了?
- ❑ 性能调优可接受的最高成本是多少(根据开发人员投入的时间和增加的代码复杂度计算)?
- ❑ 在优化过程中,哪些东西是不能舍弃的?

最重要的是,我们必须进行测量,这也是本章反复强调的。至少测量一个可观测环节,才能算得上是在做性能分析。

当开始测量代码时,我们经常发现事情并非我们所想的那样。很多时候性能问题的根源可能只是一个丢失的数据库索引,或者被争用的文件系统锁。在考虑优化代码前,我们应该牢记代码很可能不是问题所在。为了定量分析问题,我们首先需要知道自己在测量什么。

7.2.1　知道自己在测量什么

在做性能调优时,我们肯定要测量一些东西。如果没有可测量的对象,就不能算是在做性能调优。坐在那里盯着代码,希望想出一个解决问题的方法,这也不能算是在做性能分析。

提示　要成为一名优秀的性能工程师,我们必须了解平均值、中位数、模式、方差、百分位数、标准差、样本大小和正态分布等术语。如果不熟悉这些概念,你最好现在就去网上搜索一下相应内容,并在需要时进一步阅读。Leonard Apeltsin 所著的 *Data Science Bookcamp*(Manning, 2021)的第 5 章对此做了精彩的介绍,它是很好的入门学习资料。

在进行性能分析时,重要的是要知道哪个可观测环节是重要的。我们应该始终将自己的测量数据、目标和结论与其中一个或多个可观测环节结合起来。以下是一些典型的可作为性能调优目

标的可观测环节。

- ❑ handleRequest()方法的平均执行时间（预热后）。
- ❑ 并发客户端数量为 10 时，第 90 个百分位数上系统端到端的时延。
- ❑ 并发用户数从 1 增加到 1000 时，响应时间的退化情况。

上述这些都可能是性能工程师想要测量的环节，也可能是需要调优的方向。要获得准确和有用的数值，基本的统计学知识是必不可少的。

了解需要测量的内容并确信自己的测量结果是准确的，这是性能调优的第一步。模糊或开放式的目标通常不会产生好的结果，性能调优也不例外。相反，我们的性能指标应该是明确的，就像 SMART 原则所提倡的那样（具体的、可衡量的、可实现的、相关的和有时限的）。

7.2.2 了解如何进行测量

要精确测量一个方法或一段代码运行需要多长时间，实际上只有以下两种方法：

- ❑ 在类中插入测量代码来直接测量；
- ❑ 在类加载时对要测量的类进行转换。

这两种方法分别称为手动检测和自动检测。所有常见的性能测量技术至少会依赖其中一种。

注意 还有 JVM 工具接口 (JVMTI)可用于创建非常复杂的性能工具。但它也有缺点，特别是它依赖本地代码来运行，这会给使用它编写的工具带来复杂性和安全挑战。

直接测量

直接测量是最容易理解的技术，但它具有侵入性。下面是一个简单示例：

```
long t0 = System.currentTimeMillis();
methodToBeMeasured();
long t1 = System.currentTimeMillis();

long elapsed = t1 - t0;
System.out.println("methodToBeMeasured took "+ elapsed +" millis");
```

这段代码将输出 methodToBeMeasured()的运行时长，精确到毫秒。我们必须在整个代码库中添加这样的代码，这很不方便，而且随着测量数量的增加，代码很容易被测试数据淹没。

直接测量还有其他问题。如果 methodToBeMeasured()的运行时长不到 1 毫秒，那么在这 1 毫秒里发生过什么？我们将在本章后面看到，冷启动效应也会影响测量结果：JIT 编译意味着该方法在后期的运行速度可能比前期快。

另外一个问题就更微妙了：currentTimeMillis()需要调用本地方法和系统调用（system call）来读取系统时钟。这不仅耗时，而且还会从执行管道中清除缓存代码，从而导致额外的性能下降。如果没有测量代码，这种情况就不会发生。

通过类加载自动测量

在第 1 章和第 4 章中，我们讨论过如何将类组装成一个可执行程序，其中一个很关键的步骤是字节码在加载时的转换。这个功能非常强大，是现代 Java 平台中许多技术的核心。

该功能还可以用来实现方法的自动测量。在这种实现方式中，`methodToBeMeasured()`所属的类由一个特殊的类加载器加载，该类加载器会在方法的开始和结束处添加字节码，用来记录进入方法和退出方法的时间。这些时间通常会写入一个共享数据结构，供其他线程访问。这些线程对数据进行操作，将输出写入日志文件，或通过网络传递给负责处理原始数据的服务器。

许多专业的 Java 性能监控工具（例如 New Relic）是以这项技术为核心的，但维护比较积极的开源工具很少见。随着 OpenTelemetry OSS 库和标准的发布，以及 Java 自动检测子项目的兴起，这种情况正在改变。

注意　我们稍后会提到，Java 方法先解释执行，然后切换到编译模式。要想获取真实的性能测量结果，我们必须丢弃在解释模式下生成的测量数据，因为它们会严重"扭曲"真实结果。稍后我们将更详细地讨论如何知道方法何时切换到编译模式。

我们可以使用这两项技术来获取方法的执行时长。下一个问题是，当完成调优后，你希望得到什么样的结果数据？

7.2.3　知道性能目标是什么

没有什么比明确的目标更能让人集中注意力了，因此我们需要了解并阐述想达到的最终性能目标，这和知道要测量什么同样重要。在大多数情况下，这应该是一个简单而明确的目标，例如：

❑ 在有 10 个并发用户时，将第 90 个百分位数上的端到端时延降低 20%；

❑ 将 `handleRequest()`的平均时延降低 40%。

在更复杂的情况下，我们可能需要同时达到多个性能目标。想要测量和优化的独立可观测项越多，性能调优就会变得越复杂。针对一个性能目标进行的优化可能会给另一个性能目标带来负面影响。

有时，我们可能需要做一些初步分析，比如确定重要的方法是哪些，然后再设定目标（比如让这些方法运行得更快）。这样做很好，但经过初步探索后，最好停下来再确认一下目标。开发人员常常会迷失在性能调优的细节中，而忘记了最初的目标。

7.2.4　知道什么时候停止

从理论上讲，知道何时停止优化很容易：当我们实现了目标，就会停止优化。然而在实践中，人们很容易陷入性能调优的泥潭。如果性能调优的过程很顺利，我们可能希望继续推进并做得更好。如果不太顺利，我们为了实现目标可能会不断地尝试不同的策略。

要想知道何时停止优化，我们需要明确要达到的性能目标，并理解它们的价值。通常，达到性能目标的 90% 就足够了，节省下来的时间可以花在其他地方。

还有一个重要的考虑因素，那就是评估我们在很少使用的代码路径上花费了多少精力。对那些占程序运行时间 1% 或更少的代码进行优化完全是在浪费时间，但令人惊讶的是，做这种事情的开发人员大有人在。

下面是一组简单的指南，用于了解要优化的内容。你可能需要根据自己的具体情况进行调整，但它们适用于大多数场景。

- 优化重要的，而不是容易优化的。
- 首先找到最重要的（通常是最常被调用的）方法。
- 遇到容易优化的地方时可以先优化，但要注意优化点被调用的频次。

最后，再做一轮测量工作。如果还没达到性能目标，就需要进行评估，看看离目标还有多远，以及取得的进展是否已经对整体性能产生了预期的影响。

7.2.5　了解实现更高性能的成本

所有的性能调优都有成本，例如以下方面。

- 进行分析和开发改进需要时间（记住，开发人员的时间成本几乎是任何软件项目中最大的支出）。
- 修复措施可能会带来额外的技术复杂性。（有一些性能改进会简化代码，但大多数情况不是这样的）。
- 为了让主线程运行得更快，可能需要引入额外的线程来执行辅助任务，但这些线程在负载较高时可能会对系统产生不可预料的影响。

无论成本是多少，我们都要重视，并尽量在完成一轮优化之前计算一下。

了解为了提高性能我们最多能承受多少成本是很有用的，这样我们才能限制开发人员花在调优上的时间，或者设定处理的类或代码行的数量。比如开发人员花在调优上的时间不应超过一周，或优化后的类的大小增长不应超过 100%（其原始大小的两倍）。

7.2.6　了解过早优化的危险

Donald Knuth 有一段关于优化的名言：

> "程序员将大量的时间浪费在提高程序中不重要代码的效率上，而这些提高效率的尝试实际上会产生很大的负面影响……过早优化是万恶之源。"

这种说法在业内引起了广泛的争论，可惜很多人只记住了这段话的第二部分。之所以令人感到遗憾，有如下几个原因。

- 在这段话的第一部分，Knuth 含蓄地提醒我们测量的必要性，没有测量我们就无法确定程序的关键部分。
- 我们要牢记，导致延迟的有可能不是代码，而是环境中的其他部分。
- 整体来看这段话，很容易看出 Knuth 是在谈论那些有意识的、有协同作用的优化工作。

❑ 经常有人断章取义地引用这句话，为自己的糟糕设计或错误选择找借口。

有些优化体现在良好的编码风格上。

❑ 不要分配不需要的对象。

❑ 如果调试日志不再需要，就删除它们。

我们在下面的代码中添加了一个检查操作，根据检查结果决定是否输出调试日志。这种检查称为**日志防护**（loggability guard）。如果日志子系统被设置为不输出调试日志，这段代码就不会构造日志消息，这样就节省了调用 `currentTimeMillis()` 方法和构造 `StringBuilder` 对象的成本。

```
if (log.isDebugEnabled()) {
  log.debug("Useless log at: "+ System.currentTimeMillis());
}
```

但是，如果调试日志不再使用，我们可以删除它们，节省几个处理器周期（日志防护的成本）。这个成本微不足道，且对性能调优影响不大，但如果真的不需要，就把它删除。

性能调优的一个重要方面是编写格式规范、性能良好的代码。我们应该更好地了解平台及其底层的行为（例如，理解两个字符串连接时的隐式对象分配），并在编写代码时考虑性能的各个方面。

现在，我们了解了一些与性能调优相关的术语，用它们来描述遇到的性能问题、制定应用的性能目标以及概述解决问题的方法。但是，我们仍然没有解释为什么需要软件工程师来解决性能问题，以及性能问题从何而来。要理解这一点，我们需要了解硬件世界。

7.3　出了什么问题，我们为什么要关心

在 20 世纪初期，性能问题似乎并不存在。时钟速度越来越快。即使代码写得很糟糕，软件工程师只要多等几个月，也能借助快速提升的 CPU 让应用表现出更好的性能。

那么，现在到底出了什么问题呢？为什么时钟速度的提高不再那么明显了？更令人担忧的是，为什么配备了 3 GHz 芯片的计算机似乎并不比配备了 2 GHz 芯片的快多少？究竟从什么时候开始，软件工程师开始关注性能问题了呢？

在本节中，我们将讨论推动这一趋势的力量，以及为什么即使是最纯粹的软件开发人员也需要关心硬件。本节内容将为学习本章的其余部分打下基础，帮助你真正理解 JIT 编译的概念并学习一些相关示例。

你可能听说过"摩尔定律"这个词。许多开发人员知道它与计算机运行速度有关，但对其细节还是不太清楚。下面我们来解释一下它的含义，以及它在不久的将来不再有效后可能会带来的影响。

7.3.1　摩尔定律

摩尔定律以英特尔创始人之一 Gordon Moore 的姓氏命名。该定律的常见表述之一是：集成电路上晶体管的数量大约 18 个月就要翻一番。

　　该定律实际上是对 CPU 趋势的观察结果。摩尔在 1965 年撰写的一篇论文中提到该定律，并预测它能持续 10 年，也就是到 1975 年。但是，这一定律直到现在仍然有效，这真的很了不起。

　　图 7-2 绘制了从 1980 年至 2021 年期间各种 CPU（主要是 Intel x86 系列）的真实数据，甚至包括最新的 Apple Silicon 芯片（图表数据来自维基百科，为使之更加清晰略作编辑）。该图显示了集成电路上的晶体管数量与其发布日期的关系。

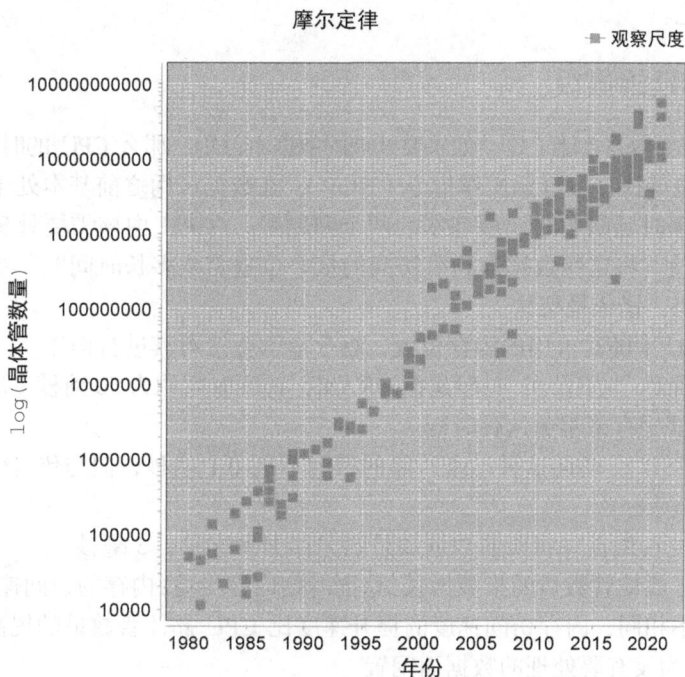

图 7-2　晶体管数量随时间变化的对数线性图

　　这是一个对数线性图，所以 y 轴上的每个增量都是前一个增量的 10 倍。可以看到，这条线基本上是直的，大约每隔六七年就能越过一个垂直层级。这证明了摩尔定律的准确性，因为每六七年增加十倍相当于大约每两年翻一番。

　　请注意，图中的 y 轴是对数刻度，这意味着 2005 年生产的英特尔主流芯片大约有 1 亿个晶体管，大约相当于 1990 年生产的芯片的 100 倍。

　　摩尔定律专门讨论了晶体管的数量。这是我们必须要理解的基本点，否则就无法理解为什么仅靠摩尔定律本身不足以让软件工程师从硬件工程师那里继续获得好处。[1]

　　摩尔定律在过去一直是一个很好的指导原则，但它是以晶体管数量为依据制定的，用它来指导开发人员优化代码、提升性能并不合适。正如我们后面将要看到的那样，现实情况要复杂得多。

---

① 参见 Herb Sutter 于 2005 年在 *Dr. Dobb's Journal* 上发表的 "The Free Lunch Is Over: A Fundamental Turn Toward Concurrency in Software" 一文。

注意 晶体管数量与时钟速度不同。人们普遍认为时钟速度越快性能就越好，这种看法过于简单化了。

事实上，实际的性能取决于许多因素，这些因素都很重要。然而，如果我们只能选择一个因素，那就是：能以多快的速度定位到与下一条指令相关的数据？这是一个非常重要的性能概念，我们应该深入研究它。

7.3.2 理解内存延迟层级

计算机处理器需要数据才能工作。如果要处理的数据不可用，那么 CPU 的时钟频率（主频）多高都没有用：它只能等待，执行无操作指令（NOP），在数据可用之前基本处于停转状态。

这意味着在处理时延问题时，最基本的两个问题是，"CPU 内核需要处理的数据的最近副本位于何处？"以及"将这些数据送到可访问的核心位置需要多长时间？"主要有以下几种答案（基于最常见的冯·诺依曼架构）。

- 寄存器：CPU 中随时可用的内存位置，指令能够直接对其进行操作。
- 主存储器（简称"主存"）：一般是指 DRAM，访问时间约为 50 纳秒（后面将详细介绍如何使用处理器缓存来避免这种时延）。
- 固态硬盘（SSD）：访问这种磁盘所需的时间不足 0.1 毫秒，但与传统硬盘相比，它们通常更昂贵。
- 硬盘：访问这种磁盘并将所需数据加载到主存中大约需要 5 毫秒。

摩尔定律预测了晶体管数量的指数增长，这同时使内存受益：内存的访问速度也呈指数增长。但这两者的指数并不相同，内存访问速度的提升速度比 CPU 晶体管数量的提高速度要慢，这意味着 CPU 迟早会因为没有要处理的数据而闲置。

为了解决这个问题，在寄存器和主存之间引入了高速缓存，它是少量更快的内存（SRAM，而不是 DRAM）。这种速度更快的内存无论是在所需资金上还是在晶体管预算方面都比 DRAM 高得多，这就是计算机不能全部使用 SRAM 的原因。

高速缓存分为一级缓存（L1）和二级缓存（L2），有些机器还有三级缓存（L3），数字表示缓存与核心的物理距离，距离越近则缓存访问速度就越快。我们在 7.6 节讲解 JIT 编译时将详细讨论缓存，并展示一级缓存对运行代码的重要性。图 7-3 显示了一级缓存和二级缓存比主存快多少。

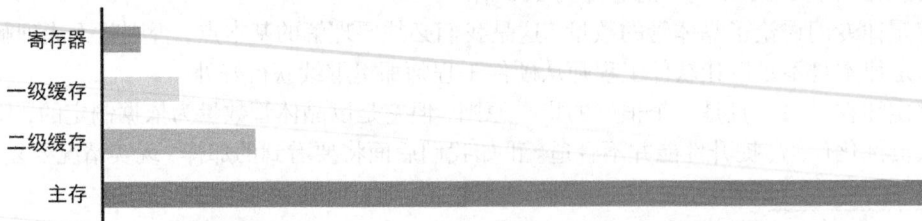

图 7-3 寄存器、处理器缓存和主存的相对访问时间（以时钟周期为单位）

除了添加缓存，从 20 世纪 90 年代到 21 世纪早期还广泛使用了另一种技术来解决内存延迟问题，即增加处理器的功能，这使得处理器越来越复杂。由于 CPU 处理能力和内存时延的差距越来越大，硬件设计人员采用了复杂的硬件技术来保证 CPU 有数据可以处理，比如指令级并行（ILP）和芯片多线程（CMT）。

这些技术占用了 CPU 晶体管预算中的很大一部分，且它们对提升实际性能的影响是递减的。这种情况导致了这样一个观点，即 CPU 的设计发展方向是打造具有多个（或很多）核心的芯片。现代处理器基本上采用了多核设计，事实上，这是摩尔定律的二阶段结果之一：增加 CPU 的内核数量也是提高可用晶体管数量的一种方式。

这意味着未来的性能与并发密切相关——提高系统整体性能的主要方法之一是利用更多的内核。这样一来，即使一个内核正在等待数据，其他内核仍然可以继续运行（但请记住第 5 章提到的 Amdahl 定律的影响）。这种关系非常重要，此处想再次强调：

❑ 基本上现代 CPU 是多核的；

❑ 性能和并发绑在一起有相同的关注点。

至此，我们只触及了计算机体系结构的表层，它与软件和 Java 编程密切相关。想了解更多的信息，可以阅读相关书籍，比如 John L. Hennessy 等人撰写的 *Computer Architecture: A Quantitative Approach, 6th Edition*（Morgan Kaufmann, 2017）。

这些硬件问题并非 Java 程序员所特有的，但 JVM 的托管特性带来了一些额外的复杂性。在 7.4 节中，我们将了解这个问题。

7.4　Java 性能调优为什么这么难

相较于非托管环境，在 JVM 或任何其他托管运行时环境上进行性能调优在本质上更为复杂。托管系统赋予运行时环境一定程度的控制权，从而让开发人员不必处理每个细节，减轻了负担，提升了整体工作效率，但是，这同时意味着开发人员必须放弃一些控制权。

这种重点的转变使得整个系统更难理解，因为托管运行时环境对开发人员来说是一个不透明的"黑箱"。另一种选择是放弃托管运行时环境带来的所有优势，比如 C/C++程序员几乎是自己完成所有的工作。在这种情况下，操作系统仅提供最低限度的服务，例如基本的线程调度，但和性能调优所需的额外工作量相比，开发者需要投入的时间更多。

在 Java 平台中，导致调优困难的方面主要有：

❑ 线程调度；

❑ 垃圾收集；

❑ JIT 编译。

这些方面以微妙的方式相互作用。例如，编译子系统使用定时器来决定编译哪些方法，而作为编译候选的方法集可能会受到线程调度和垃圾收集等因素的影响，所以每次运行时编译的方法可能都不同。

正如在本章所看到的那样，准确测量是性能分析和决策过程的关键。因此，如果我们想认真对待性能调优，就需要深入了解 Java 平台是如何处理时间的。

7.4.1　时间在性能调优中的作用

要做好性能调优，我们需要能够解释代码执行期间记录的测量值，这意味着我们还要了解平台上时间测量值的固有局限性。

精度

在测量学中，最接近可引用的度量单位称为测量**精度**（precision）。例如，在时间测量中，通常以毫秒作为精度单位。如果重复测量后的结果是围绕同一值的窄分布，那么这一测量是精确的。

测量精度实际上是对测量数据中随机误差水平的量化。假设一段特定代码的测量结果呈正态分布，则通常使用 95% 置信区间的宽度来描述其精度。

准确度

测量的**准确度**（accuracy）是指获得接近真实值的测量能力，在这里指的是时间的准确度。实际上，我们通常不会知道真实值，因此准确度可能比精度更难确定。

准确度衡量的是测量时的系统误差。可能存在准确但不太精确的测量结果，也可能存在精确但不准确的结果（基本读数是合理的，但偏离真实值）。

了解测量

假设我们有一个精度为 1 微秒的计时器，用它来测量以纳秒为单位的时间间隔。如果测量结果为 5945 纳秒，那么在 95% 的置信区间水平下，实际值则介于 3945~7945 纳秒之间。对于那些看起来过于精确的性能数据，我们应该始终保持警觉，对测量结果的精度和准确度进行核实。

粒度

在讨论系统的**粒度**（granularity）时，我们通常指的是其计时器能够分辨的最小时间单位，例如一个具有 10 纳秒分辨率的中断计时器。这种分辨率也称为**可区分性**（distinguishability），它定义了系统能够明确识别两个相邻但不同事件之间的最短时间间隔。

当涉及跨越操作系统、虚拟机和类库代码等多个层级时，辨识这些极短的时间间隔变得较为困难。也就是说，在实际应用中，应用程序的开发人员往往无法感知到这些极其细微的时间差异。

分布式网络计时

性能调优的对象大部分集中在单机系统上。但是在对分布式系统进行性能调优时，我们可能会面临许多特殊问题。网络上的同步和计时绝非易事，无论是在互联网还是以太网，这些问题也会出现。

深入探讨分布式网络中的计时问题超出了本书的范围，但你应该知道，一般来说，在多台机器间协调工作流并实现准确的计时是项极具挑战的工作。此外，即使是 NTP 这类的标准协议，在要求高精度的应用场景下，也可能无法满足需求。

下面我们回顾一下有关 Java 计时系统的几个关键点。

大多数系统内部有几个不同的时钟。

❑ 毫秒级计时通常被认为是安全可靠的。

❑ 当涉及更高精度的时间测量时，需要小心处理以防止偏差。

❑ 我们需要了解计时测量的精度和准确度。

在讨论垃圾收集之前，我们先来看一个之前提到的问题：缓存对代码性能的影响。

7.4.2　理解缓存未命中

在处理高吞吐量的代码时，一级缓存未命中的次数往往是影响性能的一个关键因素。代码清单 7-1 中的示例读取了一个 2 MB 大小的数组，并输出两个不同循环的执行时间。在第一个循环中，每隔 16 个元素对数组中的值加 1。由于一级缓存的每个缓存行通常有 64 字节（在 Java 中，一个 int 类型占 4 字节），因此这意味着每次操作都会访问一个新的缓存行。

注意，在获得准确结果之前，我们需要预热代码，以便 JVM 编译我们要测量的方法。我们将在本章的后面部分详细地探讨 JIT 预热过程。

代码清单 7-1　理解缓存未命中

```java
public class Caching {
    private final int ARR_SIZE = 2 * 1024 * 1024;
    private final int[] testData = new int[ARR_SIZE];

    private void touchEveryItem() {
        for (int i = 0; i < testData.length; i = i + 1) {
            testData[i] = testData[i] + 1;          ←── 读取新的元素
        }
    }

    private void touchEveryLine() {
        for (int i = 0; i < testData.length; i = i + 16) {
            testData[i] = testData[i] + 1;          ←── 读取新的缓存行
        }
    }

    private void run() {
        for (int i = 0; i < 10_000; i = i + 1) {    ←── 预热代码
            touchEveryLine();
            touchEveryItem();
        }
        System.out.println("Line      Item");
        for (int i = 0; i < 100; i = i + 1) {
            long t0 = System.nanoTime();
            touchEveryLine();
            long t1 = System.nanoTime();
            touchEveryItem();
            long t2 = System.nanoTime();
            long el1 = t1 - t0;
            long el2 = t2 - t1;
```

```
            System.out.println("Line: "+ el1 +" ns ; Item: "+ el2);
        }
    }

    public static void main(String[] args) {
        Caching c = new Caching();
        c.run();
    }
}
```

touchEveryItem()会递增数组中的每个元素，因此它的工作量是 touchEveryLine()的
16 倍。使用一个普通的便携式计算机运行这段代码，结果如下：

```
Line: 487481 ns ; Item: 452421
Line: 425039 ns ; Item: 428397
Line: 415447 ns ; Item: 395332
Line: 372815 ns ; Item: 397519
Line: 366305 ns ; Item: 375376
Line: 332249 ns ; Item: 330512
```

这个结果表明 touchEveryItem()的运行时间不是 touchEveryLine()的 16 倍。内存
数据访问的时间（从主存加载到 CPU 缓存的时间）是决定系统的整体性能的关键因素。尽管
touchEveryLine()和 touchEveryItem()具有相同的缓存行读取次数，但数据传输的时间大
大超过了实际修改数据所需的时间。

注意 这个示例表明，我们至少需要大体了解 CPU 的时间分配。

接下来，我们将讨论平台的垃圾收集子系统。这是与性能相关的重要部分之一。垃圾收集子
系统有很多可以调优的参数，这使它成了开发人员进行性能分析时的一个非常重要的领域。

7.5 垃圾收集

自动内存管理是 Java 平台的重要特性之一。在 Java 和.NET 等托管平台出现之前，开发人员
需要花费大量的时间来处理由不完善的内存管理引起的错误。

不过近年来，内存自动分配技术变得非常先进、可靠，以至于人们已经不需要关心它们了——
—大量的 Java 开发人员不知道平台的内存管理是如何工作的，有哪些可用选项，以及如何在框
架的约束下进行优化。

这说明了 Java 的做法是多么成功。大多数开发人员不了解内存和 GC 系统的细节，因为他
们不需要知道。JVM 可以很好地管理大多数应用程序的内存，无须任何特殊的调整。

那么，当确实需要调优时，我们可以做些什么呢？首先，我们需要了解 JVM 是如何工作的，
包括它是如何管理内存的。下面，我们将介绍一些基础知识。

    ❑ 正在运行的 Java 进程是如何管理内存的；

    ❑ 有关标记-清除垃圾收集算法的基础知识；

❏ G1 收集器（Java 9 以来，一直是 Java 的默认垃圾收集器）。

下面我们从基础知识开始讲起。

7.5.1　基础知识

标准的 Java 进程既有栈又有堆。栈是存储局部变量的地方，其中基本类型的局部变量直接存储在栈中。

> **注意**　基础类型变量的二进制表示根据数据类型的不同有不同的解读。如果类型为 char，则字节 00000000 01100001 被解读为 a；如果类型为 short，则被解读为数值 97。

此外，引用类型的局部变量会指向 Java 堆中的一个位置，这是对象的实际创建位置。图 7-4 显示了各种类型变量的存储位置。

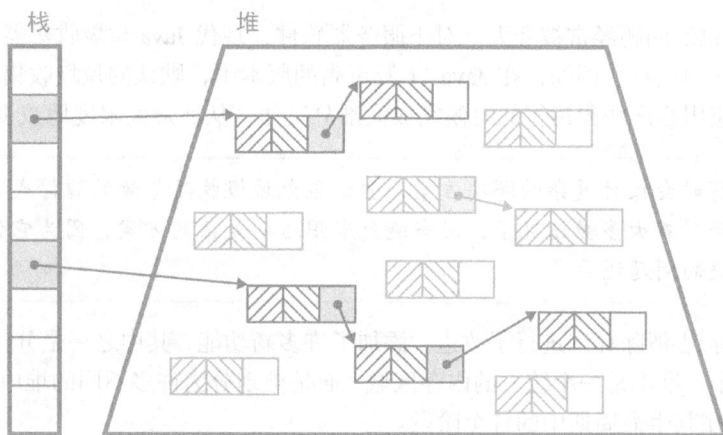

图 7-4　栈和堆中的变量

注意，对象的基本类型字段仍然存储在堆内存里。随着 Java 程序的运行，会在堆中创建新的对象，并且这些对象之间的关系会随着字段的更新而发生变化。最终，堆将消耗大量空间来创建新对象。但是，许多已创建的对象将不再需要，比如在一个方法中创建但未传递给其他方法或返回给调用者的临时对象。

为了确保程序能够继续运行，必须回收堆中无效对象占用的空间。平台会回收和重用应用程序代码不再使用的堆内存，这种机制称为垃圾收集。

7.5.2　标记-清除

一个简单的垃圾收集算法是**标记-清除**（mark and sweep）算法。事实上，它也是最早的垃圾收集算法，在 1965 年发布的 LISP 1.5 中就存在了。

注意   除了标记-清除算法外，还存在其他自动内存管理技术，例如 Perl 等语言使用的引用计数
算法。这些算法表面上看更简单，但它们并不是真正的垃圾收集算法。[①]

简单来说，标记-清除算法会暂停所有正在运行的程序线程，以获取所有"活动"对象集，
也就是被栈引用的对象，无论该引用是用户线程的局部变量、方法参数、临时变量，还是一些更
少见的对象。之后，遍历这些活动对象的引用树，将在这个过程中找到的所有对象都标记为活动
对象。标记完成后，未被标记的对象被视为垃圾，可以对其进行收集（清除）操作。注意，被收
集的内存会返回给 JVM，但 JVM 不一定会将这些内存返还给操作系统。

关于非确定性暂停

针对 Java（以及.NET 等其他环境）的批评之一是，垃圾收集算法不可避免地导致了 Stop-
the-World（通常称为 STW）现象。在这种状态下，所有用户线程都暂时停止，而暂停的持续时
间不确定。

STW 现象导致的问题经常被夸大。对于服务器软件，现代 Java 垃圾收集器的暂停时间基本
不会影响应用程序的运行。例如，在 Java 11 及更高的版本中，默认的垃圾收集器是一个并发收
集器，它可以在应用程序线程运行的时候完成大部分工作，从而最大限度地减少暂停时间。

注意   开发人员有时会设计复杂的解决方案来尝试避免垃圾收集导致的暂停或减少内存的完全
回收。然而，在大多数情况下，应当避免采用这些复杂的方案，因为它们带来的问题往
往比要解决的问题还要多。

Java 平台对标记-清除算法进行了改进，添加了许多新功能，其中之一是分代垃圾收集机制。
在分代垃圾收集中，堆不是一个统一的内存区域，而是被划分为许多不同的堆内存区域，它们共
同参与 Java 对象在其生命周期中的各个阶段。

根据所处的生命周期阶段，对象在垃圾收集过程中会从一个区域移到另一个区域。 在对象
的整个生命周期内，对它的引用可能会跨越几个不同的内存区域，如图 7-5 所示。

之所以这样划分内存以及移动对象，是因为对运行中系统的分析表明，对象的寿命要么很短，
要么很长。把堆内存划分为不同区域旨在利用这个特点，将长寿对象与其他对象隔离开来。

图 7-5 只是一个简单的堆示意图，旨在说明分代区域的概念。Java 堆的实际情况要复杂一些，
并取决于所使用的垃圾收集器。我们将在本章后面进一步解释。

---

① 参考 Guy L. Steele 于 1975 年 9 月在 ACM 通讯上发布的 "Multiprocessing Compactifying Garbage Collection" 一文。

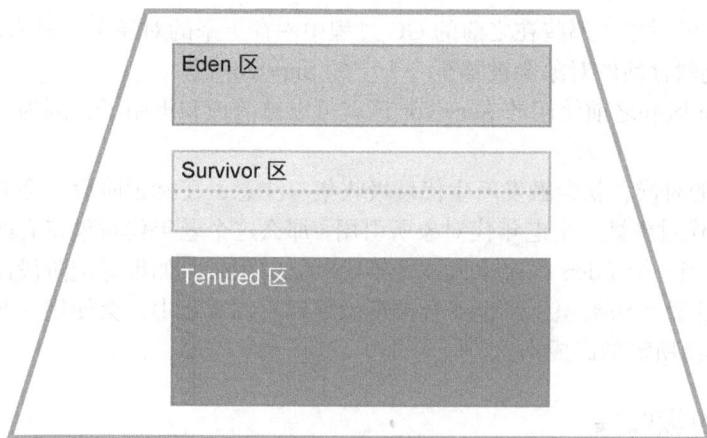

图 7-5　内存区域

7.5.3　内存区域

JVM 具有以下不同的内存区域，用于在对象的不同生命周期阶段来存储数据。

- Eden 区：Eden 区是堆中所有新创建对象所在的区域，对于许多对象来说，这里也是它们占据过的唯一内存区域。
- Survivor 区：Survivor 区用于存放在垃圾收集过程中幸存下来的对象。在垃圾收集中幸存下来的对象会被移到这里，所以它被命名为 Survivor 区。这些对象是从 Eden 区移出来的，并在随后的 GC 过程中，它们可能会在不同的 Survivor 区之间移动。
- Tenured 区：Tenured 区（又名老年代）接收的是被认为"足够老"的幸存对象，这些对象是从 Survivor 区生存移来的。新生代 GC（young GC）在运行时不会回收 Tenured 区的内存。

如前所述，这些内存区域以不同的方式参与垃圾收集。例如，Survivor 区作为一种安全网，确保在某次垃圾收集之前才创建的短命对象也能被正确处理。

如果 Survivor 区不存在，那么最近创建但寿命很短的对象可能会被 GC 标记为"存活"，并被过早地提升到 Tenured 区。结果，这些对象很快不再使用，却占用了 Tenured 区的内存空间，直到下次垃圾收集才被回收。这种对短命对象的不当处理，会导致更早地触发下一次垃圾收集。从理论上讲，分代假说将垃圾收集方式分成了两种：新生代垃圾收集和老年代垃圾收集。

7.5.4　新生代垃圾收集

新生代垃圾收集会清理"新生代"空间（Eden 区和 Survivor 区）。相关过程比较简单，概述如下。

- 在标记阶段发现的所有存活的新生代对象都会被移动。

- ❑ "足够老"的对象（那些在之前的 GC 过程中幸存下来的对象）会进入老年代。
- ❑ 所有其他仍然存活的对象会被移至一个空的 Survivor 区。
- ❑ 最后，Eden 区和之前使用的 Survivor 区就可以被清理和重用了，因为其中的数据已被视为垃圾了。

当 Eden 区满的时候，就会触发新生代垃圾收集。注意，在标记阶段，会遍历整个活动对象图。如果一个新生代对象被一个老年代对象所引用，那么这个老年代对象持有的引用也必须被扫描和标记。否则，当一个 Eden 区对象只被老年代对象引用时，如果标记阶段没有完全遍历，那么这个 Eden 区对象就无法被识别，也不会被正确处理。在实践中，会使用一些技巧（例如卡片表）来降低完整遍历所需的高成本。

7.5.5　老年代垃圾收集

当新生代垃圾收集不能将一个对象移动到 Tenured 区（由于空间不足）时，就会触发一次老年代垃圾收集。根据所使用的垃圾收集器类型，可能会在 Tenured 区中移动对象。这样做是为了确保 Tenured 区在必要时有足够的空间分配大对象。这一过程被称为**压缩**（compacting）。

7.5.6　安全点

要想进行垃圾收集，就得让所有应用线程同时暂停一会儿。但是线程不可能为了垃圾收集说停就停。为此，JVM 提供了一个名为**安全点**（safepoints）的机制。安全点是指一些特殊的时间点，在这个时间点上，堆处于一致状态，因此可以执行垃圾回收操作。

有关安全点的一个简单的例子是"字节码指令之间"。JVM 解释器一次执行一个字节码，然后循环从流中取出下一个字节码。在循环之前，解释器线程必须完成对堆的所有修改（比如 `putfield` 指令），此时如果线程暂停，则它是"安全的"。一旦所有应用程序线程都到达安全点，就可以进行垃圾收集。

这是有关安全点的一个简单示例，当然还有其他示例。更多关于安全点及其如何影响某些 JIT 编译器技术的讨论，可以在网上找到。至此，我们已经学习了一些基础理论知识，下面我们将探讨 JVM 中的一些垃圾收集算法。

7.5.7　G1：Java 的默认垃圾收集器

G1 是一个相对较新的 Java 垃圾收集器。它是在 Java 8u40 版本中正式发布的，并成为 Java 9（2017 年发布）的默认收集器。它最初的目的是实现低时延的垃圾回收，但在实践中，它已经演变成一个通用垃圾收集器，并被 Java 用作默认的垃圾收集器。

G1 不仅是分代垃圾收集器，而且还是分区域的。G1 将堆内存划分为大小相等的区域（每个区域可以是 1 MB、2 MB 或 4 MB）。虽然分代仍然存在，但它们在内存中不再是连续的。图 7-6 展示了堆中大小相等区域的分布情况。

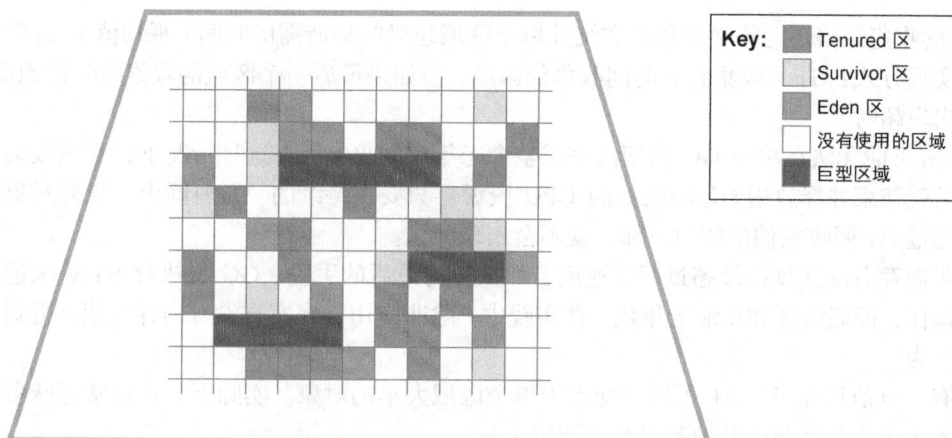

图 7-6　G1 如何划分堆

G1 引入了区域化来实现低时延、可预测的 GC 特性。较早的垃圾收集器（例如 Parallel Collector）会有这样的问题：一旦 GC 周期开始，不管这个过程需要多长时间，它需要持续运行直到完成，也就是说，它们采取的是全有或全无的运作模式。

G1 提供了一种新的垃圾收集策略，该策略并不会使大堆的暂停时间更长。它旨在避免这种要么全有要么全无的行为，其中一个关键概念是**暂停目标**（pause goal），它是程序在恢复执行之前可以进行垃圾收集的时间。G1 将尽其所能在合理范围内达到暂停目标。在暂停期间，Survivor 区对象会被移到另一个区域（类似于 Eden 区对象被移到 Survivor 区），然后该区域会被放回空闲区域列表中。

G1 的新生代垃圾收集也会出现 STW，并且会持续运行直到完成。这样做是为了避免收集和分配线程之间的竞争条件，这种情况可能在新生代垃圾收集与应用程序线程并发运行时出现。

> **注意**　分代理论的一个假设前提是，新生代垃圾收集处理的对象只有一小部分是存活的。因此，新生代垃圾收集所需的时间应该非常短，且远低于暂停目标。

旧对象的垃圾收集与新对象的垃圾收集表现不同。首先，一旦对象进入老年代，它们往往会存活相对较长的时间。其次，老年代往往比新生代拥有更大的空间。

G1 跟踪那些移动到老年代的对象，当足够多的老年代空间被填满时（由 `InitiatingHeapOccupancyPercent` 或 IHOP 控制，默认值为 45%），G1 就会启动老年代垃圾收集。收集操作是并发执行的，它尽可能与应用程序线程同时运行。

老年代垃圾收集的第一步是并发标记阶段。这是基于 Dijkstra 和 Lamport 于 1978 年提出的算法实现的。一旦并发标记完成，就会立即触发新生代垃圾收集。接下来是混合收集阶段，它会收集老年代区域中的垃圾（这可以从并发标记期间收集的统计数据中推断出来）。来自老年代区域的幸存对象被移到新的老年代区域（并进行压缩）。

G1 的收集策略还允许平台预估和统计单个区域垃圾收集所需的时间（平均值）。这就是暂停目标的实现方式：G1 只收集它有时间收集的区域，但如果最后一个区域的收集时间比预期的长，可能会出现超时。

G1 有可能无法在单个 GC 周期内完成整个老年代的收集。在这种情况下，它只收集一组区域，然后就结束并释放用于垃圾收集的 CPU 资源。只要在持续的一段时间内，长寿对象的创建速度不超过 G1 回收它们的能力，那么就不会出现问题。

如果内存分配速度持续超过回收速度，那么作为最后的手段，GC 将执行 STW 来进行完整的收集操作，彻底清理和压缩老年代。在实践中，除非应用程序实在没有内存可用，否则不会看到这种行为。

还有一点值得注意：G1 可以分配大于单个区域大小的对象。实际上，这通常意味着一个大数组对象（通常是字节或其他基本类型数组）。

注意　可以人为地构造一个具有很多字段的类，使其单个实例的大小超过 1 MB，但是这种类一般不会在实际系统中出现。

此类对象需要一种特殊类型的区域：**巨型区域**（humongous region）。由于为大型数组分配的空间在内存中必须是连续的，因此 GC 需要对此进行特殊处理。如果有足够多的空闲区域彼此相邻，那么就可以将它们转换为单个巨型区域并分配数组。

如果内存中没有这样的空间（即使在新生代垃圾收集之后），那么此时内存就处于碎片化状态。为了解决这一问题，GC 就必须执行完全的 STW 来进行压缩收集，以尝试释放足够的空间。

G1 对许多类型的工作负载和应用程序非常有效。但是，对于某些工作负载（例如那些看重吞吐量或仍在 Java 8 上运行的工作负载），可以考虑使用并行（parallel）收集器。

7.5.8　并行收集器

在 Java 8 之前，并行收集器是 Java 默认的垃圾收集器，现在它仍然可以作为 G1 的替代选择。"并行收集器"这个名字需要稍微解释一下，因为**并发**（concurrent）和**并行**（parallel）这两个术语都被用来描述 GC 算法，它们听起来好像是同一个意思，但实际上含义完全不同，具体区别如下所述。

- 并发——GC 线程可以与应用程序线程同时运行。
- 并行——GC 算法是多线程的，可以使用多个内核。

这两个术语并非相同。相反，最好将它们视为其他两个 GC 术语的反面：并发是 STW 的反面，并行是单线程的反面。

在某些收集器（包括并行收集器）中，堆内存并未区域化。相反，世代（新生代和老年代）是连续的内存区域，它们可以根据需要扩展和收缩。在这种堆配置中，存在两个 Survivor 区，它们有时被称为 From 空间和 To 空间。除非正在进行垃圾收集，否则总有一个 Survivor 区是空闲的。

注意 Java 的早期版本中，还有一个名为 **PermGen**（永久代）的空间，用于为 JVM 内部结构分配内存，例如类和方法定义。但在 Java 8 中，PermGen 已被删除，所以如果你看到有关它的资料，那么就说明这些资料可能已经过时了。

并行收集器是一个高效的垃圾收集器，甚至可以说是 Java 主流版本中最有效的收集器。但是它有一个缺点：它没有真正的暂停目标功能，这意味着在进行老年代垃圾收集（STW）时，必须持续运行直到完成，无论这个过程需要多长时间。

一些开发人员有时会询问有关 GC 算法的复杂性问题（也称为 big-O），但这并不是一个值得特别关注的问题。GC 算法非常通用，它们需要在整个工作负载范围内表现出可接受的性能。只关注它们的渐近行为并不是那么有用，而且也描述不了它们在一般情况下的性能表现。

垃圾收集涉及各种权衡，而 G1 所做的权衡对大多数工作负载来说已经足够好，以至于许多开发人员可以忽略这些权衡。然而，权衡总是存在的，无论开发人员是否意识到这一点。一些应用程序不能忽视这些权衡，它们必须关注 GC 子系统的细节，要么通过更改收集算法，要么通过 GC 参数做出调整。

7.5.9　GC 配置参数

JVM 提供了大量（至少上百个）有用的参数，可用于自定义 JVM 运行时的各种行为。下面，我们将讨论一些与垃圾收集有关的选项。

如果选项以 -x: 开头，则表示它是非标准的，且可能并非所有的 JVM 实现（例如 HotSpot 或 Eclipse OpenJ9）都支持它。如果以 -XX: 开头，则为扩展选项，不建议随意使用。许多与性能相关的选项是扩展选项。

有些选项实际上是布尔值，在其前面加上 + 或 - 来打开或关闭。还有一些选项带有参数，例如 -XX:CompileThreshold=20000。这个选项会将方法在进行 JIT 编译之前需要被调用的次数设置为 20000）。表 7-1 列出了基本的 GC 选项及其默认值（如果有）。

表 7-1　基本的 GC 选项

选　　项	效　　果
-Xms<MB>m	堆的初始大小（默认为物理内存的 1/64）
-Xmx<MB>m	堆的最大大小（默认为物理内存的 1/4）
-Xmn<MB>m	堆中新生代的大小
-XX:-DisableExplicitGC	使 System.gc() 调用不产生任何效果

一个常见的技巧是将 -Xms 的大小设置为与 -Xmx 相同。这意味着该进程将以固定的堆大小运行，并在执行期间不进行大小调整。从表面上看，这是有道理的，它似乎让开发人员有了一种控制感，但是在实践中，这是一种反模式。现代 GC 具有良好的动态大小调整算法，人为限制它们往往弊大于利。

注意　目前，如果没有其他特定需求，大多数工作负载的最佳做法是设置 Xmx，根本不设置 Xms。

JVM 在容器中的行为也值得我们关注。对于 Java 11 和 Java 17 来说，"物理内存"意味着容器的限制，因此堆的最大大小必须符合容器的限制，并且要为非堆内存和 JVM 以外的其他进程留出空间。Java 8 的早期版本不一定遵循容器的限制，因此如果在容器中运行应用程序，建议升级到 Java 11 或更高版本。对于 G1 的调优，还有两个选项可能会用到。表 7-2 包含了这两个选项。

表 7-2　G1 的选项

选　项	效　果
`-XX:MaxGCPauseMillis=50`	配置 G1 在一次垃圾收集期间的暂停时间不超过 50 毫秒
`-XX:GCPauseIntervalMillis=200`	配置 G1 两次垃圾收集之间的间隔时间至少为 200 毫秒

可以组合使用这些选项，例如，将最大暂停目标设置为 50 毫秒，暂停发生的时间间隔不小于 200 毫秒。当然，GC 子系统的调优力度是有限制的，必须留出足够的暂停时间来进行垃圾收集。每 100 年 1 毫秒的暂停目标肯定是无法实现的。

7.6 节将介绍 JIT 编译。对于许多程序，JIT 编译是产生高性能代码的主要因素。我们将了解 JIT 编译的一些基础知识。7.6 节的最后部分将解释如何打开 JIT 编译的日志记录，以便我们看到哪些方法正在被编译。

7.6　使用 HotSpot 进行 JIT 编译

正如我们在第 1 章中讨论的那样，Java 应该被视为一种"动态编译"语言。一些应用程序和框架类在运行时经过进一步的编译，将转换为可以直接执行的机器码。

这个过程被称为**即时**（just-in-time，JIT）**编译**，或简称为 JITing。它通常一次处理一个方法。要想在大型代码库中找出重要部分，理解这一过程是关键。

下面我们来看一下有关 JIT 编译的一些基本事实。

- 几乎所有的现代 JVM 具有某种形式的 JIT 编译器。
- 相比之下，纯解释型 JVM 非常慢。
- 编译过的方法运行起来比代码解释执行快得多。
- 先编译最常用的方法。
- 在进行 JIT 编译时，先处理容易的编译任务很重要。

最后一点意味着我们应该先研究编译后的代码，因为在正常情况下，任何还处于解释状态的方法都没有像编译后的方法那样频繁地运行。（偶尔会出现方法编译失败的情况，但这种情况很少见。）

方法一开始是以字节码形式被解释执行的，JVM 会跟踪方法被调用的次数（以及其他一些统计数据）。当调用次数达到阈值后，如果该方法符合条件，则 JVM 线程将在后台把字节码编译为机器码。如果编译成功，以后对该方法的所有调用都将使用它的编译结果，除非发生某些使其无效的情况，或出现了逆优化。

　　根据方法中代码的具体特性，编译方法可能比解释模式下的相同方法快得多，有时甚至能快 100 多倍，但这仅是一个粗略的经验法则。JIT 编译从本质上改变了执行的代码，以至于任何单一视角的看法都可能会产生误导。我们需要了解程序中哪些方法比较重要，哪些重要方法正在被编译，这通常是提高性能的主要途径。

7.6.1　为什么要动态编译

　　有时人们会问，Java 平台为什么要费心去做动态编译？为什么不像 C++ 那样把所有编译都预先完成？一个比较常见的答案是，Java 希望将独立于平台的产物（.jar 和 .class 文件）作为部署的基本单元，这比为每个目标平台生成不同的编译二进制文件要容易得多。

　　还有一个答案是，使用动态编译的语言有更多的信息可供编译器使用。具体来说，提前 (ahead-of-time，AOT) 编译的语言无法访问任何运行时信息，例如，某些指令的可用性或其他硬件信息，或有关代码运行方式的任何统计信息。这带来了一种有趣的可能性，即像 Java 这样的动态编译语言实际上可能比 AOT 编译语言运行得更快。

注意　将 Java 字节码直接 AOT 编译为机器码（也称静态 Java）是 Java 社区的一个热门研究领域，不过这不在本书的讨论范围之内。

　　在接下来的对 JIT 机制的讨论中，我们所说的 JVM 特指 HotSpot。后续讨论中的很多通用内容也适用于其他虚拟机，但具体细节可能会有一些差异。

　　下面将介绍 HotSpot 提供的几种不同的 JIT 编译器，然后解释 HotSpot 的两种强大的优化技术：**内联**（inlining）和**单态分派**（monomorphic dispatch）。此外，还将展示如何获得方法编译的日志记录，以便我们精准地监控正在编译的方法。下面我们从 HotSpot 的基础知识开始吧。

7.6.2　HotSpot 简介

　　HotSpot 是 Oracle 收购 Sun Microsystems 时获得的 JVM（当时 Oracle 已经拥有了一个名为 JRockit 的 JVM，它由 BEA Systems 开发）。HotSpot 是 OpenJDK 的基础，它能够以两种不同的模式运行：客户端模式和服务器端模式。

　　我们可以在启动 JVM 时使用 -client 或 -server 选项来选择运行模式。每种模式都有各自适用的应用程序。

C1（客户端编译器）

　　C1 编译器最初用于 GUI 应用程序。在这个领域，操作的一致性至关重要，因此 C1 在编译时所做的决定往往更保守。也就是说它不能因为要取消一个被证明不正确或基于错误假设的优化决定而意外暂停。它具有相当低的编译阈值。一个方法只需执行 1500 次就符合编译条件，因此它的预热时间相对较短。

C2（服务器端编译器）

相比之下，C2 编译器在编译时会做出更加大胆的假设。为确保运行的代码始终正确，C2 添加了一个快速运行时检查（通常称为保护条件），以确保所做的假设有效。如果无效，它就会退出主动编译并尝试其他操作。和希望规避风险的客户端编译器相比，这种大胆的方法可以产生更好的性能。

C2 的内联阈值比 C1 高得多。默认情况下，方法需要调用 10 000 次才符合 C2 编译条件，这意味着 C2 的预热时间要长得多。

实时 Java

以前还出现过一种实时 Java 平台，一些开发人员可能好奇为什么那些需要高效运行的代码不直接用这个平台（它是独立的 JVM，不是 HotSpot 组件）。答案是，因为实时系统不一定是最快的。

实时编程的关注点是承诺能否兑现。用统计学上的术语来说，实时系统寻求减少执行某些操作所花费时间的方差，并愿意为此牺牲一定量的平均时延。为了获得更一致的运行效果，甚至可能会略微牺牲整体性能。为了获得更高性能的应用，开发团队通常也希望实现更低的平均时延，即便以更高的方差为代价。所以开发团队通常会选择服务器端编译器的大胆优化策略。

在现代 JVM 中，会同时使用客户端编译器和服务器端编译器，客户端编译器在早期使用，服务器端编译器在应用程序预热后使用。这种混合使用被称为**分层编译**（tiered compilation）。即将讨论的方法在 JIT 编译器中被广泛使用。

7.6.3　内联方法

内联是 HotSpot 拥有的强大技术之一。内联方法不再是被调用，而是将被调用方法的代码直接放在调用者内部。

Java 平台的优势之一是，编译器可以根据方法的调用频次和其他因素来决定是否内联。这些因素包括内联是否会使调用方法变得太大而影响代码缓存等。和 AOT 编译器相比，HotSpot 的编译器能做出更明智的内联决策。

访问器方法

一些开发人员错误地认为访问器方法（访问私有成员变量的公共 getter）不能被 HotSpot 内联。他们的理由是，变量是私有的，方法调用无法为优化而去掉，因为变量在类之外是无法访问的。这种想法是不正确的。

HotSpot 在将方法编译为机器码时能够并且会忽略访问控制，不用访问器方法就能直接访问私有字段。这不会违背 Java 的安全模型，因为所有的访问控制已经在类加载和连接阶段检查过了。

方法的内联是完全自动的，且几乎在所有情况下，默认的参数值已经够好了。不过 JVM 也提供了一些与内联相关的选项，包括控制内联方法的大小，以及在成为候选方法之前需要调用的频次。

这些选项对那些好奇心重的程序员非常有用，它们可以让程序员更好地理解内联的工作原理。但它们通常对生产代码没有用，尽量不要使用，因为它们很可能对运行时系统的性能产生不可预测的影响。

7.6.4　动态编译和单态分派

积极优化的一个例子是单态分派。它是基于对方法调用的大量观察做出的优化，如下所示：

```
MyActualClassNotInterface obj = getInstance();

obj.callMyMethod();
```

callMyMethod() 只会被一种类型的对象调用。换句话说，调用点 obj.callMyMethod() 不会同时出现父类和子类。在这种情况下，可以不再进行 Java 方法查找，而是直接使用 callMyMethod() 的编译结果。

注意　单态分派提供了一种分析 JVM 运行时的方法，使得 Java 平台可以实现一些 C++ 等 AOT 语言根本无法实现的优化。

---

getInstance() 方法可以返回 MyActualClassNotInterface 类型的对象，也可以返回它的子类对象，这在技术上完全没有任何问题。但是，为了防止发生这种情况，除非每次在调用点都看到完全相同的类型，并且达到了编译阈值，否则不会对 getInstance() 进行单态优化。编译代码中还插入了运行时检查 obj 类型的功能，如果检查失败，运行时会取消优化，程序不会产生任何错误，甚至都不会注意到。

这是一种相当大胆的优化，只能由服务器端编译器执行，客户端编译器不会这样做。

7.6.5　理解编译日志

下面我们来看一个示例，了解如何使用 JIT 编译器输出的日志消息。依巴谷星表中列出了从地球上可以观测到的星星。我们的程序会处理这份数据，生成一个能在指定夜晚、指定地点可以看到什么星星的星图。

我们来看一下这个程序的输出，它显示了星图程序运行时编译了哪些方法。这里使用的 JVM 选项是 -XX:+PrintCompilation。前面提到过这种扩展选项。将此选项添加到 JVM 的启动命令行中，JIT 的编译线程就会将编译消息添加到标准日志中。这些消息记录了方法超过编译阈值并转换为机器码的时间，如下所示：

```
1 java.lang.String::hashCode (64 bytes)
2 java.math.BigInteger::mulAdd (81 bytes)
3 java.math.BigInteger::multiplyToLen (219 bytes)
4 java.math.BigInteger::addOne (77 bytes)
5 java.math.BigInteger::squareToLen (172 bytes)
```

```
 6 java.math.BigInteger::primitiveLeftShift (79 bytes)
 7 java.math.BigInteger::montReduce (99 bytes)
 8 sun.security.provider.SHA::implCompress (491 bytes)
 9 java.lang.String::charAt (33 bytes)
1% ! sun.nio.cs.SingleByteDecoder::decodeArrayLoop @ 129 (308 bytes)
...
39 sun.misc.FloatingDecimal::doubleValue (1289 bytes)
40 org.camelot.hipparcos.DelimitedLine::getNextString (5 bytes)
41 ! org.camelot.hipparcos.Star::parseStar (301 bytes)
...
2% ! org.camelot.CamelotStarter::populateStarStore @ 25 (106 bytes)
65 s java.lang.StringBuffer::append (8 bytes)
```

这是一个典型的 `PrintCompilation` 输出。这些消息提供了那些"热门"到可以编译的方法。正如我们所料，第一个要编译的方法是平台方法（例如 `String::hashCode()`）。随着时间的推移，应用程序方法也会被编译，比如 `org.camelot.hipparcos.Star::parseStar()` 方法，在示例中它用于解析天文数据。

输出行中有一个数字，表示在这次运行中编译方法的顺序。注意，由于平台的动态特性，这个顺序可能在运行时略有变化。其他一些字段说明如下。

❑ `s`——表示方法是同步的。

❑ `!`——表示该方法有异常处理。

❑ `%`——栈上替换（On-stack replacement，OSR）。

OSR 表示该方法已被编译并替换了运行时环境中的解释版本。注意，OSR 方法有自己的计数方案，从 1 开始。

当心失效的编译方法

在查看用服务器端编译器的输出日志时，我们会偶尔看到 "made not entrant" 和 "made zombie" 等消息。这些消息表示编译过的特定方法现在已失效，这通常是类加载操作的结果。

7.6.6　逆优化

如果经证实代码优化所基于的假设是错误的，HotSpot 可以对代码进行逆优化。在许多情况下，它会重新考虑并尝试不同的优化策略。因此，同一个方法可能会被多次逆优化并重新编译。

随着时间的推移，我们会发现编译方法的数量稳定了下来，代码达到了稳定的编译状态，且在大部分时间里保持不变。哪些方法被编译取决于使用的 JVM 版本和操作系统平台。并不是所有平台都会产生相同的编译方法集合，并且同一方法在不同平台编译出来的代码大小也不会完全一样。就像性能领域中许多其他方面一样，这也需要测量才能确定，且结果可能会让人大吃一惊。即便看上去相当简单的 Java 方法，在 macOS 和 Linux 上经 JIT 编译生成的机器码也可能会有较大的差异。

测量是必不可少的。幸运的是，现代 JVM 提供了一些很棒的工具来进行性能分析。下面我们来看看这些工具。

7.7 JDK 飞行记录器

JDK 飞行记录器（JDK Flight Recorder，JFR）和 JDK 任务控制工具（JDK Mission Control tools，常称 JMC）是甲骨文公司在 2008 年收购 BEA Systems 公司时获得的。这两个组件协同工作。JFR 是一种低开销、基于事件的分析引擎，后端能以二进制格式高效地记录事件；而 JMC 是一个图形用户界面（GUI）工具，用于查看 JFR 针对单个 JVM 生成的数据文件。

这些工具最初是 BEA Systems 的 JRockit JVM 产品的一部分，在 JRockit 与 HotSpot 合并后，它们也被移到 Oracle JDK 的商业版本中。JDK 9 发布后，甲骨文公司改变了 Java 的发布模式，宣布 JFR 和 JMC 开源。JFR 被贡献给了 OpenJDK，并在 JDK 11 中作为 JEP 328 实现交付。JMC 被拆分成一个独立的开源项目，需要单独下载。

注意 Java 14 为 JFR 引入了一项新功能：JFR 能够产生连续的事件流。它提供了一个回调 API，使事件能够立即得到处理，而不是事后分析文件。

不过，由于 JFR 和 JMC 最近才开源，许多 Java 开发人员并没有意识到它们的强大之处。下面借此机会从头介绍一下 JFR 和 JMC。

7.7.1 JFR

JFR 已经作为 OpenJDK 11 的一部分提供，因此要使用它，只需运行该版本（或更新的版本）的 JDK。该技术还向后移植到 OpenJDK 8，可用于 8u262 及更高版本。

创建 JFR 记录的方法有很多，我们将特别关注其中两种：启动 JVM 时使用命令行参数和使用 jcmd。

首先，让我们看看在进程启动时运行 JFR 所需的命令行选项，如下所示：

```
-XX:StartFlightRecording:<options>
```

我们既可以一次性转储数据文件，也可以使用环形缓冲区持续接收数据。JFR 提供了大量命令行选项来控制要捕获的数据。

此外，JFR 可以捕获的指标超过一百多个，其中大多数影响很小，但有些确实会产生一些开销。单独配置所有这些指标是一项十分困难的任务。

为了简化流程，JFR 使用分析配置文件。它是一个简单的 XML 文件，其中包含每个指标的配置以及是否应捕获该指标。标准 JDK 提供了两个基本文件：default.jfc 和 profile.jfc。

使用 default.jfc 配置开销极低，基本上适用于所有生产环境中的 Java 进程。profile.jfc 配置能够提供更多的详细信息，但也带来了更高的运行时成本。

注意 除了使用前面提供的两个文件，我们还可以创建一个仅包含所需数据点的自定义配置文件。JMC 工具有一个模板管理器，使用它可以轻松创建这些文件。

除了配置文件，其他可以使用的选项包括存储记录数据的文件名和（根据数据点的时效性）要保留的数据量。例如，可以使用如下 JFR 命令行（在一行中给出）：

```
-XX:StartFlightRecording:disk=true,filename=svc/sandbox/service.jfr,
                         maxage=12h,settings=profile
```

注意 当 JFR 还是 JDK 商业版本的一部分时，它用-XX:+UnlockCommercialFeatures 选项
　　　来启用。不过现在使用-XX:+UnlockCommercialFeatures 选项时，Oracle JDK 11+会
　　　发出警告。因为所有的商业功能都已经开源，而且这个选项从来都不是 OpenJDK 的一部
　　　分，所以继续使用它没有意义。在 OpenJDK 构建中，使用商业功能选项会导致错误。

其次，JFR 不需要在程序启动时进行配置，而是可以使用 jcmd 命令从命令行启用，如下所示：

```
$ jcmd <pid> JFR.start name=Recording1 settings=default
$ jcmd <pid> JFR.dump filename=recording.jfr
$ jcmd <pid> JFR.stop
```

JFR 还提供了一个 JMX API，用于控制 JFR 记录。无论采用何种方式启动 JFR，最终结果都是一样的：每个 JVM 分析一次且只产生一个文件。该文件包含大量的二进制数据，是无法阅读的，因此我们需要某种工具来提取和可视化这些数据。

7.7.2 JMC

JMC 是一个 GUI 工具，用于显示 JFR 输出文件中包含的数据，它通过 jmc 命令启动。该程序过去与 Oracle JDK 捆绑在一起，但现在需要单独下载。

JMC 的启动界面如图 7-7 所示。加载文件后，JMC 会执行自动分析，识别记录里是否存在任何明显的问题。

注意 当然，要想进行分析，我们还需要在目标应用程序上启用 JFR。除了使用以前生成的文
　　　件，还可以在应用程序启动后再将它动态附加上去。对于后一个选项，JMC 在界面的左
　　　上角提供了一个选项卡，即 JVM 浏览器，用于将其动态附加到本地应用程序。

我们在 JMC 中看到的第一个页面是概览页，它是一个高级仪表板，显示了 JVM 整体运行状况，如图 7-8 所示。

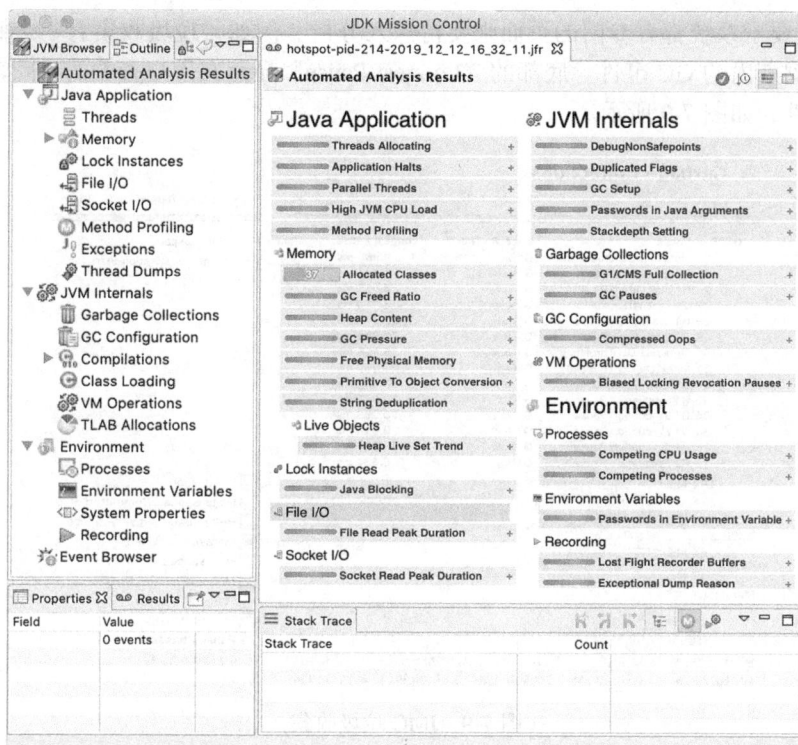

图 7-7　JMC 启动界面

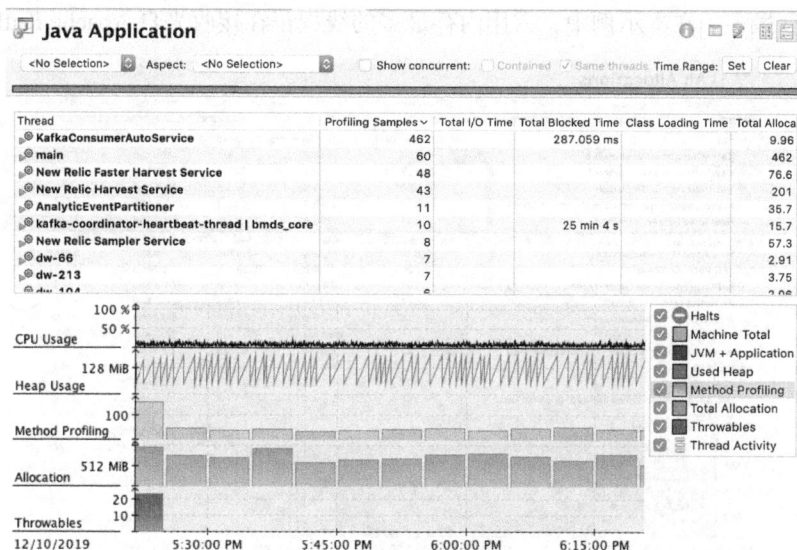

图 7-8　JMC 仪表板

　　JVM 的主要子系统都有专门的页面来支持深入分析。例如，垃圾收集有一个概览页来显示 JFR 文件生命周期内的 GC 事件。底部的"Longest Pause"显示在用户查看的时间轴上发生的异常长的 GC 事件，如图 7-9 所示。

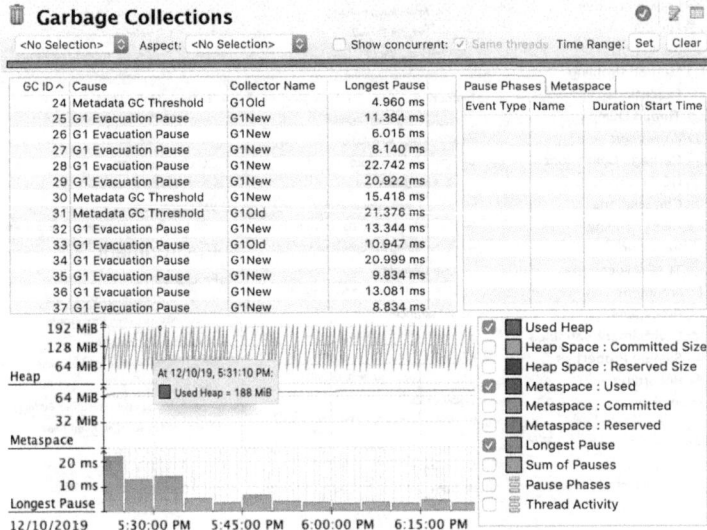

图 7-9　JMC 垃圾收集

　　在配置详情页，还可以看到新分配的缓冲区（TLAB）是如何分发给应用程序线程的。我们还可以看到更准确的内存分配视图，如图 7-10 所示。开发人员使用这个视图可以轻松查看哪些线程占用的内存最多。在本示例中，占用内存最多的线程正在接收来自 Apache Kafka 的数据。

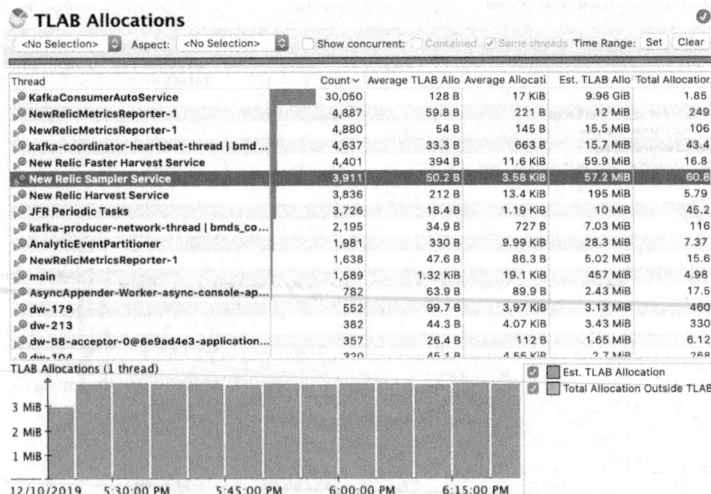

图 7-10　JMC TLAB 分配

JVM 的另一个主要子系统是 JIT 编译器，JMC 提供了编译器如何工作的大量细节，如图 7-11 所示。

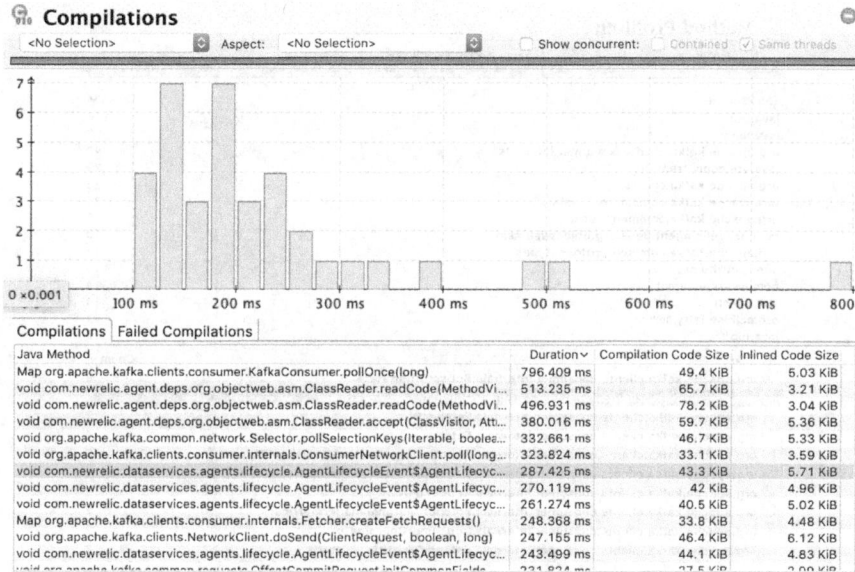

图 7-11　JMC JIT 编译

JVM 中的一个关键资源是 JIT 编译器内的代码缓存，它是一块内存区域，用于存储方法的编译版本。我们可以在 JMC 中看到代码缓存的使用情况，如图 7-12 所示。

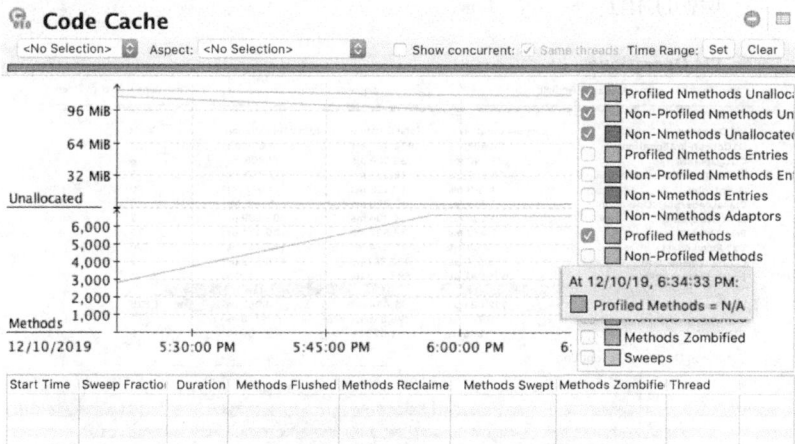

图 7-12　JMC JIT 代码缓存

如果进程里有大量编译过的方法，这块内存区域可能会耗尽，从而导致进程无法达到最佳性能。

JMC 还提供了一个方法级分析器，其工作方式与 VisualVM、JProfiler 或 YourKit 等工具中的分析器非常相似。图 7-13 显示了一个典型的分析结果。

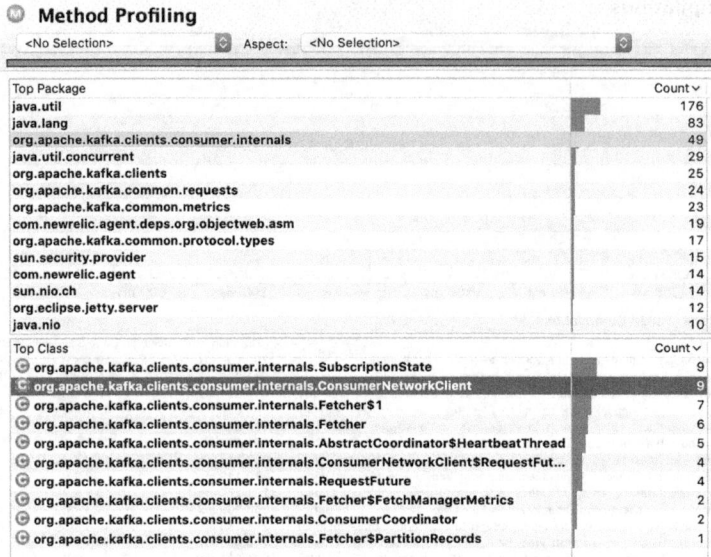

图 7-13　JMC 方法分析

JMC 中更高级的功能之一是 VM 操作视图，它显示了 JVM 执行的一些内部操作及其花费的时间。虽然这个视图并非每次分析时都必须查看，但对于检测一些不太常见的问题可能非常有用。图 7-14 展示了一个典型的用法。

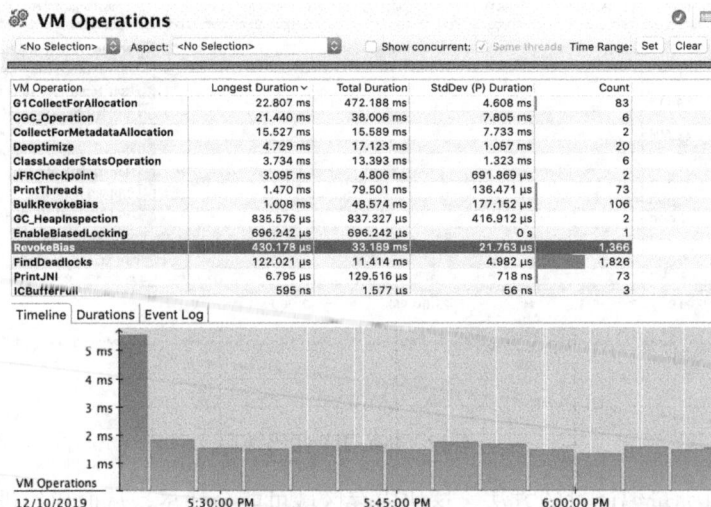

图 7-14　JMC JVM 操作视图

JMC 是针对单个 JVM 进行诊断的出色工具。但是，它不能用于检查整个集群（或全部应用程序实例）。现代系统通常需要的是一套综合性的监控方案或可观察性解决方案，以及一些深度分析功能。

经典的 JFR 模型由记录文件和单个 JVM 组成，它并不适合通过网络将遥测数据流传送至 SaaS 提供商或内部工具。尽管一些供应商，如 New Relic 和 DataDog 也开始支持 JFR 功能，但这些技术没有被广泛使用。

幸运的是，Java 14 引入了 JFR Streaming API，它为可观察性用例和深入研究提供了出色的构建基础。不过整个 Java 社区倾向于采用 LTS 版本的 Java，这意味着只有在 Java 17（LTS）发布后，支持 JFR 流形式的 Java 版本才会得到广泛采用。

性能调优不是仅仅盯着代码祈求奇迹发生，也不会一蹴而就，快速完成修复。相反，它需要细致的测量、对细节的关注以及耐心。这需要持续修复测试中发现的错误，只有这样才能真正解决性能问题。

在本章中，我们只能对这个丰富多样的主题进行简要介绍。还有很多内容需要探索，感兴趣的读者可以参考专门的书籍，例如 Ben Evans、James Gough 和 Chris Newland 所著的 *Optimizing Java*（O'Reilly Media, May 2018）。[①]

小结

- JVM 是一个强大和复杂的运行时环境。
- 由于 JVM 的独特性，优化其运行的代码是一项很有挑战性的工作。
- 必须进行测量才能准确地了解问题到底出在哪里。
- 值得特别关注的是垃圾收集子系统和 JIT 编译器。
- 利用监控和其他工具确实很有帮助。
- 学会阅读平台的日志和其他指标，有时候仅使用工具还不足以解决所有问题。

---

① 该书的中文版《Java 性能优化实践：JVM 调优策略、工具与技巧》由人民邮电出版社于 2020 年出版。——编者注

Part 3

## 第三部分

JVM 上的多语言编程

本部分将专门探讨 JVM 上运行的新语言。作为一个卓越的运行时环境，JVM 不仅为程序员提供了高性能和丰富的功能，而且提供了惊人的灵活性。事实上，我们可以将 JVM 看作探索非 Java 语言的窗口，通过它来体验不同的编程范式。

如果你只学习过 Java，可能想知道使用其他语言是什么感觉。在第 1 章中，我们提到过，要想成为一名基础扎实的 Java 开发人员，就需要精通 Java 语言、平台和生态系统的各个方面，这也包括了解那些目前处于起步阶段，但在不久的将来可能会变得至关重要的主题。

> 未来已来，只是分布不均。

——William Gibson

事实证明，许多未来可能会流行的新想法已经存在于当今的 JVM 语言中，例如函数式编程。通过学习一门新的 JVM 语言，我们可以窥见另一个全新的世界，而这个世界可能指引未来项目的方向。探索不熟悉的领域还可以帮助我们从全新的视角审视现有的知识。这开启了一种新的可能性，即通过探索一门新语言，我们能够挖掘自己的潜力，掌握未来可能会有用的新技能。

在第 9 章中，我们将介绍 Kotlin，这是一门相对较新的语言，它修复了 Java 的许多问题，但本质上没有太大的变化。Kotlin 的设计目标是简洁性和安全性，同时，它还希望在以前倾向于使用动态脚本语言的领域占据一席之地。

Java 是一门典型的面向对象语言，而近年来，作为替代方案的函数式编程引起了广泛的关注。Clojure 是 JVM 上与 Java 思维模式截然不同的函数式语言之一，我们将通过它来体验不同的编程世界。

本书的第四部分和第五部分将频繁用到这些语言，并将它们应用于整个项目——从构建到测试，再到演示并发性和程序结构等深层次的问题。下面，让我们暂时离开熟悉的 Java 领域，一起探究其他 JVM 语言。

## 第 8 章

JVM 语言

8

本章重点
- ☐ 语言生态学
- ☐ 为什么学习其他 JVM 语言
- ☐ 其他 JVM 语言的选择标准
- ☐ JVM 如何处理非 Java 语言

如果一直在使用 Java 编程，你可能已经注意到它有些冗长和笨拙。你甚至希望它能有所不同——至少使用起来更方便一些。

好在 JVM 非常棒，我们在前几章反复提到过。JVM 非常强大，它为 Java 以外的编程语言提供了运行环境。本章将告诉你为什么要将其他 JVM 语言加入我们的项目中，以及如何做到这一点。

在本章中，我们将讨论不同的语言类型（例如动态类型语言与静态类型语言）、使用其他 JVM 语言的原因以及选择它们的标准。我们还将介绍两种新语言：Kotlin 和 Clojure。本书的后面部分还会深入讨论它们。

8.1　语言生态学

编程语言有许多不同的风格和分类。换句话说，对不同的语言来说，其编程风格和方式可能区别很大。当我们能够对语言的差异进行分类时，掌握这些不同风格的语言通常会更容易。

注意　这些分类有助于思考语言的多样性，其中一些分类比其他分类更明确，但没有哪一种分类方案是完美的，不同的人对如何分类也有不同的看法。

近年来,编程语言存在一种趋势,即各种语言从其他语言中吸收并集成比较好的功能或特性。对某种编程语言进行评估时，更符合实际情况的方法是，认识到它在某些功能上可能不如另一种语言，或者它主要采用动态类型系统，但在需要时也具备可选的静态类型。这种评价方式能更准确地反映语言的实际使用情况和灵活性。

我们即将讨论的语言分类包括解释型语言与编译型语言、动态类型语言与静态类型语言、命令式语言与函数式语言，以及原始 JVM 语言和对现有语言的重新实现。总的来说，这些分类是思考工具，而不是完整、精确的学术方案。

例如，我们可以说 Java 是一种运行时编译的、静态类型的命令式语言，具有一些函数式特性。它强调安全性、代码清晰度、向后兼容性和性能，并且为了实现这些目标，Java 愿意接受一定程度的冗长和仪式感（例如在部署中）。

注意 不同的语言可能有不同的侧重点。例如，动态类型语言可能会强调部署速度快。

下面，让我们从解释型语言与编译型语言开始讲起。

8.1.1 解释型语言与编译型语言

对解释型语言来说，源代码是什么样的，执行步骤就是什么样的，它不会在执行前将整个程序转换为机器码。这与编译型语言形成了鲜明对比，编译型语言会先使用编译器将人类可读的源代码转换为二进制形式。

不过这种区别最近变得不那么明显了。在 20 世纪 90 年代初期，解释型语言和编译型语言的划分还相当明显：像 C/C++、FORTRAN 这类语言是编译型语言，而 Perl 和 Python 是解释型语言。我们在第 1 章中提到过，Java 同时具有编译型语言和解释型语言的特性。Java 使用了字节码，这使得这种区分变得更加复杂，因为字节码既不是人类可读的源代码，也不是机器码。

对于本章将要学习的 JVM 语言，我们划分的边界是，该语言是否会将源代码编译为类文件并执行它。不产生类文件的语言会由解释器（可能是用 Java 编写的）逐行执行。有些语言既有编译器又有解释器，还有些语言既有解释器又有处理 JVM 字节码的 JIT 编译器。

8.1.2 动态类型语言与静态类型语言

在具有动态类型的语言中，变量可以在程序执行时变更自己的类型。下面我们使用动态语言 JavaScript 编写一段简单的代码，如下所示。这个例子很好理解，即使你对这门语言并不熟悉：

```
var answer = 40;
answer = answer + 2;
answer = "What is the answer? " + answer;
```

示例中我们使用 `var` 关键字定义一个变量。在 JavaScript 的动态类型系统中，我们可以给这一变量赋任何类型的值。这个变量最初被赋值为 `40`，这明显是一个数值。然后我们将这个变量加 `2`，得到 `42`。最后我们把一个字符串赋值给变量 `answer`。这是动态类型语言中常用的技巧，不会导致语法错误。

JavaScript 解释器还能够区分 + 操作符的两种用法。第一次使用 + 操作符是做数值相加，即将 2 和 40 相加。而在接下来的代码中，解释器从上下文推断出开发人员想要的是字符串连接。

我们在 Java 中用 JShell 重写这个功能：

```
jshell> var answer = 40;
answer ==> 40

jshell> answer = answer + 2;
answer ==> 42

jshell> answer = "What is the answer? " + answer;
|  Error:
|  incompatible types: java.lang.String cannot be converted to int
|  answer = "What is the answer? " + answer;
|          ^-----------------------------^
```

尽管源代码完全相同，看起来好像也没什么问题，但 Java 的静态类型系统阻止了最后一行代码的运行。Java 的 var 关键字不仅仅创建了变量 answer，正如我们在 1.3 节中了解到的，Java 的 var 还从表达式的右侧推断出这个变量的类型。我们不必明确指定变量 answer 的类型，Java 的静态类型系统会自动分配这个类型，且后续会保持不变。

注意　这里的关键点在于，动态类型语言跟踪的是变量的值（例如数字或字符串）的类型，而静态类型语言跟踪的则是变量的类型。

静态类型语言非常适合编译型语言，因为类型信息是关于变量的，而不是变量中的值。这使得类型系统能够在编译时推断出潜在的类型违规，从而在代码运行之前就可以发现错误。

动态类型语言跟踪的是变量中值的类型信息。这带来了很大的灵活性，但也意味着在运行期间可能会发生类型冲突，例如，"我认为这是一个数字，但它实际上是一个字符串"。这可能会导致更多的运行时错误。与编译时错误相比，运行时错误调试起来更难，成本也更高。

8.1.3　命令式语言与函数式语言

Java 是一个典型的**命令式语言**（imperative language）。在命令式语言中，程序的运行状态被建模为可变数据，运行状态的转换是通过接收到的指令触发的。因此，程序状态是命令式语言中的核心概念。

命令式语言主要有两种子类型。BASIC 和 FORTRAN 等属于**面向过程语言**（procedural language），它们将代码和数据视为完全独立的，并通过代码来操作数据。还有一种子类型是**面向对象**（object-oriented, OO）语言，其中数据和代码以方法的形式捆绑在一起成为对象。在面向对象系统中，程序状态是程序中所有对象的状态。在 OO 语言中，元数据（例如类信息）或多或少地带来了一些额外的结构。不过，这些子类型的区别并不总是那么明显。例如，C++同时支持 OO 和面向过程编码，而 BASIC 的新版本也添加了面向对象特性。

函数式语言认为计算本身是最重要的概念。和面向过程语言一样，函数式语言中的函数会对值进行操作，但不同的是，它并不改变输入信息。它就像数学函数一样运行并返回新值。函数式语言提供了一种将独立功能组合在一起使用的新方式。

如图 8-1 所示，函数被视为接收值并输出新值的"小型处理机"。它没有自己的状态，将其与任何外部状态捆绑在一起没有意义。在函数式编程中，强调的是无状态的纯粹函数，而在面向对象编程中，对象的状态是程序运行的核心组成部分，这两者截然不同。

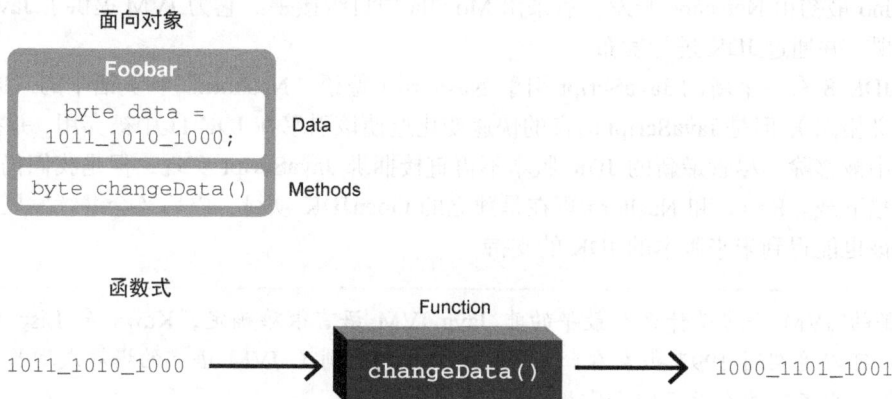

图 8-1 命令式语言和函数式语言

函数式语言的一个关键特性是将函数作为一等公民，我们可以将函数视为一个值，将它赋值给变量或传递给其他函数，甚至从其他函数中返回一个函数。

我们之前讨论过编程语言的特性范围，Java 虽然是 OO 语言，但 Java 8 添加了 lambda 表达式语法，因此 Java 程序员也能将函数视为值。不过这个功能添加到 Java 的时间并不长，因此没有在平台中广泛应用，很多地方还在使用一些旧技术（例如 Runnable 和 Callable 接口）来实现类似的效果。

在第 9 章和第 10 章中，我们将学习两种不同的语言，重点了解它们是如何支持函数式编程的。我们将首先学习 Kotlin，尽管其本质上是一种命令式语言，但它也被设计得能够自然地融入函数式编程概念和风格。之后我们将学习 Clojure，它是一个更纯粹的函数式语言，不以面向对象为中心。

8.1.4 对现有语言的重新实现与原始 JVM 语言

不同的 JVM 语言还有一个重要区别：某些语言是现有语言的重新实现，而其他语言则是专门为 JVM 编写的。通常来说，专门针对 JVM 编写的语言在类型系统上与 JVM 的原生类型绑定得更紧密。

以下 3 种语言是现有语言的 JVM 版本。

❏ JRuby 是 Ruby 语言的 JVM 版本。Ruby 是一门动态类型的 OO 语言，具有一些函数式特性。它在 JVM 上基本是解释执行的，但最近的版本包含了一个运行时 JIT 编译器，可以在特定条件下生成 JVM 字节码。

❏ Jython 于 1997 年由 Jim Hugunin 发布，它是在 Python 中使用高性能 Java 库的一种方式。它是 Python 在 JVM 上的重新实现，是一门动态的、主要面向对象的语言。Jython通过生成内部 Python 字节码，然后将其转换为 JVM 字节码运行。遗憾的是，该项目自 2015 年以来就不再活跃了，并且仅支持 Python 2.7，不支持当前的 Python 3。

❑ Rhino 最初由 Netscape 开发，后来由 Mozilla 项目组接手。它为 JVM 提供了 JavaScript 的实现，并通过 JDK 进行发布。

■ JDK 8 有一个新的 JavaScript 引擎 Nashorn（德语"Nashorn"和英语中的"Rhino"含义相同），但是 JavaScript 语言的快速变化迫使该引擎在 JDK 11 中被弃用，并在 JDK 15 中被移除。尽管最新的 JDK 版本不再直接捆绑 JavaScript 实现，但是我们仍然可以单独下载。Rhino 和 Nashorn 现在是独立的 OpenJDK 项目，以后还会继续发展，并且应该也能得到未来版本的 JDK 的支持。

注意　最早的 JVM 语言是什么？最早的非 Java JVM 语言很难确定，Kawa 是 Lisp 的一个实现，可以追溯到 1997 年左右。从那时起，我们看到了 JVM 语言的爆炸式增长，以至于我们几乎不可能全面了解和掌握。

在撰写本书时，JVM 语言估计至少有 200 种。并非所有 JVM 语言都是活跃的或被广泛使用的，有些甚至可以说很小众，但庞大的数量表明 JVM 是一个活跃的语言开发平台。

注意　在随 Java 7 一起发布的 Java 语言规范和 JVM 规范中，所有对 Java 语言的直接引用都从 JVM 规范中删除了。现在 Java 不再享有特殊地位，它只是运行在 JVM 上的众多语言中的一种。

我们在第 4 章中讨论过，这些语言之所以能够以 JVM 为平台运行，是因为其中的关键技术就是类文件格式。任何能够生成类文件的语言都可以被认为是 JVM 语言。

下面我们将了解 Java 程序员为什么会对多语言编程感兴趣。我们先解释多语言编程的基本概念，然后讨论为什么以及如何根据自己的项目需求选择非 Java 的 JVM 语言。

8.2   JVM 上的多语言编程

JVM 上的多语言编程指的是，在 Java 项目中使用一种或多种非 Java 的 JVM 语言。多语言编程是一种关注点分离的形式。如图 8-2 所示，我们的系统可以划分为 3 层，非 Java 技术可以在其中发挥重要的作用。该图有时称为多语言编程金字塔，最初由 Ola Bini 提出。

特定领域

动态层

稳定层

图 8-2　多语言编程金字塔

在多语言编程金字塔内部，依赖关系是沿同一个方向传递的，稳定层相对独立，动态层基于稳定层，特定领域层则和下面两层都有关联。

在系统中定位这些层并不总是那么容易，而且并非所有系统都适合，很多时候存在灰色地带。不过，这是一个有用的工具，可以帮助我们识别系统中的不同部分，并针对它们的不同需求选择不同的语言，以提高开发效率。

稳定层包含核心 API 和系统的抽象设计。在该层需要保证类型安全和高性能，并进行全面测试。

动态层使用稳定层的抽象来实现具体的运行系统。这包括具体的功能代码，比如系统如何通过 HTTP 接口对外提供服务，或如何与其他后端系统交互。依据系统对编译时间和灵活性的需求，动态层可以选择使用不同的语言。

特定领域层专注于处理应用程序特有的问题，例如页面的展示逻辑、规则引擎、定制化的处理流程，以及 CI/CD（持续集成/持续部署）。这些都是关于应用程序特定领域的问题。领域特定语言可能会在其他层受到限制，但是在该层则能发挥巨大的作用。

注意 多语言编程是有意义的，因为不同的代码片段有不同的生命周期。银行中的风险计算引擎可能会持续 5 年或更长的时间。网站的 JSP 页面可能只会持续几个月。对于初创公司来说，生命周期最短的代码可能只存在几天。代码的生命周期越长，就越接近于金字塔的稳定层，如表 8-1 所示。

表 8-1　多语言编程金字塔层级表

名　称	描　述	示　例
特定领域层	使用特定领域语言，与应用程序的特定部分结合紧密	Apache Camel、DSL、Drools、网页模板
动态层	功能开发快速、高效、灵活	Clojure、Groovy、JRuby
稳定层	开发并提供核心功能，稳定、经过充分测试、性能卓越	Java、Kotlin、Scala

我们可以在不同层看到不同的模式：稳定层倾向于使用静态类型语言；相反，金字塔顶层更适合使用方便实现特定目的的技术。

下面我们将深入探讨为什么 Java 不是金字塔顶层的最佳选择。我们先讨论为什么应该考虑使用非 Java 语言，然后介绍为项目选择非 Java 语言时所依据的一些标准。

8.2.1　为什么使用非 Java 语言

Java 是一种通用的静态类型语言，它还提供了代码编译功能，这些特性带来了许多优势，使其成为实现稳定层功能的绝佳选择。但是这些特性在金字塔上层使用时会成为负担，原因如下：

- □ 重新编译很费力；
- □ 静态类型不灵活；
- □ 部署过程很复杂；

❏ Java 的语法很严格，不适合生成 DSL。

Java 项目的编译和构建通常需要 90 秒到两分钟的时间。这段时间足以严重破坏开发人员的工作流，不适合开发可能仅在生产环境中使用几周的代码。

Java 的语法很严格

Java 语言具有非常严格的语法。基本语言组件由定义好的关键字组成，我们不能"编造新的语法"，也不能创建类似关键字功能的语言形式。

程序员可以创建新的类，这些类可以在字段中存储状态、调用其他类或对象的方法。不过也仅此而已，程序员无法创建任何类似于控制结构的东西。换句话说，字段访问只能使用如下形式：

```
anObject.someField
AClass.someStaticField
```

方法调用也只能像这样：

```
anObject.someMethod(params)
AClass.someStaticMethod(params)
```

在 Java 中，方法参数不是可选的（与 Kotlin 等语言不同），所以即使是字段访问和方法调用，它们的区别也很明显。我们不能创建看起来像关键字的结构。如果我们想使用一个 when 语法，如下所示：

```
when(value) {
    // 要做的事情
}
```

我们也只能做到下面这种程度：

```
import static when.When.when;

...

when(value, () -> {
    // 要做的事情
});
```

当尝试把 Java 作为 DSL 使用时，就会遇到不能自定义语法的问题。在接下来的两章我们会看到非 Java 语言是如何处理这个问题的。

总的来说，我们应该最大程度地利用 Java 的优势。基于其丰富的 API 和代码库，我们能够在稳定层使用 Java 完成繁重的工作。

即使在稳定层，也有可能需要使用 Java 以外的语言，原因有很多，例如：

❏ Java 的冗长性可能会让一些开发人员反感，并且它可能会隐藏某些类别的错误；

❏ 尽管 Java 对函数式编程的支持越来越好，但在应用函数式编程的一些模式时还是很不方便；

❏ 其他语言提供了 Java 中不存在的并发替代方案，比如 Kotlin 中的协程和 Clojure 中的代理。

注意 假设由于某些功能特性，我们决定在稳定层中选择另一种语言，但也绝不应该抛弃正常工作的代码而使用新语言来重写。我们应该优先将新语言用于新功能或低风险区域。本章的后面将对此进行讨论。

此时，你可能会问自己："在这个多语言编程金字塔里，每一层使用哪些语言比较好？我应该怎么选择？"针对这些问题，基础扎实的 Java 开发人员知道没有灵丹妙药，不过在评估选择时确实有一些标准可以遵循。

8.2.2 新兴语言

在本书的其余部分，我们选择了两门具有巨大潜力和影响力的语言。它们就是 JVM 上的 Kotlin 和 Clojure，这两种语言已经在多语言程序员中广泛使用。为什么这些语言越来越受欢迎？下面我们逐一看一下。

Kotlin

Kotlin 是由 JetBrains（其知名产品是集成开发环境 IntelliJ IDEA）发布的一门命令式、静态类型的 OO 语言。它旨在应对人们对 Java 的常见抱怨，同时又保留熟悉的开发环境。Kotlin 是一门编译型语言，与 JVM 的运行时环境高度兼容。

Kotlin 的主要特性包括简洁的语法、空安全（null safety）、与 Java 代码的极强互操作性，以及协程——后者是 Java 传统线程并发模型的替代方案。Java 最近的几个版本包含了许多 Kotlin 的特性，这证明了 Kotlin 的这些特性的确为开发人员带来了价值。

作为 JVM 语言，Kotlin 在许多领域很流行，它在移动领域尤其成功，特别是 Android 平台在 2019 年将其作为了推荐语言。Kotlin 还与 Groovy 一样支持 Gradle 构建脚本，它还被许多其他框架所使用，例如 Spring。无论 JVM 运行在何处，Kotlin 都能为开发人员带来广泛的便利性和安全性，因此它是一个值得认真考虑的选项。第 9 章将对 Kotlin 做详细介绍。

我们将在第 11 章中使用 Kotlin 作为 Gradle 构建的主要脚本语言。此外，第 15 章将使用 Kotlin 展示一些独特的函数式编程方法，第 16 章将介绍 Kotlin 的并发编程（协程）。

Clojure

Clojure 属于 Lisp 家族，由 Rich Hickey 设计。Clojure 继承了 Lisp 的许多传统句法特征（和大量的括号），和 Lisp 一样，是一门动态类型的函数式语言。它属于编译型语言，但通常以源代码形式分发，原因我们稍后会讨论。它在 Lisp 核心基础上添加了大量的新功能，尤其是在并发领域。

Lisp 通常被视为专家使用的语言。Clojure 比其他 Lisp 语言更容易学习，但它仍然为开发人员提供了强大的功能，并且非常适合测试驱动开发风格。不过，虽然其优点很多，但是 Clojure 仍然没有成为主流的编程语言。现在它主要由爱好者和特定领域的开发人员使用（比如它的功能组合对一些金融领域的应用程序很有吸引力）。

Clojure 通常被认为属于动态层，但由于它的并发支持和其他特性，我们也可以在稳定层的很多地方使用。第 10 章将详细介绍 Clojure。

在第 15 章中，我们将使用 Clojure 来学习更多函数式编程的知识。此外，第 16 章还将介绍 Clojure 的 actor 模型，这是一个强大的并发编程模型。

8.2.3　那些我们没有选择的语言

如前所述，我们可以选择的语言种类繁多。这里将列举其他一些非 JVM 语言，我们可以进一步审视自己的语言选择。

Groovy

Groovy 语言由 James Strachan 于 2003 年发布。它是一门动态的编译型语言，其语法与 Java 非常相似，但更灵活。它广泛用于脚本编写和测试。Groovy 是 Gradle 构建工具最早使用的脚本语言，用于配置 Jenkins 等常见的 CI/CD 工具。它通常是开发人员或开发团队学习的第一种非 Java 的 JVM 语言。Groovy 通常被认为适用于动态层，非常适合构建 DSL。

本书没有选择详细介绍 Groovy，是因为随着框架演进和其他新兴语言的发展，它在原型设计和应用程序中的流行度方面都不如以前。

Scala

Scala 是一种面向对象语言，它对函数式编程的支持程度很高。Scala 的起源可以追溯到 2003 年，当时 Martin Odersky 完成了他早期的 Java 泛型项目，之后便开始研究 Scala。像 Java 一样，Scala 是一门静态的编译型语言，但它有大量的类型推断，所以常常给人一种动态语言的感觉。

Scala 从 Java 中学到了很多东西，其语言设计修复了 Java 的几个常见问题。与 Java 相比，Scala 拥有庞大的特性集和更先进的类型系统。

Scala 语言很复杂，并不容易学透。因此，本书推荐那些只想改进 Java 语言状态的开发人员专注于 Kotlin。

GraalVM

GraalVM 是由 Oracle 实验室推出的一种多语言虚拟机和平台，它的部分内容源自 Java 和 JVM 代码库。它提供了运行 Java 和其他 JVM 语言（作为字节码）的能力，而且支持 JavaScript 和 LLVM bitcode（LLVM 编译器的中间表示），以及 Ruby、Python、R 和 WASM。

GraalVM 平台包括以下组件：

❑ Java HotSpot 虚拟机；

❑ 一个 Node.js JavaScript 运行时环境；

❑ 一个执行 LLVM bitcode 的 LLVM 运行时；

❑ Graal：一个用 Java 编写的 JIT 编译器；

❑ Truffle：用于构建语言解释器的工具包和 API；

❑ SubstrateVM：用于原生镜像的轻量级执行容器。

在 GraalVM 项目中，语言之间可以自由地相互桥接，这样我们就可以在单个应用进程中组合使用多种不同的技术。这是一种非常不同的多语言编程方法，但它正好适合我们要讨论的主题。

非 JVM 语言

本章的重点是介绍在 JVM 上运行的语言。不过，使用多语言进行编程的程序员可能会发现系统中的一部分需要完全抛弃 JVM 运行。

很多流行的技术领域没有用到 JVM，下面是其中几个：

❏ 本地系统代码（C、Go 或 Rust）；
❏ 机器学习（Python）；
❏ 在用户的 Web 浏览器中运行（JavaScript）。

尽管其中许多也存在基于 JVM 的技术方案，但在下决心一定要使用 JVM 之前，我们需要评估替代方案的成熟度以及技术团队的人员组成。

前面概述了一些可能的选择，接下来将讨论如何为项目选择非 Java 语言。

8.3　如何为项目选择非 Java 语言

一旦决定在项目中使用非 Java 语言，就需要确定项目中哪些部分属于稳定层，哪些部分属于动态层或特定领域层。表 8-2 显示了可能适合每一层的任务。

表 8-2　适合特定领域层、动态层和稳定层的项目域

名　　称	问题域示例
特定领域层 那些不了解 Java 的领域专家可能会受益于特定领域层所提供的可读性。与软件生命周期相关的工具经常使用特定领域的语言和配置	构建、持续集成、持续部署； Dev-ops； 业务规则建模
动态层 系统的动态层可能受益于语言的更大的灵活性，以及语言提供的快速开发能力。对于面向内部的工具（比如测试和管理）尤其如此	快速 web 开发； 原型制作； 交互式管理和用户控制台； 脚本编写； 测试
稳定层 稳定层代码代表着系统的核心抽象。严格的类型安全和测试所带来的开销是值得的	并发代码； 应用容器； 核心业务功能

可以看到，替代 Java 的 JVM 语言有很多。得出这个结论很容易，但这仅仅是个开始。

接下来我们需要评估选择的替代语言是否合适。在评估技术栈时，我们可以参考以下标准。

❏ 项目域的风险承受能力是高还是低？
❏ 该语言与 Java 的互操作性如何？
❏ 该语言有哪些工具支持（例如 IDE）？
❏ 该语言的学习曲线有多陡峭？
❏ 聘请具有该语言开发经验的人员容不容易？

我们需要深入探讨上面提到的每一个标准，这样才能得出最后的评估结果。

8.3.1　项目域的风险承受能力是高还是低

假设我们有一个极为重要的支付处理规则引擎，每天需要处理数百万笔交易。这是一个稳定的 Java 软件，已经运行了七年多，但是测试覆盖率并不高，代码中存在很多潜在的隐患。支付处理引擎显然是引入新语言的高风险领域，特别是当它正在正常运行且缺乏测试覆盖和完全理解它的开发人员时。

但一个系统并不会仅有核心模块。例如，上面提到的这种情况显然需要更好的测试，而Kotlin有许多不错的测试框架，包括 Spek 框架和Kotest，它们基于 Kotlin 语言提供了清晰可读的测试代码，且没有 JUnit 里的那些样板代码。或者我们也可以使用**属性测试**（property testing）来验证规则引擎，在属性测试中测试用例可以利用生成的输入来验证各种条件。Clojure 的 `test.check` 就是一个很受欢迎的属性测试工具。

或者如果我们需要构建一个 Web 控制台，让用户来管理支付处理系统中的一些非关键静态数据。开发团队成员知道 Struts 和 JSF，但并不怎么喜欢这两种技术。这就是尝试新语言和新技术栈的另一个低风险区域。Spring Boot Kotlin 是一个显而易见的选择。

我们需要先在低风险项目域中试用。如果新技术栈不合适，可以选择终止项目并移植到不同的技术栈上，从而不会造成太多的干扰。

8.3.2　该语言与 Java 的互操作性如何

我们不想把原来写的那些 Java 代码弃之不用，这也是企业不愿意将新的编程语言引入其技术栈的主要原因之一。但是使用运行在 JVM 上的非 Java 语言，我们可以彻底改变这一点。我们能够最大化代码库中的现有价值而不是丢弃那些正常运行的代码。

JVM 上的非 Java 语言能够没有任何阻碍地与 Java 相互操作，因此可以部署到已经存在的环境中。无论这些 DevOps 人员是生产管理团队的还是自己团队的，这避免了给部署负责人带来麻烦。通过使用非 Java 的 JVM 语言，我们可以保留组织架构中原有的部署操作流程，这有助于减轻使用新的解决方案的阻力并降低其带来的风险。

注意　DSL 通常使用动态层（或在某些情况下使用稳定层）语言构建，因此大多数的 DSL 能通过其内置语言在 JVM 上运行。

有些语言比其他语言更容易与 Java 互操作。我们发现大多数流行的 JVM 替代品（例如 Kotlin、Clojure、JRuby、Groovy 和 Scala）与 Java 有良好的互操作性，甚至对于某些语言来说，它们之间的互操作性非常好，几乎可以实现无缝对接。如果想稳妥一点儿，可以先进行一些快速试验，确保自己了解实际的互操作效果。

以 Kotlin 为例，我们可以通过熟悉的 import 语句将 Java 包直接导入代码。之后，我们就可以轻松编写一个小的 Kotlin 脚本了，甚至可以使用交互式 Kotlin Shell 来查看 Java 对象，了解如何进行互操作。我们将在接下来的内容中专门讨论 Java 的互操作性。

8.3.3　这门语言是否有良好的工具和测试支持

大多数开发人员低估了他们在适应环境上花费的时间。强大的 IDE、构建工具和测试框架有助于我们快速生成高质量的软件。多年来，Java 开发人员一直受益于强大的工具支持，因此请务必记住，其他语言的成熟度可能不尽相同。

一些语言（例如 Kotlin）拥有支持编译、测试和部署的 IDE，而其他语言则没有完全成熟的工具。

一个相关的问题是，当使用一种语言开发了一个强大的工具供自己使用时（例如用 Clojure 开发的强大的 Leiningen 构建工具），该工具可能无法很好地适应其他语言。因此，团队需要仔细考虑如何对项目进行划分，尤其是部署独立但相关的组件时。

8.3.4　这门语言有多难学

学习一门新语言总会需要时间。如果开发团队不熟悉该语言的范式，那么花费的时间就更长了。如果新语言是面向对象的且具有类似 C 的语法（例如 Kotlin），那么大多数 Java 开发团队会很容易上手。

对于 Java 开发人员来说，如果新语言和 Java 编程范式相差较大，他们学起来就会比较困难。在流行的 JVM 备选语言中，像 Clojure 这样的语言能带来难以置信的强大优势，但是，要充分掌握这些特性以及 Lisp 的语法，开发人员需要投入时间接受专门的培训。

还有一种替代方法，是使用那些将现有语言重新实现的 JVM 语言。Ruby 和 Python 是成熟的编程语言，有大量的资料供开发人员自学。这些语言的 JVM 版本为 Java 开发人员提供了一个很好的起点，使他们能够轻松地学习和使用一种非 Java 语言。

8.3.5　使用这门语言的开发者多吗

企业必须考虑这样的现实情况：它们无法只雇用最优秀的开发者（尽管企业的广告可能会这么说），而且开发团队的成员在一年中都有可能发生变化。像 Kotlin 和 Scala 这样的语言已经足够成熟，企业可以招聘到大量的开发人员。但是像 Clojure 这样的语言，企业可能就无法招聘到足够的开发人员。管理者可能会反对使用一些不寻常的技术，因为他们担心这些技术创建的代码库会招不到人来维护。

注意　对重新实现语言的警告：许多用 Ruby 编写的包和应用程序，只针对原始的基于 C 的实现进行了测试。尝试在 JVM 上使用它们可能会出现问题。在做平台决策时，如果计划使用重新实现的语言编写整个系统，就需要留出额外的测试时间。

同样，重新实现的语言（比如 JRuby、Jython 等）可能会提供显著的优势。尽管在开发人员

的简历上很少看到有关 JRuby 的工作经历，但由于 JRuby 只是运行在 JVM 上的 Ruby，因此实际上有大量可供雇用的开发人员。那些熟悉 C 版本 Ruby 的开发人员通常能够轻松地理解并掌握它和 JVM 版本的 Ruby 的区别。

当选择备选语言时，虽然有很多选择，但也需要考虑许多因素。我们需要更深入地了解 JVM 是如何支持多种语言的。通过这种深入了解，我们才能清楚 JVM 语言的一些设计选择和限制。

8.4　JVM 对其他语言的支持

JVM 支持的语言可以通过两种方式在 JVM 上运行。

❏ 有一个生成类文件的源代码编译器。Kotlin 和 Clojure 都是以这种方式运行的。

❏ 有一个用 JVM 字节码实现的解释器。JRuby 就是以这种方式实现的。

在这两种情况下，通常有一个运行时环境为执行程序提供特定语言的支持。图 8-3 展示了 Java 和非 Java 语言的运行时环境。

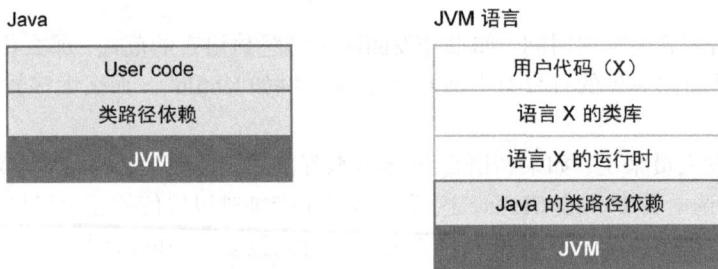

图 8-3　非 Java 语言的运行时支持系统

这些运行时支持系统的复杂性各不相同，这具体取决于非 Java 语言在运行时所需的支持力度。一般情况下，是将运行时作为一组 JAR 或模块来实现的，执行程序需要在类路径中包含这些 JAR 或模块。在解释执行时，解释器将在程序开始执行时进入引导状态，然后读取要执行的源文件。

8.4.1　性能

对于编程语言，开发人员经常问的一个问题是：它们的性能如何？表面上这是个好问题，但实际上并不容易回答，甚至并没有多大的意义。

正如我们在第 7 章中看到的那样，有基础的开发人员知道性能是由测量驱动的。测量是在单个程序上完成的，而不是针对编程语言的抽象概念。如果有人声称"X 语言的性能优于 Y 语言"，但又给不出可靠的数据，那么我们就不应该理会他。

在实践中，JVM 语言的整体性能特征是由语言的实现方式决定的。编译型语言在运行时也只是字节码，和 Java 一样会进行 JIT 编译。解释型语言具有截然不同的性能路径，因为进行 JIT 编译的代码是解释器本身，而不是程序代码。

注意 一些语言（例如 JRuby）采用混合策略。它们既有一个脚本解释器，又可以将源代码动态编译为 JVM 字节码，然后由 JVM 的 JIT 编译器将其编译为机器码。

在本书中，我们关注的重点是编译型语言。为了保证内容的完整性，我们会提及解释型语言（例如 Rhino），但不会在它们上面花太多时间。因此，我们所考虑的备选语言的性能将会大致相似。要获得更详细的信息，需要针对特定程序或工作负载进行详细分析。

在本节的其余部分，我们将讨论对其他 JVM 语言（编译型语言）的运行时支持，然后讨论编译器虚构（compiler fiction）——由编译器合成的特定于语言的特性，这些特性不会出现在底层的字节码里。

8.4.2 非 Java 语言的运行时环境

如何衡量特定语言的运行时环境的复杂性？一个简单方法是，查看提供运行时实现的 JAR 文件的大小。如果以此为衡量标准，我们可以看出 Clojure 的运行时相对轻量级，而 JRuby 则需要大量支持。

这不是一个完全公平的比较，因为一些语言的标准库更大，或者会将附加功能捆绑到标准发行版中。但是，这是一个尽管粗略但很有用的经验法则。

一般来说，运行时环境的作用是帮助类型系统和非 Java 的语言特性实现所需的语义。然而，在基本的编程概念方面，其他语言并不总是与 Java 有着一致的观点和实现方式。

例如，Java 的面向对象方式并未被其他语言普遍采用。在 Java 中，某个类实例的所有对象都具有完全相同的一组方法，并且该组方法在编译时就是固定的。但在 Ruby 中，单个对象实例可以在运行时新增方法，这些方法在定义类时是未知的，因此该类的其他实例并不一定有这些新增的方法。

注意 实际上，`invokedynamic` 指令之所以最初被添加到 JVM 中，就是为了提高非 JVM 语言里这些功能的实现效率。

JRuby 需要实现这种动态添加方法的能力（这种能力有时会被不准确地称为开放类），它需要 JRuby 运行时环境提供支持才能实现。

8.4.3 编译器虚构

有些语言特性是由编程环境和高级语法结合而成的，并不存在于底层的 JVM 实现中。这些特性称为**编译器虚构**。

注意 了解这些特性的实现方式会有所帮助，否则，你会发现你的代码运行缓慢，甚至在某些情况下会导致崩溃。有时，运行时环境需要做很多工作才能合成某个特性。

Java 的一些编译器虚构特性包括异常检查和内部类。比如对内部类来说，它们会转换为具有特殊合成访问方法的常规类，如图 8-4 所示。如果你曾经查看过 JAR 文件（使用 `jar tvf` 命令），并看到了大量名称中带有 `$` 的类，那么这些就是被取出并转换为"常规类"的内部类。

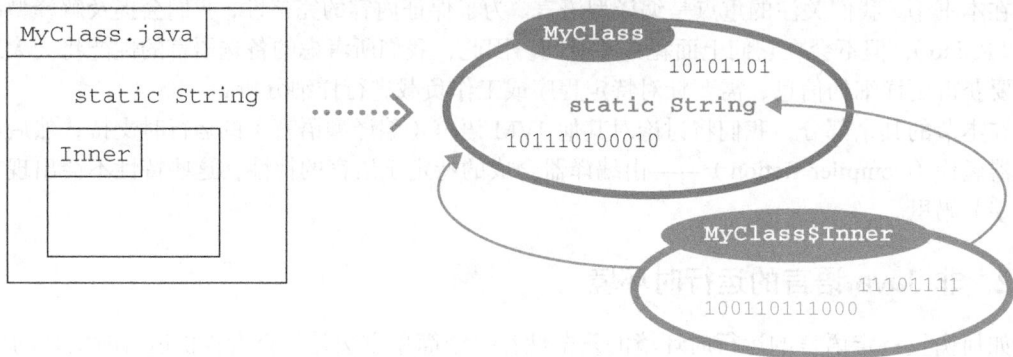

图 8-4　用编译器虚构实现的内部类

其他 JVM 语言也有编译器虚构。在某些情况下，这些编译器虚构甚至构成了该语言功能的核心部分。

在 8.1 节中，我们介绍了函数式编程中函数作为一等公民的关键概念：函数可以作为值赋给变量。早在 Java 添加 lambda 表达式之前，本书第三部分提到的所有非 Java 语言都已经支持此功能。当时 JVM 只能将类作为代码和功能的最小单元，那么这些语言是如何实现这一点的呢？

为了解决源代码和 JVM 字节码的这种差异，记住对象只是把数据和操作数据的方法绑在了一起。想象一个没有状态而只有一个方法的对象，比如在 Java 中实现的 Callable 接口的匿名类。将这样一个对象放入变量中，作为参数传递，然后调用其 `call()` 方法，就像下面这样：

```
Callable<String> myFn = new Callable<String>() {
    @Override
    public String call() {
        return "The result";
    }
};

System.out.println(myFn.call());
```

注意　本例中的 `myFn` 变量是匿名类，因此编译后它的文件名类似于 `NameOfEnclosingClass$1.class`。类编号从 1 开始，它随着编译器遇到的匿名类的增加而增加。如果它们是动态创建的且数量很多（在 JRuby 等语言中就可能发生这种情况），就会给存储类定义的堆外内存带来压力。

Java lambda 表达式实际上并不使用这种匿名类的方式，而是基于 `invokedynamic` 指令这一通用的 JVM 特性，我们将在第 17 章中详细讨论这个特性。其他 JVM 语言也正在从它们专有

的实现转向使用 `invokedynamic`。这是一个编译器虚构影响平台发展的有趣案例。

　　再举一个例子。第 9 章将会介绍 Kotlin 的**数据类**，这是一种语言特性。如果一个类只有一堆字段，使用数据类来声明会减少所需的代码量。在现在的 Kotlin 中，这个功能就是编译器虚构。但 Java 17 添加了 `record` 功能，它最终可能会成为 Kotlin 构建数据类的新基础。

小结

- [] JVM 上的其他 JVM 语言在处理某些问题时提供了比 Java 更好的解决方案。
- [] 编程语言可以基于不同的方式进行分类（解释型语言与编译型语言、动态类型语言与静态类型语言、命令式语言与函数式语言），这有助于我们为不同的任务选择正确的语言。
- [] 多语言编程通常分为 3 层：稳定层、动态层和特定领域层。Java 和 Kotlin 适用于软件开发的稳定层，而 Clojure 更适合动态层或特定领域层中的任务。
- [] 我们不应该在现有生产应用的核心业务中引入新语言，而应选择一个低风险区域作为试点。
- [] 团队和项目具有独特性，这将影响语言的选择。语言选择并没有一个完全正确的答案。

## 第 9 章

Kotlin

本章重点
- 为什么使用 Kotlin
- 便利和简洁
- 安全
- 并发
- 与 Java 的互操作性

JetBrains 是一家 IDE 工具开发商，其旗下的 IntelliJ IDEA 十分流行。JetBrains 于 2011 年发布了 Kotlin，希望能填补 Java 开发中的空白。同时，Kotlin 在使用场景上也努力避免与其他现有 JVM 语言交叉。

Kotlin 于 2012 年开源，并于 2016 年正式发布了 1.0 版本，JetBrains 承诺会持续支持和维护 Kotlin。之后它成了 Android 平台的推荐语言，并在其他 JVM 编程领域获得了众多坚定的追随者。JetBrains 和谷歌于 2018 年成立了 Kotlin 基金会，以保证 Kotlin 能获得长期可靠的支持。如今，Kotlin 甚至不再局限于 JVM，它还支持 JavaScript 和服务器端开发。

9.1 为什么使用 Kotlin

随着 JVM 语言的发展，Kotlin 提供了越来越多的功能改进，同时没有从根本上改变开发者所熟悉的 Java 语言编程范式。如果你想在现有的 Java 项目中使用另一门 JVM 语言，Kotlin 凭借其对便利性、安全性和互操作性的重视成了一个很好的选择。借助 IntelliJ IDEA 的支持，我们只需要点击一下就能将文件从 Java 转换为 Kotlin。

值得注意的是，一些最初只在 Kotlin 中出现的特性现在已经添加到了新版本的 Java 中，比如 Kotlin 的脚本功能。Kotlin 可以直接运行带有 kts 扩展名的源文件，而无须开发人员事先编译。这个功能其实就是在第 1 章中展示的 Java 11 的单文件功能。

除了本章，第 11 章还将继续介绍 Kotlin，探讨其作为 Gradle 构建的主要脚本语言。此外，我们将在第 15 章重新讨论 JVM 上的函数式编程，在第 16 章讲解 Kotlin 内置的协程机制。协程机制这一特性为 Java 经典的多线程机制提供了一个令人信服的替代方案。

安装

如果使用 IntelliJ IDEA，可以直接通过插件来安装 Kotlin。安装后就可以立即使用 Kotlin 编写代码了，这和 IDE 支持的其他语言没什么区别。

如果倾向于自己安装和设置，Kotlin 还提供了命令行编译器（kotlinc）和交互式 Shell（kotlin）。

如果想将 Kotlin 添加到现有项目中，我们需要更新项目的构建脚本。第 11 章将详细讲解这些构建系统。现在我们可以参考 Kotlin 的文档来使用 Maven 或 Gradle。安装好后，我们就可以探索 Kotlin 的基本功能了，看看它是如何运行在 JVM 上并对 Java 进行优化和改进的。

9.2　便利和简洁

Java 以冗长的代码著称。Kotlin 的很多功能看起来与 Java 有相似之处，但实际编写代码时你会发现，用 Kotlin 编写的代码要简洁得多。

9.2.1　从少开始

Kotlin 的简洁性表现在很多方面，我们先来看分号。Kotlin 不需要分号作为行尾，我们可以使用典型的换行符代替它们。当然，我们也可以使用分号，事实上，如果想将多个语句放在一行，分号是必需的。不过在大多数情况下，我们不需要使用分号。

Java 的许多默认设置是无法更改的，而 Kotlin 利用其后发优势对此进行了优化。比如 Java 默认只导入 java.lang，而 Kotlin 则默认提供了以下包：

- java.lang.*
- kotlin.*
- kotlin.annotation.*
- kotlin.collections.*
- kotlin.comparisons.*
- kotlin.io.*
- kotlin.ranges.*
- kotlin.sequences.*
- kotlin.text.*
- kotlin.jvm.*

大多数程序需要用到集合、文本或 IO 等功能，因此这些包能节省大量不必要的导入时间。

Java 的类型系统使用起来也很烦琐，我们在第 1 章中使用了 var 关键字来减少类型信息的重复。虽然不是第一个提供类型推断的，但 Kotlin 从一开始就有这个功能。

9.2.2　变量

在定义变量时，Kotlin 使用了与新版 Java 相同的关键字 var。它将根据右侧的表达式来推断变量的类型，如下所示：

```
var i = 1          ←————————┐   i 是 kotlin.Int 类型
var s = "String"   ←——————— s 是 kotlin.String 类型
```

与 Java 不同的是，在 Kotlin 中，var 不仅仅是一个类型快捷方式。如果我们想明确指出变量的类型，就仍然需要使用 var，并且需要将类型添加到变量名之后，这有时被称为**类型提示**（type hint）。如下所示：

```
var i: Int = 1          此处赋值因编译错误而失败，错误信息
var s: String = "String"    为类型不匹配，预期为 Int 类型，但推
var n: Int = "error"   ←——  断出来的为 String 类型
```

在 Kotlin 中，var 和 val 关系密切。使用 val 声明的变量是不可变的，不能在赋值后修改。它相当于 Java 中的 final var。对于不希望被重新赋值的变量，我们强烈建议使用 val。Kotlin 使用这个简洁的关键字来加强变量赋值的安全性，如下所示：

```
var i = 1
i = 2    ←——— var 变量可以重新赋值

val s = "String"
s = "boom"   ←——— 编译错误，错误信息是：不能为 val 变量重新赋值
```

关键字 var 和 val 在 Kotlin 中只能修饰变量和参数。Kotlin 在默认情况下倾向于使用不变性，这是它的一个关键设计因素，我们会在 Kotlin 语言中反复看到这一点。

一旦有了变量，我们就自然地想要比较它们。Kotlin 在相等性方面提供了一些有趣的功能。

9.2.3　相等性

许多 Java 程序会犯一个错误：

```
                          接收字符串。注意，相同的字符串字面量在内存中可能
// Java                    存储在同一个对象里，因此使用错误的比较方式也可能
String s = retrieveString();  ←——  得到正确的结果，从而给人一种错误的安全感
if (s == "A value") {
    // ...   ←——————  代码不会运行到这里，因为
}                     值相同但引用不同
```

我们知道，Java 中的 == 比较的是引用，而不是值，这与许多其他语言不同。

Kotlin 修正了这一点，将 == 视为比较常见类型（如 String）的值。实际上，对 == 的调用等同于对 equals 的空安全调用。Kotlin 优化了这些常见的编程场景，避免了 Java 编程中可能出现的大量错误，如下所示：

```
// Kotlin
var s: String = retrieveString()
if (s == "A value") {          如果 s 的值为 "A value"，
    // ...                      此处的代码将会被执行
}
```

在极少数情况下，我们可能仍想比较引用。这时我们可以使用 Kotlin 的 ===（及其对应的 !==），它们相当于 Java 的 == 和 !=。变量比较很重要，但在 Java 中如果不调用其他代码或定义自己的工具方法，我们能做的其实并不多。

9.2.4 函数

很多时候我们把术语"函数"（function）等同于"方法"（method），但实际上，在 Java 中只有方法，我们不能在类之外定义可重用的代码块。尽管接下来我们会看到 Kotlin 拥有 Java 的面向对象优点，但它也清楚地知道有时我们只想要一个简单的函数。

遵循 Kotlin 的简洁原则，定义函数的代码如下所示：

```
fun doTheThing() {          在 Kotlin 中我们使用关键字 fun
    println("Done!")        定义函数。当定义类的方法时，
}                           我们会再次看到 fun
```

这与 Java 的处理方式略有不同，不过仍然很容易理解。除了开始声明的关键字 fun 外，最大的区别是它没有返回类型。在 Kotlin 中，如果函数不返回任何内容，我们就不需要显式声明为 void，返回类型被自动视为 Unit 类型（这是 Kotlin 表示"无返回值"的方式）。

如果我们想要返回一个值，就需要直接声明，如下所示：

```
fun doTheThing(): Boolean {    声明函数的返回类型为 Boolean
    println("Done!")
    return true                返回 true
}
```

如果不传递任何参数，函数的用处不大。Kotlin 的参数语法看起来很像变量声明，如下所示：

```
                               我们的函数现在接收一个
                               Int 类型的参数
fun doTheThing(value: Int): Boolean {
    println("Done $value!")    函数里参数的使用方式和局部
    return true                变量一样。这里使用了 Kotlin 提
}                              供的字符串插值功能
```

不过在 Kotlin 中，即使是最简单的函数定义也有一些小窍门。有时函数参数的顺序可能不是很明显，尤其是当参数的类型都匹配时，如下所示：

```
fun coordinates(x: Int, y: Int) {
    // ...
}
```

当调用这个函数时，我们必须记住参数的顺序：x 在 y 之前，否则就有可能出现错误。Kotlin 使用**命名参数**（named argument）解决了这个问题，如下所示：

```
fun coordinates(x: Int, y: Int) {
  // ...
}

coordinates(10, 20)
coordinates(y = 20, x = 10)
```

对函数的
正常调用

尽管对位置进行了重新排序，但由
于使用了命名参数，此调用将产生
与函数正常调用相同的执行结果

注意   当调用 Java 方法时不能使用命名参数，反过来，从 Java 中调用 Kotlin 函数时也不能使用命名参数，因为参数的名称并不会保留在字节码中。此外，在 Kotlin 中更改参数名称被视为对 API 的破坏性更改，而在 Java 中，只有对参数类型、参数数量或参数顺序的更改才会带来问题。

有时，在调用函数时没必要传递所有的参数，某些参数可以有合理的默认值。在 Java 中，我们通过使用不同参数集的同名方法来实现这个功能。Kotlin 也支持这种做法，不过我们还可以通过更简洁的方式直接为参数设置默认值，如下所示：

```
fun callOtherServices(value: Int, retry: Boolean = false) {
  // ...
}
callOtherServices(10)
```

函数中的参数 retry
默认为 false

这里我们无须定义两个 callOtherServices（一个为单参数，另一个有两个参数），而是使用一个函数就能实现所有这些功能，从而避免了大量的样板代码。

Kotlin 提供了单行函数语法来处理如下这种情况。它为特定的计算或检查提供了封装和名称。Kotlin 通过声明这些短函数极大地简化了我们的代码：

```
fun checkCondition(n: Int) = n == 42
```

这种函数格式很短，用一个等号（=）代替了花括号，并使用了类型推断。单行函数语法还可以省略返回类型，因为 Kotlin 能自动推断出表达式的类型。

这种语法展示了 Kotlin 更底层的语言设计特点，即它对**一等公民函数**（first class function）的支持。Kotlin 中的函数可以作为参数传递，也可以存储在变量和属性中，并从其他函数里返回。尽管 Kotlin 不被认为是一种函数式语言，但它对一等公民函数的支持使其可以使用许多常见的函数式编程范式。

将函数赋值给变量有几种不同的形式，具体取决于函数的来源。如果之前已经声明了该函数，那么可以使用操作符::来按名称引用它：

```
fun checkCondition(n: Int) = n == 42
val check = ::checkCondition
```

在 Kotlin 里我们还可以使用 **lambda** 表达式来动态创建匿名函数：

```
val anotherCheck = { n: Int -> n > 100 }
```

无论以何种方式赋值，只要这个引用是针对函数的，我们就可以把变量名当成函数名称来使用。此外，也可以使用 invoke 函数来调用，如下所示：

```
println(check(42))
println(anotherCheck.invoke(42))
```

之前使用 fun 定义了 checkCondition
函数，然后将它赋值给 check 变量。此
处运行了该函数并返回 true

运行 lambda 表达式，以判断是否大于
100，如果不大于，则输出 false

函数并不仅仅局限于赋值给局部变量。像其他值一样，我们可以将它作为参数传递给其他函数。这是一等公民函数语言的关键属性之一。

正如我们之前所见，Kotlin 的函数参数需要声明自己的类型。对于函数本身也是如此，Kotlin 提供了一个特定的语法来声明函数的类型，如下所示：

```
fun callsAnother(funky: (Int) -> Unit) {
  funky(42)
}
callsAnother({ n: Int -> println("Got $n") })
```

callsAnother 接收一个函数参数，该函数
参数的参数类型为 Int 且不返回任何值

callsAnother 调用
传递给它的函数

我们可以使用一个函数类型
匹配的 lambda 表达式来调
用 callsAnother

函数类型用 -> 分隔为两部分：() 中的参数类型列表以及返回类型。参数类型列表可以为空，但返回类型不能省略。如果传递的函数不返回任何值，则其类型必须指定为 Unit。

注意 当 lambda 表达式只有一个参数并且可以推断出类型时，可以使用标识符 it 来指代参数，而省略参数名称和后面的箭头。

函数的参数必须指明它们期望调用者传递的类型，Kotlin 通过对 lambda 表达式进行类型推断为调用者节省了很多内容。下面是我们之前调用 callsAnother 的所有形式，可以看到显式输入越来越少：

```
callsAnother({ n: Int -> println("Got $n") })
callsAnother({ n -> println("Got $n") })
callsAnother({ println("Got $it") })
```

对 callsAnother 的原始调用，
完整指明 lambda 表达式的类型

Kotlin 可以推断出 n 是 Int 类型，因为
这是 callsAnother 所需要的类型

将单个参数传递给 lambda 表达式的模式非常普遍，因此
Kotlin 提供了一个特殊标识符 it 来简化这一过程

在将 lambda 表达式作为参数传递时还有一个技巧。如果函数的最后一个参数是 lambda 表达式，则可以将 lambda 表达式放到括号之外。如果函数的唯一参数是 lambda 表达式，我们甚至不需要使用括号。以下 3 个调用结果相同：

```
callsAnother({ println("Got $it") })
callsAnother() { println("Got $it") }
callsAnother { println("Got $it") }
```

我们将在第 15 章深入探讨如何使用 Kotlin 进行函数式编程。下面，我们先来看看 Kotlin 是如何利用这些函数式特性来解决 Java 集合里经常出现的问题的。

9.2.5 集合

集合是程序中最常见的数据结构之一。Java 很早就通过标准的集合库提供了强大的功能和灵活性。但是，语言本身和对向后兼容性的限制使得集合代码过于冗长和烦琐，且涉及许多样板代码，尤其在与 Python 等脚本语言或 Haskell 这类函数式语言相比时，这种问题更为明显。虽然 Java 的新版本极大地改善了这种情况（可以参考第 1 章对集合工厂的介绍和附录 B 中关于流的内容来了解更多信息），但是 Java 最初的集合设计所带来的问题至今仍然存在。

Kotlin 在设计之初就从这些问题中吸取了教训，并提供了良好的集合处理体验。比如下面示例中的标准函数可以用来创建常见的集合类型，它们在 Kotlin 发布之初就存在了，而 Java 则到了 Java 9 才引入了这些功能。

使用推断类型 `kotlin.collections.List<String>` 和 `kotlin.collections.MutableList<String>` 创建列表

```
val readOnlyList = listOf("a", "b", "c")
val mutableList  = mutableListOf("a", "b", "c")
```

使用推断类型 `kotlin.collections.Map<String, Int>` 和 `kotlin.collections.MutableMap<String, Int>` 创建 Map。注意关键字 `to` 是定义 Map 的内置语法

```
val readOnlyMap = mapOf("a" to 1, "b" to 2, "c" to 3)
val mutMap = mutableMapOf("a" to 1, "b" to 2, "c" to 3)
```

```
val readOnlySet = setOf(0, 1, 2)
val mutableMap  = mutableSetOf(1, 2, 3)
```

使用推断类型 `kotlin.collections.Set<String>` 和 `kotlin.collections.MutableSet<String>` 创建 Set

出于性能和正确性方面的考虑，默认情况下函数会返回集合的只读副本，这是一个明智的设计决策。如果想要获得能够修改的集合对象，我们需要明确调用 `mutable` 系列的函数。在 Kotlin 中，不可变函数的名称更简单，也更短，因此更方便使用。Kotlin 通过这种方式让我们在编码时更倾向于选择不变性，从而避免可变性可能带来的问题。

你可能已经注意到，这些推断出来的集合类型不同于标准的 Java 类型，尽管名称相似，但它们位于 `kotlin.collections` 包中。Kotlin 定义了自己的集合接口层次结构，如图 9-1 所示，但在底层上，它重用了 JDK 的实现。这使得 `kotlin.collections` 接口更清晰，同时又保留了将集合传递给 Java 代码的能力，因为这些实现也支持 `java.util` 中的集合接口。

```
Iterable<out T>
```

图例
父类
派生于
子类

```
MutableIterable<out T>        Collection<out T>
```

```
MutableCollection<out T>
```

```
List<out T>          Set<out T>          Map<K, out V>
```

```
MutableList<out T>      MutableSet<out T>      MutableSet<K, V>
```

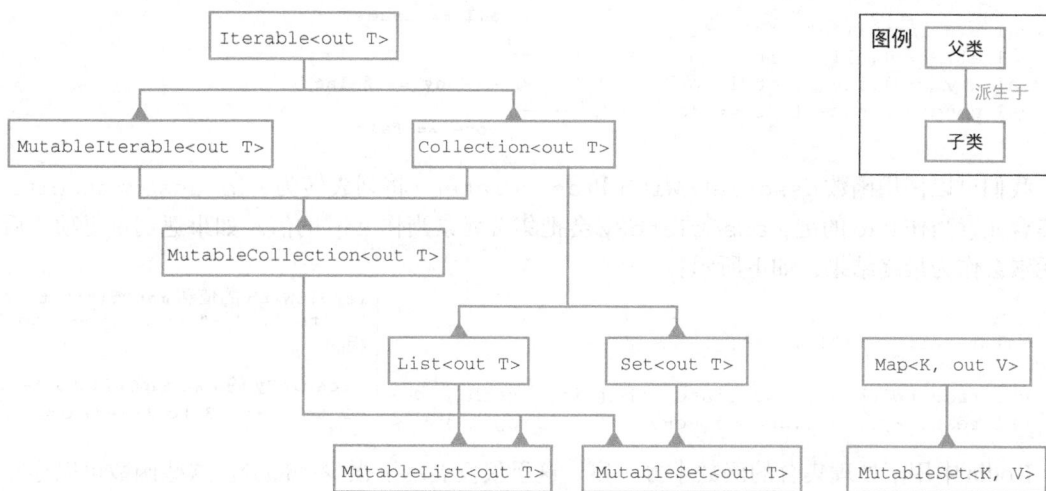

图 9-1 Kotlin 的集合接口层次结构

这些集合支持所有标准的 Java 接口和模式。我们可以使用 for ... in 循环来迭代它们，如下所示：

```
val l = listOf("a", "b", "c")

for (s in l) {
  println(s)
}
```

用于遍历集合的 for 循环是 Kotlin 对集合本身唯一的直接操作。Kotlin 中的集合功能很丰富，且应用广泛。Kotlin 集合大量使用了前文提到的一等公民函数特性。不过这些功能几乎总是返回一个新的集合，而不是修改它们所操作的原有集合。自从 lambda 表达式和流发布以来，Java 代码也越来越多地使用这种风格，它们有许多共同之处。

我们可以从集合中获取元素，并通过对每个元素做一些计算将其转换为不同的值。map 使用传入的函数实现了这个功能，如下所示：

```
val l = listOf("a", "b", "c")                    结果是一个包含 "A"
val result = l.map { it.toUpperCase() }  ◁──     "B" "C" 的列表
```

另一个常见的操作是在进行进一步处理之前从集合中删除某些值。可以使用 filter 实现这个功能，它接收一个返回布尔值的 lambda 表达式。这个 lambda 表达式被称为谓词（predicate），filter 通过反复调用谓词来决定返回哪些元素，如下所示：

```
val l = listOf("a", "b", "c")
val result = l.filter { it != "b" }   ◁──  结果是一个包含 "a" 和 "c" 的列表
```

如果我们不需要返回值，而只想知道集合是否满足特定条件，那么可以使用函数 all、any 和 none。这些函数不会复制数据且会尽可能早地返回（比如 all() 在遇到第一个 false 后就会返回），如下所示：

```
val l = listOf("a", "b", "c")                        all == true
val all  = l.all  { it.length == 1 }  ◁━━━━┛
val any  = l.any  { it.length == 2 }   ◁━━━ any == false
val none = l.none { it == "a" }     ◁━━┐
                                        none == false
```

我们可以使用函数 associateWith 和 associateBy 将列表转为 Map。associateWith 会把集合元素当作 Map 的键，associateBy 会把集合元素当作 Map 的值。如果遇到重复项，后面的元素会作为最终结果，如下所示：

```
                                            resultWith 的值和 mapOf("!" to 1,
                                            "-" to 1, "--" to 2, "---" to 3)
                                            相同
val l = listOf("!", "-", "--", "---")

val resultWith = l.associateWith { it.length }  ◁━━ resultBy 的值和 mapOf(1 to "-",
val resultBy   = l.associateBy   { it.length }  ◁━━┛ 2 to "--", 3 to "---")相同
```

Kotlin 中用于处理集合的函数十分丰富，这里仅仅展示了很少一部分。这些函数可以连在一起使用，以便对集合执行具有表现力且简洁的操作。Kotlin 官方集合文档非常出色，它介绍了分组、排序、聚合和复制等主题。

Kotlin 专注于保持代码简洁，这在其他基本功能上也有所体现。Kotlin 优先使用表达式而不是语句，这是它使代码具有表现力的另一种方式。

9.2.6   表达自己

我们在学习编程的过程中遇到的第一个结构通常是 if。在 Java 中，if 是用来控制程序执行流程的语句。Kotlin 也用 if 来控制程序执行流程，但在 Kotlin 中，if 不仅仅用来控制流程，它还是一个有返回值的表达式，如下所示：

```
                                          变量 iffy 会接收一个值，这
                                          取决于执行的是哪个分支
val iffy = if (checkCondition()) {  ◁━━━┛
    "sure"          ◁━━━━━━━━━━┓
} else {                       如果 checkCondition() 为真，
    "nope"  ◁━━┓               "sure" 会被赋值给 iffy
}              如果 checkCondition() 为假，
               "nope" 会被赋值给 iffy
```

与其他变量赋值一样，我们可以在 if 表达式中使用类型推断。Kotlin 在确定类型时会考虑每个分支的最后一行。

if 表达式十分强大，以至于 Kotlin 实际上放弃了 Java 从 C 语言继承来的三元操作符。三元操作符对代码进行了简化，但也因代码压缩而降低了可读性。尽管 if 表达式的代码略长，但在许多情况下更具可读性。如果逻辑进一步增多，只需转换为多行即可，如下所示：

```
val myTurn = if (condition) "sure" else "nope"
```

Kotlin 中的很多设计是早于 Java 中的类似功能的，if 表达式只是其中一个示例。在第 1 章，我们讨论过 Java 新版本引入的 **switch** 表达式。Kotlin 根本不使用传统的 C 风格 switch 语法，而是使用功能强大的关键字 when 来替代，如下所示：

```
val w = when (x) {          如果 x 的值为 1，则将"one"赋值给 w
  1 -> "one"   ←
  2 -> "two"   ←            如果 x 的值为 2，则将
  else -> "lots"  ←         "two"赋值给 w
}
                            如果 x 的值是其他值，
                            则将"lots"赋值给 w
```

when 支持许多其他非常有用的形式。使用关键字 in，我们可以检查集合中的元素，如下所示：

```
val valid = listOf(1, 2, 3)
val invalid = listOf(4, 5, 6)

val w = when (x) {          检查 x 是否在集合中，相当于
  in valid    -> "valid"    调用了 valid.contains(x)
  in invalid  -> "invalid"  和 invalid.contains(x)
  else        -> "unknown"
}
```

Kotlin 还提供了对数字范围的语言级支持，可以配合 when 和 in 来使用，如下所示：

```
val w = when (x) {          语法 .. 定义了一个包含范围，
  in 1..3 -> "valid"        因此这段代码等同于前面使用
  in 4..6 -> "invalid"      列表的示例
  else    -> "unknown"
}
```

值得注意的是，when 的左侧条件可以是任何有效的表达式，只要类型符合要求即可。例如，我们可以在左侧使用函数调用，这是一个简化复杂条件的好技巧，如下所示：

```
fun theBest() = 1            因为直接使用了 theBest 的返回值，
fun okValues() = listOf(2, 3)  所以 theBest 必须返回一个 Int 来和
                            传入值进行比较
val message = when (incoming) {
  theBest()     -> "best!"  ←   因为 okValues 的返回值与 in 一起
  in okValues() -> "ok!"    ←   使用，所以它必须是一个集合
  else          -> "nope"
}
```

最后一点，不要觉得 when 是无所不能的，否则会有滥用的风险。这里的所有示例都提供了一个 else 分支。删除这个分支会导致编译错误，提示我们没有处理所有可能的情况，如下所示：

```
error: 'when' expression must be exhaustive, add necessary 'else' branch
```

在 Kotlin 中，我们可以用表达式来替换 Java 中的语句构造，比如在使用 try catch 进行错误处理时，可以进行如下处理：

函数调用
可能失败

```
val message = try {
    dangerousCall()
    "fine"
} catch (e: Exception) {
    "oops"
}
```

如果 **dangerousCall()** 正常执行，
则将**"fine"**赋值给变量 **message**

如果 **dangerousCall()** 抛出异常，
则将**"oops"**赋值给变量 **message**

这避免了在 try catch 之外声明变量，否则所有分支都需要正确处理才行。这种方式不仅写起来更简短，而且更安全，因为编译器会保证赋值是有效的。

尽管 Kotlin 和 Java 都在某种程度上实现了函数式编程功能，但它们本质上还是面向对象语言。接下来，我们将学习如何在 Kotlin 中定义类和对象。

9.3　对类和对象的不同看法

Kotlin 的类与 Java 非常相似，都是使用关键字 class 定义。不过，正如我们在前面所看到的，两者的代码是不同的，Kotlin 更强调便利和简洁。

首先要注意的是，Kotlin 不使用关键字 new 来创建类的实例。相反，它的语法更类似于使用类名来调用函数，如下所示：

```
val person = Person()
```

Kotlin 并没有像 Java 那样有字段（field）的概念。相反，我们使用 val 和 var 在类中声明属性（property）。这些属性可以使用与 Java 字段相同的方式内联初始化，如下所示：

```
import java.time.LocalDate

class Person {
    val birthdate = LocalDate.of(1996, 1, 23)
    var name = "Name Here"
}
```

只读属性 **birthdate**

可变属性 **name**

注意　正如第 4 章提及的，字段存在于 JVM 级别，因此 Kotlin 的属性实际上会被转换为字节码中的字段。但在语言层面，我们应该从属性的角度来思考。

Java 类中的样板代码主要来源于字段的 getter 和 setter 方法。Kotlin 则会自动为属性提供访问器，在 Kotlin 中我们可以像访问 Java 字段那样使用这些访问器方法，如下所示：

```
println("Hi ${person.name}. " +
        "You were born on ${person.birthdate}")
person.name = "Somebody Else"
// person.birthdate = LocalDate.of(2000, 1, 1)
```

输出消息：Hi Name Here. You
were born on 1996-01-23

val 属性不能修改

var 属性可以有 **setter** 方法，
和等号一起使用

类设计中的一个重要主题是状态数据的可见性，尤其是当它涉及封装时。Kotlin 采取了一个略有争议的设计决策，即所有属性都是公开的（public），这与 Java 的默认包可见性有所不同。虽然普遍认为将所有属性公开并非最佳实践，但 Kotlin 的设计者发现，如果不这么做，开发人员就需要在代码中频繁地声明 public，因此选择 public 作为默认值可以让我们的代码更简洁。

Kotlin 支持以下 4 个级别的可见性，其中大部分与 Java 级别对应。

❑ private——仅在当前类或顶级函数中可见。

❑ protected——在类和子类中可见。

❑ internal——对一起编译的代码集可见。

❑ public——公开可见。

如果我们想将 birthdate 属性设为私有，可以这样做：

```
class Person {
  private val birthdate = LocalDate.of(1996, 1, 23)
  var name = "Name Here"
}
```

Kotlin 对外公开的是属性，而不是字段，我们可以在 Kotlin 中使用**委托属性**（delegated property）。当后面跟着 by 关键字时，我们可以为属性添加自定义的 get 和 set 行为。这个功能在本书后面介绍的许多高级技术中会被用到。

标准库附带了几个有用的委托实现。如果想在调试时知道值何时被更改，可以使用 Delegates.observable 提供的钩子功能，如下所示：

```
import kotlin.properties.Delegates

class Person {
  var name: String by Delegates.observable("Name Here") {
      prop, old, new -> println("Name changed from $old to $new")
  }
}
```

调用 Delegates.observable 时传递的值被视为属性的初始值。我们传递给 Delegates.observable 的 lambda 表达式将在属性值更改后被调用。属性本身的句柄、旧值以及新值都会被传递到 lambda 表达式。这里我们只简单地输出属性值的变化。

与 Java 一样，Kotlin 支持使用构造器来创建类的实例。事实上，Kotlin 提供了几种不同的构造形式，其中一种是在最顶部用类名声明一个**主构造器**（primary constructor），我们还可以在构造器中指定属性值：

```
class Person(
  val birthdate: LocalDate,
  var name: String) {
}
```
主构造器使用 **val** 和 **var** 关键字声明了两个属性，因此我们不需要在后面重新声明

```
val person = Person(LocalDate.of(1996, 1, 23),
                    "Somebody Else")
```
因为没有提供默认值，所以必须在构造时传递参数

如果需要在构造器上使用可见性修饰符或注解，则可以使用 constructor 关键字。如果想对外隐藏构造器，可以这样做：

```
class Person private constructor(
  val birthdate: LocalDate,
  var name: String) {
}
```

如果想在对象构造期间执行其他逻辑，可以使用 init 关键字，如下所示：

```
class Person(
  val birthdate: LocalDate,
  var name: String) {

  init {                              ⟵─┐ init 会在构造器分配属性
    if (birthdate.year < 2000) {         后运行，这样我们才能在代
      println("So last century")         码中访问这些属性
    }
  }
}
```

一个类可能有多个 init 代码块，它们按照在类中定义的顺序运行，如下所示。类中定义的属性只有在定义之后才能被 init 代码块访问：

```
class Person(
  val birthdate: LocalDate,
  var name: String) {

  init {                              ⟵─┐ 编译失败，错误信息：变量 "nameParts"
    // println(nameParts)                必须先初始化
  }

  val nameParts: List<String> = name.split(" ")

  init {
    println(nameParts)     ⟵──── 正常运行，并输出列表信息
  }
}
```

如果需要额外的构造器，可以使用 constructor 关键字在类中定义，如下所示。这些构造器被称为**次构造器**（secondary constructor）。

```
class Person(
  val birthdate: LocalDate,
  var name: String) {
                                        当一个类有主构造器时，如果次构
  constructor(name: String)             造器想调用它，就需要通过 this
    : this(LocalDate.of(0, 1, 1), name) {  ⟵─ 来实现（或通过其他次构造器）
}
```

注意 在 Java 中，我们可以通过多个构造器来提供默认值，而在 Kotlin 中可以直接使用默认参数值来实现。

类的属性很有用，不过类还有很多其他强大的功能。在本章的前面我们学习了函数语法，下面的示例使用了函数语法来向类里添加方法：

```kotlin
class Person(
  val birthdate: LocalDate,
  var name: String) {

  fun isBirthday(): Boolean {
    val today = LocalDateTime.now().toLocalDate()
    return today == birthdate
  }
}
```

如前所述，**Kotlin** 中的函数默认是公开可见的。如果我们想隐藏一个函数，就需要在它前面加上相应的访问修饰符，如下所示：

```kotlin
class Person(
  val birthdate: LocalDate,
  var name: String) {

  fun isBirthday(): Boolean {      ◁──  只要能访问 Person 类，就可以
    return today() == birthdate         使用 isBirthday 方法
  }
  private fun today(): LocalDate {  ◁──  today 方法仅在 Person 类
    return LocalDateTime.now().toLocalDate()   中可用
  }
}
```

面向对象编程的另一个关键部分是**继承**（inheritance）。Kotlin 没有 extends 关键字，而是通过我们熟悉的:语法表示继承。我们之前在类型声明中见过它，可以按照以下方式使用：

```kotlin
class Child(birthdate: LocalDate, name: String) ◁──  Child 类构造器的参数。
  : Person(birthdate, name) {                         注意，它们没有使用 val
}                                                     和 var 来声明，因此不
└── 调用父类构造器                                      会与父类属性冲突，但可
                                                      以作为局部变量传递给
                                                      父类构造器
```

如果想使用继承，我们需要对 Person 类进行更改。为了鼓励仅在需要的地方进行子类化，**Kotlin** 的类默认是**封闭**（closed）的。如果一个类想要被子类化，就必须使用 open 关键字来开启，如下面的代码所示。这与 **Java** 正好相反，在 **Java** 中类默认处于开启状态，需要使用 final 关键字来让它不被子类化。

```kotlin
open class Person(     ◁──  open 关键字位于 class 关键字
  val birthdate: LocalDate,    和可见性修饰符之前
  var name: String) {
  //...
}
```

同样的默认封闭原则也适用于方法。如果需要重写某个方法，父类必须将这个方法声明为

open，然后子类需要用 override 关键字修饰重写的方法，如下所示：

```kotlin
open class Person(
  val birthdate: LocalDate,
  var name: String) {

  open fun isBirthday(): Boolean {        Person 类声明 isBirthday 方法
    return today() == birthdate           可以在子类中被重写
  }

  private fun today() : LocalDate {
    return LocalDateTime.now().toLocalDate()
  }
}

class Child(birthdate: LocalDate, name: String)
    : Person(birthdate, name) {
                                          Child 类必须明确地将其
  override fun isBirthday(): Boolean {    方法标记为 override
    val itsToday = super.isBirthday()
    if (itsToday) {
      println("YIPPY!!")                  Child 类可以用 super 调用
    }                                     isBirthday 的父类实现
    return itsToday
  }
}
```

与 Java 一样，Kotlin 的类只能继承一个父类，但可以实现多个接口，如下面的代码所示。我们可以在 Kotlin 接口中定义方法的默认实现，就像 Java 8 一样。

```kotlin
interface Greetable {                     在接口中定义一个
  fun greet(): String                     返回问候语的方法
}

open class Person constructor(
  val birthdate: LocalDate,               Person 类声明它实现了
  var name: String): Greetable {          Greetable 接口

  override fun greet(): String {          接口方法默认是开放的，所以它们的
    return "Hello there"                  实现必须指定 override
  }
}
```

在 Kotlin 中，接口实现起来很简洁，和类继承的形式一样，这样我们就不用像在 Java 中那样，需要记住是使用 extends 还是 implements。

数据类

我们可以利用 Kotlin 的基本结构创建丰富的对象模型，但有时我们想要的只是一个传递数据的容器。Kotlin 提供了数据类（data class）来支持此功能。

注意 我们在第 3 章中提到过 Java 的 record 功能，在某些方面，Kotlin 数据类与 Java 的 record 功能非常相似。

尽管 Kotlin 实现了强大的属性功能，但是普通类在相等性问题上仍然存在缺陷：默认的 equals 和 hashCode 实现还是基于对象引用，而不是其属性的值。

不过，当我们将类型声明为数据类时，只要不明确提供自己的实现版本，Kotlin 就会替我们生成想要的 equals 函数，如下所示：

```
class PlainPoint(val x: Int, val y: Int)

val pl1 = PlainPoint(1, 1)
val pl2 = PlainPoint(1, 1)

println(pl1 == pl2)          ← equals 默认比较的是引用
                                相等性，因此输出 false

data class DataPoint(val x: Int, val y: Int)
val pd1 = DataPoint(1, 1)
val pd2 = DataPoint(1, 1)
                                如果使用的是 Kotlin 的数据类，
println(pd1 == pd2)          ←  此处就会输出 true
```

数据类必须有一个主构造器，且主构造器里至少有一个 val 或 var 参数。数据类不能用 open 来修饰，因为如果数据类存在子类的话，Kotlin 就不可能在编译时正确地生成 equals 函数。此外，数据类也不能作为内部类使用。除了这些约束和一些其他限制，它们和普通的类没什么区别，我们可以在数据类上实现任何想要的功能或接口。

Java 开发者可能想知道如何在类中声明一个不属于实例但属于整个类的函数。Kotlin 选择不支持静态方法，在 Kotlin 中，要么是自由浮动的函数，要么是对象的成员方法。

但是，我们不可否认，将函数与类相关联有其便利之处，Kotlin 通过**伴生对象**（companion object）提供了类似的功能。这个语法会声明一个位于类中的单例对象。Kotlin 使用 companion object 声明的对象具有属性和函数，是一个完整的对象。这避免了 Java 中静态方法的一些问题（比如测试困难），同时保留了把功能与类相关联所带来的便利性。

这些函数的一个常见使用场景是工厂方法，我们可以将对象的构造器设置为私有，然后通过更具体的命名方法来创建对象，如下所示：

```
class ShyObject private constructor(val name: String) {  ←
                                                ShyObject 将其构造器声明
  companion object {                            为私有的，因此类之外的任何
    fun create(name: String): ShyObject {  ←    人都不能直接使用它
      return ShyObject(name)
    }
  }
}                                    伴生对象中的工厂方法是 ShyObject 类的
                                     一部分，因此它可以访问私有构造器

ShyObject.create("The Thing")
在类之外，我们可以直接通过 ShyObject 的
类名来调用它的伴生函数
```

作为 Java 的替代语言，Kotlin 为我们带来了很多便利并减少了大量的样板代码。不过它提供的功能不止于此，我们将在 9.4 节继续学习。

9.4　安全

Kotlin 构建在 JVM 之上，因此它别无选择，只能遵循一些来自虚拟机的设计约束。例如，JVM 规范规定 null 可以分配给任何引用类型的变量。

尽管存在这些问题，Kotlin 仍试图解决一些常见的代码安全问题，尽量减少从 Java 继承来的问题。它将许多 Java 代码模式提升为语言特性，从而使代码在默认情况下更安全。

9.4.1　空安全

Java 里最常见的异常是 NullPointerException。当我们尝试访问本应包含对象但实际上为空的变量或字段时，就会抛出这个异常。快速排序算法的设计者 Tony Hoare 是第一个将空指针引入编程语言的，他在 ALGOL 语言中使用了空指针，后来这被称为是他犯下的一个 "10 亿美元错误"。

Java 提供过几种不同的方法来保护空值。Optional 类型会让我们始终拥有一个具体的对象，同时仍然能表示空值而不是求助于 null。许多校验和序列化框架支持 @NotNull 和 @Nullable 注解，它们可以确保应用程序的某些关键值不会被错误地设置为 null。

Kotlin 采用了这些常见的代码模式并将它们直接融入语言本身。下面我们回顾一下之前那个分配变量的示例。当与空值结合时它们的行为是怎么样的呢？

```
val i: Int = null          尝试将 null 赋值给这些类型的话，
val s: String = null       代码将无法编译
```

这两个赋值操作都会提示编译错误，错误信息为：null 不能赋值给非空类型 Int。尽管 Kotlin 里的 Int 和 String 类型看起来和 Java 一样，但实际上它们不允许空值。

注意　Kotlin 将可空性作为其类型系统的一部分。Java 里的 String 类型允许赋值为 null，这和 Kotlin 里的 String 类型不一样。

如果想要允许变量接收 null 值，我们需要在类型后面添加后缀问号，即?，代码如下所示：

```
val i: Int? = null          将类型更改为 Int? 和 String?,
val s: String? = null       这样变量就可以接收空值
```

注意　我们应该尽可能使用非空类型来声明变量和参数，这样 Kotlin 就能保护我们免受 NullPointerException 的困扰。

但是，我们并不能总是避免空值。在与 Java 代码交互时，或者类在设计时并未考虑空值安

全性时，我们可能需要处理空值。即使我们在代码中用到了空值，Kotlin 也会告知我们潜在的风险，如下所示：

```
val s: String? = null          ◁──┐ 创建一个可为空的变量
println(s.length)              ◁──── 尝试访问该变量的属性
```

Kotlin 会判断出调用 s.length 是不安全的，因此会拒绝编译并抛出错误：在类型为 String? 的可空对象上只能执行安全调用（?.）或非空断言调用（!!.）。

Kotlin 的第一个建议是改成使用安全操作符（?.）。此操作符会检查其操作的对象。如果对象为 null，则返回 null 而不是进行下一步的函数调用，如下所示：

```
val s: String? = null
println(s?.length)             ◁──── 如果使用?.，代码执行后输出 null
```

安全操作符会提前返回，因此即使在嵌套的调用链中也能正常工作。在下面的示例中，调用过程中的任何一处都能安全地返回 null，此时整个表达式也会变为 null，如下所示：

```
data class Node(val parent: Node?, val value: String)  ◁──┐ 不一定有父节点
                                                          的数据类
val node = getNode()           ◁──┐ 从某处开始检索节点
node.parent?.parent?.parent    ◁──── 查看节点是否有曾祖父节点
```

这用起来很方便，不过安全操作符可能会隐藏数据的问题。如果在前面的曾祖父检查代码中得到一个空值，除非做进一步检查，否则我们无法确定它来自哪个层级结构。

在前面的编译错误信息里，Kotlin 提供的第二个建议是在变量上使用非空断言（!!.）。此操作符会强制 Kotlin 查看对象是否为 null，如果为 null 则抛出 NullPointerException，如下所示：

```
val s: String? = null
println(s!!.length)            ◁──── 抛出 NullPointerException
```

虽然不需要经常这么做，但我们有时仍然会检查一个变量是否为 null。事实上，如果做了这样的检查，我们就能避免后面使用安全操作符或非空断言操作符，如下所示：

```
检查是否
为 null   val s: String? = null
                                        因为我们知道 s 不为空，
     └─▷ if (s != null) {               所以可以安全地引用它
            println(s.length)  ◁────────┘
         }
```

这里实际上演示了 Kotlin 的一个更深层次的特性，它被称为**智能转型**（smart cast）。智能转型本身就非常值得研究。

9.4.2 智能转型

一个好的面向对象设计应该尽量避免直接检查对象的类型，但有时我们不得不这么做。和我

们系统交互的数据格式在类型方面可能并不严格(比如 JSON),并且通常不在我们的控制范围内。有时,我们需要使用插件系统来动态探测对象有哪些功能。

Kotlin 支持这些需求,并且其编译器在支持通用模式方面更进一步。首先,Kotlin 使用 is 操作符来检查对象的类型,如下所示:

```
val s: Any = "Hello"     ◄──  Any 相当于 Java 的 Object 类型,
if (s is String) {            它是所有对象的根类型
    println(s.toUpperCase())  ◄──  检查 s 是否属于 String 类型
}
```
将变量 s 作为字符串使用。如果编译器仍将它视为 Any 类型,
那么肯定无法调用 toUpperCase 方法

如果你熟悉 Java 的 instanceof 语法,那么这段代码似乎少了一个关键步骤:我们先查看 s 是否是一个字符串,但是在把它作为字符串使用之前我们没有对它进行强制类型转换。这是因为 Kotlin 自动帮我们处理了这一步。在 if 代码块里,编译器可以确保 s 是一个字符串,因此我们可以无须显式转型就将 s 当作字符串使用,这就是智能转型。

注意　Java 有一个新特性叫作**"模式匹配"**(pattern matching),属于 Amber 项目。模式匹配的功能正逐步对外发布,其中一个功能是使用 instanceof 来提供与智能转型相同的效果。我们将在第 18 章更详细地讨论模式匹配。

在 if 条件中也可以使用 Kotlin 的智能转型,如下所示:

```
val s: Any = "Hello"
if (s is String && s.toUpperCase() == "HELLO") {   ◄──  Kotlin 可以通过 && 左侧的检查来
    println("Got something")                             确保类型,因此后面我们可以直
}                                                        接调用 toUpperCase() 方法而
                                                         无须先进行类型转换
```

并不是所有地方都能使用智能转型。比如它不适用于类的 var 属性,因为如果对 var 属性执行智能转型,在后面的代码块执行之前这个属性可能会被修改为另一个兼容子类型。

如果 Kotlin 不能直接执行智能转型,我们可以自己来做,只是不太方便而已,如下所示:

```
class Example(var s: Any) {
    fun checkIt() {
        if (s is String) {       ◄──  假设 Kotlin 不能对 s
            val cast = s as String     执行智能转型
            println(cast.toUpperCase())  ◄──  显式转换为预期的类型
        }
    }
}
```

使用 as 进行显式转型的做法和 Java 没什么区别。如果类型不兼容,会抛出 ClassCast-Exception。如果希望使用 Kotlin 的可空性功能而不是抛出异常,可以进行如下处理:

```
val cast: String? = s as? String
if (cast != null) {
    println(cast.toUpperCase())
}
```

as? 会尝试转型但不会抛出异常。注意,结果类型是 String? 而不是 String

如果 s 无法转型为字符串,则变量被赋值为 null

多年来,Java 开发人员一直遵循一些最佳实践来进行编码,Kotlin 的很多优势来自对这些实践的重新审视。不过在并发领域,Kotlin 提供的不仅仅是简化和优化。Kotlin 提供了一种称为协程(coroutine)的技术,用来替代在 Java 中广泛使用的经典线程方法。

9.5 并发

本书第 5 章提及过,Java 从 JVM 的第一个版本开始就通过 Thread 类对操作系统线程进行了建模。虽然线程模型很好理解,但它有很多问题。

注意 线程已经深深地嵌入 Java 语言和生态系统中,不可能将它删除。但当迁移到一门新的非 Java 语言时,我们可以重新审视该语言可能使用的并发原语。

尽管 Kotlin 作为一种 JVM 语言仍然支持线程,但它也引入了另一种称为协程的结构。简单说来,协程可以被认为是一个更轻量级的线程。协程是在运行时而不是在操作系统级别进行实现和调度的,这使得它们的资源消耗要低得多。启动数千个协程根本不是问题,而启动相似数量的线程则会使系统陷入瘫痪。

注意 在第 18 章讨论 Loom 项目时,我们将讨论 Java 对协程的支持。

Kotlin 在语言层面(suspend 函数)实现了对协程的部分支持,而如果要实际使用协程,我们还需要一个额外的库 kotlin-coroutine-core。第 11 章将详细介绍与依赖相关的内容,这里只需要知道在 Maven 中添加如下内容:

```
<dependency>
    <groupId>org.jetbrains.kotlinx</groupId>
    <artifactId>kotlinx-coroutines-core</artifactId>
    <version>1.6.0</version>
</dependency>
```

如果使用 Kotlin 风格的 Gradle 来构建系统,要添加的依赖信息如下:

```
dependencies {
    implementation("org.jetbrains.kotlinx:kotlinx-coroutines-core:1.6.0")
}
```

在 Java 中,我们可以将一个实现了 Runnable 接口的对象传递给线程并启动它。Kotlin 的协程也需要一种方法来接收要运行的代码,它们使用的是 lambda 表达式。

协程总是在某个作用域(scope)内启动,该作用域负责控制协程的调度和运行方式。我们从最简单的作用域选项 GlobalScope 开始，这表示协程在整个应用程序期间都存在。GlobalScope 提供一个 launch 函数，我们可以传入一个 **lambda** 表达式来调用它，从而启动一个新的协程，如下所示：

```
import kotlinx.coroutines.GlobalScope     导入协程函数和我们
import kotlinx.coroutines.launch           要使用的对象

fun main() {                            在 GlobalScope 中启动一个新协程，只要我们
    GlobalScope.launch {                的程序不退出，这个协程就会一直运行
        println("Inside!")
    }                                   在协程外部输出信息来查看
    println("Outside")                  main 是否仍在运行
}
```

当运行这个示例时，会看到如下内容：

```
Outside
```

为什么我们的协程没有正常运行？程序为什么没有输出消息 "Inside"？在仔细观察、分析事件发生的顺序后，我们就能发现问题所在。我们通过 main 方法启动程序，然后在 main 方法内启动了协程，协程开始异步运行，而程序在输出了消息 "Outside" 后就退出了。无论是否还有协程在运行，main 方法一旦执行完，程序就会退出。

为了得到想要的结果，我们需要在程序退出前暂停一下。这可以通过循环或在控制台请求用户输入来实现。这里我们使用 Thread.sleep(1000) 来提供足够的暂停时间，如下所示：

```
import kotlinx.coroutines.GlobalScope
import kotlinx.coroutines.launch

fun main() {
    GlobalScope.launch {        再次启动我们的协程
        println("Inside!")
    }
    println("Outside")
    Thread.sleep(1000)          为协程留出足够的执行时间
}
```

现在，我们能看到程序输出了两条消息，不过它们出现的顺序可能还不能确定，这取决于协程启动的速度和主线程正在执行的操作。

总体来看，这和使用线程实现的并发没有太大区别。但是协程的底层实现需要的操作系统资源更少（协程没有自己的执行栈和本地存储），而且我们还能在需要时安全地取消协程。

要查看实际的执行效果，可以使用 launch 的返回值来捕获协程的句柄。协程对象提供了一个 cancel 函数。如果需要，可以调用它来取消协程，如下所示：

```
import kotlinx.coroutines.GlobalScope
import kotlinx.coroutines.delay
import kotlinx.coroutines.launch        捕获 launch 返回的
                                        协程对象
fun main() {
    val co = GlobalScope.launch {
```

```
           delay(1000)                          ◄─────────┐  在协程内部，可以调用 delay
取消   ┌    println("Inside!")                              │  函数来等待一段时间
协程   │  }
       └► co.cancel()
          println("Outside")                    无论在此处等待多久，都不会
          Thread.sleep(2000)    ◄─────────────  看到协程的输出信息
        }
```

这段代码安全地停止了协程，运行后只会输出消息"Outside"。这与 java.lang.Thread 的 stop()方法形成鲜明对比。我们在第 5 章中提到过，由于极大的不安全性，stop()方法在很久以前就被弃用了。

那么，为什么协程可以安全地退出而线程不行呢？关键在于 delay 函数。delay 函数的声明里有一个特殊的修饰符：suspend。Kotlin 会将 suspend 函数视为协程执行过程中的安全点，在此处可以执行切换到另一个任务或取消任务等操作。这被称为**协作式多任务处理**（cooperative multitasking）。当协程代码在调用 suspend 函数时，它会"协作"，所以可以被安全地取消。

这种协作带来的好处不仅仅是安全取消的能力，Kotlin 还能够识别一个协程（父级）何时启动了另一个协程（子级）。取消父协程时也会自动取消子协程，无须额外的操作，如下所示：

```
import kotlinx.coroutines.GlobalScope
import kotlinx.coroutines.coroutineScope
import kotlinx.coroutines.delay
import kotlinx.coroutines.launch              像前一个示例一样启动父协程

fun main() {                                   启动子协程。coroutineScope
    val co = GlobalScope.launch {   ◄────────  会将它关联到具体作用域上，在
        coroutineScope {            ◄────────  本示例中为全局作用域
            delay(1000)
            println("First")
        }
        coroutineScope {            ◄────────  启动子协程。coroutineScope
            delay(1000)                        会将它关联到具体作用域上，在
            println("Second")                  本示例中为全局作用域
取消父  ┌    }
协程   │  └► co.cancel()                       同样，无论在此处等待多久，
       └     Thread.sleep(2000)    ◄────────  都不会看到任何输出
        }
```

如果想在 Java 中实现这种程度的协同，我们需要投入很大的精力。在这种场景下，Kotlin 带来的优势显而易见。

协程是一个很好的例子，说明了 Kotlin 是如何干净利落地实现了许多复杂行为的。Kotlin 不仅利用自己作为一门独立语言的优势，还结合编译器和库一起实现了这些功能。我们将在第 16 章进一步深入探讨协程。

没有哪种语言是存在于真空中的，对 JVM 语言来说尤其如此。Kotlin 之所以取得巨大的成功并得到广泛应用，是因为它非常注重与 Java 生态系统之间的互操作。

9.6   与 Java 的互操作性

第 4 章提到过，类文件是 JVM 执行模型的核心。如图 9-2 所示，Kotlin 编译器（`kotlinc`）生成的类文件与 `javac` 为 Java 生成的类文件非常相似。

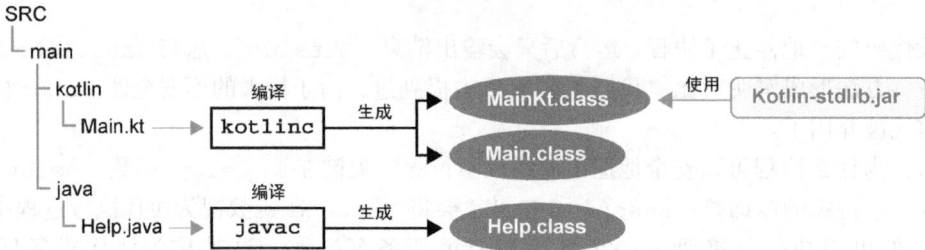

图 9-2   Kotlin 和 Java 生成相似的类文件

虽然 Kotlin 和 Java 在基本的类定义上看起来很相似，但当 Kotlin 代码使用了 Java 中不存在的功能时，我们会在生成的类文件中看到一些有趣的差异。这些差异就是第 8 章所探讨的编译器虚构的具体体现。

一个例子是 Kotlin 支持在类之外的顶级函数。由于 JVM 类文件格式并不支持这个功能，因此 Kotlin 通过生成一个带有 kt 后缀的类来实现这一点，该类以其编译文件命名。该文件中的任何顶级函数都将出现在 Kt 类中。

注意 我们可以在 .kt 文件中使用 `@file:JvmName("AlternateClassName")` 注解来更改生成的类名称。

例如：

默认情况下，文件名会影响生成的包装类名称

```
// Main.kt
package com.wellgrounded.kotlin

fun shout() {
  println("No classes in sight!")
}
```

要使用该函数，就需要像往常一样导入包

编译时，这个示例会生成一个类文件 MainKt.class，其中包含了顶级函数。因为 Java 本身不支持顶级函数，所以在 Java 中调用这个函数时必须通过中间类，如下所示：

```
// Help.java
import com.wellgrounded.kotlin.MainKt;

public class Help {
  public static void main(String[] args) {
    MainKt.shout();
  }
}
```

导入 Kotlin 创建的含有该函数的类

通过 Java 的静态方法调用该函数

Kotlin 提供的另一个很便利的特性是其内置的属性处理机制。通过在代码里使用 `val` 和 `var`，我们就不需要在程序中写大量的 `getter` 和 `setter` 方法。如果在 Java 中调用 Kotlin 中的类，可以看到这些方法在底层是存在的，只不过 Kotlin 为了方便将它们隐藏了起来，如下所示：

```
// Person.kt
class Person(var name: String) ◄────── 属性用 var 声明，因此是可变的

// App.java
public class App {
  public static void main(String[] args) {              在 Java 中使用时，Kotlin 类
    Person p = new Person("Some Body"); ◄────────        仍然用 new 来实例化
    System.out.println(p.getName()); ◄────────           在 Kotlin 中是 Person.name，在
                                                         Java 中是 Person.getName()
    p.setName("Somebody Else"); ◄────────
    System.out.println(p.getName());                    在 Kotlin 中是 Person.name = "..."，在 Java
  }                                                     中是 Person.setName("...")。注意，我们
}                                                        之所以能使用 get 方法，是因为 Person 类将
                                                         name 属性声明为 var。如果 name 被声明为
                                                         val，则只会生成 getName() 方法
```

> **注意**　这个例子说明，Kotlin 在底层实现时使用的是私有字段和字段的访问器方法。Kotlin 提供了更自然的属性访问形式，同时避免了对外直接暴露字段。

当在其他 JVM 语言中调用 Kotlin 代码时，Kotlin 的许多便利功能就用不了了。比如命名参数功能在 Java 中就不能用，Java 无法通过名称来指定参数值，因此这个功能只能在 Kotlin 代码中使用。

从表面上看，默认值似乎也会有这个问题，因为在 Java 中调用方法时，需要显式地将所有参数传递给方法，如下所示：

```
// Person.kt
class Person(var name: String) {
  fun greet(words: String = "Hi there") { ◄────── Kotlin 中定义参数
    println(words)                                 默认值的标准方法
  }
}

// App.java
public class App {
  public static void main(String[] args) {              我们不能使用默认值来调用
    Person p = new Person("Some Body");                 函数，否则会出现编译错误。
可以传递   // p.greet(); ◄────────                        错误原因因为实际参数列表和
自己的值   p.greet("Howdy");                             形式参数列表的长度不同
来调用   }
}
```

不过，我们可以使用一种变通方法来处理这种情况，这样就不必放弃 Kotlin 的简洁性了。使用 `@JvmOverloads` 注解会让 Kotlin 显式生成函数的变体，这样其他 JVM 语言也可以使用默认值来调用它：

```
// Person.kt
class Person(var name: String) {
  @JvmOverloads                                在 Kotlin 函数上使用注解，可以允许其他
  fun greet(words: String = "Hi there") {      JVM 语言使用默认值调用该函数
    println(words)
  }
}

// App.java
public class App {
  public static void main(String[] args) {     正常运行并输出默认值
    Person p = new Person("Some Body");         "Hi there"
    p.greet();
    p.greet("Howdy");                  正常运行并输出我们
  }                                    自己传递的问候语
}
```

此外，**Kotlin** 还提供了其他一些注解来控制 Kotlin 代码在 JVM 中的表现形式。例如，我们之前提到的@JvmName，它用于函数和文件，允许我们指定它们在非 Kotlin 环境中的名称。@JvmField 能让我们避免使用属性包装器，并在必要时向外部公开字段。

同样重要的是@JvmStatic。正如我们之前看到的那样，**Kotlin** 会将顶级函数封装在特定命名的类中，这些类可以作为 Java 的静态方法来访问。不管如何规避，所有的 Java 应用都至少有一个静态方法：启动应用程序的 main 方法。

如果想使用 **Kotlin** 创建应用，可以使用@JvmStatic 定义 main 方法，这样就不需要在程序启动时做特殊的命名处理，如下所示：

```
class App {              ←—— 作为启动主类的 App 类
  companion object {
    @JvmStatic fun main(args: Array<String>) {  ←  @JvmStatic 意味着这个
      println("Hello from Kotlin")                 函数会作为静态方法出现
    }                                               在主类中，而不仅仅是在
  }                                                 伴生类中
}
```

变更项目使用的语言所带来的影响会非常大。不过，**Kotlin** 依靠 JVM 多语言模式减轻了这种转变带来的负担。如果使用的是 IntelliJ IDEA，它能提供很多帮助。第 11 章将探讨标准项目的布局，目前我们只需要知道将使用的语言放到对应的目录中即可，如下所示：

```
└ src
  └ main
  '   java
  |   └ JavaCode.java
  └ kotlin
    └ KotlinCode.kt
```

这种分离使构建工具很容易定位到所需的文件，方便不同语言的代码共存。

JetBrains 的开发人员通过 IntelliJ IDEA 提供了很多功能。例如，右键单击 Java 文件，可以将该文件直接转换为 Kotlin 文件。将 Java 代码复制并粘贴到 Kotlin 文件中后，IntelliJ IDEA 也会帮

我们自动将其转换成 Kotlin 代码。这样我们就可以根据项目需求，在自己觉得最合适的地方开始使用 Kotlin，比如测试模块时，或者从与应用的其他部分耦合不深的模块开始。

　　IDE 能引导我们完成很多工作，但切换语言并不仅仅是用另一种语言编写代码。我们的构建工具需要识别 Kotlin，这样它才能将 Kotlin 与现有代码一同编译。此外，Kotlin 的标准库 kotlin-stdlib 需要作为依赖引入项目中。第 11 章将详细介绍如何管理这些依赖关系。

注意　尽管 IntelliJ IDEA 提供了从 Java 到 Kotlin 的转换，但它并不支持将 Kotlin 转为 Java。这种自动转换功能可能也不是编写代码的理想方式。当进行大量的代码转换时，不要忘记进行版本控制。

　　Kotlin 通过库提供了许多附加功能，它还可以被编译成类文件。这意味着即使在项目中使用这种新语言，我们的应用也仍然能在 JVM 上运行。

小结

- ❑ Kotlin 是一种具有实用性和吸引力的 JVM 语言。
- ❑ Kotlin 借鉴了 Java 的实践经验。为了维护向后兼容性，Java 有很多问题可能永远无法解决。而作为一种新语言，Kotlin 则没有受到历史遗留问题的影响。
- ❑ Kotlin 推崇简洁。对于在 Java 中常见的代码模式，我们几乎总是可以在 Kotlin 中用更少的代码实现。
- ❑ Kotlin 特别重视安全，Kotlin 在语言层面支持空安全，减少了运行中可能产生的 NullPointerException。
- ❑ 协程是 Java 经典线程模型的替代方案，它在许多方面很有吸引力。
- ❑ 在很多以前属于动态语言或 Shell 脚本的领域，Kotlin 脚本（kts 文件）也开始占有一席之地。
- ❑ Kotlin 甚至可以用于构建脚本，我们将在第 11 章讨论 Gradle 时详细介绍。

## 第 10 章

Clojure：编程新视角

本章重点
- ❏ Clojure 里实体和状态的概念
- ❏ Clojure 的 REPL
- ❏ Clojure 的语法、数据结构和序列
- ❏ Clojure 与 Java 的互操作性
- ❏ Clojure 的宏

Clojure 与 Java 以及前面学习过的其他语言风格差别很大。Clojure 是在 JVM 上对 Lisp 语言的重新实现。Lisp 是历史悠久的编程语言之一，如果你不熟悉 Lisp，请不用担心。使用 Clojure 语言的确需要了解一些 Lisp 语言的知识，我们会对此进行详细讲解以帮助你学习 Clojure。

注意 Clojure 是一门截然不同的语言，因此在阅读本章时可能需要参考额外的资料，比如 *Clojure in Action*（Manning，2011)和 *The Joy of Clojure*（Manning，2014）。

除了从 Lisp 那里继承了强大的编程思想，Clojure 还添加了一些与现代 Java 开发人员密切相关的前沿技术。这种组合让 Clojure 从 JVM 语言中脱颖而出，成为应用程序开发的一个绝佳选择。Clojure 的并发工具包和数据结构展示了它所采用的新技术。并发工具包将在第 16 章介绍，数据结构将在本章介绍，第 15 章将做进一步讲解。

对那些迫不及待的狂热读者，可以先记住：与用 Java 编程相比，Clojure 里的并发抽象能够使程序员编写出更安全的多线程代码。这些抽象可以与 Clojure 的序列概念（对集合和数据结构的另一种建模）相结合，从而为开发人员提供强大的开发者工具箱。

要想充分使用 Clojure，先要了解 Clojure 中的一些重要的语言概念，它们采用了与 Java 完全不同的方法。这种方法上的差异使 Clojure 学起来很有趣，它很可能会改变你对编程的认知。

注意 无论你用的是什么语言，学习 Clojure 都能帮助你成为更好的程序员。在编程范式领域，函数式编程非常重要。

　　首先，我们将讨论 Clojure 处理状态和变量的方式。在展示一些简单的示例之后，我们将介绍该语言的基本术语——**特殊形式**（special form）。它相当于 Java 语言中的关键字，其中一小部分被用来构建 Clojure 语言的其余部分。

　　我们还将深入研究 Clojure 的数据结构、循环和函数语法。之后，我们将介绍序列，这是 Clojure 强大的抽象概念之一。

　　在本章的最后，我们将探讨两个引人注目的特性：与 Java 的紧密集成和 Clojure 惊人的宏支持（这是 Lisp 语法如此灵活的关键）。在本书后面，当讨论高级函数式编程（第 15 章）和高级并发特性（第 16 章）时，我们将看到 Clojure 的更多优点（以及与 Kotlin 和 Java 相关的示例）。

10.1　介绍 Clojure

　　Lisp 语法的基本单元是由要计算的表达式组成的。这些表达式通常表现为用括号包裹起来的零个或多个符号。如果计算成功且没有错误，则这个表达式就被称为**形式**（form）。

注意　Clojure 是编译型语言，而不是解释型语言，但它的编译器非常简单。此外，Clojure 是动态类型语言，因此不会提供很多类型检查的支持——它会在运行时抛出异常。

　　下面是形式的一个简单示例：

```
0
(+ 3 4)
(list 42)
(quote (a b c))
```

　　Clojure 语言的核心只有很少的内置形式（特殊形式）。这些内置形式相当于 Java 关键字，但需要注意以下两点：

　　❏ 在 Clojure 中，**关键字**（keyword）有着特殊含义，我们稍后将会讲到；

　　❏ Clojure（与 Lisp 一样）允许创建与内置语法不可区分的结构。

　　在 Clojure 代码里，我们使用的形式是特殊形式还是基于它们构建的库函数几乎无关紧要。

　　下面我们来看看 Clojure 与 Java 在概念上的重要差异之一——它们对状态、变量和存储的认知不同。如图 10-1 所示，Java（与 Kotlin 一样）有一个内存和状态模型，它把变量当作保存可变内容的"盒子"（内存位置）。

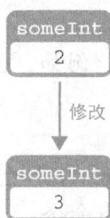

图 10-1　命令式语言的内存使用

像 Java 这样的编程语言默认是可变的，因为我们需要改变程序状态；在 Java 中，程序状态是由对象组成的。我们在第 8 章中提到过，遵循这种范式的语言被称为**命令式语言**（imperative language）。

Clojure 有点儿不同，它认为值才是最重要的概念。值可以是数字、字符串、向量、映射、集合或其他任何内容。一旦创建，值就再也不会改变了。这一点非常重要，所以这里再强调一遍：**在 Clojure 中，值一旦创建就无法更改，它们是不可变的**。

注意 不可变性是函数式编程的一个共同属性，因为它可以使用有关函数属性的数学推理技术（例如，相同的输入总是有相同的输出）。

内容会发生变化的命令式语言模型不是 Clojure 的工作方式。图 10-2 显示了 Clojure 如何处理状态和内存。它在名称和值之间创建了一个关联关系。

someInt ⟫⟫ 2
绑定

图 10-2　Clojure 的内存使用

这被称为**绑定**（binding），它使用特殊形式 def 来建立。下面我们了解一下 (def) 语法。

```
(def <name> <value>)
```

语法看起来有点儿奇怪，但不用担心，在 Lisp 语法中这是完全正常的，你很快就会习惯的。我们还可以调用下面这样一个方法，只是括号的位置不太一样：

```
def(<name>, <value>)
```

下面我们在 Clojure 的交互环境里实现一个经典的老例子，看看 (def) 的用法。

10.1.1　在 Clojure 中实现 Hello World

如果你还没有安装 Clojure，你可以在 macOS 上通过运行以下命令来安装：

```
brew install clojure/tools/clojure
```

这个命令会从 brew 仓库 clojure/tools 下载 Clojure 的命令行工具并安装 Clojure。对于其他操作系统，可以在 Clojure 的官方网站上找到安装说明。

注意 Clojure 对 Windows 的支持不是很好。例如，clj 仍处于 alpha 状态。你可以按照网站上的说明进行安装。

安装后，可以使用 clj 命令启动 Clojure 的交互式环境。如果你是从源代码构建的 Clojure，则需要切换到 Clojure 的安装目录并运行如下命令：

```
java -cp clojure.jar clojure.main
```

无论哪种方式都能启动 Clojure 的 REPL 环境。REPL 是交互式的，在开发 Clojure 代码时，我们会在这个环境里花费很多时间。它看起来像下面这样：

```
$ clj
Clojure 1.10.1
user=>
```

user=>是 Clojure 的会话提示符，可以把它当作高级调试器或命令行工具。要退出会话（这将导致会话中累积的所有状态丢失），可以使用传统的 Unix 快捷键 Ctrl-D。下面我们用 Clojure 编写一个"Hello World"程序。

```
user=> (def hello (fn [] "Hello world"))
#'user/hello

user=> (hello)
"Hello world"
user=>
```

在这段代码里，我们先为**标识符**（**identifier**）hello 绑定一个值。(def)就是用来绑定标识符（在 **Clojure** 中称为**符号**）和值的。在底层实现时，它会创建一个名为 var 的对象，用来表示这种绑定关系（以及符号的名称）。

```
(def hello (fn [] "Hello world"))
 --- ----- --------------------
  |    |            |
  |    |            值
  |    符号
  |
特殊形式
```

那么这里绑定到 hello 上的值是什么？这个值是：

```
(fn [] "Hello world")
```

这是一个函数，在 Clojure 中函数也是一个值（因此是不可变的）。这个函数不带参数，返回字符串"Hello world"。方括号[]表示空参数列表。

注意 在 Clojure 中，方括号表示向量，向量是一种线性数据结构。在本示例中，方括号表示函数参数的向量。这在其他 Lisp 语言中是不存在的。

绑定后，可以用(hello)来执行它。运行时会输出函数的计算结果，即"Hello world"。

记住，在 Lisp 语言中圆括号表示"函数计算"，因此该示例由以下内容组成：

❑ 创建一个函数，并将其绑定到符号 hello 上；

❑ 调用绑定到符号 hello 上的函数。

现在，你可以自己录入这一示例，看看它的表现是否和上述描述一样。完成后，我们就可以继续探索了。

10.1.2 REPL 入门

在 REPL 中我们可以输入 Clojure 代码并执行 Clojure 函数。它是一个交互式环境，前面计算出的结果不会被丢弃。我们可以用 REPL 来做**探索式编程**（exploratory programming），也就是说我们可以不断地试验代码。在许多情况下，我们应该先在 REPL 中调试，在构建块没有问题后，再用它来构建更大的函数。

注意 细分是函数式编程中的一项关键技术——将问题分解成更小的部分，直到它变得可解决或可重用为止。

下面我们来学习更多的 Clojure 语法。首先要指出的是，可以通过再次调用(def)来更改符号与值的绑定，我们可以在 REPL 中试验一下。实际上，这里我们使用的是(def)的一个变体，即(defn)，如下所示：

```
user=> (hello)
"Hello world"

user=> (defn hello [] "Goodnight Moon")
#'user/hello

user=> (hello)
"Goodnight Moon"
```

注意，在更改之前，`hello` 最初的绑定关系仍然有效——这是 REPL 的一个关键特性。这还是状态，只不过换了个说法，变成了哪个符号绑定到哪个值上，且该状态存在于用户输入的行之间。

Clojure 中没有可变状态，但可以改变值和符号之间的绑定关系。Clojure 并不修改存储位置（或“内存盒”）中的内容，而是让符号在不同时间点绑定到不同的不可变值上。换句话说，在程序的生命期内，`var` 可以指向不同的值，如图 10-3 所示。

someInt ⟫⟫⟫ 2

↓ 重新绑定

someInt ⟫⟫⟫ 3

图 10-3　Clojure 的绑定关系可以随时间变化

注意 可变状态和不同绑定的区别很微妙，但这个概念很重要，一定要掌握。要记住，**可变状态**（mutable state）意味着盒子中的内容发生了变化，而**重新绑定**（rebinding）意味着在不同的时间指向不同的盒子。

这在某些方面类似于 Java 中的 final 引用。在 Java 中，如果我们声明为 final int，则存储位置的内容是不能改变的。因为 int 是以位模式存储的，所以这意味着 int 的值不能更改。

如果我们声明为 final AtomicInteger，存储位置上的内容也无法更改。但是这种情况有所不同，因为这个包含原子整数的变量实际上包含的是一个对象引用。存储在堆中的 AtomicInteger 对象可以更改它存储的值（而 Integer 不能），即使该对象引用是 final 的。

上面这段代码还引入了 Clojure 的另一个概念：“定义函数”**宏**(defn)。宏是类 Lisp 语言的关键概念之一，其核心思想是内置结构和普通代码的区别应该尽可能少。

注意　可以用宏创建行为类似于内置语法的形式。宏的创建是一个高级主题，但掌握了它的创建方法后，我们就能创建出强大的工具。

系统真正的语言原语（特殊形式）可用于构建语言的核心，以这种方式构建，我们实际上不会注意到两者的区别。

注意　宏(defn)就是这样一个例子。它只是一种相对简单的将函数值绑定到符号的方法（当然，还要创建合适的 var）。它不是特殊形式，而是由特殊形式(def)和(fn)构建而来的。

我们将在本章末尾对宏进行介绍。

10.1.3　犯错

如果在代码里犯了错会发生什么？假设我们试图声明一个函数，但不小心定义了一个值，就像下面这样：

```
user=> (def hello "Goodnight Moon")
#'user/hello

user=> (hello)
Execution error (ClassCastException) at user/eval137 (REPL:1).
class java.lang.String cannot be cast to class clojure.lang.IFn
(java.lang.String is in module java.base of loader 'bootstrap';
clojure.lang.IFn is in unnamed module of loader 'app')
```

这里有几点需要注意。首先，这一错误是运行时异常。这意味着形式(hello)编译正常，只是在运行时失败了。如果用 Java 风格来实现，代码看起来像下面这样（此处稍微做了简化，以便学习 Clojure 的新手更容易理解）：

```
// (def hello "Goodnight Moon")
var helloSym = Symbol.of("user", "hello");
var hello = Var.of(helloSym, "Goodnight Moon");

// Or just
// var hello = Var.of(Symbol.of("user", "hello"), "Goodnight Moon");
```

```
// #'user/hello

// (hello)
hello.invoke();

// ClassCastException
```

其中 Symbol 和 Var 是包 clojure.lang 中的类，包 clojure.lang 是 **Clojure** 运行时的核心。下面的代码是这两个类的基本实现（此处对其进行了简化）：

```java
public class Symbol {
    private final String ns;
    private final String name;

    private Symbol(String ns, String name) {
        this.ns = ns;
        this.name = name;
    }
    // toString() etc
}

public class Var implements IFn {
    private volatile Object root;

    public final Symbol sym;
    public final Namespace ns;

    private Var(Symbol sym, Namespace ns, Object root) {
        this.sym = sym;
        this.ns = ns;
        this.root = root;
    }

    public static Var of(Symbol sym, Object root){
        return new Var(sym, Namespace.of(sym), root);
    }

    static public class Unbound implements IFn {
        final public Var v;
        public Unbound(Var v){
            this.v = v;
        }

        @Override
        public String toString(){
            return "Unbound: " + v;
        }
    }

    public synchronized void bindRoot(Object root) {
        this.root = root;
    }
```

```
public synchronized void unBindRoot(Object root) {
    this.root = new Unbound(this);
}

@Override
public Object invoke() {
    return ((IFn)root).invoke();
}

@Override
public Object invoke(Object o1) {
    return ((IFn)root).invoke(o1);
}

@Override
public Object invoke(Object o1, Object o2) {
    return ((IFn)root).invoke(o1, o2);
}

@Override
public Object invoke(Object o1, Object o2, Object o3) {
    return ((IFn)root).invoke(o1, o2, o3);
}
// ...
}
```

IFn 接口十分重要，下面是它的一个简化版本：

```
public interface IFn {
    default Object invoke() {
        return throwArity();
    }
    default Object invoke(Object o1) {
        return throwArity();
    }
    default Object invoke(Object o1, Object o2) {
        return throwArity();
    }
    default Object invoke(Object o1, Object o2, Object o3) {
        return throwArity();
    }

    // ... many others including eventually a variadic form

    default Object throwArity(){
        throw new IllegalArgumentException("Wrong number of args passed: "
            + toString());
    }
}
```

IFn 是 Clojure 形式工作方式的关键，形式中的第一个元素是要调用的函数或函数名称，其余元素是函数的参数。代码运行时会调用具有相应数量参数的 invoke() 方法。

如果 Clojure 的 var 变量绑定的值没有实现 IFn，则在运行时会抛出 ClassCastException。

如果该值实现了 `IFn`，但形式在调用时传入的参数数量不对，则会抛出 `IllegalArgumentException`（它实际上是 `ArityException` 的子类型）。

注意 我们在好几个地方都能看到，Clojure 是动态类型语言。例如，`IFn` 中方法的所有参数和返回类型都是 `Object`，而且 `IFn` 不是 Java 里 `@FunctionalInterface` 风格的接口，而是定义了多个方法来接收不同数量的参数。

深入了解底层实现有助于掌握 Clojure 的一些语法以及它们是如何组合在一起的。不过，我们仍然有很多问题需要去面对——幸运的是，解决这些问题并不会太难！

上面的示例代码之所以出现问题，是因为我们将 hello 标识符绑定到了一个非函数的值上，所以它不能被调用。在 REPL 中，可以通过重新绑定来解决这个问题：

```
user=> (defn hello [] (println "Dydh da an Nor")) ; "Hello World" in Cornish
#'user/hello

user=> (hello)
Dydh da an Nor
nil
```

和你想的一样，上面这段代码里的分号（;）表示直到行尾的所有内容都是注释，(println) 是输出字符串的函数。注意，与所有函数一样，(println) 会返回一个值，该值在函数执行结束后回显给了 REPL。

Clojure 没有像 Java 那样的语句，它只有表达式，所以所有的函数都必须有返回值。如果没有要返回的值，则使用 nil，这相当于 Java 中的 null。在 Java 中，方法的返回值可以为 void，而在 Clojure 中，函数将返回 nil。

10.1.4 学着去爱括号

奇思妙想和幽默感是程序员文化不可或缺的一部分。有一个流传已久的笑话是这样的：Lisp 是 "Lots of Irritating Silly Parentheses"（很多烦人的愚蠢括号）的缩写形式。不过其实它是 List Processing（列表处理）的缩写形式。很多 Lisp 程序员用这个笑话自嘲，因为它确实戳中了 Lisp 语法的痛处，即 Lisp 语法以"难以学习"著称。

实际上，这个障碍被夸大了。Lisp 语法与大多数程序员习惯使用的语法不同，但它并不像人们想象的那么困难。此外，Clojure 有几项创新进一步降低了学习门槛。

我们再来看一下 Hello World 示例。为了调用返回值是 "Hello World" 的函数，我们这样写：

```
(hello)
```

Clojure 没有像 `myFunction(someObj)` 这样的表达式，如果想要调用带参数的函数，在 Clojure 中需要这样写：`(myFunction someObj)`。这种语法称为**波兰表示法**（也称为**前缀表示法**），因为它是 20 世纪初由波兰数学家发明的。

如果你研究过编译原理，你可能想知道它是否与抽象语法树（AST）之类的概念有关。简单来说，是有关的。如果仔细看用波兰表示法（Lisp 程序员通常称之为 s 表达式）编写的 Clojure（或其他 Lisp 语言）程序，我们会发现其实可以把该程序直接当成 AST 来表示。

注意 这与 Clojure 编译器的简单性有关。Lisp 代码的编译很简单，因为它的语法结构与 AST 非常接近。

你可以认为 Lisp 程序是直接用 AST 编写的。Lisp 程序的数据结构表示和代码没有本质上的差别，所以代码和数据是可以互换的。这就是 Clojure 的表示法略显奇怪的原因：类 Lisp 语言用它来模糊内置原语和用户代码/库代码的区别。这种表示法力量如此之大，以至于对 Java 程序员来说，这远远超过了语法怪异带来的问题。下面我们来深入学习这些语法并使用 Clojure 来构建真正的程序。

10.2 寻找 Clojure：语法和语义

在 10.1 节，我们介绍了 (def) 和 (fn) 这两个特殊形式。此外，我们还遇到了 (defn)，但它是宏，不是特殊形式。还有几个需要我们掌握的特殊形式，它们构成了语言的基本词汇表。此外，Clojure 还提供了大量有用的形式和宏，用得越多，你对它们的理解就会越深入。

Clojure 中有用的函数很多，它们可以帮我们完成各种任务。不要被它们的数量吓倒，我们要努力了解这些函数。我们也应该感到庆幸，有人替我们完成了很多工作。

在本节中，我们将介绍特殊形式的基本工作集，然后介绍 Clojure 的原生数据类型（相当于 Java 的集合）。之后，我们将讨论 Clojure 的编码风格——它以函数而不是变量为中心。尽管 JVM 面向对象的本质在底层仍然存在，但 Clojure 对函数的强调具有一种强大的力量，这种力量在纯 OO（面向对象）语言中并不明显。Clojure 的函数功能十分强大，除了 map()、filter() 和 reduce() 等方法，还有大量其他内容。

10.2.1 特殊形式训练营

表 10-1 给出了 Clojure 里一些最常用的特殊形式。为了更好地使用该表，最好现在就快速浏览一遍，然后在学习 10.3 节的示例时根据需要再回过头来看看。该表使用传统的正则表达式语法，其中?表示单个可选值，*表示零个或多个值。

表 10-1 Clojure 的一些基本特殊形式

特殊形式	含 义
(def <符号> <值?>)	将符号绑定到值上（如果有），必要时会创建与该符号对应的 var
(fn <名称>? [<参数>*] <表达式>*)	返回带有特定参数的函数值，并将它们应用于表达式上，通常与 (def) 相结合，变成形式 (defn)
(if<test> <then> <else>?)	如果 test 的计算结果为 true，计算 then 并返回结果；否则计算 else 并返回结果。当然，前提是 else 存在

（续）

特殊形式	含 义
(do<表达式>*)	按从左到右的顺序计算表达式的值，并返回最后一个表达式的值
(let [<绑定>*] <表达式>*)	给局部名称分配别名值，并隐式定义一个作用域，使得在 let 作用域内的所有表达式都能获得该别名
(quote <形式>)	按原样返回形式而不计算其内容，它只能接收一个形式参数，其他参数都会被忽略
(var <符号>)	返回与符号对应的 var（返回一个 Clojure JVM 对象，而不是值）

表 10-1 并没有列出所有的特殊形式，其中很多特殊形式有多种用法。

Clojure 代码的结构乍一看与 Java 代码非常不同，因此有几个要点需要解释一下。首先，(do) 形式构造出来的内容相当于 Java 中的语句块，用起来很方便。

其次，我们需要深入了解 var、值和值（暂时）绑定的符号三者的区别。下面的代码创建了一个名为 hi 的 Clojure var。这是一个 JVM 对象（clojure.lang.Var 类型的一个实例），和所有对象一样，它存在于堆中，我们将其绑定到了包含"Hello"的 java.lang.String 对象上：

```
user=> (def hi "Hello")
#'user/hi
```

var 有一个**符号** hi，它还有一个**命名空间** user。命名空间有点儿像 Java 中的包，Clojure 用它来组织程序。如果我们在 REPL 中直接使用这个符号，它会计算出自己当前绑定的值，如下所示：

```
user=> hi
"Hello"
```

在(def)形式里，我们可以将一个新符号绑定到一个值上。

```
user=> (def bye hi)
#'user/bye
```

在上面这段代码中，对于当前绑定到 hi 的值，这段代码又将符号 bye 绑定到了该值上，如下所示：

```
user=> bye
"Hello"
```

实际上，在上面这个形式里，我们计算的是 hi，并将这一符号替换为了结果值。

```
user=> (def bye (var hi))
#'user/bye
```

```
user=> bye
#'user/hi
```

不过 Clojure 提供的功能远不止于此。例如，符号绑定的值可以是任何 JVM 值。因此，我们可以将符号绑定到我们创建的 var，因为 var 本身就是一个 JVM 对象。这是通过使用特殊形式 (var)实现的，如下所示：

这利用了 Java/JVM 对象总是通过引用来处理的机制，如图 10-4 所示。

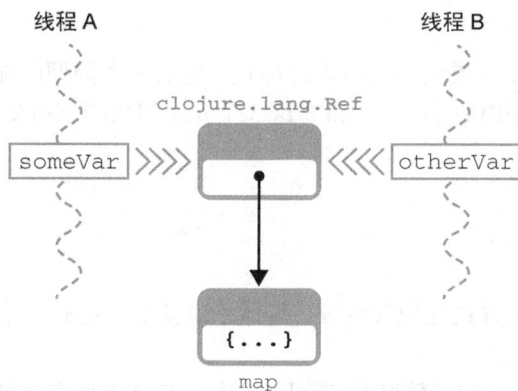

图 10-4 var 通过引用来处理

要获得 var 中包含的值，可以使用(deref)形式（**deref** 为 **dereference** 的缩写），如下所示：

```
user=> (deref bye)
"Hello"
```

在 Clojure 中还有一种用于安全并发编程的(ref)形式，我们将在第 16 章讲到它。

从 var 和它绑定的值的区别来看，(quote)形式更容易理解。它不计算传递给它的形式，而是简单地返回一个包含未计算符号的形式。

现在我们已经了解了一些基本的特殊形式，下面我们转向 Clojure 的数据结构，学习这些形式如何操作数据。

10.2.2 列表、向量、映射和集合

Clojure 有几个内置的数据结构。最常见的就是**列表**（list）。在 Clojure 中，列表是单向链表。

注意 在某些方面，**Clojure** 列表类似于 **Java** 中的 LinkedList，只是 LinkedList 是双向链表，其中每个元素都引用下一个元素和前一个元素。

列表通常用括号围起来，这似乎是一个有点儿奇怪的语法，因为圆括号也用于一般形式。特别是，括号还用来调用函数。所以初学者经常会犯下面的这种错误：

```
user=> (1 2 3)
Execution error (ClassCastException) at user/eval1 (REPL:1).
class java.lang.Long cannot be cast to class clojure.lang.IFn
(java.lang.Long is in module java.base of loader 'bootstrap';
clojure.lang.IFn is in unnamed module of loader 'app')
```

之所以会出错，是因为 Clojure 中的值非常灵活，它希望第一个参数是函数值（或绑定到函数值上的符号），这样它就可以把 2 和 3 当做这个函数的参数，然后调用这个函数。但在上面的示例中，1 不是函数值，因此 Clojure 无法处理。这个 s 表达式是无效的，只有有效的 s 表达式才

算是 Clojure 形式。

解决办法是使用 10.2.1 节提到的 (quote) 形式，它有一个简便的缩写：'。所以我们有两种方式定义此列表，该列表是由数字 1、2 和 3 这 3 个元素组成的不可变列表，如下所示：

```
user=> '(1 2 3)
(1 2 3)

user=> (quote (1 2 3))
(1 2 3)
```

注意，(quote) 以特殊方式处理其参数。具体来说就是，它不会计算参数，所以第一个参数不是函数值也没问题。

Clojure 的向量（vector）类似于数组（实际上，我们可以认为列表类似于 Java 中的 LinkedList，而向量类似于 ArrayList）。向量可以用方括号表示，所以下面这些定义都是一样的。

```
user=> (vector 1 2 3)
[1 2 3]

user=> (vec '(1 2 3))
[1 2 3]

user=> [1 2 3]
[1 2 3]
```

在前面声明 Hello World 和其他函数时，我们就是用向量来表示函数的参数的。注意，(vec) 形式的参数是列表，它会用这个列表创建向量，而 (vector) 形式以多个独立符号为参数，并返回包含它们的向量。

集合函数 (nth) 有两个参数：集合和索引。它跟 Java 里 List 接口的 get() 方法类似，可以用于向量和列表，也可以用于 Java 集合甚至字符串（字符的集合）。请看下面的示例：

```
user=> (nth '(1 2 3) 1)
2
```

Clojure 还支持映射（类似于 Java 的 HaspMap）——实际上它们的确实现了 Map 接口，其定义很简单：

```
{key1 value1 key2 value2}
```

从映射里取值也非常简单：

```
user=> (def foo {"aaa" "111" "bbb" "2222"})
#'user/foo

user=> foo                          这个语法等同于 Java
{"aaa" "111", "bbb" "2222"}         中的 get() 方法

user=> (foo "aaa")  ◄──────────────┘
"111"
```

除了 Map 接口，Clojure 映射还实现了 IFn 接口，这就是为什么它们可以使用 (foo "aaa")形式而不会抛出运行时异常。

Clojure 把前面带冒号的映射键称为**关键字**。

注意 当然，Clojure 中关键字的用法与该术语在其他语言（包括 Java）中的含义不同。在其他语言中，关键字表示语言语法中的保留部分，不能用作标识符。

下面是一些关于关键字和映射的知识点。

☐ Clojure 的关键字是只有一个参数的函数，该参数必须是映射。

☐ 在映射上调用关键字函数将返回映射中与该关键字函数对应的值。

☐ 使用关键字时，可以遵循语法的对称性规则，即 `(my-map :key)` 和 `(:key my-map)` 都是合法的。

☐ 关键字作为值使用时会返回自身。

☐ 关键字无须在使用之前声明或定义。

☐ 记住，Clojure 函数也是值，因此可以用作映射中的键。

☐ 可以用逗号分隔键值对（但不是必需的），因为 Clojure 会将它们当作空格处理。

☐ 除了关键字，其他符号也能用作 Clojure 映射的键，但关键字非常好用。在代码中应该优先使用关键字，这种代码风格值得我们学习。

下面我们用示例来演示一下。

```
user=> (def martijn {:name "Martijn Verburg", :city "London",
:area "Finsbury Park"})
#'user/martijn
```

```
user=> (:name martijn)        ←┐ 调用映射中的
"Martijn Verburg"                关键字函数
```

```
user=> (martijn :area)        ←┐ 在映射中查找与
"Finsbury Park"                  关键字关联的值
```

```
user=> :area        ←┐
:area                 当做值使用时，
                      关键字返回自身
user=> :foo        ←┘
:foo
```

除了映射字面量，Clojure 还有一个 `(map)` 函数。但不要上当，与 `(list)` 不同，`(map)` 函数并不会生成映射。相反，`(map)` 会对集合中的元素依次应用其参数中的函数，并根据返回的新值构建一个新集合（实际上是一个 Clojure 序列，10.4 节将详细介绍）。可以看到，它其实相当于 Java 中的流 API 里的 `map()` 方法，如下所示：

```
user=> (def ben {:name "Ben Evans", :city "Barcelona", :area
"El Born"})
#'user/ben
```

```
user=> (def authors [ben martijn])   ←┐ 创建一个包含作者
#'user/authors                          信息的向量
```

```
user=> (defn get-name [y] (:name y))
#'user/get-name

user=> (map get-name authors)
("Ben Evans" "Martijn Verburg")

user=> (map (fn [y] (:name y)) authors)
("Ben Evans" "Martijn Verburg")
```

在每个向量元素上都执行一次 get-name 函数

使用内联函数字面量的形式

(map)还有别的形式，能够一次处理多个集合，但一次输入一个集合的形式最常见。

Clojure 还支持集（Set），它与 Java 中的 HashSet 很像。它的数据结构不支持重复的键，其形式如下所示：

```
user=> #{"a" "b" "c"}
#{"a" "b" "c"}

user=> #{"a" "b" "a"}
Syntax error reading source at (REPL:15:15).
Duplicate key: a
```

这些数据结构是构建 Clojure 程序的基础。

只用过 Java 的开发人员可能会感到惊讶，我们居然一直没有提到对象。这并不是说 Clojure 不是面向对象的，而是它对面向对象的诠释与 Java 不同。Java 世界是由封装了数据和代码的静态数据类型组成的，而 Clojure 强调函数和形式，尽管它们的底层实现也是基于 JVM 上的对象。

Clojure 和 Java "世界观"上的差异还体现在代码的编写方式上。要想充分理解 Clojure 的观点，有必要用 Clojure 编写一些程序，这样就可以弄清楚与 Java 的面向对象结构相比，它具有哪些优势。

10.2.3　算术、相等和其他操作

Clojure 中没有 Java 里的那些操作符，那么怎么才能让两个数相加呢？这在 Java 中很容易：

3 + 4

但 Clojure 中没有操作符，我们只能使用函数，如下所示：

(add 3 4)　◁——— 除非我们提供一个 add 函数，否则这段代码就无法运行

这样也还好，但我们可以做得更好。因为 Clojure 中没有任何操作符，所以我们不需要为它们保留任何字符。这意味着我们的函数名可以比 Java 中的更古怪，比如我们可以这样写：

(+ 3 4)　◁——— 这就是前面说过的波兰表示法

Clojure 函数一般支持**变参**（参数数量可变），比如还可以这样写：

(+ 1 2 3)

上面的运算结果为 6。

Clojure 的相等形式（相当于 Java 中的 equals() 和 ==）稍微复杂一些。Clojure 有两种与相等性相关的形式：(=) 和 (identical?)。注意它们的名字，因为 Clojure 没有操作符，所以在函数命名时可选的字符更多。此外，(=) 是一个等号，不是 Java 中的赋值符号。

下面这段 REPL 代码定义了一个列表 list-int 和一个向量 vect-int，并比较它们是否相等：

```
user=> (def list-int '(1 2 3 4))
#'user/list-int

user=> (def vect-int (vec list-int))
#'user/vect-int

user=> (= vect-int list-int)
true

user=> (identical? vect-int list-int)
false
```

(=) 形式会检查集合是否由相同的对象以相同的顺序组成（list-int 和 vect-int 符合这一要求），而 (identical?) 会检查它们是否真的是同一个对象。

你可能也注意到了，符号名称没有使用驼峰式命名法。这在 Clojure 中很常见，符号通常是小写的，单词之间用连字符连接。

Clojure 中的 true 和 false

Clojure 中有两个值表示逻辑假：false 和 nil。其他值全是逻辑真（包括字面量 true）。不少动态语言（比如 JavaScript）是这样的，但对于第一次了解它的 Java 程序员来说，这可能有点儿奇怪。

在掌握了基本的数据结构和操作符后，我们就可以把之前见过的一些特殊形式和函数放到一起，编写一个稍长一点儿的 Clojure 函数。

10.2.4　使用函数

在本节中，我们将介绍 Clojure 编程的一些核心内容。我们先从编写处理数据的函数开始，让你了解一下 Clojure 对函数的重视程度。接下来，我们将介绍 Clojure 的循环结构，以及读取器（reader）宏和派发（dispatch）形式。最后我们将讨论 Clojure 的函数式编程方法及其对闭包的处理。

要想真正掌握上述内容，就需要通过示例来实际演示一下，所以我们先从几个简单的例子开始，然后逐步介绍 Clojure 的一些强大的函数式编程技术。

一些简单的 Clojure 函数

代码清单 10-1 定义了 3 个函数，其中 2 个是简单的单参函数，另一个稍微有点儿复杂。

10

代码清单 10-1   几个简单的 Clojure 函数

```
(defn const-fun1 [y] 1)

(defn ident-fun [y] y)

(defn list-maker-fun [x f]
   (map (fn [z] (let [w z]
      (list w (f w))
   )) x))
```

列表生成器有 2 个参数，第 2 个参数是一个函数

一个内联的匿名函数

列出两个元素：值和将 f 应用到该值的结果

在这段代码中，(const-fun1)接受一个参数并返回 1，而(ident-fun)接受一个参数并返回参数本身。数学家称它们为**常量函数**（constant function）和**恒等函数**（identity function）。此外，函数定义中使用向量表示函数的参数，(let)形式中用的也是向量。

第 3 个函数比较复杂。函数(list-maker-fun)有 2 个参数：第 1 个是要操作的值的向量 x，第 2 个是函数 f。如果我们用 Java 实现，它可能像下面这样：

```
public List<Object> listMakerFun(List<Object> x,
                                 Function<Object, Object> f) {
    return x.stream()
            .map(o -> List.of(o, f.apply(o)))
            .collect(toList());
}
```

Clojure 中的内联匿名函数是通过 Java 代码中的 lambda 表达式来实现的。不过不要夸大它们的等效性——Clojure 和 Java 是**截然不同**的语言。

注意   将其他函数作为参数的函数称为高阶函数。第 15 章将介绍高阶函数。

下面我们来看看如何使用(list-maker-fun)（代码清单 10-2）。

代码清单 10-2   使用函数

```
user=> (list-maker-fun ["a"] const-fun1)
(("a" 1))

user=> (list-maker-fun ["a" "b"] const-fun1)
(("a" 1) ("b" 1))

user=> (list-maker-fun [2 1 3] ident-fun)
((2 2) (1 1) (3 3))

user=> (list-maker-fun [2 1 3] "a")
java.lang.ClassCastException: java.lang.String cannot be cast to
    clojure.lang.IFn
```

注意，当把这些表达式键入 REPL 时，我们实际上是在和 Clojure 编译器交互。表达式(list-maker-fun [2 1 3] "a")之所以无法运行（尽管它可以编译），是因为(list-maker-fun)

的第 2 个参数应该是一个函数，而字符串显然不是。因此，尽管 Clojure 编译器把这个形式编译成了字节码，但它会因运行时异常而失败。

注意 在 Java 中，我们可以编写 `Integer.parseInt("foo")` 这样的代码，它能正常编译，但在运行时会失败。Clojure 也有类似的情况。

这个例子表明，在与 REPL 交互时会涉及一些静态类型问题。Clojure 不是解释型语言，即使是在 REPL 中，输入的每个 Clojure 形式也都会被编译为 JVM 字节码并链接到正在运行的系统上。Clojure 函数在定义完后就被编译为 JVM 字节码，所以在出现静态类型冲突时 JVM 抛出了 `ClassCastException`。

代码清单 10-3 的 Clojure 代码更长，它实现了 **Schwartzian 转换**（Schwartzian transform）。Schwartzian 转换由来已久。20 世纪 90 年代，在 Perl 语言引入 Schwartzian 转换后，它就开始普及了。它的核心思想是对向量进行排序操作，排序不是基于向量本身，而是基于向量中元素的某些属性值，这些属性值是通过在元素上调用**键控函数**（keying function）获取的。

代码清单 10-3 中定义的 Schwartzian 转换调用了键控函数 `key-fn`。如果想调用 `(schwartz)` 函数，我们就需要提供一个键控函数。在代码清单 10-3 中，我们使用了代码清单 10-1 中的 `(ident-fun)`。

代码清单 10-3　Schwartzian 转换

```
user=> (defn schwartz [x key-fn]        使用键控函数创建一个键值对列表
  (map (fn [y] (nth y 0))       ◁
    (sort-by (fn [t] (nth t 1))   ◁——  根据键控函数的值对键值对进行排序
      (map (fn [z] (let [w z]    ◁
        (list w (key-fn w))          仅从排好序的键值对列表中
      )) x))))                        取出原始值，构建新列表

#'user/schwartz

user=> (schwartz [2 3 1 5 4] ident-fun)
(1 2 3 4 5)

user=> (apply schwartz [[2 3 1 5 4] ident-fun])
(1 2 3 4 5)
```

这段代码执行了 3 个独立的步骤，乍一看似乎有点儿奇怪。相关步骤如图 10-5 所示。

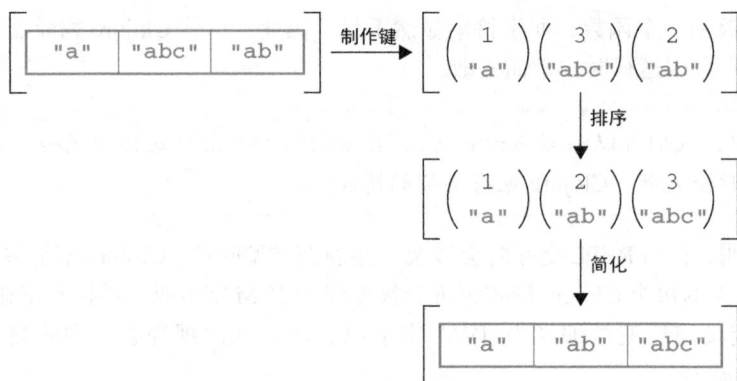

图 10-5　Schwartzian 转换

注意，在代码清单 10-3 中，我们引入了一种新形式：(sort-by)。它是一个带有 2 个参数的函数：一个是用于排序的函数，另一个是待排序的向量。我们还使用了(apply)形式，它也有 2 个参数：一个是要调用的函数，另一个是要传递给它的向量参数。

有意思的是，Randall Schwartz 最初用 Perl 编写 Schwartzian 转换（该转换以他的名字命名）时是在刻意模仿 Lisp，而现在我们又用 Clojure 编写，可以说是绕了一圈又回到了原点。

Schwartzian 转换的示例很有用，我们稍后还会看到。它的复杂性足以阐明很多有用的概念。下面我们来讨论一下 Clojure 中的循环，它的工作方式与你所习惯的循环可能略有不同。

10.2.5　Clojure 中的循环

Java 中的循环很简单：开发人员可选择 for、while 和其他几种循环类型，其核心概念是重复一组语句，直到满足某个条件（通常用可变变量表示）。

这对 Clojure 来说是个难题：当没有可变变量作为循环索引时，我们如何表达一个 for 循环？在传统的 Lisp 中，通常用递归形式实现迭代循环。

但是，JVM 无法保证尾递归优化（Scheme 和其他 Lisp 语言有这种要求），因此在 Clojure 中用递归可能会导致栈溢出。我们将在第 15 章对这个问题进行更多的讨论。

Clojure 提供了一些不会增加栈空间占用的结构。最常见的一种是 loop-recur。下面的代码展示了如何使用 loop-recur 构建类似于 Java 里的 for 循环结构。

```
(defn like-for [counter]
  (loop [ctr counter]     ←———— 循环入口点
    (println ctr)
    (if (< ctr 10)
      (recur (inc ctr))   ←———— 向前跳转的递归点
      ctr
    )))
```

(loop)形式的参数是包含符号局部名称的向量，比如(let)定义的别名。当执行到(recur)形式时（本例中仅当 ctr 别名小于 10 时才会执行该形式），它会将控制分支返回到(loop)形式，但同时指定新的值。这类似于 Java 原始的循环结构，如下所示：

```java
public int likeFor(int ctr) {
        LOOP: while (true) {
            System.out.println(ctr);
            if (ctr < 10) {
                ctr = ctr + 1;
                continue LOOP;
            } else {
                return ctr;
            }
        }
    }
```

对函数式程序员来说，提前返回的原因一般是满足了某些条件，函数会返回最后一个形式的计算结果，这可以通过(if)来实现。

在示例中，我们将(recur)放在 if 的主体中，将计数器值放在 else 位置。这样我们就可以构建循环式结构了（相当于 Java 的 for 循环和 while 循环），但同时仍然具有函数式的实现风格。现在我们转向下一个主题，来了解 Clojure 语法中的简写，帮助你把程序写得更短、更简洁。

10.2.6　读取器宏和派发器

Clojure 的许多语法特性让 Java 程序员感到吃惊，其中之一就是没有操作符，这放宽了 Java 对名称中可用字符的限制。我们已经见过像(identical?)这样的函数了，它在 Java 中是非法的。对于在 Clojure 中哪些字符不能用在符号里，我们还没有说明。

表 10-2 列出了不能用在 Clojure 符号中的字符，Clojure 分析器保留了这些字符自用。它们通常称为**读取器宏**（reader macro），实际上是特殊的字符序列，当读取器（Clojure 编译器的第一个部分）接收它后，它会修改读取器的行为。

表 10-2　读取器宏

字　　符	名　　称	含　　义
'	引号	展开为(quote)，产生不进行计算的形式
;	注释	标记直到行尾的注释，相当于 Java 里的//
\	字符	产生一个字符字面量，比如\n 表示换行
@	解引用	展开为(deref)，接收 var 对象并返回对象中的值（跟(var)形式的操作相反）。在事务内存上下文中还有其他含义（参见第 15 章）
^	元数据	将元数据的映射附加到对象上。详细信息参阅 Clojure 文档
`	语法引用	经常用在宏定义中的引号形式；详细信息参阅宏部分的内容
#	派发	有几种不同的子形式，见表 10-3

例如，;是 Clojure 实现单行注释的方式。当读取器看到;时，它会立即忽略该行中剩余的字符，然后重置以获取下一行的输入。

注意 稍后我们将看到 Clojure 的通用（或常规）宏。重要的是，我们不要将读取器宏与常规宏混淆。

读取器宏只是为了使语法简洁和简便，而不是为了提供完整的通用元编程功能。

根据字符#后面的内容，派发读取器宏有几个不同的子形式。表 10-3 显示了一些可能形式。

表 10-3   派发读取器宏的子形式

派发形式	含 义
#'	展开为(var)
#{}	创建一个 set 字面量，在 10.2 节中用过
#()	创建匿名函数字面量，用在那些(fn)过于冗长的地方
#_	跳过下一个形式。可以用#_ (...多行...)来创建多行注释
#"<模式>"	创建一个正则表达式（作为 java.util.regex.Pattern 对象）

关于派发形式，还有几点要提一下。变量引用形式#'解释了 REPL 执行(def)之后的行为：

```
user=> (def someSymbol)

#'user/someSymbol
```

(def)形式返回新创建的名为 someSymbol 的 var 对象，它位于当前的命名空间（user 所在的 REPL）中，因此#'user/someSymbol 是(def)返回的完整值。

匿名函数字面量#()也可以减少烦琐的代码。它省略了参数向量，用一种特殊的语法来让 Clojure 读取器推断函数字面量需要多少个参数。语法是%N，其中 N 是函数参数的数量。

我们回到前面的示例，看看如何将它与匿名函数结合使用。回想一下(list-maker-fun)，它接受两个参数（一个列表和一个函数），然后依次将函数应用于每个元素来创建一个新列表：

```
(defn list-maker-fun [x f]
   (map (fn [z] (let [w z]
      (list w (f w))
   )) x))
```

与其费心去定义一个单独的符号，不如使用一个内联函数来调用它，如下所示：

```
user=> (list-maker-fun ["a" "b"] (fn [x] x))
(("a" "a") ("b" "b"))
```

我们还可以更进一步，使用#()语法，如下所示：

```
user=> (list-maker-fun ["a" "b"] #(do %1))
(("a" "a") ("b" "b"))
```

这个例子有点儿不寻常，因为我们使用的是基本特殊形式(do)，但它确实有效。下面我们使用#()形式来简化(list-maker-fun)：

```
(defn list-maker-fun [x f]
   (map #(list %1 (f %1)) x))
```

Schwartzian 转换也是一个很好的例子，它可以让我们了解如何在更复杂的示例中使用此语法，参见代码清单 10-4。

代码清单 10-4 重写 Schwartzian 转换

```
(defn schwartz [x key-fn]
  (map #(nth %1 0)
    (sort-by #(nth %1 1)          匿名函数字面量
      (map #(let [w %1]
        (list w (key-fn w))
      ) x))))
```

用 %1 作为函数参数字面量的占位符（后续参数可用 %2、%3 等）真的很方便，这样的代码更容易阅读。这种显而易见的提示对程序员很有帮助，就像 Java 的 lambda 表达式中的箭头符号。

Clojure 在很大程度上使用函数作为基本的计算单元，它不像 Java 那样以对象为语言的根本。这种方式自然会倾向函数式编程，这也是下一个要探讨的主题。

10.3 函数式编程和闭包

我们现在要进入可怕的 Clojure 函数式编程世界。不过不要慌，函数式编程其实并没有那么令人恐惧。事实上，我们一整章都在使用函数式编程，只是没有告诉你而已。

我们在 8.1.3 节中提到过，函数式编程是一个有点儿模糊的概念，它的核心就是函数是一个值。函数可以传递，赋值给变量并被操作，就像 2 或"hello"一样。但这又能说明什么呢？ 我们在第一个示例中就这样做了：(def hello (fn [] "Hello world"))。我们创建了一个函数（一个不带参数并返回字符串"Hello world"的函数），然后将其绑定到符号 hello 上。该函数只是一个值，本质上和 2 这样的值没有什么区别。

在代码清单 10-3 中，我们以 Schwartzian 转换为例介绍了以另一个函数为输入值的函数。同样，这只是一个将特定类型作为输入参数的函数，唯一的区别是这个特定类型是函数。

现在可能是介绍(filter)形式的好时机。我们来看下面的一个例子，它应该会让你想起 Java 流中类似的方法：

```
user=> (defn gt4 [x] (> x 4))
#'user/gt4
user=> (filter gt4 [1 2 3 4 5 6])
(5 6)
```

还有(reduce)形式，可以用来实现 filter-map-reduce 操作。它有两种常见变体，一种有初始值，另一种没有。

```
user=> (reduce + 1 [2 3 4 5])
15
user=> (reduce + [1 2 3 4 5])
15
```

关于闭包呢？它们肯定很难吧？有一点儿难，但也没难多少。下面我们来看一个简单的例子，希望它能让你想起第 9 章中 Kotlin 的一些示例。

```
user=> (defn adder [constToAdd] #(+ constToAdd %1))
#'user/adder

user=> (def plus2 (adder 2))
#'user/plus2

user=> (plus2 3)
5

user=> 1:9 user=> (plus2 5)
7
```

在上例中，我们先定义了一个名为(adder)的函数。这是一个构造其他函数的函数。如果你熟悉 Java 中的工厂方法模式，可以将其视为 Clojure 的工厂方法。将其他函数作为函数的返回值没有什么好奇怪的，这是"函数是普通值"这一概念的重要体现。

注意，这个示例使用了简写形式#()作为匿名函数字面量。函数(adder)接受一个数值参数并返回一个函数，而返回的是带有一个参数的函数。

然后我们使用(adder)定义了一个新形式：(plus2)。这是一个接受数字参数并将其加 2 的函数。在(adder)中绑定到 constToAdd 的值是 2。下面我们创建一个新函数：

```
user=> (def plus3 (adder 3))
#'user/plus3

user=> (plus3 4)
7

user=> (plus2 4)
6
```

这表明我们还可以创建不同的函数(plus3)，它把不同的值绑定到了 constToAdd 上。我们说函数(plus3)和(plus2)从它们的环境中捕获（capture）或封装（close）了一个值。需要注意的是，(plus3)和(plus2)捕获的值不同，且定义(plus3)对(plus2)捕获的值没有影响。

在自身环境中封装某些值的函数称为**闭包**；(plus2)和(plus3)都是闭包。在支持闭包的语言中，用一个函数构造并返回另一个封装了某些东西的函数非常普遍。

注意　记住，只要语法没问题，Clojure 代码就能编译，但如果使用错误数量的参数调用函数，程序将抛出运行时异常。在需要单参数函数的地方不能使用双参数函数。

我们将在第 15 章进一步讨论函数式编程。接下来，我们来了解 Clojure 的一个强大特性：序列。

10.4　Clojure 序列

Clojure 有一个强大的核心概念，它称为**序列**（sequence），简称 seq。

注意 在编写 Clojure 代码时，如果想尽可能利用语言优势，那就一定要使用序列。它们与 Java 处理类似概念的方式形成了鲜明的对比。

序列与 Java 中的集合和迭代器相对应，但序列具有一些不同的属性。从根本上来说，序列将两种 Java 特性合并成了一个概念，这样做的动机有下面 3 个。

- 不变性：允许在函数（和线程）之间安全地传递序列。
- 更健壮的迭代器，特别是对多路算法而言。
- 实现**懒序列**（lazy sequence）的可能性（后面会详细介绍）。

在这 3 个动机中，Java 程序员最纠结的一般是"不变性"。Java 中的迭代器从本质上来说是可变的，部分原因是它不提供可分离的接口。事实上，Java 的迭代器违反了单一职责原则，因为 next() 在调用时做了以下两件逻辑上不同的事情：

- 返回当前指向的元素；
- 通过推进元素指针来改变迭代器。

序列基于函数式思想，通过不同方式划分 hasNext() 和 next() 的功能来避免可变性。下面呈现的是 Clojure 的另一个重要接口，即 clojure.lang.ISeq 的简化版本：

```
interface ISeq {
    Object first();    ← 返回序列中的第一个元素
    ISeq rest();    ← 返回一个新序列；它包含旧序列中除了
}                        第 1 个元素外的其他所有元素
```

序列永远不会发生变化。相反，每次我们调用 rest() 时都会创建一个新的序列值，然后将迭代器步进到下一个值。下面我们看一下如何在 Java 中实现它：

```
public class ArraySeq implements ISeq {
    private final int index;
    private final Object[] values;    ← final 字段

    private ArraySeq(int index, Object[] values) {
        this.index = index;
        this.values = values;
    }

    public static ArraySeq of(List<Object> objects) {    ← 接收 List 参数的
        if (objects == null || objects.size() == 0) {        工厂方法
            return Empty.of();
        }
        return new ArraySeq(0, objects.toArray());
    }

    @Override
    public Object first() {
        return values[index];
    }
```

```java
@Override
public ISeq rest() {
    if (index >= values.length - 1) {
        return Empty.of();
    }
    return new ArraySeq(index + 1, values);
}

public int count() {
    return values.length - index;
}
```

需要一个
空实现

可以看到，我们需要一个特殊序列作为序列的末尾。我们把它表示为 ArraySeq 的内部类，如下所示：

```java
public static class Empty extends ArraySeq {
    private static Empty EMPTY = new Empty(-1, null);

    private Empty(int index, Object[] values) {
        super(index, values);
    }

    public static Empty of() {
        return EMPTY;
    }

    @Override
    public Object first() {
        return null;
    }

    @Override
    public ISeq rest() {
        return of();
    }

    public int count() {
        return 0;
    }
}
```

我们来看看实际效果：

```java
ISeq seq = ArraySeq.of(List.of(10000,20000,30000));
var o1 = seq.first();
var o2 = seq.first();
System.out.println(o1 == o2);
```

正如预期的那样，对 first() 的调用是**幂等**的——它们不会改变序列，只是重复返回相同的值。

接下来我们看看如何在 Java 中使用 ISeq 编写循环：

```
while (seq.first() != null) {
    System.out.println(seq.first());
    seq = seq.rest();
}
```

Java 程序员有时会对不可变序列提出反对意见，经常问："那些垃圾怎么办？"上面的例子则展示了我们该如何处理这一问题。

的确，每次调用 rest() 都会创建一个新的序列，它是一个对象。但是，如果仔细查看实现代码，我们会发现代码里很小心地避免了对数组 values 的复制。数组复制很费资源，所以我们不这样做。

我们真正创建的只是一个包含 int 和对象引用的小对象。如果这些临时对象没有被实际存储，当我们沿着序列往下时，它们就会失效，然后很快就会被回收。

注意 Empty 的方法体既不引用 index 也不引用 values，因此我们可以使用特殊值（-1 和 null），ArraySeq 的其他实例都无法访问这些值——这些值可以用来辅助调试。

我们用 Java 解释了序列的一些理论，现在让我们回到 Clojure。

注意 Clojure 序列实现的 ISeq 接口比前面所说的简化版本要复杂，但基本思想是相同的。

表 10-4 列出了一些与序列相关的核心函数。注意，这些函数都不会改变它们的输入参数。如果需要返回不同的值，那将是不同的序列。

10

表 10-4　基本的序列函数

函　　数	作　　用
(seq <coll>)	返回一个序列，作为操作集合的"视图"
(first <coll>)	返回集合的第一个元素，必要时会先在其上调用(seq) 。如果集合为 nil，则返回 nil
(rest <coll>)	去掉集合的第一个元素，然后返回得到的新序列
(seq? <o>)	如果 o 是一个序列（也就是实现了 ISeq）则返回 true
(cons <elt> <coll>)	在集合前面添加新元素，并返回得到的序列
(conj <coll> <elt>)	将新元素添加到集合一端（向量的尾端和列表的头），然后返回得到的新集合
(every? <pred-fn> <coll>)	如果(pred-fn)对集合中的每个元素都返回逻辑真，则返回 true

Clojure 不同于其他 **Lisp** 语言，因为(cons)要求第 2 个参数是一个集合（或者实现了 ISeq）。一般来说，**Clojure** 程序员更倾向于使用(conj)而不是(cons)。下面是一些示例：

```
user=> (rest '(1 2 3))
(2 3)

user=> (first '(1 2 3))
1
```

```
user=> (rest [1 2 3])
(2 3)

user=> (seq ())
nil

user=> (seq [])
nil

user=> (cons 1 [2 3])
(1 2 3)

user=> (every? is-prime [2 3 5 7 11])
true
```

需要注意的是，Clojure 列表是自身的序列，但向量不是。因此从理论上来说，我们不能在向量上调用(rest)。这里之所以能够这样做，是因为(rest)在操作向量之前先在其上调用了(seq)。

注意　许多序列函数会接收比序列更通用的对象，并在开始之前先调用(seq)。

下面，我们将探索序列的一些基本属性和用法，特别是变参函数。在第 15 章，我们将学习懒序列———一种非常重要的函数式技术。

序列和变参函数

Clojure 函数有一个强大的特性，它天生就支持可变数量的参数，有时也被称为函数的**变元**（arity）。参数数量可变的函数被称为**变参函数**（variadic），在对序列进行操作时我们经常会用到变参函数。

注意　Java 也支持可变参数方法，其语法是，方法的最后一个参数在类型后面跟着...，以表示参数列表末尾允许该类型的任意数量的参数。

前面的代码清单 10-1 讨论过常量函数(const-fun1)。此函数接收一个参数，然后将其丢弃，并始终返回 1。但是，想一想当将多个参数传递给(const-fun1)时会发生什么：

```
user=> (const-fun1 2 3)
java.lang.IllegalArgumentException:
   Wrong number of args (2) passed to: user$const fun1 (repl-1:32)
```

Clojure 编译器无法对传递给(const-fun1)的参数数量（和类型）执行编译时静态检查，因此我们不得不承担运行时异常的风险。

特别是对于一个丢弃所有参数并返回常量值的函数来说，这似乎有点儿严格了。在 Clojure 中，一个可以接收任意数量参数的函数会是什么样子呢？

代码清单 10-5 修改了本章前面的 (const-fun1) 常量函数。我们称它为 (const-fun-arity1)，它是一个具有可变参数的常量函数。

注意 实际上，它和 Clojure 标准函数库中提供的函数差不多。

代码清单 10-5 带有变元的函数

```
user=> (defn const-fun-arity1
  ([] 1)                          具有不同签名的
  ([x] 1)                         多个 defn
  ([x & more] 1)
)
#'user/const-fun-arity1

user=> (const-fun-arity1)
1

user=> (const-fun-arity1 2)
1

user=> (const-fun-arity1 2 3 4)
1
```

这个函数的定义不是参数向量后跟着函数行为，而是有一系列的组合，每个组合都是一个参数向量（构成了该版本函数的有效签名）和该版本函数的实现。

这跟 Java 的方法重载类似。它也可以被视为一种模式匹配（我们在第 3 章讲过）。不过 Clojure 是动态类型语言，没有类型模式，所以这个类比并不是十分恰当。

通常的做法是定义一些特殊情况的形式（没有参数、一个或两个参数）和一个附加形式。这个附加形式的最后一个参数是序列，在代码清单 10-5 中就是参数向量为 [x & more] 的那个。& 符号表示这是该函数的变参版本。

序列是 Clojure 的一个创新。实际上，用 Clojure 编程主要就是要思考如何用序列解决特定问题。Clojure 的另一项重要创新是其与 Java 的集成，这也是 10.5 节的主题。

10.5 Clojure 和 Java 的互操作

Clojure 从一开始就被设计为 JVM 语言，且不会对程序员隐藏 JVM 的特性。这些特定的设计在很多地方均有体现。例如，在类型系统上，Clojure 的列表和向量都实现了 Java 集合库的标准接口 List。此外，在 Clojure 中使用 Java 库非常容易，反之亦然。这意味着 Clojure 程序员可以利用丰富多样的 Java 库和工具，以及 JVM 的性能和其他特性。

在本节中，我们将探讨互操作性的多个方面，具体而言包括：

❏ 从 Clojure 中调用 Java；

❏ Java 如何处理 Clojure 函数的类型；

10

❏ Clojure 代理；

❏ 使用 REPL 进行探索式编程；

❏ 从 Java 中调用 Clojure；

下面我们开始探索 Clojure 和 Java 的互操作。首先，我们先来了解如何从 Clojure 中访问 Java 方法。

10.5.1 从 Clojure 中调用 Java

在 REPL 中运行下面这段 Clojure 代码：

```
user=> (defn lenStr [y] (.length (.toString y)))
#'user/lenStr

user=> (schwartz ["bab" "aa" "dgfwg" "droopy"] lenStr)
("aa" "bab" "dgfwg" "droopy")
```

在这段代码中，我们使用了 **Schwartzian** 转换来按字符串的长度对字符串向量进行排序，其中我们使用了形式 (.toString) 和 (.length)，它们都是 **Java** 方法，可以在 Clojure 对象上调用。符号开头的句点 . 表示应在下一个参数上调用命名方法。底层是用我们还没讲到的宏 (.) 实现的。

回想一下，由 (def) 或其变体定义的所有 **Clojure** 值都被放在 clojure.lang.Var 实例中，它可以承载任何 java.lang.Object，所以任何可以在 java.lang.Object 上调用的方法都可以在 **Clojure** 值上调用。另一个跟 **Java** 交互的形式是用来调用静态方法的

```
(System/getProperty "java.vm.version")
```

（此处调用的是 System.getProperty()）和用于访问静态公共变量（比如常量）的

```
Boolean/TRUE
```

如果用 "**Hello World**" 示例来演示，代码如下：

```
user=> (.println System/out "Hello World")
Hello World
nil
```

注意，最后的 nil 是因为所有 **Clojure** 形式都必须返回一个值，即使调用的是 Java void 方法。

在前面 3 个示例中，我们隐式使用了 Clojure 的命名空间的概念，它类似于 Java 包，并且常用的 Java 包都有对应的映射缩写形式，比如前面那些。

10.5.2 Clojure 调用的本质

Clojure 中的函数调用实际上是 JVM 方法调用。JVM 不能保证像类 Lisp 语言（尤其是 Scheme 实现）通常做的那样优化掉尾递归。但 JVM 上的其他一些 Lisp 方言认为它们需要真正的尾递归，

所以并不让 Lisp 函数调用和 JVM 方法调用完全等同起来。然而，Clojure 完全以 JVM 为平台，甚至不惜违背 Lisp 的常规做法。

如果想创建一个 Java 对象并在 Clojure 中对其进行操作，用(new)形式就可以轻松做到。它还有一种缩写形式，即类名后跟句点，这可以归结为宏(.)的另一种用法，如下所示：

```
(import '(java.util.concurrent CountDownLatch LinkedBlockingQueue))

(def cdl (new CountDownLatch 2))

(def lbq (LinkedBlockingQueue.))
```

这里使用了(import)形式，它只用一行代码就可以导入单个包中的多个 Java 类。

我们之前提过，Clojure 的类型系统中的有些地方与 Java 是一致的。下面我们来看看其中的细节。

10.5.3 Clojure 值的 Java 类型

从 REPL 中可以很容易地查看某些 Clojure 值的 Java 类型，如下所示：

```
user=> (.getClass "foo")
java.lang.String

user=> (.getClass 2.3)
java.lang.Double

user=> (.getClass [1 2 3])
clojure.lang.PersistentVector

user=> (.getClass '(1 2 3))
clojure.lang.PersistentList

user=> (.getClass (fn [] "Hello world!"))
user$eval110$fn__111
```

首先要注意的是，所有 Clojure 值都是对象。在默认情况下，JVM 的基本类型不会公开（尽管从性能角度来看有办法获取基本类型）。正如我们所料，字符串和数字值被直接映射到了相应的 Java 引用类型上（java.lang.String、java.lang.Double 等）。

匿名的"Hello world!"函数的名称表明它是一个动态生成类的实例。此类实现了接口 IFn，Clojure 用该接口表明这个值是个函数。

我们之前提过，序列实现了 ISeq 接口。它们通常是抽象类 ASeq 或懒序列 LazySeq 的具体子类（第 15 章在讨论高级函数式编程时会介绍懒序列）。

我们已经了解了各种值的类型，但这些值是如何存储的呢？本章开头提到过，(def)将一个符号绑定到一个值上，这样会创建一个 var。这些 var 是 clojure.lang.Var 类型（它实现了 IFn 等接口）的对象。

10

10.5.4　使用 Clojure 代理

Clojure 有一个强大的宏 (proxy)，我们可以用它来创建继承 Java 类（或实现接口）的 Clojure 对象。例如，代码清单 10-6 用 Clojure 重写了一个之前的示例（第 6 章中的 ScheduledThread-PoolExecutor），由于 Clojure 语法更紧凑，因此示例的核心代码很简洁。

代码清单 10-6　重写调度执行器

```
(import '(java.util.concurrent Executors LinkedBlockingQueue TimeUnit))

(def stpe (Executors/newScheduledThreadPool 2))      ← 使用工厂方法
                                                         创建执行器

(def lbq (LinkedBlockingQueue.))

(def msgRdr (proxy [Runnable] []                      ← 定义 Runnable
  (run [] (.println System/out (.toString (.poll lbq))))   的匿名实现
))

(def rdrHndl
  (.scheduleAtFixedRate stpe msgRdr 10 10 TimeUnit/MILLISECONDS))
```

(proxy) 的一般形式如下：

(proxy [<超类/接口>] [<参数>] <命名函数的实现>+)

第一个向量参数是这个代理类应该实现的接口。如果这个代理还要继承 Java 类（当然，它只能继承一个 Java 类），则该类名必须是向量的第一个元素。

第二个向量参数包含要传递给父类构造器的参数。这个向量通常是空的，而如果 (proxy) 形式只实现 Java 接口的话，那它肯定是空的。

在这两个参数之后是表示各个方法实现的形式，需要遵循指定接口或父类的要求。在前面的示例中，代理只需要实现 Runnable，因此它是第一个参数向量中的唯一符号。我们不需要父类参数，所以第二个向量是空的（它通常是空的）。

在这两个向量之后是一个形式列表，这些形式定义了代理将实现的方法。在前面示例中只有 run()，我们给它定义为 (run [] (.println System/out (.toString (.poll lbq))))。这段 Clojure 代码对应的 Java 实现为：

```
public void run() {
    System.out.println(lbq.poll().toString());
}
```

我们可以用 (proxy) 形式实现任何 Java 接口。这带来了一种有趣的可能性：使用 Clojure REPL 作为练习场地来试验 Java 和 JVM 代码。

10.5.5　使用 REPL 进行探索式编程

探索式编程的核心思想在于减少要编写的代码量。由于 Clojure 语法和 REPL 提供的实时交互环境，REPL 不仅是探索 Clojure 编程的理想环境，还是学习 Java 库的理想选择。

我们来看一下 Java 列表的实现。它们都有返回 Iterator 类型对象的 iterator()方法。但是 Iterator 是一个接口，所以你可能对真正的实现类型感到好奇。使用 REPL 可以很容易找到答案，如下所示：

```
user=> (import '(java.util ArrayList LinkedList))
java.util.LinkedList

user=> (.getClass (.iterator (ArrayList.)))
java.util.ArrayList$Itr

user=> (.getClass (.iterator (LinkedList.)))
java.util.LinkedList$ListItr
```

(import)形式从 java.util 包中引入了两个不同的类。然后我们可以像 "10.5.3 Clojure 值的 Java 类型" 中的代码那样在 REPL 中使用 Java 的 getClass()方法。可以看到，迭代器实际上是由内部类提供的。也许我们不应该对此感到吃惊，因为在 10.4 节中我们提到过，迭代器与集合紧密相关，所以它们需要了解这些集合的内部实现细节。

值得注意的是，在前面的示例中，我们一个 Clojure 结构也没有用，只用了一点儿语法。我们操作的所有东西都是 Java 结构。不过，如果你想在 Java 程序中使用 Clojure，请继续阅读，接下来将展示如何实现该操作。

10.5.6　在 Java 中使用 Clojure

回想一下，Clojure 的类型系统与 Java 的非常相似。Clojure 中的数据结构都是真正的 Java 集合，实现了对应接口的所有必需部分。因为接口里有些方法与修改数据结构有关，而 Clojure 数据结构不可变，所以这一部分的方法通常没有实现。

类型系统的一致性使我们能在 Java 程序中使用 Clojure 数据结构。Clojure 本身的性质加强了这种可行性——它是采用调用机制的 JVM 编译型语言。这在最大限度上减少了运行时的问题，意味着从 Clojure 中得到的类几乎跟其他任何 Java 类一样。解释型语言则会发现很难与其他语言互操作，且通常至少需要一个非 Java 语言的最小运行时来支持。

下面的这个示例展示了如何在 Java 字符串上使用 Clojure 序列。要运行这段代码，需要将 clojure.jar 放在类路径上：

```
ISeq seq = StringSeq.create("foobar");

while (seq != null) {
  Object first = seq.first();
  System.out.println("Seq: "+ seq +" ; first: "+ first);
  seq = seq.next();
}
```

上面的代码使用了 StringSeq 类中的工厂方法 create()。它会返回字符序列的 seq 视图。first()和 next()方法会返回新值，而不是修改现有的 seq，这正如我们在 10.4 节讨论的那样。

在 10.6 节，我们将讨论 Clojure 的宏。这是一种强大的技术，可以让有经验的程序员修改

Clojure 语言本身。这种能力在类 Lisp 语言中很常见，但对 Java 程序员来说很陌生，因此我们需要用单独一节来介绍。

10.6　宏

在第 8 章中，我们讨论了 Java 语言语法的严格性。相比之下，Clojure 通过宏提供了一种更灵活的机制，可以编写行为方式与语言内置语法相同的代码。

注意　许多语言有宏（包括 C++），它们以大致相似的方式运行——为源代码编译提供一个特殊阶段，它通常是第一阶段。

例如，在 C 语言中，第一步是**预处理**（preprocessing），会删除注释、内联包含文件并展开宏，这些是 #include 和 #define 等不同类型的**预处理器指令**（processor directive）。

然而，尽管 C 宏非常强大，但它们也可能生成一些难以理解和调试的混乱代码。为了避免这种复杂性，Java 语言从未实现过宏系统或预处理器。

C 宏会在预处理阶段提供非常简单的文本替换功能，而 Clojure 宏更安全，因为它们只能使用 Clojure 本身的语法。实际上，它们会创建一种在编译时（以特殊方式）计算的特殊函数。在所谓**宏展开期**（macro expansion time），宏可以在编译时转换源代码。

注意　Clojure 宏的关键在于，Clojure 代码可以被当作数据结构，特别是形式。

我们说 Clojure 和类 Lisp 语言（以及其他一些语言）一样是**同像的**（homoiconic），这意味着程序能以与数据相同的方式表示。其他编程语言，如 Java，将源代码编写为字符串；如果不在 Java 编译器中解析该字符串，就无法确定程序的结构。

回想一下 Clojure 编译源代码的过程。许多 Lisp 语言是解释型的，但 Clojure 不是。相反，当加载 Clojure 源代码时，它会被编译成 JVM 字节码。这可能会给人一种 Clojure 是解释型的表面印象，但 Clojure 编译器虽然简单，隐藏在表面之下的内容却很多。

注意　Clojure 形式是一个列表，而宏本质上是一个函数，它不计算其参数，而是根据这些参数返回另一个列表，然后将其编译为 Clojure 形式。

为了演示这一点，下面我们编写一个行为与(if)相反的宏形式。一些语言用 unless 关键字表示，因此这里我们会定义一个(unless)形式。我们想要的是一种看起来像(if)但行为逻辑相反的形式。代码如下所示：

```
user=> (def test-me false)
#'user/test-me

user=> (unless test-me "yes")
"yes"
```

```
user=> (def test-me true)
#'user/test-me

user=> (unless test-me "yes")
nil
```

注意，我们不提供 else 条件，这可以在一定程度上简化示例，而且"除非……否则……"听起来也很奇怪。在这个示例中，如果 unless 逻辑测试失败，则形式返回 nil。

如果使用(defn)来编写，我们可以像下面这样来简单地实现它（提示：它实际上没有按我们的预期工作）：

```
user=> (defn unless [p t]
  (if (not p) t))
#'user/unless

user=> (def test-me false)
#'user/test-me

user=> (unless test-me "yes")
"yes"

user=> (def test-me true)
#'user/test-me

user=> (unless test-me "yes")
nil
```

这看起来好像没问题。不过我们希望(unless)和(if)的工作方式相同，特别是仅当预设条件为真时才计算 then 形式。换句话说，使用(if)时我们看到的行为是这样的：

```
user=> (def test-me true)
#'user/test-me

user=> (if test-me (do (println "Test passed") true))
Test passed
true

user=> (def test-me false)
#'user/test-me

user=> (if test-me (do (println "Test passed") true))
nil
```

当我们尝试以相同的方式使用(unless)函数时，问题变得很明显，如下所示：

```
user=> (def test-me false)
#'user/test-me

user=> (unless test-me (do (println "Test passed") true))
Test passed
true
```

```
user=> (def test-me true)
#'user/test-me

user=> (unless test-me (do (println "Test passed") true))
Test passed
nil
```

不管谓词是真还是假，then形式都会被计算，在我们的例子中它是(println)，因此会产生输出，这让我们知道它被计算了。为了解决这个问题，我们需要处理传递给我们的形式而**不计算它**。这本质上是一种（略有不同的）惰性概念，它在函数式编程中非常重要（我们将在第 15 章中详细讲解）。特殊形式(defmacro)用于声明一个新的宏，如下所示：

```
(defmacro unless [p t]
  (list 'if (list 'not p) t))
```

我们来看看它是否能按预期运行：

```
user=> (def test-me true)
#'user/test-me

user=> (unless test-me (do (println "Test passed") true))
nil

user=> (def test-me false)
#'user/test-me

user=> (unless test-me (do (println "Test passed") true))
Test passed
true
```

运行结果和我们想要的一样：(unless)形式的行为现在和内置的(if)特殊形式没什么两样。

可以看到，宏代码的缺点之一是涉及大量引用。宏在编译时会将参数转换为新的 Clojure 形式，因此会很自然地输出一个(list)。

该列表包含了在运行时计算的 Clojure 符号，因此在宏展开期不需要明确计算的任何内容都必须进行引用。宏在编译时会接收它们，因此它们可以作为未计算的数据使用。

在示例中，我们需要引用非参数内容，它们将在展开期被替换。这会变得非常麻烦。我们有更好的办法吗？

下面介绍一个有用的工具，它可能会帮助我们解决这个问题。在编写或调试宏时，(macroexpand-1)形式非常有用。如果将宏形式传递给它，它会展开宏并返回展开后的内容。如果传递的形式不是宏，它只返回传入的形式，例如：

```
user=> (macroexpand-1 '(unless test-me (do (println "Test passed") true)))
(if (not test-me) (do (println "Test passed") true))
```

我们希望宏编写起来能够像它的展开形式，而无须使用大量引用。

注意 我们使用(macroexpand)来获取完整的宏展开,然后通过重复调用前一个更简单的形式
　　　　来构造它。当调用的(macroexpand-1)是空操作时,宏展开结束。此功能的关键是特
　　　　殊的读取器宏 `,它的发音为"syntax-quote"。我们在本章前面讲解读取器宏时提到过
　　　　它。语法引用读取器宏的工作原理基本上是按照形式引用所有内容。如果希望某些内容
　　　　不被引用,则必须使用反引用符号(~)来明确排除。这意味着我们的示例宏(unless)可
　　　　以这样写:

```
(defmacro unless [p t]
`(if (not ~p) ~t))
```

　　　这种形式更清晰,更接近我们在宏展开期看到的形式。~ 字符提供了一个很好的视觉提示,
让我们知道这些符号将在宏展开时被替换。这非常符合将宏作为编译时代码模板的想法。
　　　除了语法引用和反引用,一些特殊变量有时也会被用在宏定义中,其中最常见的两个如下:
　　　❏ &form——被调用的表达式;
　　　❏ &env——宏展开期的本地绑定映射。
　　　我们可以在 Clojure 文档中找到每个特殊变量的详细信息。
　　　此外,我们编写 Clojure 宏时需要格外小心。比如,我们创建的宏可能会不退出而是一直循
环递归,如下所示:

```
(defmacro diverge [t]
`((diverge ~t) (diverge ~t)))
#'user/diverge

user=> (diverge true)
Syntax error (StackOverflowError) compiling at (REPL:1:1).
null
```

　　　最后,我们来构造一个宏,它充当了从编译时到运行时桥接用的闭包。从中我们可以看出宏
实际上是在编译时运行的,如下所示:

```
user=> (defmacro print-msg-with-compile []
  (let [num (System/currentTimeMillis]
    `(fn [t#] (println t# " " ~num))))
#'user/print-msg-with-compile

user=> (def p1 (print-msg-with-compile))
#'user/p1

user=> (p1 "aaa")
aaa  1603437421852
nil

user=> (p1 "bbb")
bbb  1603437421852
nil
```

10

注意 (let) 形式是如何在编译时求值的，(System/currentTimeMillis) 的值在宏求值时被捕获，绑定到符号 num 上，然后在展开形式中被绑定的值替换——实际上这是一个在编译时确定的常量。

尽管我们在本章的最后才介绍宏，但在 Clojure 中，宏无处不在。事实上，很多 Clojure 标准库是使用宏实现的。基础扎实的开发人员可以花一些时间阅读标准库的源代码，学习其中的关键部分是如何编写的——这样做可以让你学到很多东西。

在此提醒大家：宏是一种强大的技术，并且很有吸引力（就像其他能"提升"程序员思维能力的技术一样）；一些开发人员可能会陷入诱惑之中，在并非绝对必要时过度使用该技术。

为了防止这种情况，在使用 Clojure 宏时，强烈建议你牢记以下两条简单的通用规则：

❑ 当可以用函数完成工作时，切勿编写宏；

❑ 编写宏是为了实现语言或标准库中不存在的特性、功能或模式。

当然，第一条规则只是以不同的方式重复了那句古老的格言："你能做这件事，并不意味着你应该做这件事。"

第二条规则提醒你宏的存在是有原因的：有些事情需要用它来实现，而这些事情用其他任何方式都做不到。一个熟练的 Clojure 程序员能够在适当的时候使用宏来实现自己的目的。

除了宏，Clojure 还有很多知识可供学习，例如该语言是如何处理动态运行时行为的。Java 通常使用类和接口的继承以及虚拟分派来处理，但这些都是面向对象的概念，并不适合 Clojure。

相反，Clojure 使用**协议**、**数据类型**和代理来实现这种灵活性。当然还有更多的可能方案，例如使用**多分派**（multimethods）的自定义派发功能。这些都是很强大的技术，可惜它们有点儿超出了本书的内容范围。

作为一种语言，Clojure 可以说是我们研究过的与 Java 最不同的语言。它的 Lisp 传统、对不变性的强调以及看待问题的不同方式使其成为一种完全独立的语言。但它与 JVM 的紧密集成、与类型系统的对齐（即使它提供了序列等替代方案）以及探索式编程又使它在很多方面与 Java 形成良好的互补关系。

我们在本章探讨的语言差异清楚地显示了 Java 平台的力量，它不断演进并持续成为应用程序开发的一个理想选择。这也证明了 JVM 的灵活性和能力。

小结

❑ Clojure 是动态类型语言，Java 程序员需要注意运行时异常。

❑ 探索式编程和基于 REPL 的开发与使用 Java IDE 的感觉不同。

❑ Clojure 提倡的编程风格倾向于不变性。

❑ Clojure 非常强调函数式编程，强调程度远远超过 Java 或 Kotlin。

❑ 序列在功能上等同于 Java 的迭代器和集合。

❑ 宏定义了 Clojure 源代码在编译时如何转换。

Part 4

## 第四部分

构建和运行 Java 应用

本部分将专注于讨论如何高效地使用工具来构建、测试和部署 Java 应用程序。尽管构建工具早在 Java 语言出现之前就已经存在，但该领域仍在不断演进。在第 11 章中，我们将介绍两个主流的 Java 构建工具 —— Maven 和 Gradle，并分析它们的异同。除了基本命令，我们还将介绍它们是如何建模的，以及开发人员如何对这些模型进行定制和扩展。

近年来，容器化技术席卷了整个软件开发行业。Docker 和 Kubernetes 这两项起源于 Linux 小众原语的技术，现已逐步成为主流。我们还将学习在容器中开发 Java 应用程序的集成规范，了解什么需要改变、哪些可以保持不变。

部署应用程序之前，测试是不可或缺的一环。测试的确切含义可能因讨论的对象和项目需求而异。有经验的开发人员知道，一刀切的测试并不适合所有人，因此我们将探讨不同的测试方法并对比它们的优点和缺点。我们还将掌握一个词汇表，使用它能更精确地描述我们的测试。此外，我们还将了解 JUnit 最新的一个大版本引入的重大变化，同时还会练习使用很多刚学到的 JDK 新功能。

测试代码的方式多种多样并且不断发展，尤其是 Java 以外的语言和技术又给我们带来了新的思考。在第 14 章中，我们将看到容器、Kotlin 和 Clojure 如何为测试工具箱带来各自的独特技巧。在第四部分结束时，你将能为你的 JVM 应用程序投入现实世界做好准备，确保程序已正确构建并通过测试。

## 第 11 章

构建工具 Gradle 和 Maven

本章重点

❑ 为什么构建工具对优秀的程序员至关重要

❑ Maven

❑ Gradle

我们在第 4 章中介绍过，JDK 的发行包提供了将 Java 源代码编译为类文件的编译器。即便如此，无论项目的规模如何，几乎没有项目会直接使用 javac。基于此，我们将探讨为什么优秀的程序员应该在构建工具方面投入时间和精力。

11.1 为什么构建工具对优秀的程序员至关重要

构建工具无时无刻不存在于开发过程之中，比如：

❑ 自动化烦琐的操作；

❑ 管理各种依赖；

❑ 确保开发者使用一致的开发环境。

尽管工业界存在多种多样的构建工具，但目前占主流的构建工具仍然有两种，即 Maven 和 Gradle。理解这些工具试图解决什么问题，深入探究它们是如何实现各自目标的，理解它们的差异以及如何扩展这些工具，对优秀程序员而言是极其重要的。

11.1.1 自动化烦琐的操作

javac 可以将 Java 源代码编译为类文件，不过构建一个典型的 Java 项目需要做的远不止编译这一件事。在大型项目中，即便是获取所有的文件列表，将其传递给编译器这件事儿，如果要手动完成也是极其枯燥烦琐的。构建工具提供了缺省的方式找到对应的代码。即便你使用了非标准的项目结构，也可以通过简单的配置定位代码。

Maven 项目典型的代码布局如下所示，这也是 Gradle 默认使用的布局：

```
└── src
    ├── main        ◄──────  main 目录和 test 目录帮我们将
    │   └── java             生产代码与测试代码进行了区分
    │       └── com
    │           └── wellgrounded          采用这种结构，一个项目可以
    │               └── Main.java          很容易地同时支持多种语言
    └── test
        └── java
            └── com
                └── wellgrounded
                    └── MainTest.java
```

典型情况下，更深层的目录结构就是你的项目包结构的镜像

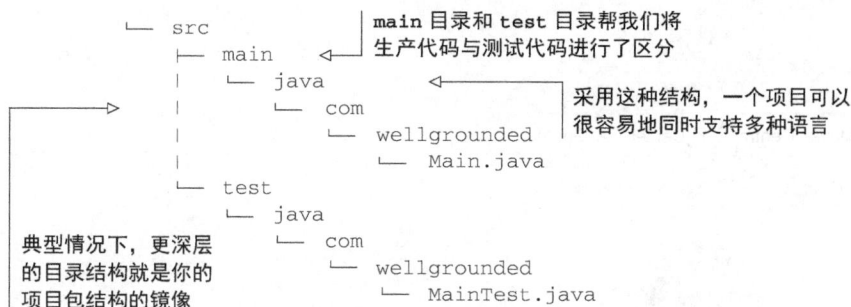

如你所见，测试已经完全内嵌于代码结构之中。从很早以前开发者质疑是否需要为自己的代码编写测试，到最终达成测试代码与生产代码的融合，Java 经历了一个漫长的过程。构建工具在这个转变过程中起了重要作用，保障了开发者从始至终使用一致的开发环境。

注意 你可能已经了解如何使用 JUnit 或其他的库编写单元测试。我们将在第 14 章讨论其他形式的测试。

然而将 Java 源文件编译为类文件仅仅只是创建 Java 应用程序的开始，通常而言，它并非最终的结果。好消息是，构建工具还支持将类文件打包为 JAR 文件或者其他更容易分发的形态。

11.1.2 管理依赖

在 Java 语言出现的早期，如果你想要使用某个库，唯一的途径是找到对应的 JAR 文件，将其下载到本地，再将其添加到应用程序的加载路径中。这种方式带来了一系列的问题，其中最严重的问题是缺乏一个集中、可靠的数据源来存储所有的库，这意味着当你需要使用某些不太常用的库时，不得不挖地三尺、大费周章。

很显然，这不是一个理想的解决方案，因此 Maven 和其他项目为 Java 生态添加了查找和安装依赖的工具仓库。迄今为止，Maven Central 依旧是互联网上 Java 依赖查询经常使用的目录之一。其他的目录也存在，并且数量不少，比如由谷歌或者其他公司发起的目录，或者在 GitHub 上共享的公共目录，以及通过 Artifactory 这样的产品搭建的私有仓库。

下载所有的代码依然是一件耗时的事情，因此构建工具对一些方面进行了标准化，从而更好地在多个项目之间共享构件。可以使用本地仓库的缓存机制，如果后续项目使用相同的库，就没必要重新下载，如图 11-1 所示。当然，这一机制还能节省磁盘空间，不过提供单一构件源才是其最大的价值。

11

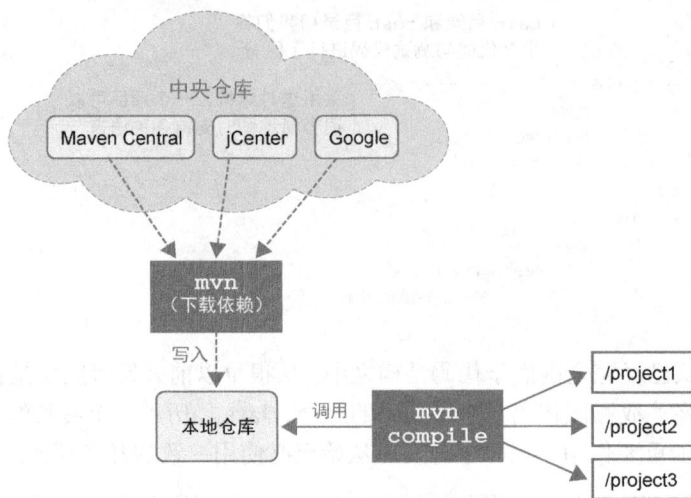

图 11-1　Maven 的本地仓库不仅能帮助找到在线的依赖，还实现了高效的本地管理

注意　你可能会疑惑：在讨论依赖关系时，模块在其中是什么位置、起什么作用。我们在第 2 章中介绍过，模块化的库是以 JAR 文件添加 module-info.class 的形式发布的。模块化的 JAR 可以直接从标准仓库下载。模块化的 JAR 与普通的 JAR 的区别并不在于打包与分发的过程，二者的差异只有在编译和运行这些模块时才会体现。

仓库目录的价值不仅在于它提供了一个统一的入口查找和下载依赖，它还为更好地管理**依赖传递**（transitive dependency）提供了思路。使用 Java 语言时，我们经常碰到项目中使用的库依赖于另外一个库的情况。实际上，我们在第 2 章就已经遇到了模块的依赖传递，不过这个问题在 Java 模块出现之前的很长时间里就已经存在了。事实上，在模块出现之前，依赖传递的问题更加严重。

你一定还记得 JAR 文件只是一种压缩文件——它们并未提供任何描述该 JAR 文件依赖的元数据信息。这意味着 JAR 的依赖只是 JAR 文件中所有类依赖的集合。

更糟糕的是，类文件的格式也没有任何地方描述需要哪个版本的类来满足依赖——我们有的仅是一个类的符号描述符，或者类需要链接的方法名（正如第 4 章所介绍的）。这意味着下面两件事情：

1. 我们需要外部依赖源的信息；
2. 随着项目规模的扩张，依赖传递图会变得越来越复杂。

随着帮助程序员提升开发效率的开源库和框架的爆炸式增长，实际项目的典型依赖传递树也变得越来越庞大。

与其他程序设计语言（比如 Javascript）相比，JVM 生态要好很多，这是个好消息。Javascript 自始至终缺乏一个丰富且统一的运行时库，这个运行时库提供的基础功能需要稳定存在。Javascript 由于缺乏这样的运行时库，大量基础功能不得不以外部依赖的方式进行管理。这导致一个通用功能可能在多个相互不兼容的库中都有提供，生态系统极其脆弱，而软件错误或者恶意攻击对通用组件的影响是难以估计的（例如，2016 年发生的"left-pad"事件[①]）。

　　Java 与此形成了鲜明的对比。它提供了运行时库（以 JRE 的形式存在），其中包含了大量常用类，且在每个 Java 环境中都保持一致。即便如此，在真实生产环境中，应用程序的业务需求还是会超出 JRE 的能力范围，并且会有多层的依赖。这些依赖凭借手动方式很难维护，唯一的解决方案就是自动化。

对一次冲突发生过程的剖析

　　对受益于丰富的开源代码生态的程序员而言，依赖的自动化是大有裨益的，然而升级依赖常常也伴随着问题。例如，图 11-2 展示了一个可能给我们带来麻烦的依赖树。

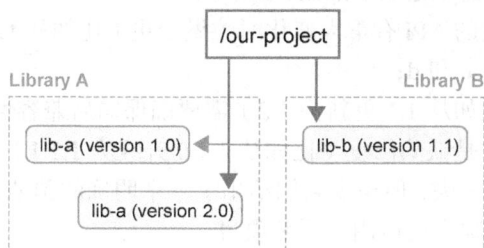

图 11-2　冲突的依赖传递

　　在我们的项目中显式声明了使用 2.0 版本的 lib-a，不过我们依赖的库 lib-b 又指定了使用 1.0 版本的 lib-a。这种情况就是众所周知的**依赖冲突**（dependency conflict）。根据处理方法的差异，它可能导致的问题也千差万别。

　　库版本不一致会导致什么问题呢？这取决于不同版本的变化性质。不同版本的差异大致可以划分为以下几个类别：

　　a. 稳定的 API，不同版本只有行为的变化；

　　b. 新增的 API，不同版本出现新的类及方法；

　　c. 变化的 API，不同版本有方法签名或接口继承的变化；

　　d. 移除的 API，不同版本有类或方法的删除。

　　当出现 a 或者 b 的情况时，你可能都不会留意你的构建工具到底选择了哪个版本的依赖。最常见的情况是 c，即库的不同版本发生了方法签名的变化。在之前的例子中，如果 2.0 版本的 lib-a 对 lib-b 依赖的某个方法的签名进行了修改，那么当 lib-b 调用该方法时就会发生 NoSuchMethodException 异常。

　　在情况 d 中，删除方法同样会导致 NoSuchMethodException 异常。重命名某个方法也会

[①] left-pad 是一个在许多 Javascript 项目中被广泛使用的小函数库，用于在字符串左侧填充指定的字符以达到指定的长度。然而，在这个函数库从 NPM（Node Package Manager，Node.js 的包管理工具）被意外移除后，由于大量项目依赖于它，许多依赖于这个库的项目出现了运行错误。这暴露了 JavaScript 依赖管理中潜在的脆弱性，即对第三方库的过度依赖以及库维护的不确定性可能会对整个生态系统中的项目产生意想不到的负面影响。

发生同样的情况。从字节码的角度来说，重命名就是删除一个方法，接着创建一个新方法，这个新方法的名字碰巧是你指定的新文件名。

删除或者重命名类也容易触发情况 d，导致 `NoClassDefFoundError` 异常。从类中删除接口也可能导致 `ClassCastException` 异常。

我们给出的这个因依赖传递引发冲突的问题列表绝非完整、详尽。究其根源都归结于同一个包的两个版本实际上发生了什么变化。

实际上，沟通不同版本的变化、保证版本之间的前后向兼容几乎是所有语言要面对的问题。解决这一问题最广泛采用的方法是**语义版本控制**（semantic versioning）。语义版本控制提供了一系列表示依赖传递需求的词汇，计算机可以借助这些词汇帮助我们辨别依赖。

使用语义版本控制时，请牢记以下准则：

❑ 主版本号最好只在你的 API 有重大变化时才做变更（比如从 1.x 升级为 2.x），典型的例子就是前面介绍的情况 c 和 d；

❑ 小版本号的迭代（比如从 1.1 更新为 1.2）需要确保向后兼容性，典型的例子是情况 b；

❑ 补丁版本的迭代通常是缺陷修复（比如从 1.1.0 升级为 1.1.1）。

虽然上述准则并非万无一失，但至少它们给出了一个明确的预期，即什么样的变更对应什么样的版本更新。目前上述准则广泛运用于开源项目。

我们已经一窥依赖管理为何如此困难了。放心吧，**Maven** 和 **Gradle** 都有对策。在本章的后面部分中，我们将详细介绍发生依赖冲突时，各种工具会提供什么方法来解决问题。

11.1.3　确保开发者间的一致性

随着开发者数量的增加、项目代码规模的增大，项目往往会变得更加复杂，甚至充满困难。然而，恰当地利用构建工具可以帮助开发者减轻困难所带来的烦恼。通过内置功能，比如确保每个人都使用一致的编译选项和运行相同的测试，是一个良好的开端。此外，我们也应考虑这些基础功能之外的更多可能性。

有测试很好，但是你了解所有的项目代码中有多少是被测试所覆盖的吗？代码覆盖工具是检测哪些代码被测试所覆盖，哪些代码没有被测试覆盖的关键。尽管互联网上对于合理的代码覆盖率应该设置为多少一直存在诸多争议，但是代码覆盖工具所提供的行级覆盖输出可以帮助你避免遗漏针对那些特殊情况的测试。

Java 语言对各种静态分析工具的支持很好。从检测常见的错误模式（比如，重写了 `equals` 方法，但并未重写 `hashCode` 方法），到找出代码中定义了但未使用的变量，静态分析可以让计算机帮助验证代码中合法但在生产环境中会带来麻烦的方面。

除了正确性，还有代码风格及格式化工具。你是否和别人争论过程序代码中花括号应该放在哪里的问题？或者和别人争论过代码缩进方式的问题？一旦同意了一组规则，即便这些规则并不完全符合你的风格，也可以让你在项目中专注于实际工作，而不是纠结于代码的外观细节。

最后，构建工具是提供自定义功能的关键。你的项目是否需要定期进行一些特殊的设置或执行某些操作命令？你的项目在构建之后但在部署之前应该运行的验证有哪些？所有这些都可以通过构建工具来实现,这样每个使用代码的人都可以利用它们。Maven 和 Gradle 都提供了许多方法来扩展它们,以满足你的需求。

通过前面的介绍,希望你已经确信构建工具不仅仅是项目中一次性设置的东西,而是值得投入精力深入了解的工具。下面,让我们先了解最常见的一个构建工具:Maven。

11.2 Maven

在 Java 发展历史的早期阶段,Ant 是默认的构建工具。相比于 Make 等工具,Ant 使用 XML 描述任务,它能用 Java 生态所熟悉的方式进行脚本构建。然而,Ant 缺乏适合配置构建的结构——无法清晰地定义构建过程中的步骤有哪些、它们之间的关联是什么,以及如何管理相互之间的依赖关系。而 Maven 通过标准化**构建生命周期**(build lifecycle)的概念和处理依赖关系的一致方法弥补了许多差距。

11.2.1 构建生命周期

Maven 是一个很有特色的工具。这些特色所显示的重要方面之一就是它的构建生命周期。与用户自己定义任务并确定其顺序不同,Maven 有一个**默认的生命周期**(default lifecycle),它包含了构建中常见的步骤,也称为阶段(phase)。虽然不全面,但以下阶段体现了默认生命周期中的重点:

- ❑ **验证**:检查项目配置是否正确并可以构建;
- ❑ **编译**:编译源代码;
- ❑ **测试**:运行单元测试;
- ❑ **打包**:生成诸如 JAR 文件之类的构件;
- ❑ **验证**:运行集成测试;
- ❑ **安装**:安装包到本地存储库;
- ❑ **部署**:使包结果可供其他人使用,通常在 CI 环境中运行。

这些阶段大致可以对应到将源代码转换为部署就绪的应用程序或库所需的大部分操作上。Maven 坚持其特有的构建理念,这带来了一个主要优势——任何 Maven 项目都共享相同的生命周期。因此,关于构建过程的知识比以往更具可移植性。

Maven 中定义了构建的各个阶段,但是每个项目在细节上都需要一些特殊的东西。在 Maven 的模型中,各种插件将目标附加到这些阶段中。目标是一项具体的任务,涉及执行它的实现方式。

除了默认的生命周期,Maven 还包括**清理生命周期**(clean lifecycle)和**站点生命周期**(site lifecycle)。清理生命周期是用于执行清理操作(比如,移除构建过程中产生的临时文件),而站点生命周期则用于生成文档。

稍后在讨论 Maven 的扩展时,我们将更深入地探讨如何将插件与生命周期关联,但是如果你真的需要重新定义整个构建项目,Maven 确实支持编写完全自定义的生命周期。不过这是一个相当高级的主题,超出了本书的范围。

11.2.2　命令 /POM 概述

Maven 是 Apache 软件基金会的一个开源项目。你可以在项目网站上找到它的安装说明。通常，Maven 会以全局的方式安装在开发者的工作站上，它可以支持几乎所有现代版本的 JVM（JDK 7 或更高版本）。安装完成后，执行 mvn 命令会得到下面的输出：

```
~: mvn

[INFO] Scanning for projects...
[INFO] ------------------------------------------------------------
[INFO] BUILD FAILURE
[INFO] ------------------------------------------------------------
[INFO] Total time: 0.066 s
[INFO] Finished at: 2020-07-05T21:28:22+02:00
[INFO] ------------------------------------------------------------
[ERROR] No goals have been specified for this build. You must specify a
valid lifecycle phase or a goal in the format <plugin-prefix>:<goal> or
<plugin-group-id>:<plugin-artifact-id>[:<plugin-version>]:<goal>.
Available lifecycle phases are: validate, initialize, ....
```

这段命令行输出中值得注意的是这行提示："No goals have been specified for this build."这表明 Maven 并未识别到我们的项目。通常，我们需要在 pom.xml 文件中设定项目的相关信息，该文件是 Maven 项目的核心。

注意　POM 的含义是项目对象模型（Project Object Model）。

尽管一个完整的 pom.xml 文件可能长得令人生畏，但是你可以从基础版本的配置开始学习。例如，一个最基础的 pom.xml 文件可能会是这样：

```
<project>
  <modelVersion>4.0.0</modelVersion>
  <groupId>com.wellgrounded</groupId>        ┐ 标识我们的
  <artifactId>example</artifactId>            │ 项目
  <version>1.0-SNAPSHOT</version>
  <name>example</name>

  <properties>
    <maven.compiler.source>11</maven.compiler.source>  ◄─┐ Maven 插件默认使用 Java 1.6。
    <maven.compiler.target>11</maven.compiler.target>     │ 我们希望使用更新版本的 Java
  </properties>                                             时需要明确指定
</project>
```

pom.xml 文件中定义了两个特别重要的字段，它们分别是：groupId 和 artifactId。这两个字段与版本组合形成了 GAV 坐标（组、构件、版本），它全局、唯一地标识了某个发布包的版本。groupId 通常指定负责库的公司、组织或项目的开放源代码，而 artifactId 是特定库的名称。GAV 坐标通常用冒号（:）分隔各部分，例如 org.apache.commons:collections4:4.4 或 com.google.guava:guava:30.1-jre。

这些坐标不仅对本地配置项目非常重要，它们还是依赖的地址。我们的构建工具可以根据这些坐标找到对应的依赖。在接下来的几节中，我们将深入探讨如何表达这些依赖关系以及背后的机制。这将有助于更好地理解和管理项目的依赖。

Maven 不仅对构建的生命周期进行了标准化，它还普及了我们在 11.1.1 节中看到的标准布局。如果你遵循这些约定，你不需要告诉 Maven 项目的任何信息，它就能编译：

```
.
├── pom.xml
└── src
    ├── main
    │   └── java
    │       └── com
    │           └── wellgrounded
    │               └── Main.java
    └── test
        └── java
            └── com
                └── wellgrounded
                    └── MainTest.java
```

请注意 src/main/java 和 src/test/java 的并行结构，它们具有相同的目录，可以映射到我们的包层次结构上。这种将测试代码与应用程序代码分开的实践，简化了打包应用代码并进行部署的过程，可以比较容易地排除包的用户通常不需要的测试代码。

除了这两个目录，还有一些其他标准目录。例如，src/main/resources 是 JAR 包中非代码文件的典型存放位置。在你逐渐熟悉 Maven 的过程中，最好遵循 Maven 提供的约定、标准布局以及其他缺省设置。正如我们所提到的，Maven 是一个独特的工具，因此在学习期间，最好遵循它所提供的规范。有经验的 Maven 开发者可以（并且确实能够）偏离惯例、打破规则，但让我们先学会走，再尝试跑。

11.2.3　构建

我们在前面看到，直接在命令行上运行 mvn 命令时会收到一个警告——提示我们需要输入一个生命周期的阶段或目标来设定具体要执行的操作。大多数时候，我们想要执行的阶段可能包含多个目标。

了解构建最简单的起点是通过请求编译阶段来编译我们的代码，如下所示：

```
~: mvn compile                              虽然我们在项目中并未使用资源，但 Maven 默认
                                            生命周期中的 maven-resources-plugin 还是
  [INFO] Scanning for projects...          会替我们做检查
  [INFO]
  [INFO] ------------------< com.wellgrounded:example >---------------
  [INFO] Building example 1.0-SNAPSHOT
  [INFO] ----------------------------[ jar ]---------------------------
  [INFO]
  [INFO] -- maven-resources-plugin:2.6:resources (default-resources) --
  [INFO] Using 'UTF-8' to copy filtered resources.
```

```
[INFO] Copying 0 resource
[INFO]
[INFO] ----- maven-compiler-plugin:3.1:compile (default-compile) ----
[INFO] Changes detected - recompiling the module!              ◄
[INFO] Compiling 1 source file to ./maven-example/target/classes
[INFO] -------------------------------------------------------------
[INFO] BUILD SUCCESS
[INFO] -------------------------------------------------------------
[INFO] Total time:  0.940 s
[INFO] Finished at: 2020-07-05T21:46:25+02:00
[INFO] -------------------------------------------------------------
```

实际的编译是通过 `maven-compiler-plugin` 执行的

　　Maven 将编译的输出默认设定为 **target** 目录。在完成 `mvn complie` 后，我们可以在 target/ classes 下找到对应的类文件。通过仔细检查会发现我们只在主目录下构建了代码。如果想编译我们的测试代码，我们可以使用 `test-compile` 阶段。

　　默认的生命周期不仅仅包括编译。例如，前一个项目的 `mvn package` 会在 **target/example- 1.0SNAPSHOT.jar** 中生成一个 JAR 文件。

　　虽然我们可以将这个 JAR 文件作为库使用，但是如果我们尝试通过 `java -jar target/ example-1.0-SNAPSHOT.jar` 运行它，会发现 Java 会报错，提示找不到主类。为了了解如何逐步完善我们的 Maven 构建过程，让我们对其进行一些修改，以便生成的 JAR 成为一个可运行的应用程序。

11.2.4　控制清单文件

　　从 `mvn` 包生成的 JAR Maven 缺少一个**清单文件**（manifest）来告诉 JVM 在启动时在哪里查找 main 方法。幸运的是，Maven 附带了一个用于构造 Jar 的插件，该插件知道如何编写清单。这个插件通过 pom.xml 在 `properties` 元素之后和 `project` 元素内部公开配置，如下所示：

`maven-jar-plugin` 是插件的名称。执行 **mvn package** 命令时，可以很容易地在命令输出中找到这些信息

每个插件都有自己独享的配置项，各配置项包含了不同的子配置项和属性

```
<build>
  <plugins>
    <plugin>
      <groupId>org.apache.maven.plugins</groupId>
      <artifactId>maven-jar-plugin</artifactId>   ◄
      <version>2.4</version>
      <configuration>   ◄
        <archive>
          <manifest>   ◄
            <addClasspath>true</addClasspath>
            <mainClass>com.wellgrounded.Main</mainClass>
            <Automatic-Module-Name>
              com.wellgrounded
            </Automatic-Module-Name>   ◄
          </manifest>
        </archive>
```

`<manifest>` 标签配置了产出 JAR 文件的 manifest 内容

配置自动模块名称

```
      </configuration>
    </plugin>
  </plugins>
</build>
```

通过添加该配置我们指定了 main 类，这样 Java 启动器就知道如何直接执行这个 JAR 了。我们还添加了自动模块名称——这是为了做个模块化世界中的好公民。正如我们在第 2 章中讨论的那样，即使我们编写的代码不是模块化的（正如本例所示），提供一个明确的自动模块名称仍然是有意义的，因为这使得模块化的应用程序能够更容易地使用我们的代码。

这种在 plugin 元素下添加配置的模式在 Maven 中非常普遍。为了简化流程，如果你使用了不支持的配置属性，大多数插件默认会善意地发出警告，尽管报错的细节可能因插件而异。

11.2.5　添加多语言支持

正如我们在第 8 章中讨论的那样，JVM 作为平台的一个优势是能够在同一个项目中使用多种语言。当特定语言对于应用程序的给定部分具有更好的功能时，或者允许应用程序从一种语言逐渐转换到另一种语言时，这可能很有用。

让我们看看如何配置简单的 Maven 项目，以便使用 Kotlin 而不是 Java 构建一些类。好消息是，我们的标准布局已经设置为允许轻松添加语言了，如下所示：

```
.
├── pom.xml
└── src
    ├── main
    │   ├── java
    │   │   └── com
    │   │       └── wellgrounded
    │   │           └── Main.java          ◁── 我们使用专门的子目录来存放
    │   ├── kotlin                             Kotlin 代码，这样就能更容易地
    │   │   └── com                            识别哪些路径使用哪种编译器
    │   │       └── wellgrounded               来生成类文件
    │   │           └── MessageFromKotlin.kt ◁── 由于无法区分类文
    └── test                                    件是由哪种语言生
        └── java                                成的，不同语言的
            └── com                              包可以混用
                └── wellgrounded
                    └── MainTest.java
```

与 Java 不同的是，在默认情况下 Maven 不知道如何编译 Kotlin 程序，因此我们需要在 pom.xml 中添加 Kotlin-Maven-plugin。我们建议你查阅 Kotlin 的相关文档，以获得最新的用法。不过我们还是会在此做一些介绍，以便你知道会发生什么。

如果一个项目完全是用 Kotlin 编写的，编译时只需要添加插件并将其附加到编译目标中，如下所示：

```
<build>
  <plugins>
    <plugin>
```

```
    <groupId>org.jetbrains.kotlin</groupId>
    <artifactId>kotlin-maven-plugin</artifactId>      截至编写本章时,
    <version>1.6.10</version>                           最新的 Kotlin 版本
    <executions>
      <execution>
        <id>compile</id>
        <goals>
          <goal>compile</goal>
        </goals>                                  将 Kotlin 插件添加到目
      </execution>                                标中,以便编译 main 并
      <execution>                                 测试代码
        <id>test-compile</id>
        <goals>
          <goal>test-compile</goal>
        </goals>
      </execution>
    </executions>
  </plugin>
 </plugins>
</build>
```

当 Kotlin 和 Java 混合使用时,情况会变得更加复杂。Maven 默认使用 `Maven-compiler-plugin` 编译 Java,为了支持编译 Kotlin,我们需要对其重新配置,先编译 Kotlin(如下面的代码示例所示),然后再编译 Java 代码。如果跳过了先编译 Kotlin 的步骤,那么 Java 代码将无法使用 Kotlin 类。

```
<build>
  <plugins>
    <plugin>
      <groupId>org.jetbrains.kotlin</groupId>              这里与之前几乎相同,添加了
      <artifactId>kotlin-maven-plugin</artifactId>         kotlin-maven-plugin,确
      <version>1.6.10</version>                            保它同时知道 Java 和 Kotlin
      <executions>                                         的路径
        <execution>
          <id>compile</id>
          <goals>
            <goal>compile</goal>
          </goals>
          <configuration>
            <sourceDirs>
              <sourceDir>${project.basedir}/src/main/kotlin</sourceDir>
              <sourceDir>${project.basedir}/src/main/java</sourceDir>
            </sourceDirs>
          </configuration>
        </execution>                                        编译器需要同时知
        <execution>                                         道 Kotlin 和 Java 代
          <id>test-compile</id>                             码的位置
          <goals>
            <goal>test-compile</goal>
          </goals>
          <configuration>
            <sourceDirs>
              <sourceDir>${project.basedir}/src/test/kotlin</sourceDir>
```

```
      <sourceDir>${project.basedir}/src/test/java</sourceDir>
    </sourceDirs>
  </configuration>
</execution>
</executions>
</plugin>
<plugin>
  <groupId>org.apache.maven.plugins</groupId>
  <artifactId>maven-compiler-plugin</artifactId>
  <version>3.8.1</version>
  <executions>
    <execution>
      <id>default-compile</id>
      <phase>none</phase>
    </execution>
    <execution>
      <id>default-testCompile</id>
      <phase>none</phase>
    </execution>
    <execution>
      <id>java-compile</id>
      <phase>compile</phase>
      <goals>
        <goal>compile</goal>
      </goals>
    </execution>
    <execution>
      <id>java-test-compile</id>
      <phase>test-compile</phase>
      <goals>
        <goal>testCompile</goal>
      </goals>
    </execution>
  </executions>
</plugin>
</plugins>
</build>
```

禁用了 `maven-compiler-plugin` 构建 Java 的默认配置，因为这些设置会强制其优先执行

将 `maven-compiler-plugin` 重新应用于编译阶段和测试编译阶段。这些配置需要添加到 `kotlin-maven-plugin` 的后面

注意　上述的重写在遇到使用诸如"父项目"这样的 Maven 特性时，可能会变得很复杂。在这种情况下，额外的 POM 定义可能会导致冲突。下面会介绍一些策略，帮助你遇到这些问题时进行调试。

你的项目还需要添加对应的依赖，至少需要添加 Kotlin 标准库，所以我们像下面这样显式地添加依赖：

```
<dependencies>
  <dependency>
    <groupId>org.jetbrains.kotlin</groupId>
    <artifactId>kotlin-stdlib</artifactId>
    <version>1.6.10</version>
  </dependency>
</dependencies>
```

做完这些设置之后，我们的多语言项目就可以像以前一样构建和运行了。

11.2.6　测试

一旦代码完成构建，下一步就是对其进行测试。Maven 已经将测试深度集成到它的整个生命周期中。事实上，生产代码的编译仅仅是构建诸多阶段中的一个阶段，Maven 支持开箱即用的两个独立的测试阶段：测试和集成测试。测试用于典型的单元测试，而集成测试在诸如 .jar 之类的构件构建完成之后运行，其目的是对最终产品执行端到端的验证。

注意　集成测试也可以用 JUnit 来运行。JUnit 是一个强大的测试运行器，它能做的不仅仅是单元测试。不要陷入这样的误区，认为任何由 JUnit 执行的测试都是自动的单元测试。我们将在第 13 章详细探讨不同类型的测试。

几乎所有的项目都能从某种类型的测试中受益。如你所想，Maven 旗帜鲜明地表达了其观点，在默认情况下，Maven 中所有的测试都采用 JUnit 框架实现。如果希望使用其他框架，需要添加对应的插件。

尽管标准插件已经知道如何运行 JUnit，但是我们仍然必须以依赖的形式为库添加声明，这样 Maven 才知道如何编译我们的测试。你可以在 `<project>` 元素下添加如下代码为项目声明对该库的依赖：

```
<dependencies>
  <dependency>
    <groupId>org.junit.jupiter</groupId>
    <artifactId>junit-jupiter-api</artifactId>
    <version>5.8.1</version>
    <scope>test</scope>
  </dependency>
  <dependency>
    <groupId>org.junit.jupiter</groupId>
    <artifactId>junit-jupiter-engine</artifactId>
    <version>5.8.1</version>
    <scope>test</scope>
  </dependency>
</dependencies>
```

`<scope>` 声明了该库仅在 `test-compile` 阶段需要

配置完毕之后，我们就可以尝试运行单元测试了。根据 Maven 的不同版本，`test-compile` 的输出结果可能会有差异，不过即使是最新的版本也可能输出下面这个奇怪的结果：

```
~:mvn test

[INFO] Scanning for projects...
[INFO]
[INFO] -------------------< com.wellgrounded:example >-----------------
[INFO] Building example 1.0-SNAPSHOT
[INFO] --------------------------------[ jar ]-----------------------
[INFO]
```

```
[INFO] .....
[INFO]
[INFO] -- maven-surefire-plugin:2.12.4:test (default-test) @ example -
[INFO] Surefire report dir: ./target/surefire-reports
```

Maven 执行 JUnit 测试时，默认使用的是 `maven-surefire-plugin`

```
-------------------------------------------------------
 T E S T S
-------------------------------------------------------
Running com.wellgrounded.MainTest
Tests run: 0, Failures: 0, Errors: 0, Skipped: 0, Time elapsed: 0.001 sec

Results :

Tests run: 0, Failures: 0, Errors: 0, Skipped: 0
```

没有任何测试被执行？这不太对！

```
[INFO] -------------------------------------------------------
[INFO] BUILD SUCCESS
[INFO] -------------------------------------------------------
[INFO] Total time:  5.605 s
[INFO] Finished at: 2021-11-29T09:41:06+01:00
[INFO] -------------------------------------------------------
```

为了保持兼容性，即使到了 Maven 3.8.4，默认情况下安装的插件 `Maven-surefire-plugin` 也不支持 JUnit 5。我们将在第 13 章深入地探究这些转换问题，但现在，让我们把插件的版本更改为更新的版本，如下所示：

```
<plugin>
  <groupId>org.apache.maven.plugins</groupId>
  <artifactId>maven-surefire-plugin</artifactId>
  <version>3.0.0-M5</version>
</plugin>
```

更新到版本 2.12 后，插件就能支持 JUnit 5 了

完成上述操作后，我们看到了以下这些更让人放心的结果：

```
~:mvn test

[INFO] .....

-------------------------------------------------------
 T E S T S
-------------------------------------------------------
Running com.wellgrounded.MainTest
Tests run: 1, Failures: 0, Errors: 0, Skipped: 0, Time elapsed: 0.04 sec

Results :

Tests run: 1, Failures: 0, Errors: 0, Skipped: 0

[INFO] -------------------------------------------------------
[INFO] BUILD SUCCESS
[INFO] -------------------------------------------------------
[INFO] Total time: 1.010 s
[INFO] Finished at: 2020-07-06T15:45:22+02:00
[INFO] -------------------------------------------------------
```

默认情况下，**Surefire** 插件会在测试阶段执行标准位置 src/test/* 中的所有单元测试。如果我们想要使用集成测试阶段，建议使用单独的插件，比如 maven-failsafe-plugin。**Failsafe** 由开发 maven-surefire-plugin 的同一个团队所维护，该插件专门为集成测试用例所设计。我们可以在之前用于配置项目清单文件的 `<build><plugins>` 部分中添加这个插件，具体添加方式如下所示：

```
<plugin>
  <groupId>org.apache.maven.plugins</groupId>
  <artifactId>maven-failsafe-plugin</artifactId>
  <version>3.0.0-M5</version>
  <executions>
    <execution>
      <goals>
        <goal>integration-test</goal>
        <goal>verify</goal>
      </goals>
    </execution>
  </executions>
</plugin>
```

Failsafe 将以下文件名模式视为集成测试，当然这也可以通过配置重新定义：

- `**/IT*.java`
- `**/*IT.java`
- `**/*ITCase.java`

由于它是同一套插件的一部分，因此 **Surefire** 也能意识到这一惯例，并在测试阶段排除这些测试。

建议通过 mvn verify 而不是 mvn integration-test 来运行集成测试，如下所示。verify 包括了 post-integration-test，该插件可以在测试完成后执行需要的清理工作。

```
~: mvn verify

[INFO] ... compilation output omitted for length ...

[INFO] --- maven-failsafe-plugin:3.0.0-M5:integration-test @ example ---
[INFO]
[INFO] -------------------------------------------------------
[INFO]  T E S T S
[INFO] -------------------------------------------------------
[INFO] Running com.wellgrounded.LongRunningIT
[INFO] Tests run: 1, Failures: 0, Errors: 0, Skipped: 0,
[INFO] Time elapsed: 0.032 s - in com.wellgrounded.LongRunningIT
[INFO]
[INFO] Results:
[INFO]
[INFO] Tests run: 1, Failures: 0, Errors: 0, Skipped: 0
[INFO]
[INFO]
[INFO] --- maven-failsafe-plugin:3.0.0-M5:verify (default) @ example ---
```

```
[INFO] ------------------------------------------------------------
[INFO] BUILD SUCCESS
[INFO] ------------------------------------------------------------
```

11.2.7　依赖管理

　　Maven 为 Java 生态带来的一个关键特性是，可以凭借 pom.xml 文件表达依赖管理信息的标准格式。Maven 还为库建立了一个中央存储库。Maven 可以在依赖中遍历 pom.xml 和 pom.xml 文件，找出应用程序所需的整个传递依赖集。

　　遍历树并找到所有必要库的过程称为**依赖解析**（dependency resolution）。尽管该过程对于管理现代应用程序至关重要，但它也有突出的缺点。

　　为了了解出现问题的地方，让我们回顾一下在 11.1.2 节中看到的项目设置。回想一下，项目的依赖关系导致了如图 11-3 所示的依赖树。

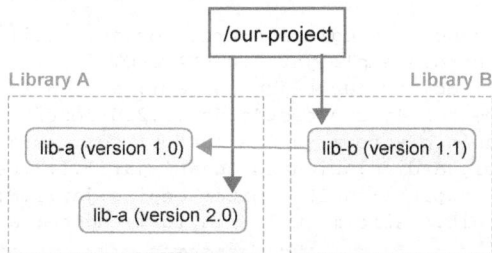

图 11-3　冲突的依赖传递，该场景中一个依赖请求了该依赖的旧版本

　　这里我们明确要求使用 **lib-a** 的 2.0 版本，但我们的依赖库 **lib-b** 使用的是旧版本 1.0。Maven 的依赖解析算法倾向于最接近根的库版本。图 11-3 所示配置的最终结果是，我们将在应用程序中使用 **lib-a** 2.0。正如我们在 11.1.2 节中概述的那样，它可能工作得很好，但也可能出现灾难性的故障。

　　此外，还可能导致问题的常见场景是，当发生相反的情况时，最接近根的依赖比作为传递依赖的预期依赖还旧，如图 11-4 所示。

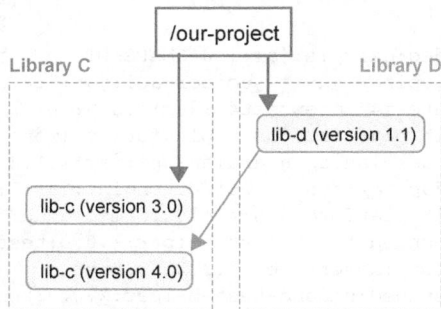

图 11-4　冲突的传导依赖，依赖库使用了更新版本的方法

在这种情况下，lib-d 完全有可能依赖于 3.0 版本不存在的 lib-c 的 API，因此向已经使用 lib-c 的项目中添加对 lib-d 的依赖将导致运行时异常。

注意 考虑到这些可能性，我们建议在 pom.xml 中显式声明与代码直接交互的任何包。如果不这样做，而是依赖于传递依赖，那么更新你的直接依赖可能导致意外的构建中断。

在解决依赖关系问题之前，了解依赖关系是什么非常重要。Maven 为我们提供了 mvn dependency:tree 命令，如下所示：

```
~:mvn dependency:tree
[INFO] Scanning for projects...
[INFO]
[INFO] -------------------< com.wellgrounded:example >----------------
[INFO] Building example 1.0-SNAPSHOT
[INFO] --------------------------[ jar ]-------------------------
[INFO]
[INFO] -- maven-dependency-plugin:2.8:tree (default-cli) @ example --
[INFO] com.wellgrounded:example:jar:1.0-SNAPSHOT
[INFO] +- org.junit.jupiter:junit-jupiter-api:jar:5.8.1:test
[INFO] |  +- org.opentest4j:opentest4j:jar:1.2.0:test
[INFO] |  +- org.junit.platform:junit-platform-commons:jar:1.8.1:test
[INFO] |  \- org.apiguardian:apiguardian-api:jar:1.1.2:test
[INFO] \- org.junit.jupiter:junit-jupiter-engine:jar:5.8.1:test
[INFO]    \- org.junit.platform:junit-platform-engine:jar:1.8.1:test
[INFO] ------------------------------------------------------------
[INFO] BUILD SUCCESS
[INFO] ------------------------------------------------------------
[INFO] Total time:  0.790 s
[INFO] Finished at: 2020-08-13T23:02:10+02:00
[INFO] ------------------------------------------------------------
```

该命令生成的树展示了我们对 JUnit 的直接依赖，该依赖定义于 pom.xml 文件，是嵌套的第一层，然后是 JUnit 自身的传递依赖。

JUnit 附带的依赖较少，因此为了进一步探索传递依赖问题，我们假设团队想使用公司的两个内部库来实现对定制断言的支持。这两个库都是基于 assertj 库构建的，但不幸的是，它们使用了不同的版本，如下所示：

```
[INFO] com.wellgrounded:example:jar:1.0-SNAPSHOT
[INFO] +- org.junit.jupiter:junit-jupiter-api:jar:5.8.1:test
[INFO] |  +- org.opentest4j:opentest4j:jar:1.2.0:test
[INFO] |  +- org.junit.platform:junit-platform-commons:jar:1.8.1:test
[INFO] |  \- org.apiguardian:apiguardian-api:jar:1.1.2:test
[INFO] +- org.junit.jupiter:junit-jupiter-engine:jar:5.8.1:test
[INFO] |  \- org.junit.platform:junit-platform-engine:jar:1.8.1:test
[INFO] +- com.wellgrounded:first-test-helper:1.0.0:test
[INFO] |  \- org.assertj:assertj-core:3.21.0:test      <-
[INFO] \- com.wellgrounded:second-test-helper:2.0.0:test
[INFO]    \- org.assertj:assertj-core:2.9.1:test  <-
```

第一个辅助库基于 assertj-core 3.21.0

第二个辅助库基于 assertj-core 2.9.1

最理想的方法是找到依赖的更新版本，辅助库可以在它们的依赖上达成一致。由于这两个库都是内部库，这显然是可能的。即便在更广阔的开源世界中，这通常也是可行的。话虽如此，有时库会失去维护人员，从而过时，因此我们完全有可能陷入难以获得所期望更新的窘境。

这促使我们寻找其他方法来处理冲突。如果我们不能找到一个自然的解决方案，有两种主要的替代方法可以发挥作用。请注意，这两种替代方案都依赖于找到某个兼容的版本来满足你的依赖。

如果你的一个依赖指定了每个人都同意的版本，但 Maven 的解析算法没有选择它，那么你可以指定 Maven 在解析时排除树的某些部分。如果两个辅助库都能很好地适配较新的 assertj-core，我们就可以忽略第二个库带来的旧版本，如下所示：

```
<dependencies>
    <dependency>
        <groupId>com.wellgrounded</groupId>
        <artifactId>second-test-helper</artifactId>
        <version>2.0.0</version>
        <scope>test</scope>              排除第二个测试辅助库所依赖
        <exclusions>          ◄──────    的旧版本 asserti-core
            <exclusion>
                <groupId>org.assertj</groupId>
                <artifactId>assertj-core</artifactId>
            </exclusion>
        </exclusions>
    </dependency>
    <dependency>              ◄──────    让第一个测试辅助库的
        <groupId>com.wellgrounded</groupId>        传递依赖正常执行
        <artifactId>first-test-helper</artifactId>
        <version>1.0.0</version>
        <scope>test</scope>
    </dependency>
</dependencies>
```

在最坏的情况下，可能任何一个库都无法同时满足兼容的需求。为了处理这种情况，我们可以在项目中精确指定版本的直接依赖，代码示例如下所示。根据解析规则，Maven 将选择该版本，因为它更接近项目根。虽然这种方式促使工具完成了我们想做的事情，但是我们也承担了混合库版本可能引发运行时错误的风险，所以彻底测试交互非常重要：

```
<dependencies>
    <dependency>                          依赖使用了不同的
        <groupId>com.wellgrounded</groupId>     assertj-core 版本
        <artifactId>second-test-helper</artifactId>  ◄──────
        <version>2.0.0</version>
        <scope>test</scope>
    </dependency>
    <dependency>                          依赖使用了不同的
        <groupId>com.wellgrounded</groupId>     assertj-core 版本
        <artifactId>first-test-helper</artifactId>   ◄──────
        <version>1.0.0</version>
        <scope>test</scope>
    </dependency>
```

```
<dependency>
    <groupId>org.assertj</groupId>
    <artifactId>org.assertj</artifactId>
    <version>3.1.0</version>
    <scope>test</scope>
</dependency>
</dependencies>
```

强制指定我们期望使用的 **assertj-core** 版本

最后，值得注意的是，我们可以配置 maven-enforcer-plugin，使其在发现任何不匹配的依赖时终止构建，这样我们就可以尽早发现问题，而不是依赖不稳定的运行时行为来发现潜在的问题。这些构建失败可以使用我们之前讨论过的技术来解决。

11.2.8　评估

在构建过程引入新的工具执行检查工作也非常容易。我们关注的一个关键信息是代码覆盖率，它能告诉我们测试覆盖了代码的哪些部分。

在 Java 生态中，获取代码覆盖率的主流工具是 JaCoCo。JaCoCo 可以配置为在测试期间强制达到某个覆盖级别，并输出报告，指出哪些代码是被覆盖的，哪些是没有被覆盖的。

启用 JaCoCo 比较简单，只需要在 pom.xml 文件中添加一个插件。默认情况下它不会自动启用，所以你必须告诉它应该何时运行。在下面这个例子中，我们将它绑定到了测试阶段，配置如下：

```
<build>
  <plugins>
    <plugin>
      <groupId>org.jacoco</groupId>
      <artifactId>jacoco-maven-plugin</artifactId>
      <version>0.8.5</version>
      <executions>
        <execution>
          <goals>
            <goal>prepare-agent</goal>
          </goals>
        </execution>
        <execution>
          <id>report</id>
          <phase>test</phase>
          <goals>
            <goal>report</goal>
          </goals>
        </execution>
      </executions>
    </plugin>
  </plugins>
</build>
```

JaCoCo 需要在构建过程的早期启动。本配置将 JaCoCo 添加到构建的初始化阶段

指定 JaCoCo 在测试阶段执行 **report** 目标

默认情况下，这会生成 target/site/jacoco 目录下所有类的报告，如图 11-5 所示，在 index.html 中可以查看完整的 HTML 版本。

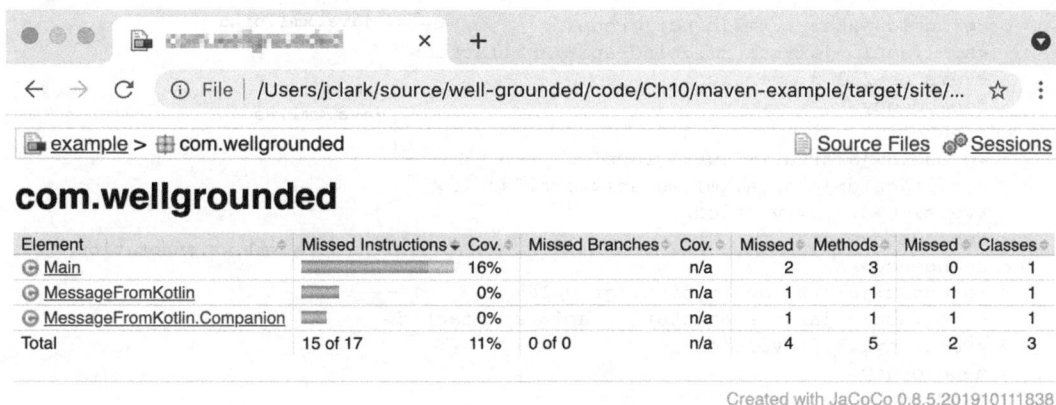

图 11-5　JaCoCo 代码覆盖率报告

11.2.9　超越 Java 8

第 1 章中，我们看到以下这些归属于 Java 企业版的库，但它们是以 JDK 核心库的形式存在着。这些库在 JDK 9 中被弃用，并在 JDK 11 中被删除，但它们仍然可以以外部库的方式使用：

❑ java.activation（JAF）；

❑ java.corba（CORBA）；

❑ java.transaction（JTA）；

❑ java.xml.bind（JAXB）；

❑ java.xml.ws（JAX-WS 以及一些相关技术）；

❑ java.xml.ws.annotation（通用注释）。

如果你的项目依赖于这些模块中的任何一个，那么当你迁移到更新的 JDK 时，构建可能会中断。幸运的是，在 pom.xml 中添加一些简单的依赖就能解决这个问题，如下所示：

```
<dependencies>
  <dependency>
    <groupId>com.sun.activation</groupId>        ◁─── java.activation（JAF）
    <artifactId>jakarta.activation</artifactId>
    <version>1.2.2</version>
  </dependency>
  <dependency>
    <groupId>org.glassfish.corba</groupId>       ◁─── java.corba（CORBA）
    <artifactId>glassfish-corba-omgapi</artifactId>
    <version>4.2.1</version>
  </dependency>
  <dependency>
    <groupId>javax.transaction</groupId>         ◁─── java.transaction（JTA）
    <artifactId>javax.transaction-api</artifactId>
    <version>1.3</version>
  </dependency>
  <dependency>
```

```
        <groupId>jakarta.xml.bind</groupId>          ←——— java.xml.bind
        <artifactId>jakarta.xml.bind-api</artifactId>
        <version>2.3.3</version>
    </dependency>
    <dependency>                                      java.xml.ws
        <groupId>jakarta.xml.ws</groupId>          ←
        <artifactId>jakarta.xml.ws-api</artifactId>
        <version>2.3.3</version>
    </dependency>                                     java.xml.ws.annotation
    <dependency>
        <groupId>jakarta.annotation</groupId>      ←
        <artifactId>jakarta.annotation-api</artifactId>
        <version>1.3.5</version>
    </dependency>
</dependencies>
```

11.2.10　如何在 Maven 中使用不同版本的 JAR

JDK 9 的一个新功能是，能够有针对性地为不同的 JDK 版本打包发行对应代码的 JAR。这使得我们能够充分利用平台的新功能，同时保持对旧版本客户端的支持。

在第 2 章中，我们介绍了该功能，并以手动配置的方式定义了 JAR 的格式。当启用该功能时，版本目录会放在 JAR 文件的 META-INF/versions 下。从版本 9 开始，JVM 在加载类时会检查给定类的新版本，如下所示：

```
├── META-INF
│   ├── MANIFEST.MF
│   └── versions
│       └── 11
│           └── wgjd2ed
│               └── GetPID.class
└── wgjd2ed
    ├── GetPID.class
    └── Main.class
```

在这个结构中，wgjd2ed 目录中的类表示与该 JAR 兼容的最老 JVM 版本所能使用的类文件版本（在后面的示例中，这对应的是 JDK 8）。但是，在 META-INF/versions/11 目录下的类可以使用新的 JDK 编译并采用新的类文件版本。因为旧版本的 JDK 会忽略 META-INF/versions 目录（而从版本 9 开始的 JDK 知道可以使用哪个版本），所以我们才能在 JAR 中混合新旧代码，同时确保生成的 JAR 仍然能在旧的 JVM 上工作。这一过程比较烦琐，但可以通过 Maven 对其进行自动化，从而简化上述的复杂过程。

虽然 JAR 的输出格式对于如何启用多版本功能至关重要，但清晰起见，我们假设代码的布局结构如下所示。src 中的代码是默认情况下任何 JDK 都可以看到的基线功能。versions 下的代码则是可选的，它会以特定实现替换基线中的类。

```
.
├── pom.xml
├── src
│   └── main
│       └── java
│           └── wgjd2ed
│               ├── GetPID.java
│               └── Main.java
└── versions
    └── 11
        └── src
            └── wgjd2ed
                └── GetPID.java
```

Maven 的默认设置会在 src/main 中找到并编译我们的代码，但我们有两个复杂的问题需要解决：

❑ Maven 需要能找到在 versions 目录中的代码；

❑ 接着，Maven 需要使用对应的 JDK 来编译这些源代码，而不是使用默认的 JDK。

这两个目标都可以通过配置构建 Java 类文件的 maven-compiler-plugin 来实现。在下面的代码片段中，我们使用了两个相互独立的<execution>步骤——第一个步骤会以 JDK 8 为目标编译代码，第二个步骤会以 JDK 11 为目标编译代码。

注意 我们使用的 JDK 版本不能比你的目标 JDK 版本低。但是，我们也能在构建步骤中显式地指定构建比编译器版本更低的 JDK 版本作为目标。

```xml
<plugins>
  <plugin>
    <groupId>org.apache.maven.plugins</groupId>
    <artifactId>maven-compiler-plugin</artifactId>
    <version>3.8.1</version>
    <executions>
      <execution>
        <id>compile-java-8</id>          ◁── 以 JDK 8 为编译
                                             目标的执行步骤
        <goals>
          <goal>compile</goal>
        </goals>                         我们使用 JDK 11 进行编
                                         译，因此需要设置本步骤
        <configuration>                  的输出到 JDK 8
          <source>1.8</source>      ◁──
          <target>1.8</target>
        </configuration>
      </execution>
      <execution>                        针对第二个执行步骤，
        <id>compile-java-11</id>    ◁──  编译目标为 JDK 11
        <phase>compile</phase>
        <goals>
          <goal>compile</goal>
        </goals>                         告知 Maven 版本
                                         相关代码的位置
        <configuration>
          <compileSourceRoots>    ◁──
```

11

```
        <compileSourceRoot>
          ${project.basedir}/versions/11/src
        </compileSourceRoot>
      </compileSourceRoots>
      <release>11</release>
      <multiReleaseOutput>
        true
      </multiReleaseOutput>
    </configuration>
  </execution>
</executions>
</plugin>
</plugins>
```

通过设置 `release` 和 `multiReleaseOutput`，告知 Maven 该版本代码应使用哪个 JDK，并将编译后的类文件放置到正确的多版本发布目录中

这样就用正确的布局构建并打包了 **JAR** 文件。还有一个步骤是将清单标记为多版本。这是在 maven-jarplugin 中配置的，如下所示。具体位置在指定 JAR 为可执行文件的配置信息附近，这在 11.2.4 节中提到过。

```
<plugin>
  <groupId>org.apache.maven.plugins</groupId>
  <artifactId>maven-jar-plugin</artifactId>
  <version>3.2.0</version>
  <configuration>
    <archive>
      <manifest>
        <addClasspath>true</addClasspath>
        <mainClass>wgjd2ed.Main</mainClass>
      </manifest>
      <manifestEntries>
        <Multi-Release>true</Multi-Release>
      </manifestEntries>
    </archive>
  </configuration>
</plugin>
```

该属性可以将 JAR 标记为支持多版本发布

有了它，我们就可以针对不同版本的 **JDK** 运行代码，并观察它的表现是否符合预期。在我们的示例应用程序中，当运行 **JDK 8** 时，它会额外输出一个版本信息，如下所示，这样我们就能确认它在正常工作。

```
~:mvn clean compile package
[INFO] Scanning for projects...
[INFO]
[INFO] ---------------< wgjd2ed:maven-multi-release >--------------------
[INFO] Building maven-multi-release 1.0-SNAPSHOT
[INFO] --------------------------[ jar ]--------------------------------
[INFO]
[INFO] .... Lots of additional steps
[INFO]
[INFO] - maven-jar-plugin:3.2.0:jar (default-jar) @ maven-multi-release -
[INFO] Building jar: ~/target/maven-multi-release-1.0-SNAPSHOT.jar
[INFO] ----------------------------------------------------------------
[INFO] BUILD SUCCESS
```

```
[INFO] ------------------------------------------------------------
[INFO] Total time:  1.813 s
[INFO] Finished at: 2021-03-05T09:39:16+01:00
[INFO] ------------------------------------------------------------

~:java -version
openjdk version "11.0.6" 2020-01-14
OpenJDK Runtime Environment AdoptOpenJDK (build 11.0.6+10)
OpenJDK 64-Bit Server VM AdoptOpenJDK (build 11.0.6+10, mixed mode)

~:java -jar target/maven-multi-release-1.0-SNAPSHOT.jar
75891

# Change JDK versions by your favorite means....

~:java -version
openjdk version "1.8.0_265"
OpenJDK Runtime Environment (AdoptOpenJDK)(build 1.8.0_265-b01)
OpenJDK 64-Bit Server VM (AdoptOpenJDK)(build 25.265-b01, mixed mode)

~:java -jar target/maven-multi-release-1.0-SNAPSHOT.jar
Java 8 version...
76087
```

通过上述方式，我们既能够使用 JDK 的新功能，又无须放弃旧客户端。

11.2.11　Maven 与模块

在第 2 章中，我们详细介绍了 JDK 的新模块系统。现在，让我们看看它是如何影响我们的构建脚本的。我们将从一个简单的库开始，它公开其中一个包，同时隐藏其他包。

模块库
模块化项目的代码布局与严格的 Maven 标准略有不同。主目录反映了模块的名称，如下所示：

```
.
├── pom.xml
└── src
    └── com.wellgrounded.modlib    ◄─── 模块代码的目录
        └── java
            └── com
                └── wellgrounded
                    ├── hidden
                    │   └── CantTouchThis.java    ◄─── 我们希望保持私有的类
                    └── visible
                        └── UseThis.java
```

我们希望通过模块
公开发布的类

完成更改后，我们还需要告知 Maven 去何处查找执行编译所需的源代码，其配置如下：

```
<build>
  <sourceDirectory>src/com.wellgrounded.modlib/java</sourceDirectory>
</build>
```

使库模块化的最后一步是在代码的根目录中（与 com 目录一起）添加 module-info.java。这将命名我们的模块，并声明我们允许访问的内容，如下所示：

```
module com.wellgrounded.modlib {
    exports com.wellgrounded.modlib.visible;
}
```

这个简单库的其他内容保持不变，如果运行 mvn package，将在 target 目录中得到一个 JAR 文件。在进一步操作之前，还可以通过执行 mvn install 将该库放入本地 Maven 缓存中。

注意　JDK 的模块系统是关于构建和运行时的访问控制，而不是打包。模块库可以以一个普通的旧 JAR 文件形式共享，只不过它包含了额外的 module-info.class 以告知模块应用程序如何与它交互。

现在我们有了一个模块化的库，下面就开始构建一个模块化应用程序来使用它。

模块化应用程序

模块化应用程序具有与库类似的布局，如下所示：

```
.
├── pom.xml
└── src
    └── com.wellgrounded.modapp
        └── java
            ├── com
            |   └── wellgrounded
            |       └── Main.java
            └── module-info.java
```

应用程序通过 module-info.java 声明自己的名称，并声明了需要由库导出的包，如下所示：

```
module com.wellgrounded.modapp {
    requires com.wellgrounded.modlib;
}
```

不过，这本身并没有告诉 Maven 在哪里找到我们的库 JAR，所以我们需要将其作为一个普通依赖包含进来，如下所示：

```
<dependencies>
    <dependency>
        <groupId>com.wellgrounded</groupId>  ◄──── 前面创建的库已安装到
        <artifactId>modlib</artifactId>            本地 Maven 仓库中
        <version>2.0</version>
    </dependency>
</dependencies>
```

在编译和运行过程中，将这个依赖放在模块路径而不是类路径上非常关键。Maven 是如何做到这一点的呢？幸运的是，最新版本的 maven-compiler-plugin 足够智能，它能够识别：1）我们的应用程序附带了一个 module-info.java，表明它是模块化的；2）依赖包含了 module-info.class，说明它也是一个模块。只要你使用了最新版本的 Maven-compiler-plugin（在撰写本文时为运行良好的版本 3.8），Maven 就能为你解决这个问题。

我们的应用程序代码是完全标准的 Java 代码，我们可以使用模块化库提供的功能，如下所示：

```
package com.wellgrounded.modapp;

import com.wellgrounded.modlib.visible.UseThis;          和普通的包一样，
                                                          从模块中导入

public class Main {
  public static void main(String[] args) {
    System.out.println(UseThis.getMessage());            使用模块中的类
  }                                                      获取一条消息
}
```

你可能还记得，我们的库有另一个没有提供访问权限的包。如果我们尝试修改应用程序来引入它，会发生什么呢？如下所示：

```
package com.wellgrounded.modapp;

import com.wellgrounded.modlib.visible.UseThis;
import com.wellgrounded.modlib.hidden.CantTouchThis;     come.wellgrounded.
                                                         modlib.hidden 没有包
                                                         含在库的导出列表里
public class Main {
  public static void main(String[] args) {
    System.out.println(UseThis.getMessage());
  }
}
```

编译这段代码时，会直接收到下面的错误信息：

```
[INFO] - maven-compiler-plugin:3.8.1:compile @ modapp ---
  [INFO] Changes detected - recompiling the module!
  [INFO] Compiling 2 source files to /mod-app/target/classes
  [INFO] -------------------------------------------------
  [ERROR] COMPILATION ERROR :
  [INFO] -------------------------------------------------
  [ERROR]
    src/com.wellgrounded.modapp/java/com/wellgrounded/Main.java:[4,31]
      package com.wellgrounded.modlib.hidden is not visible (package
      com.wellgrounded.modlib.hidden is declared in module
      com.wellgrounded.modlib, which does not export it)

  [INFO] 1 error
  [INFO] -------------------------------------------------
  [INFO] BUILD FAILURE
  [INFO] -------------------------------------------------
```

Javac 及模块系统不允许我们使用任何未导出的方法

自从 JDK 9 发布模块以来，Maven 工具已经取得了长足的进步。它已经可以很好地覆盖所有标准场景，而无需过多的额外配置。

继续讨论之前，让我们简短地讲一个题外话。本节中，moduleinfo.class 经常被用于告知 Maven 其需要按照模块化规则来处理代码了。但是，模块只是 JDK 为了保持与前期大量非模块化代码的兼容性提供的一个可选特性。

如果我们使用模块化库构建相同的应用程序，但该应用程序没有通过包含 module-info.java 文件将自己标记为使用模块，会发生什么情况呢？在这种情况下，尽管库是模块化的，它仍然会通过类路径引入。这使得库与应用程序自身的代码一起被放在了未命名的模块中，从而导致我们在库中设置的所有访问限制都被忽略了。除了模块应用程序，附录还提供了一个示例应用程序，它通过类路径使用库，这样你就可以更清楚地看到选择加入或退出模块系统的实际结果。

至此，我们关于 Maven 的默认特性的探讨将告一段落。但是，如果所需的功能无法通过网上的插件来实现，我们只能对系统进行扩展，那么该如何做呢？

11.2.12　编写 Maven 插件

即使是 Maven 中最基础的默认功能也是以插件的方式提供的，如果我们需要实现更多的功能，编写自定义插件就成了一种自然的选择。正如我们所看到的，引用一个插件很像引入一个依赖库。因此，我们将 Maven 插件实现为单独的 JAR 文件就不足为奇了。

我们的示例从一个 pom.xml 文件开始。该文件大部分内容与之前的相似，只是增加了少量的内容，如下所示：

通知 Maven
我们想要构
建一个插件
包

-SNAPSHOT 是未发布版本库的典型后缀。这种情况通常出现在引入库的时候，因为指定依赖时，你必须使用全名，比如 1.0-SNAPSHOT

```xml
<project>
  <modelVersion>4.0.0</modelVersion>

  <name>A Well-Grounded Maven Plugin</name>
  <groupId>com.wellgrounded</groupId>
  <artifactId>wellgrounded-maven-plugin</artifactId>
  <packaging>maven-plugin</packaging>
  <version>1.0-SNAPSHOT</version>

  <properties>
    <project.build.sourceEncoding>UTF-8</project.build.sourceEncoding>
    <maven.compiler.source>11</maven.compiler.source>
    <maven.compiler.target>11</maven.compiler.target>
  </properties>

  <dependencies>
    <dependency>
      <groupId>org.apache.maven</groupId>
      <artifactId>maven-plugin-api</artifactId>
      <version>3.0</version>
    </dependency>

    <dependency>
      <groupId>org.apache.maven.plugin-tools</groupId>
      <artifactId>maven-plugin-annotations</artifactId>
      <version>3.4</version>
      <scope>provided</scope>
    </dependency>
  </dependencies>
</project>
```

实现 Maven 插件需要添加对 Maven API 的依赖

接下来，我们就可以开始添加代码了。在标准的目录结构中创建一个 Java 文件，实现了所谓 mojo——实际上就是一个 **Maven 目标**，如下所示：

```
package com.wellgrounded;

import org.apache.maven.plugin.AbstractMojo;
import org.apache.maven.plugin.MojoExecutionException;
import org.apache.maven.plugins.annotations.Mojo;

@Mojo(name = "wellgrounded")
public class WellGroundedMojo extends AbstractMojo
{
    public void execute() throws MojoExecutionException
    {
        getLog().info("Extending Maven for fun and profit.");
    }
}
```

我们的类扩展了 AbstractMojo，并通过 @Mojo 注释告诉 **Maven** 我们的目标名称是什么。方法体负责我们想要执行的任何操作。在本例中，我们只是记录一些文本信息，但此时可以利用完整的 Java 语言及其生态系统来实现目标任务。

要在另一个项目中测试这个插件，我们需要重新安装它，这将把我们的 JAR 放在本地缓存存储库中。在那里，我们可以将插件拉到另一个项目中，就像我们在本章已经看到的所有其他"真正的"插件一样，如下所示：

```
<build>
  <plugins>
    <plugin>
      <groupId>com.wellgrounded</groupId>      插件引用由 groupId 和
      <artifactId>wellgrounded-maven-plugin</artifactId>   artifactId 限定，用于
      <version>1.0-SNAPSHOT</version>          指定插件的引用
      <executions>
        <execution>              ⟵——— 将我们的目标绑定到构建阶段
          <phase>compile</phase>
          <goals>
            <goal>wellgrounded</goal>
          </goals>
        </execution>
      </executions>
    </plugin>
  </plugins>
</build>
```

有了这些设置，我们可以在编译时看到插件的运行，如下所示：

```
~: mvn compile
  [INFO] Scanning for projects...
  [INFO]
  [INFO] -----------------< com.wellgrounded:example >--------------
  [INFO] Building example 1.0-SNAPSHOT
  [INFO] --------------------------[ jar ]-------------------------
```

```
[INFO]
[INFO] - maven-resources-plugin:2.6:resources (default-resources) -
[INFO] Using 'UTF-8' encoding to copy filtered resources.
[INFO] skip non existing resourceDirectory /src/main/resources
[INFO]
[INFO] --- maven-compiler-plugin:3.1:compile (default-compile) ---
[INFO] Nothing to compile - all classes are up to date
[INFO]
[INFO] --- wellgrounded-maven-plugin:1.0-SNAPSHOT:wellgrounded ---
[INFO] Extending Maven for fun and profit.  ◄
[INFO] ------------------------------------------------------------
[INFO] BUILD SUCCESS
[INFO] ------------------------------------------------------------
[INFO] Total time:  0.872 s
[INFO] Finished at: 2020-08-16T22:26:20+02:00
[INFO] ------------------------------------------------------------
```

我们的插件将作为构建阶段的一部分运行

值得注意的是，如果我们只是包含了插件，但是该插件没有指定<executions>元素，那么我们不会在项目的任何地方看到该插件被执行。自定义插件必须通过 pom.xml 文件声明其生命周期中的执行阶段。

了解生命周期以及哪些目标绑定了哪些阶段可能很困难，但幸运的是，有一个插件可以帮助我们。插件 Buildplan-maven-plugin 可以帮助我们更清晰地理解当前的任务。

虽然它可以像任何其他插件一样包含在 pom.xml 中，但为了避免重复，一个推荐的替代方法是将其放在用户的 ~/.m2/settings.xml 文件中，如下所示。settings.xml 文件类似于 Maven 中的 pom.xml 文件，但 settings.xml 中定义的插件不直接关联任何特定项目。

```xml
<settings xmlns="http://            "
  xmlns:xsi="http://            "
  xsi:schemaLocation="http://            "
                      https://            ">
  <pluginGroups>
    <pluginGroup>fr.jcgay.maven.plugins</pluginGroup>
  </pluginGroups>
</settings>
```

一旦完成配置，你就可以在任何 Maven 项目构建中调用它，如下所示：

```
~: mvn buildplan:list

[INFO] Scanning for projects...
[INFO]
[INFO] --------------------< com.wellgrounded:example >--------------------
[INFO] Building example 1.0-SNAPSHOT
[INFO] --------------------------------[ jar ]--------------------------------
[INFO]
[INFO] ---- buildplan-maven-plugin:1.3:list (default-cli) @ example ----
[INFO] Build Plan for example:
```

```
------------------------------------------------------------------
PLUGIN               | PHASE            | ID                | GOAL
------------------------------------------------------------------
jacoco-maven-plugin  | initialize       | default           | prep-agent
maven-compiler-plugin| compile          | default-compile   | compile
maven-compiler-plugin| test-compile     | default-testCompile| testCompile
maven-surefire-plugin| test             | default-test      | test
jacoco-maven-plugin  | test             | report            | report
maven-jar-plugin     | package          | default-jar       | jar
maven-failsafe-plugin| integration-test | default           | int-test
maven-failsafe-plugin| verify           | default           | verify
maven-install-plugin | install          | default-install   | install
maven-deploy-plugin  | deploy           | default-deploy    | deploy
[INFO] ------------------------------------------------------------------
[INFO] BUILD SUCCESS
[INFO] ------------------------------------------------------------------
[INFO] Total time: 0.461 s
[INFO] Finished at: 2020-08-30T15:54:30+02:00
[INFO] ------------------------------------------------------------------
```

> **注意** 如果你不想在 pom.xml 或 settings.xml 中添加插件，你可以让 Maven 使用完全限定插件名来运行命令。在前面的例子中，我们只需要输入 `mvn fr.jgay.maven.plugins:buildplan-maven-plugin:list`，Maven 就会下载这个插件并运行一次。这对于不常见的任务或实验来说非常有用。Maven 的插件文档很全面且维护良好，因此在开始创建自己的插件前务必查阅一下。

Maven 仍然是 Java 常用的构建工具之一，其影响力巨大。然而，并不是每个人都喜欢其固有的使用方式。Gradle 是一个流行的替代方案，让我们看看它是如何处理相同问题的。

11.3 Gradle

Gradle 是在 Maven 之后出现的，它兼容 Maven 开创的大多数依赖管理基础架构。Gradle 支持标准的目录结构，并为 JVM 项目提供默认的构建生命周期。但与 Maven 不同的是，Gradle 的所有这些特性都是完全可配置的。

Gradle 没有使用 XML，而是采用基于 Kotlin 或 Groovy 这样的程序设计语言所定义的领域特定语言来声明项目设置。这种做法在处理简单情况时能够提供简洁的构建逻辑，而在面对复杂情况时提供更大的灵活性。

Gradle 还提供了许多性能特性，可以避免不必要的工作并采用增量方式处理任务。这通常意味着更快的构建速度和更强的可伸缩性。下面，我们来看看如何运行 Gradle 命令。

11.3.1 安装 Gradle

Gradle 可以从其官方网站安装。最近的版本需要 JVM 版本 8 或更高版本。安装后，你可以在命令行运行它，它将默认显示帮助信息，如下所示：

```
~: gradle

  > Task :help

Welcome to Gradle 7.3.3.

To run a build, run gradlew <task> ...

To see a list of available tasks, run gradlew tasks

To see more detail about a task, run gradlew help --task <task>

To see a list of command-line options, run gradlew --help

For more detail on using Gradle, see
  https://

For troubleshooting, visit https://

BUILD SUCCESSFUL in 606ms
1 actionable task: 1 executed
```

　　这使得 Gradle 很容易上手，但是只有单一的全局 Gradle 版本可能不太适合实际情况。对于开发者来说，通常需要构建多个项目，每个项目可能需要不同版本的 Gradle 来构建。

　　为了处理这个问题，Gradle 引入了 "包装器"（wrapper）的概念。Gradle 包装器任务会在本地项目中嵌入一个特定版本的 Gradle。然后通过 ./gradlew 或 gradlew.bat 命令来访问。使用 Gradlew 包装器来避免版本不兼容的问题是一种推荐的做法，所以你可能会发现自己很少直接运行 Gradle 命令本身。

注意　建议在源代码控制中包含包装器的 gradle 和 gradlew* 结果，但排除以 .gradle 为后缀的本地缓存文件。

　　提交包装器后，任何下载项目的人都可以获得正确版本的构建工具，无须执行额外的安装操作。

11.3.2　任务

　　Gradle 的核心概念是**任务**（task）。任务定义了可以调用的一项工作。任务可以依赖于其他任务，可以通过脚本配置，也可以通过 Gradle 插件系统添加。这些任务类似 Maven 的目标，但在概念上更像函数。它们具有定义明确的输入和输出，并且可以组合和链接。Maven 的目标必须与构建生命周期的特定阶段相关联，而 Gradle 任务可以以任何便捷的方式调用和使用。

　　Gradle 提供了出色的自省功能，其中最关键的是 ./gradlew tasks 这一 **meta-task**，它会列出项目中当前可用的任务列表。在声明任何内容之前，此命令将显示以下任务列表：

```
~: ./gradlew tasks

 > Task :tasks

 ------------------------------------------------------------
 Tasks runnable from root project
 ------------------------------------------------------------

 Build Setup tasks
 -----------------
 init - Initializes a new Gradle build.
 wrapper - Generates Gradle wrapper files.

 Help tasks
 ----------
 buildEnvironment - Displays all buildscript dependencies in root project
 components - Displays the components produced by root project.
 dependencies - Displays all dependencies declared in root project.
 dependencyInsight - Displays insight for dependency in root project
 dependentComponents - Displays dependent components in root project
 help - Displays a help message.
 model - Displays the configuration model of root project. [incubating]
 outgoingVariants - Displays the outgoing variants of root project.
 projects - Displays the sub-projects of root project.
 properties - Displays the properties of root project.
 tasks - Displays the tasks runnable from root project.
```

为任何任务提供 --dry-run 标志将显示 Gradle 本来要运行的任务，而不执行操作。这对于理解构建系统的流程、调试行为异常的插件或自定义任务非常有用。

11.3.3　脚本

Gradle 构建的核心是它的构建脚本。这是 Gradle 和 Maven 的一个关键区别——不仅是格式不同，构建的基本理念也不同。Maven POM 文件是基于 XML 的，而在 Gradle 中，构建脚本是用编程语言编写的可执行脚本——通常被称为**领域特定语言**（doman-specific langage，DSL）或 DSL。Gradle 的现代版本同时支持 Groovy 和 Kotlin。

Groovy vs Kotlin

Gradle 的 DSL 方法最初是基于 Groovy 实现的。正如第 8 章所述，Groovy 是 JVM 上的一种动态语言，非常适合编写灵活且简洁的构建脚本。然而，从 Gradle 5.0 开始，有了另一种选择：Kotlin，第 9 章对它做了详细介绍。

注意 Kotlin 构建脚本使用 .gradle.kts 作为扩展名，而不是 .gradle。

这非常合理，因为 Kotlin 现在是 Android 开发的主要语言，而 Gradle 是该平台的官方构建工具。在整个项目中使用相同的语言可以极大地简化开发过程。

对于我们来说，相较于 Groovy，Kotlin 与 Java 更为相似。缩小这种语言差异意味着，如果你是 Gradle 生态系统的新手且正在用 Java 进行编码，那么用 Kotlin 编写构建脚本可能会更加顺手。

尽管如此，Groovy 仍然是一个优秀且可行的选择。但是，我们将更多地使用 Kotlin，并在后面的所有示例中使用它。我们在本章中展示的所有内容都可以用 Groovy 构建脚本来表达，保持与 Gradle 相同的行为。Gradle 文档为所有示例都展示了 DSL。

11.3.4　使用插件

Gradle 使用插件来定义我们使用的所有任务。正如我们前面看到的，在空白的 Gradle 项目中列出任务并不会提供任何关于构建、测试或部署的信息。所有这些都来自插件。

Gradle 自带很多插件，所以只需在 **build.gradle.kts** 中进行声明就可以使用它们，其中一个关键插件是基本插件，如下所示：

```
plugins {
  base
}
```

在包含基本插件后，我们可以看到一些常见的构建生命周期任务，如下所示：

```
~:./gradlew tasks

> Task :tasks

------------------------------------------------------------
Tasks runnable from root project
------------------------------------------------------------

Build tasks
-----------
assemble - Assembles the outputs of this project.
build - Assembles and tests this project.
clean - Deletes the build directory.

... Other tasks omitted for length

Verification tasks
------------------
check - Runs all checks.

...

BUILD SUCCESSFUL in 640ms
1 actionable task: 1 executed
```

有了这些，我们可以开始为代码构建一个 Gradle 项目了。

11.3.5　构建

尽管 Gradle 允许自定义核心内容，但它默认采用与 Maven 相同的代码布局。对于许多（甚至是大多数）项目来说，改变这种布局是不必要的，尽管这样做是可能的。

让我们从一个基本的 Java 库开始。我们创建了以下源代码树：

```
.
├── build.gradle.kts
├── gradle
│   └── wrapper
│       ├── gradle-wrapper.jar
│       └── gradle-wrapper.properties
├── gradlew
├── gradlew.bat
├── settings.gradle.kts
└── src
    └── main
        └── java
            └── com
                └── wellgrounded
                    └── AwesomeLib.java
```

这些文件是由 Gradle 包装器命令自动创建的

基本（base）插件不支持 Java，所以我们需要一个支持 Java 的插件。对于普通的 Java JAR 用例，我们可以使用 Gradle 的 Java-library 插件，如下所示。这个插件基于基本插件所有必要的功能——实际上，在 Gradle 构建中很少看到单独使用基本插件，因为插件可以利用其他插件进行构建，这类似于面向对象编程中的合成（composition）概念。

```
plugins {
    `java-library`
}
```

当插件名称包含特殊字符（例如这里的“-”）时，要使用反引号（不是单引号）将其括起来

这会在构建脚本中增加更多的任务集，如下所示：

```
Build tasks
-----------
  assemble - Assembles the outputs of this project.
  build - Assembles and tests this project.
  buildDependents - Assembles and tests this project and dependent projects.
  buildNeeded - Assembles and tests this project and dependent projects.
  classes - Assembles main classes.
  clean - Deletes the build directory.
  jar - Assembles a jar archive containing the main classes.
  testClasses - Assembles test classes.
```

在 Gradle 的术语中，assemble 是指编译 Java 源代码并将其打包成 JAR 文件的任务。执行这些任务会显示所有步骤，包括一些在默认任务列表中没有显示的步骤。

```
./gradlew assemble --dry-run
  :compileJava SKIPPED
  :processResources SKIPPED
```

```
:classes SKIPPED
:jar SKIPPED
:assemble SKIPPED
```

运行 ./gradlew assemble 会在 build 目录下生成如下输出：

```
.
└── build
    ├── classes
    │   └── java
    │       └── main
    │           └── com
    │               └── wellgrounded
    │                   └── Main.class
    └── libs
        └── wellgrounded.jar
```

创建一个应用

一个普通的 JAR 文件是一个很好的起点，但最终目标是要运行一个应用程序。这需要更多的配置，但这些配置在 Gradle 中通常是默认提供的。

我们将更改插件，并告诉 Gradle 应用程序的主类是什么。在下面简短的代码示例中，我们还可以看到 Kotlin 带来的一些良好特性：

```
plugins {          ◄──┐ Kotlin 中当最后一个参数是 lambda
  application   ◄──┐  │ 表达式时，括号是可选的
}                  │  └ 懂得如何编译和运行
                   └─── Java 应用程序的插件

application {
  mainClass.set("wgjd.Main")
}
                   ┌ 根据修改的 manifest
tasks.jar {    ◄──┤ 来组装 JAR 的任务              Kotlin 使用 to 语法原地
  manifest {                                      声明哈希映射（又称"哈
    attributes("Main-Class" to application.mainClass) ◄──┘ 希字面值"）
  }
}
```

使用 ./gradlew build 构建，得到的 JAR 输出与之前构建的相同，但是如果执行 java -jar build/libs/wellground.JAR，将运行测试程序。此外，应用程序插件还支持使用 ./gradlew run 来直接加载并执行主类。

注意　应用程序插件只需要设置 mainClass，但是排除 tasks.jar 配置将产生一个 ./gradlew run 知道如何启动，但 java -jar 不知道如何启动的 JAR。我们绝对不推荐这样的做法！

现在，我们有了检查 Gradle 的另一个关键特性——避免重复工作并减少构建时间——所需的配置。

11.3.6 避免工作

为了尽可能快地运行构建，Gradle 会尽量避免不必要的重复工作，达到这一目标的一种策略是采用增量构建。Gradle 的每个任务都声明了其输入和输出。Gradle 使用这些信息来检查自上次构建运行以来是否有变更。如果没有变更，Gradle 会跳过该任务，并重用之前构建的结果。

注意 使用 Gradle 时，不要频繁运行 clean，因为 Gradle 会尽量只执行必要的工作来生成构建结果。

构建应用程序时，通过对比一次完整运行（强制清理后）的构建时间和第二次运行的构建时间，我们可以感受到这一点，如下所示：

```
~: ./gradlew clean build

BUILD SUCCESSFUL in 2s
13 actionable tasks: 13 executed

~: ./gradlew build

BUILD SUCCESSFUL in 804ms
12 actionable tasks: 12 up-to-date
```

增量构建只能重用之前在同一台计算机上执行的任务输出。相比之下，Gradle 构建缓存的功能更加强大，它允许重用任何先前构建的任务输出，即使这些构建是在不同的机器上运行的。

要启用这一特性，可以在项目中使用 --build-cache 命令行标志。我们可以看到，由于能重用先前执行的缓存输出，即使使用了 clean 选项，构建的速度也变快了。

```
~: ./gradlew clean build --build-cache

BUILD SUCCESSFUL in 2s
13 actionable tasks: 13 executed

~: ./gradlew clean build --build-cache

BUILD SUCCESSFUL in 1s
13 actionable tasks: 6 executed, 7 from cache
```

性能是 Gradle 的一个关键特性，随着代码量的增加，Gradle 能够有效缩短项目的构建时间。此外，还有一些我们没有时间讨论的功能，比如增量 Java 编译、Gradle Daemon、并行任务以及测试执行等。

没有人是一座孤岛。同样，没有任何一个应用程序是孤立运行的。大多数应用程序需要引入外部库依赖以实现更多的功能。在 Gradle 中，管理依赖是一个重要主题，这也是它与 Maven 有显著区别的一点。

11.3.7 Gradle 中的依赖

要引入依赖，我们必须首先告诉 Gradle 它可以从哪个存储库下载。mavenCentral（如下所示）和 google 都有内置函数可供使用。你可以使用更详细的 API 来配置其他存储库，包括你的私有实例：

```
repositories {
  mavenCentral()
}
```

接下来，我们就可以通过 Maven 的标准坐标格式引入依赖。与 Maven 使用<scope>元素指定依赖的使用范畴一样，Gradle 通过依赖配置来实现这一点。每个配置都管理一组特定的依赖。插件定义了哪些配置是可用的，并且你可以通过函数调用将其添加到配置列表中。例如，为了引入 SLF4J 库以辅助日志记录功能，我们会这样配置依赖：

```
dependencies {
    implementation("org.slf4j:slf4j-api:1.7.30")
    runtimeOnly("org.slf4j:slf4j-simple:1.7.30")
  }
```

在本例中，代码直接调用 slf4j-api 中的类和方法，因此它被包含在 implementation 配置中。这样的配置确保了在编译和运行应用程序时，slf4j-api 是可用的。此外，我们的应用程序不应直接调用 slf4j-simple 中的方法，而是通过 slf4j-api 完成。因此，将 slf4j-simple 设置为 runtimeOnly 可以确保代码在编译期间不可用，从而防止我们误用库。这种方法达到了 Maven 中 <scope> 元素相同的目的。

并非只有"直接使用"与"运行时添加"这两种方式来划分依赖类型。特别是对于库的作者来说，还需要区分项目中直接使用的库和那些作为公共 API 一部分的库。如果依赖是项目的公共 API 的一部分，我们可以用 api 来标记它。例如，以下配置声明了 Guava 是项目公共 API 的一部分：

```
dependencies {
  api("com.google.guava:guava:31.0.1-jre")
}
```

配置的继承性使得它们可以像基类一样相互扩展，这个特性在 Gradle 中被广泛应用。例如，在构建类路径时，Gradle 使用 compileClasspath 和 runtimeClassPath，这两者都是从 implementation 和 runtimeOnly 配置扩展而来的。你无须直接修改 *Classpath 配置——添加到这些基本配置中的依赖会自动构成最终的类路径配置，如图 11-6 所示。

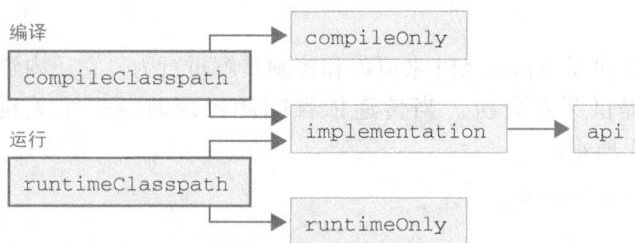

图 11-6　Gradle 配置的层级结构

表 11-1 展示了使用 Gradle 附带的 Java 插件时可以设置的主要配置，以及各插件扩展自的其他配置的说明。完整的列表可以在 Java 插件文档中找到。

注意　Gradle 第 7 版已经移除了一些被长期弃用的配置，例如 compile 和 runtime。如果你在互联网上搜索，可能还会找到使用这些配置的参考资料。但是，你应该使用新的选项，比如 implementation(或 api) 和 runtimeOnly。

表 11-1　典型的 Gradle 依赖配置

配　置　名	目　　　标	扩　　　展
api	项目主要的外部依赖，即公共的 API	
implementation	编译及运行时的主要依赖	
compileOnly	仅编译时需要的依赖	
compileClasspath	查看编译路径的 Gradle 配置项	compileOnly, implementation
runtimeOnly	仅运行时需要的依赖	
runtimeClasspath	查看运行时路径的 Gradle 配置项	rumtimeOnly, implementation
testImplementation	编译和运行测试所需的依赖	implementation
testCompileOnly	仅在编译测试时所需的依赖	
testCompileClasspath	查看测试编译类路径的 Gradle 配置项	testCompileOnly, testImplementation
testRuntimeOnly	仅运行时需要的依赖	runtimeOnly
testRuntimeClasspath	查看测试运行时类加载路径的 Gradle 配置项	testRuntimeOnly, testImplementation
archives	项目的输出 JAR 列表	

与 Maven 类似，Gradle 也使用包信息来构建可传递的依赖树。然而，Gradle 在处理版本冲突时所采用的默认算法与 Maven 的"离根节点最近者获胜"方法有所不同。在解析时，Gradle 会遍历整个依赖树，以确定任何给定包的所有请求版本。从完整的请求版本集开始，Gradle 将默认使用最高可用版本。

这种方法避免了 Maven 方法中可能出现的一些意外行为——例如，更改包的顺序或层级可能导致不同的解析结果。Gradle 还可以使用诸如富版本约束之类的附加信息来定制解析过程。进一步说，如果 Gradle 不能满足定义的约束，它会通过明确的信息让构建失败，而不是选择一个可能存在问题的版本。

　　鉴于此，**Gradle** 提供了丰富的 **API** 来覆盖和控制其解析行为。它还内置了可靠的内省工具，可以在出现问题时提供深入分析。当传递依赖问题出现时，一个关键命令是 `./gradlew dependencies`，如下所示：

```
~: ./gradlew dependencies

testImplementation - Implementation only dependencies for compilation 'test'
\--- org.junit.jupiter:junit-jupiter-api:5.8.1 (n)

... Other configurations skipped for length

testRuntimeClasspath - Runtime classpath of compilation 'test'
+--- org.junit.jupiter:junit-jupiter-api:5.8.1
|    +--- org.junit:junit-bom:5.8.1
|    |    +--- org.junit.jupiter:junit-jupiter-api:5.8.1 (c)
|    |    +--- org.junit.jupiter:junit-jupiter-engine:5.8.1 (c)
|    |    +--- org.junit.platform:junit-platform-commons:1.8.1 (c)
|    |    \--- org.junit.platform:junit-platform-engine:1.8.1 (c)
|    +--- org.opentest4j:opentest4j:1.2.0
|    \--- org.junit.platform:junit-platform-commons:1.8.1
|         \--- org.junit:junit-bom:5.8.1 (*)
\--- org.junit.jupiter:junit-jupiter-engine:5.8.1
     +--- org.junit:junit-bom:5.8.1 (*)
     +--- org.junit.platform:junit-platform-engine:1.8.1
     |    +--- org.junit:junit-bom:5.8.1 (*)
     |    +--- org.opentest4j:opentest4j:1.2.0
     |    \--- org.junit.platform:junit-platform-commons:1.8.1 (*)
     \--- org.junit.jupiter:junit-jupiter-api:5.8.1 (*)

testRuntimeOnly - Runtime only dependencies for compilation 'test'
\--- org.junit.jupiter:junit-jupiter-engine:5.8.1 (n)
```

　　在一个大型项目中，这样的输出可能过于烦琐，所以 `dependencyInsight` 让你可以专注于特定依赖，如下所示：

```
~: ./gradlew dependencyInsight \
      --configuration testRuntimeClasspath \
      --dependency junit-jupiter-api

> Task :dependencyInsight
org.junit.jupiter:junit-jupiter-api:5.8.1 (by constraint)
   variant "runtimeElements" [
      org.gradle.category                 = library
      org.gradle.dependency.bundling      = external
      org.gradle.jvm.version              = 8 (compatible with: 11)
      org.gradle.libraryelements          = jar
      org.gradle.usage                    = java-runtime
      org.jetbrains.kotlin.localToProject = public (not requested)
      org.jetbrains.kotlin.platform.type  = jvm
      org.gradle.status                   = release (not requested)
   ]
```

```
org.junit.jupiter:junit-jupiter-api:5.8.1
+--- testRuntimeClasspath
+--- org.junit:junit-bom:5.8.1
|    +--- org.junit.platform:junit-platform-engine:1.8.1
|    |    +--- org.junit:junit-bom:5.8.1 (*)
|    |    \--- org.junit.jupiter:junit-jupiter-engine:5.8.1
|    |         +--- testRuntimeClasspath
|    |         \--- org.junit:junit-bom:5.8.1 (*)
|    +--- org.junit.platform:junit-platform-commons:1.8.1
|    |    +--- org.junit.platform:junit-platform-engine:1.8.1 (*)
|    |    +--- org.junit:junit-bom:5.8.1 (*)
|    |    \--- org.junit.jupiter:junit-jupiter-api:5.8.1 (*)
|    +--- org.junit.jupiter:junit-jupiter-engine:5.8.1 (*)
|    \--- org.junit.jupiter:junit-jupiter-api:5.8.1 (*)
\--- org.junit.jupiter:junit-jupiter-engine:5.8.1 (*)

(*) - dependencies omitted (listed previously)
```

依赖冲突问题可能很难解决。理想情况下，最好的方法是使用 Gradle 中的依赖工具来查找不匹配项，并将其升级到都兼容的版本。要是能生活在那种永远都可能实现的世界该多好！

以前面的例子为例，两个版本的内部辅助库引入了主版本互不兼容的 assertj。此时，第一个测试辅助库（first-test-helper）依赖于 3.21.0 版本的 assertj-core，而第二个测试辅助库（second-test-helper）需要使用 2.9.1 版本的 **assertj-core**。

Gradle 的约束功能提供了一种机制，允许我们明确指定希望选择哪个版本，如下所示：

```
dependencies {
    testImplementation("org.junit.jupiter:junit-jupiter-api:5.8.1")
    testRuntimeOnly("org.junit.jupiter:junit-jupiter-engine:5.8.1")

    testImplementation(
        "com.wellgrounded:first-test-helper:1.0.0")      ◄── 所有依赖声明都
    testImplementation(                                        与之前一样
        "com.wellgrounded:second-test-helper:2.0.0")     ◄──

    constraints {                                        Gradle 会遵循该约束，
        testImplementation(                              否则解析会失败
            "org.assertj:assertj-core:3.1.0") {          ◄──
            because("Newer incompatible because...")
        }                    记录我们为何进行版本控制是值得推荐的做法，因为
    }                        Gradle 的工具可以使用这些记录，而不仅仅是脚本中
}                            的注释，后者通常只对人类程序员有用
```

如果你需要更精确地控制版本选择，可以使用 strict 来设置特定版本，这将优先于其他解析策略，示例如下：

```
dependencies {
    testImplementation("org.junit.jupiter:junit-jupiter-api:5.8.1")
    testRuntimeOnly("org.junit.jupiter:junit-jupiter-engine:5.8.1")
    testImplementation(
```

```
    "com.wellgrounded:first-test-helper:1.0.0")        ← 所有依赖声明都
  testImplementation(                                     与之前一样
    "com.wellgrounded:second-test-helper:2.0.0")       ←

  testImplementation("org.assertj:assertj-core") {
    version {
      strictly("3.1.0")    ←──── 强制使用 3.1.0 版本的 assertj-core, 使用该配置后,
    }                             3.1 版本或者其他相关版本的 assertj-core 都无法匹配
  }
}
```

如果这些机制还不足以解决你的问题, 或者某个库在其列出的依赖中有错误, 你还可以通过
exclude 命令让 Gradle 忽略特定的组或构件, 如下所示:

```
dependencies {
  testImplementation("org.junit.jupiter:junit-jupiter-api:5.8.1")
  testRuntimeOnly("org.junit.jupiter:junit-jupiter-engine:5.8.1")

  testImplementation(                             选择使用第一个测试
    "com.wellgrounded:first-test-helper:1.0.0")  ← 辅助库作为依赖
  testImplementation(
    "com.wellgrounded:second-test-helper:2.0.0") { ←
    exclude(group = "org.assertj")                Gradle 会忽略第二个测试
  }                                               辅助库中的 org.assertj
}                                                 依赖
```

不过, 使用排除依赖的方法是一种较为极端的措施, 正如文中所述, 它只适用于我们需要排
除的依赖。如果能通过使用约束来解决问题, 从长远来看是更好的选择。

正如前文所述, 手动指定依赖版本应该是最后采用的手段, 这需要格外注意, 以确保不会出
现运行时异常。一个健壮的测试套件对于节省时间至关重要, 可以确保你的库组合能够顺利地协
同工作。

11.3.8 增加对 Kotlin 的支持

正如第 8 章和本章的 Maven 部分所讨论的那样, 能够在项目中添加另一种语言是使用 JVM
作为运行平台的一个显著优势。

将 Kotlin 集成到项目中, 凸显了 Gradle 脚本化方式相对于 Maven 基于 XML 的静态配置的
巨大优势。按照多语言项目的标准布局, 原始的代码可以重新组织, 如下所示:

```
    .
├── build.gradle.kts
├── gradle
│   └── wrapper
│       ├── gradle-wrapper.jar
│       └── gradle-wrapper.properties
├── gradlew
├── gradlew.bat
├── settings.gradle.kts
└── src
```

```
├── main
│   ├── java
│   │   └── com
│   │       └── wellgrounded
│   │           └── Main.java
│   └── kotlin
│       └── com
│           └── wellgrounded
│               └── kotlin
│                   └── MessageFromKotlin.kt
└── test
    └── java
        └── com
            └── wellgrounded
                └── MainTest.java
```

新增的 Kotlin 代码存
放在 kotlin 子目录中

我们通过 **build.gradle.kts** 中的 Gradle 插件启用 Kotlin 支持，如下所示：

```
plugins {
    application
    id("org.jetbrains.kotlin.jvm") version "1.6.10"
}
```

就是这么简单！由于 Gradle 的灵活性，这个插件可以改变构建顺序并添加必要的 kotlin-stdlib 依赖，无须执行任何额外的步骤。

11.3.9　测试

我们先前介绍的组装（assemble）任务会对主代码进行编译和打包，与此同时我们还需要编译和运行我们的测试代码。默认情况下，构建任务已经配置了这些操作，如下所示：

```
./gradlew build --dry-run
:compileJava SKIPPED
:processResources SKIPPED
:classes SKIPPED
:jar SKIPPED
:assemble SKIPPED
:compileTestJava SKIPPED
:processTestResources SKIPPED
:testClasses SKIPPED
:test SKIPPED
:check SKIPPED
:build SKIPPED
```

我们将使用标准位置添加测试用例，如下所示：

```
src
└── test
    └── java
        └── com
            └── wellgrounded
                └── MainTest.java
```

接下来，我们需要将测试框架添加到对应的依赖配置中，以便我们的测试代码使用。此外，我们还需要让 Gradle 知道运行测试任务时应使用 JUnit，如下所示：

```
dependencies {
  ....
  testImplementation("org.junit.jupiter:junit-jupiter-api:5.8.1")
  testRuntimeOnly("org.junit.jupiter:junit-jupiter-engine:5.8.1")
}

tasks.named<Test>("test") {
  useJUnitPlatform()
}
```

testImplementation 配置使得我们在构建和执行测试代码（而不是主程序代码）时可以访问 org.junit.jupiter。当我们再次运行 ./gradlew 时，如果该库在本地不存在，Gradle 会自动下载所需的库到本地缓存中。

栈跟踪的完整清单，包括基于 HTML 的报告，将在 build/reports/test 下生成。

11.3.10　自动化静态分析

构建是添加功能以保护项目的重要环节。除了单元测试，静态分析也是一种检查类型。这类静态分析工具有好几个，但是 SpotBugs（FindBugs 的后继产品）是一个易于上手的工具。请注意，这些工具中的大多数有 Maven 和 Gradle 的插件，所以这里显示的处理方式只是一种可能性：

```
plugins {
  application
  id("com.github.spotbugs") version "4.3.0"
}
```

如果我们故意在代码中引入问题（例如，在类上实现 equals 方法而不覆盖 hashCode 方法），典型的 ./gradlew 命令会告知我们存在问题，如下所示：

```
~:./gradlew check

> Task :spotbugsTest FAILED
FAILURE: Build failed with an exception.

* What went wrong:
Execution failed for task ':spotbugsTest'.
> A failure occurred while executing SpotBugsRunnerForWorker
  > Verification failed: SpotBugs violation found:
    2. SpotBugs report can be found in build/reports/spotbugs/test.xml

* Try:
Run with --stacktrace option to get the stack trace.
Run with --info or --debug option to get more log output.
Run with --scan to get full insights.
```

```
* Get more help at https://████████

BUILD FAILED in 1s
5 actionable tasks: 3 executed, 2 up-to-date
```

与单元测试失败一样，报告文件位于 **build/reports/spotbugs** 下。在默认情况下，SpotBugs 可能只生成一个 XML 文件，这种文件虽然对计算机来说很有用，但对大多数人来说用处不大。我们可以配置插件，让它生成 HTML 格式的报告：

```
tasks.withType<com.github.spotbugs.snom.SpotBugsTask>()
  .configureEach {
    reports.create("html") {
      isEnabled = true
      setStylesheet("fancy-hist.xsl")
    }
}
```

> **tasks.withType** 帮助我们以类型安全的方式查找任务

> **configureEach** 会假设我们已经使用同样的代码编写了 **tasks.spotbugsMain{}** 以及 **tasks.spotbugsTest{}**，并执行该代码块

> 其余的配置将由项目在 GitHub 上的 README 文件决定

11.3.11 超越 Java 8

在第 1 章中，我们提到一系列库属于 Java 企业版，但它们存在于核心 JDK 中。这些库自 JDK 9 起已被弃用，并在 JDK 11 中被移除，不过它们仍可以作为外部库使用：

- ❑ java.activation（JAF）；
- ❑ java.corba（CORBA）；
- ❑ java.transaction（JTA）；
- ❑ java.xml.bind（JAXB）；
- ❑ java.xml.ws（JAX-WS 以及其他相关技术）；
- ❑ java.xml.ws.annotation（通用注解）。

如果你的项目依赖于这些库中的任何一个，那么当迁移到更高版本的 JDK 时，构建可能会中断。幸运的是，你可以在 **build.gradle.kts** 中添加以下的依赖来轻松解决这个问题：

```
dependencies {
  implementation("com.sun.activation:jakarta.activation:1.2.2")
  implementation("org.glassfish.corba:glassfish-corba-omgapi:4.2.1")
  implementation("javax.transaction:javax.transaction-api:1.3")
  implementation("jakarta.xml.bind:jakarta.xml.bind-api:2.3.3")
  implementation("jakarta.xml.ws:jakarta.xml.ws-api:2.3.3")
  implementation("jakarta.annotation:jakarta.annotation-api:1.3.5")
}
```

11.3.12 通过 Gradle 使用模块

像 Maven 一样，Gradle 也完全支持 JDK 模块系统。下面，我们将深入了解在 Gradle 中使用模块化项目所需调整的内容。

模块库

模块化库通常有两个主要的结构差异：一是将源代码的主目录从 main 更改为位于 src 下的以模块名命名的目录；二是在模块的根目录中添加一个 module-info.java 文件，如下所示：

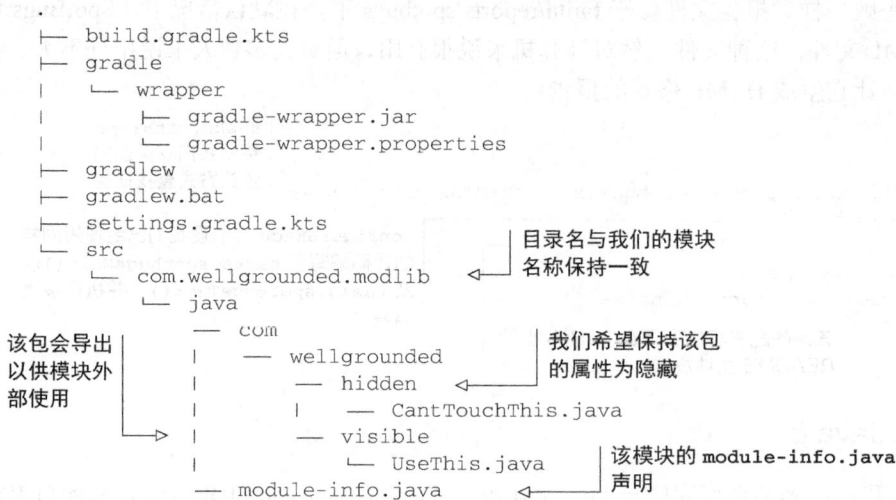

```
.
├── build.gradle.kts
├── gradle
│   └── wrapper
│       ├── gradle-wrapper.jar
│       └── gradle-wrapper.properties
├── gradlew
├── gradlew.bat
├── settings.gradle.kts          目录名与我们的模块
└── src                          名称保持一致
    └── com.wellgrounded.modlib ◄─┘
        └── java
            ── com                我们希望保持该包
            │   ── wellgrounded    的属性为隐藏
该包会导出    │       ── hidden ◄─────┘
以供模块外    │       │   ── CantTouchThis.java
部使用    ──►│       ── visible
            │           └── UseThis.java    该模块的 module-info.java
            ── module-info.java ◄─┘  声明
```

Gradle 不会自动识别我们修改后的源代码位置，所以我们需要在 build.gradle.kts 中给它一个提示，如下所示：

```
sourceSets {
  main {
    java {
      setSrcDirs(listOf("src/com.wellgrounded.modlib/java"))
    }
  }
}
```

module-info.java 文件包含本章前文及第 2 章所提到的典型声明。我们需要为模块命名，并选择一个（而非两个）包进行导出，如下所示：

```
module com.wellgrounded.modlib {
    exports com.wellgrounded.modlib.visible;
}
```

这就是使我们的库能作为模块被其他项目使用的全部配置。接下来，我们将探讨如何在模块化应用程序中使用该库。

模块应用

当我们开始在 Maven 下测试模块化应用程序时，将我们创建的库安装到本地 Maven 存储库是一个简单的共享方法。Gradle 通过 maven-publish 插件支持此功能，但我们还可以使用另一种方法。

模块化应用程序遵循标准布局。为了便于测试，我们将确保顶级目录彼此相邻，如下所示：

```
mod-lib                   ←        mod-lib 库的源代码
└── ...                             与 mod-app 应用位于
                                    同一层
mod-app
├── build.gradle.kts
├── gradle
│   └── wrapper
│       ├── gradle-wrapper.jar
│       └── gradle-wrapper.properties
├── gradlew
├── gradlew.bat
├── settings.gradle.kts
└── src
    └── com.wellgrounded.modapp   ←    目录名与模块名
        └── java                        保持一致
            ├── com
            │   └── wellgrounded
            │       └── Main.java       通过 module-info.java 声明
            └── module-info.java   ←    这是一个模块化的应用
```

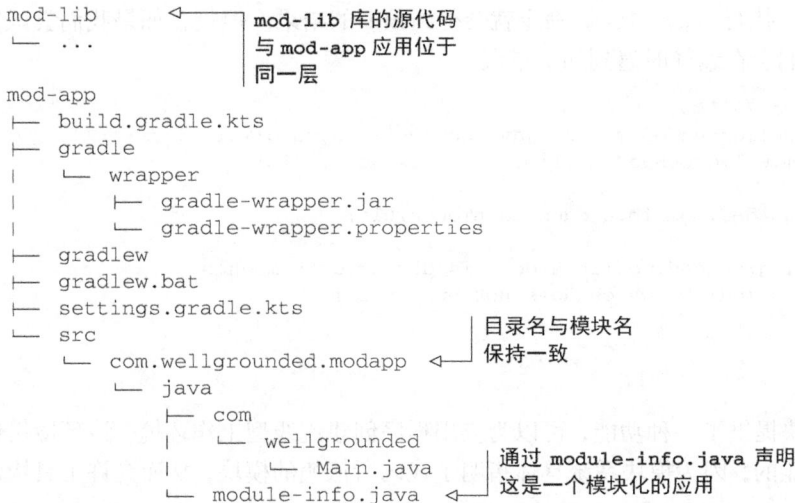

在 **module-info.java** 文件中，我们定义了模块名称及其依赖需求，如下所示：

```
module com.wellgrounded.modapp {     ←——  模块名
    requires com.wellgrounded.modlib; ←   声明对库中导
}                                          出包的依赖
```

为了在不用安装的情况下测试本地库，我们可以临时引用本地构建的库文件，如后面的代码所示。这种方法适用于使用 `files` 函数在原本需要提供 **GAV** 坐标的地方。虽然这种方法在我们准备分发和部署库时不适用，但它提供了一个快速启动本地测试的途径：

```
dependencies {
    implementation(files("../mod-lib/build/libs/gradle-mod-lib.jar"))
}
```

接下来，当前版本的 Gradle 需要明确指示哪些依赖是模块化的，以便将它们正确地放在模块路径中，而不是像下面代码这样放在类路径中。这在以后可能会是默认设置，但在我写本书时（Gradle 7.3），此选项仍需手动启用。

```
java {
  modularity.inferModulePath.set(true)
}
```

最后也是最常见的是，与我们处理库项目类似，我们需要明确告知 Gradle 非 Maven 标准文件的存放位置，以确保正确编译和运行，如下所示：

```
sourceSets {
  main {
    java {
      setSrcDirs(listOf("src/com.wellgrounded.modapp/java"))
    }
  }
}
```

一旦准备工作就绪，执行 `./gradlew` 命令就会得到预期的结果。但是，如果我们尝试使用库中没有导出的包，我们会在编译时遇到如下错误：

```
> Task :compileJava FAILED
/mod-app/src/com.wellgrounded.modapp/java/com/wellgrounded/Main.java:4:
error: package com.wellgrounded.modlib.hidden is not visible

import com.wellgrounded.modlib.hidden.CantTouchThis;
                              ^
  (package com.wellgrounded.modlib.hidden is declared in module
   com.wellgrounded.modlib, which does not export it)
1 error
```

JLink

第 2 章介绍过，模块提供了一种功能，可以为应用程序创建流线型工作环境，该环境仅包含它需要的依赖。这是可能的，因为模块系统具体指明了代码所依赖的模块，从而允许工具构建出必要的最小模块集。

注意　JLink 只能用于完全模块化的应用程序。如果应用程序仍然通过类路径加载一些代码，JLink 就无法成功创建一个安全、完整的镜像。

这个特性通过 JLink 工具得到了显著展示。对于模块化应用程序，JLink 可以生成一个功能齐全的 JVM 映像，该映像运行时不依赖于系统已安装的 JVM。

让我们回顾一下第 2 章中关于使用 JLink 的示例应用程序，看看 Gradle 插件是如何简化这一过程的。附录中提供的示例应用程序使用 JDK 类来附加到一台机器上所有正在运行的 JVM 进程，并显示了这些进程的各种信息。

在准备打包的模块化应用程序时，一个重要步骤是检查应用程序自己的 module-info.java 声明，如下所示。这些代码告诉我们 JLink 需要将哪些内容拉入它的自定义镜像中，以确保构建过程的准确性和完整性。

```
module wgjd.discovery {
  exports wgjd.discovery;

  requires java.instrument;
  requires java.logging;
  requires jdk.attach;
  requires jdk.internal.jvmstat;    ← 警示：注意，我们正试图使用 jdk.internal 包
}
```

在我们开始使用 JLink 之前，需要从手动编译转变为 Gradle 构建，这涉及一些额外的配置。首先，我们需要应用前文讨论的模块化更改，如下所示。但即使完成了这些更改，我们还可能无法成功编译。

```
~:./gradlew build
```

```
> Task :compileJava FAILED
/gradle-jlink/src/wgjd.discovery/wgjd/discovery/VMIntrospector.java:4:
error: package sun.jvmstat.monitor is not visible
  import sun.jvmstat.monitor.MonitorException;
                    ^
  (package sun.jvmstat.monitor is declared in module jdk.internal.jvmstat,
   which does not export it to module wgjd.discovery)

/gradle-jlink/src/wgjd.discovery/wgjd/discovery/VMIntrospector.java:5:
error: package sun.jvmstat.monitor is not visible
  import sun.jvmstat.monitor.MonitoredHost;
                    ^
  (package sun.jvmstat.monitor is declared in module jdk.internal.jvmstat,
   which does not export it to module wgjd.discovery)

/gradle-jlink/src/wgjd.discovery/wgjd/discovery/VMIntrospector.java:6:
error: package sun.jvmstat.monitor is not visible
  import sun.jvmstat.monitor.MonitoredVmUtil;
                    ^
  (package sun.jvmstat.monitor is declared in module jdk.internal.jvmstat,
   which does not export it to module wgjd.discovery)

/gradle-jlink/src/wgjd.discovery/wgjd/discovery/VMIntrospector.java:7:
error: package sun.jvmstat.monitor is not visible
  import sun.jvmstat.monitor.VmIdentifier;
                    ^
  (package sun.jvmstat.monitor is declared in module jdk.internal.jvmstat,
   which does not export it to module wgjd.discovery)

4 errors

FAILURE: Build failed with an exception.
```

模块系统可能会提示我们，尝试使用 jdk.internal.jvmstat 中的类是违反规则的。我们的模块 wgjd.Discovery 不在 jdk.internal.jvmstat 所允许的模块列表中。了解了相关规则和风险后，我们可以使用--add-exports 来将模块强制添加到列表中。这可以通过在 Gradle 配置中设置编译器标志来实现，如下所示：

```
tasks.withType<JavaCompile> {
  options.compilerArgs = listOf(
      "--add-exports",
      "jdk.internal.jvmstat/sun.jvmstat.monitor=wgjd.discovery")
}
```

这样，我们就能顺利完成编译了，并使用 JLink 来打包它。当前备受推崇的插件是 org.beryx.jlink，在文档中它被称为 Badass JLink Plugin。我们只需在 Gradle 项目中添加一行代码即可使用该插件。

```
plugins {
  id("org.beryx.jlink") version("2.23.3") ◄  该插件可以自动打包
}                                             应用，我们不再需要
                                              重复声明
```

添加插件后，我们将在列表中看到一个 `jlink` 任务，并可以直接运行它。执行结果将在 **build/image** 目录下显示，如下所示：

```
build/image/
├── bin
│   ├── gradle-jlink
│   ├── gradle-jlink.bat
│   ├── java
│   └── keytool
├── conf
│   └── ... various configuration files
├── include
│   └── ... require headers
├── legal
│   └── ... license and legal information for all included modules
├── lib
│   └── ... library files and dependencies for our image
└── release
```

build/image/bin/java 是我们自定义的 JVM，只有应用程序的模块依赖对它可用。你可以像运行普通的 Java 命令一样在终端运行它，如下所示：

```
~:build/image/bin/java -version
openjdk version "11.0.6" 2020-01-14
OpenJDK Runtime Environment AdoptOpenJDK (build 11.0.6+10)
OpenJDK 64-Bit Server VM AdoptOpenJDK (build 11.0.6+10, mixed mode)
```

我们可以通过 `build/image/bin/java` 来启动模块，但是插件已经生成了一个启动脚本 **build/image/bin/gradle-jlink**（以我们的项目命名），我们可以用它作为启动模块的方式。但使用新创建的脚本启动模块时，遇到了一些问题：

```
~:build/image/bin/gradle-jlink

Java processes:
PID    Display Name    VM Version    Attachable
Exception in thread "main" java.lang.IllegalAccessError:
 class wgjd.discovery.VMIntrospector (in module wgjd.discovery) cannot
   access class sun.jvmstat.monitor.MonitorException (in module
   jdk.internal.jvmstat) because module jdk.internal.jvmstat does not
   export sun.jvmstat.monitor to module wgjd.discovery
 wgjd.discovery/wgjd.discovery.VMIntrospector.accept(VMIntrospector.java:19)
 wgjd.discovery/wgjd.discovery.Discovery.main(Discovery.java:26)
```

这个错误消息并非出乎意料——它与我们之前用编译器选项解决的类访问权限问题相似。显然，我们需要确保在应用程序启动时也解决这些模块间的访问问题。幸运的是，这个插件为运行 `jlink` 和创建的启动脚本提供了许多配置选项，如下所示：

```
jlink {
  launcher{
    jvmArgs = listOf(
            "--add-exports",
            "jdk.internal.jvmstat/sun.jvmstat.monitor=wgjd.discovery")
```

```
    }
  }
```

通过这样的配置，启动脚本可以像下面这样运行：

```
~:build/image/bin/gradle-jlink
Java processes:
PID    Display Name      VM Version      Attachable
833 wgjd.discovery/wgjd.discovery.Discovery    11.0.6+10     true
276 org.jetbrains.jps.cmdline.Launcher /Applications/IntelliJ IDEA CE.app...
```

值得注意的是，我们在这里生成的镜像默认是针对与运行 JLink 相同的操作系统，下面的代码示例说明了这一点。然而，这并非强制——跨平台支持仅仅是一个可选功能。主要的要求是你需要有来自目标平台的 JDK 安装文件。这些文件很容易从 Eclipse Adoptium 网站等来源获取：

```
jlink {
  targetPlatform("local",                        基于本地的 JDK
                 System.getProperty("java.home"))  构建一个镜像
  targetPlatform("linux-x64",
                 "/linux_jdk-11.0.10+9")     使用下载的 Linux JDK
                                             构建一个镜像
  launcher{
    jvmArgs = listOf(
                "--add-exports",
                "jdk.internal.jvmstat/sun.jvmstat.monitor=wgjd.discovery")
  }
}
```

一旦你开始针对特定的平台，插件会在 build/image 结果中添加额外的目录。显然，你必须将这些结果转移到匹配的系统上进行测试。

在使用 JLink 时可能遇到的最后一个障碍就是它对自动命名模块的限制。虽然将名称添加到 JAR 文件的清单中并获得一些模块化能力的特性对于迁移来说有帮助，但遗憾的是，JLink 并不支持自动命名的模块。

不过，Badass JLink Plugin 已经解决了这个问题。它会将任何自动命名的模块重新打包成 JLink 可以使用的适当模块。该插件的文档全面介绍了这一特性。它可能是决定 JLink 能否顺利运行的关键因素，这具体取决于应用程序所依赖的模块。

11.3.13 定制化

Gradle 突出的优势之一是其开放式的灵活性。如果不引入插件，它甚至没有构建生命周期的概念。你可以自由地添加任务和重新配置现有任务，几乎没有限制。没有必要在项目中保留一个带有随机工具的脚本目录——你的定制需求可以直接集成到日常构建和测试工具中。

定制任务
要定义自定义任务，你可以直接在 build.gradle.kts 文件中完成，如下所示：

```
tasks.register("wellgrounded") {
  println("configuring")
  doLast {
    println("Hello from Gradle")
  }
}
```

运行此命令将产生以下输出：

```
~: ./gradlew wellgrounded
configuring...

> Task :wellgrounded
Hello from Gradle
```

`println("configuring")`行在任务设置期间运行，但 doLast 块的内容在任务实际运行时运行。为了验证这一点，我们可以对任务进行简单的测试：

```
~: ./gradlew wellgrounded --dry-run
configuring...
:wellgrounded SKIPPED
```

你可以将任务配置为依赖于其他任务，如下所示：

```
tasks.register("wellgrounded") {
  println("configuring...")
  dependsOn("assemble")
  doLast {
    println("Hello from Gradle")
  }
}
```

这项技术同样适用于并非由你创建的任务——你可以查找该任务并将其添加为依赖，如下所示：

```
tasks {
  named<Task>("help") {
    dependsOn("wellgrounded")
  }
}
```

```
~: ./gradlew help
configuring...

> Task :wellgrounded
Hello from Gradle

> Task :help

Welcome to Gradle 7.3.3.

To run a build, run gradlew <task> ...

To see a list of available tasks, run gradlew tasks
```

```
To see more detail about a task, run gradlew help --task <task>

To see a list of command-line options, run gradlew –help

For more detail on using Gradle, see
  https://███████████

For troubleshooting, visit https://███████████
```

在构建文件中直接编写自定义任务提供了极大的灵活性。但是，将它们直接放在 `build.gradle.kts` 中存在一些显著的局限性：这些任务不能在项目之间轻松共享，也难以为这些任务编写自动化测试。Gradle 插件就是为了解决这些问题而构建的。

创建定制化的插件

Gradle 插件通常是作为 JVM 代码实现的。它们可以作为源文件直接在项目中提供，也可以通过库导入。许多插件是用 Groovy 编写的，Groovy 是 Gradle 支持的原始脚本语言，但实际上你可以用任何 JVM 语言来编写插件。为了确保最佳的兼容性并尽量减少特定语言可能带来的问题，如果你打算将插件与其他人共享，推荐使用 Java 进行编写。

插件可以直接在构建脚本中编码，我们将使用该方法演示主要的 API。当你准备好共享时，可以将代码放入自己的项目中。下面的例子展示了如何创建一个等价于我们之前定义的 `wellgrounded` 任务的插件：

```kotlin
class WellgroundedPlugin : Plugin<Project> {    ⟵──── 新的插件定义来自 Plugin
  override fun apply(project: Project) {
    project.task("wellgrounded") {    ⟵─┐ 使用之前定义的项目
      doLast {                          │ 层 API 和任务实现
        println("Hello from Gradle")
      }
    }
  }
}
apply<WellgroundedPlugin>()  ⟵─  通过 apply 启用该插件，采用这种
                                方式定义的插件不会像之前我们定
                                义任务那样自动执行
```

除了共享任务，将任务创建为插件还可以让我们更灵活地自定义配置。在 Gradle 中，我们可以通过 `extensions` 属性来添加自定义的配置。我们可以创建一个自己的 `Extension` 对象，并将其添加到项目的 `extensions` 属性中，如下所示：

```kotlin
open class WellgroundedExtensions {
  var count: Int = 1
}

class WellgroundedPlugin : Plugin<Project> {
  override fun apply(proj: Project) {
    val extensions = proj.extensions
    val ext = extensions.create<WellgroundedExtensions>("wellgrounded")
    proj.task("wellgrounded") {
      doLast {
```

11

```
      repeat(ext.count) {
        println("Hello from Gradle")
      }
    }
  }
}

apply<WellgroundedPlugin>()

configure<WellgroundedExtensions> {
  count = 4
}
```

这样，在创建 Gradle 插件时，我们就可以利用编程语言提供的所有特性和能力了。

如果你想将一个插件提取到另一个库中，你可以像之前提到的那样，通过包含 SpotBugs 插件的方式将其包含在你的构建中，如下所示：

```
plugins {
  id("com.wellgrounded.gradle") version "1000.0"
}

apply<WellgroundedPlugin>()

configure<WellgroundedExtensions> {
  count = 4
}
```

小结

- 构建工具是 Java 软件开发领域的核心。它们不仅将烦琐的操作自动化，还帮助开发者进行依赖管理，确保同一团队的开发者使用一致的配置来完成工作。最关键的是，这些工具能够确保在不同机器上构建相同的项目时可以获得相同的结果。
- Maven 和 Gradle 是 Java 生态系统中广泛使用的两种构建工具，它们能满足大多数构建任务的需求。开发者可以选择任意一种来完成构建工作。
  - Maven 结合使用 XML 文件和 JVM 语言编写的插件来进行项目的配置。
  - Gradle 提供了一种声明式的构建语言，该语言使用实际编程语言，如 Kotlin、Groovy，从而为简单的用例提供简洁的构建逻辑，并为复杂的用例提供灵活性。
- 无论你使用何种构建工具，处理相互冲突的依赖关系都是一个重要主题。Maven 和 Gradle 都提供了处理库版本冲突的方法。Gradle 提供了许多高级特性来处理常见的依赖管理问题。
- Gradle 提供了一些减少工作量的特性，比如增量构建，从而提高了构建速度。
- 正如第 2 章所述，当采用模块化时，我们需要对构建脚本和源代码布局进行一些更改，这些更改都得到了工具的良好支持。

## 第 12 章

在容器中运行 Java

本章重点
☐ 为什么容器对优秀的 Java 程序员至关重要
☐ 操作系统、虚拟机、容器和编排的区别
☐ Docker
☐ Kubernetes
☐ 在容器中运行 Java 工作负载的实战指南
☐ 容器中的可观测性和性能

Docker 容器已经成为打包和部署 Java 应用程序的事实标准，而 Kubernetes（K8s）则是 最受青睐的容器编排技术。如果你正考虑将应用部署到主流的云服务平台上，那么掌握这些技术非常必要。更重要的是，你要了解在 Java 中如何使用这些技术。

注意　尽管存在其他容器和容器编排技术，但 Docker 和 Kubernetes 在容器和容器编排领域各自占据着主导地位。

12.1　为什么容器对优秀的 Java 程序员至关重要

为了更好地理解容器的概念，以及它们为什么对优秀的 Java 开发者如此重要，我们将探讨以下内容：
☐ 操作系统、虚拟机、容器的区别与联系
☐ 容器的优势
☐ 容器的局限性

12.1.1　操作系统、虚拟机、容器的区别与联系

自计算机诞生以来，我们就一直在软件和运行软件的硬件之间引入抽象层。容器是此过程的又一个自然步骤。我们先简单回顾一下这些层，看看容器是如何嵌入其中的。

裸金属服务器

我们从最基础的开始回顾——一台未安装任何操作系统的裸金属服务器。这台机器提供了一套有限的资源，供安装在其上的任何软件使用，包括 CPU、RAM、硬盘、网络连接等。

注意   资源是有限的，这是一个必须时刻记住的重要概念。开发人员经常误以为容器以某种方式给了他们无限的资源。

请始终牢记，在主机操作系统、虚拟机或容器之下，是一台资源有限的裸金属服务器。

主机操作系统或第一类虚拟机管理程序

在现代数据中心中，裸金属服务器要么安装了主机操作系统（如 Linux），要么安装了第一类虚拟机管理程序（如 VMWare ESXi、Microsoft Hyper-V）。虚拟机管理程序是支持创建和管理虚拟机的软件。这种管理程序存在于多层的栈中。第一类虚拟机管理程序安装在裸金属服务器上，充当轻量级的操作系统，它将机器的大部分资源分配给它所运行的虚拟机。

无论是运行传统的操作系统还是虚拟机管理程序，第一层通常是轻量级的，除了保证安全或者安装更高层的抽象，它所做的工作并不多。如前所述，主机操作系统也需要一些 CPU、RAM 和网络资源才能运行。

第二类虚拟机管理程序

如果裸金属服务器已经安装了传统的操作系统（比如 Linux），那么在其上运行的通常是第二类虚拟机管理程序。无论是第一类还是第二类，虚拟机管理程序都要为客户操作系统管理虚拟机底层的硬件资源。

例如，一台配备了 32 GB RAM 和 16 核 CPU、安装了 Linux 主机操作系统的裸金属服务器机可以运行第二类虚拟机管理程序，该虚拟机管理程序又托管了 4 个虚拟机，每个虚拟机运行一个 Linux 客户操作系统，每个操作系统逻辑上分配了 8 GB RAM 和 4 个 CPU 内核。现代虚拟机管理程序通常不会占用大量的底层资源来运行自己。如果是直接运行于物理机上的第一类虚拟机管理程序，它甚至能无须干预直接运行下一层的虚拟机。

虚拟机

每个虚拟机都是独立运行的。从用户角度而言，它有自己独立的 CPU、RAM、网络和磁盘资源。当你登录生产环境中的服务器时，很可能登录的是虚拟机，而不是裸金属服务器。

独立的虚拟机也有自己的操作系统，即客户操作系统。过去，为了提供隔离环境，虚拟机不得不牺牲性能，但近年来的技术进步已经大幅减少了这类问题的性能损耗。

还记得我们之前提到的有限资源问题吗？每个虚拟机都是"虚拟"的。如果虚拟机管理程序的配置不正确，或者分配给虚拟机的资源超过了物理资源的上限，又或者资源并非专属于你的（这种情况在云环境中很常见），你可能会遇到难以预测的性能问题。

容器引擎

现代容器引擎技术出现之前，容器引擎通常运行在客户操作系统之上。这个容器引擎自身就能运行多个容器。

这一层展示了虚拟机与容器的一个主要区别：容器引擎的核心功能之一是允许不同容器对同一操作系统内核的共享访问。虚拟机模型下，每个实例都有独立完整的操作系统，二者对比起来，容器的设置要轻量得多。不过，实现容器优势需要 Linux 多个内核组件的支持。

容器

下面，我们讨论一下容器。你可以将容器视为一个定制化的隔离环境，其中运行着应用程序。容器包含一个文件系统并运行至少一个进程。尽管该容器中的进程可以与内核通信，不过为了保持容器与外部的隔离，施加了许多限制，包括对内存、CPU、网络（控制使用率和可见性）以及磁盘使用的限制。

在容器内，运行着 Java 应用程序、数据存储或其他所需的服务。现在，我们来看看所有这些抽象层。

图 12-1 中，主机操作系统是最底层的抽象层。接下来是虚拟机管理程序，然后是容器引擎、容器以及 Java 应用。这种结构看起来有点儿复杂，不是吗？在更纯粹的容器环境中，的确如此。因此，在过去的几年中，我们看到了如图 12-2 所示的专用容器主机，这种环境移除了 HyperVisor 层和主机操作系统层。

JVM	JVM	JVM	JVM
容器	容器	容器	容器
容器引擎		容器引擎	
虚拟机（客户 OS）		虚拟机（客户 OS）	
虚拟机管理程序			
主机操作系统			
裸金属服务器			

图 12-1　Java 应用程序的目标运行环境

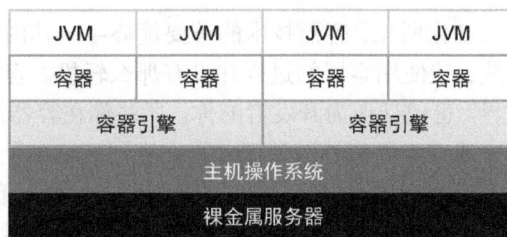

JVM	JVM	JVM	JVM
容器	容器	容器	容器
容器引擎		容器引擎	
主机操作系统			
裸金属服务器			

图 12-2　专用容器引擎上运行 Java 应用程序的目标环境

这样就好多了！也就是说，大多数开发人员不需要知道程序目标运行环境的细节。关键是要与系统管理员确认，以准确了解目标环境的配置，以及每一层分配了多少裸金属资源。

尽管这些抽象层非常复杂，但作为 Java 开发人员，你主要关注的是作为部署目标的容器，这种工作方式会带来显著的好处。

12.1.2　容器的优势

运行容器需要那么多额外的组件，为什么它还能成为新的部署标准呢？容器的一个关键优势在于它能施加限制，隔离各运行进程间的相互影响。过去，如果在同一台主机上部署两个 Java 应用程序，它们很可能会相互影响性能——比如占用过多的 CPU 时间或占用过多共享的内存。虽然有缓解的措施，但是容器已经将这些概念融入其基础结构中。实际上，由于有了实践中可依赖的限制，我们能在主机上运行更多的软件，运行的软件数量远超容器出现之前，因此能更充分地利用计算资源。

这种隔离非常关键，本章接下来的内容中，我们将使用嵌套而非堆叠的图形来说明容器、主机和进程之间的关系。这两种可视化关系的方式很常见。你会发现根据实际情况，这两种方式会经常碰到，所以不要感到惊讶。

容器还提供了更加一致的打包和部署方式。以前，如何将应用程序复制到部署环境中、如何管理操作系统依赖，甚至如何管理进程启动，都是随意的。容器为所有这些问题提供了统一的解决方案，不再需要大量自定义的工具和脚本。它还在部署环境与容器内容之间提供了隔离。容器引擎无须关注容器内部的组织方式，只需要知道如何启动镜像。容器镜像的打包是基础设施即服务（IaaS）的一个关键场景，它采用系统里层的声明式描述、基于源代码控制，不再需要烦琐、交互式的构建。

容器最终的优势是，让我们拥有了基于这种一致的打包方式所构建的容器生态系统。如今，几乎所有重要的软件已经在 Docker Hub 或其他平台上打包成了容器。README 中冗长的安装说明或自定义安装脚本现在都不再是必需的。

但一种技术不可能占据所有的优势，对吗？在容器中运行服务的缺点是什么呢？

12.1.3　容器的缺点

如你所见，容器技术的首要优势——其内置的隔离性——实际是一把双刃剑，它带来了一些挑战，让使用容器的过程并没有那么轻松。容器实现了内部操作与外部世界隔离，而这个"外部世界"也包括作为开发者的你。那些你在容器之外熟练使用的工具和技术往往需要经过特殊的配置，或者需要额外的处理才能在容器环境中使用。

当我们试图将容器技术集成到本地开发流程中时，这种复杂性就变得更加突出了。不仅构建容器镜像的过程较为耗时，传输大型容器镜像所花费的时间也不符合成本效益。

虽然容器为应用程序的打包和启动提供了统一的接口，在生产环境部署和使用容器依旧没有想象的那么简单。如果应用程序需要读写主机上的磁盘，就需要对其进行配置，让该文件对容器可见。如果一组进程需要相互通信，把它们分别封装到容器中时就要显式配置它们如何能互相访问。定义并应用这些配置是 Kubernetes 等容器编排工具的核心职责。请注意，虽然我们会在本章中介绍 Kubernetes，但是我们的介绍非常简单，仅仅基于本书的需要，Kubernetes 生态依旧处于一个快速发展的阶段。

尽管使用容器正成为主流，经验丰富的开发人员还是需要了解如何权衡利弊，为他们的系统选择合适的平衡点。下面将介绍如何使用这些工具，以便你理解它们在何种场景下适用。

12.2 容器基础

尽管许多构成容器的技术早已存在，但 Docker 提供的便捷工具和抽象使得容器真正迅速普及。让我们看看 Docker 提供的两个核心功能——构建镜像和运行容器——以及作为 Java 开发人员如何在实践中使用它们。

12.2.1 构建容器镜像

Docker 容器是从镜像启动的。镜像本质上是运行软件所需的所有文件系统依赖关系的快照。镜像包含了本地库、语言运行时环境、工具，以及特定版本的软件。

Dockerfile 是定义构建镜像步骤集的标准格式。最简单的镜像，即一个空的镜像，可以像下面这样描述：

```
FROM scratch
```

要构建镜像，我们使用 `docker build` 命令，如下所示：

```
$ docker build .

[+] Building 0.1s (3/3) FINISHED
 => [internal] load build definition Dockerfile      0.0s
 => => transferring dockerfile: 55B                   0.0s
 => [internal] load .dockerignore                     0.0s
 => => transferring context: 2B                       0.0s
 => exporting to image                                0.0s
 => writing image sha256:71de1148337f4d1845be0...     0.0s   ◁

Use 'docker scan' to run Snyk tests against images to find vulnerabilities
and learn how to fix them
```

> 采用 SHA256 编码的 ID 71de1148337f4d1845be0...唯一标识了生成的镜像。我们稍后将了解如何给镜像起一个更友好的名称

当然，空镜像的用处有限。实际上，许多基础镜像已经安装了有用的软件。这些基础镜像的默认源是 Docker Hub。稍后我们将详细讨论如何选择正确的 Java 基础镜像，但是现在，让我们开始使用 Adoptium 提供的 Eclipse Temurin 版本的 OpenJDK 构建镜像。我们将使用包含了 Java 11 最新版本的 `eclipse-temurin:11` 镜像来构建 Docker 镜像：

```
FROM eclipse-temurin:11
RUN java -version
```

在默认情况下，最新版本的 Docker 在交互式终端中进行构建时会动态隐藏输出。我们可以通过`--progress plain` 选项来获得更详细的日志输出，了解构建过程中正在发生的情况：

```
$ docker build --progress plain .

=1 [internal] load build definition from Dockerfile   ◁
=1 sha256:261a2389333859f063c39502b306e984de49700a9...
=1 transferring dockerfile: 36B done
=1 DONE 0.0s
```

> 准备构建镜像时 Docker 执行的内部动作

12

```
=2 [internal] load .dockerignore
=2 sha256:909e36a5a9cd7cc4e95e7926f84f982542233925d...
=2 transferring context: 2B done
=2 DONE 0.0s

=3 [internal] load docker.io/library/eclipse-temurin:11
=3 sha256:6a73b62137bbf64760945abf21baf23bf909644cf...
=3 DONE 0.5s

=4 [1/2] FROM docker.io/library/eclipse-temurin:11...
=4 sha256:f225b618d7ad96bd25e0182d6e89aa8e77643f42f...
=4 CACHED

=5 [2/2] RUN java -version
=5 sha256:556476b43b8626a27892422f8688979c4ba1e6029...
=5 0.38 openjdk version "11.0.13" 2021-10-19
=5 0.38 OpenJDK Runtime Environment Temurin-11.0.13+8 (build 11.0.13+8)
=5 0.38 OpenJDK 64-Bit Server VM Temurin-11.0.13+8 (build 11.0.13+8)
=5 DONE 0.4s

=6 exporting to image
=6 sha256:e8c613e07b0b7ff33893b694f7759a10d42e180f2...
=6 exporting layers 0.0s done
=6 writing image sha256:9796a789e295989cec550f... done
=6 DONE 0.0s

Use 'docker scan' to run Snyk tests against images to find vulnerabilities
and learn how to fix them
```

获取请求的
基础镜像

构建中会执行 RUN 命令，我们
可以看到其执行的输出

你会发现，初次运行此段代码需要较长的时间，这是因为 Docker 必须从 Docker Hub 下载相关的基础镜像。我们添加的 RUN 命令会在基础镜像之上引入新的自定义步骤。RUN 可以在容器环境中执行任何有效的命令。如果命令更改了文件系统，那么这些更改将作为最终镜像的一部分被保存。尽管这个示例并没有修改文件系统，但是 RUN 经常用于下载文件（例如，通过 curl 命令）、使用标准包管理器安装操作系统包，或者进行其他的本地修改。

我们可以看到 Docker 镜像构建过程中的一个关键特性，即当我们未对 Dockerfile 进行任何修改，再次运行相同的构建命令时，Docker 会利用缓存机制加速构建过程，代码如下所示：

```
$ docker build --progress plain .

=1-4 excluded for length...

=5 [2/2] RUN java -version
=5 sha256:556476b43b8626a27892422f8688979c4ba1e602907a09d62a39a2
=5 CACHED

=6 exporting to image
=6 sha256:e8c613e07b0b7ff33893b694f7759a10d42e180f2b4dc349fb57dc
=6 exporting layers done
=6 writing image sha256:9796a789e295989cec5550fb3c17bc6c1d9c0867  done
=6 DONE 0.0s
```

如果结果已经被缓存，
Docker 命令就会跳过
该步骤并通知我们

Dockerfile 中的每个主要命令 (如 FROM 和 RUN) 都会创建一个层。因为相关操作通常耗时较长，所以 Docker 会将这些层缓存，从而尽可能地避免不必要的工作。

既然容器有了 Java 环境，我们就可以在其中运行代码了。我们将在 HelloDocker.java 中创建一个简单的 Java 文件和 Dockerfile。为了使工作易于开始，我们将使用 Java 单文件执行来运行它，而不是将完整的构建放在一起。基本代码如下：

```java
public class HelloDocker {
  public static void main(String[] args) {
    System.out.println("Hello Docker!");
  }
}
```

然后，我们可以指示 Docker 在构建过程中将该文件包含在我们的镜像中，并为基于该镜像运行的容器设置默认命令，如下所示：

```
FROM eclipse-temurin:11        将文件复制到设置的 Docker
RUN java -version              当前工作目录中

COPY HelloDocker.java .        设置镜像中执行的缺省命令。
                              注意，每个命令行参数都需要
CMD ["java", "HelloDocker.java"]  使用单独的字符串表示
```

COPY（以及更复杂的 ADD 命令）从本地构建环境中获取文件，并将它们放入容器中。虽然 ADD 命令也有类似的功能，但通常建议使用 COPY，因为它更简单且易于理解。ADD 命令也有一些额外的选项，例如从远程源获取和自动提取 TAR 文件。

CMD 指令用于指示 Docker 在启动容器时执行的命令。当我们构建镜像时，我们的目标是运行其中配置的软件，而不仅仅是为了好玩儿。每个镜像都有一个唯一的 SHA256 标识符，但在实际使用中，这些标识符可能会变得很麻烦且难以管理。因此，在开始运行镜像之前，我们可以使用一个简单的名称来标记它，如下所示：

```
$ docker build -t hello .

... Previous build steps excluded for length
                                    镜像的 SHA256
=8 exporting to image               标识
=8 sha256:e8c613e07b0b7ff33893b694f7759a10d42e...
=8 exporting layers done            我们为最终的镜像
=8 writing image sha256:666fdc7613189865b9a5f2... done   设置的标签
=8 naming to docker.io/library/hello done
=8 DONE 0.0s
```

此时，我们的 hello 镜像仅在本地可用，但是我们已经通过 FROM 行看到了如何通过**容器注册表**（container registry）共享镜像。当我们请求 eclipse-temurin:11 基础镜像时，Docker 默认会在 Docker Hub 上查找该镜像。还有其他容器注册表可供选择，甚至可以在内部运行以托管应用程序镜像。

你可以分别通过 docker push 和 docker pull 命令来推送和拉取镜像，如下所示。如果要使用非默认的 Docker 注册表，你需要在镜像名称和标签之前指定注册表的名称，如下所示：

```
$ docker pull k8s.gcr.io/echoserver:1.4
1.4: Pulling from echoserver
6d9e6e7d968b: Pull complete
...
7abee76f69c0: Pull complete
Digest: sha256:5d99aa1120524c801bc8c1a7077e8f5ec122ba16b6dda1a...
Status: Image is up to date for k8s.gcr.io/echoserver:1.4
k8s.gcr.io/echoserver:1.4
```

k8s.gcr.io 是镜像目录服务器的域名，**echoserver** 是镜像名，**1.4** 是镜像的标签

如果使用的注册表需要身份验证，可能需要先使用 `docker login` 命令进行登录。然而，对于 Docker Hub 上的公开可用镜像，这一步通常是不必要的。

构建良好的 Docker 镜像涉及许多其他方面的工作，我们将在后面的讨论中继续探讨这些主题。在此之前，让我们看看如何将这些镜像转换为正在运行的容器。

12.2.2 运行 Docker 容器

尽管围绕 Docker 和容器的讨论可能很热闹，但其核心理念简单明了：在严格限定的环境中执行既定的流程。在很大程度上，环境是由我们构建的镜像来定义的。通过 `Docker run` 命令，Docker 便能基于构建的镜像启动一个容器，如下所示：

```
$ docker run hello
Hello Docker!
```

在这个命令中，Docker 基于指定镜像创建了一个新的文件系统，为容器申请了资源并添加了相关的限制，比如限制容器的 CPU 使用、内存大小等，然后根据 CMD 指令启动容器内的默认进程。在这个例子中，程序输出一条消息后结束运行，但 CMD 指令同样能很方便地启动一个服务器，让其在后台持续运行。

如图 12-3 所示，我们在该镜像的 CMD 中看到了列出的 Java 进程。请记住，这里显示的主机在到达物理机之前可能实际隐藏了许多附加层。

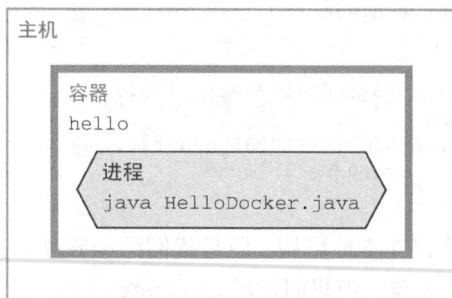

图 12-3 运行一个简单的容器

CMD 命令只定义了启动容器时默认执行的命令。我们可以让 Docker 在运行时执行任何我们想要执行的命令。如前所述，每个容器都有一个工作目录，你可以像在交互式终端中那样，使用 `pwd` 命令查询该路径是什么，操作如下：

```
$ docker run hello pwd
/
```

如图 12-4 所示，当我们启动容器时指定执行其他命令，默认的 CMD 命令将不会被执行。

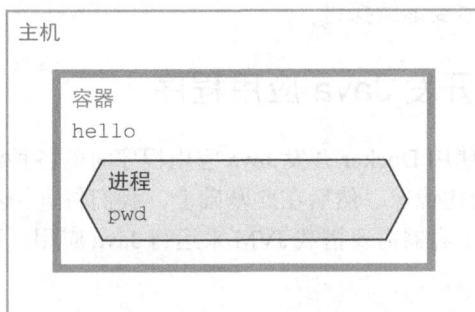

图 12-4　在容器中运行其他命令

我们可以通过文件将配置写入镜像，不过通常情况下，我们希望能够在运行时修改它们。Twelve-Factor App 提出了一系列在容器中运行软件的原则，其中有影响力的一条原则是通过环境变量来定义配置，以便相同的构建资源（本章的例子中是镜像）可以在不同的环境中部署而无须更改代码。

如下面的代码所示，在使用 -e 标志启动容器时，可以修改容器内的环境变量。该标志可以被多次使用来定义多个变量。在应用程序内部，这些变量可以通过标准方式读取，比如使用 System.getenv() 方法来访问这些变量：

```
$ docker run -e MY_VAR=here -e OTHER_VAR=there hello env
PATH=/opt/java/openjdk/bin:/usr/local/sbin:/usr/local/bin:...
HOSTNAME=f25762652561
MY_VAR=here
OTHER_VAR=there
LANG=en_US.UTF-8
LANGUAGE=en_US:en
LC_ALL=en_US.UTF-8
JAVA_VERSION=jdk-11.0.13+8
JAVA_HOME=/opt/java/openjdk
HOME=/root
```

完整的环境变量列表

通过标准的 env 命令查看容器的环境变量

在进一步探讨如何在容器中构建 Java 应用程序的实际方法之前，让我们先讨论最后一项技术：交互式地运行镜像。我们已经了解了如何更改默认命令以在容器中运行其他命令。同样地，我们可以使用这一功能，在容器中启动 Shell（比如 bash）来进行额外的调试。这需要我们添加额外的标志来运行 Docker——特别是 -i（将 STDIN 附加到输入上，确保输入能够到达容器）和 -t（让容器为我们启动一个交互式 TTY），如下所示：

```
$ docker run -it hello bash
root@b770c2ac829c: ls *.java
HelloDocker.java
root@b770c2ac829c:
```

以交互方式进入 Shell 命令环境，以便查看容器的状态

12

使用 Docker 容器化技术可以精确地控制应用程序的运行环境，从而确保无论在哪里部署，应用程序的行为都是一致的。

将 hello world 单文件应用程序放入容器中固然不错，但为了更全面地理解 Docker 和 Java 结合使用的强大功能，我们还需要继续探讨。

12.3　使用 Docker 开发 Java 应用程序

在本节中，我们将讨论使用 Docker 开发 Java 应用程序时的各种注意事项。我们将首先探讨 JVM 的基础镜像以及如何构建镜像。然后在此基础上，我们将进一步讨论有关配置、运行和调试容器的各种注意事项。由于容器需要搭载 JVM 来运行 Java 应用，因此选择合适的基础镜像尤为重要。

12.3.1　选择基础镜像

对于什么是运行 JVM 应用程序的"正确"的基础镜像，并没有一个单一的答案。确定适合你的镜像需要考虑以下因素。

❑ 我想要哪个供应商？

❑ 我的容器中需要什么操作系统？

❑ 我需要在什么系统架构上运行？

选择供应商时还需要考虑可能影响决策的因素（我们在第 1 章中简要讨论过这一点），这些因素包括：

❑ 支持可用性和契约；

❑ 安全更新策略和及时性；

❑ 对云部署的特殊考虑——对于 Azure 上的部署，可考虑使用 Microsoft 提供的 OpenJDK；对于 AWS 上的部署，可考虑使用 Amazon Corretto。

特定于云供应商的构建虽然基于 OpenJDK，但可能包括了针对该供应商云环境的性能优化和其他增强功能。这些构建还可能带来额外的支持和更为适宜的发布频率。

大多数云供应商在其容器镜像中为多个操作系统提供支持。常见的选项包括 Debian、Ubuntu 或 Alpine，以及其他一些 Linux 发行版。操作系统的选择将极大影响使用何种包管理器来安装必要的本机依赖，以及容器中可用的其他工具。如果你的需求不涉及特定的操作系统，那么采用像 Debian 或 Ubuntu 这样的主流选项，通常能够降低在查找和更新软件包时的难度。

注意　要特别注意 Alpine Linux 直到最近还没有官方提供的 Java 镜像。在使用前，建议咨询　　　Java 供应商是否已为其提供了支持和镜像服务。

如果你需要在供应商没有直接支持的操作系统上运行 Java，请不要感到沮丧。在这种情况下，你可以自行构建一个镜像，并使用系统的标准包管理来手动安装 JDK。请记住，基础镜像和

Docker 构建的目的只是在容器的文件系统中正确配置所需的二进制文件。通常，有多种方法可以实现你想要的最终配置。

最后需要说明的是镜像的系统架构。基于 ARM 的芯片部署的应用正变得越来越常见，尤其是在云计算领域。尽管这带来了性能优势，但请注意，你将需要为该架构构建专门的镜像。如果你需要跨架构运行 Java，你可能最终不得不构建和发布多个镜像。不过，Docker 工具已经很好地支持了这一点。

12.3.2 使用 Gradle 构建镜像

正如我们在第 11 章中所讨论的，任何规模较大的 Java 项目都将受益于使用一致的构建工具。出于演示目的，我们将介绍如何使用 Gradle 来构建镜像，尽管参考资料中也提供了相应的 Maven 版本。

我们的镜像至少需要包含应用程序的所有 JAR 文件（或类文件）以及类路径上的所有依赖。在示例中，我们的应用程序依赖于 `org.apache.commons:commons-lang3`，如下所示：

```
plugins {
  application
  java
}

application {
  mainClass.set("com.wellgrounded.Main")
}

tasks.jar {
  manifest {
    attributes("Main-Class" to application.mainClass)
  }
}

repositories {
  mavenCentral()
}

dependencies {
  implementation("org.apache.commons:commons-lang3:3.12.0")
}
```

构建镜像所需的命令与通常的 `build` 或 `assemble` 命令略有不同，但是 Gradle 的默认命令包含了我们需要的操作。我们可以通过 `installDist` 命令来封装这些操作，如下所示：

```
$ ./gradlew installDist
```

该命令的简化构建结果如下：

```
build
└── install
    └── docker-gradle
```

```
    ├── bin
    │   ├── docker-gradle
    │   └── docker-gradle.bat
    └── lib
        ├── commons-lang3-3.12.0.jar
        └── docker-gradle.jar
```

我们可以直接获取 JAR 文件并在容器中运行，但是 Gradle 已经为我们创建了启动应用程序的帮助脚本。接下来让我们利用这些脚本：

```
                                          Gradle 的启动脚本的期望工作目录为
FROM eclipse-temurin:17-jdk               bin 目录，因此我们设置 Docker 启动
                                          时的默认路径为该目录

RUN mkdir /opt/app
WORKDIR /opt/app/bin                       将 install 目录树下的所有
                                           内容复制到容器中
COPY build/install/docker-gradle /opt/app/
                                          现在启动容器时默认执行的
CMD ["./docker-gradle"]                   命令是 Gradle 的启动脚本
确保我们要复制构建结果的目标目录已经存在
```

你可以在 Application 插件的官方文档中找到更多有关 Gradle 启动脚本的信息。

这种方法假设本地已经安装了合适的 JDK，以便在将结果复制到镜像之前使用 Gradle 进行构建。接下来，我们将探讨如何在 Docker 中完全封装这个过程。

12.3.3   在容器中执行构建

容器技术的一个显著优势是能够为软件创建一个隔离且可重复的运行环境。这种能力对于部署服务来说是一个巨大的优势，但容器的应用远不止于此。许多项目在建立本地开发环境时会面临难题。如果你曾按照 README 文件一步一步地安装依赖，并努力确保安装的是正确的版本，那么你就能体会到这种痛苦。容器技术可以帮助我们避免这种情况。让我们来看看如何调整构建过程，以充分利用容器提供的隔离性。

到目前为止，我们的 Dockerfile 只涉及构建一个结果镜像。但是 Docker 允许在同一个文件中定义多个镜像，并实现它们之间的复制。这项功能极大提升了我们的工作效率。利用该特性，我们可以创建一个镜像来构建应用程序，这个过程无须依赖本地系统的 JDK。随后，将构建结果复制到部署镜像中。这种做法不仅增强了安全性，还有助于减小镜像的大小。

这个过程被称为**多阶段构建**（multistage build）。多阶段构建是一种在 Dockerfile 中使用多个 FROM 语句的技术，它允许我们在构建过程中创建多个中间镜像。每个 FROM 语句定义了一个阶段的开始，并使用 AS 关键字为其命名，以便稍后在 Dockerfile 中引用。这种方法使我们能够在一个镜像中构建应用程序，而无须依赖本地系统的 JDK，然后将结果复制到另一个镜像中进行部署。如下所示：

```
FROM eclipse-temurin:17-jdk AS build          ←  在名为 build 的容器内
                                                  执行编译

RUN mkdir /project     ←  创建存放源代码的目录，并将
WORKDIR /project          其设置为默认的工作目录

                                在本地构建我们的应
COPY . .   ←  将整个项目复制到容器中        用（本例中，我们使用
                                Gradle 进行构建）
RUN ./gradlew clean installDist     ←


FROM eclipse-temurin:17-jre
                                部署时使用的镜像，可以       COPY --from=build 指
RUN mkdir /opt/app              使用 JRE，它要小很多        定从 build 镜像中获取文
                                                          件，而不是直接从本地文
COPY --from=build \                                       件系统中获取
        /project/build/install/docker-gradle-multi \
        /opt/app/

WORKDIR /opt/app/bin
CMD ["./docker-gradle-multi"]
```

现在，我们的持续集成环境只需安装 Docker，无须安装 JDK，即可构建要部署的应用程序。如图 12-5 所示，构建所需的所有组件都完全保留在容器中。

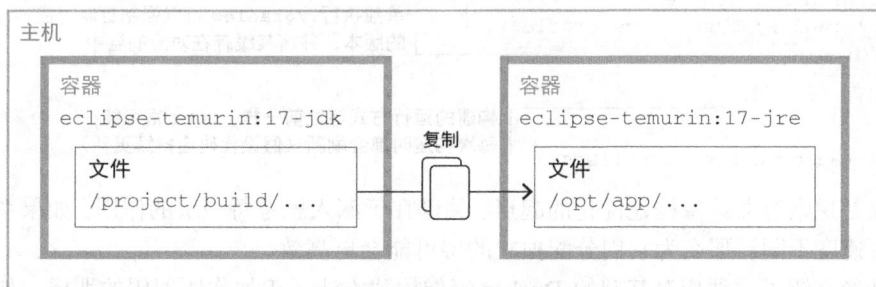

图 12-5 容器中的多阶段构建

值得指出的是，这种构建方式接近于这种类型构建的最小设置，但在构建时间方面它也有一些缺点。正如我们提到的，每个 Docker 命令都会创建缓存层，如果处理不当，这些缓存可能会失效。

在当前的 Dockerfile 配置中，一个主要的缓存破坏来源是将整个项目目录复制到容器中。任何文件的更改，无论多小，都会使 COPY 指令无效。因此，我们需要在构建过程中仔细检查这一点。但是，有些本地文件可能对构建过程并不重要，例如 git 历史记录、IDE 文件和本地构建输出，这些确实不需要在构建的容器镜像中出现。幸运的是，我们可以通过在 Dockerfile 旁边创建一个名为.dockerignore 的文件来排除这些文件，从而让 Docker 忽略它们。这个文件的格式很简单。如果你以前使用过.gitignore 文件，可能对它很熟悉。如下面的代码所示，每一行表示一个

模式（支持使用标准的 Shell 通配符），Docker 在查找要复制的文件时应该忽略符合这些模式的文件。

```
.git
.idea/
*.iml
*.class

# 排除构建的目录
out/
build/
target/
.gradle/
```

第二个更为微妙的问题是 Gradle 包装器。在运行构建时，如果我们仔细观察输出，会发现它在启动时花了一段时间下载正确的发行版。因为我们的容器在启动时没有任何 Gradle 的本地缓存，所以每次运行时都会重复这个下载过程。

为了避免重复下载，需要在将整个项目复制到容器之前，将 Gradle 的第一次执行分解为一组单独的层，如下所示。我们希望只复制 Gradle 运行其下载所需的最小依赖，因此，只有当我们对 Gradle 包装器进行更改（比如更新版本）时，这一层的缓存才会中断。

```
COPY ./gradle ./gradle          ┐  仅复制运行 Gradle
COPY ./gradlew* ./settings.gradle* .  ├  必需的配置
RUN ./gradlew                   ┘  单独执行 ./gradlew 可以强制更新对应
                                   的版本，并将其缓存在对应的层中

COPY . .        ◄────────────  构建的运行方式与之前一样，COPY 很可能在
RUN ./gradlew clean installDist             每次构建时都会刷新（假设代码会持续更新）
```

这仅仅是探索容器镜像构建优化的起点。关键在于深入思考每一层的作用。如果系统的各个部分的变更速度不同，那么为它们分配独立的层可能会更高效。

我们已经介绍了一种相对基础的 Docker 镜像构建方法。正如你所期望的那样，如果你希望自动化这一过程，而不是手动编写 Dockerfiles，那么 Maven 和 Gradle 都提供了众多插件供你选择。甚至还有像 Jib 这样的工具，它完全避免了使用 Docker 工具。尽管这些工具都很有用，但对于追求扎实基础的开发人员来说，深入理解容器的构建机制仍然至关重要，即使他们在日常工作中依赖于这些工具的帮助。

12.3.4　端口与主机

除了为我们的应用程序提供独立的文件系统，容器还为网络配置提供了类似的隔离功能。假设我们的示例应用程序新增了运行标准 HTTP 服务器的代码，例如使用 JDK 中提供的 com.sun. net.httpserver.HttpServer 基础服务器。如果我们尝试直接运行 Docker 容器，会发现无法访问 HTTP 端点。

为了解决这个问题，我们需要请求 Docker 为我们提供一个可用端口。我们可以直接在 run 命令中添加如下内容：

```
$ docker run -p 8080:8080 hello
```

代码中，-p 接受一对用 ":" 分隔的端口号。第一个端口号是希望在容器外部能够访问的端口。第二个端口号是容器内部应用程序实际监听的端口。如果我们切换到另一个终端（或使用 Web 浏览器），可以看到服务已经正常运行并可以访问，如图 12-6 所示：

```
$ curl http://localhost:8080/hello
Hello from HttpServer
```

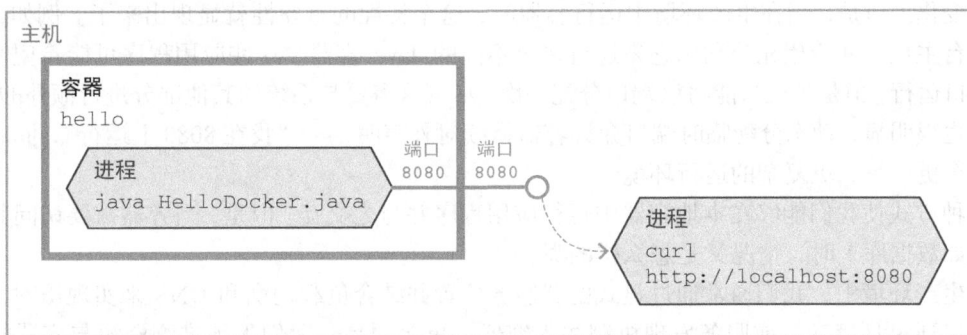

图 12-6 暴露容器的一个端口

正如你所期望的，这两个端口值不必匹配。如果我们运行下面的命令行：

```
$ docker run -p 9000:8080 hello
```
← 端口 9000 可以被容器之外的服务访问，在容器内部它与进程的端口 8080 相连

现在，我们将在端口 9000 上看到一个良好响应，而端口 8080 不再可访问，如下所示：

```
$ curl http://localhost:9000/hello
Hello from HttpServer

$ curl http://localhost:8080/hello
curl: (7) Failed to connect to localhost port 8080: Connection refused
```

暴露端口是容器部署方式的一个基本组成部分。Dockerfile 允许我们指定镜像期望提供的端口，例如：

```
EXPOSE 8080
```

如果我们设置了这个，当重新构建镜像时，如果没有显式地使用 -P 参数（注意大写和缺少参数），Docker 不会默认地使 EXPOSE 端口可用。但是，如果你单独提供 -P 开关，Docker 将把镜像中的每个 EXPOSE 端口绑定到一个随机的或短暂的端口。由于我们无法预测分配了哪个端口，因此需要一个新的命令来查看并查找临时端口。我们可以使用 docker ps 命令来完成此操

作，如下所示：

```
$ docker run -P hello

... In another terminal, some columns trimmed...
$ docker ps
CONTAINER ID    IMAGE      COMMAND              PORTS
94d7f125caad    hello      "./docker-gradle"    0.0.0.0:55031->8080/tcp
```

值 `0.0.0.0:55031->8080/tcp` 告诉我们，容器外部的端口 55031 绑定到容器内部的端口 8080。

虽然动态分配临时端口在初始阶段，尤其是在测试过程中，可能会带来一些不便，因为端口会不断变化。但是，当在生产环境中运行容器时，这个特性的重要性就显现出来了。例如，假设你有一台主机，并希望充分利用它来运行多个不同的 Java 容器。这些应用程序可能希望使用同一个端口运行，但是主机只能将该端口分配一次。尽管这需要与系统的其他部分进行额外的协调，其优势也很明显，动态分配临时端口允许容器持续对外声明——"我在 8080 上运行"，同时还能适应一个更广泛、更复杂的运行环境。

这种方式使我们能够在本地容器中运行应用程序并与之交互。但是，当容器需要访问其他服务（比如数据库）时，情况又是怎么样的呢？

在生产环境中，我们通常通过显式配置服务位置并结合负载均衡和 DNS 来实现访问，这些配置可以通过环境变量或服务发现机制注入容器。重要的是，我们无须推测资源与容器的相对位置。

但是，在本地开发环境中，情况会变得复杂，因为开发人员通常没有相同的基础设置可用。对于使用 macOS 版或 Windows 版 Docker 的开发人员，可使用 `host.docker.internal` 域名指向主机，在 Linux 系统中这可通过在启动容器时添加`--add-host host.docker.internal: host-gateway` 标志来实现。如果应用能通过环境变量获取这些位置信息，就可实现将容器指向该主机名。

如果上述方法在特定环境下无效，那么另一种方式是直接使用主机的 IP 地址。虽然可以通过像 `sudo ip addr show` 这样的命令获取 IP 地址，但这种方式比较烦琐。

面对众多的网络配置选项，本书不做深入讨论，因为这超出了本书的范围。但是，确实有一些解决方案是可行的。例如，Docker Compose 工具就能简化外部资源访问问题。接下来，我们将探讨如何使用容器技术在本地解决外部资源访问的问题。

12.3.5　使用 Docker Compose 进行本地开发

就像新项目的安装列表一样，应用程序在运行时通常需要多个其他服务。例如，你可能需要一个数据库、缓存、NoSQL 存储或自定义应用程序来使应用程序在本地运行。

Docker Compose 是一个用于声明和运行容器集群的工具。它允许我们精确地定义所需的服务集合，并同时启动它们。此外，它还管理这些容器的状态，使我们能够停止和重新启动而无须从头开始。如果你认为这类似于 Kubernetes 等编排工具，那么你是对的。Docker Compose 在容器管理方面确实与这些工具存在功能上的重叠。然而，Docker Compose 的设计侧重于在单台机器上运行，这限制了它在许多生产环境中的适用性。

注意　Docker Compose 最初是一个单独的工具，但现在已集成到 Docker 命令中。如果你在网上看到建议运行 Docker Compose 的信息，现在你可以使用空格替换命令中间的 -。

默认情况下，我们在一个名为 docker-composer.yml 的文件中来定义我们的配置。首先，让我们像下面这样告知 Docker Compose 我们的应用程序需求：

```
version: "3.9"          ← 定义 Docker Compose 文件的版本
services:
  app:                  让 Docker Compose 在当前目录中运行一个
    build: .       ←    典型的 Docker 构建，为当前服务生成镜像
    ports:
声明运行的服  - "8080:8080"  ← 与之前手动执行 docker run 一样，进行端口声明
务名为 app
```

然后，我们在命令行中运行 docker compose up。这将显示我们熟悉的构建输出，并在启动容器时显示一些新的输出，如下所示：

```
[+] Running 2/2
 - Network docker-gradle_default  Created                    0.1s
 - Container docker-gradle-app-1  Created                    0.1s
Attaching to docker-gradle-app-1
docker-gradle-app-1  | (Howdy,Docker)
```

docker-compose.yml 文件可以包含多个服务。默认情况下，每个服务的输出都带有一个基于当前目录和服务名称的前缀，以便区分，所以代码的输出是 docker-gradle-app-1。

假设我们的应用程序需要一个 Redis 实例。我们可以在 services 部分添加一个新的 redis 服务，如下所示：

```
version: "3.9"
services:
  app:
    build: .
    ports:
      - "8080:8080"
  redis:
    image: "redis:alpine"  ← redis:alpine 镜像源于 Docker Hub
```

当运行时，Docker Compose 将拉取 redis:alpine 镜像，并在我们的应用程序容器中启动一个 Redis 实例。图 12-7 和随后的代码示例展示了这些容器是如何相互关联的：

```
[+] Running 7/7
 - redis Pulled                                    5.0s
   - 59bf1c3509f3 Pull complete                    1.2s
   - 719adce26c52 Pull complete                    1.2s
[+] Running 2/2
 - Container docker-gradle-redis-1  Created        0.2s
 - Container docker-gradle-app-1    Created        0.0s
```

```
Attaching to docker-gradle-app-1, docker-gradle-redis-1
docker-gradle-redis-1  | # oO0Oo Redis is starting...
docker-gradle-redis-1  | # Redis version=6.2.6, ...
docker-gradle-redis-1  | * monotonic clock: POSIX ...
docker-gradle-redis-1  | # Warning: no config file...
docker-gradle-redis-1  | * Running mode=standalone, ...
docker-gradle-redis-1  | # Server initialized
docker-gradle-redis-1  | * Ready to accept connections
docker-gradle-app-1    | (Howdy,Docker)
```

Redis 容器的输出

应用容器的输出

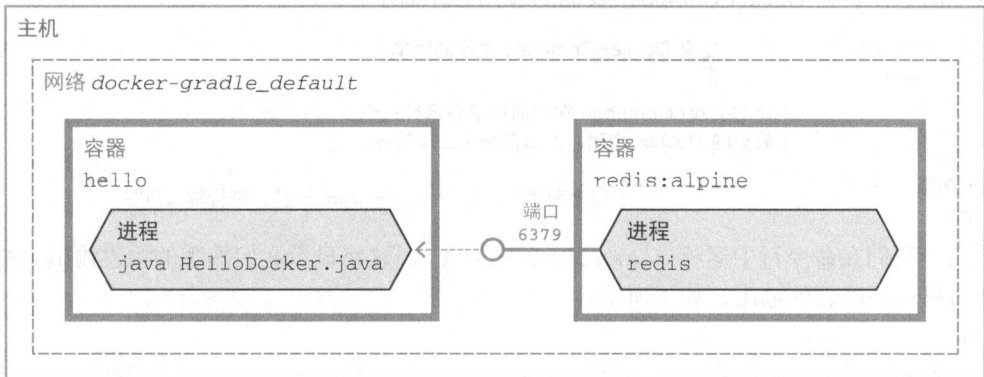

图 12-7　使用 Docker Compose 启动的容器运行

这已经为我们提供了极大的便利——能够在本地轻松获取数据库及其他外部服务的精确版本，而无须手动安装。除此之外，Docker Compose 还引入了一个有用的特性，有助于避免我们之前遇到的许多网络配置问题。在初始启动过程中，你会看到：Network docker-gradle_ default Created。这表明 Docker Compose 创建了一个名为 Docker-gradle_default 的独立网络命名空间。这个网络会在 Docker Compose 启动的所有服务中共享。更好的是，我们在 docker-compose.yml 文件中定义的每个服务名称，如 app 和 redis，在所有容器中都被视为真实的主机名。如果我们用十二因素原则设计我们的应用程序，并通过环境变量指定 Redis 的地址，我们就可以在 docker-compose.yml 文件中完全配置它，如下所示：

```
version: "3.9"
services:
  app:
    build: .
    ports;
      - "8080:8080"
    environment:
      REDIS_URL: redis://redis:6379
  redis:
    image: "redis:alpine"
```

第一个 redis 指定了 URL 模式，
第二个 redis 是主机名

我们只是简单介绍了 Docker Compose 的基本用法。你可以在 docker-compose.yml 文件中配置所有常用的 docker run 参数，这对于设置本地开发环境来说是一种很好的方法。

12.3.6　在容器中调试

当我们的软件出现异常时，有时我们需要深入了解容器为我们设置的环境。之前我们提到过使用 `docker ps` 来确定容器暴露的端口，而 Docker 提供了更多信息。默认情况下，容器会被赋予一个随机生成的名称，我们可以像下面这样给它命名：

```
$ docker ps
CONTAINER ID   IMAGE    COMMAND          ...   PORTS       NAMES
c103de6e6634   hello    "./docker-gradle" ...  8080/tcp    vigilant_austin
```

我们可以将这个容器命名为 vigilant_austin。如果你希望在每次运行容器时保持名称不变，可以在执行 `docker run` 命令时使用 `--name container-name` 参数进行设置。此外，如果你希望在容器退出后自动删除它，可以结合使用 `--rm` 参数；否则，保留的容器名称将无法在第二次运行时重用。

有了容器的名称，我们就可以执行其他调试步骤。使用 `docker exec` 命令，我们可以在运行的容器中执行命令。正如之前使用 `docker run -it` 所看到的，我们甚至可以在容器中获得一个交互式 Shell，假设容器内已经安装了 `bash` 或其他类似的工具：

```
$ docker run --name hello-container --rm hello

# In another terminal start a shell in the container
$ docker exec -it hello-container bash

root@18a5f04bb4c8: ps aux
USER PID %CPU %MEM COMMAND
root   1  1.6  1.9 /opt/java/openjdk/bin/java -cp /opt/app/lib/docker-gradle
root  37  0.1  0.1 bash
root  47  0.0  0.1 ps aux
```

重要的是要记住，exec 不会启动新的容器，而只会附加到现有的容器上。图 12-8 显示了进程如何在同一个容器中共存。

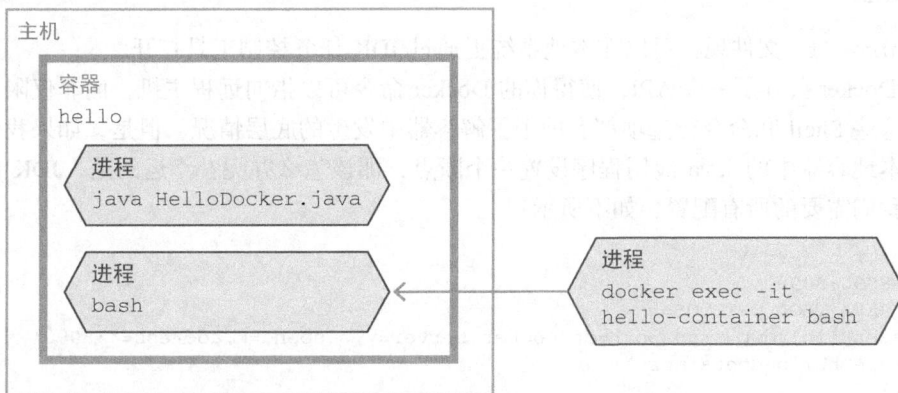

图 12-8　通过 `docker exec` 进入一个容器

不过，我们并不局限于基本的 Unix 命令。例如，我们可以使用 `jps` 和 `jcmd` 来检查容器中正在运行的 JVM，如下所示：

```
root@18a5f04bb4c8: jps
1 Main
148 Jps

root@18a5f04bb4c8: jcmd 1 VM.version
1:
OpenJDK 64-Bit Server VM version 17.0.1+12
JDK 17.0.1
```

在第 7 章中，我们探讨了使用工具 JFR 提供的深入分析功能。通过在运行中的容器中执行 Shell 脚本，我们可以使用几个简单命令来收集 JFR 数据。对于长时间运行的任务，我们可以指示 JFR 按照以下方式记录数据：

```
root@4f146639fcfc: jcmd 1 JFR.start
1:
Started recording 1. No limit specified, using maxsize=250MB as default.
```

在应用程序收集数据一段时间后，我们可以将当前记录保存到容器中的文件中，如下所示：

```
root@4f146639fcfc: jcmd 1 JFR.dump name=1 filename=./capture.jfr
1:
Dumped recording "1", 293.3 kB written to:
```

要想离线检查文件，我们需要将其从容器中复制出来。回到我们的主机系统，我们可以使用 `docker cp` 命令来完成这个任务，如下面的代码所示。同样，我们的容器名称在指定从何处获取文件时会派上用场：

```
$ docker cp hello-container:/opt/app/bin/capture.jfr .
```

cp 的第一个参数是文件源，第二个参数是其复制的目标。它以 "容器名称：路径" 的格式指定。由于第二个参数是本地的，所以我们不需要容器名称，只需使用路径。

`capture.jfr` 文件现在可以在本地系统上通过 JDK 任务控制工具打开。

因为 Docker 公开了一个 API，使得你的 Docker 命令可以指向远程主机，而非仅限于本地环境。所有这些 Shell 和命令行选项都有助于了解容器中发生的底层情况。但是，如果我们只想在 IDE 中为本地容器中的 Java 应用程序设置一个断点，那该怎么办呢？幸运的是，JDK 的远程调试工具有我们需要的所有配置，如下所示：

```
docker run --rm \
  -p 8090:8090 \
  -e JAVA_TOOL_OPTIONS=\
  '-agentlib:jdwp=transport=dt_socket,server=y,suspend=n,address=*:8090' \
  --name hello-container \
  hello
```

除了应用程序启动时的正常输出，你应该能看到这样一条消息，其表明远程调试端口可用：

```
Listening for transport dt_socket at address: 8090
```

此时，你可以使用 IDE 的特性，调试指向 8090 端口的远程 JVM。整个过程应该与在本地环境中调试应用程序无异，但实际上，这一切都是在容器所提供的友好且隔离的环境中进行的。

12.3.7 容器中的日志

正如我们多次提到的，容器与宿主环境的隔离要求我们改变一些常规的操作方式。日志记录就是其中一个经常遇到的挑战。无论你是使用标准的日志框架还是简单地将日志输出到 System.out，服务运行时产生的日志都需要被妥善处理。我们不希望仅仅因为应用被容器化就失去对这些重要信息的访问能力。

你可以采用本章介绍过的手动方法来处理。只需像以前一样将日志写入磁盘，然后使用 docker exec 或 docker cp 来访问这些日志文件，如下所示：

```
// Start our container
$ docker run --rm --name hello-container hello

// In another shell, copy the file locally
// Assumes log is at /log/application.log
$ docker cp hello-container:/log/application.log .

// Or alternatively, tail the file continually
$ docker exec hello-container tail -f /log/application.log
```

但是，这种方法在检索这些信息时可能会带来一些不便，且容器如果过早地被完全删除，则可能会导致数据丢失。

（无论是否使用容器）一种常见的做法是，将日志从应用程序转发到中心位置。这种转发可以指向集中式存储、索引服务（如 Elasticsearch），甚至是外部的日志服务。

如果我们选择将日志写入容器中的本地文件这种简单方式，我们需要考虑日志转发应用程序的运行位置。将日志转发应用程序放在容器中会消耗额外的内存和资源，通常建议避免在单个容器中包含多个主要功能。容器支持挂载卷，这样日志文件就可以在容器和主机之间共享，但这需要额外的配置，且性能可能不会达到最优。

一个更优的选择是利用 Docker 自动捕获容器写入标准输出（STDOUT）和标准错误（STDERR）的能力。在主机上，这些输出被保存到每个运行中容器的已知文件位置。这种方法简化了配置，因为我们只需在主机上配置一次日志转发，然后指示各个容器将日志信息写入 STDOUT 而不是文件。这种方法还与现有的日志库（例如 log4j2）兼容，该库提供了将日志写入 CONSOLE 的程序。

设置运行容器及其日志捕获的基础设施，是我们在将容器化应用扩展到单个主机之外时面临的挑战之一。提供系统的方法来应对这一挑战是我们将要探讨的下一个主题，即 Kubernetes。

12

12.4   Kubernetes

本文对 Docker 的介绍实际上只涉及了配置和定制容器的基本概念。在实际的生产环境中，我们可能需要运行多个容器实例。仅使用 Docker 命令手动管理大量容器很快就会使工作变得复杂，特别是在那些需要运行数百个独立容器的环境中。因此，自动化管理变得至关重要。这种自动化被称为编排。尽管市面上有多种解决方案，但 Kubernetes 无疑是当前的主流选择。

Kubernetes（K8s）是一个开源项目，最初由谷歌开发，用于内部容器编排。它的核心功能是通过标准化 API 驱动的工具来描述系统的预期状态，并确保这一状态随着时间的推移持续得到维持。

在 Kubernetes 中，系统被建模为一系列不同的**对象**（object）。一组持续运行的**控制器**（controller）会监测系统的实际状态并实施必要的更改（如果一个容器停止工作，则启动一个新容器），以保证系统的实际状态与预期状态一致。

虽然全面讲解 Kubernetes 超出了本书的范围，但我们可以简要介绍其基本的对象类型并探讨如何将它们与我们已经学习的容器技术结合起来使用。

- 集群（cluster）：Kubernetes 在任何规模的机器上的安装实例，从单台机器到具有数百个节点的集群。
- 节点（node）：集群中的单个机器（可以是虚拟机或物理机）。
- pod：一个（或多个）容器组成的可部署单元。
- 部署（deployment）：以声明方式部署 pod 的方法。
- 服务（service）：使集群中的容器能够被外部访问的对象。

为了逐步介绍这些概念并进行相应的演示，我们将使用 minikube，这是 Kubernetes 项目提供的一个本地开发环境。更多安装说明请参考官方文档。

安装 minikube 后，我们可以使用 `minikube start` 命令启动本地集群，如下所示。注意，这可能需要几分钟的时间来下载所有必要的镜像：

```
$ minikube start

minikube v1.25.2 on Darwin 11.6.2
Using the docker driver based on existing profile
Starting control plane node minikube in cluster minikube
Pulling base image ...
Downloading Kubernetes v1.23.1 preload ...
> preloaded-images-k8s-v17-v1...: 504.44 MiB / 504.44 MiB 100.00%
Restarting existing docker container for "minikube" ...
Preparing Kubernetes v1.23.1 on Docker 20.10.12 ...
* kubelet.housekeeping-interval=5m
Verifying Kubernetes components...
* Using image kubernetesui/dashboard:v2.3.1
* Using image kubernetesui/metrics-scraper:v1.0.7
* Using image gcr.io/k8s-minikube/storage-provisioner:v5
Enabled addons: storage-provisioner, default-storageclass, dashboard

Done! kubectl is now configured to use "minikube" cluster and "default"
namespace by default
```

我们的 Kubernetes 集群现在在本地运行。我们可以使用 `minikube stop` 命令停止集群，或者在完成所有实验后，使用 `minikube delete` 命令删除集群。

虽然 Kubernetes 提供了一个 REST API 供系统交互，但 kubectl 命令行工具提供了一个更易于人工操作的接口。我们可以使用它来查看、创建和编辑集群中的对象。例如，尽管 minikube 会自动创建节点对象，但是我们可以使用 `kubectl describe node` 命令查看其配置详情。这里只展示了输出的一小部分，因为它提供了很多细节：

```
$ kubectl describe node

Name:                  minikube
Roles:                 control-plane,master
Labels:                kubernetes.io/arch=amd64
                       kubernetes.io/hostname=minikube
                       kubernetes.io/os=linux
Addresses:
  InternalIP:  192.168.49.2
  Hostname:    minikube

Non-terminated Pods:          (12 in total)        这里列出的是 Kubernetes 本身
  Namespace                   Name                 在节点上的 pod 中运行
  ---------                   ----
  kube-system                 coredns-64897985d-n8fzv
  kube-system                 etcd-minikube
  kube-system                 kube-apiserver-minikube
  kube-system                 kube-controller-manager-minikube
  kube-system                 kube-proxy-4zvll
  kube-system                 kube-scheduler-minikube
  kube-system                 storage-provisioner
  kubernetes-dashboard        dashboard-metrics-scraper-58549894f-bcjh4
  kubernetes-dashboard        kubernetes-dashboard-ccd587f44-mq8zv

Events:                                            如果节点发生异常，Events
  Type    Reason                   Message         是调试的有力帮手
  ----    ------                   -------
  Normal  Starting                 Starting kubelet.
  Normal  NodeHasSufficientMemory  Node status is: NodeHasSufficientMemory
  Normal  NodeHasNoDiskPressure    Node status is: NodeHasNoDiskPressure
  Normal  NodeHasSufficientPID     Node status is: NodeHasSufficientPID
```

有了 minikube 提供的集群和节点，我们就可以运行软件了。简单起见，我们将使用 k8s. gcr.io/echoserver:1.4 镜像。顾名思义，它只是回送发送给它的 HTTP 请求的信息。

注意　尽管 minikube 支持使用本地镜像，但是它运行一个单独的 Docker 守护进程，因此镜像管理可能会变得有些复杂。如果你希望使用 minikube 进行更多的本地开发，请参阅相关文件。为了保持简单，我们将在示例中坚持使用已发布的镜像。

我们的第一个目标是在运行 echoserver 容器的集群上获得一个 pod。为此，我们要求 kubectl 创建一个部署，如下面的代码所示。部署对象告诉 Kubernetes 集群我们需要的 pod 的状

态。Kubernetes 的控制循环注意到期望的状态与现实不符，并启动 pod 来解决这个问题：

```
$ kubectl create deployment echoes --image=k8s.gcr.io/echoserver:1.4
deployment.apps/echoes created
```

我们可以使用标准的 kubectl get 命令检查集群，看看部署是否存在，如下所示。该命令适用于系统中任何类型的对象：

```
$ kubectl get deployments
NAME      READY   UP-TO-DATE   AVAILABLE   AGE
echoes    1/1     1            1           55s
```

如果我们查找 pod，很快就会看到集群的实际状态与提出的部署请求是一致的，如下所示。图 12-9 显示了我们所创建的单个 pod 状态。

```
$ kubectl get pods
NAME                       READY   STATUS    RESTARTS   AGE
echoes-7989cff4bc-7m4df    1/1     Running   0          78s
```

图 12-9　运行一个 pod 的 Kubernetes 集群

一种简单的方法是直接使用 kubectl create deployment 命令，但它只能设置 Kubernetes 的基础配置。要编辑完整的 Kubernetes 对象配置，我们需要将对象的原始描述以 YAML 格式存放在文件中，然后通过 kubectl edit deployment echoes 命令来访问和编辑这些文件，如下面的代码所示。执行该命令将打开默认的编辑器，允许你修改当前对象的 YAML 配置文件。如果对文件进行了更改，这些更改会在编辑器退出时保存并应用。

```
# Please edit the object below. Lines beginning with a '#' will be ignored,
# and an empty file will abort the edit. If an error occurs while saving
# this file will be reopened with the relevant failures.
#
apiVersion: apps/v1
```

```
kind: Deployment
metadata:
  annotations:
    deployment.kubernetes.io/revision: "1"
  creationTimestamp: "2022-02-01T08:26:32Z"
  generation: 1
  labels:
    app: echoes
  name: echoes
  namespace: default
  resourceVersion: "1310"
  uid: e8b775f6-243e-46c1-9275-dadaecf2db3b
spec:
  progressDeadlineSeconds: 600
  replicas: 1
  revisionHistoryLimit: 10
  selector:
    matchLabels:
      app: echoes
  strategy:
    rollingUpdate:
      maxSurge: 25%
      maxUnavailable: 25%
    type: RollingUpdate
  template:
    metadata:
      creationTimestamp: null
      labels:
        app: echoes
    spec:
      containers:
      - image: k8s.gcr.io/echoserver:1.4
        imagePullPolicy: IfNotPresent
        name: echoserver
        resources: {}
        terminationMessagePath: /dev/termination-log
        terminationMessagePolicy: File
      dnsPolicy: ClusterFirst
      restartPolicy: Always
      schedulerName: default-scheduler
      securityContext: {}
      terminationGracePeriodSeconds: 30
status:
  availableReplicas: 1
  conditions:
  - lastTransitionTime: "2022-02-01T08:26:33Z"
    lastUpdateTime: "2022-02-01T08:26:33Z"
    message: Deployment has minimum availability.
    reason: MinimumReplicasAvailable
    status: "True"
    type: Available
  - lastTransitionTime: "2022-02-01T08:26:32Z"
    lastUpdateTime: "2022-02-01T08:26:33Z"
    message: ReplicaSet "echoes-7989cff4bc" has successfully progressed.
```

指定部署名为
echoes

spec 描述了部署的
期望状态

这是一个重要配置，接下来将
会讲到它，它定义了我们想要
运行的 pod 数量

我们想要 pod 运行的
容器镜像

通过状态（status）我们能了解部署的当前
状态。注意，这里也有副本（replica）的信息，
通过它我们能知道当前有多少容器在运行

12

```
        reason: NewReplicaSetAvailable
        status: "True"
        type: Progressing
    observedGeneration: 1
    readyReplicas: 1
    replicas: 1
    updatedReplicas: 1
```

如果我们将 spec 中的 replica 值从 1 改为 3，Kubernetes 会检测到部署状态与集群上的实际情况不匹配。因此，Kubernetes 会自动启动新的容器来满足所需的副本数量。图 12-10 显示了 3 个容器已经成功启动并运行。

```
$ kubectl get pods
NAME R                     EADY    STATUS    RESTARTS    AGE
echoes-7989cff4bc-7m4df    1/1     Running   0           7m38s
echoes-7989cff4bc-7qn47    1/1     Running   0           8s
echoes-7989cff4bc-cmngm    1/1     Running   0           8s
```

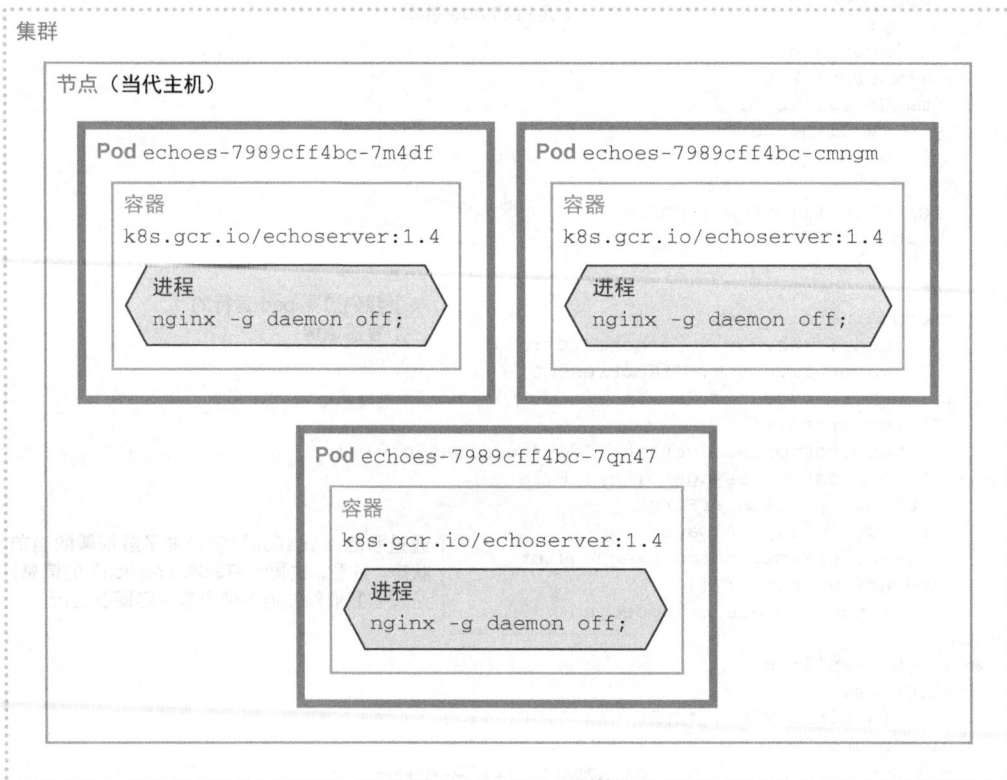

图 12-10　运行着多个 pod 的 Kubernetes 集群

在实践中，我们通常不会在生产环境的 Kubernetes 集群上手动编辑 YAML 文件，但是所有基于这些 YAML 文件构建的工具（如 CI/CD 系统、生成的或源代码控制的 Kubernetes 清单）都可以帮助创建正确的 YAML 和相应的 API 调用。

在本地系统中，我们可以通过类似于 `docker ps` 和 `docker exec` 的命令来观测运行中的容器。一旦知道了容器的名称，我们就能使用 `kubectl` 命令在 pod 中启动一个 Shell，如下所示：

```
$ kubectl exec echoes-7989cff4bc-7m4df -- bash
root@echoes-7989cff4bc-7m4df: uname -a
Linux echoes-7989cff4bc-7m4df 5.10.76-linuxkit #1 SMP \
  Mon Nov 8 10:21:19 2021 x86_64 x86_64 x86_64 GNU/Linux
```

要让这个部署更有效，还需要执行最后一步。默认情况下，我们无法与集群中的 pod 进行通信。如果我们查看容器的 `docker ps`，你会发现没有端口被公开。

Kubernetes 通过其服务抽象解决了这个问题，该抽象提供了一个通用接口，用于处理负载均衡和集群内的流量路由。虽然详细讨论这方面的内容超出了本书的范围，但我们将使用其中最简单的一种形式，即通过 `kubectl expose` 将其暴露为名为 NodePort 的服务，如下所示：

```
$ kubectl expose deployment echoes --type=NodePort --port=8080
service/echoes exposed
```

如图 12-11 所示，这会在集群中创建一个新的 `NodePort` 对象。

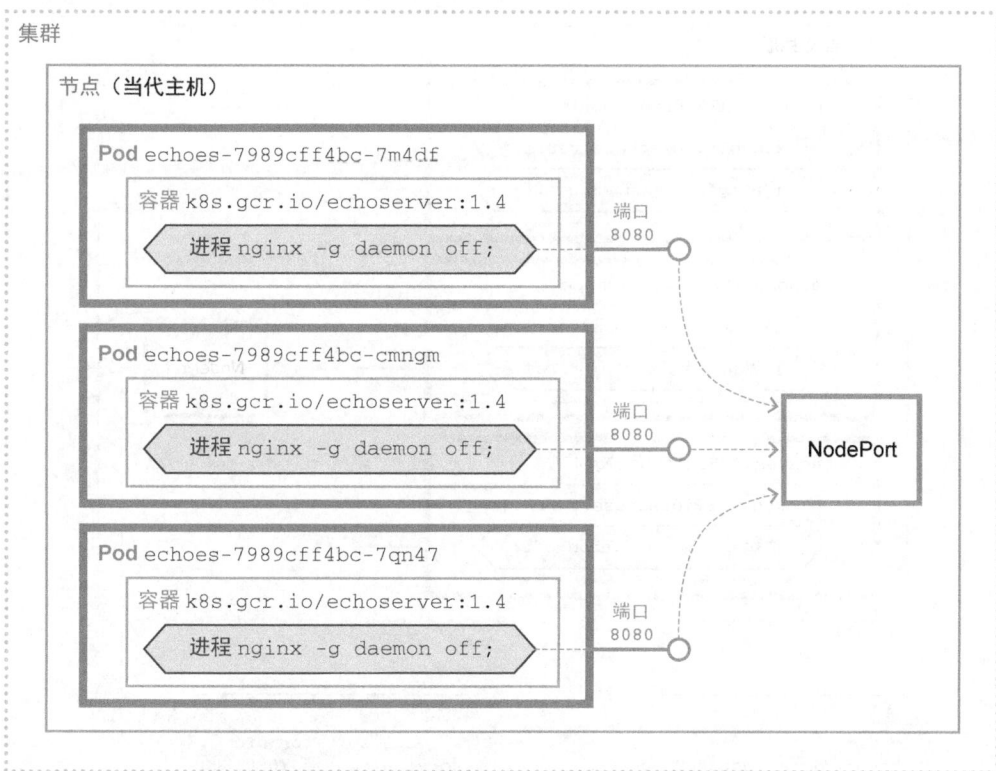

图 12-11 Kubernetes 集群中的 NodePort 与服务

查看服务，我们可以看到集群中配置了一个 NodePort，如下所示：

```
$ kubectl get services
NAME            TYPE        CLUSTER-IP       EXTERNAL-IP    PORT(S)           AGE
echoes          NodePort    10.108.182.100   <none>         8080:31980/TCP    12s
kubernetes      ClusterIP   10.96.0.1        <none>         443/TCP           35m
```

在 Kubernetes 集群内部，配置 NodePort 意味着集群中每个节点都可以使用 8080 端口，并将流量转发到我们的 pod。虽然我们已经可以通过其他方式将流量传输到 pod，但我们还需要让集群外部的服务能够识别这个内部服务，以便调用它。kubectl 的端口转发功能实现了这一点，如下所示：

```
$ kubectl port-forward service/echoes 7080:8080
Forwarding from 127.0.0.1:7080 -> 8080
Forwarding from [::1]:7080 -> 8080
Handling connection for 7080
```

在终端中执行了端口转发命令后，我们可以通过浏览器访问地址 127.0.0.1:7080 来观察请求的回显。图 12-12 展示了流量从各个组件到 pod 的流向。

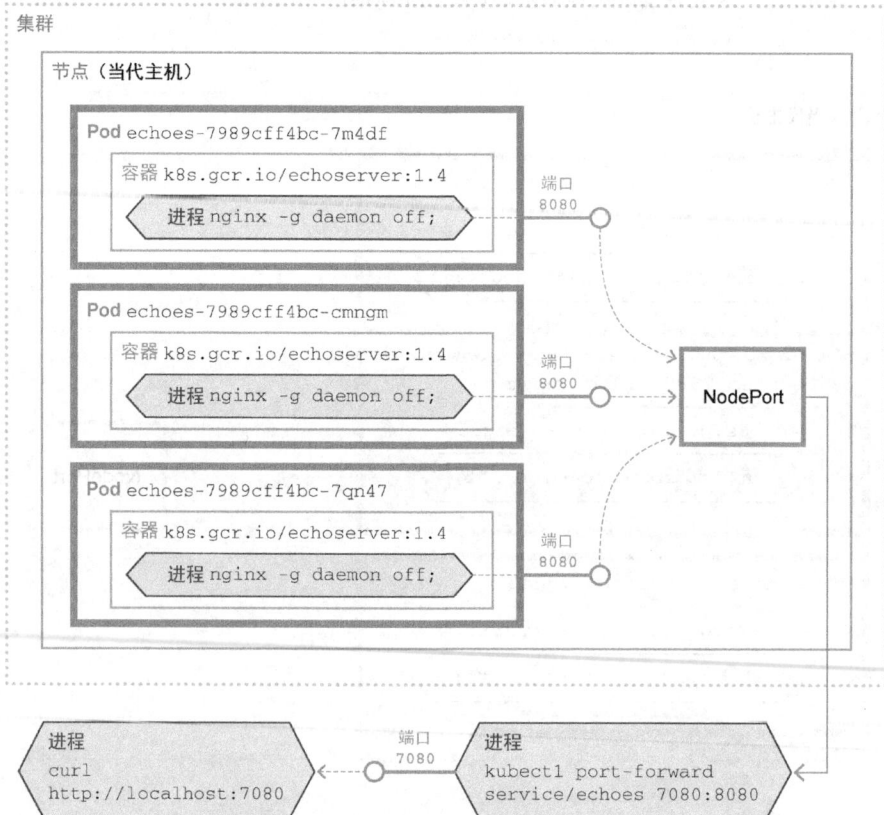

图 12-12　Kubernetes 集群中的端口转发

与单纯运行本地 Docker 容器相比，Kubernetes 的引入大幅增加了复杂性，但也为大规模容器部署提供了可行的解决方案。无论我们是否采用 Kubernetes 进行部署，我们都必须高度关注服务性能。接下来，我们将探讨如何在生产环境中有效地管理容器。

12.5　可观测性与性能

Java 技术最初是为在数据中心的裸机上运行的 JVM 而设计的，这种设计使得开发人员不需要了解部署环境的细节，甚至可以对其毫不知情。但是，随着云原生部署的出现，尤其是容器的广泛应用，这种情况发生了根本性的变化。

容器的出现对理解现代应用程序的细节提出了一些挑战。例如，通常不会在容器中运行 ssh 守护进程等服务，因此我们不会直接登录到容器来观察内部情况。与之相反，我们需要将应用程序运行状况的数据导出到容器外部存储。

为了满足现代开发实践对系统行为的洞察需求，名为**可观测性**（observability）的 DevOps 实践应运而生。这种实践源于多个独立分支，包括应用程序性能监控（APM）领域和对编排系统（如 Kubernetes）的可见性需求。可观测性的目标是提供对系统行为及其上下文的深入理解。使用可观测性技术可以帮助开发人员更好地理解和调优容器中 `Java` 应用程序的性能，尽管这并不是必需的。

12.5.1　可观测性

总的来说，可观测性基于几个简单的概念：

1. 收集系统和应用程序的相关数据；
2. 将这些数据发送到具备存储、分析和查询功能的系统；
3. 为整个系统提供可视化和洞察力。

查询和可视化能力是实现可观测性的关键。它们被描述为"能够回答你未曾意识到需要提出的问题"的能力——只有通过收集充分的数据来准确地模拟系统的内部状态才有可能拥有这种能力。

注意　可观测性源自系统控制理论，其本质是："如何从外部准确推断系统的内部状态？"

可观测性的最终目标是提供更全面的视角，从整个系统中获得可操作的洞见。这将取代传统的监控方法，后者通常只关注系统的某一部分。

因此，虽然事件解决是可观测性的一个用例——它是实践中的起点——但是，可观测性的潜在应用领域非常广。如果收集到正确的数据，那么可观测性就不只是对软件可靠性工程师（SRE）、生产支持工程师和 DevOps 工程师有用，它还对其他团队成员有益。

可观测性特别适用于容器化应用程序，因为这些部署通常比传统的本地应用程序更复杂。云部署的应用程序通常涉及更多的服务和组件，具有更复杂的拓扑结构，并且由于持续部署等实践的影响，变化速度更快。

这还与新兴的云原生技术日益普及有关，这些技术带来了新的操作行为。例如，Kubernetes 和功能即服务（如 AWS Lambda）增加了操作的复杂性，从而使得根本原因分析和事件解决变得更加困难。

可观测性数据通常被概括为"三个支柱"，这一简化的框架对不熟悉可观测性的开发者尤为有用。这三个支柱包括：

❑ 分布式跟踪：记录单个服务调用，其对应于来自用户的单个请求；

❑ 度量：在特定时间间隔内测量特定活动的值；

❑ 日志：随时间发生的离散事件的不可变记录，可以以纯文本、结构化数据或二进制数据等形式存在。

许多核心库和工具组件是开源的，且大多数是由云原生计算基金会（Cloud Native Compute Foundation，CNCF）等行业组织管理的。

OpenTelemetry 项目是 CNCF 的一个主要项目，提供了一组用于增强可观测性的标准、格式、客户端库和相关软件组件。这些标准被设计为跨平台，不依赖于任何特定的技术栈。

它支持从多语言应用中收集数据，与操作系统和商业产品集成，并支持多种编程语言。这些开源实现的技术成熟度各不相同，项目的发展情况取决于 OpenTelemetry 在特定语言社区中的受欢迎程度。

OpenTelemetry 是由之前的两个开源项目 OpenTracing 和 OpenCensus 合并而成的。尽管它还处于成熟阶段，但正受到应用程序和团队的关注。

从我们的角度来看，Java/JVM 实现是 OpenTelemetry 中最成熟的实现之一，与传统的 APM/监控相比，它有许多优点。特别是，开放标准的使用带来了以下优势：

❑ 显著降低了对特定厂商的依赖程度；

❑ 开放规范的有线协议；

❑ 开源客户端组件；

❑ 标准化架构模式；

❑ 提高了开源后端组件的数量和质量。

OpenTelemetry 包含几个子项目，这些子项目构成了整体标准，但它们在生命周期的不同阶段具有不同的成熟度。

分布式跟踪规范已达到 v1.0 版本，并正在积极部署到生产系统中。它已经完全取代了 OpenTracing，而 OpenTracing 项目已经正式归档。Jaeger 项目作为流行的分布式跟踪后端之一，也停止了其客户端库的开发，并默认使用 OpenTelemetry 协议。

OpenTelemetry Metrics 项目虽然进展没有那么快，但也已达到 v1.0 和通用可用性（GA）的程度。在撰写本书时，协议已经稳定，而 API 处于功能冻结状态。

总的来说，当 Metrics 标准与 Tracing 一起达到 1.0 版本时，OpenTelemetry 作为一个整体将被认为达到了 1.0/GA 版本。

OpenTelemetry 的 Java 库支持手动集成和自动检测两种方式。手动集成需要开发人员明确指定应用程序中哪些部分需要进行监控。而自动检测则通过使用 Java 代理来自动发现和监控应用程序的各个部分。OpenTelemetry 的 Java 组件可以在 GitHub 上找到，涉及多个项目。

虽然本书不深入探讨如何实现完整的可观测性解决方案（无论是基于 OpenTelemetry 还是基于其他技术栈），但是我们仍建议有良好基础的 Java 开发人员深入探究这一领域。

接下来，我们将讨论一些与可观测性相关，但可能被非 Java/VM 专家的工程师忽视的性能细节。

12.5.2　容器中的性能

许多开发人员在将 Java 应用程序迁移到容器中时，会尝试使用尽可能小的容器镜像。这似乎有一定道理，因为云服务提供商通常按照应用程序实际使用的 RAM 和 CPU 资源的量向其收费。

但是，JVM 是一个动态平台，它会根据运行环境的属性自动调整关键参数。这些属性包括 CPU 和物理内存的类型和数量。当应用程序运行在不同的机器或容器上时，其行为可能会有所不同。以下是一些受此影响的动态属性：

❑ JVM Intrinsics：这是一种 JIT 技术，能够利用特定的 CPU 特性（如向量指令支持）。

❑ 内部线程池的大小：例如，用于执行通用任务的 "common pool"。

❑ 垃圾收集（GC）线程数：用于优化 GC 过程的线程数量。

错误地选择容器镜像的大小可能会导致与 GC 或线程操作相关的问题。然而，问题的根源可能比这些更深层次。

当前的 Java 版本，包括 Java 17，如果没有在命令行上显式指定 GC，JVM 就会执行一些动态检查并自动选择一个合适的 GC。如果没有指定收集器，选择逻辑如下：

❑ 如果机器是"服务器类"，则选择 G1 垃圾收集器（对于 Java 8 来说是并行的）；

❑ 如果机器不是"服务器类"，则选择 Serial 收集器；

"服务器类"机器应至少拥有两个物理 CPU 且至少有 2 GB 内存。

这意味着，如果 Java 应用程序运行在一台资源较少的机器上，除非明确选择了特定的收集器，否则将使用 Serial 收集器，但这通常不是开发团队所期望的。

小贴士　为确保 Java 应用程序的性能，始终在至少有两个 CPU 和 2 GB 内存的容器中运行 Java 应用程序。

同样重要的是，我们要认识到传统 Java 应用程序生命周期包含多个阶段：启动、密集类加载、预热（使用 JIT 编译），以及随后的长期稳定运行状态，其中类加载和 JIT 编译相对较少。这种状态可能持续数天或数周。不过，这种模型在云部署环境中面临着挑战，因为在云部署中，容器的生命周期可能更短，且集群大小可能会动态调整。

在这个新环境中，Java 必须在几个关键方面保持竞争力，包括：

❑ 内存占用；

❑ 容器密度；

❑ 启动速度。

幸运的是，持续进行的工作和研究确保了 Java 平台在这些特性上的不断优化。第 18 章将继续探讨相关内容。

小结

❑ 容器彻底改变了我们打包和部署应用程序的方式，它引入了一些新技术和新概念。

❑ 容器在传统的操作系统、管理程序和虚拟机之上增加了一层抽象。

❑ Docker 是构建、发布和运行容器镜像最常用的工具。

❑ 我们通过 Dockerfile 来指定容器镜像。这个镜像包含了应用程序及其完整的运行环境，包括 JVM、本地依赖和附加工具。

❑ 容器在传统的网络架构上引入了额外的抽象层，其涉及的最基本的网络配置是设置容器对外公开的端口，以允许外部系统访问。

❑ 规模化地运行容器集群是一个重大挑战，因此需要使用容器编排器来进行系统的管理。Kubernetes 是当前最流行的容器编排工具。

❑ Kubernetes 提供了一套丰富且可扩展的 API，用于声明和修改系统的期望状态。它支持通过命令行和 REST API 进行交互并拥有庞大的支持工具生态系统。

❑ 容器的一个关键特性是能够对资源施加限制。这种对内存和 CPU 的限制可能会影响容器中运行的应用程序的性能。

## 第 13 章

测试基础

本章重点

- 为什么要测试
- 如何开展测试
- 测试驱动开发
- 测试替身
- 从 JUnit 4 到 JUnit 5

近年来，在编程领域，自动化测试的认可度与日俱增，已然成为开发流程中至关重要的组成部分。开发人员不仅在本地执行测试，还在构建和持续集成环境中执行，以此保障系统的稳定运转。伴随自动化测试的广泛应用，各类工具、方法及理念亦如雨后春笋般不断涌现。

与任何技术相仿，没有什么万能的解决方案——不存在一种测试方法能够覆盖所有可能的情况。故而，理解进行测试的意义非常重要，这样才能选择最合适的测试方法。

13.1 为什么要测试

事实上，**测试**这个词涵盖了我们检查代码行为的多种可能原因。以下是一些可能的原因（无法列出全部原因，原因也可能会重叠）：

- 确认单个方法的逻辑是否正确；
- 确认代码中两个对象之间的交互是否正常；
- 确认库或其他外部依赖的行为是否符合预期；
- 确认系统产生或使用的数据是否有效；
- 确认系统与外部组件（如数据库）的工作是否正常；
- 确认系统的端到端行为是否符合业务场景的需求，特别是满足重要业务场景的需求；
- 为以后的维护人员记录开发过程中的假设，并在代码注释和文档中同步这些信息，以增强测试的可维护性；
- 通过测试发现组件间的紧耦合，并澄清对象的职责，从而影响系统设计；
- 对发布后需手工执行的检查表进行自动化；

❑ 通过构造随机输入，发现代码中可能出现但未被考虑的极端情况。

即使是这一简短的测试动机列表也表明，"测试代码"这个简单的想法并不一定那么简单。所以，当进行测试时，我们需要问自己以下问题：

❑ 我测试这段代码的目的是什么？

❑ 哪些技术能让我最准确、最清晰地实现这个目的？

13.2   如何开展测试

在讨论不同类型的测试时，常用的工具之一是测试金字塔模型，如图 13-1 所示。该模型源自 Mike Cohn 的著作 *Successful with Agile*（Addison-Wesley Professional，2009），它展示了一种平衡不同类型测试成本的方法，以最大化测试给我们的帮助。

图 13-1   测试金字塔模型

尽管互联网上关于这些测试类型之间确切界限的争论十分激烈，但这些测试的核心理念还是非常有用的。

注意   这些测试类型不是由你使用的工具决定的。使用 JUnit 并不意味着你编写的是单元测试；同样，使用某个规范库也不代表你已经创建了能让利益相关者受益的有效的验收测试。对于测试类型的选择，关键在于我们想要验证和保障什么。

单元测试（unit test）处在测试金字塔的底部。这类测试专注系统的单一方面。我们所说的"单一方面"是指什么呢？简而言之，它指的是测试代码与外部依赖的交互方式。如果你的测试在对结果进行某些逻辑处理之前需要访问数据库，那么你的测试就不再局限于"单一方面"，因为你正在测试的是数据库检索以及随后的逻辑处理是否正确。通常，这些外部依赖还包括网络服务或文件系统。

避免违反单一焦点的一种常见方法是使用**测试替身**（test double），例如，在单元测试中使用一个假对象代替真实的数据库进行交互，我们将在后面详细讨论这一点。

单元测试之所以吸引人，原因众多，因此它在测试金字塔中通常占比最大。这些原因包括以下几点。

❑ 执行快速——如果测试没有外部依赖，那么它的运行应该不会花费很长时间。

❑ 更加专注——通过只关注一个"单元"的代码，测试的目标通常会更加清晰，这使得单元测试在表达其特定目标方面比那些涉及更广泛、包含更多配置的测试更具表现力。

❑ 可靠的故障诊断——最小化外部依赖，特别是对外部状态的依赖，有助于提高单元测试结果的可靠性。

这看起来很棒，但为什么我们不能一直只写单元测试呢？事实是，单元测试存在一些问题，使其无法在我们所需测试的任何规模上都有效。这些问题主要包括以下几个。

❑ 紧密耦合——由于单元测试与其实现紧密相关，它们往往与那些实现选择强绑定。当底层实现改变时，整个单元测试套件失效的情况并不少见。

❑ 缺少有意义的交互——尽管将代码想象成一组只关注自己业务的对象很吸引人，但现实是程序的真正工作涉及依赖组件之间的交互，而这正是单元测试所忽略的部分。

❑ 关注内在实现——测试通常是为了验证软件能为最终用户带来正确的结果。单个方法的正确性很少能直接转化为用户的满意度。

集成测试作为金字塔模型中的第二个层级，打破了单元测试中的依赖限制。集成测试跨越了这些界限，专注于确保系统的不同部分能够无缝集成。

与单元测试一样，集成测试也可能只覆盖系统的一部分。某些依赖，如外部服务，可能仍被测试对象所取代，而其他依赖，如数据库，则可能被包含在测试范围内。关键在于，测试的范围超出了代码的单个"单元"。

单元测试和集成测试之间的界限可能并不明确。下面是一些例子，它们明显属于集成测试：

❑ 需要一个数据库实例并调用数据访问代码；

❑ 启动一个特殊的进程内 HTTP 服务器，并对它进行请求测试；

❑ 对另一个服务（无论是否处于测试环境中）进行实际调用。

集成测试有许多优势，如下所示。

❑ 更广泛的覆盖范围——集成测试能够更深入地检验你的代码和你所依赖的库代码。

❑ 更全面的验证——某些类型的错误可能只有在使用真实依赖时才能检测到。如果不调用实际的数据库，就很难发现 SQL 语句中的语法错误。

当然，任何选择都是有利有弊的。如果不能正确管理，集成测试可能会造成严重问题，原因如下。

❑ 测试缓慢——与从内存中读取值相比，访问真实的数据库速度要慢得多。当测试数量达到成百上千时，你会发现需要等待很长时间。

❑ 不确定的结果——外部依赖增加了重要状态在测试运行之间发生变化的可能性。例如，数据库中留下的记录可能会改变 SQL 语句的返回结果。

❑ 不准确的置信度——集成测试有时使用的依赖与主系统的依赖略有不同。如果测试数据库的版本与生产数据库不同，那么集成测试可能会错误地显示一切正常，而实际情况并非如此。

尽管存在这些挑战，集成测试仍然是测试领域的关键组成部分。

端到端测试（end-to-end test）则扩展了集成测试的范围，其目的是完整地复制系统用户体验。

13

这可能意味着以编程方式驱动 Web 浏览器或其他应用程序，或者在测试环境中完全部署服务实例。端到端测试有以下优势，这些优势在较低级别的测试中难以实现。

- ❑ "真实"的用户体验——一个优秀的端到端测试应接近用户的实际体验。这使我们能够直接验证软件系统是否能够满足用户的需求。
- ❑ "真实"的环境——许多端到端测试针对专门的测试环境、与生产几乎相同的预发布环境，甚至直接在生产环境中进行。这些测试能够证明我们的代码可以在我们精心管理的构建环境之外正常工作。
- ❑ UI 可用性——许多端到端测试方法，例如那些驱动 Web 浏览器的方法，能够检查系统的各个方面（比如，按钮是否可以呈现以便被点击），这在其他地方可能很难验证。

但是，端到端测试也带来了一系列严峻的挑战。

- ❑ 更慢的测试速度——许多单元测试几乎可以立即运行，集成测试通常也可以在几秒内运行，但是驱动 Web 浏览器浏览站点的端到端测试需要更长的时间来运行。
- ❑ 不稳定的测试——根据以往经验，端到端测试工具，尤其是 UI 测试工具，大多数很不稳定，需要设置重试机制和调整超时设置来避免不必要的失败。
- ❑ 脆弱的测试——由于端到端测试位于金字塔的顶端，下面任何层级的更改都可能导致测试失败。看似无关紧要的文本更改也可能会在无意中破坏这些庞大的测试。
- ❑ 调试困难——因为端到端测试经常引入额外的测试驱动层，所以确定出错的位置通常是件苦差事。

有了这个金字塔模型，你可能会问："各层测试的正确比例应该是多少？"事实是，不存在一刀切的答案，因为每个项目和系统的需求都是不同的。但是，金字塔模型可以帮助你理解如何权衡系统中各个功能的优缺点。

尽管测试驱动开发并非唯一选择，但是经验丰富的开发人员会发现，测试驱动开发有助于在系统演进过程中，保持不同层级测试的明确性。

13.3 测试驱动开发

测试驱动开发（Test-Driven Development，TDD）已经成为软件开发领域的重要开发方法。TDD 的核心理念是在实现期间而不是之后编写测试。这些测试对代码设计有着显著的影响。一个常用的 TDD 方法被称为测试优先（test first），即在编码功能实现之前先编写一个失败的测试，然后根据需要进行重构。例如，要编写连接两个字符串对象（如"foo"和"bar"）的实现，你应该首先编写一个结果必须等于"foobar"的测试，以确保实现的正确性。尽管许多开发人员会编写测试，但通常情况下，他们是在实现之后编写测试，这样就错失了 TDD 的诸多核心优势。

尽管 TDD 看起来广为人知，但许多开发人员并不理解为什么他们应该使用 TDD。对于他们来说，"为什么要编写测试驱动的代码？它有什么好处？"仍是悬而未决的问题。

我们认为，**消除恐惧和不确定性**是采用测试驱动开发的首要原因。Kent Beck（JUnit 测试框架的共同发明者）在其著作《测试驱动开发》（Addison-Wesley Professional，2002）中对此有精辟的总结：

- ❑ 恐惧使你犹豫不决；
- ❑ 恐惧让你更不想交流；
- ❑ 恐惧让你回避反馈；
- ❑ 恐惧让你脾气暴躁。

TDD 能够消除这种恐惧，让基础良好的 Java 开发人员更自信、更善于沟通、更乐于接受反馈，也更加快乐。换句话说，TDD 可以帮助你打破以下思维定式。

- ❑ 当开始一项新工作时，"我不知道从哪里做起，所以我就随意尝试吧"。
- ❑ 当修改现有代码时，"我不确定现有代码当前的行为，所以我很害怕改变它"。

TDD 带来了许多其他好处，虽然这些好处并不总是那么明显。

- ❑ 更简洁的代码——只编写需要的代码。
- ❑ 更好的设计——一些开发人员也将 TDD 称为**测试驱动设计**（test-driven design）。
- ❑ 更好的 API——你的测试用例作为 API 的额外客户端，能够让你尽早发现潜在的问题和难点。
- ❑ 更大的灵活性——TDD 鼓励对接口进行编码。
- ❑ 通过测试编写文档——因为遵循没有测试就不编写生产代码的原则，所以每个需求在测试中都有示例用法。
- ❑ 快速反馈——你现在就可以发现 bug，而不是在生产环境中才发现它们。

对于刚入行的开发人员来说，一个常见的误解是认为 TDD 是一项"普通"开发人员不会使用的技术。这种看法认为，只有那些专注于"敏捷开发"的专家或其他小众领域的实践者才会采用 TDD，并且认为必须严格遵循每一条 TDD 原则才能从中获益。这种观点是完全错误的，我们将证明这一点。事实上，TDD 是一种适用于每个开发人员的技术。

13.3.1　TDD 概述

TDD 在单元测试层级上是最容易实现的，因此对那些对 TDD 不熟悉的开发人员来说，从单元测试入手是一个不错的选择。我们将以单元测试为起点，逐步展示 TDD 的实际应用，特别是在单元测试和集成测试的交汇处如何有效地运用 TDD。

注意　处理只有很少或完全没有测试的遗留代码可能是一项艰巨的任务。试图为所有功能追溯编写测试几乎是不可能的。相反，你应该为你的每一个新功能添加测试。请参阅 Michael Feathers 的优秀著作 *Working Effectively with Legacy Code*（Prentice Hall，2004）以获得更多的帮助。

我们首先简要介绍 TDD 背后的红-绿-重构方法，并使用 JUnit 来测试驱动代码，以计算剧院票房收入。如果你对 JUnit 框架不熟悉，推荐你阅读在线用户指南，或者阅读由 Cătălin Tudose

所著的 *JUnit in Action*（Manning，2020）。让我们从 TDD 的 3 个基本步骤（红、绿、重构）的一个工作示例开始——计算剧院票房收入。

13.3.2　一个单一用例的 TDD 示例

如果你是一位经验丰富的 TDD 实践者，可能觉会得这个示例过于简单，不过本书试图提供一些新见解。假设你需要编写一个可靠的方法来计算剧院票房收入。剧院公司的会计业务规则很简单，如下所示：

- ❑ 一张门票的基本价格是 30 美元；
- ❑ 总收入 = 票价 × 售出的票数；
- ❑ 剧场座位 = 100。

由于剧院没有很好的销售点软件，目前用户只能手动输入已售出的门票数量。

如果你使用过 TDD，想必对 TDD 的 3 个基本步骤有所了解：红、绿、重构。如果你是 TDD 的新手，我们不妨先回顾下 Kent Beck 在 *Test-Driven Development: By Example* 一书中对这些步骤的定义。

- ❑ 红色——编写少量失败的测试（测试失败）。
- ❑ 绿色——只编写足够的代码使测试尽快通过（通过测试）。
- ❑ 重构——修改代码以提高代码质量（以更精准的方式通过测试）。

为了让你了解我们正在尝试实现的 TicketRevenue，以下是一些可能帮助你理清思路的伪代码：

```
estimateRevenue(int numberOfTicketsSold)
  if (numberOfTicketsSold is less than 0 OR greater than 100)
    Deal with error and exit
  else
    revenue = 30 * numberOfTicketsSold;
    return revenue;
  endif
```

注意，在这个阶段，不要深度分析。测试最终将驱动你的设计方向，并在一定程度上影响你的实现方式。

编写一个失败的测试（红色）

这一步的重点是从失败的测试开始。事实上，该测试甚至无法编译，因为你还没有编写 TicketRevenue 类。

在与会计进行了简短的讨论后，你意识到你需要为 5 种情况编写测试：门票销量为负数、0、1、2~100 和 100 以上。

注意　在编写测试（特别是涉及数字的测试）时，一个好的经验法则是考虑零/空情况、1 情况和多（N）情况。更进一步的是考虑 N 的其他约束条件，例如负数或超过最大限制的量。

首先，你决定编写一个测试，涵盖从一次门票销售中获得的收入。你的 JUnit 测试可能类似于下面的代码（记住，我们目前还没有编写一个完美的、能够通过的测试）：

```java
import org.junit.jupiter.api.BeforeEach;
import org.junit.jupiter.api.Test;

import java.math.BigDecimal;

import static org.junit.jupiter.api.Assertions.*;

public class TicketRevenueTest {
  private TicketRevenue venueRevenue;

  @BeforeEach
  public void setUp() {
    venueRevenue = new TicketRevenue();
  }

  @Test
  public void oneTicketSoldIsThirtyInRevenue() {        ◀—— 一种售票情况
    var expectedRevenue = new BigDecimal("30");
    assertEquals(expectedRevenue, venueRevenue.estimateTotalRevenue(1));
  }
}
```

正如你从代码中看到的那样，测试期望一次门票销售的收入等于 30。

但目前，这个测试无法编写，因为你还没有使用 estimateTotalRevenue(int number-OfTicketsSold)方法编写 TicketRevenue 类。为了解决这个问题，你可以添加一个随机实现，以便编写测试，如下所示：

```java
public class TicketRevenue {
  public BigDecimal estimateTotalRevenue(int i) {
    return BigDecimal.ZERO;
  }
}
```

你可能还会发现，我们通常建议使用不可变的对象，但在这个情况中，测试代码使用了一个可变的 venueRevenue 字段，这可能让人觉得有点儿奇怪。这背后的原因是，通过使用共享字段，我们可以在不同的测试用例之间共享一些公共设置或数据。这样做可以减少测试用例中的重复代码，让测试更加简洁。测试代码与产品代码有不同的需求。测试代码不需要像产品代码那样受到相同级别的保护。在测试代码中，更重要的是能够清晰地展示不同测试用例的相似之处，这样可以减少重复代码，简化测试的编写。

现在测试已经编写好了，你可以在你倾向的 IDE 或命令行界面中运行测试。对于使用命令行执行测试的情况，Gradle 和 Maven 都提供了简单的方法（分别是 gradle test 命令和 mvn test 命令）来运行测试。

注意　IDE 通常提供一种简便的方法来运行 JUnit 测试。通常情况下，你可以通过右键单击测试
　　　类并选择 Run Test 选项来执行测试。当你这样做时，IDE 会显示一个窗口或部分，通知
　　　你测试失败，因为调用 estimateTotalRevenue(1) 没有返回期望值 30；相反，返回
　　　的是 0。

现在你有了一个失败的测试，下一步是使测试通过（绿色）。

编写一个通过的测试（绿色）

这一步的目标是让测试通过，但我们不用追求完美的代码实现。通过为 TicketRevenue 类
提供一个更好的 estimateTotalRevenue() 实现（一个不只是返回 0 的实现），你将使测试通
过（绿色）。

请记住，在这个阶段，您在尝试使测试通过，但不必编写完美的代码。你的初始解决方案可
能如下所示：

```java
import java.math.BigDecimal;

public class TicketRevenue {
  public BigDecimal estimateTotalRevenue(int numberOfTicketsSold) {
    BigDecimal totalRevenue = BigDecimal.ZERO;
    if (numberOfTicketsSold == 1) {
      totalRevenue = new BigDecimal("30");    ← 一种能让测试
    }                                            通过的实现

    return totalRevenue;
  }
}
```

你现在运行测试，测试将通过，并且在大多数 IDE 中，这将用绿色条或对勾表示。甚至命令
行也会给出一个友好的绿色消息，让我们知道代码一切正常。

那么现在，你应该说"我完成了！"然后继续下一项工作，是吗？答案是："不是！"和我一
样，你应该也希望梳理前面的代码清单。那么我们现在就开始吧。

重构测试

这一步的重点是审查你为通过测试而编写的快速实现，并确保其遵循了公认的最佳实践。很
明显，代码并没有达到应有的干净和整洁水平。当然，你可以重构代码，以改善其质量和可读性，
为未来的自己和他人创造更好的工作条件。

记住，现在你已经有了一个通过的测试，你可以毫无顾虑地进行重构了。重要的是，不要忽
略到目前为止实现的业务逻辑。

提示　通过编写初步的、能够通过测试的代码版本，你为自己和你所在的团队带来了另一个好
　　　处，即加快整体开发过程。其他团队成员可以立即使用代码的第一个版本，并开始对其
　　　及更大的代码库进行测试，比如集成测试和其他类型的测试。

　　在这个例子中，为了避免使用幻数，我们选择将票价 30 作为一个命名常量在代码中使用。
我们编写了下面的代码：

```java
import java.math.BigDecimal;

public class TicketRevenue {

    private final static int TICKET_PRICE = 30;   ◄──── 未使用幻数，而是直接使用常量

    public BigDecimal estimateTotalRevenue(int numberOfTicketsSold) {
        BigDecimal totalRevenue = BigDecimal.ZERO;

        if (numberOfTicketsSold == 1) {
            totalRevenue = new BigDecimal(TICKET_PRICE *    ◄──── 经过重构的计算实现
                                          numberOfTicketsSold);
        }

        return totalRevenue;
    }
}
```

　　重构改进了代码，但显然它没有覆盖所有潜在的用例（例如，负数、0、2~100 和 100 以上
的门票销售数量）。

　　你不应该试图猜测其他用例的实现应该是什么样子，而应该进一步拓展测试来驱动设计和实
现。下面将介绍这个票务收入示例中的更多用例，从而遵循测试驱动的设计方法。

一个使用多用例的 TDD 示例

　　TDD 的一种实践方式是，针对之前提到的负数、0、2~100 以及 100 以上的门票销售场景，
逐一添加测试用例。然而，预先编写一套测试用例同样是高效的做法，特别是当它们与最初的测
试相关联时。

　　注意，遵循红-绿-重构生命周期至关重要。在添加了所有这些用例后，你可能会得到一个
测试失败的测试类（红色），如下所示：

```java
import org.junit.jupiter.api.BeforeEach;
import org.junit.jupiter.api.Test;

import java.math.BigDecimal;

import static org.junit.jupiter.api.Assertions.*;

public class TicketRevenueTest {
    private TicketRevenue venueRevenue;
    private BigDecimal expectedRevenue;

    @BeforeEach
    public void setUp() {
        venueRevenue = new TicketRevenue();
    }
```

13

```
@Test
public void failIfLessThanZeroTicketsAreSold() {      ◄─── 负数的销售场景
  assertThrows(IllegalArgumentException.class,
              () -> venueRevenue.estimateTotalRevenue(-1));
}

@Test
public void zeroSalesEqualsZeroRevenue() {      ◄─── 售出 0 张票的场景
  assertEquals(BigDecimal.ZERO, venueRevenue.estimateTotalRevenue(0));
}

@Test
public void oneTicketSoldIsThirtyInRevenue() {      ◄─── 售出 1 张票的场景
  expectedRevenue = new BigDecimal("30");
  assertEquals(expectedRevenue, venueRevenue.estimateTotalRevenue(1));
}

@Test
public void tenTicketsSoldIsThreeHundredInRevenue() {      ◄─── 售出 N 张票的场景
  expectedRevenue = new BigDecimal("300");
  assertEquals(expectedRevenue, venueRevenue.estimateTotalRevenue(10));
}

@Test
public void failIfMoreThanOneHundredTicketsAreSold() {      ◄─── 售出 100 张票的场景
  assertThrows(IllegalArgumentException.class,
              () -> venueRevenue.estimateTotalRevenue(101));
}
}
```

通过所有这些测试（绿色）的初始实现代码如下所示：

```
import java.math.BigDecimal;

public class TicketRevenue {
  public BigDecimal estimateTotalRevenue(int numberOfTicketsSold)
    throws IllegalArgumentException {

    if (numberOfTicketsSold < 0) {
      throw new IllegalArgumentException(      ◄─── 异常情况
                "Must be > -1");
    }

    if (numberOfTicketsSold == 0) {
      return BigDecimal.ZERO;
    }

    if (numberOfTicketsSold == 1) {
      return new BigDecimal("30");
    }

    if (numberOfTicketsSold == 101) {
      throw new IllegalArgumentException(      ◄─── 异常情况
                "Must be < 101");
```

```
        }

        return new BigDecimal(30 * numberOfTicketsSold);    ←──── 售出 N 张票的场景
    }
}
```

随着实现的完成，你现在已经通过了测试。

同样，通过遵循 TDD 生命周期，你现在可以进行代码重构。例如，你可以将非法的 numberOfTicketsSold 情况（小于 0 或大于 100 的情况）合并到一个 if 语句中，并使用公式（TICKET_PRICE*numberOfTicketsSold）计算所有其他合法值的收入。下面的代码应该是你想得到的：

```
import java.math.BigDecimal;

public class TicketRevenue {

    private final static int TICKET_PRICE = 30;

    public BigDecimal estimateTotalRevenue(int numberOfTicketsSold)
        throws IllegalArgumentException {

        if (numberOfTicketsSold < 0 || numberOfTicketsSold > 100) {
            throw new IllegalArgumentException(             ←──  异常情况
                    "# Tix sold must == 1..100");
        }

        return new BigDecimal(TICKET_PRICE *               ←── 其余所有的情况
                    numberOfTicketsSold);
    }
}
```

TicketRevenue 类现在更精简，但仍然能够通过全部测试。你已经完成了完整的红-绿-重构周期，可以充满信心地进入下一个业务逻辑。或者，如果你（或者会计）发现了任何遗漏的边缘情况，例如具有可变票价，则可以重新开始这一循环。

13.4　测试替身

当你继续以 TDD 的方式编写代码时，很快就会遇到代码需要引用某些外部（通常是第三方）依赖或子系统的情况。在这种情况下，你通常希望确保测试中的代码与依赖是隔离的，以确保你编写的测试代码仅针对实际构建的代码部分。同时，你还希望测试能够尽快运行，特别是当你的目标是编写单元测试而不是集成测试时。调用第三方依赖或子系统（如数据库）可能会花费大量时间，从而失去 TDD 提供的快速反馈优势。测试替身正是为解决这一问题而设计的。

下面，你将了解测试替身如何帮助你有效地隔离依赖和子系统。你将通过使用 4 种类型的测试替身（Dummy、Stub、Fake 和 Mock）的用例来进行操作。我们还将探讨测试替身可能带来的一些风险和挑战，以及它们的好处。

我们倾向于 Gerard Meszaros 在他的 *xUnit Test Patterns*（Addison-Wesley Professional，2007）一书中对测试替身做出的简明解释，此处想引用他的话："测试替身（类似于特技替身）是一个通用术语，用于描述代替真实对象进行测试的任何类型的假装对象。"

Meszaros 定义了 4 种类型的测试替身，如表 13-1 所示。

表 13-1　测试替身的 4 种类型

类　　型	描　　述
Dummy	Dummy 对象被作为参数传入测试方法中，但不会被测试方法使用，通常只作为方法参数列表中的占位符
Stub	Stub 对象总是返回相同的预设响应，也可以持有某些虚拟状态
Fake	Fake 对象提供一个仿真的实现版本，可以被用来代替真实的系统组件，但不具备生产环境中所需的同等质量或配置
Mock	Mock 对象用于表示一系列的预期结果，并返回预设的响应

通过实际的代码示例来理解测试替身的 4 种类型会更容易。从现在开始，我们将借助代码来探讨这部分内容。我们先从 Dummy 对象开始探讨。

13.4.1　Dummy 对象

Dummy 对象是测试替身的 4 种类型中最容易使用的。你只需要记住，Dummy 对象的主要目的是填充参数列表，或满足一些你知道对象永远不会被使用的强制性字段需求。在许多情况下，你甚至可以传入一个空对象（甚至 null，虽然不能保证安全）作为 Dummy 对象。

我们继续以剧院的票房收入为例。虽然对一个售票处的收入进行初步估算是有益的，但是剧院的老板现在开始考虑更宏大的业务场景了。我们需要对售出的门票数量和预期收入进行更为细致和全面的建模，以应对日益增长的复杂需求。

老板不仅要求你记录售出的门票数量，而且允许某些门票有 10% 的折扣。为了实现这个功能，你需要创建一个 Ticket 类来提供折扣价格的方法。你已经有了失败的测试，熟悉了 TDD 循环，现在的重点将放在新的 getDiscountPrice()方法上。你需要为 Ticket 类定义两个构造函数：一个用于创建正常价格的票，另一个用于创建具有不同票面价值的票。Ticket 对象需要以下两个参数。

❑ 客户端名称：一个在此测试中根本不会被引用的字符串。

❑ 正常价格：一个将用于此测试的 BigDecimal 类型的值。

可以确定的是，客户端名称不会在 getDiscountPrice()方法中被引用。这意味着你可以向构造函数传递一个 Dummy 对象作为客户端名称（在本例中为任意字符串"Riley"），如下面的代码所示：

```
import org.junit.jupiter.api.Test;

import java.math.BigDecimal;

import static org.junit.jupiter.api.Assertions.*;
```

```java
public class TicketTest {

    private static String dummyName = "Riley";    ◁—— 创建一个 Dummy 对象

    @Test
    public void tenPercentDiscount() {             使用创建的 Dummy 对象
        Ticket ticket = new Ticket(dummyName,  ◁——
                                   new BigDecimal("10"));

        assertEquals(new BigDecimal("9.0"), ticket.getDiscountPrice());
    }
}
```

正如你所看到的，Dummy 对象的概念非常简单。

为了说清楚这个概念，下面的代码展示了 Ticket 类的部分实现：

```java
import java.math.BigDecimal;

public class Ticket {

    public static final int BASIC_TICKET_PRICE = 30;    ◁—— 默认价格
    private static final BigDecimal DISCOUNT_RATE =
                                    new BigDecimal("0.9");    默认折扣

    private final BigDecimal price;
    private final String clientName;

    public Ticket(String clientName) {
        this.clientName = clientName;
        price = new BigDecimal(BASIC_TICKET_PRICE);
    }

    public Ticket(String clientName, BigDecimal price) {
        this.clientName = clientName;
        this.price = price;
    }

    public BigDecimal getPrice() {
        return price;
    }

    public BigDecimal getDiscountPrice() {
        return price.multiply(DISCOUNT_RATE);
    }
}
```

有的开发人员可能会对 Dummy 对象感到困惑，他们可能试图寻找一些并不存在的复杂性。然而，Dummy 对象的概念真的非常简明：它们主要用于避免 NullPointerException，是使代码能够顺畅运行的任何临时对象。

接下来，我们将探讨另一种类型的测试替身——稍微复杂一些的 Stub 对象。

13

13.4.2 Stub 对象

Stub 对象通常用于模拟方法的行为或返回特定的值,以便在测试中控制和验证代码的行为。让我们回到剧院票房收入的例子,来看看实际情况。

在实现了 Ticket 类后,你度过了一个令人满意的假期,但当你打开收件箱时,发现第一封邮件是一个错误报告,指出你的 tenPercentDiscount() 测试现在偶尔会失败。当你检查代码库时,会看到 Ticket 类现在正在使用一个具体的 HttpPrice 类,该类实现了新引入的 Price 接口。顾名思义,HttpPrice 与外部网站通信,且可能在任何时候返回不同的值或失败。

这不仅导致测试失败,而且进一步干扰了我们的测试目标。记住,你的目的只是进行计算 10% 折扣的单元测试。

注意 调用第三方定价网站不属于此测试的范围内。单独的集成测试应该涵盖 HttpPrice 类及与其第三方 HttpPricingService 的交互。

为了使我们的测试回到一致且稳定的点,我们将用 Stub 类代替 HttpPrice 类。首先,让我们看一下代码的当前状态,如下所示:

```java
import org.junit.jupiter.api.Test;

import java.math.BigDecimal;

import static org.junit.jupiter.api.Assertions.*;

public class TicketTest {

  private static String dummyName = "Riley";

  @Test
  public void tenPercentDiscount() {          通过 HttpPrice 创建价格
    Price price = new HttpPrice();        ◁
    Ticket ticket = new Ticket(dummyName, price);    ◁── 创建门票对象
    assertEquals(new BigDecimal("9.0"),      ◁
                 ticket.getDiscountPrice());      该测试可能失败
  }
}
```

接下来的代码展示了 Ticket 类的最新实现:

```java
import java.math.BigDecimal;

public class Ticket {
  private final String clientName;
  private final Price priceSource;
  private final BigDecimal discountRate;

  private BigDecimal faceValue = null;

  public Ticket(String clientName,
```

```
                Price price,
                BigDecimal discountRate) {    ◄───── 修改后的构造函数
      this.clientName = clientName;
      this.priceSource = price;
      this.discountRate = discountRate;
    }

    public BigDecimal getPrice() {
      if (faceValue == null) {
        faceValue = priceSource.getInitialPrice();    ◄───── 调用了新版的 getInitialPrice
      }

      return faceValue;
    }

    public BigDecimal getDiscountPrice() {
      return faceValue.multiply(discountRate);    ◄───── 计算方法并未变化
    }
  }
```

提供 HttpPrice 类的完整实现会让本书内容过于烦琐、失去重点，所以让我们假设它调用了另一个类 HttpPricingService，如下所示：

```
import java.math.BigDecimal;

public interface Price {
  BigDecimal getInitialPrice();
}

public class HttpPrice implements Price {
  @Override
  public BigDecimal getInitialPrice() {
    return HttpPricingService.getInitialPrice();    ◄───── 返回随机的结果
  }
}
```

我们已经查明了失败的原因，现在让我们回顾一下测试的真正目标。我们的目标是验证 Ticket 类的 getDiscountPrice()方法中的乘法运算是否能够按预期正确执行。为了证明这一点，我们不需要外部网站的响应。

Price 接口为我们提供了必要的接口，以便用一致的 StubPrice 类来代替 HttpPrice 实例，如下所示：

```
import org.junit.jupiter.api.Test;

import java.math.BigDecimal;

import static org.junit.jupiter.api.Assertions.*;

public class TicketTest {
  @Test
  public void tenPercentDiscount() {          通过 StubPrice 创建的 Stub
    Price price = new StubPrice();    ◄───────┘
```

```
    Ticket ticket = new Ticket(price);    ←──── 创建 Ticket 对象
    assertEquals(new BigDecimal("9.0"),   ←──┐
              ticket.getDiscountPrice());      │ 对价格进行验证
  }
}
```

StubPrice 类是一个非常简单的类，它始终返回固定的初始价格，即 10，如下所示：

```
import java.math.BigDecimal;

public class StubPrice implements Price {
  @Override
  public BigDecimal getInitialPrice() {
    return new BigDecimal("10");    ←──── 始终返回一致的价格
  }
}
```

太好了，现在测试再次通过了。同样重要的是，你可以继续重构其余的实现细节。

Stub 是一种有用的测试替身类型，但在某些情况下，可能需要让 Stub 执行一些更接近生产系统的实际工作。在这种情况下，Fake 对象便成了一个合适的测试替身。

13.4.3　Fake 对象

Fake 对象可以看作 Stub 对象的增强版本，它可以完成和生产代码几乎相同的操作，同时利用一些快捷方法来满足测试的特定需求。如果你希望测试代码的运行与实际实现一样，都使用真实的第三方子系统或与之非常接近的依赖关系，Fake 对象就可以大显身手了。

还以剧院票务应用程序为例，我们假设数据库层提供了一个处理票务的简单接口，如下所示：

```
package com.wellgrounded;

public interface TicketDatabase {
    Ticket findById(int id);
    Ticket findByName(String name);
    int count();

    void insert(Ticket ticket);
    void delete(int id);
}
```

负责管理单个节目的类会使用这个数据库接口进行工作，提供“检查是否存在超售情况”等功能，代码如下所示：

```
package com.wellgrounded;

import java.math.BigDecimal;

public class Show {
    private TicketDatabase db;
    private int capacity;

    public Show(TicketDatabase db, int capacity) {
```

```
            this.db = db;
            this.capacity = capacity;
        }

        public void addTicket(String name, BigDecimal amount) {
            if (db.count() < capacity) {
                var ticket = new Ticket(name, amount);
                db.insert(ticket);
            } else {
                throw new RuntimeException("Oversold");
            }
        }
    }
```

为了给addTicket方法添加单元测试，我们需要确保测试环境不依赖于一个实际的关系数据库系统。这样的测试示例可能如下所示：

```
package com.wellgrounded;

import org.junit.jupiter.api.Test;
import java.math.BigDecimal;
import static org.junit.jupiter.api.Assertions.*;

public class ShowTest {
    @Test
    public void plentyOfSpace() {
        var db = new FakeTicketDatabase();   ◁────   FakeTicketDatabase 并不存在，
        var show = new Show(db, 5);                   但我们将遵循 TDD 的原则，编写我
                                                      们希望能通过的代码
        var name = "New One";
        show.addTicket(name, BigDecimal.ONE);

        var mine = db.findByName(name);
        assertEquals(name, mine.getName());
        assertEquals(BigDecimal.ONE, mine.getAmount());
    }
}
```

虽然使用 Stub 对象能够为该方法添加单元测试，但是这种方式存在很大的局限性。为了使用 Stub 对象，我们不得不省略对数据库记录的 count 操作和 insert 操作，这会导致在测试过程中无法看到这些操作。缺乏这些底层细节可能会使单元测试的逻辑变得混乱，并使测试目标变得模糊。问题还不止于此——每个测试都必须确保 count 和 insert 调用的数量保持一致性。此外，我们还需要对 findByName 方法使用 Stub，以确保数据被保存。但是，这意味着相关的断言失去了实际意义，因为无论实现代码是否正确，经过 Stub 处理后的返回结果总会呈现为成功。因此，Stub 对象无法让我们正确地验证这一系列紧密关联的操作。

相比之下，Fake 对象通过真实但简化的实现，为我们的单元测试提供了另一种选择。下面的这个接口可以通过简单地使用 HashMap 来实现一个包装器形式的 Fake 对象：

```
package com.wellgrounded;

import java.util.HashMap;

class FakeTicketDatabase implements TicketDatabase {
    private HashMap<Integer, Ticket> tickets =
                                new HashMap<>();

    private Integer nextId = 1;

    @Override
    public Ticket findByName(String name) {
        var found = tickets.values()
                .stream()
                .filter(ticket -> ticket.getName().equals(name))
                .findFirst();
        return found.orElse(null);
    }

    @Override
    public int count() {
        return tickets.size();
    }

    @Override
    public void insert(Ticket ticket) {
        tickets.put(nextId, ticket);
        nextId++;
    }

    // Remaining methods available in resources
}
```

单元测试期间,我们定义的映射替代了数据库

我们需要模拟实现类似数据库自动递增 ID 的功能

　　Fake 对象,特别是在具有强接口的项目中被广泛共享时,可以极大地提升单元测试的有效性。然而,Fake 对象并非适用于所有情况,尤其是在数据库接口支持通过 SQL 子句进行高级过滤的情况下,其应用可能会迅速变得过于复杂,超出我们的处理能力。但是,Fake 对象仍然是一个有用的工具,只要注意其实现应简单明了,不要太庞大或太复杂,因为每一行代码都可能潜藏着缺陷。

13.4.4　Mock 对象

　　Mock 对象与前文介绍的 Stub 测试替身相关,但它们存在差异。Stub 对象通常是非常简单的测试替身,它用于简单地返回预设的结果,而 Mock 对象则更加灵活,允许开发人员根据预期的行为对它们进行编程。

　　举个例子。假设你正在编写一个文本分析系统,希望遵循测试驱动开发的实践。有一个单元测试的目标是计算某篇博客文章中短语 "Java 11" 出现的次数。由于博客文章是第三方资源,可能存在许多故障场景,而这些场景与你正在编写的计数算法关系不大。换句话说,测试中的代码不是隔离的,调用第三方资源可能会很耗时。以下是一些常见的故障场景:

❑ 由于组织中的防火墙限制,代码可能无法访问互联网上的博客文章;

13.4　测试替身　401

□ 博客文章可能已被移动，但没有重定向；

□ 博客文章可能被修改，而修改可能会增加或减少"Java 11"在博客文章中出现的次数。

使用 Stub 来编写这样的测试几乎是不可能的，并且对于每个测试用例来说，它将变得冗长。这时，Mock 对象可以作为一种解决方案。Mock 对象是一种可编程的 Stub。使用 Mock 对象很简单：在准备使用 Mock 时，告诉它期望调用的顺序以及如何响应每个调用。

让我们通过简单的剧院票务示例来了解。我们将使用流行的 Mock 库 Mockito。下面的代码展示了如何使用它：

```java
import org.junit.jupiter.api.Test;
import java.math.BigDecimal;
import static org.junit.jupiter.api.Assertions.*;
import static org.mockito.Mockito.*;

public class TicketTest {
  @Test
  public void tenPercentDiscount() {
    Price price = mock(Price.class);     ←—— 创建一个 Mock 对象

    when(price.getInitialPrice())
      .thenReturn(new BigDecimal("10"));  ←—— 利用创建的 Mock 进行测试

    Ticket ticket = new Ticket(price, new BigDecimal("0.9"));
    assertEquals(new BigDecimal("9.0"), ticket.getDiscountPrice());

    verify(price).getInitialPrice();
  }
}
```

要创建 Mock 对象，可以使用想要模拟的类型的类对象调用静态 mock()方法。然后，通过调用 when()方法来"记录"你希望 Mock 显示的行为，指定要记录的方法，然后调用 return()来指定预期的结果。最后，验证是否在模拟对象上调用了预期的方法。这确保了你不会因为错误的路径而得到正确的结果。

这种验证捕捉到了 Stub 和 Mock 的巨大差异。使用 Stub，你的主要关注点是返回固定值。而使用 Mock 的目的是验证行为，例如实际进行的确切调用。在实践中，如果我们忽略验证，Mockito 功能丰富的 mock()方法可以很容易地用于创建 Stub，但是作为程序员，了解你打算测试什么是很重要的。

你可以像使用常规对象一样使用 Mock，并将其传递给对 Ticket 构造函数的调用，而无须进行任何额外的配置。这使得模拟对象成为一个强大的 TDD 工具。一些实践者并不真正使用其他类型的测试替身，他们更喜欢使用 Mock 来完成几乎所有的工作。但就像许多强大的工具一样，Mock 也有其短板，需要特别注意。

13.4.5　Mock 的问题

测试替身的主要问题之一就是"它们是假的"，因此它们的行为可能与生产系统中的真实对象不同。尽管这样的差异有时能给开发人员带来心理上的安慰，让他们误以为测试覆盖是全面的，但现实往往比较残酷。

这些行为上的差异可能有多种形式。

❏ 有效负载的差异，特别是在处理复杂的嵌套对象时。

❏ 测试数据的序列化/反序列化差异。

❏ 集合排序的差异。

❏ 错误处理的差异：测试中可能无法正确模拟对异常情况的处理，要么出现意外的错误抛出，要么抛出不同的异常类型。

虽然没有万能的解决方案，但是当升级到集成测试时，我们通常可以发现这些问题。同样，如果我们清晰地界定每组测试的覆盖范围，可以将单元测试集中在局部逻辑上，同时使用集成测试来覆盖与外部依赖的交互。

健壮的接口设计同样能显著提升测试的有效性。例如，服务类不应仅从 HTTP 调用返回原始字符串，而应返回具体的对象，以减少测试中的不确定性。对于异常情况，定义精确的子类来封装更原始的异常类型，不仅提升了代码的清晰度，还便于在测试中进行准确模拟。

然而，如果到处使用 Mock 对象，也会导致测试与实际生产代码过于紧密，以至于每一行代码的修改都需要对应更新测试配置。这种高耦合度的测试非常脆弱，开发人员可能会因代码的小范围改动而需要大规模修正测试用例，增加了维护成本。

在探讨 Mock 的脆弱性时，我们可能会遇到一些不同看法。尽管现有的框架能够精确地传递值，但我们也需要自问，测试是否真的需要验证每一个参数。正如在使用虚拟对象时所看到的，对于某些测试场景，参数的具体值可能无关紧要。在这种情况下，Mock 框架提供的"任意整数"之类的灵活机制就显得尤为有用。这类语句既明确了测试所关注的内容，又为生产代码的更改提供了更多的自由度。给予测试一定的弹性空间一定是有益的。

当测试需要在运行前进行大量的复杂设置时，也会出现问题。特别是在结合依赖注入使用 Mock 时，很容易在不经意间在类中堆积过多的依赖。如果你发现测试的设置代码远比执行和验证结果所需的代码长，那就表明类的设计可能过于复杂，需要重构。同时，测试设置也是检验是否违反了迪米特法则的好方法。该定律指出，对象应该仅与它们的直接朋友交互。如果测试设置涉及了多个层级的对象，那么这可能表明对象的设计没有达到简洁明了的要求。

对于经验丰富的开发人员来说，测试替身是一个很有价值的工具。到目前为止，我们已经简单介绍了 JUnit，但是还没有深入探讨它。下面，我们将进一步了解它，特别是 JUnit 5 这一最新版本的新功能。

13.5　从 JUnit 4 到 JUnit 5

JUnit 作为 xUnit 测试框架家族的一员，是一个基于 JVM 的单元测试框架，由 Kent Beck 和 Erich Gamma 共同开发。这种单元测试框架因其通用性和易用性而广受欢迎，JUnit 已成为 JVM 生态系统中广泛使用的测试库之一。

尽管 JUnit 拥有悠久的历史和广泛的使用基础，但这些也为其发展带来了许多限制。例如，最初在 2006 年发布的 JUnit 4 无法在不破坏向后兼容性的前提下使用 lambda 表达式等特性。然而，2017 年推出的 JUnit 5 利用其主要版本更新的机会，引入了一系列重大变更。

注意　在第 14 章，我们将深入探讨其他工具和技术，但基础扎实的 Java 开发人员几乎肯定会遇到需要迁移至最新版本的 JUnit 代码。

JUnit 5 的重大变化之一是它的包装。早先的版本是单一的，既包含编写测试的 API，也包含运行和报告测试的工具，而 JUnit 5 将这些功能分解到专门的包中。JUnit 5 还摆脱了 JUnit 4 附带的对 Hamcrest 库的外部依赖。

JUnit 5 被置于一个全新的包结构 org.junit.jupiter 中，这意味着在迁移过程中，新旧版本可以共存。我们稍后将详细地了解这一机制。

JUnit 5 的两个主要依赖如下。

❏ org.junit.jupiter.junit-jupiter-api：这是从测试代码中引用的库，为编写测试提供所有必要的注解和帮助。

❏ org.junit.jupiter.junit-jupiter-engine：这是运行 JUnit 5 测试的默认引擎。它只需要作为运行时依赖，而不是编译时依赖，且可以为其他测试运行程序进行扩展或替换。

在 Gradle 中，添加 JUnit 5 依赖的方式如下，同时告知 Gradle 在执行测试时使用新的 JUnit 平台：

```
dependencies {
    testImplementation("org.junit.jupiter:junit-jupiter-api:5.7.1")
    testRuntimeOnly("org.junit.jupiter:junit-jupiter-engine:5.7.1")
}

tasks.named<Test>("test") {
    useJUnitPlatform()
}
```

Maven 的等效代码如下。要配置与 JUnit 5 兼容的 surefire 和 failsafe 插件，只需使用较新版本（建议 2.22 版本或更高的版本）。

```
<project>
  <dependencies>
    <dependency>
      <groupId>org.junit.jupiter</groupId>
      <artifactId>junit-jupiter-api</artifactId>
      <version>5.7.1</version>
      <scope>test</scope>
    </dependency>
    <dependency>
      <groupId>org.junit.jupiter</groupId>
      <artifactId>junit-jupiter-engine</artifactId>
      <version>5.7.1</version>
```

13

```
        <scope>test</scope>
      </dependency>
    </dependencies>
</project>
```

当将这些依赖添加到 JUnit 4 项目中并尝试运行测试时，你可能会看到意料之外的结果——尽管测试套件可能显示为通过，但详细查看报告时，你会发现实际上没有运行任何测试。这是因为 JUnit 5 引入了新的测试注解。

注意　JUnit 5 在包 `org.junit.jupiter.api` 中引入了自己的 `@Test` 注解。在默认情况下，它不会识别那些使用旧版 `org.junit@Test` 注解标记的测试用例。

为了解决这个问题，可以选择以下两种方法中的一个。第一种方法是将导入旧注解的每个位置更改为新版本的注解。这样，测试套件将在 JUnit 5 下开始运行。这些转换可能涉及稍后将要讨论的其他工作。

另一种方法是添加 `junit-vintage-engine` 作为额外的运行时依赖。这个包利用 JUnit 5 的功能，插入不同的运行器和支持类来实现与 JUnit 4（甚至 JUnit 3）测试的向后兼容。

以下是在 Gradle 中添加依赖的示例代码：

```
dependencies {
    testImplementation("org.junit.jupiter:junit-jupiter-api:5.7.1")
    testRuntimeOnly("org.junit.jupiter:junit-jupiter-engine:5.7.1")

    testRuntimeOnly("org.junit.vintage:junit-vintage-engine:5.7.1")
}
```

以下是在 Maven 中添加依赖的示例代码：

```
<project>
  <dependencies>                          为同时支持 JUnit 4 与
    <dependency>                          JUnit 5 而添加的依赖
      <groupId>junit</groupId>
      <artifactId>junit</artifactId>
      <version>4.13</version>
      <scope>test</scope>
    </dependency>
    <dependency>
      <groupId>org.junit.vintage</groupId>
      <artifactId>junit-vintage-engine</artifactId>
      <version>5.7.1</version>
      <scope>test</scope>                 主要的 JUnit 5 测试依赖
    </dependency>                         包含 API 和引擎
    <dependency>
      <groupId>org.junit.jupiter</groupId>
      <artifactId>junit-jupiter-api</artifactId>
      <version>5.7.1</version>
      <scope>test</scope>
    </dependency>
    <dependency>
```

```
        <groupId>org.junit.jupiter</groupId>
        <artifactId>junit-jupiter-engine</artifactId>
        <version>5.7.1</version>
        <scope>test</scope>
    </dependency>
  </dependencies>
</project>
```

这种支持使转换更加容易，因为你可以启用 JUnit 5，然后逐步将测试转换为新版本，而不是要求所有内容都立即迁移。不过，需要注意的是，旧版的支持确实存在一些限制，这些限制在 JUnit 用户指南中有详细的记录。

在 Junit 5 中，许多类被重新命名，新名称能更清晰、更准确地说明类的用途，以下是一些主要的更改：

❑ @Before 改为@BeforeEach

❑ @After 改为@AfterEach

❑ @BeforeClass 改为@BeforeAll

❑ @AfterClass 改为@AfterAll

❑ @Category 改为@Tag

❑ @Ignored 改为@Disabled（或者在新的扩展模型中使用 ExecutionCondition 来处理）。

❑ @RunWith、@Rule 和@ClassRule 被新的扩展模型所取代。

正如前文所提到的那样，JUnit 5 的一个重要特性是引入了一个新的扩展模型，这个模型涵盖了 JUnit 早期版本中的各种特性。通过这种新的扩展模型，JUnit 5 不仅允许在各类测试之间共享常用的测试设置、资源清理和期望设置等操作，还能以更一致的方式管理这些行为。

例如，在 JUnit 4 中，如果需要在每个测试运行前启动一个服务器，通常会使用 External-Resource 类结合@Rule 注解来实现。这种方式虽然可行，但与 JUnit 5 提供的新模型相比，显得不够直接和灵活。下面展示了如何在 JUnit 4 中实现这一需求：

```
package com.wellgrounded;

import org.junit.Rule;
import org.junit.Test;
import org.junit.rules.ExpectedException;
import org.junit.rules.ExternalResource;

import static org.junit.Assert.*;

public class PasswordCheckerTest {
    private PasswordChecker checker = new PasswordChecker();

    @Rule
    public ExternalResource passwordServer =
                        new ExternalResource() {
        @Override
        protected void before() throws Throwable {
            super.before();
            checker.reset();
```

@Rule 注解指定了该方法在每个测试开始之前和执行之后都会被调用

ExternalResource 由 JUnit 提供，主要用于这种需要对资源初始化和清理的定制化场景

13

```
            checker.start();
        }

        @Override
        protected void after() {
            super.after();
            checker.stop();
        }
    };

    @Test
    public void ok() {
        assertTrue(checker.isOk("abcd1234!"));
    }
}
```

在早期版本的 JUnit 中，我们可能会重写 ExternalResource 类以便在测试之间共享资源。虽然这种方法可以在不同测试间实现资源共享，但通常需要将这些重写后的类移动到项目中的其他位置进行复用。JUnit 5 采取了不同的策略，它引入了一个更简洁的机制来处理测试生命周期，通过实现特定的接口来分解测试生命周期管理。这些接口可以被应用于类级别或单个测试方法级别。以下是编写和运用这些自定义扩展的基本示例：

> 我们实现了 AfterEachCallback 和 BeforeEachCallback 接口，以获得与之前相同的效果，即在每个测试方法之前或之后执行。JUnit 也提供了 AfterAllCallback 和 BeforeAllCallback 接口，用于替代@ClassRule 的功能

```
package com.wellgrounded;

import org.junit.jupiter.api.extension.AfterEachCallback;
import org.junit.jupiter.api.extension.BeforeEachCallback;
import org.junit.jupiter.api.extension.ExtensionContext;

public class PasswordCheckerExtension
    implements AfterEachCallback, BeforeEachCallback {        ◄─────

    private PasswordChecker checker;

    PasswordCheckerExtension(PasswordChecker checker) {        ◄─
        this.checker = checker;
    }

    @Override
    public void beforeEach(ExtensionContext context) {         ◄─┐
        checker.reset();
        checker.start();
    }

    @Override
    public void afterEach(ExtensionContext context) {          ◄─┘
        checker.stop();
    }
}
```

> 由于扩展需要使用测试类中的一个字段，因此我们需要将其传递给构造函数

> 回调函数会继续按照之前相同的行为执行，完成资源的初始化和清理工作

有了这个类，我们可以在测试中应用它，如下所示：

```
package com.wellgrounded;

import org.junit.jupiter.api.Test;
import org.junit.jupiter.api.extension.RegisterExtension;

import static org.junit.Assert.*;

public class PasswordCheckerTest {
    private static PasswordChecker checker = new PasswordChecker();

    @RegisterExtension
    static PasswordCheckerExtension ext =
            new PasswordCheckerExtension(checker);

    @Test
    public void ok() {
        assertTrue(checker.isOk("abcd1234!"));
    }
}
```

@RegisterExtension 注解可以帮我们实例化扩展，执行测试的准备和清理工作

为了使用**@RegisterExtension** 注解，测试类中的字段必须是公有的

如果扩展不需要构造参数，可直接在类或方法上使用 @ExtendWith 注解，如下所示：

```
@ExtendWith(CustomConfigurationExtension.class)
public class PasswordCheckerTest {
    // ....
}
```

JUnit 5 支持的 JDK 新版本也解决了一些以前以标准方式处理的问题。例如，在 JUnit 4 及更早版本中，检测测试方法是否抛出异常通常有两种做法：

```
package com.wellgrounded;

import org.junit.Rule;
import org.junit.Test;
import org.junit.rules.ExpectedException;

import static org.junit.Assert.*;

public class PasswordCheckerTest {
    private PasswordChecker checker = new PasswordChecker();

    @Rule
    public ExpectedException ex = ExpectedException.none();

    @Test
    public void nullThrows() {
        ex.expect(IllegalArgumentException.class);
        checker.isOk(null);
    }

    @Test(expected = IllegalArgumentException.class)
    public void alsoThrows() {
        checker.isOk(null);
    }
}
```

基于规则对测试方法进行异常检查

利用 @Test 注解来配置预期抛出的异常

13

现在，利用 lambda 表达式，我们可以以一种更简洁、更接近常规断言的方式来表达期望的
异常，如下所示：

```
package com.wellgrounded;

import org.junit.jupiter.api.Test;

import static org.junit.Assert.*;

public class PasswordCheckerTest {
    private static PasswordChecker checker = new PasswordChecker();

    @Test
    public void nullThrows() {
        assertThrows(IllegalArgumentException.class, () -> {
            checker.isOk(null);
        });
    }
}
```

assertThrows 方法相较于我们之前在测试注解上使用的旧期望参数或 ExpectedException
规则有几个优势。首先，它使断言过程更直接，它将断言嵌入到实际测试的代码处，而不是方法
的开始部分。其次，assertThrows 会返回异常对象，无须我们手动构建 try/catch 结构，这
使得我们可以更方便地对异常情况进行常规断言处理，而无需特定的处理逻辑。尽管 JUnit 4 因
其历史影响仍将在整个生态系统中持续存在一段时间并得到维护，但如果你正在使用 JUnit，那
么探索新版本所提供的功能无疑具有重要价值。

然而，我们的测试库只是全局的一部分，这一点在编写集成测试时尤为明显。第 14 章将深
入探讨一些有用的工具，这些工具有助于我们解决在测试中使用外部依赖时遇到的问题。

小结

- ❑ 本章探讨了测试目标和测试类型。测试目标决定了测试方法的选择。
- ❑ 简要介绍了测试驱动开发的概念，以及它是如何帮助我们充满自信地逐步迭代我们的设
  计的。
- ❑ 探讨了各种类型的测试替身，包括它们的用途以及使用不当时可能出现的问题。
- ❑ 随着时间的推移，JUnit 推出了新版本，它解决了长期存在的设计问题，这些问题主要是
  由早期 JDK 版本的限制造成的。本章简要介绍了如何迁移到最新版本的 JUnit，以便利用
  其进行有效的测试。

测试不止 JUnit

14

本章重点
❑ 使用 Testcontainers 进行集成测试
❑ 利用 Spek 和 Kotlin 规范测试风格
❑ 使用 Clojure 进行基于属性的测试

在第 13 章中,我们讨论了测试的一般性原则。现在,我们将深入探讨不同情况下提升测试效果的具体方法。无论目标是更清晰地测试依赖关系、改进测试代码的表达力,还是发现未被考虑到的其他情况,JVM 生态系统提供了多种工具来帮助我们。本章将重点介绍其中的几种。我们将从由来已久的难题开始:编写集成测试时如何有效地处理外部依赖。

14.1 使用 Testcontainers 进行集成测试

当我们从孤立的单元测试转向集成测试时,会遇到各种各样的挑战。集成测试要求我们使用真实的数据库环境。要想获得真实测试带来的好处,就意味着实际测试环境设置所带来的复杂性会显著增加。此外,外部系统的状态性也增加了测试失败的风险,这些失败可能不是源于代码问题,而是由测试之间的非预期状态引起的。

多年来,人们提出了很多方法来应对这些挑战,包括使用内存数据库和在事务性框架中运行测试(这些事务在测试完成后会自行清理)。但是,这些方法往往会带来一些不常见的情况和复杂性。

正如第 12 章所述,容器技术提供了一种创新的解决方案。容器的临时性使其非常适合为特定测试运行创建环境。因为容器能够封装我们想要与之交互的真实数据库和其他服务,所以它们可以避免内存数据库可能出现的细微不匹配问题。

14.1.1 安装 `testcontainers` 库

在测试中利用容器的一种简单方法就是使用 `testcontainers` 库。该库提供了一个 API,允许我们直接在测试代码中控制容器,并为常见的依赖提供广泛的支持模块,其核心功能由 **Maven** 中的 `org.testcontainers.testcontainers` JAR 提供:

```
<dependency>
  <groupId>org.testcontainers</groupId>
  <artifactId>testcontainers</artifactId>
  <version>1.15.3</version>
  <scope>test</scope>
</dependency>
```

Gradle 中的配置如下：

```
testImplementation "org.testcontainers:testcontainers:1.15.3"
```

14.1.2　Redis 示例

你是否还记得第 13 章提到的一个剧院票务应用程序。这个应用程序会通过 HTTP 服务从远程服务器下载价格信息。我们想为这些值引入缓存机制。缓存的设计本身就是一个复杂的主题，不过假设我们决定将缓存外部化，而不仅仅是简单地将值放在内存中由自己来维护。一个典型的缓存数据存储方案是 Redis。Redis 能够以极高的速度执行获取、设置和删除键值对的操作，并且支持其他更复杂的数据结构。

我们已经介绍了用于从 HTTP 服务中查找数据的 Price 接口，代码如下所示。这个接口提供了灵活性，可以让我们相对独立地考虑如何将缓存添加到服务中：

```
package com.wellgrounded;

import redis.clients.jedis.Jedis;

import java.math.BigDecimal;

public class CachedPrice implements Price {
    private final Price priceLookup;
    private final Jedis cacheClient;

    private static final String priceKey = "price";    ◁── price 是我们在 Redis 中
                                                              缓存价格的键的名称

    CachedPrice(Price priceLookup, Jedis cacheClient) {    ◁──
        this.priceLookup = priceLookup;
        this.cacheClient = cacheClient;
    }                                                         我们通过 Jedis 库
                                                              访问 Redis

    @Override
    public BigDecimal getInitialPrice() {
        String cachedPrice = cacheClient.get(priceKey);    ◁── 检查在 Redis 的缓存中
        if (cachedPrice != null) {                               是否已经有 price
            return new BigDecimal(cachedPrice);
        }

        BigDecimal price =                                      如果缓存中没有 price，则
            priceLookup.getInitialPrice();    ◁──               利用提供的查找方法获取
        cacheClient.set(priceKey,
                        price.toPlainString());    ◁── 缓存我们
        return price;                                   得到的值
    }
}
```

现在，是时候思考一下我们希望从哪个方面开始测试系统了。`CachedPrice` 类的主要作用是处理 Redis 与底层价格查询之间的交互。我们如何使用 Redis 是测试的关键所在，而 `Testcontainers` 使我们能够测试真实的系统交互，代码如下所示：

```
package com.wellgrounded;

import org.junit.jupiter.api.Test;
import org.testcontainers.containers.GenericContainer;
import org.testcontainers.junit.jupiter.*;
import org.testcontainers.utility.DockerImageName;
import redis.clients.jedis.*;

import java.math.BigDecimal;

import static org.junit.jupiter.api.Assertions.assertEquals;

@Testcontainers
public class CachedPriceTest {
    private static final DockerImageName imageName =
            DockerImageName.parse("redis:6.2.3-alpine");

    @Container
    public static GenericContainer redis = new GenericContainer(imageName)
            .withExposedPorts(6379);

    // Tests to follow...
}
```

在测试的开始阶段，我们展示了与 `testcontainer` 库连接的基本形式。我们将 `@Testcontainers` 注解应用于整个测试类，告知库在测试执行期间监视我们需要的容器。然后使用 `@Container` 标记的字段请求特定的容器镜像 "`redis:6.2.3-alpine`"，并启动该容器，默认使用 Redis 的标准端口 `6379`。

当这个测试类执行时，如图 14-1 所示，Testcontainers 会启动我们所请求的容器。为了确保容器已准备好接受通信，Testcontainers 会等待第一个映射端口可用，默认的等待超时时间是 60 秒。一旦容器准备就绪，我们可以通过 `redis` 字段获取主机名或端口等信息，以便在后续的测试中使用。

14

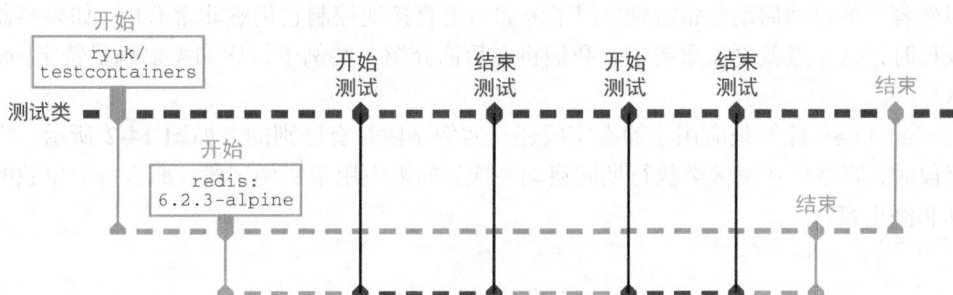

图 14-1 Testcontainers 的执行

随着容器化 Redis 的运行，我们可以开始进行实际的测试。因为关键在于 Redis 和查询之间的交互，而不是底层的价格查询的具体实现。因此，我们可以重用之前的 StubPrice 类，为了简化测试它总是返回 10，如下所示：

```
@Test
    public void cached() {
        var jedis = getJedisConnection();        ← 在 Redis 中设置 price 的值，新值不同于
        jedis.set("price", "20");    ←              我们之前通过测试桩返回的值

        CachedPrice price =                      ← 传入 StubPrice 函数作为我们
            new CachedPrice(new StubPrice(), jedis);    的查找方法，该方法会返回 10，
        BigDecimal result = price.getInitialPrice();     而不是 20

        assertEquals(new BigDecimal("20"), result);  ← 对我们收到的缓存
    }                                                   值执行断言

    @Test
    public void noCache() {                      ← 使用 del 调用删除
        var jedis = getJedisConnection();           所有之前缓存的值
        jedis.del("price");    ←

        CachedPrice price = new CachedPrice(new StubPrice(), jedis);
        BigDecimal result = price.getInitialPrice();

        assertEquals(new BigDecimal("10"), result);
    }
                                                 ← 用于配置 Jedis 实例的
private Jedis getJedisConnection() {                辅助方法
        HostAndPort hostAndPort = new HostAndPort(
                                    redis.getHost(),
                                    redis.getFirstMappedPort());
        return new Jedis(hostAndPort);
    }
```

重要的是，要注意 getJedisConnection 方法是如何使用 Testcontainers 中的配置来连接到 Redis 的。尽管你可能会注意到 redis.gethost() 是一个公共值，例如 localhost，但这并不一定在每个环境中都得到保证。最好是向 Testcontainers 请求这些值，以避免由值的意外更改导致的出错风险。

虽然容器的自动启动非常方便，但了解如何更直接地控制它仍然非常有用。如果容器启动过程比较耗时，这一点就更加重要了，我们将在后面介绍一些例子，比如需要满足特定 schema 的关系数据库。

@Container 注解是应用于静态字段还是实例字段是有区别的，如图 14-2 所示。当应用于静态字段时，容器将在测试类执行期间启动一次。如果应用于实例字段，那么每个单独的测试都会启动和停止容器。

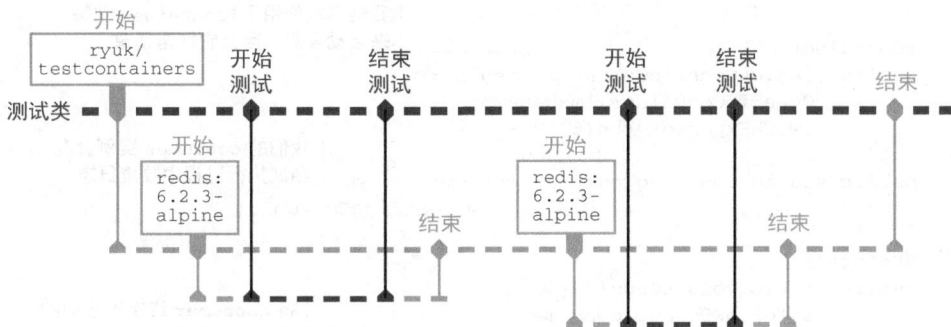

图 14-2 @Container 注解作用于不同字段的区别

这指出了另一种管理容器生命周期的潜在方法：如果我们只想在整个测试套件中运行一次容器，我们可以采取以下方法。首先，我们必须将 @Container 注解保留在类级别，而不是字段级别。然后使用 GenericContainer 对象提供的 API，如下所示：

```
private static final DockerImageName imageName =
        DockerImageName.parse("redis:6.2.3-alpine");

public static GenericContainer redis = new GenericContainer(imageName)
        .withExposedPorts(6379);

@BeforeAll
public void setUp() {          对于一个实例，start 方法可以被
    redis.start();  ◁━━━━      安全地多次调用——对每个对象，
}                              它只会启动容器一次
```

我们无须使用 tearDown 方法来手动停止容器，因为 testcontainers 库能够自动为我们处理这个过程。

尽管在前面的例子中，我们展示的做法是在每个测试方法中启动 Redis 容器，但更好的做法是我们可以将 redis 对象放到一个能被多个测试类安全共享的位置。

14.1.3 收集容器的日志

如果在命令行或 IDE 中运行这些测试，你可能会注意到，默认情况下容器不会输出任何信息。对于简单的 Redis 示例来说，这可能不是问题。但在更复杂的设置或调试过程中，查看容器输出就非常重要。为此，**Testcontainers** 允许你访问其启动的容器中的标准输出（STDOUT）和标准错误输出（STDERR）。

这种支持基于 JDK 的 Consumer<> 接口和 **Testcontainers** 库附带的几个实现。你可以将这些日志连接到标准的日志系统中，或者正如我们即将演示的那样，直接获取原始日志记录。

你可能会发现将容器日志输出到主输出流中很不方便，但是当你确实需要查看这些日志时，手动执行自定义操作可能会显得烦琐。一种解决方案是采用一种方式，能够始终将日志捕获到一个单独的位置，例如构建过程中输出的文件，如下所示：

14

```
@Container
public static GenericContainer redis =
    new GenericContainer(imageName)
        .withExposedPorts(6379);

public static ToStringConsumer consumer =
                            new ToStringConsumer();

@BeforeAll
public static void setUp() {
    redis.followOutput(consumer,
                    OutputType.STDOUT,
                    OutputType.STDERR);
}

@AfterAll
public static void tearDown() throws IOException {
    Path log = Path.of("./build/tc.log");
    byte[] bytes = consumer.toUtf8String().getBytes();
    Files.write(log, bytes,
                StandardOpenOption.CREATE);
}
```

我们再次使用了 `@Container` 注解来启动容器，因为它非常简单

我们的 `consumer` 实例会在测试执行过程中收集日志

将 `consumer` 绑定到我们的容器上，以便记录 `STDOUT` 和 `STDERR` 的输出

将日志写入文件

为了简化将日志写入文件的操作，我们使用了 `java.nio.Files`

14.1.4　Postgres 示例

　　Redis 是一个简单例子，它没有复杂的依赖，通常用于存储临时数据，Redis 容器的启动速度也很快。但是，当我们转向传统集成测试中的挑战时，特别是处理关系数据库时，我们会面临不同的问题。我们经常将数据放入关系数据库中，这些数据对于应用程序的功能实现至关重要，但是测试中可能会遇到数据过时、Mock 不精确或误报等问题，这些都会影响测试结果的准确性和可靠性。

　　Testcontainers 支持多种数据存储。这些数据存储被打包在独立的模块中，而这些模块需要被引入项目中。我们将使用 Postgres 进行演示，但在 Testcontainers 网站上，还有很多其他选项可供选择。

　　为了连接到新的数据库，我们在 Maven 配置中将 Postgres 模块声明为测试依赖，同时添加了相应的驱动程序：

```
<dependency>
  <groupId>org.postgresql</groupId>
  <artifactId>postgresql</artifactId>
  <version>42.2.1</version>
</dependency>
<dependency>
  <groupId>org.testcontainers</groupId>
  <artifactId>postgresql</artifactId>
  <version>1.15.3</version>
  <scope>test</scope>
</dependency>
```

如果你使用的是 Gradle，可以采用下面的方式来添加 Postgres 依赖：

```
implementation("org.postgresql:postgresql:42.2.1")
testImplementation("org.testcontainers:postgresql:1.15.3")
```

这里需要特别注意的是，你使用的 Postgres 驱动版本号必须与你正在使用的 org.testcontainers:testcontainers 库的版本号相匹配。

我们通过一个特定类来封装对 Postgres 容器的访问。这个类包含了一些辅助方法，使得配置数据库名称、密码等操作变得更加简便，如下所示：

```
public static DockerImageName imageName =
        DockerImageName.parse("postgres:9.6.12"));

    @Container
    public static PostgreSQLContainer postgres =
        new PostgreSQLContainer<>(imageName)
            .withDatabaseName("theater_db")
            .withUsername("theater")
            .withPassword("password");
```

所有相同的生命周期管理注意事项都适用于此，只是关系数据库在可用之前需要应用模式。许多常见的数据库迁移项目可以从代码中运行，但我们将直接使用 JDBC 进行演示，以证明其中并无神秘之处。

首先，我们需要与我们的容器实例建立连接。我们可以通过 JDBC 实现，配置相应的参数以连接到基于 Testcontainers 的 Postgres 容器实例，如下所示：

```
    private static Connection getConnection() throws SQLException {
        String url = String.format(
                "jdbc:postgresql://%s:%s/%s",
                postgres.getHost(),
                postgres.getFirstMappedPort(),
                postgres.getDatabaseName());

        return DriverManager.getConnection(url,
                                            postgres.getUsername(),
                                            postgres.getPassword());
    }
```

14

注意　Testcontainers 可以修改连接字符串并自动为数据库启动容器。虽然在某些情况下可能非常方便，但演示起来可能不够直观。但是，当将 Testcontainers 集成到现有的测试套件中时，这种特性可能很有价值。

为了确保数据库连接在每次测试运行之前都设置了正确的模式，我们可以在一个测试类中使用 @BeforeAll 注解来完成此操作，如下所示：

```
    @BeforeAll
    public static void setup() throws SQLException, IOException {
        var path = Path.of("src/main/resources/init.sql");
```

```
        var sql = Files.readString(path);          ◄─────────────
        try (Connection conn = getConnection()) {                           在我们的例子中，该
            conn.createStatement().execute(sql);   ◄─── 执行该 SQL       SQL 文件包含了数据
        }                                               文件             库模式（schema）的
    }                                                                    定义
```

模式设置完成后，我们的测试现在就能在这个功能完备但数据为空 Postgres 数据库上运行了，如下所示：

```
@Test
public void emptyDatabase() throws SQLException {
    try (Connection conn = getConnection()) {
        Statement st = conn.createStatement();
        ResultSet result = st.executeQuery("SELECT * FROM prices");
        assertEquals(0, result.getFetchSize());
    }
}
```

如果你使用了其他抽象，例如 DAO（数据访问对象）、存储库或者其他任何从数据库读取数据的方法，它们都应该能与容器连接无缝集成。

14.1.5　使用 Selenium 进行端到端测试的示例

将外部资源封装在容器内是一种高效的集成测试方法。类似的技术也适用于端到端测试。端到端测试通常需要模拟真实用户在浏览器中的操作以确保 Web 应用程序按预期运行。

从历史上看，通过代码来驱动 Web 浏览器是一个棘手的问题。这些技术往往既不稳定，效率又低。但是 Testcontainers 的出现极大地简化了这一过程，它允许测试在容器内部启动浏览器实例，并通过网络进行远程控制，从而避免了烦琐的安装和配置工作。

与之前的 Postgres 示例一样，我们需要添加必要的依赖。为此，我们需要引入一个特定的模块，它支持 Testcontainers 并提供测试所需的库来远程控制 Maven 中的浏览器实例：

```
<dependency>
  <groupId>org.testcontainers</groupId>
  <artifactId>selenium</artifactId>
  <version>1.15.3</version>
  <scope>test</scope>
</dependency>
<dependency>
  <groupId>org.seleniumhq.selenium</groupId>
  <artifactId>selenium-remote-driver</artifactId>
  <version>3.141.59</version>
  <scope>test</scope>
</dependency>
<dependency>
  <groupId>org.seleniumhq.selenium</groupId>
  <artifactId>selenium-chrome-driver</artifactId>
  <version>3.141.59</version>
  <scope>test</scope>
</dependency>
```

在 Gradle 中也需要添加相应的依赖，如下所示：

> 对其他 Web 浏览器的支持也存在于具有类似名称的软件包中

```
testImplementation("org.testcontainers:selenium:1.15.3")
testImplementation(
  "org.seleniumhq.selenium:selenium-remote-driver:3.141.59")
testImplementation(
  "org.seleniumhq.selenium:selenium-chrome-driver:3.141.59")
```

特定的类用于配置浏览器实例。在这个例子中，我们将使用 ChromeOptions 来指定启动浏览器时的相关选项：

```
@Container
public static BrowserWebDriverContainer<?> chrome =
    new BrowserWebDriverContainer<>()
        .withCapabilities(new ChromeOptions());
```

有了这个实例，我们现在可以编写访问网页并验证其内容的测试，如下所示：

> 一旦页面加载完成，对第一个 `<h1>` 标签内的内容做验证

> 导航至 GitHub 上本书的代码仓库

```
@Test
public void checkTheSiteOut() {
    var url = "https://          ";
    RemoteWebDriver driver = chrome.getWebDriver();
    driver.get(url);

    WebElement title =
            driver.findElementByTagName("h1");
    assertEquals("well-grounded-java", title.getText());
}
```

这个简单的例子已经显示了端到端测试所特有的脆弱性。设想一下，如果 GitHub 重新设计了页面，比如增加了新的元素，或者以某种不易察觉的方式更改了标题文本，这时我们该怎么办？对于测试内部应用程序来说，这些变化可能相对容易适应，但是与外部界面的紧密耦合仍然是一个问题。

在容器化的测试环境中，一旦出现与预期不符的情况，我们可能很难直接诊断问题的根源。幸运的是，有多种方法可以提供直观的反馈，帮助我们更好地理解问题所在。

一个有效的首要方法是在关键时间点进行截图：

```
@Test
public void checkTheSiteOut() {
    RemoteWebDriver driver = chrome.getWebDriver();
    driver.get("https://          ");

    File screen = driver.getScreenshotAs(OutputType.FILE);
}
```

返回的文件是临时的，它们将在测试结束时被删除，但是创建文件后你可以将其复制到代码的其他位置，以便后续参考。

通常，你会观察到多个时间点的变化。为了更全面地捕捉测试过程中的变化，你还可以选择
自动录制测试会话的视频，如下所示：

```
private static final File tmpDirectory = new File("build");

@Container
public static BrowserWebDriverContainer<?> chrome =
    new BrowserWebDriverContainer<>()
        .withCapabilities(new ChromeOptions())
        .withRecordingMode(RECORD_ALL,
                           tmpDirectory,
                           VncRecordingFormat.MP4);
```

这种录制方式类似于我们对容器日志的处理，它会在测试运行期间记录到构建输出中。这样，
我们就有了调试所需的所有信息。一旦出现问题，我们就可以立即查看。

然而，这仅仅是 Testcontainers 能力的冰山一角。现在，让我们看看如何超越传统的 JUnit 测
试，采用一种不同且更具可读性的方式来编写测试。

14.2   利用 Spek 和 Kotlin 规范测试风格

JUnit 使用方法、类和注解的方式来进行测试，这对 Java 开发人员来说是自然的。不过我们
可能并未意识到，这种方式决定了我们组织测试和编写测试的方式。虽然我们并不强制，但是我
们通常会以一个测试类对应一个产品类，并以一组松散的测试来验证每个实现方法。

还有一种思路被称为编写规范（writing specification）。它源于 RSpec、Cucumber 这样的框架。
与传统单元测试的关注点不同，它旨在从更高的层面描述系统如何运作，这种方式更符合人们讨
论需求时的方式。

这种类型的测试在 Kotlin 中是通过 Spek 框架实现的。正如我们将要看到的，Kotlin 的许多
内置特性允许我们在创建规范时采用独特的组织方式。

安装 Spek 的过程与添加其他依赖的操作相同。Spek 专注于如何构建测试规范，对于其他功
能，比如断言和测试运行器等，Spek 依赖于生态系统。为了保持演示的简洁性，我们将使用 JUnit
5 的断言和测试运行器。但是如果你有其他偏好的库，也可以选择其他库。

在 Maven 项目中，要使 11.2.6 节中介绍的 maven-surefire-plugin 识别我们的规范文件，
只需在文件名中加入 Spek，如下所示。同时，还需要添加 11.2.5 节所述的 Kotlin 支持（此处不
再赘述）。

```
<build>
  <plugins>
    <plugin>
      <artifactId>maven-surefire-plugin</artifactId>
      <version>2.22.2</version>
      <configuration>
        <includes>
          <include>**/*Spek*.*</include>    ◁── 由于采用了自定义的文
        </includes>                             件约定，我们必须告知
                                                Maven 应运行什么
```

```xml
        </configuration>
      </plugin>
    </plugins>
  </build>

  <dependencies>
    <dependency>
      <groupId>org.junit.jupiter</groupId>      ┐ 使用 JUnit 的
      <artifactId>junit-jupiter-api</artifactId> ◄── 断言 API
      <version>5.7.1</version>
      <scope>test</scope>
    </dependency>
    <dependency>
      <groupId>org.spekframework.spek2</groupId>
      <artifactId>spek-dsl-jvm</artifactId>
      <version>2.0.15</version>
      <scope>test</scope>
    </dependency>
    <dependency>
      <groupId>org.spekframework.spek2</groupId>      ┐ 使用 Spek 与 JUnit
      <artifactId>spek-runner-junit5</artifactId> ◄── 集成的测试运行器
      <version>2.0.15</version>
      <scope>test</scope>
    </dependency>
  </dependencies>
```

　　在 Gradle 中，我们插入标准的测试任务并通知 JUnit 平台使用 Spek 引擎，具体操作如下面的代码所示。你可能会发现，即使在没有明确指定引擎的情况下，命令行测试也能够执行测试规范，但是像 IDE 这样的系统可能无法运行这些测试规范：

```kotlin
dependencies {                    ┐ 使用 JUnit 的断言 API                     使用 Spek 与 JUnit
    testImplementation(      ◄───┘                                      集成的测试运行器
        "org.junit.jupiter:junit-jupiter-api:5.7.1")

    testImplementation("org.spekframework.spek2:spek-dsl-jvm:2.0.15")
    testRuntimeOnly(
        "org.spekframework.spek2:spek-runner-junit5:2.0.15")
}

tasks.named<Test>("test") {  ◄───┐ 查找测试任务，并将其标记为 Test 类型，以便
    useJUnitPlatform() {           我们能使用 useJUnitPlatform 及后续方法
        includeEngines("spek2")  ◄── 告知 JUnit 我们使用的引擎
    }                               以便与 IDE 更好地集成
}
```

　　现在我们可以开始编写第一个规范了。为了更好地理解这一过程，我们将采用之前针对 InMemoryCachedPrice 类编写的测试，并了解 Spek 是如何改变我们的测试结构和流程的，如下所示：

```kotlin
import org.spekframework.spek2.Spek
import org.junit.jupiter.api.Assertions.assertEquals
import java.math.BigDecimal
```

```
object InMemoryCachedPriceSpek : Spek({
    group("empty cache") {
        test("gets default value") {
            val stubbedPrice = StubPrice()
            val cachedPrice = InMemoryCachedPrice(stubbedPrice)

            assertEquals(BigDecimal(10), cachedPrice.initialPrice)
        }

        test("gets same value when called again") {
            val stubbedPrice = StubPrice()
            val cachedPrice = InMemoryCachedPrice(stubbedPrice)

            val first = cachedPrice.initialPrice
            val second = cachedPrice.initialPrice
            assertTrue(first === second)       ◄───
        }
    }
})
```

=== 是 Kotlin 的操作符，用于执行引用的相等性判断，所以这段代码会检查在调用之间是否返回了完全相同的对象，而不仅仅是具有相同值的对象

我们的第一个规范描述了空缓存的行为。在这个规范中，我们可以看到 Kotlin 的多个特性发挥了作用。首先，规范被声明为单例对象而不是类。这有助于澄清 JUnit 中偶尔出现的测试生命周期问题，这些问题取决于测试运行器是为每个类还是为每个单独的测试方法创建测试实例。

其次，主规范是在 lambda 表达式中定义的，并作为参数传递给 Spek 类。在这个 lambda 表达式中，有两个重要函数：group 和 test。每个函数都有一个完整的字符串描述，这提高了代码的可读性，因为我们无须混合使用大小写字母、下划线或其他格式。group 函数用于将各种相关的测试调用放在一起，且如果需要，group 函数还支持嵌套。

如果规范测试仅仅是格式上的调整，那么它可能就不会有吸引力。然而，分组的价值不仅在于命名，更重要的是，我们可以声明在多个测试用例之间共享的测试夹具（fixture），如下所示：

```
object InMemoryCachedPriceSpek : Spek({
    group("empty cache") {
        lateinit var stubbedPrice : Price
        lateinit var cachedPrice : InMemoryCachedPrice

        beforeEachTest {
            stubbedPrice = StubPrice()
            cachedPrice = InMemoryCachedPrice(stubbedPrice)
        }

        test("gets default value") {
            assertEquals(BigDecimal(10), cachedPrice.initialPrice)
        }

        test("gets same value when called again") {
            val first = cachedPrice.initialPrice
            val second = cachedPrice.initialPrice
            assertTrue(first === second)
        }
    }
})
```

在"空缓存"组中，我们声明了两个 fixture：一个用于设置缓存的 stubbedPrice 和一个要测试的 cachedPrice 实例。任何属于该组的测试调用都会访问这些 fixture 的相同实例。

推荐的 fixture 模式是使用 lateinit 属性并在 beforeEachTest 中进行初始化。这种延迟初始化的需求实际上反映了 Spek 分两个阶段运行我们的规范：发现和执行。

在发现阶段，将运行规范的顶级 lambda 表达式。group 的 lambda 表达式会立即求值，但还没有进行测试调用；相反，它们会被记录，以便以后执行。在评估了所有规范组之后，才会执行测试用例的 lambda 表达式。这种分离，如下所示，允许在每个单独的测试运行之前对每个组的上下文进行更严格的控制：

```kotlin
object InMemoryCachedPriceSpek : Spek({
    group("empty cache") {
        lateinit var stubPrice : Price          // 在发现阶段运行
        lateinit var cachedPrice : InMemoryCachedPrice

        beforeEachTest {
            stubPrice = StubPrice()
            cachedPrice = InMemoryCachedPrice(stubPrice)
        }

        test("gets default value") {
            assertEquals(BigDecimal(10),          // 在执行阶段运行
                        cachedPrice.initialPrice)
        }

        test("gets same value when called again") {
            val first = cachedPrice.initialPrice
            val second = cachedPrice.initialPrice
            assertTrue(first === second)
        }
    }
})
```

Spek 使用 Kotlin 的委托属性来封装 lateinit 的使用，从而提供更简洁的方式来初始化 fixture。每个 fixture 后面都可以跟着一个 by 记忆调用，并配合一个 lambda 表达式来提供初始值。

注意 Memoized（不是 Memorized）是一个术语，指的是值只计算一次，然后缓存起来，以供以后使用。

不要将这些值用于测试操作的结果，而应该在测试的 lambda 表达式内部使用，例如：

```kotlin
object InMemoryCachedPriceSpek : Spek({
    val stubbedPrice : Price by memoized { StubPrice() }

    group("empty cache") {
        val cachedPrice by memoized { InMemoryCachedPrice(stubbedPrice) }

        test("gets default value") {
            assertEquals(BigDecimal(10), cachedPrice.initialPrice)
```

14

```
        }

        test("gets same value when called again") {
            val first = cachedPrice.initialPrice
            val second = cachedPrice.initialPrice
            assertTrue(first === second)
        }
    }
})
```

通过在 Kotlin 代码中简单地执行测试发现阶段，Spek 使得参数化测试比在 JUnit 中更简单。我们不需要额外的注释和基于反射的查找来设置测试用例的参数，只需使用循环和重复调用 test 函数即可实现参数化，如下所示：

```
object InMemoryCachedPriceSpek : Spek({
    group("parameterized example") {
        listOf(1, 2, 3).forEach {
            test("testing $it") {  ◄─────── 通过循环，我们可以多次调用该
                assertNotEquals(it, 0)              方法，实现对"测试 1""测试 2"
            }                                       "测试 3"的验证
        }
    }
})
```

对于那些熟悉其他生态系统（比如 Ruby 的 RSpec 或 JavaScript 的 Jasmine）中的规范测试的开发者，可以使用 describe 和 it 来代替 group 和 test 方法，以更加自然地描述测试流程，就像下面这样：

```
object InMemoryCachedPriceSpek : Spek({
    val stubbedPrice : Price by memoized { StubPrice() }

    describe("empty cache") {
        val cachedPrice by memoized { InMemoryCachedPrice(stubbedPrice) }

        it("gets default value") {
            assertEquals(BigDecimal(10), cachedPrice.initialPrice)
        }

        it("gets same value when called again") {
            val first = cachedPrice.initialPrice
            val second = cachedPrice.initialPrice
            assertEquals(true, first === second)
        }
    }
})
```

编写规范的另一种常见格式是 Gherkin 语法，该语法是由 Cucumber 测试工具推广的。Gherkin 语法通过一系列的"given-when-then"语句来声明规范，例如，"给定（given）此设置，当此操作发生时（when），我们期望看到这些结果（then）。"采用这种结构化的表述方式，使得规范更像是自然语言，而不仅仅是代码，从而提高了可读性。如果以 Gherkin 风格重新表述先前的测试

示例，可能会是这样的：给定一个空缓存，当计算价格时，我们应查询默认值。以下是将其转化为 Spek 框架支持的 Gherkin 语法的示例：

```
object InMemoryCachedPriceSpekGherkin : Spek({
    Feature("caching") {
        val stubbedPrice by memoized { StubPrice() }

        lateinit var cachedPrice : Price
        lateinit var result : BigDecimal

        Scenario("empty cache") {
            Given("an empty cache") {
                cachedPrice = InMemoryCachedPrice(stubbedPrice)
            }

            When("calculating") {
                result = cachedPrice.initialPrice
            }

            Then("it looks up the default value") {
                assertEquals(BigDecimal(10), result)
            }
        }
    }
})
```

你会注意到，在应用"given-when-then"语句之前，Cucumber 是按功能（Feature）和场景（Scenario）划分规范的，这也提供了一种分组方式。

这种组织方式使得我们的测试代码结构更加清晰，从而有助于与以后的代码阅读者进行有效沟通。尽管如此，编写规范仍然需要我们手动编写每一个测试案例。Clojure 语言提供了一些不同的途径，让我们探索如何选择测试数据。

14.3　使用 Clojure 进行基于属性的测试

与 Java 和 Kotlin 不同，Clojure 在其标准库内置了一个测试框架——`clojure.test`。尽管我们不会深入讨论这个库，但在访问 Clojure 测试生态系统的其他部分之前，我们先熟悉一下有关 `clojure.test` 基础知识。

14.3.1　`clojure.test`

我们将通过 Clojure REPL 进行测试，这与第 10 章所述的操作类似。如果你跳过了那一章，或者已经有一段时间没有接触 Clojure 了，那么在遇到难以理解的测试时，不妨回顾一下 Clojure 的基础知识。

需要注意的是，尽管 `clojure.test` 随 Clojure 一同发布，但它并不会自动集成到我们的代码中。我们需要通过 `require` 来引入这个库。在 REPL 中输入以下代码可以让 `clojure.test` 中的所有函数变得可用，它通过 `:as` 关键字为引入的库设置了名为 `test` 的前缀：

```
user=> (require '[clojure.test :as test])
nil
user=> (test/is (= 1 1))
true
```

或者，我们通过使用:refer 关键字来引入特定函数而不使用前缀，就像下面这样：

```
user=> (require '[clojure.test :refer [is]])
nil
user=> (is (= 1 1))
true
```

is 函数是 clojure.test 用于断言的基础。当断言成功时，该函数返回 true。那么，如果断言失败了呢？

```
user=> (is (= 1 2))

FAIL in () (NO_SOURCE_FILE:1)
expected: (= 1 2)
  actual: (not (= 1 2))
false
```

任何谓词都可以与 is 函数一起使用。例如，下面是确认一个函数是否按照预期抛出了异常的方法：

```
                                                          一个总是抛出运行时
                                                          异常的函数
user=> (defn oops [] (throw (RuntimeException. "Oops"))) ◄──┘
#'user/oops
                                                     我们收到一个 #error 值，
user=> (is (thrown? RuntimeException (oops)))         而不是 FAIL 的消息，这表
#error {                                        ◄──── 明断言通过了
 :cause "Oops"
 :via
 [{:type java.lang.RuntimeException            出错信息中也包含了完整的
   :message "Oops"                             异常栈跟踪，由于篇幅限制，
   :at [user$oops invokeStatic "NO_SOURCE_FILE" 1]}]  这里没有呈现这部分信息
 ...                                        ◄──────┘
```

有了断言，我们现在就可以开始编写测试用例了。一个主要方法是使用 deftest 函数，如下所示：

```
user=> (require '[clojure.test :refer [deftest]])
nil
user=> (deftest one-is-one (is (= 1 1)))
#'user/one-is-one
```

定义了测试用例后，下一步是执行测试。我们可以通过调用 run-tests 函数来实现，该函数会遍历并运行当前命名空间中所有通过 deftest 定义的测试。在 REPL 环境中，默认存在一个名为 user 的命名空间，这就是我们放置 deftest 测试用例的地方，执行过程如下所示：

```
user=> (require '[clojure.test :refer [run-tests]])
nil
user=> (run-tests)

Testing user

Ran 1 tests containing 1 assertions.
0 failures, 0 errors.
{:test 1, :pass 1, :fail 0, :error 0, :type :summary}
```

显然，在 REPL 中编写和运行测试有利于学习，但这种做法不适合在项目中长期使用。最终，设置一个测试运行器是必要的。与 Java 中 JUnit 占据主导地位不同，Clojure 社区中有几个竞争激烈的测试运行器选项。以下是一些值得考虑的选项：

- ❑ Leiningen 是 Clojure 的一个流行的构建工具，它支持测试，类似于 Maven 和 Gradle；
- ❑ Cognitect Labs 测试运行器 是一个相对简单的测试运行器，它是基于 Clojure 的本机依赖管理来构建的；
- ❑ Kaocha 是一个功能全面的测试运行器，专注于测试过程的模块化设计。

了解这些选项后，我们将继续讨论 REPL。下面，我们先看看 Clojure 带来的一个有趣功能：数据规范。

14.3.2 closure.spec

尽管 Clojure 与 JVM 的集成允许你直接使用 Java 中的类和对象，但函数式编程范式更倾向于将行为与数据结构分离。在 Clojure 中，让函数操作由基本原语构成的数据结构是一种常见做法，尤其是在将映射结构用于实现通常在面向对象编程中由类承载的数据和行为时。

因此，拥有能够有效测试这些内置数据结构的形状和内容的工具变得尤为重要。这正是 Clojure 的 clojure.spec 标准库所提供的功能。与 clojure.test 类似，我们需要引入这个库才能使用它，操作如下所示：

```
user=> (require '[clojure.spec.alpha :as spec])
nil
```

注意 尽管 clojure.spec 使用了"规范"这一术语，但其在 Clojure 中的含义与我们在 Kotlin 中使用的 Spek 规范完全不同。clojure.spec 定义的是数据规范，而不是行为规范。

14

借助 clojure.spec 库，我们可以开始使用 valid? 函数来验证不同的值是否符合特定的规范。这个函数会执行我们传递给它的谓词函数，并根据谓词的结果返回一个布尔值，如下所示：

```
user=> (spec/valid? even? 10)
true
user=> (spec/valid? even? 13)
false
```

confirm 函数为我们提供了下一级别的数据验证，如下面的代码所示。如果传入的值满足谓词条件，则函数返回该值；如果不满足，则返回关键字 :clojure.spec.alpha/invalid。

```
user=> (spec/conform even? 10)
10
user=> (spec/conform even? 13)
:clojure.spec.alpha/invalid
```

我们可以通过 and 函数来组合多个验证检查。这可以通过编写自定义的谓词函数来实现，而不是直接使用 clojure.spec 中的预定义函数。在下面的代码示例中，我们将展示这一过程。这将表明库能够识别并处理我们创建的组合验证。随后，我们将看看它是如何提供更详尽的信息的：

```
user=> (spec/conform (spec/and int? even?) 10)
10
user=> (spec/conform (spec/and int? even?) 13)
:clojure.spec.alpha/invalid
user=> (spec/conform (spec/and int? even?) "not int")
:clojure.spec.alpha/invalid
```

了解到有 and 函数后，当你发现 Clojure 还有 or 函数时，应该不会感到意外。但是，如果尝试像使用 and 那样使用 or，情况可能会变得更复杂，如下所示：

```
user=> (spec/conform (spec/or int? string?) 10)
Unexpected error (AssertionError) macroexpanding spec/or at (REPL:1:15).
Assert failed: spec/or expects k1 p1 k2 p2..., where ks are keywords
(c/and (even? (count key-pred-forms)) (every? keyword? keys))
```

这个出错消息显示 spec/or 函数期望在其谓词之间包含关键字。对一个简单的布尔函数来说，这一要求可能显得有些不合常规。但是，当我们仔细审视 spec/or 在 conform 操作中的预期结果时，这一设计背后的逻辑就变得清晰了。

```
user=> (spec/conform (spec/or :a-number int? :a-string string?) "hello")
[:a-string "hello"]
user=> (spec/conform (spec/or :a-number int? :a-string string?) 10)
[:a-number 10]
user=> (spec/conform (spec/or :a-number int? :a-string string?) nil)
:clojure.spec.alpha/invalid
```

标准库不仅告诉我们该值是否符合规范，还指明了哪个具体的分支或条件满足了规范。这不仅提供了值的有效性判断，还解释了接受该值的理由。

在编写实际应用程序时，不断重复规范会使代码冗余且低效，这种重复也是一种"代码异味"（不良的编程习惯）。clojure.spec 允许我们通过在命名空间中注册关键字来为规范命名，从而避免这种重复。注册后，我们就可以通过引用这些关键字来调用规范，如下所示：

```
user=> (spec/def :well/even (spec/and int? even?))
:well/even
user=> (spec/conform :well/even 10)
10
user=> (spec/conform :well/even 11)
:clojure.spec.alpha/invalid
```

Clojure 的 REPL 提供了一个便捷的文档函数，它与规范集成得很好。当我们查询一个已注册的关键字时，REPL 会以格式化的方式展示相应的规范信息，如下所示：

```
user=> (doc :well/even)
-------------------------
 :well/even
Spec
  (and int? even?)
```

虽然 conform 函数能够在规范匹配成功时提供反馈，但当匹配失败时，它仅返回 :clojure.spec.alpha/invalid 关键字，这并不能充分说明失败的原因。而 explain 函数则可以利用规范的深层知识提供详细的解释，告诉我们为什么某个给定值未能通过验证，如下所示：

```
user=> (spec/explain :well/even 10)
Success!
nil
user=> (spec/explain :well/even 11)
11 - failed: even? spec: :well/even
nil
user=> (spec/explain :well/even "")
"" - failed: int? spec: :well/even
nil
```

现在我们已经定义了值的可重用规范，我们可以直接在单元测试中应用它们，如下所示：

```
(deftest its-even
    (is (spec/valid? :well/even 4)))

(deftest its-not-even
    (is (not (spec/valid? :well/even 5)))))
```

到目前为止，我们讨论的规范主要集中在单一值的验证上。但是，当我们处理映射时，还要考虑一个额外的因素：所提供的数据结构是否符合我们的预期。我们可以使用 keys 函数来验证这一点。

假设我们正在编写一个剧院票务系统的逻辑，我们希望验证通过这一系统的每张门票都包含 ID 和金额。同时，我们还允许门票包含一个可选的注释字段。我们可以像下面这样定义规范：

```
user=> (spec/def :well/ticket (spec/keys
                                   :req [:ticket/id :ticket/amount]
                                   :opt [:ticket/notes]))
:well/ticket
```

注意，在此示例中，键都使用了 :ticket 命名空间。在 Clojure 语言中，这种命名空间的使用被认为是组织映射键-值对的优秀实践，因为它有助于区分不同类型的票务信息，例如票价和特定场地的可用座位数量。如果需要使用不带命名空间的键，clojure.spec 库提供了 req 等函数的替代版本，例如 req-un，用于处理这种情况。

当我们对映射使用 conform 函数时，它会验证映射中的键是否与规范中定义的键一致。此外，conform 函数还允许在必需的键旁边存在未指定的键，如下所示：

14

```
user=> (spec/conform :well/ticket
                       {:ticket/id 1
                        :ticket/amount 100
                        :ticket/notes "Noted"})
#:ticket{:id 1, :amount 100, :notes "Noted"}

user=> (spec/conform :well/ticket
                       {:ticket/id 1
                        :ticket/amount 100
                        :ticket/other-stuff true})
#:ticket{:id 1, :amount 100, :other-stuff true}

user=> (spec/conform :well/ticket {:ticket/id 1})
:clojure.spec.alpha/invalid
```

通过对键使用命名空间，我们不仅能清晰地表达它们的含义，而且还能与先前的值检查无缝地协同工作。如果某个键名已经注册了规范，那么在我们执行 `conform` 操作时，该键对应的值将自动进行验证，如下所示：

```
user=> (spec/def :ticket/amount int?)
:ticket/amount

user=> (spec/conform :well/ticket
                       {:ticket/id 1 :ticket/amount 100})
#:ticket{:id 1, :amount 100]}

user=> (spec/conform :well/ticket {:ticket/id 1 :ticket/amount "100"})
:clojure.spec.alpha/invalid
```

Clojure 的 `clojure.spec` 库不仅提供了丰富的功能来验证数据，而且还体现了 Clojure 对数据交互方式的深刻理解和关注。

14.3.3 `test.check`

在编写测试时，我们经常会花费大量时间来挑选合适的数据来测试代码。无论是构建具有代表性的对象，还是在验证的边界条件中寻找合适的值，确定要测试的内容都需要投入大量精力。

基于属性的测试（property-based testing）完全改变了这一过程。我们不再依赖于构造测试用例，而是通过定义函数返回为真所需的属性，之后使用随机生成的数据来验证这些属性是否成立。

注意   Haskell 的 QuickCheck 库是较早实现基于属性测试的工具之一。许多关于该测试方法的讨论是围绕它展开的。其他语言也有类似的库，比如 Python 中的 Hypothesis 库。在 Clojure 中，基于属性的测试是通过 `test.check` 库实现的。

与大多数人经历过的传统单元测试相比，基于属性的测试代表了一种重大变化。在传统测试中，我们期望得到确定性的结果。任何测试执行中的不稳定都可能被视为测试编写不当的迹象，需要被根除。

基于属性的测试之所以与众不同，是因为它不仅允许而且依赖于随机数据。虽然输入是随机的，但测试失败并不一定意味着测试本身有问题，而是反映了我们对系统的理解不足，即我们所定义的属性可能是错误的。实际上，这种测试可以发现手动选择的数据可能遗漏的边缘情况。

不过，这并不意味着我们应该完全放弃传统的单元测试。基于属性的测试可以作为传统测试的补充，特别是在数据输入具有多样性和复杂性，容易导致错误的情况下。

与 clojure.test 和 clojure.spec 不同，test.check 是一个独立的包，不在 Clojure 的标准库中。在 REPL 中使用它之前，我们需要先声明对它的依赖。最简单的方法是在运行 clj 的同一目录下创建一个名为 deps.edn 的文件，该文件会指示 Clojure 从 Maven 存储库下载 test.check 包，如下所示：

```
{
  :deps { org.clojure/test.check {:mvn/version "1.1.0"}}
}
```

在创建了 deps.edn 文件后，需要重新启动 clj REPL。第一次启动 REPL 时，你会看到消息，表明它正在下载必要的 JAR 文件。

基于属性的测试分为两个主要部分：如何定义属性以检查代码，以及如何生成随机数据来测试这些属性。让我们从配置数据生成器开始，这可以帮助我们确定需要验证的属性。

test.check 主要支持在生成器包中创建随机数据。我们可以拉入整个包，并为其指定别名 gen，以减少后续的输入。

```
user=> (require '[clojure.test.check.generators :as gen])
nil
```

test.check 提供两个核心函数来生成随机数据：generate 和 sample。generate 用于生成单个随机值，而 sample 则用于生成一组随机值。这些函数都需要一个生成器，其中许多是内置的。例如，我们可以使用这两个函数生成一个随机布尔值来模拟抛硬币的结果：

```
user=> (gen/generate gen/boolean)
false

user=> (gen/sample gen/boolean)
(true false true false false false true true false false)

user=> (gen/sample gen/boolean 5)
(true true true true true)
```

在 Clojure 中，test.check 库提供了一组基本的生成器，用于生成各种基本类型的随机值。以下是一些生成器的用法示例：

```
user=> (gen/sample gen/nat)          ←—— 数值较小的（非负）自然整数
(0 1 0 2 3 5 5 7 4 5)

user=> (gen/sample gen/small-integer)   ←—— 数值较小的整数，包含负数
(0 -1 1 1 2 4 0 5 -7 -8)
```

```
user=> (gen/sample gen/large-integer)    ←—— 数值较大的整数，包含负数
(-1 0 -1 -3 3 -1 -8 9 26 -249)

user=> (gen/sample (gen/choose 10 20))   ←—— 从提供的区间选择整数值
(11 20 17 16 11 16 14 19 14 13)
                                         ┌— Clojure 支持的任何值
user=> (gen/sample gen/any)    ←————————┘
(#{} (true) (-3.0) () (Xs/B 553N -4460N) {} #{-3 W_/R? :? \} () #{} [])
                                         ┌— 任何合法的 Clojure 字符串值
user=> (gen/sample gen/string)  ←————————┘
("" "" "" "ØI_" "" "rý" "?HODÄ" "?fýí'ß" "ü<Ò29eXÔ" "?ÅÆk0®<")
                                              ┌— 由字母（包括大写字母和小写字母）
user=> (gen/sample gen/string-alphanumeric)  ←┘  和数字组成的任意字符串
("" "" "3" "G" "pB9" "e2" "oRt98" "18" "T61T75k4" "b8505NXt")

user=> (gen/sample (gen/elements [:a :b :c]))    ←—— 从列表元素中选择
(:b :c :b :a :c :b :a :c :a :b)
                                           ┌— 根据所提供的生成器创建一个列表
user=> (gen/sample (gen/list gen/nat))  ←—┘
(() (1) (1) (0 2 1) (0 3) (3 3) (1) (1 6 5 1 2 4 4) (4 7 3 4 7 0) (3 2))
```

这些生成器可以用于一种称为模糊测试的测试类型。在安全领域中，模糊测试是一种常用的方法，它通过向系统提供各种各样，尤其是无效的数据，来观察系统在何处出现崩溃。通常，我们测试的例子缺乏足够的想象力，特别是在涉及外部输入时。生成器为我们提供了一种简单的方式，使用我们未曾想到的数据来增强测试的有效性。

设想我们的票务应用程序允许用户在购买门票时为注释输入文本。我们希望能从这些文本中提取关键字。考虑到应用程序是面向互联网用户的，我们绝对不希望该函数抛出任何异常。我们可以像下面这样采取模糊测试的方法：

```
user=> (defn validate-input [s]
; imagine implementation here that should never throw
)
#'user/validate-input
                                    ┌— doall 方法可以确保 Clojure 不会因为
                                    │  映射的返回值未被使用而采用懒惰求
user=> (deftest never-throws       │  值策略，从而避免忽略任何计算
        (doall (map (gen/sample gen/string)  ←┘
                    validate-input)))

user=> (run-tests)

Testing user

Ran 1 tests containing 0 assertions.
0 failures, 0 errors.
{:test 1, :pass 0, :fail 0, :error 0, :type :summary}
```

模糊测试可能是有用的第一步，但对于我们的函数来说，显然还有比"不会意外崩溃"更重要的属性。

还是以剧院票务系统为例，剧院老板现在对一个新功能感兴趣，即允许人们为他们愿意支付的门票出价。我们从一家机器学习咨询公司购买了一个复杂的算法，以最大限度地提高在给定出

价范围内购买门票的人数。该算法保证它不会提供超出用户出价范围的门票价格。

　　尽管我们还没有收到这个算法的实际代码，但是我们想提前做好准备，以便在代码到达时能够立即对其检查。在此之前，我们已经提供了一个存根实现，如下所示。它给出一个出价列表，并将随机选择一个出价：

```
user=> (defn bid-price [prices] (rand-nth prices))
#'user/bid-price
user=> user=> (bid-price [1 2 3])
1
user=> (bid-price [1 2 3])
3
```

　　让我们看看如何使用 test.check 来定义投标函数的属性。除了之前介绍的生成器，我们还需要用到 clojure.test.check 和 clojure.test.check.properties 这两个库中的函数，代码如下所示：

```
user=>(require '[clojure.test.check :as tc])
nil

user=>(require '[clojure.test.check.properties :as prop])
nil
```

　　我们定义的第一个属性对于剧院老板来说至关重要，它确保了我们不会返回低于已投注价格的价格。这一属性可以通过以下代码来定义：

```
user=>(def bigger-than-minimum
  (prop/for-all [prices (gen/not-empty (gen/list gen/nat))]
    (<= (apply min prices) (bid-price prices))))
#'user/bigger-than-minimum
```

　　这段简短的代码包含了许多逻辑，让我们逐一解析。首先，def bigger-than-minimum 为该属性命名，以便后续引用。需要注意的是，这一行仅定义了该属性，并未立即执行对投注价格的检查。

　　然后，我们声明了 prop/for-all，这行代码展示了如何定义我们希望检查的属性。接下来，我们使用了一个列表来定义生成数据的方式以及如何进行数据绑定。在 [prices (gen/not-empty (gen/list gen/nat))] 中，prices 会从后面的生成语句中获取生成的值。在这个例子中，我们生成的是一个非空的、包含非负自然整数的列表。

　　最后一行才是与属性相关的实际逻辑。(<= (apply min prices) (bid-price prices)) 会计算生成列表中最小值，并对该列表中的每个元素调用 bid-price 函数，确保 bid-price 返回的值不小于最小值。

　　现在，我们可以通过 test.check 生成一系列的值并执行属性检查。quick-check 函数需要传入迭代次数和待检查的属性作为参数，代码如下所示：

```
user=> (tc/quick-check 100 bigger-than-minimum)
{:result true, :pass? true, :num-tests 100,
 :time-elapsed-ms 13, :seed 1631172881794}
```

属性检查成功通过！不过，又来了一个新需求——不要返回一个比所有人的投注都高的价格。通过对现有逻辑进行简单的扩展，我们能够满足这一需求，代码如下所示：

```
user=>(def smaller-than-maximum
  (prop/for-all [prices (gen/not-empty (gen/list gen/nat))]
    (>= (apply max prices) (bid-price prices))))
#'user/smaller-than-maximum

user=>(tc/quick-check 100 smaller-than-maximum)
{:result true, :pass? true, :num-tests 100,
 :time-elapsed-ms 13, :seed 1631173295156}
```

属性成功通过测试是件好事。接下来，让我们故意在属性中引入一些破坏性的变化，看看会发生什么。一个简单的方法是在投标函数中引入一个微小的更改，然后重新检查属性，如下所示：

```
user=>(defn bid-price [prices] (+ (rand-nth prices) 2))
#'user/bid-price

user=>(tc/quick-check 100 smaller-than-maximum)
{:shrunk {:total-nodes-visited 3, :depth 1, :pass? false, :result false,
:result-data nil, :time-shrinking-ms 1, :smallest [(0)]},
:failed-after-ms 5, :num-tests 1, :seed 1631173486892, :fail [(2)] }
```

现在，我们看到了不同的结果。正如我们所预料的，属性检查失败了，而且我们获得了所有关于失败示例的信息。特别是，`:smallest [(0)]`键显示了在运行过程中精确的失败值。我们在之前的测试结果中也看到了`:seed`。如果我们想用生成的相同值再次运行属性检查，我们可以这样传递 `seed` 值：

```
user=>(tc/quick-check 100 smaller-than-maximum
        :seed 1631173486892)              ◄── 传递与之前相同的
{:shrunk {:total-nodes-visited 3, :depth 1, :pass? false, :result false,      seed 值以获得相同
:result-data nil, :time-shrinking-ms 1, :smallest [(0)]},                     的失败结果
:failed-after-ms 5, :num-tests 1, :seed 1631173486892, :fail [(2)] }
```

在响应过程中，值得关注的是`:shrunk` 键。当 `test.check` 检测到失败时，它不会只是停止并报告这个失败。它会启动一个精简过程——从导致失败的生成数据中创建一个更小的示例集合，其目的是定位到一个最小的测试案例。这种方法对于处理更复杂的随机数据特别有用，因为它能够帮助我们确定一个最小、最简单的输入用例，一旦用其执行测试就会失败。这对于调试工作非常有益。

`test.check` 与 `clojure.test` 库的功能紧密集成，允许开发者使用 `clojure.test` 的工作流程来编写和运行基于属性的测试。`defspec` 函数不仅定义了一个类似于 `deftest` 的测试，还定义了一个属性，如下所示：

```
user=> (require '[clojure.test.check.clojure-test :refer [defspec]])
nil

user=> (defspec smaller-than-maximum
  (prop/for-all [prices (gen/not-empty (gen/list gen/nat))]
```

```
      (>= (apply max prices) (bid-price prices)))))
#'user/smaller-than-maximum

user=> (run-tests)
Testing user
{:result true, :num-tests 100, :seed 1631516389835,
 :time-elapsed-ms 36, :test-var "smaller-than-maximum"}

Ran 1 tests containing 1 assertions.
0 failures, 0 errors.
{:test 1, :pass 1, :fail 0, :error 0, :type :summary}
```

在属性测试中，最困难的部分通常不是编码，而是确定属性本身。尽管我们的剧院票务示例和许多基本算法（如排序）具有明显的属性，但在许多实际场景中，属性并没有那么明确。

以下是在系统中寻找属性的一些思路。

- 验证和边界条件：如果函数具有需要在运行时验证的条件，例如值的范围、列表的长度或字符串的内容，那么这些就是定义属性的合适位置。

- 数据转换：在许多系统中，常见的操作包括在不同格式间转换数据。比如，我们可能从网站请求中接收到一种类型的数据，然后需要在将其存储到数据库之前把它转换为另一种形式。对于这些情况，我们可以定义一些属性，确保数据能够成功转换回其原始形式而不会丢失任何信息。

- 预期输出：有时我们会为现有的功能编写替代实现，这可能是出于提高性能、增强可读性或其他原因。如果我们有一个被认为是"正确"答案的替代实现路径，这可以作为一个属性来源进行比较，即便只是在替代实现的开发过程中也是如此。

14.3.4　`clojure.spec` 和 `test.check`

`test.check` 为 Clojure 中的基础类型提供了丰富的生成器，但在大多数情况下，我们需要处理更复杂的数据结构。为这些复杂的数据类型编写精确的生成器可能既困难又无趣。

幸运的是，`clojure.spec` 可以解决这个问题。`clojure.spec` 允许我们以简明的方式描述高级数据结构，并且它可以自动地将这些结构转换为与 `test.check` 兼容的生成器——如果试图手动完成这项任务，那么工作会变得非常烦琐。

让我们再看看下面的这段代码，它定义了票务结构，同时涵盖了映射需求和值约束：

```
user=> (spec/def :well/ticket (spec/keys
                                  :req [:ticket/id :ticket/amount]
                                  :opt [:ticket/notes]))
:well/ticket

user=> (spec/def :ticket/amount int?)
:ticket/amount

user=> (spec/def :ticket/id int?)
:ticket/id
```

14

```
user=> (spec/def :ticket/notes string?)
:ticket/notes
```

clojure.spec.alpha 中的 gen 函数会将 spec 转换为生成器。然后，我们可以将该生成器传递给之前使用的 test.check 函数，以创建随机数据，如下所示：

```
user=> (gen/generate (spec/gen :well/ticket))
#:ticket{:notes "fZBvSkOAWERawpNz", :id -3, :amount 233194633}
```

这个随机生成的票务数据显示了我们在规范中可能忽视的问题：我们真的希望 ID 是负数吗？我们应该为票面金额强制限定一个范围吗？看来，在规范测试方面，我们还有很多工作要做。

小结

- 测试方法并非一成不变，不同的技术各有所长。测试代码需要结合多种库和语言，取长补短，充分发挥它们各自的优势。
- 像 Kotlin 和 Clojure 这样的语言，为在 Java 中难以完成的测试提供了新的可能性。
- 集成测试（涉及与数据存储及其他服务交互的测试）通常既烦琐又容易出错。Testcontainers 利用第 12 章介绍的容器技术，为外部依赖提供了顺畅的集成方式。
- 我们如何描述规范会影响我们对系统的理解。Kotlin 中的 Spek 及其他规范风格的测试框架提供了一种新的选择，程序员在进行测试时不再局限于使用以代码为中心的 JUnit。规范测试风格为提高沟通效率提供了巨大帮助。最后，我们探讨了一种全新的测试方法，即在 Clojure 中使用基于属性的测试方法，而非传统的"编写一个示例并检查结果"的方法。通过生成随机数据、定义系统的全局属性，以及最小化测试失败用例，基于属性的测试为确保系统质量开辟了新途径。

Part 5

## 第五部分

Java 世界的前沿展望

本部分汇集了本书其他部分提及的多种技术和概念。

继第 10 章对 Clojure 的介绍后，我们将深入探讨函数式编程，不再局限于 map-filter-reduce 等基础知识。我们将详细了解为什么 Java 的设计和历史对函数式风格造成了一些障碍。然后，我们将进一步了解如何在 Kotlin 和 Clojure 中融入函数式语言的更高级技术，以简化和强化代码编写。

基于第二部分的并发主题，我们还将看到构建安全、高性能应用程序的其他可能性。从 Java 最近引入的 Fork/Join 等功能，到 Kotlin 的协程和 Clojure 的代理，你将获得更多管理现代计算的多核、多线程世界的选项。

从这里开始，你将深入 JVM 的内部结构进行学习。如果你想知道为什么反射很慢，或者动态语言如何在 JVM 上运行，那么第 17 章将为你解答这些疑问。

最后，你将了解当前主要的 OpenJDK 项目、它们的目标是什么，以及在未来版本中对这些项目的预期。

## 第 15 章

高级函数式编程

15

本章重点

❑ 函数式编程的概念

❑ Java 中函数式编程的局限性

❑ Kotlin 中的高级函数式编程

❑ Clojure 中的高级函数式编程

我们在本书的前面部分已经接触了**函数式编程**（functional programming，FP）。但在本章中，我们想把这些线索整合起来，更深入地探讨这一主题。尽管业界关于函数式编程的讨论众多，但它仍然是一个不太明确的概念。唯一达成共识的一点是，在函数式编程语言中，代码可以表示为一等数据项，也就是说，我们可以将函数（一段延迟计算）作为值赋给一个变量，它能作为参数传递给其他函数，或者作为函数的返回值。

当然，这个定义非常宽泛——实际上，在过去的 30 年中，大多数主流编程语言（极少数除外）符合这个定义。所以，当不同的程序员群体讨论 FP 时，他们讨论的可能是不同的概念。每个群体对其他语言属性都有不同的、默认的理解，这些属性也被视为隐含在“FP”这一术语之内。

换句话说，与面向对象编程类似，对于什么是函数式编程语言并没有统一的基本定义。或者说，如果将所有编程语言都视为包含函数式编程的特性，那么“函数式编程语言”这个概念本身就失去了其区别性和特殊意义。建议有经验的开发人员可以将编程语言视为在一个轴上的不同位置（或者更准确地说，将其视为多维特征空间中的一个点）。一种语言只是比其他语言或多或少地具有函数式编程特征——并没有一个绝对的衡量标准。下面，让我们深入探讨函数式编程语言通用工具箱中的一些概念，这些概念超越了“代码即数据”的简单概念。

15.1　函数式编程的概念

在接下来的内容中，我们将频繁提到“函数”这一术语，尽管 Java 和 JVM 并没有这个概念——所有可执行代码都必须表示为在类中定义、链接和加载的方法。但是，其他非 JVM 语言对可执行代码的理解有所不同。所以当我们在本章中提到“函数”时，应理解为一段大致对应于 Java 中方法的可执行代码。

15.1.1 纯函数

纯函数（pure function）是不改变任何外部状态的函数。这类函数也常被称为**没有副作用的函数**，其行为类似于数学中的函数：接受参数且不影响这些参数，返回的结果仅依赖传入的值。

与纯度概念相关的概念是**引用透明**（referential transparency）。可惜的是，这个概念与 Java 程序员所熟悉的引用概念不同。引用透明意味着一个函数调用可以用具有相同参数的该函数先前调用的结果替换。

显然，所有纯函数都是引用透明的，但也可能存在一些不纯却是引用透明的函数。要合理地将非纯函数视为引用透明的，通常需要依赖代码分析。纯粹性关注代码层面，而不可变性则关注数据层面，这是接下来要谈论的另一个 FP 概念。

15.1.2 不可变性

不可变性（immutability）是指在对象创建之后，其状态不能被更改。Java 的默认设置是对象是可变的。在 Java 中，关键字 `final` 用于防止字段在创建后被修改。其他语言可能更倾向于不可变性，并以各种方式表达这种偏好——例如 Rust，它要求程序员使用 `mut` 修饰符显式声明变量的可变性。

不可变性简化了代码推理过程：对象有一个简单的状态模型，因为它们只在唯一且永久的状态中构造。除此之外，这意味着它们可以被安全地复制和共享，甚至在多线程环境中也是如此。

注意 我们可能会质疑：是否存在"几乎不可变"的数据结构，它们能保持不可变性的一些（或者大多数）优势吗？实际上，我们已经接触到的 Java `CompletableFuture` 类就是不可变数据结构的一个例子。我们将在第 16 章中对此进行更多的讨论。

一个结果是，由于不可变对象不能被修改，因此在系统中表示状态变化的唯一方法是由现有的一个不可变值开始，构建一个全新的、或多或少相同但某些字段已更改的不可变值——通常我们可以通过 wither 方法实现（也就是使用 `with*()` 方法）。

例如，`java.time` API 广泛采用不可变数据结构，并可以通过如下方式使用 `with*()` 方法创建新实例：

```
LocalDate ld = LocalDate.of(1984, Month.APRIL, 13);
LocalDate dec = ld.withMonth(12);
System.out.println(dec);
```

这种不可变方法带来了一些后果，特别是对内存子系统可能产生巨大影响，因为创建修改后的值时必须复制旧值的组件，这意味着从性能的角度来看，就地修改通常更为高效。

15.1.3 高阶函数

高阶函数的概念其实很简单，其核心思想可以这样描述：如果一个函数可以被当作数据项来

15

处理，那么它就应该能够像其他任何值一样被使用。

我们可以将高阶函数定义为满足以下一个或两个条件的函数：

❑ 接受函数值作为参数；

❑ 返回函数值作为结果。

以一个静态方法为例，它接受一个 Java String 参数并生成一个函数对象，如下所示：

```
public static Function<String, String> makePrefixer(String prefix) {
    return s -> prefix +": "+ s;
}
```

这是创建函数对象的一种简便方式。下面，我们将这个函数对象与另一个静态方法结合使用，如下所示。这次接受一个函数对象作为参数：

```
public static String doubleApplier(String input,
                                   Function<String, String> f) {
    return f.apply(f.apply(input));
}
```

以下是一个简单的应用示例：

```
var f = makePrefixer("NaNa");        创建一个
                                     函数对象
System.out.println(doubleApplier("Batman", f));
```

将该函数对象
作为参数传递
给另一个方法

但这只是 Java 中高阶函数应用的冰山一角，我们将在后面进一步探讨。

15.1.4　递归

递归函数（recursive function）是一种在其代码路径上至少调用自身的函数。这引出了编程界一个经典的幽默说法："要想理解递归，首先得理解递归。"

为了更严谨地表达，我们可以这样描述：要理解递归，必须首先理解以下两点。

(1) 递归的概念。

(2) 在物理可实现的系统中，每条递归调用链最终都必须终止并返回一个值。

第 2 点尤为关键：编程语言使用调用栈来支持函数间的相互调用，这会占用内存空间。因此，递归存在一个问题，即深层次的递归调用可能会消耗大量内存，甚至导致程序崩溃。

从理论计算机科学的角度来看，递归是一个既重要又有趣的主题，原因众多，其中最为重要的一个原因是，递归是探索计算理论和**图灵完备**（Turing completeness）等概念的基础。图灵完备大致是指所有非平凡的计算系统都具有相同的执行计算的理论能力。

15.1.5　闭包

闭包（closure）通常被定义为一个 lambda 表达式，它能够从周围的上下文中"捕获"某些状态。为了充分理解这个定义，我们需要解释"捕获"这一概念的含义。

当我们创建一个值并将其赋值（或绑定）给一个局部变量时，该变量便存在于某个作用域内，并可以在后续代码中的某个点被引用。后面的点很可能是声明变量的函数或代码块的末尾。变量有效并可以被引用的代码区域被称为变量的作用域。

当我们创建一个函数值时，函数体内声明的局部变量在函数值被调用期间仍将处于其作用域内，而函数值的调用发生在函数值声明之后。如果在函数值的声明中，我们引用了函数体作用域之外声明的变量（或其他状态，如字段），则称该状态被该函数值进行了闭包，该函数值被称为闭包。

当后续调用闭包时，它仍然可以完全访问它所捕获的变量，即使调用发生在与变量声明不同的作用域中。

以下是一个 Java 中的示例：

```
public static Function<Integer, Integer> closure() {
    var atomic = new AtomicInteger(0);
    return i -> atomic.addAndGet(i);
}
```

这个静态方法是一个高阶函数，它返回一个闭包。之所以称其为闭包，是因为它返回了一个 lambda 表达式，该表达式引用了在方法内部声明为局部变量的 atomic。换句话说，atomic 是在 lambda 表达式自身的作用域之外声明的。可以多次调用 closure() 方法返回的闭包，并且每次调用都会更新和聚合其内部状态。

15.1.6 惰性求值

我们在第 10 章中提到了**惰性求值**（lazy evaluation）。简而言之，惰性求值是一种计算策略，它将表达式的求值过程推迟到实际需要使用该值的时候。与此相对的是**及早求值**（eager evaluation）或**严格求值**（strict evaluation），这种策略是在表达式被创建时立即进行计算。

惰性求值的核心思想相当简单：非必要的工作，可以暂缓执行。尽管这个概念听起来简单，但它对程序设计的方式和执行过程都有着深刻的影响，其中最关键且复杂的一个方面是，程序需要追踪哪些任务已经完成了，哪些尚未开始。

并非所有编程语言都支持惰性求值，许多程序员可能截至目前只使用过及早求值，但这并不是什么大问题。

例如，Java 语言并没有在通用语言层面上提供对惰性求值的支持，因此，不太容易提供一个清晰的示例。在介绍 Kotlin 时，我们将提供一个具体的惰性求值示例。

尽管惰性求值并非 Java 语言的内置特性，但在函数式编程中，它是一个常用且强大的特性。实际上，像 Haskell 这样的函数式编程语言，天然就支持惰性求值。

15.1.7 柯里化与部分执行

"柯里化"（currying）这个名字听起来可能让人联想到某种食物，但实际上它与食物无关。它是一种编程技术，是以美国逻辑学家 Haskell Curry 的姓氏命名的（Haskell 编程语言也是以他的名字命名的）。为了阐述这个概念，让我们从一个具体的例子入手。

15

考虑一个采用及早求值策略的纯函数，它需要两个参数。当我们提供这两个参数时，函数会返回一个值，而且由于引用透明，函数调用可以被其结果值所替代。但如果我们只提供一个参数而不是两个呢？

直观上讲，我们可以认为这实际上创建了一个新函数，这个新函数只需要一个参数就能计算出结果。这样的新函数被称为柯里化函数（curried function）或部分应用的函数（partially-applied function）。由于 Java 并不直接支持柯里化，我们将在本章后面提供具体示例。

更进一步说，某些编程语言支持多重参数列表的概念（或者提供语法糖来模拟这一特性）。在这种情况下，我们可以将柯里化视为对函数的一种转换。在数学符号表示中，我们将一个多参数函数 f(a, b) 转换成可以依次调用的形式 g(a)(b)，其中 g(a) 是部分应用后的函数。

显然，不同编程语言对函数式编程概念的支持程度各不相同。例如，Clojure 对我们讨论过的许多概念提供了良好的支持。但 Java 在这一点上大为不同，我们将在 15.2 节中详细介绍。

15.2　Java 作为一门函数式语言的局限性

让我们先从好的一面开始说起，尽管可能也不算太好。Java 通过 java.util.function 中的类型，以及运行时提供的内省支持（如反射和方法句柄），确实降低了"代码即数据"的门槛。

> **注意**　使用内部类来模拟函数对象的技术早在 Java 8 之前就已经存在，例如在 Google Guava 库中。因此 Java 在"代码即数据"方面的能力并非始于该版本。

自 Java 8 开始，该语言通过引入流和一系列有限的延迟操作等特性，略微加强了对函数式编程的支持。但是，尽管流的出现带来了一定的改进，Java 仍然不是天然的函数式编程语言，这主要是由平台的历史和数十年的设计决策所导致的。

> **注意**　我们应该理解的是，Java 作为一种已经发展了超过 25 年并经历了大量迭代和改进的命令式语言，仍然保持着向后兼容性。这种特性使它得以在开发领域生存和不断发展。Java 的某些 API 为函数式编程、不可变数据等提供了支持，但也有一些 API 无法提供支持。因此，在使用 Java 时，我们必须接受这种现实。

总体来说，对于 Java，最准确的描述或许是"一种具备一些函数式编程特性的编程语言"。它具备实现函数式编程所需的基础功能，并通过 Streams API 为开发者提供了实现过滤—映射—归约（filter-map-reduce）等基本模式的途径。但是，大多数高级函数式编程特性在 Java 中要么不完整，要么完全缺失。下面，让我们详细地探讨这方面的内容。

15.2.1　纯函数

正如我们在第 4 章中所讨论的，Java 字节码可以执行多种类型的操作，包括算术运算、栈操作、流程控制，以及调用和数据存储与检索。对于熟悉 JVM 字节码的开发人员来说，这意味着我们可以通过考虑字节码的影响来评估方法的纯度。具体而言，在 JVM 语言中，纯方法应该满足以下条件：

- 不修改对象或静态状态（不包含 `putfield` 或 `putstatic`）；
- 不依赖外部可变对象或静态状态；
- 不调用任何非纯函数。

这些条件相当严格，强调了使用 JVM 作为纯函数式编程基础所面临的挑战。

此外，JDK 中还存在一些关于接口语义的问题。例如，`Callable`（位于 `java.util.concurrent` 包中）和 `Supplier`（位于 `java.util.function` 包中）这两个接口在功能上非常相似：它们都执行某些计算并返回一个值，如下所示：

```
@FunctionalInterface
public interface Callable<V> {
    V call() throws Exception;
}

@FunctionalInterface
public interface Supplier<T> {
    T get();
}
```

这两个接口都被标记为 `@FunctionalInterface`，并且通常用作 lambda 表达式的目标类型。尽管它们的签名相同，但在处理异常方面有所不同。

不过，它们可以被视为具有不同角色的接口：`Callable` 意味着在所调用的代码中可能需要进行大量的工作来创建将返回的值；`Supplier` 这个名称似乎意味着更少的工作——可能只需返回一个缓存值即可。

15.2.2 可变性

Java 语言的特性之一是其可变性，这一特点自 Java 语言的设计初期便被融入其中。这种设计，部分是由历史原因造成的。20 世纪 90 年代末，也就是 Java 诞生的时期，计算机在内存方面（以现代的标准来看）非常受限。如果采用不可变的数据模型，将极大地增加内存管理子系统的压力，并导致更频繁的垃圾回收事件，从而显著降低系统的整体吞吐量。

因此，Java 的设计倾向于通过修改数据而非创建数据的副本来实现可变性。所以，原地修改可以被视为 25 年前基于性能考虑的设计选择。

但是，情况比这还要糟糕。Java 通过引用来传递所有组合数据，而 `final` 关键字应用于引用本身，而不是数据本身。例如，当 `final` 应用于字段时，该字段只能被赋值一次。

这表明，即使一个对象拥有所有 `final` 字段，该对象仍然可能包含指向其他对象的 `final` 引用，而这些对象可能具有非 `final` 字段。因此，对象的复合状态仍然可能是可变的。正如我们在第 5 章中讨论的那样，这导致了所谓"浅不可变性"问题。

15

注意 对于 C++ 程序员，Java 没有 const 的概念，尽管 const 作为一个（未被使用的）关键字存在于 Java 中。

例如，以下是我们在第 5 章中讨论的不可变 Deposit 类的略微增强版：

```
public final class Deposit implements Comparable<Deposit> {
    private final double amount;
    private final LocalDate date;
    private final Account payee;

    private Deposit(double amount, LocalDate date, Account payee) {
        this.amount = amount;
        this.date = date;
        this.payee = payee;
    }

    @Override
    public int compareTo(Deposit other) {
        return Comparator.nullsFirst(LocalDate::compareTo)
                        .compare(this.date, other.date);
    }

    // 方法省略
}
```

该类的不可变性建立在 Account 类及其所有传递依赖也是不可变的前提下。然而，这表明存在一定的限制——从根本上讲，Java 和 JVM 的数据模型并不原生支持不可变性。

在字节码层面，我们可以看到 final 字段出现在字段元数据中，如下所示：

```
$ javap -c -p out/production/resources/ch13/Deposit.class
Compiled from "Deposit.java"
public final class ch13.Deposit
    implements java.lang.Comparable<ch13.Deposit> {

    private final double amount;

    private final java.time.LocalDate date;

    private final ch13.Account payee;

    // ...
}
```

在 Java 中尝试维持不可变状态，就像试图在漏水的船上舀水。我们必须逐一检查每个引用是否可变，一旦有所遗漏，整个对象图都可能变得可变。

更糟糕的是，JVM 的反射和其他子系统提供了绕过不可变性的方式，如下所示：

```
var account = new Account(100);
var deposit = Deposit.of(42.0, LocalDate.now(), account);
try {
    Field f = Deposit.class.getDeclaredField("amount");
```

```
        f.setAccessible(true);
        f.setDouble(deposit, 21.0);
        System.out.println("Value: "+ deposit.amount());
    } catch (NoSuchFieldException e) {
        e.printStackTrace();
    } catch (IllegalAccessException e) {
        e.printStackTrace();
    }
```

综上所述，这表明 Java 和 JVM 都不提供专门的支持，以便使用不可变数据进行编程。对于那些严格要求不可变性的语言，如 Clojure，它们必须在特定的语言环境中完成大量的工作来实现这一特性。

15.2.3 高阶函数

高阶函数对于 Java 程序员来说并不陌生。我们之前已经展示过一个静态方法 makePrefixer() 的示例，该方法接收一个前缀字符串作为输入，并返回一个函数对象。下面，我们将重新实现这段代码，这次使用函数对象来替代静态工厂方法，如下所示：

```
Function<String, Function<String, String>> prefixer =
                                    prefix -> s -> prefix +": "+ s;
```

刚开始看这段代码时，你可能会觉得摸不着头脑，难以理解。为了便于理解，我们可以添加一些额外的语句使之更容易理解，尽管这些新增语句并非必需的：

```
Function<String, Function<String, String>> prefixer = prefix -> {
    return s -> prefix +": "+ s;
};
```

在上面扩展的代码中，我们可以看到 prefix 实际上是传递给函数的参数，而返回的值是一个 lambda 表达式（在 Java 中，这实际上是一个闭包），它实现了 Function<String, String> 接口。

请注意 Function<String, Function<String, String>> 的类型声明方式，它包含了两个类型参数，分别定义了输入和输出的类型。第二个（输出）类型参数本身又是一个函数类型。这是在 Java 语言中识别高阶函数的一种方式，即一个函数的参数类型是另一个函数。

最后，想要强调的是，语法格式很重要。毕竟，函数对象可以通过匿名内部类的方式实现，如下所示：

```
public class PrefixerOld
    implements Function<String, Function<String, String>> {


    @Override
    public Function<String, String> apply(String prefix) {
        return new Function<String, String>() {
            @Override
            public String apply(String s) {
                return prefix +": "+ s;
```

15

```
            }
        };
    }
}
```

如果 Function 类型在 Java 5 的年代就已存在，那么这段代码甚至在 Java 5 中也能正常运行，前提是要移除注解和泛型。实际上，这段代码在 Java 1.1 中也是合法的，只要去掉注解和泛型。但是，提及这些细节并不能为我们的讨论增添实质性的内容。这段代码的结构并不直观，这可能是许多程序员认为 Java 的函数式编程支持始于 Java 8 的原因之一。

15.2.4　递归

javac 编译器能够以直观且高效的方式将 Java 源代码转换为字节码。接下来，我们看看如何将递归调用转换为字节码。

```
public static long simpleFactorial(long n) {
    if (n <= 0) {
        return 1;
    } else {
        return n * simpleFactorial(n - 1);
    }
}
```

转换后的字节码如下所示：

```
public static long simpleFactorial(long);
    Code:
        0: lload_0
        1: lconst_0
        2: lcmp
        3: ifgt          8
        6: lconst_1
        7: lreturn
        8: lload_0
        9: lload_0
       10: lconst_1
       11: lsub
       12: invokestatic  #37              // 这里是 simpleFactorial: (J)J 方法
       15: lmul
       16: lreturn
```

当然，这种递归方法存在一些重大局限。例如，调用 simpleFactorial(100000)将导致 StackOverflowError 异常，因为每次递归调用都会在栈上添加一个额外的解释器帧。

注意　递归方法是指调用自身的方法，而尾递归方法指自身调用是该方法所做的最后一件事。

为了避免递归调用，我们可以尝试将阶乘代码重写为尾递归形式。在 Java 中，最简单的方式是通过一个私有助手方法来实现，如下所示：

```
public static long tailrecFactorial(long n) {
    if (n <= 0) {
        return 1;
    }
    return helpFact(n, 1);
}

private static long helpFact(long i, long j) {
    if (i == 0) {
        return j;
    }
    return helpFact(i - 1, i * j);
}
```

入口方法 tailrecFactorial() 并不直接进行递归；它仅仅是设置了一个尾递归调用，并将更复杂的签名细节隐藏在用户背后。该方法的字节码结构相对简单，但为了完整性，我们将其展示如下：

```
public static long tailrecFactorial(long);
    Code:
        0: lload_0
        1: lconst_0
        2: lcmp
        3: ifgt          8
        6: lconst_1
        7: lreturn
        8: lload_0
        9: lconst_1
       10: invokestatic  #49          // 这里是 helpFact:(JJ)J 方法
       13: lreturn
```

正如你所看到的，字节码中并没有循环结构，只有一个分支 if 语句（位于第 3 个字节码位置）。真正的操作（以及递归）发生在 helpFact() 方法中。尽管如此，javac 编译器仍然会将这段代码编译成包含递归调用的字节码，如下所示：

```
private static long helpFact(long, long);
    Code:
        0: lload_0
        1: lconst_0
        2: lcmp
        3: ifne          8    长整型为 8 字节，因此每个需要
        6: lload_2       ◄─   使用两个局部变量的槽位
        7: lreturn       ◄──── 从 i==0 的路径返回
        8: lload_0
        9: lconst_1
       10: lsub
       11: lload_0
       12: lload_2
       13: lmul
       14: invokestatic  #49  // 这里是 helpFact:(JJ)J 方法 ◄──── 尾递归调用
       17: lreturn
```

然而，在这种形式下，我们现在可以看到该方法有两条执行路径。简单的情况是当 i == 0 时，从字节码 0 开始，经过第 3 处的 if 条件分支，并在字节码第 7 处返回 j。对于更一般的情况，执行路径从字节码 0 开始，经过第 3 处的 if 条件分支，然后从字节码 8 处开始执行，直到字节码 14 处触发递归调用。

因此，在唯一具有方法调用的路径上，调用是递归的，并且总是在返回之前最后发生的——也就是说，该调用位于尾位置。但是，它可以通过编译成以下字节码来避免进行递归调用：

```
private static long helpFact(long, long);
    Code:
        0: lload_0
        1: lconst_0
        2: lcmp
        3: ifne        8      长整型为 8 字节，因此每个需要
        6: lload_2     ←      使用两个局部变量的槽位
        7: lreturn     ←——   从 i==0 的路径返回
        8: lload_0
        9: lconst_1
       10: lsub
       11: lload_0
       12: lload_2
       13: lmul
       14: lstore_2    重置局部变量的值
       15: lstore_0
       16: goto        0      ←——   跳转到方法的开始位置
```

下面，我们来看看不好的一面。尽管这是可行的，但 javac 编译器不会自动执行此操作。这再次体现了编译器是如何尝试将 Java 源代码精确地转换为字节码的。

注意　本书的 Resources 项目中提供了一个使用 ASM 库生成实现先前字节码序列的类示例，因为 javac 不会从递归代码中生成该字节码。

为了论述的完整性，我们应当指出，在实践中，使用递归调用而不是递归方法来处理长整型的阶乘函数并不会引发问题，因为阶乘的结果增长得非常快，在达到任何栈大小限制之前，其值就会溢出 long 类型的可用空间。

```
$ java TailRecFactorial 20
2432902008176640000

$ jshell
jshell> 2432902008176640000L + 0.0
$1 ==> 2.43290200817664E18

jshell> Long.MAX_VALUE + 0.0
$2 ==> 9.223372036854776E18
```

因此，阶乘在达到 21 时，就已经大于 JVM 可以表示的最大正长整型数值。不过，尽管在这个特定的简单示例中，我们可能不会遇到问题，但它并不能改变一个事实：Java 中的所有递归算

法都存在潜在的栈溢出风险。

这个具体的问题源于 Java 语言本身，而不是来自 JVM。其他在 JVM 上运行的语言可以通过使用注解或关键字等方式来处理这种情况，并且确实采用了不同的方法。我们将在讨论 Kotlin 和 Clojure 如何处理递归时看到相关示例。

15.2.5 闭包

正如我们之前所见，闭包本质上是一个捕获了 lambda 声明所在作用域中某些可见状态的表达式，例如：

```
int i = 42;
Function<String, String> f = s -> s + i;
// i = 37;
System.out.println(f.apply("Hello "));
```

当这段代码运行时，它会按预期输出：Hello 42。但是，如果我们取消注释并重新分配 i 值的那一行，代码将无法编译。

为了理解发生这种情况的原因，让我们看一下由代码编译成的字节码。正如我们将在第 17 章中探讨的那样，在 Java 中，lambda 表达式被转换为私有静态方法。在这种情况下，lambda 主体转换成了以下形式：

```
private static java.lang.String lambda$main$0(int, java.lang.String);
    Code:
        0: aload_1
        1: iload_0
        2: invokedynamic #32,  0 // InvokeDynamic #1:makeConcatWithConstants:
                                  // (Ljava/lang/String;I)Ljava/lang/String;
        7: areturn
```

线索源自 lambda$main$0() 的签名。这个签名接受两个参数，而非一个。第一个参数是传入的 i 值，在创建闭包时其值为 42；第二个参数是 lambda 在运行时接收的 String 类型参数。在 Java 中，闭包包含的是值的副本，这些值以位模式存在，无论是原始类型还是对象引用，都不是变量本身。

注意 Java 是一种严格的按值传递语言——在核心语言中，没有通过引用或名称传递的方式。

为了看到在闭包主体作用域之外更改捕获状态的效果（或影响其他作用域中的内容），捕获的状态必须是可变对象，例如：

```
var i = new AtomicInteger(42);                    给可变对象的状态
Function<String, String> f = s -> s + i.get();     重新赋值是可行的
i.set(37);
// i = new AtomicInteger(37);                      这会导致编译失败
System.out.println(f.apply("Hello "));
```

15

实际上，在早期版本的 Java 中，只有那些显式声明为 final 的变量才能被 Java 闭包捕获其值。但是，从 Java 8 开始，这一限制已经放宽，局部变量可以不用显式声明为 final 就能被 lambda 表达式捕获，即使它们实际上并没有添加关键字。

这一变化实质上表现了一个更深层次的问题。JVM 具有共享堆、方法私有局部变量和方法私有评估栈，仅此而已。与其他语言相比，JVM 和 Java 语言都没有**环境**或符号表的概念，也不能传递对其中任何一个条目的引用。

在 JVM 上运行的非 Java 语言必须在其语言运行时中支持这些概念，因为 JVM 不提供任何内置支持。一些编程语言理论家因此认为：Java 提供的不是真正意义上的闭包，因为其需要额外的间接寻址来实现。Java 程序员必须通过改变对象值的状态来更新闭包内的数据，而不能直接更改捕获到的变量。

15.2.6　惰性求值

Java 的核心语言并没有直接为普通值提供惰性求值的一流支持。但是，在 Java Streams API 中，我们可以看到惰性求值的应用，这为编程提供了新的视角和可能性。对于那些希望深入了解 Java Streams API 的读者，附录 B 提供了相关的详细介绍。

注意　惰性求值在 JVM 及其编程环境的某些部分中扮演着重要角色。例如，类加载器在某些情况下会采用延迟加载的方式。

在 Java 集合上调用 stream() 方法确实会产生一个 Stream 对象，它是对元素集合的惰性表示。这种表示方式允许我们对集合中的元素进行延迟操作，直到需要结果时才进行计算。有些流也可以表示为 Java 集合，但流本身更为通用，并不是每个流都可以表示为集合。

让我们再看看 Java 中典型的 filter() 和 map() 流水线：

```
                stream()  filter()  map()       collect()
Collection -> Stream -> Stream -> Stream -> Collection
```

当调用 stream() 方法时，它返回一个 Stream 对象。map() 和 filter() 方法（以及其他大多数 Stream 操作）都是惰性的，即它们不会立即执行操作，而是会推迟到 collect() 方法被调用时。在流水线的末端，collect() 操作将剩余的 Stream 内容实现为 Collection。由于终端操作是立即执行的，所以它会引发整个流水线的执行。整个流水线的执行模式如下：

```
                lazy     lazy     lazy      eager
Collection -> Stream -> Stream -> Stream -> Collection
```

除了将元素收集回集合，平台还完全控制了要评估的流操作的数量。这种控制为一系列在急切方法中无法实现的优化提供了可能。

有时候将 Java 流的惰性函数模式类比成科幻电影中的超空间旅行可能有助于理解。调用 stream() 就像是从"正常空间"跳入一个规则不同（以函数式编程和惰性求值为特点，而非面向对象和急切执行）的超空间领域。

在操作流水线的末端，终端流操作通过将流元素收到一个集合，比如通过 toList() 方法或通过聚合流元素（使用 reduce() 或其他操作），将我们从流的惰性求值世界拉回到 "正常空间"。

使用惰性求值确实要求程序员更加谨慎，但这种责任主要落在库的开发人员身上，例如 JDK 的开发人员。但是，Java 开发人员应当了解并遵循流惰性特征的规则。例如，在实现 java.util.function 包的接口（如 Predicate、Function）时，不应改变内部状态或引起副作用。忽视这一规则可能会导致严重的问题，尤其是当开发人员编写执行此类操作的实现或 lambda 表达式时。

流的另一个重要特性是，流对象（在流操作流水线中使用的 Stream 实例）是单次使用的。一旦流被遍历，它就应该被认为是消耗完毕且无效的。因此，开发人员不应该尝试存储流对象以供后续使用，或者重复使用同一个流对象，这样的行为通常会导致错误，甚至可能引发异常。

注意　　将流对象赋值给临时变量通常被视为一种 "代码异味"。虽然在开发过程中，为了调试涉及复杂泛型的流操作，暂时将流对象存储在临时变量中是可以理解的，但一旦调试完成，务必删除这些临时变量的使用。

流的惰性求值特性还允许对更广泛的数据结构进行建模。例如，结合 Stream.generate() 方法和一个生成函数，我们可以创建出无限流。以下是一个示例：

```java
public class DaySupplier implements Supplier<LocalDate> {
    private LocalDate current = LocalDate.now().plusDays(1);

    @Override
    public LocalDate get() {
        var tmp = current;
        current = current.plusDays(1);
        return tmp;
    }
}

final var tomorrow = new DaySupplier();
Stream.generate(() -> tomorrow.get())
    .limit(10)
    .forEach(System.out::println);
```

这将生成一个无限延续的日期流（如果需要，它可以无限扩展）。由于集合无法在不耗尽存储空间的情况下表示无限的数据集，这一特性凸显了流在数据表示上的广泛性。

该示例同时也显示了 Java 语言的某些限制（例如按值传递）对设计选择的影响。由于 LocalDate 类是不可变的，我们不得不创建一个包含可变字段 current 的类，并在 get() 方法中更新 current 的值，以便生成一个 LocalDate 对象的序列。

在支持按引用传递的语言中，DaySupplier 类就不再是必需的，因为 current 可以直接作为一个与 tomorrow 在同一作用域内声明的局部变量。在这种情况下，tomorrow 可以作为一个 lambda 表达式直接使用。

15

15.2.7   柯里化与部分执行

虽然 Java 语言本身并不直接支持柯里化，但这并不妨碍我们探索如何在现有框架下实现这一概念。以 java.util.function 包中的 BiFunction 接口为例，其声明如下：

```
@FunctionalInterface
public interface BiFunction<T, U, R> {
    R apply(T t, U u);

    default <V> BiFunction<T, U, V> andThen(
                            Function<? super R, ? extends V> after) {

        Objects.requireNonNull(after);
        return (T t, U u) -> after.apply(apply(t, u));
    }
}
```

在这段代码中，我们利用了接口的默认方法特性来定义 andThen() 方法——这是 BiFunction 标准的 apply() 方法之外新增的一个补充方法。同样的技术可以用来提供对柯里化的一些支持，例如，通过定义以下两个新的默认方法来实现：

```
default Function<U, R> curryLeft(T t) {
        return u -> this.apply(t, u);
    }

default Function<T, R> curryRight(U u) {
        return t -> this.apply(t, u);
    }
```

这些方法提供了两种途径，用于从原始的 BiFunction 生成 Function 对象，即通过部分应用参数。值得注意的是，这些方法被实现为闭包：它们捕获提供的参数并将其存储起来，以便在后续的函数应用中使用。以下是如何利用这些新增的默认方法：

```
BiFunction<Integer, LocalDate, String> bif =
                            (i, d) -> "Count for "+ d + " = "+ i;

Function<LocalDate, String> withCount = bif.curryLeft(42);
Function<Integer, String> forToday = bif.curryRight(LocalDate.now());
```

然而，这种实现方式的语法显得有些烦琐：为了处理两种可能的柯里化场景，我们需要定义两个独立的方法，并且由于 Java 的类型擦除机制，这些方法不得不拥有不同的名称。尽管付出了这些努力，所得到的解决方案在应用范围上仍然受限。因此，这种特定的方法并未被实际采用。正如我们之前所讨论的，Java 并不原生支持柯里化功能。

15.2.8   Java 的类型系统与集合类型

在前文的讨论中，我们已经了解到 Java 对函数式编程的支持并不充分，这是一种遗憾。作为本部分的收尾，我们将探讨 Java 的类型系统和集合类型。下面是 Java 语言在支持函数式编程风格方面的 3 个主要问题：

- 非单根类型系统；
- void 关键字；
- Java 集合类型的设计。

首先，Java 的类型系统并非基于单一根类型（没有 Object 和 int 的共同超类型）。这意味着在 Java 中无法直接编写诸如 List 类型的列表，这一特性限制了 Java 中某些泛型编程技术的应用，导致了自动装箱和相关问题的出现。

注意　许多开发者常抱怨泛型类型的类型参数在编译时会被擦除，但在实际项目中，更频繁遇到的是非单根类型系统导致的集合泛型问题。

其次，Java 的另一个与单根类型系统相关的问题是 void 关键字。void 用于表示一个方法不返回任何值（或者从另一个角度来看，该方法执行完毕时，评估栈为空）。因此，void 关键字传达了一种语义：无论该方法执行何种操作，其结果都是通过副作用实现的，这在一定程度上与"纯函数"的概念相悖。

void 关键字的存在表明 Java 语言同时支持语句和表达式，从而无法实现"一切都是表达式"的设计理念，而这正是某些函数式编程传统所倡导的原则。

注意　在第 18 章中，我们将探讨 Valhalla 项目，该项目为 Java 语言设计人员提供了一个机会，促使他们重新审视 Java 类型系统的非单根特性（以及其他相关目标）。

最后一个问题与 Java 集合接口的设计和特性相关。这些接口最初是在 1998 年 12 月发布的 Java 1.2 版本（也称为 Java 2）中加入的，它们并不是针对函数式编程设计的。

在使用 Java 集合进行函数式编程时，一个主要问题是它们普遍假设数据是可变的。Java 的集合接口设计得相当广泛，例如，List 接口提供了如下方法：

- boolean add(E e)
- E remove(int index)

这些方法被称为变异方法，因为它们的签名表明集合对象本身会被就地修改。

在不可变列表中，相应的方法会有如 List add(E e) 这样的签名，该方法会返回一个包含修改内容的新列表副本。而 remove() 方法的实现则较为复杂，因为 Java 不支持从方法中返回多个值。

注意　真正的问题在于，remove() 方法并未针对函数式编程进行适当的设计，这与 10.4 节中讨论的 Iterator 的情况非常相似。

因此，这意味着所有集合的实现都被隐含地期望是可变的。正如我们在 6.5.3 节中讨论的那样，虽然存在一种使用 UnsupportedOperationException 的黑客技巧，但这并不是一个有经

15

验的 Java 开发者应该使用的做法。

其他非 Java 语言采取了将集合类型与可变性明确区分开来的方式，比如通过定义不同的接口（或者在支持该概念的语言中，通过不同的特性）来实现。这使得实现可以在类型层面上明确它们是否可变，通过选择实现或不实现特定的接口来完成。

这一切背后的根源是 Java 的一个主要优点和最重要的设计原则之一：向后兼容性。这使得对语言进行更改以增强其函数式特性变得困难，甚至不可能。例如，在集合方面，Java 并没有直接向 Collections 接口添加新的功能方法，而是在 Stream 中引入了一种新的容器类型，这种容器类型没有 Collections 隐含的可变语义。

当然，仅仅引入一个新的容器类型和 API 并不能改变数百万行已经使用 Collections 的现有代码。对于那些已经使用集合类型表达 API 的常见情况，这也提供不了帮助。

注意　这个问题并不仅限于流与集合的区分。例如，Java 反射 API 是在 Java 1.1 中引入的，早于集合的加入。因此，这个 API 难以使用，因为它依赖于数组作为元素容器。

本节展示了 Java 在支持函数式编程方面的一些局限性，其主要结论是，简单的函数式模式（如 **filter-map-reduce**）是可用的，并且它们非常有用，适用于多种应用程序，同时能够很好地推广到并发（甚至分布式）应用程序。但这已经是 Java 在支持函数式编程方面所能做到的极限。让我们继续看看其他非 Java 语言，了解它们在函数式编程方面的表现是否更好。

15.3　Kotlin 中的函数式编程

我们已经展示了现代 Java 如何处理函数式编程范例中的一些基本且常见的模式。对于倾向于函数式编程的开发人员来说，Kotlin 带来的简洁性和一些新特性可能并不令人感到意外。

本节将介绍一些关键点，但如果你希望深入探究，请参考 Marco Vermeulen、Rúnar Bjarnason 和 Paul Chiusano 合著的 *Functional Programming in Kotlin*（Manning，2021）。

15.3.1　纯函数及高阶函数

本书 9.2.4 节介绍了 Kotlin 的函数。在 Kotlin 中，函数是类型系统的一部分，它们可以使用类似(Int) -> Int 这样的语法表示，其中括号内列出的是参数类型，箭头右侧则是返回类型。

通过使用这种符号表示法，我们可以方便地定义接受其他函数作为参数或返回一个函数（高阶函数）的函数签名。Kotlin 原生支持并鼓励使用这类高阶函数。正如在 Java（和 Clojure）API 中实现类似语言特性时所看到的那样，处理集合操作，比如 map 和 filter 的 API，实际上都是基于这些高阶函数构建的。

但是，高阶函数的应用并不仅限于集合和流操作。例如，下面是一个名为 compose 的经典函数式编程方法。compose 函数接受其他函数作为参数，并返回一个新的函数，新函数在调用时会依次执行传递给 compose 的每一个函数。

```
fun compose(callFirst: (Int) -> Int,
            callSecond: (Int) -> Int): (Int) -> Int {
  return { callSecond(callFirst(it)) }        ◄── compose 返回一个函数,所以
}                                                   在执行这一行时,callFirst
                                                    和 callSecond 不会被调用

val c = compose({ it * 2 }, { it + 10 })  ◄──  我们传递了两个 lambda 表达式,使用了
c(10)                                          在第 9 章中描述的 it 简写形式,以避免
                                               显式列出 lambda 表达式的单个参数
```

我们调用并运行由 compose 返回的函数,其返回值为 30

Kotlin 提供了多种方式来获取函数句柄,这取决于你的具体需求。你可以像之前的示例那样声明 lambda 表达式(以及在第 9 章中探讨的各种其他特性和形式)。或者,你还可以使用::语法来引用命名函数,如下所示:

```
fun double(x: Int): Int {
  return x * 2
}

val c = compose(::double, { it + 10 })
c(10)                               ◄──── 与我们之前的示例结果相同
```

::语法不仅用于引用顶层函数,还能够用来引用属于特定对象实例的成员函数,如下所示:

```
data class Multiply(var factor: Int) {
  fun apply(x: Int): Int = x * factor
}

val m = Multiply(2)
val c = compose(m::apply, { it + 10 })  ◄── 引用了 Multiply 类的 apply 方法,该
c(10)                                        引用绑定到了 Multiply 类的实例 m
```

遗憾的是,与 Java 一样,Kotlin 并未提供内置机制来确保函数的纯度。尽管在顶层(类外部)定义函数并使用 val 关键字来声明不可变的数据有助于提高代码的清晰性和可维护性,但是这不能完全确保函数的引用透明性。

15.3.2 闭包

lambda 表达式有一个不太明显的特性,即它们与周围代码的交互方式。例如,以下代码能够正常运行,即使 local 变量并未在 lambda 内部声明:

```
var local = 0
val lambda = { println(local) }
lambda()                          ◄──── 输出 0
```

这被称为闭包(也就是说,lambda 会捕获其作用域内的变量)。值得注意的是,与 Java 不同,lambda 不仅能够访问其作用域内的变量值,而且在底层实现中,它还保留了这些变量的引用,如下所示:

15

```
var local = 0
val lambda = { println(local) }
lambda()                              ⟵—— 输出 0

local = 10                  ┌ 输出 10,这是调用 lambda 表达式时,
lambda()            ⟵——┘ local 的更新值
```

即使变量本身已经超出了其作用域,lambda 对该变量的闭包仍然有效。在这里,我们从一个函数中返回一个 lambda,同时保留了通常情况下无法访问的变量的引用:

```
fun makeLambda(): () -> Unit {            ┌ 通常,当 makeLambda 执行完毕时,
  val inFunction = "I'm from makeLambda" ⟵┘ inFunction 会超出作用域
  return { println(inFunction) }
}

val lambda = makeLambda()        ┌ 因为 lambda 表达式捕获了 inFunction,所以它
lambda()            ⟵——————┘ 在这里仍然可用 —— 但仅在 lambda 内部可用
```

注意　使用 lambda 表达式时,如果它引用了超出其典型范围的对象,可能会导致意外的对象泄漏。

lambda 表达式声明的位置决定了它可以捕获哪些变量。如果在类内部声明 lambda,则它可以捕获并使用类中的属性,如下所示:

```
class ClosedForBusiness {
  private val amount = 100          ┌ 保存到 check 中的 lambda
  val check = { println(amount) } ⟵┘ 捕获了私有属性 amount
}

fun getTheCheck(): () -> Unit {           ┌ 此函数返回该 lambda,它保留了对 amount 的引用。
  val closed = ClosedForBusiness()        │ 通常情况下,函数完成执行后,实例就不再存在,通
  return closed.check         ⟵————┘ 过返回 lambda 能保持实例存活
}
                              ┌ 调用时输出 100。当 check 变量
val check = getTheCheck()     │ 超出作用域时,实例 closed 最终
check()            ⟵—————┘ 会被垃圾回收
```

高阶函数的闭包特性为基于现有函数创建新函数奠定了强大基础。

15.3.3　柯里化与部分执行

Kotlin 中的柯里化与 Java 中的类似。让我们看一个例子:

```
fun add(x: Int, y: Int): Int {
  return x + y
}

fun partialAdd(x: Int): (Int) -> Int {
  return { add(x, it) }
}
```

```
val addOne = partialAdd(1)
println(addOne(1))
println(addOne(2))

val addTen = partialAdd(10)
println(addTen(1))
println(addTen(2))
```

这个例子实际上只是一种语法技巧，其有效性源于 `()` 运算符能够解析为对 `apply()` 方法的调用。从字节码层面来看，这与基于 Java 的实现是完全相同的。我们可以设计一些辅助语法来自动创建柯里化函数，例如：

```
val addOne: (Int) -> Int = add(1, _)
println(addOne(10))
```

但是，Kotlin 语言本身并不直接支持这种功能。如果你需要使用这些特性，可以借助第三方库。许多第三方库提供了类似的功能，甚至更多的功能。通常，我们可以通过扩展方法来使用这些功能。

15.3.4 不可变性

正如 15.1.2 节所述，不可变性是函数式编程成功的关键技术之一。纯函数对于给定的输入应该返回相同的数据，允许事后修改对象会破坏纯函数所需的前提条件。

`val` 声明是 Kotlin 的一个重要特性，它可以帮助我们确保不可变性。通过 `val` 声明，我们可以保证属性仅在对象构造期间被修改，这与 Java 中的 `final` 关键字类似。实际上，`val` 的效果与 Java 中 `final var` 的组合是一样的，它同样适用于属性，并且书写起来更为简洁。

第 9 章介绍了 Kotlin 在多种场景下对 `val`/`var` 的支持，但为了更好地进行函数式编程，我们建议优先采用不可变性，并尽可能使用 `val`。Kotlin 内置的属性支持还消除了 Java 中需要使用 **getter** 模板代码的问题，如下所示：

```
class Point(val x: Int, val y: Int)

val point = Point(10, 20)
println(point.x)
// point.x = 20   // 由于这行代码，该项目无法成功编译，因为这里的 x 是不可变的
```

然而，不可变对象的一个主要问题是，当我们实际需要更改某些内容时会遇到困难。为了保持不可变性，我们必须创建全新的实例，但这可能很烦琐且容易出错。在 Java 中，通常使用静态工厂方法、构建器对象或 wither 方法来减少这种噪声。

Kotlin 的数据类提供了一种很好的解决方案。除了在 9.3 节中介绍的构造函数和相等性运算符，数据类还自动获得了 copy 方法。结合 Kotlin 的命名参数，我们可以轻松地生成所需的新实例，只需写出我们想要更改的内容即可，以下是一个示例：

```
data class Point(val x: Int, val y: Int)

val point = Point(10, 20)
val offsetPoint = point.copy(x = 100)
```

15

copy 方法确实存在一些重要的限制。首先，它执行的是浅拷贝。这表明，如果数据类中的某个字段是对象，则复制该对象的引用，而不是完整的对象本身。与 Java 中的情况类似，如果对象链中的任何部分允许被更改，那么关于不可变性的保证将被破坏。为了实现真正的不可变性，涉及的所有对象都必须遵循不可变规则，但 Kotlin 语言本身并不会强制这一点。

其次，还需要注意的问题是，copy 方法仅基于类的主构造函数生成。如果我们不遵循常规，在类中的其他位置声明了 var 字段，那么 copy 方法将无法识别这些额外字段，并且在创建副本时，这些字段将只会获得默认值，如下所示：

```
data class Point(val x: Int, val y: Int) {
  var shown: Boolean = false
}

val point = Point(10, 20)
point.shown = true

val newPoint = point.copy(x = 100)    ┐ 输出 false，原因是非构造器的
println(newPoint.shown)           ◁──┘ 字段不会被 copy 所处理
```

我们当然不会让可变字段潜入我们优雅的不可变对象之中，对吗？

控制对象的可变性是关键的第一步，但在大多数复杂的代码中，我们处理的不仅仅是单个对象实例，而是对象集合。在第 9 章中，我们了解到 Kotlin 提供的用于构建集合的函数（如 listOf 和 mapOf）返回的是接口类型，例如 kotlin.collections.List 和 kotlin.collections.Map，这在 java.util 中是没有直接对应物的。这些接口类型是只读的。遗憾的是，尽管这是一个良好的开始，但它并不能提供我们所需的不可变性保证。

由于可变接口扩展了只读类型，我们无法确保这些对象的不可变性。你可以通过以下方式将 MutableList 传递给任何接受 List 参数的函数：

```
fun takesList(list: List<String>) {
  println(list.size)
}

val mutable = mutableListOf("Oh", "hi")
takesList(mutable)

mutable.add("there")
takesList(mutable)
```

在两次调用中，takesList 接收到了同一个对象，但调用结果是不同的。代码的功能纯洁性被破坏了。

注意　像 listOf 这样的只读辅助函数实际上是基于底层的 JDK 集合实现的，并返回只读对象。例如，listOf 默认使用基于数组的列表实现，不允许添加元素。这是 Kotlin 可变接口与标准只读接口结合使用时破坏完整性的一个例子。

通过 JDK 类实现这些集合也会在接口之间进行类型转换时暴露出一些尖锐的问题。Kotlin

旨在与 **Java** 集合进行无缝互操作，这意味着 `listOf()` 返回的结果可以转换为 **Kotlin** 可变接口和经典的 `java.util.List`，在后者中我们可能会尝试修改集合。以下代码在编译时没有问题，但在运行时会导致失败：

```
fun takesMutableList(muted: MutableList<Int>) {
  muted.add(4)
}

val list = listOf(1,2,3)
takesMutableList(list as MutableList<Int>)
```
该函数调用会抛出 `java.lang.Unsupported-OperationException` 异常

在并发编程的场景下，缺乏真正的不可变性是一个关键问题。正如第 6 章所探讨的，确保多个线程间安全地使用可变集合需要付出很多努力。但是，如果有一个真正的不可变集合实例，我们就可以在多个执行线程之间自由地共享它，同时确保每个线程看到的都是相同的数据视图。

虽然 **Kotlin** 的标准库没有提供这类集合，但 `kotlinx.collections.immutable` 库提供了多种不可变和持久化数据结构。常见的库，如 **Guava** 和 **Apache Commons**，也提供了许多类似选择。

什么是持久化集合？正如我们多次讨论过的，不可变性意味着在需要"修改"对象时，我们会创建一个新的实例来替代它。对于大型集合来说，这种方式可能非常低效。持久化集合通过利用不可变性来降低修改的成本——它们被设计为可以安全地共享内部存储中的不可变部分。虽然在进行任何修改操作时，我们仍然需要创建新对象，但这些新对象可以比完整副本小得多，如下所示：

```
import kotlinx.collections.immutable.persistentListOf

val pers = persistentListOf(1, 2, 3)
val added = pers.add(4)      输出[1, 2, 3]
println(pers)
println(added)                      输出[1, 2, 3]
```

该库的核心实现了两套接口，分别以 `ImmutableList` 和 `PersistentList` 为代表。这些接口同样适用于映射、集合和一般的集合类型。`ImmutableList` 扩展自 `List` 接口，但与之不同的是，它保证了任何实例都是不可变的。因此，我们可以在任何需要传递列表并希望确保不可变性的地方使用 `ImmutableList`。`PersistentList` 是基于 `ImmutableList` 构建的，提供了"修改并返回"的方法。

该库还包括以下一些常见的扩展方法，用于将其他集合转换为持久化版本：

```
val mutable = mutableListOf(1,2,3)
val immutable = mutable.toImmutableList()
val persistent = mutable.toPersistentList()
```

15

你可能想知道，为什么我们不将所有的 `listOf` 替换为 `persistentListOf` 来"以防万一"呢？但是，持久化数据结构没有成为默认实现是有原因的。尽管持久化数据结构降低了复制的成本，但它们的性能仍然无法与传统的可变数据结构相比。减少复制操作并不等于完全没有复制，其中的性能开销究竟会有多大，是一个需要考虑的问题。

正如第 7 章所强调的，确定答案的唯一方法就是在自己的应用场景中进行性能测试。但是，如果你需要跨线程并发访问集合，那么比较这些持久化数据结构与使用同步机制进行标准复制的性能表现，是非常有价值的。既然我们已经了解了 Kotlin 使数据不可变的工具集，那么接下来我们看看它在递归函数领域具备哪些特性。

15.3.5　尾递归

在 15.2.4 节中，我们探讨了 Java 中的递归函数，并指出了它的一个主要局限：每次递归调用都会在调用栈上添加一个新的栈帧，这最终可能导致栈溢出。Kotlin 在基本递归方面也存在相同的限制，我们将 simpleFactorial 函数转换为 Kotlin 代码时也能观察到这一点（注意这里使用了 Kotlin 的 if 表达式作为返回值）：

```
fun simpleFactorial(n: Long): Long {
  return if (n <= 0) {
    1
  } else {
    n * simpleFactorial(n - 1)
  }
}
```

这段代码生成的字节码如下，它与 javac 为对应的 Java 函数生成的字节码基本相同：

```
public final long simpleFactorial(long);
    Code:
        0: lload_1
        1: lconst_U
        2: lcmp
        3: ifgt          10
        6: lconst_1
        7: goto          22
       10: lload_1
       11: aload_0
       12: checkcast     #2                 // Factorial 类
       15: lload_1
       16: lconst_1
       17: lsub
       18: invokevirtual #19                // 调用 simpleFactorial 方法: (J)J
       21: lmul
       22: lreturn
```

除了少量的额外验证（位于偏移量为 12 字节的位置）和使用了 goto 指令而非多个 lreturn 指令，两者非常相似。在偏移量为 18 字节的位置，我们通过 invokevirtual 对 simpleFactorial 进行了调用，该递归调用最终可能导致栈溢出，如下所示：

```
java.lang.StackOverflowError
    at Factorial.simpleFactorial(factorial.kts:32)
    at Factorial.simpleFactorial(factorial.kts:32)
    at Factorial.simpleFactorial(factorial.kts:32)
  ...
```

尽管在大多数情况下无法避免这个问题，但 Kotlin 为尾递归函数提供了解决方案。尾递归函数的递归调用是该函数执行的最后一个操作。我们之前展示了如何在字节码级别上重置状态并跳转到函数的开始，而不是在栈上添加新的栈帧，这样就将递归调用转换成了循环，从而避免了栈溢出的风险。Java 没有提供这种能力，但 Kotlin 可以做到。

> **注意**　几乎所有的递归函数都可以被重写为尾递归函数。这可能需要添加额外的参数、引入变量或使用一些编程技巧，但总归是可以实现的。由于尾递归函数可以被优化为简单循环，这表明任何递归函数都可以被转换为仅使用循环结构的迭代实现。

为了将阶乘递归调用置于函数的最终位置，需要对代码进行一些调整。与 Java 中处理类似情况的方法相似，我们可以将函数拆分为两部分：一部分保留易于使用的单参数形式，另一部分则是一个单独的函数，它包含更复杂的递归逻辑并处理多个参数，如下所示：

```
fun tailrecFactorial(n: Long): Long {
  return if (n <= 0) {
    1
  } else {
    helpFact(n, 1)
  }
}

tailrec fun helpFact(i: Long, j: Long): Long {
  return if (i == 0L) {
    j
  } else {
    helpFact(i - 1, i * j)
  }
}
```

使用 **tailrec** 关键字标记辅助函数，这样 Kotlin 能够识别这是一个尾递归函数

入口函数 tailrecFactorial 在字节码中的表现与预期一样。它执行了初始的范围检查，随后将控制权转交给尾递归辅助函数，如下所示：

```
public final long tailrecFactorial(long);
    Code:
       0: lload_1
       1: lconst_0
       2: lcmp
       3: ifgt          10
       6: lconst_1
       7: goto          19
      10: aload_0
      11: checkcast     #2                // 这里是 Factorial 类
      14: lload_1
      15: lconst_1
      16: invokevirtual #10               // 这是 helpFact: (JJ)J 方法
      19: lreturn
```

偏移量 0~3 字节处的指令执行的是早期的返回判断，早期返回将由偏移量 6~7 字节处的指

令实现。如果需要进行递归调用，那么在偏移量 16 字节处会加载必要的值，以便对 helpFact 进行 invokevirtual 调用。

　　tailrec 关键字带来的显著差异在 helpFact 的字节码中清晰可见，如下所示：

```
public final long helpFact(long, long);
  Code:
     0: lload_1
     1: lconst_0
     2: lcmp
     3: ifne           10
     6: lload_3
     7: goto           26
    10: aload_0
    11: checkcast      #2                  // Factorial 类
    14: pop
    15: lload_1
    16: lconst_1
    17: lsub
    18: lload_1
    19: lload_3
    20: lmul
    21: lstore_3
    22: lstore_1
    23: goto           0
    26: lreturn
```

　　该方法的主要逻辑是阶乘的逻辑检查和算术运算，但关键点在于偏移量 23 字节处。在这里，我们不再通过 invokevirtual 对 helpFact 进行递归调用，而是直接使用 goto 0 来重新开始函数的执行。由于没有 invoke 指令，因此我们避免了栈溢出的风险，这是一个积极的改进。谁说 goto 总是有害的呢？

　　当函数能够以正确的尾递归形式重写时，它提供了一种优雅的解决方案。但如果尝试将非尾递归函数标记为 tailrec，会发生什么呢？让我们来看一个例子：

```
tailrec fun simpleFactorial(n: Long): Long {
  return if (n <= 0) {
    1
  } else {
    n * simpleFactorial(n - 1)
  }
}
```

> 若函数的末尾操作不是递归调用，如本例中的乘法运算，则不宜请求尾递归（tailrec）

　　Kotlin 识别出了问题，警告我们无法将字节码转换为利用尾递归的形式，直接指出了不在函数末尾的递归调用，如下所示：

```
factorial.kts:28:1: warning: a function is marked as tail-recursive
                    but no tail calls are found

tailrec fun simpleFactorial(n: Long): Long {
^
```

```
factorial.kts:32:9: warning: recursive call is not a tail call
    n * simpleFactorial(n - 1)
        ^
```

编译器仅发出警告而不是报错，这可能会带来问题。因为在创建了尾递归实现之后，代码可能会被后续的微妙修改再次变成非尾递归的。如果不在构建过程中标记这些警告，那么这段代码可能会进入生产环境，并在运行时引发 StackOverflowError。为了避免这种情况，一些编程语言（如 Scala）采取了更严格的编译器行为，即如果一个函数被错误地标记为尾递归，编译器会报错。

15.3.6　惰性求值

正如本章前面提到的，许多函数式编程语言（如 Haskell）严重依赖惰性求值。在 JVM 上，Kotlin 并没有将惰性求值作为一个基本的执行特性，但它确实通过 Lazy 接口为懒加载提供了内置支持，使得开发者在需要时能够按需进行惰性求值，或者在某些情况下完全跳过计算步骤。

通常情况下，开发者无须自行实现 Lazy 接口，而是可以直接使用 lazy() 函数来创建实例。在基本用法中，lazy() 函数接受一个 lambda 表达式作为参数，并根据该表达式的返回类型确定返回接口 T 的类型。lambda 表达式只在首次显式调用 value 属性时执行。以下是如何检查值是否已经计算出的示例：

```
val lazing = lazy {
  42
}

println("init? ${lazing.isInitialized()}")
println("value = ${lazing.value}")
println("init? ${lazing.isInitialized()}")
```

检查是否已经执行了初始化；
此处返回 false

读取该值将执行 lambda 函数，
并保存计算结果

检查是否已经执行初始化；
此处返回 true

我们期望能够延迟非必要的计算过程，这一需求可能与多线程环境下的执行要求相重叠。面对这种情况，lazy() 函数通过 LazyThreadSafetyMode 枚举来辅助控制操作方式。该枚举包含 3 种模式：SYNCHRONIZED（lazy() 的默认选项）、PUBLICATION 和 NONE。

- ❑ SYNCHRONIZED：通过 Lazy 实例自身来实现对 lambda 表达式初始化的同步操作。
- ❑ PUBLICATION：允许 lambda 表达式的初始化在多个线程中并发执行，但仅保留第一次计算的结果。
- ❑ NONE：跳过同步操作，在并发访问时可能会产生未定义行为。

15

注意　LazyThreadSafetyMode.NONE 仅应在以下情况下使用：（1）你已通过性能测试确认，在惰性实例中进行同步操作确实构成了性能瓶颈；（2）你可以确保永远不会在多个线程中同时访问该实例。至于其他选项，SYNCHRONIZED 和 PUBLICATION 应根据你的具体用例是否对初始化 lambda 表达式在多线程环境下的并发执行敏感，来做出恰当的选择。

　　Lazy<T> 接口是为了与 Kotlin 的另一个高级特性——**委托属性（delegated property）**——协同工作而设计的。在类中定义属性时，你可以使用 by 关键字提供一个实现了 getValue()方法的对象，而不是直接提供值或自定义的 **getter/setter**。对于可变属性 var，该对象还可以实现 setValue()方法。Lazy<T> 符合这一规范（如下所示），因此我们可以轻松地推迟类中属性的初始化，而无须重复编写样板代码，也不会偏离 Kotlin 的自然语法：

```
class Procrastinator {
  val theWork: String by lazy {          输出诊断信息，以便验证
    println("Ok, I'm doing it...")       程序的工作情况
    "It's done finally"
  }
}
                                    首次调用 theWork 将执行该 lambda
val me = Procrastinator()            表达式，并输出工作消息

println(me.theWork)                  对 theWork 的后续调用将直接
println(me.theWork)                  返回已经计算好的相同值
println(me.theWork)
```

　　与不可变性一样，惰性求值对于自定义对象来说极为有用，但当涉及集合和迭代器时，它可能会引起一些混淆。接下来，我们将探讨 Kotlin 如何通过 Sequence 接口让我们更精细地控制遍历集合时的执行流程。

15.3.7　序列

　　尽管 Kotlin 的集合操作通常非常便捷，但它们默认采用急切求值的方式，即在整个集合上立即应用函数。在函数链的每一步中，都会生成一个中间集合，如下所示——如果最终不需要完整的计算结果，这种做法可能会导致资源的浪费：

```
                                       使用 ["1","2","3"]
                                       生成中间集合
val iter = listOf(1, 2, 3)
val result = iter                      通过 ["11", "22", "33"]
    .map { println("1@ $it"); it.toString() }   生成中间集合
    .map { println("2@ $it"); it + it }         生成最终的结果
    .map { println("3@ $it"); it.toInt() }      [11, 22, 33]
```

　　通过图 15-1 的执行跟踪，我们可以看到在每个 map 调用链的步骤中，操作都是针对整个列表执行的，直到进入下一个 map 操作。

```
val iter = listOf(1, 2, 3)
val result = iter
    .map { it.toString() }
    .map { it + it }
    .map { it.toInt() }
```

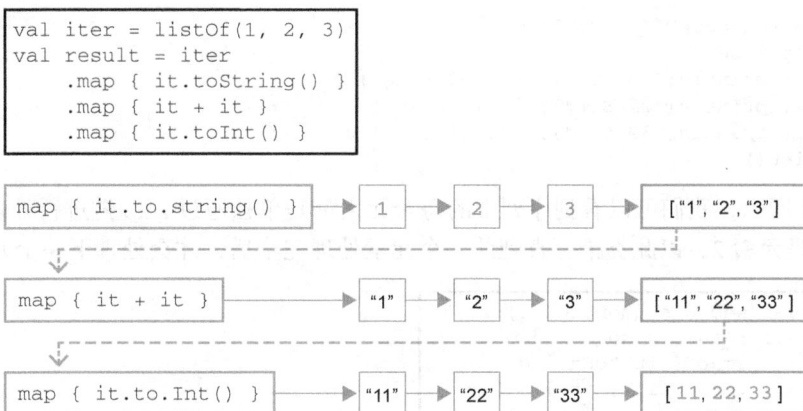

图 15-1　标准集合迭代过程

输出结果如下：

```
1@ 1
1@ 2
1@ 3
2@ 1
2@ 2
2@ 3
3@ 11
3@ 22
3@ 33
```

除了可能存在资源浪费的问题，还有一些用例涉及潜在无限的输入。如果我们希望将某个映射操作持续进行，直到用户指示停止，该怎么办？输入数据是无限的，我们显然不能提前构建一个完整的列表并逐个处理。

针对这种情况，Kotlin 引入了**序列**（sequence）的概念。序列的核心是 `Sequence` 接口，它与 `Iterable` 相似，但提供了截然不同的功能集。

通过 `sequenceOf()` 函数，我们可以创建一个新的序列，并像操作常规集合那样应用各种函数。在以下示例中，我们将一个列表转换为一个序列，并保留了诊断输出语句，以便我们看到发生了什么：

```
val seq = sequenceOf(1, 2, 3)
val result = seq
    .map { println("1@ $it"); it.toString() }      ┐ 注意，这里的 + 是字符串连接
    .map { println("2@ $it"); it + it }            ◄─┤ 操作，而不是数值加法操作
    .map { println("3@ $it"); it.toInt() }
```

当我们运行这个简短的程序时，可能会发现没有任何输出。这是因为序列的一个关键特性是它们的惰性求值。在这个程序中，由于没有要求返回 `map` 调用的结果，Kotlin 便不会执行这些操作。但是，如果我们使用以下代码将序列转换为列表，那么整个程序将会被强制执行，此时我们可以看到序列的控制流程是如何运作的：

```
val seq = sequenceOf(1, 2, 3)
val result = seq
    .map { println("1@ $it"); it.toString() }
    .map { println("2@ $it"); it + it }
    .map { println("3@ $it"); it.toInt() }
    .toList()
```

如图 15-2 所示，我们可以看到序列中的每个元素都是单独通过 map 链进行处理的，首先是元素 1，然后是元素 2，以此类推，直到前一个元素处理完毕后，才会处理下一个元素。

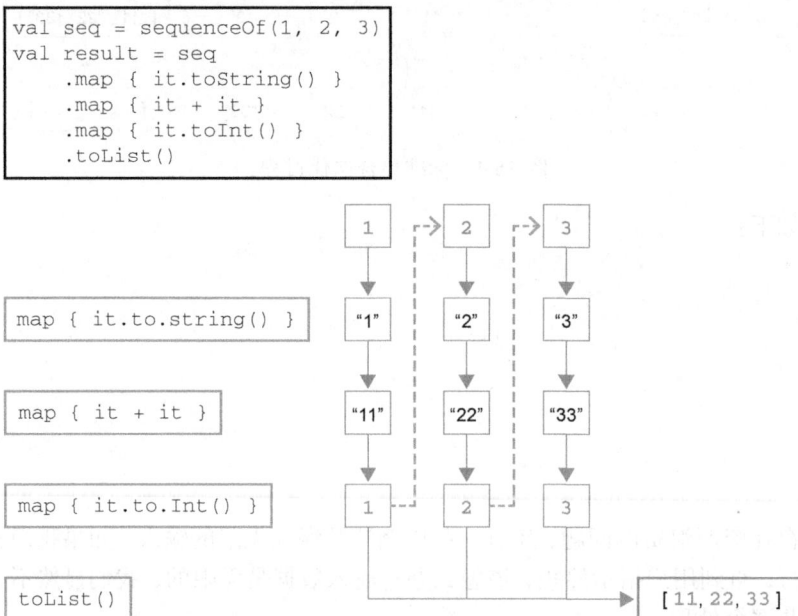

图 15-2　序列的执行

上述代码的输出结果如下：

```
1@ 1
2@ 1
3@ 11
1@ 2
2@ 2
3@ 22
1@ 3
2@ 3
3@ 33
```

这看起来很有趣，但对于相对较小、静态的列表来说，其吸引力可能并不大。在进行适当的性能评估时，需要注意的是，序列操作所需的额外管理工作可能会抵消避免创建中间集合所带来的好处。通过采用其他方法来构建序列，我们可以更清楚地看到序列的强大能力。

首先，我们来探讨 asSequence() 函数。如你所料，这个函数能够将一个可迭代对象转换为一个序列。值得注意的是，asSequence()不仅适用于常见的列表和集合数据类型，它还可以应用于范围（range）。

　　在 9.2.6 节中，我们曾提及 Kotlin 的范围，它们通常用于检查 when 表达式中是否包含某个特定元素。但是，范围同样支持迭代操作。结合使用 asSequence()，我们可以轻松地创建一个长数字列表，而无须进行烦琐的输入或过度分配资源。以下是一个示例：

```
(0..1000000000)        ← 此区间仅定义了序列的开始和结束，
  .asSequence()          并不会实际创建 10 亿个元素
  .map { it * 2 }
```

　　但是，如果范围的限制仍然让你感到有所不足，怎么办？Kotlin 的标准库中的 kotlin.sequences 包提供了一个名为 generateSequence() 的函数。这个函数能够创建一个新的通用序列对象，并且允许可选地设定一个起始值。每当序列需要产生下一个元素时，它会执行提供的 **lambda** 表达式，并将前一个元素的值传递给该表达式。以下是如何使用 generateSequence() 函数的示例：

```
generateSequence(0) { it + 2 }    ←—— 一个偶数的无限序列
```

　　无限的 Iterable 对象是无法进行链式方法调用的，因为第一个调用将永远无法完成。而 Sequence 则只在需要时获取所需的部分元素，将其他元素留待后续处理。这与 take() 函数完美配合，我们可以使用它来请求特定数量的元素，从而创建一个新的有限序列：

```
generateSequence(0) { it + 2 }      使用该序列的前 3 个元素
  .take(3)            ←——          创建一个新序列
  .forEach { println(it) }   ←——
                                  遍历该序列并
                                  输出结果
```

　　在序列操作中，forEach()函数被称为终端操作，因为它会结束序列的惰性求值并处理所有元素。我们之前已经看到了另一个终端操作——toList()，它必须遍历序列中的每个元素以构建最终的列表。

　　在有些情况下，仅依靠序列中的前一个元素来生成下一个元素可能会比较复杂。为了简化这一过程，Kotlin 提供了另一种创建序列的方式。通过结合使用 sequence() 函数与 yield() 函数，我们可以构建出完全自定义的序列。以下示例展示了如何使用这两个函数来创建一个序列：

```
val yielded = sequence {
  yield(1)               yieldAll() 函数接受一个与正在生
  yield(100)             成的元素类型相同的可迭代对象，并在
  yieldAll(listOf(42, 3))  ←——   需要时依次生成每个元素
}
```

　　正如我们所预期的那样，**lambda** 表达式是惰性执行的，仅在需要确定下一个元素时才会运行。这个实现的特点在于，每次请求下一个元素时，**lambda** 表达式仅执行到下一个 yield 调用并暂停。当再次请求元素时，**lambda** 表达式将从上次暂停的位置继续执行，直至到达下一个 yield 调用点。这个过程如图 15-3 所示。

15

```
val yielded = sequence {
  yield(1)
  yield(100)
  yieldAll(listOf(42,3))
}
```

Runs to yield(1)	Runs to yield(100)	Runs to yieldAll(list(42,3))	Sees prior yieldAll
Returns 1	Returns 100	Returns 42	Returns 3
yielded.next()	yielded.next()	yielded.next()	yielded.next()

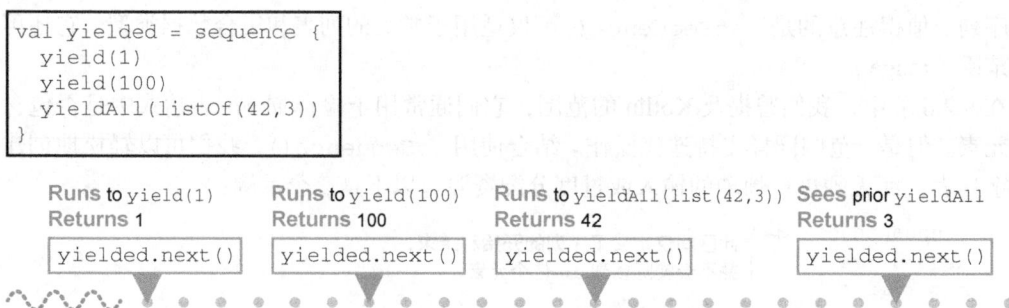

图 15-3 展示了 yield 函数执行的时间线视图

yield 函数利用了 Kotlin 的一个高级特性，即**挂起函数**（suspend function）。顾名思义，这些函数能够在 Kotlin 中标记出代码可以暂停并随后恢复执行的位置。在当前的例子中，每当生成一个值时，Kotlin 编译器会识别序列的 lambda 表达式应该在生成值之后暂停执行，直到下一次请求值。尽管我们的代码看起来只是一个简单的 lambda 表达式，但实际上 Kotlin 编译器在背后完成了许多复杂的工作。

挂起函数与 Kotlin 的并发编程模型——协程紧密相关，这一点在 9.4 节中有所提及，本书第 16 章将进一步探讨。值得注意的是，我们在考虑并发编程特性时，也常常能够发掘出独特且有趣的函数式编程方法。

15.4   Clojure 的函数式编程

在第 10 章中，我们探讨了 Clojure 的基本函数式编程特性，例如 (map) 函数。我们也提前介绍了不可变性和高阶函数等概念，因为这些构成了 Clojure 编程范式的核心。

在本节中，我们将深入探讨 Java 和 Kotlin 之外的领域，展示 Clojure 更高级的函数式编程特性。让我们先从列表推导式开始。

15.4.1   推导式

在函数式编程中，**推导式**（comprehension）是一个重要概念，它是对集合或其他数据结构的"全面描述"。这一概念源自数学，在数学中，我们常用集合论符号来描述集合，例如：

$$\{\ x \in N : (x\ /\ 2) \in N\ \}$$

在这个表达式中，$\in$ 表示"属于"，N 代表所有自然数的无限集合，这些数用于计数，而：定义了一个条件或限制。

因此，这个推导式描述了一组具有特殊属性的数：集合中的每个数除以 2 后的结果也是一个计数的数。当然，我们已经知道这个集合的另一个名称——偶数集合。

关键在于，我们并不是通过列举元素来定义偶数集合的（这是不可能的，因为它们的数量是无限的）。相反，我们从自然数出发，定义"偶数"的概念，并指定了每个元素必须满足的额外条件后才能包含在新集合中。

如果这听起来与使用 filter 这类函数式编程技术相似，那并非巧合——它们确实紧密相关。不过，在不同的场景下，使用不同的方法会更容易理解。因此，函数式语言通常同时提供列表推导和 filter-map 等方法。

Clojure 通过 (for) 宏来实现**列表推导**（list comprehension），并返回一个列表（或在某些情况下返回的是迭代器）。这也解释了为什么在第 10 章介绍 Clojure 循环时我们没有引入 (for)——实际上它并不是一个循环。下面我们来看一个实际的应用示例：

```
user=> (for [x [1 2 3]] (* x x))
(1 4 9)
```

(for) 形式接受两个参数：一个是用于遍历的参数向量，另一个是表达式，该表达式用于生成返回列表中的每个元素。

参数向量包含一对（或多对）元素：每一对由一个临时变量和一个提供输入值的序列组成。这个临时变量被依次绑定到序列中的每个值上。当然，这种操作也可以通过 (map) 函数轻松实现，如下所示：

```
user=> (map #(* % %) [1 2 3])
(1 4 9)
```

那么，在什么情况下我们应该使用 (for) 呢？当我们需要构建更复杂的结构时，它的作用就体现出来了。例如：

```
(for [num [1 2 3]
      ch [:a :b :c]]
  (str num ch))
("1:a" "1:b" "1:c" "2:a" "2:b" "2:c" "3:a" "3:b" "3:c")
```

尽管我们也可以使用 (map) 来完成这项任务，但构建过程可能会更加复杂和烦琐。使用 (for) 则更清晰简洁。此外，为了实现过滤效果，我们可以在 (for) 中使用 :when 关键字来添加一个限定条件，如下所示：

```
user=> (for [x (range 8) :when (even? x)] x)
(0 2 4 6)
```

接下来，让我们进一步探讨 Clojure 如何实现惰性求值，尤其是在处理序列时的应用。

15.4.2 惰性序列

在 Clojure 中，惰性求值通常用于处理序列（不是单个值）的惰性求值。它允许我们不必立即生成整个序列的所有值，而是在实际需要这些值时才进行计算。对于序列而言，惰性求值意味着我们可以按需生成和访问值，而不是预先构建整个数据集。

在 Java 等语言中，实现惰性求值通常需要自定义集合类，并编写大量的模板代码。而在 Clojure 中，通过 ISeq 接口，我们可以以简洁的方式实现惰性序列。以下是一个使用 Clojure 惰性序列的 Java 示例：

15

```java
public class SquareSeq implements ISeq {
    private final int current;

    private SquareSeq(int current) {
        this.current = current;
    }

    public static SquareSeq of(int start) {
        if (start < 0) {
            return new SquareSeq(-start);
        }
        return new SquareSeq(start);
    }

    @Override
    public Object first() {
        return Integer.valueOf(current * current);
    }

    @Override
    public ISeq rest() {
        return new SquareSeq(current + 1);
    }
}
```

在这个示例中，并没有存储整个序列的值，而是在需要时动态生成每个新元素。这种方式使我们能够模拟无限序列。以下是一个示例：

```java
public class IntGeneratorSeq implements ISeq {
    private final int current;
    private final Function<Integer, Integer> generator;

    private IntGeneratorSeq(int seed,
                           Function<Integer, Integer> generator) {
        this.current = seed;
        this.generator = generator;
    }

    public static IntGeneratorSeq of(int seed,
                                     Function<Integer, Integer> generator) {
        return new IntGeneratorSeq(seed, generator);
    }

    @Override
    public Object first() {
        return generator.apply(current);
    }

    @Override
    public ISeq rest() {
        return new IntGeneratorSeq(generator.apply(current), generator);
    }
}
```

这个示例使用函数的输出作为下一个序列的种子。只要生成器函数是纯函数，这种方式就有效，但请注意，Java 语言本身并不保证函数的纯度。接下来，让我们看看功能强大的 Clojure 宏，这些宏旨在帮助开发者以最小的努力创建惰性序列。

考虑如何表示一个惰性的、可能无限的序列。一种直接的方法是使用函数来生成序列中的元素。这个函数需要完成以下两个任务：

❑ 返回序列中的下一项；

❑ 接受固定数量的有限参数。

数学家可能会说，这样的函数定义了一个递归关系，这种关系自然提示我们使用递归进行操作。

假设我们有一台不受栈空间和其他资源限制的服务器，并且可以启动两个执行线程：一个用于准备无限序列，另一个用于使用它。在这种情况下，我们可以在生成线程中使用递归来定义惰性序列，如下面的伪代码所示：

```
(defn infinite-seq <vec-args>
  (let [new-val (seq-fn <vec-args>)]
    (cons new-val (infinite-seq <new-vec-args>))
))
```

这种实现存在问题，因为对 (infinite-seq) 的递归调用会导致栈溢出

为了解决这个问题，我们需要引入一个构造器，告知 Clojure 使用 (lazy-seq) 宏来优化递归，使其仅按需处理元素。以下是一个生成从数字 k 开始的惰性序列 k，k+1，k+2...的示例（代码清单 15-1）。

代码清单 15-1 惰性序列示例

```
(defn next-big-n [n] (let [new-val (+ 1 n)]
  (lazy-seq                        ← "lazy-seq" 标记
    (cons new-val (next-big-n new-val))   ← 无限循环
))))

(defn natural-k [k]
  (concat [k] (next-big-n k)))     ← 通过 concat 限制递归

1:57 user=> (take 10 (natural-k 3))
(3 4 5 6 7 8 9 10 11 12)
```

关键在于 (lazy-seq) 宏，它标记了可能发生无限递归的位置。同时，(concat) 宏能够安全地处理递归。然后，可以使用 (take) 宏从惰性序列中提取所需的元素数量。惰性序列是一项极其强大的特性，在 Clojure 编程实践中，它们是非常有用的工具。

15.4.3 Clojure 中的柯里化

与其他语言相比，Clojure 中的柯里化函数较为复杂，这是因为 Clojure 中的许多形式是可变元的，正如第 10 章所提及的那样。

可变元函数会带来一些问题，例如："用户是希望对两个参数进行柯里化，还是仅对一个参

数进行评估？"这些问题主要源于 Clojure 使用函数的急切求值方式。

为了解决这些问题，可以使用 (partial) 函数。顺便说一下，它是一个真正的 Clojure 函数而不是宏。下面是一个应用示例：

```
user=> (filter (partial = :b) [:a :b :c :b :d])
(:b :b)
```

函数=可以接受一个或多个参数，因此 (= :b) 会急切地求值为 true。但是，使用 (partial) 会将其转换为柯里化函数。在 (filter) 调用中使用它，使其被视为一个接受单个参数的函数（实际上是单参数的重载），然后用于测试向量中的每个元素。

注意 (partial) 本身只会柯里化一个函数的第一个参数。如果我们想柯里化其他参数，就需要将 (partial) 与另一种形式结合使用——一种在函数应用之前重新排列参数列表的形式。

Clojure 是我们研究的 3 种语言中最具函数式编程特性的。如果你对这里介绍的内容感兴趣，那么还有更多的领域值得探索。截至目前，我们所讨论的内容仅仅是一个起点，但它足以表明 JVM 本身是一个适合进行函数式编程的环境。同时，它也间接表明了 Java 语言在采用函数式编程风格时所遇到的问题。

在本章中，我们深入探讨了超越传统的 Java Streams 的 filter-map-reduce 模式。我们主要是通过使用 JVM 上的其他语言来深入探讨函数式编程的。

当然，对于函数式编程的探索还可以继续深入。函数式编程主要分为动态类型语言（如 Clojure）和静态类型语言（如 Kotlin），但 Scala（以及非 JVM 语言 Haskell）可能更具代表性。

然而，Java 的一个突出设计优势——向后兼容性——或许也是其潜在的弱点。25 年前针对 1.0 版本编译的 Java 代码今天仍能在现代 JVM 上无缝运行。但这一显著成就并非没有代价。Java API、字节码及 JVM 设计面临着维持早期设计决策不变的压力，而这些早期决策并不完全支持函数式编程。这是开发人员在希望采用函数式编程风格时，常常转向非 Java JVM 语言的主要原因。

小结

□ filter-map-reduce 模式只是函数式编程的起点，而不是全部。

□ Java 并不特别适合函数式编程风格，因为它缺少内置特性（如惰性求值、柯里化和尾递归优化）。

□ JVM 上的其他语言可以更好地支持函数式编程，例如 Kotlin 的惰性求值和 Clojure 的惰性序列等特性。

□ 在 JVM 层面上仍然存在一些问题，如默认的数据可变性等。在这种情况下，改变编程语言的选择并不能从根本上解决这些问题。

## 第 16 章

高级并发程序设计

16

本章重点

❑ Fork/Join 框架

❑ 工作窃取算法

❑ 并发与函数式编程

❑ 深入了解 Kotlin 协程的实现原理

❑ Clojure 中的并发实践

❑ 软件事务内存

❑ 代理

本章将整合前几章的主题内容，特别是我们将把之前所讲的函数式编程与第 6 章所介绍的 JDK 并发库结合起来进行探讨。此外，我们还会呈现一些非 Java 语言，分别探讨 Kotlin 和 Clojure 在并发编程方面的创新特性。

注意 本章中所探讨的概念，例如协程和代理（也称为 actor），正逐渐成为 Java 并发编程领域的一部分。

我们将从一个略显特别的主题开始：Java 的 Fork/Join 框架。在处理特定类型的并发问题时，这个框架可以比第 6 章提到的执行器更加高效。

16.1 Fork/Join 框架

正如第 7 章所述，近年来处理器速度（更准确地说，是 CPU 上的晶体管数量）已经有了显著提升。然而，I/O 性能并未实现同等程度的提高，导致等待 I/O 操作成为了常态。这一现象表明，我们可以更有效地利用计算机的处理能力。Fork/Join 框架正是为了实现这一目标而设计的。

Fork/Join 框架的核心在于自动调度线程池上的任务，而用户无须直接与线程池交互。为了实现这一点，任务需要按照用户定义的方式分解。在许多应用场景中，区分小型任务和大型任务对于框架来说是很必要的。

16

以下是与 Fork/Join 框架相关的一些基本事实和原则。

❑ 该框架引入了一种新的执行器，即 ForkJoinPool。

❑ ForkJoinPool 处理的是比线程更细粒度的执行单元，即 ForkJoinTask。

❑ ForkJoinTask 可以通过轻量级的方式由 ForkJoinPool 调度。

❑ 该框架支持以下两种类型的任务（它们都是 ForkJoinTask 的实例）。

　　■ 小型任务：可以快速执行，不会占用太多处理器时间。

　　■ 大型任务：需要（可能不止一次的）拆分后才能执行。

❑ 该框架提供了基础方法来支持大型任务的拆分。

❑ 该框架具有自动调度和重新调度功能。

　　Fork/Join 框架的一个显著特性是，这些轻量级任务能够生成其他 ForkJoinTask 实例，这些实例将在执行其父任务的同一线程池中进行调度。这种处理模式通常被称作“分而治之”（divide and conquer）策略。

　　接下来，我们将通过一个简单的示例来学习 Fork/Join 框架，然后简要探讨哪些问题类型适合并行处理方法。此外，我们还将讨论所谓“工作窃取”（work-stealing）算法及其在广泛场景中的应用。下面将呈现一个使用 Fork/Join 框架的简单示例。

16.1.1　一个简单的 Fork/Join 应用示例

　　为了展示 Fork/Join 框架的应用，我们可以考虑以下场景：处理在不同时间点创建的交易对象。我们将使用 Transaction 类来表示这些交易，如下所示。这个类是在第 5 章和第 6 章中介绍的 TransferTask 类的基础上演化而来的：

```
public class Transaction implements Comparable<Transaction> {
    private final Account sender;
    private final Account receiver;
    private final int amount;
    private final long id;
    private final LocalDateTime time;

    private static final AtomicLong counter = new AtomicLong(1);

    Transaction(Account sender, Account receiver,
                int amount, LocalDateTime time) {
        this.sender = sender;
        this.receiver = receiver;
        this.amount = amount;
        this.id = counter.getAndIncrement();
        this.time = time;
    }

    public static Transaction of(Account sender, Account receiver,
                                 int amount) {
        return new Transaction(sender, receiver,
                               amount, LocalDateTime.now());
    }
```

```
    @Override
    public int compareTo(Transaction other) {
        return Comparator.nullsFirst(LocalDateTime::compareTo)
                        .compare(this.time, other.time);
    }

    // Getter、equals、hashcode 等方法省略
}
```

我们想按时间顺序对交易列表进行排序。为了实现这一点，我们将使用 **Fork/Join** 框架来实现多线程排序——这实际上是 **MergeSort** 算法的一个变体。

在示例中，我们使用了 `RecursiveAction` 类，这是 `ForkJoinTask` 的专门子类。它比通用的 `ForkJoinTask` 更简洁，因为它明确指出任务不返回任何累积结果（交易将在原数组中进行排序），并强调了任务的递归性质。

`TransactionSorter` 类提供了一种方法，通过 `compareTo()` 方法对 `Transaction` 对象列表进行排序。`compute()` 方法是必须实现的抽象方法，因为它是在 `RecursiveAction` 超类中定义的。该方法基本上是按照创建时间对交易数组进行排序，如代码清单 **16-1** 所示。

代码清单 16-1 使用 `RecursiveAction` 排序

```
public class TransactionSorter extends RecursiveAction {
    private static final int SMALL_ENOUGH = 32;      ←──── 最多 32 个元素按
    private final Transaction[] transactions;             顺序串行排序
    private final int start, end;
    private final Transaction[] result;

    public TransactionSorter(List<Transaction> transactions) {
        this(transactions.toArray(new Transaction[0]),
            0, transactions.size());
    }

    public TransactionSorter(Transaction[] transactions) {
        this(transactions, 0, transactions.length);
    }

    public TransactionSorter(Transaction[] txns, int start, int end) {
        this.start = start;
        this.end = end;
        this.transactions = txns;
        this.result = new Transaction[this.transactions.length];
    }

    /**
     * This method implements a simple Mergesort. Please consult a suitable
     * textbook if you are interested in the implementation details.
     *
     * @param left
     * @param right
     */
    private void merge(TransactionSorter left, TransactionSorter right) {
```

16

```
        int i = 0;
        int lCount = 0;
        int rCount = 0;

        while (lCount < left.size() && rCount < right.size()) {
            int comp = left.result[lCount].compareTo(right.result[rCount]);
            result[i++] = (comp < 0)
                        ? left.result[lCount++]
                        : right.result[rCount++];
        }

        while (lCount < left.size()) {
            result[i++] = left.result[lCount++];
        }

        while (rCount < right.size()) {
            result[i++] = right.result[rCount++];
        }
    }

    public int size() {
        return end - start;
    }

    public Transaction[] getResult() {
        return result;
    }
```
                                        RecursiveAction
                                        中定义的方法
```
    @Override                  ←——————┘
    protected void compute() {
        if (size() < SMALL_ENOUGH) {
            System.arraycopy(transactions, start, result, 0, size());
            Arrays.sort(result, 0, size());
        } else {
            int mid = size() / 2;
            TransactionSorter left =
                new TransactionSorter(transactions, start, start + mid);
            TransactionSorter right =
                new TransactionSorter(transactions, start + mid, end);
            invokeAll(left, right);

            merge(left, right);
        }
    }
}
```

要使用该排序器，你可以编写下面的代码来驱动它。在将交易列表传递给排序器之前，先生成一些交易并随机打乱它们的顺序。输出将是重新排序后的更新列表。

```
var transactions = new ArrayList<Transaction>();
var accs = new Account[] {
            new Account(1000),
            new Account(1000)};
```

```
for (var i = 0; i < 256; i = i + 1) {
  transactions.add(Transaction.of(accs[i % 2], accs[(i + 1) % 2], 1));
  Thread.sleep(1);
}
Collections.shuffle(transactions);

var sorter = new TransactionSorter(transactions);
var pool = new ForkJoinPool(4);

pool.invoke(sorter);

for (var txn : sorter.getResult()) {
  System.out.println(txn);
}
```

Fork/Join 框架虽然看起来很有吸引力，但在实际应用中，并不是所有的问题都像我们之前讨论的多线程 MergeSort 那样容易被分解和简化处理的。

这种情况就是"简单情况过于简单"（Easy Cases Are Easy）反模式的一个例子。开发者可能被一种看似简单、只需少量工作就能轻松完成任务的技术所吸引，但这种技术可能无法很好地扩展或应用到更复杂的情况中。我们需要探讨哪些问题类型适合使用 Fork/Join 框架，以及哪些问题类型更适合其他方法或技术。

16.1.2　通过 Fork/Join 框架将问题处理并行化

以下是一些适合采用 Fork/Join 框架的问题示例：
❑ 模拟大量简单对象的动态行为（例如，粒子效果）；
❑ 日志文件分析；
❑ 数据处理操作，特别是涉及从聚合输入中计算数量的操作（例如，MapReduce 操作）。

还有一种思考角度是，一个适用于 Fork/Join 框架的问题应该可以被分解成图 16-1 所示的结构。

要判断一个问题是否能够得到有效的分解，可以采用下面的检查清单来评估问题及其子任务。
❑ 子任务是否能在不需要显式协作或同步的情况下独立执行？
❑ 子任务是否仅通过其数据计算值而不进行任何修改（它们是否为纯函数）？
❑ "分而治之"策略是否适用于子任务？

如果对上述问题的回答是"是的"或者"大多数情况下'是的'，但存在一些个别情况"，那么你面临的问题很可能适合采用 Fork/Join 框架（图 16-1）。相反，如果回答是"可能是"或者"并不是"，那么使用 Fork/Join 框架可能效果不佳，此时你可能需要考虑其他方法。

设计高效的多线程算法颇具挑战性，而 Fork/Join 框架并非在所有情况下都适用。尽管它在适合的场景中非常有用，但最终，你需要评估问题是否适合该框架。如果不适合，你可能需要开发自己的解决方案，这可能意味着要利用 java.util.concurrent 包提供的功能来构建你的解决方案。

16

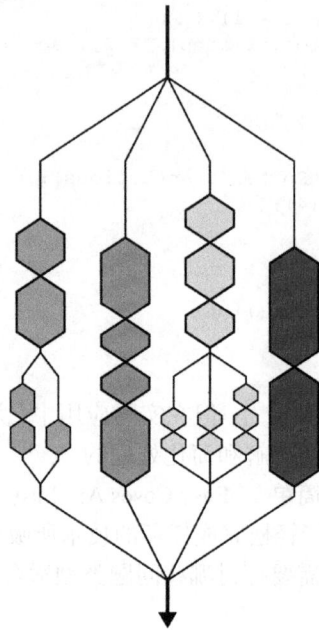

图 16-1　Fork/Join 框架

16.1.3　工作窃取算法

ForkJoinTask 是 RecursiveAction 的超类，也是一个具有通用操作返回类型的类（因此，RecursiveAction 继承了 ForkJoinTask）。这使得 ForkJoinTask 非常适用于 MapReduce 方法，该方法通过简化数据集并通过副作用返回结果或执行操作（如 RecursiveAction 所示）。

ForkJoinTask 类型的对象在 ForkJoinPool 上调度，这是一种为轻量级任务专门设计的新型 Executor 服务。该服务为每个线程维护一个任务列表，当一个任务完成时，可以从已满载的线程队列中"窃取"任务并重新分配给空闲线程。我们可以在图 16-2 中看到这一过程。

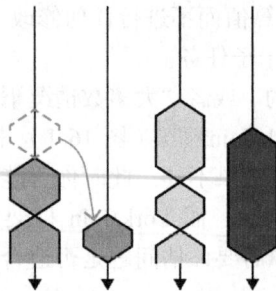

图 16-2　工作窃取算法：当第 2 个线程完成其任务后，服务将从仍然忙碌的第 1 个线程中重新分配 1 个任务给第 2 个线程

如果没有此工作窃取算法，可能会出现与任务大小相关的调度难题。一般而言，由于不同大小的任务所需的执行时间不同，这可能导致调度的效率降低。

例如，假设一个线程的运行队列中仅包含小型任务，而另一个线程的队列中只有大型任务。如果小型任务的执行速度是大型任务的 5 倍，那么处理小型任务的线程可能会在处理大型任务的线程尚未完成其工作时便陷入空闲状态。

警示　工作窃取算法基于任务相互独立的假设。如果该假设不成立，则计算结果可能在每次运行时都有所不同。

工作窃取算法正是为了解决这一问题，确保 Fork/Join 的任务在整个执行过程中能充分利用线程池中的所有线程。该算法是完全自动化的，开发者无须执行任何特殊操作即可获得工作窃取算法带来的好处。这再次证明了运行时环境在帮助开发者管理并发性方面所起的作用，而不是将这一任务留给开发者手动操作。`ForkJoinPool` 同样适用于事件驱动类型的任务处理，这些任务不需要显式执行 `join`。

注意　`ForkJoinPool` 在众多流行的 Java/JVM 库中得到了广泛应用，例如 Scala 和 Java 中基于 actor 的并发系统 Akka。

与 `ForkJoinPool` 的交互主要涉及以下方法。

- `execute()`——启动异步执行。
- `invoke()`——开始执行并等待结果。
- `submit()`——开始执行并返回一个 `Future` 对象作为执行结果。

自 Java 8 起，运行时环境引入了一个公共池，可通过 `ForkJoinPool.commonPool()` 访问。这个公共池主要是为了利用其工作窃取特性而设计的，但我们并不建议将其用于执行递归分解任务。

公共池 `ForkJoinPool` 具有多种可配置属性，开发者可以设置这些属性以控制池的行为，比如并行级别（使用的线程数）以及用于创建新线程的线程工厂类，等等。

16.2　并发与函数式编程

在第 5 章中，我们介绍了不可变对象的概念，并展示了它们在并发编程中的作用，因为它们避免了共享可变状态的问题，而这是许多并发问题的根源。因此，我们可以推测，采用不可变性的函数式编程技术是构建并发应用程序的重要手段。这种推测是正确的，但在并发编程中，对不可变性的应用还有一些细微的扩展。

16.2.1　回顾 `CompletableFuture`

在第 6 章中，我们介绍了 `CompletableFuture` 类。虽然这种类型本身不是不可变的，但它具有一个相对简单的状态模型，如下所述。

❑ CompletableFuture 实例在创建时处于未完成状态。

❑ 在此状态下,任何尝试调用 get() 获取结果的线程都将被阻塞。

❑ 稍后的某个时刻,会生成一个"发布事件"。

❑ 该事件将设置一个返回值,并传递给所有阻塞在 get() 方法上等待的线程。

❑ 一旦结果被设置,它将变为不可变,后续无法更改此结果。

图 16-3 展示了 Future 的状态变化和发布事件的过程。

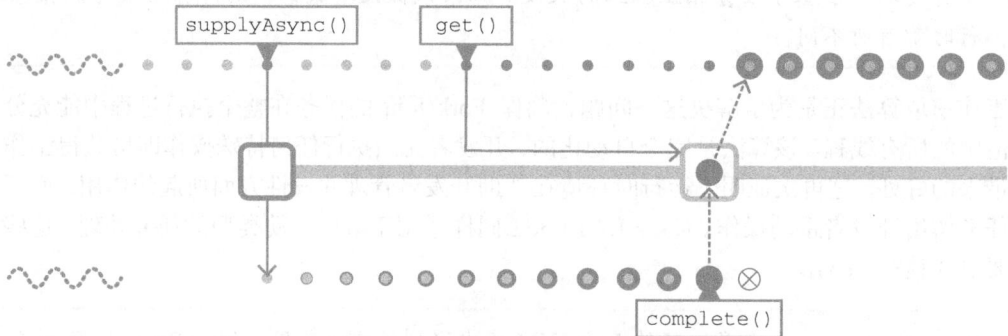

图 16-3　发布事件设置该值并将其传递给所有阻塞在 get() 上等待的线程

CompletableFuture 的一个重要优势是可以使用结果组合函数,且结果的处理将采用惰性策略,也就是说,在值到达之前不会执行该函数。

这种函数的组合既支持同步方式,也支持异步方式。要理解这一点,通过一些具体的示例来阐述可能会更容易一些。我们将重用第 6 章中的 NumberService,并为其创建一个虚拟实现,如下所示:

```
public class NumberService {
    public static long findPrime(int n) {
        try {
            Thread.sleep(5_000);
        } catch (InterruptedException e) {
            throw new CancellationException("interrupted");
        }
        return 42L;
    }
}
```

显然,以上代码并不会触发质数计算的实际执行,但它足以展示线程的行为,这是我们想讨论的重点。我们还需要一些代码来驱动其执行,如下所示:

```
var n = 1000;
var future =
    CompletableFuture.supplyAsync(() -> {
    System.out.println("Starting on: "+ Thread.currentThread().getName());
    return NumberService.findPrime(n);
});
```

提供要异步运行
的计算

提供要应用于异步
计算结果的函数

```
var f2 = future.thenApply(l -> {
  System.out.println("Applying on: "+ Thread.currentThread().getName());
  return l * 2;
});
var f3 = future.thenApplyAsync(l -> {
  System.out.println("Async on: "+ Thread.currentThread().getName());
  return l * 3;
});

try {
  System.out.println("F2: "+ f2.get());
  System.out.println("F3: "+ f3.get());
} catch (InterruptedException | ExecutionException e) {
  e.printStackTrace();
}
```

提供另一个要异步
应用于结果的函数

运行上面的代码，我们会得到以下输出：

```
Starting up on thread: ForkJoinPool.commonPool-worker-19
Applying on thread: ForkJoinPool.commonPool-worker-19
Applying async on thread: ForkJoinPool.commonPool-worker-5
F2: 84
F3: 126
```

使用 thenApply() 创建的名为 f2 的 Future 在与原始 Future 相同的线程上执行，而使用 thenApplyAsync() 创建的名为 f3 的 Future 则在池中的另一个线程上执行。

你可能已经注意到，在默认情况下，CompletableFuture 的代码都在公共线程池中执行。在前面的输出中，这个线程池的名称是 ForkJoinPool.commonPool。

在某些情况下，开发人员可能希望使用自定义的线程池。例如，公共池无法配置最大线程数，这对于某些工作负载来说是不可接受的。幸运的是，CompletableFuture 的工厂方法提供了重载版本，比如 supplyAsync()，允许我们传递一个显式的 Executor 参数，从而可以指定 **Future** 运行的线程池。

除了 thenApply() 方法，CompletableFuture 还提供了 thenCompose() 方法。有些开发者可能会混淆这两个方法，因此这里将花点儿时间解释一下它们的区别。

回顾一下，then Apply() 方法可以接受一个能将 T 转换为 U 的 Function 参数。这个函数会在原始的 CompletableFuture 完成后，在同一个线程上同步执行。

而 thenCompose() 方法则接受一个能将 T 映射到 CompletableFuture 的 Function （实际返回的是 CompletionStage 类型，而不是 CompletableFuture，但让我们暂时先忽略这个细节）。这个函数本质上是异步的（并且它可能在不同的线程上执行）。下面我们通过一个具体示例来理解这一点：

16

```
Function<Long, CompletableFuture<Long>> f = l ->
  CompletableFuture.supplyAsync(() -> {
    System.out.println("Applying on thread: " +
                Thread.currentThread().getName());
```

```
        return l * 2;
    });
```

我们可以将该函数传递给 `thenApply()`，但这么做会产生一个 `CompletableFuture<CompletableFuture<Long>>`类型的嵌套结果。与此相对的是，`thenCompose()`方法会将嵌套的结果"展平"为一个个单独的`CompletableFuture<Long>`。这个过程类似于 **Java Streams API** 中的 `flatMap()`方法，后者对 Stream 对象执行函数处理，返回 `Stream<T>`类型的对象，而不是一个 `Stream<Stream<T>>` 形式的嵌套对象，最终将各个流展开并合并成一个单一类型的流。

`CompletableFuture` 还提供了 `join()`方法，其工作原理类似于线程的 `join()`，但它会返回计算结果。此外，我们还可以编写代码来定制"合并"多个 `CompletableFuture` 实例之后的操作，这些代码会在部分（或全部）**Future** 执行完成后运行，如下所示：

```
var n = 1000;
var future = CompletableFuture.supplyAsync(() -> {
    System.out.println("Starting up: "+ Thread.currentThread().getName());
    return NumberService.findPrime(n);
});

var future2 = CompletableFuture.supplyAsync(() -> {
    System.out.println("Starting up: "+ Thread.currentThread().getName());
    return NumberService.findPrime(n);
});

Runnable dontKnow = () -> System.out.println("One of the futures finished");
future.runAfterEither(future2, dontKnow);
```

现在我们将第 15 章中关于函数式编程的讨论与此处的内容结合起来。

如果我们打算应用于`CompletableFuture`结果的函数是纯函数，并且除了输入值不依赖于任何外部状态，那么将函数应用于 **Future** 的操作等同于直接将该函数应用于结果。换句话说，如果我们把 **Future** 看作一个保存值的容器，那么一旦值到达，对该值应用的函数就可以"透明"地处理这个容器。

特别是，引用透明（例如使用纯函数）主要带来了两个好处：

❏ 记忆化；
❏ 可移植性。

第一个好处意味着任何纯函数的调用都可以被其已计算出的值所替代——我们不需要重新执行具有相同参数的函数调用，因为我们已经知道了答案。第二个好处表明，如果一个计算是纯函数，那么它发生在哪个线程上并不重要，因此无论是在同步应用程序还是在异步应用程序中，都不会影响结果。

注意 如前所述，**Java** 是一种相当不纯的语言，因此这些好处只有在程序员谨慎使用纯函数和不可变数据时才会体现出来。

在我们探讨并发函数式编程时，有必要提及**并行流**（parallel stream），这是一个在 Streams API 中容易被许多开发人员误解的领域。

16.2.2 并行流

在第 5 章中，我们探讨了 Amdahl 定律，这是与**数据并行性**相关的并发的基本结果之一。当我们需要处理大量类似的批量数据时，通常希望使用这种方法进行并发处理。总体而言，如果满足以下所有条件，那么数据并行方法就非常有用：

- □ 你需要以相同（或非常相似）的方式处理大量数据；
- □ 排序无关紧要；
- □ 数据项彼此独立；
- □ 可以证明某个特定的处理步骤是瓶颈。

并行流是一种数据并行性类型，当它们被包含在 Java 8 中时，许多 Java 开发人员对此感兴趣。但是，正如我们将要看到的那样，现实情况与最初的希望有所差距。下面展示的 API 似乎足够简单：

```
// 只需将 stream() 替换为 parallelStream()
List<String> origins = musicians
    .parallelStream()
    .filter(artist -> artist.getName().startsWith("The"))
    .map(artist -> artist.getNationality())
    .collect(toList());
```

在底层，并行流使用 Fork/Join 框架来分配工作，并使用工作窃取算法将计算分布到多个核心上。这么做具有以下优点：

- □ 工作由框架管理；
- □ API 既明确又简洁，不会显得复杂；
- □ 通过数据进行分发；
- □ parallelStream() 允许程序员在顺序和并行之间切换；
- □ 提供了"自由加速"的潜力。

实际上，这些看似美好的优点并不总是能够完全实现。首先，Amdahl 定律限制了并行化的效果。要将一个顺序任务拆分为可以并行执行的多个块需要额外的计算时间。准备和通信的开销越大，多处理器带来的性能提升就越小——这正是 Amdahl 定律的本质。

其次，目前没有一种普遍适用的方法可以轻松且可靠地估算任务拆分与线性操作成本之间的相对成本。因此，决定是否值得进行并行化的认知负担最终落在了开发人员身上。这表明，"自动并行"并不是一个理想解决方案。而开发人员必须清楚地了解许多在理想情况下应该被抽象出来的细节。

以 JVM 上的线程池为例，在工作拆分和重组的过程中，在 JVM 上创建的线程越多，线程竞争 CPU 资源的情况就越严重。Streams API 不会预先知道当前进程中存在多少其他并行流实例。这可能导致以下两种同样不可接受的情形：

16

- 为每个 parallelStream() 调用创建一个新的专用线程池；
- 创建一个单一的线程池实例（仅在当前的 JVM 中存在），并使所有 parallelStream() 调用使用它。

第一种情形可能导致线程的无限创建，最终会使 JVM 饱和或崩溃。因此，在 Java 8 中，并行流使用单个共享线程池：ForkJoinPool.commonPool()。这种选择可能会导致共享资源上的争用（正如我们在第 7 章中看到的那样，这是许多性能问题的根源）。

有一种解决方法：如果你将并行流作为 ForkJoinPool 上的任务执行，则它将在该处执行而不使用公共池，例如：

```
// 使用自定义线程
var forkJoinPool = new ForkJoinPool(4);
List<String> origins2 = forkJoinPool.submit(() -> musicians
    .parallelStream()
    .filter(artist -> artist.getName().startsWith("The"))
    .map(artist -> artist.getNationality())
    .collect(toList())).get();
forkJoinPool.shutdown();
```

请注意，必须显式地关闭 ForkJoinPool，否则它会持续存在于内存中等待新任务，从而导致资源泄漏。

总的来说，关于并行流的使用，最好的建议是避免盲目地应用并行性。相反，应当在明确需要利用并行性优势的特定用例中才使用它。和以前一样，这需要通过实际测量来验证。首先，我们需要证明串行流操作确实是性能瓶颈，然后才能尝试使用并行流来看是否有助于性能提升。

遗憾的是，关于何时使用并行流并没有通用的规则。每种情况都需要从基本原理出发进行仔细检查和测试。只有在这种严谨的方法下，我们才能尝试将并行性应用于流操作，并通过数据证明确实可以实现性能上的改进。

16.3　深入了解 Kotlin 协程的实现原理

正如第 9 章所介绍的，Kotlin 提供了一种替代传统 Thread 模型的并发机制：协程（coroutine）。我们可以将协程视为"轻量级线程"，因为它们无须承担完整操作系统线程的资源开销。这在某种程度上类似于 Java 的 Fork/Join 框架。那么，Kotlin 是如何实现这种替代性执行方式的呢？为了更好地理解其背后的原理，我们需要深入挖掘其内部机制。

16.3.1　协程的工作原理

让我们从一个经过修改的第 9 章示例开始探讨。

```
package com.wgjd

import kotlinx.coroutines.GlobalScope
import kotlinx.coroutines.delay
import kotlinx.coroutines.launch
```

```
fun main() {
  GlobalScope.launch {
    delay(1000)
    sus()
  }

  Thread.sleep(2000)
}

suspend fun sus() {
  println("Totally sus...")
}
```

在这个示例中，我们使用了 GlobalScope.launch 来启动一个协程。**作用域**（scope）用来表达协程应该如何运行，我们将在后面进一步探讨。

在这个例子中，我们在创建协程时使用了 delay 函数。通过该函数，该协程的创建将等待 1 秒。随后调用我们自定义的函数 sus。最后，我们通过 Thread.sleep 使主线程休眠 2 秒，以确保协程在整个程序退出之前有足够的时间来完成其执行。

协程与线程的一个显著不同之处在于，协程的执行可以在特定的点暂停。那么，Kotlin 是如何知道在何处可以暂停协程的呢？答案在于我们对 sus 函数（以及库提供的 delay 函数）使用了 suspend 关键字。这个关键字标记了 Kotlin 认为是可暂停执行的代码块。

通过使用 suspend 关键字标记协程中的可暂停代码块，Kotlin 能够构建一个状态机来管理协程的执行流程。这个状态机通过生成的代码来跟踪其内部的执行进度，而由 suspend 定义的代码块则提供了状态机的各个步骤。

接下来，让我们将协程转换成一个类似的状态机，以便更好地理解其工作原理：

```
GlobalScope.launch {
  delay(1000)
  sus()
}
```

以下是协程的执行步骤，图 16-4 对此进行了展示。

❑ 通过调用 launch 来创建一个新的协程实例。

❑ 执行 delay 操作。

❑ 控制权交回给 Kotlin，后者将等待所请求的 1 秒。

❑ 延迟结束后，协程恢复执行并调用 sus 函数。

❑ 在 sus 函数执行完毕后，不需要额外暂停即可将控制权交还给 Kotlin。

❑ 在 sus 函数执行完毕后，协程顺利完成并结束。

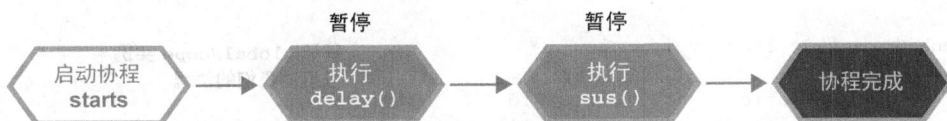

图 16-4　协程状态机

16

这种步骤分解展示了为什么有时将协程描述为"合作式多任务处理"。在调用挂起函数之间执行的代码是同步执行的，而挂起点提供了唯一的暂停和执行其他协程步骤的机会。想象一下，如果在 delay 和 sus 之间进入一个无限循环，这个循环将永远阻塞正在执行它的所有线程。

这个状态机不仅仅是一个理论概念——Kotlin 直接生成可以实现这一功能的代码，我们可以检查它。让我们看看先前函数的输出如何被转换。（注意，出于长度和清晰度的考虑，某些细节被排除在外。）

基本应用程序的编译结果产生了比我们预期更多的类文件。例如，在 Gradle 的 build 目录下，生成的输出如下所示：

```
build
└─ classes
    └─ kotlin
        └─ main
            └─ com
                └─ wgjd
                    ├─ MainKt$main$1.class
                    └─ MainKt.class
```

我们在第 9 章中遇到了 MainKt.class。由于 JVM 不支持独立存在的函数，Kotlin 会透明地为顶级函数创建一个容器类，以确保所有方法代码都能放置在一个类中。

除此之外，我们还发现了一个新的类：MainKt$main$1.class。对这类文件进行反编译揭示了 Kotlin 为了协程执行所做的工作，这与它为顶级函数创建"隐形类"的方式类似。这个自动生成的类代表了协程的一次执行。接下来，我们可以看到，这个生成的类实际上是我们的代码和运行协程所需基础设施的混合体：

```
final class com.wgjd.MainKt$main$1
    extends kotlin.coroutines.jvm.internal.SuspendLambda ◄
    implements kotlin.jvm.functions.Function2< ◄
        kotlinx.coroutines.CoroutineScope,
        kotlin.coroutines.Continuation<? super kotlin.Unit>,
        java.lang.Object> {
```

> 生成的类扩展了 Kotlin 的 **SuspendLambda**，从而继承了类似功能

> 生成的类实现了一个特定接口，以便调用代码使用该接口来执行我们的协程

如果在 MainKt.class 中查看从主函数生成的代码，我们会发现 Kotlin 创建了一个协程实例，并随后调用了它：

```
Compiled from "Main.kt"
public final class com.wgjd.MainKt {

  public static final void main();
    Code:
      0: getstatic      #41  // Field
                             // kotlinx/coroutines/GlobalScope.INSTANCE:
                             // Lkotlinx/coroutines/GlobalScope;
      3: checkcast      #43  // class kotlinx/coroutines/CoroutineScope
```

> 获取 **GlobalScope** 实例以启动我们的协程

```
     6: aconst_null
     7: aconst_null
     8: new              #45   // class com/wgjd/
                               // MainKt$main$1
    11: dup
    12: aconst_null
    13: invokespecial    #49   // Method com/wgjd/MainKt$main$1."<init>":
                               // (Lkotlin/coroutines/Continuation;)V
    16: checkcast        #51   // class kotlin/jvm/functions/Function2
    19: iconst_3
    20: aconst_null
    21: invokestatic     #57   // Method kotlinx/coroutines/
                               // BuildersKt.launch$
                               // default:(Lkotlinx/coroutines/CoroutineScope;
                               // Lkotlin/coroutines/CoroutineContext;
                               // Lkotlinx/coroutines/CoroutineStart;
                               // Lkotlin/jvm/functions/Function2;
                               // ILjava/lang/Object;)Lkotlinx/coroutines/Job;
    24: pop
    25: ldc2_w           #58   // long 20001
    28: invokestatic     #65   // Method java/lang/Thread.sleep:(J)V
    31: return
```

创建并初始化一个新的生成协程类的实例 → `8: new`

调用启动方法，为其指定作用域以及运行的协程实例。请特别注意，我们的协程实例作为参数传递给了 Function2

在 launch 方法中的代码将开始调用我们生成的协程实例上的方法，从而运行我们的状态机。现在，让我们来看看实现该状态机的字节码。首先，协程实例包含两个独立的字段，它们分别用于跟踪协程的作用域和在状态机中的当前位置：

```
final class com.wgjd.MainKt$main$1
    extends kotlin.coroutines.jvm.internal.SuspendLambda
    implements kotlin.jvm.functions.Function2<
        kotlinx.coroutines.CoroutineScope,
        kotlin.coroutines.Continuation<? super kotlin.Unit>,
        java.lang.Object> {
    java.lang.Object L$0;

    int label;
```

当前执行的 CoroutineScope → `java.lang.Object L$0;`

该整型值代表了状态机的当前步骤 → `int label;`

当状态机运行时，其核心是一个方法，该方法根据这些字段来决定下一步的操作。Kotlin 为此生成了一个名为 invokeSuspend 的方法。invokeSuspend 最终成为代码和用于跟踪进度的状态机的混合体。在协程的生命周期中，每当协程准备好执行下一步时，Kotlin 都会重复调用 invokeSuspend。

接下来的代码展示了 invokeSuspend 方法的开始部分，以及状态机从启动协程到执行第一步（从协程启动到调用 delay 方法）的过程：

```
public final java.lang.Object invokeSuspend(java.lang.Object);
    Code:
        0: invokestatic     #36   // Method kotlin/coroutines/intrinsics/
                                   // IntrinsicsKt.getCOROUTINE_SUSPENDED:
                                   // ()Ljava/lang/Object;
        3: astore_3
```

```
 4: aload_0
 5: getfield       #40   // Field label:I          决定了我们在状态机
                                                   中的下一步
 8: tableswitch    {     // 0 to 2
                   0: 36
                   1: 69
                   2: 104
             default: 122         第 1 步的开始（直到
          }                        延迟调用）
36: aload_1
37: invokestatic   #46   // Method kotlin/ResultKt.throwOnFailure:
                         // (Ljava/lang/Object;)V
40: aload_0
41: getfield       #48   // Field p$:Lkotlinx/coroutines/CoroutineScope;
44: astore_2
45: ldc2_w         #49   // long 10001
48: aload_0
49: aload_0
50: aload_2
51: putfield       #52   // Field L$0:Ljava/lang/Object;
54: aload_0
55: iconst_1
56: putfield       #40   // Field label:I
59: invokestatic   #58   // Method kotlinx/coroutines/DelayKt.delay:
                         // (JLkotlin/coroutines/Continuation;)
                         // Ljava/lang/Object;
62: dup
63: aload_3
64: if_acmpne      82          第 2 步的开始（直到 sus
67: aload_3                     调用），这将在再次调用
68: areturn                     invokeSuspend 时发生
69: aload_0
70: getfield       #52   // Field L$0:Ljava/lang/Object;
73: checkcast      #60   // class kotlinx/coroutines/CoroutineScope

// Further steps excluded for length.
// See resources for full listing
```

在收集了当前协程的相关信息后，我们看到在偏移量为 5 字节的位置，程序从 label 字段中加载了下一个执行步骤。紧接着，在偏移量为 8 字节的位置，出现了一个我们不太常见的操作码——tableswitch。这个操作码的作用是检查栈上的值，并根据预定义的值进行跳转。由于这是第一次通过 invokeSuspend 进行调用，因此标签值为 0，程序流程继续执行到偏移量为 36 字节的位置。随后，代码按线性顺序执行。在偏移量为 55 和 56 字节的位置，我们将状态标签更新为 1，并准备进入下一个执行阶段。在偏移量为 59 字节的位置，执行了 delay 函数，而在偏移量为 68 字节的位置，程序从 invokeSuspend 返回。

此时，Kotlin 代码获得控制权，决定何时继续执行协程的下一步。当它判断时间合适时，会在同一协程实例上再次调用 invokeSuspend 方法。此时，状态标签为 1，程序将跳转到执行第 2 个步骤，即在 delay 之后但在 sus 调用之前。

虽然在日常使用协程时，我们并不需要深入理解其底层原理，但了解这些原理仍然具有重要

意义。对于追求扎实基础的开发者来说，仅仅停留在表面、只是感觉某些特性非常神奇是远远不够的。归根结底，我们还是要回归到每一条指令的执行上，而我们也有工具去深入理解协程的内部机制。

这种分析也许能解答 15.3.7 节中的一些问题，在那里我们看到了用于定义 Kotlin 序列的 yield 函数。当时，我们简要解释了如何使定义序列的 lambda 表达式"暂停"其执行。实际上，这正是基于挂起函数生成的状态机的相同机制。每次连续调用 invokeSuspend 都会获取序列中的下一个项。

16.3.2　协程的作用域及调度

尽管协程提供了一种与标准操作系统线程模型不同的抽象方式，但在底层，我们的代码仍然是在特定的线程中执行的。**Kotlin** 的协程通过协程作用域和**调度器**（dispatcher）来管理和协调工作的分发。

通过修改示例代码，我们来看看协程的每个步骤实际上是在哪个线程中执行的：

```
package com.wgjd

import kotlinx.coroutines.GlobalScope
import kotlinx.coroutines.delay
import kotlinx.coroutines.launch

fun main() {
  GlobalScope.launch {
    println("On thread ${Thread.currentThread().name}")
    delay(500)

    println("On thread ${Thread.currentThread().name}")
    delay(500)

    println("On thread ${Thread.currentThread().name}")
  }

  Thread.sleep(2000)
}
```

这段代码的执行结果并不固定，但通常会呈现如下输出：

```
On thread DefaultDispatcher-worker-1
On thread DefaultDispatcher-worker-2
On thread DefaultDispatcher-worker-1
```

线程名称提供了两个有趣的信息：一个是调度器的名称（DefaultDispatcher），另一个是数字，表示我们正在使用可用线程池中的哪个线程。当请求特定的作用域时（在本例中是全局作用域，它存在于整个应用程序的生命周期中），我们也选择了调度器，它决定了我们的任务如何在实际中调度。

如果我们希望更精细地控制任务调度，我们可以创建一个自定义的 CoroutineScope 实例，

16

而不是使用 GlobalScope。通常，作用域与系统中的不同对象关联，并具有特定的生命周期。以下是一个如何创建自定义作用域的示例。在创建自定义作用域时，我们通常需要一个上下文来配置其行为，这时可以使用标准函数工厂方法来创建上下文并指定特定的调度策略。

```
val context: CoroutineContext = newFixedThreadPoolContext(3, "New-Pool")

CoroutineScope(context).launch {
  println("On thread ${Thread.currentThread().name}")
  delay(500)

  println("On thread ${Thread.currentThread().name}")
  delay(500)

  println("On thread ${Thread.currentThread().name}")
}
```

不出意料，输出结果显示我们的任务正在一个完全不同的线程上执行，这与之前的输出不同：

```
On thread New-Pool-1
On thread New-Pool-2
On thread New-Pool-1
```

注意 newFixedThreadPoolContext 和其他一些相关函数已被标记为废弃，但它们的替代方案在撰写本书时尚不可用。如果想获取最新的实践指南，请参考 Kotlin 协程的官方文档。

协程上下文不仅封装了协程的调度器，还包含了其他信息，如协程的名称（这有助于在 IDE 中进行调试，尤其是在多个协程共享调度器的情况下）和一个通用的错误处理程序。我们可以使用 plus 函数将元素添加到现有的上下文对象中，如下所示：

```
val context: CoroutineContext = newFixedThreadPoolContext(3, "New-Pool")
  .plus(CoroutineExceptionHandler { _, thrown ->
      println(thrown.message + "!!!!") })
  .plus(CoroutineName("Our Coroutine"))

CoroutineScope(context).launch {
  throw RuntimeException("Failed")
}
```

当异常被抛出时，除了自动取消协程外，我们的 CoroutineExceptionHandler 会被调用执行，并输出 "Failed!!!!"。对于生产应用程序，你可能需要一个更全面、更复杂的错误处理策略，协程提供了相应的钩子以实现这一点。

并行执行多个操作，并在所有操作完成后等待结果的场景非常常见。在协程中，我们可以使用 async 函数来实现这一点，它返回一个 Deferred<T>，实际上是一个协程 Job，它允许我们等待并获取返回值。

```
GlobalScope.launch {
    val result: Deferred<Int> = async {
      10;
    }
```

```
    println("Got ${result.await()}")        ←——— 不出意料,这里会输出得到的值 10
}
```

回顾 9.5 节所述内容,我们了解到默认情况下,协程在遇到错误时会取消整个协程层次结构,如下所示:

```
val failed = GlobalScope.launch {
    launch { throw RuntimeException("Failing...") }
}

Thread.sleep(2000)    ←——— 等待执行完毕

println("Cancelled ${failed.isCancelled}")        ←——— 将输出 Cancelled true
```

这种取消整个协程层次结构的行为在某些情况下非常有用,但并不总是我们想要的结果。如果某些子协程可以安全地失败,我们可以使用 supervisorScope 来封装它们,代码如下所示。这类似于使用一个协程包装器,但不会引发取消状态的向上传播。

```
val supervised = GlobalScope.launch {
    supervisorScope {
        launch { throw RuntimeException("Failing...") }
    }
}

Thread.sleep(2000)    ←——— 等待执行完毕

println("Cancelled ${supervised.isCancelled}")    ←——— 将输出 Cancelled false,
                                                       表明监督程序允许子协程失
                                                       败,而不取消父协程
```

协程为我们处理并发执行提供了多种选项。然而,它并不是处理并发问题的唯一方式。接下来,我们来看看 Clojure 为我们带来了哪些并发处理方式。

16.4　Clojure 中的并发实践

Java 的状态模型在本质上是基于可变对象的。正如我们在第 5 章中所探讨的,这种情况直接引发了并发代码的安全性问题。为了避免在特定线程中修改对象状态时,其他线程看到不一致的中间状态,我们不得不引入一系列复杂的锁定机制。这些机制不仅很难设计,而且在调试和测试时也存在挑战。

相比之下,Clojure 采取了不同的方法。在某些方面,它的并发抽象并不像 Java 那样底层。例如,Clojure 运行时管理的线程池(开发者几乎无法控制)可能会让人感到不习惯。但是,这种抽象的力量源于它允许平台(Clojure 运行时)为你处理复杂的细节,从而让你能够专注于更重要的任务,比如整体设计。

总体而言,Clojure 的设计理念是在默认情况下将线程彼此隔离,这使得语言在默认状态下就具备了并发类型安全性。通过假设“没有什么需要共享”,并且使用不可变的值,Clojure 能够避免 Java 中的许多并发问题,转而专注于提供一种安全的并发编程方法来共享状态。

16

注意   为了提高安全性，Clojure 的运行时提供了协调线程的机制，并强烈建议你使用这些机制，而不是尝试使用 Java 的习惯用法或者自行创建并发结构。

让我们来看一下其中一个构建块：持久化数据结构。

16.4.1   持久化数据结构

持久化数据结构在修改时能够保留先前版本的数据结构，从而实现线程安全。这是因为对持久化数据结构的操作不会更改现有读者所看到的结构，而是始终生成一个新的更新后的对象。

在 Clojure 中，所有集合都是持久化的，并且通过**结构共享**（**structural sharing**）机制，可以高效地创建修改副本。这些集合本质上是线程安全的，且设计上注重效率。

值得注意的是，Clojure 的持久化集合不支持原地修改或删除元素。如果程序尝试调用 Java Collections 接口（如 List 或 Map）的修改方法，如 remove 或 clear，将抛出 Unsupported-OperationException 异常。相反，Clojure 期望使用诸如 (cons) 和 (conj) 等操作，遵循 Lisp 的传统来构建持久化集合。

所有的集合都支持以下基本方法。

❑ count 获取集合的大小。

❑ cons 和 conj 将元素添加到集合。

❑ seq 获取可以遍历集合的序列。

所有序列函数都可以与任何集合一起使用，因为它们都支持 seq 方法。下面的示例展示了如何通过使用 (cons) 重复添加元素来构建 Clojure 的 PersistentVector：

```
var aList = new ArrayList<PersistentVector>();
var vector = PersistentVector.EMPTY;
for (int i=0; i < 32; i = i + 1) {
    vector = vector.cons(i);
    aList.add(vector);
}
System.out.println(aList);
```

这段代码的输出结果如下：

```
[[0], [0 1], [0 1 2], [0 1 2 3],

...

[0 1 2 3 4 5 6 7 8 9 10 11 12 13 14 15 16 17 18 19 20 21 22 23 24 25 26 27
 28 29 30 31]]
```

这段输出表明，如果需要，可以保留持久化向量的每个早期版本。这也表明可以在线程之间传递向量，而每个线程在修改向量时不会影响其他线程。

让我们快速看一下这个数据结构是如何实现的。回想一下，其他编程语言中基于数组的数据结构（如向量）通常是基于单个连续的内存块来实现的。这种实现方式使得索引操作（如查找）

非常快，但对于创建向量的修订副本（同时保留原始向量不变）这样的操作，我们必须复制整个数组。

　　Clojure 的持久化向量（PersistentVector）则采用了截然不同的设计理念，它将向量元素以每 32 个元素为一组进行存储。这种设计使得添加新元素时只需要复制当前组的尾部（tail），而无须复制整个数组。如果向量元素超过 32 个，需要扩展时，Clojure 会创建一个称为节点（node）的数据结构，该节点包含一个由 32 个元素组成的数组。这些元素本身是对其他节点的引用，每个节点同样包含一个完整的 32 个元素的数组。

注意 PersistentVector 是 Clojure 的核心抽象之一，它被广泛使用，以至于它实际上是用 Java（不是 Clojure）实现的，因为它被用于启动 Clojure 语言的基本运行时环境。

PersistentVector 类的定义类似于下面的这段代码（为了便于介绍，此处做了适当简化）：

```
public class PersistentVector extends APersistentVector
                              implements IObj, ... {
    // ...

    public final PersistentVector.Node root;
    public final Object[] tail;
    private final int cnt;

    // ...

    public static final PersistentVector EMPTY;
    public static final PersistentVector.Node EMPTY_NODE;

  // ...
}
```

内部类 PersistentVector.Node 的定义如下所示：

```
public static class Node implements Serializable {
    public final transient AtomicReference<Thread> edit;
    public final Object[] array;

    public Node(AtomicReference<Thread> edit, Object[] array) {
        this.edit = edit;
        this.array = array;
    }

    Node(AtomicReference<Thread> edit) {
        this.edit = edit;
        this.array = new Object[32];
    }
}
```

16

　　请注意，数组字段只是一个 Object[]。这体现了 Clojure 动态类型系统的一个特点——这里并没有使用泛型。

此外，**Clojure** 在其核心中经常使用 `public final` 字段，并且不总是提供访问方法。所以，我们可以查看数据结构的内部，从而了解节点是如何工作的：

```
var vector = PersistentVector.EMPTY;
for (int i = 0; i < 32; i = i + 1) {
    vector = vector.cons(i);
}
System.out.println(Arrays.toString(vector.tail));
System.out.println(Arrays.toString(vector.root.array));
System.out.println("----------------");
for (int i=32; i < 64; i = i + 1) {
    vector = vector.cons(i);
}
System.out.println(Arrays.toString(vector.tail));
System.out.println(Arrays.toString(vector.root.array));
var earlier = (PersistentVector.Node)(vector.root.array[0]);
System.out.println("Earlier: "+ Arrays.toString(earlier.array));
```

这段代码的执行输出如下所示：

```
[0, 1, 2, 3, ... 31]
[null, null, null, null, ... null]
----------------
[32, 33, 34, 35,  ...  63]
[clojure.lang.PersistentVector$Node@783e6358, null, null, null, ... null]
Full Tail: [0, 1, 2, 3, ... 31]
```

在添加了 64 个元素之后，尾部数组是 `[32, 33, 34, 35, ... 63]`，而 `root.array` 包含一个以 `[0, 1, 2, 3, ... 31]` 等 32 个元素作为其数组字段的 `PersistentVector.Node`。因此，如果以图形的形式呈现，其结构将如图 16-5 所示。

对于包含 64 个元素的情况，`PersistentVector.Node` 的结构如图 16-6 所示。

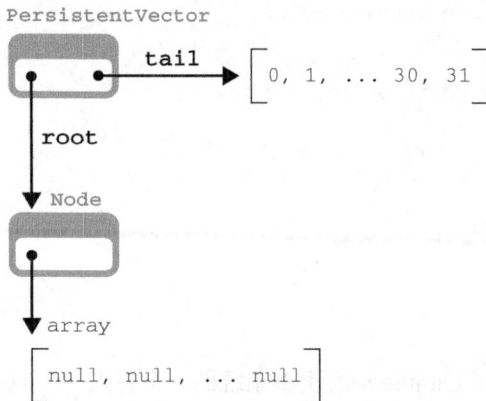

图 16-5　一个包含 32 个元素的持久化向量

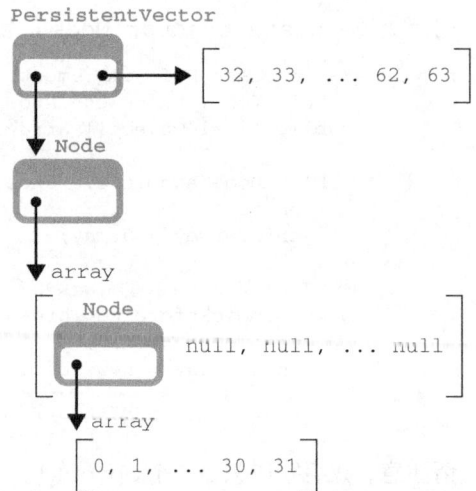

图 16-6　一个包含 64 个元素的持久化向量

对于包含 96 个元素的情况，其结构如图 16-7 所示，以此类推。

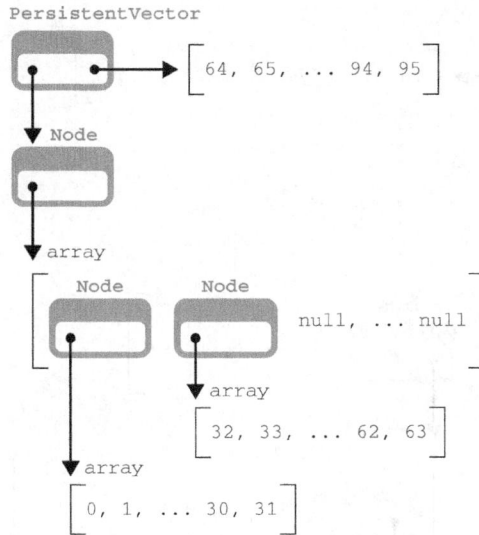

图 16-7　一个包含 96 个元素的持久化向量

你可能会问：当节点的数组槽全部被填满时会发生什么？这种情况出现在向量包含 $32 + (32 \times 32)$ 个元素时。虽然你可能预期这个数是 1024，但我们还需要考虑尾部数组，它包含了 32 个元素，这实际上导致了一个"差一"的效果。一个具有一级节点的完整的 PersistentVector 如图 16-8 所示。

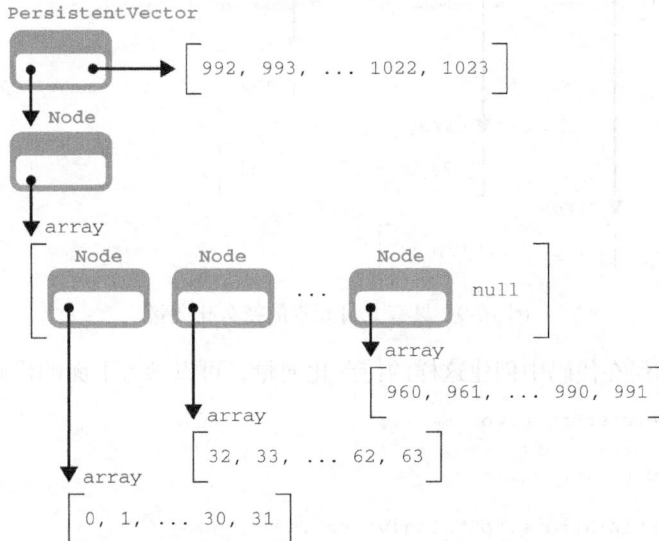

图 16-8　一个包含 1056 个元素的持久化向量

16

如果我们继续添加元素，树形结构将增加另一级，如图 16-9 所示。

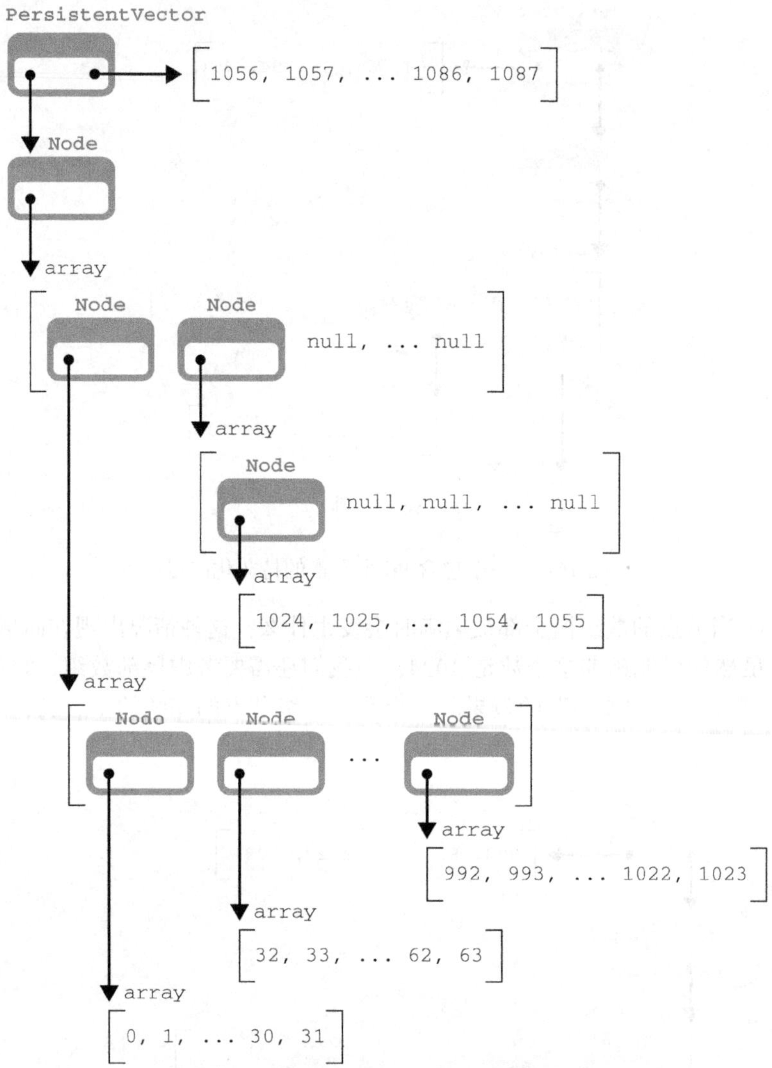

图 16-9 具有大量元素的持久化向量

如果你想了解如何在代码中创建这样的持久化向量，可以参考下面的代码示例：

```
var vector = PersistentVector.EMPTY;
for (int i = 0; i < 1088; i = i + 1) {
    vector = vector.cons(i);
}
System.out.println(Arrays.toString(vector.tail));
System.out.println(Arrays.toString(vector.root.array));
System.out.println();
```

```
var v0 = (PersistentVector.Node) (vector.root.array[0]);
var v1 = (PersistentVector.Node) (vector.root.array[1]);
System.out.println("r.a[0] : " + Arrays.toString(v0.array));
System.out.println("r.a[1] : " + Arrays.toString(v1.array));
System.out.println();

var v0A0 = (PersistentVector.Node)(((PersistentVector.Node)v0).array[0]);
var v0A31 = (PersistentVector.Node)(((PersistentVector.Node)v0).array[31]);
var v1A0 = (PersistentVector.Node)(((PersistentVector.Node)v1).array[0]);
System.out.println("r.a[0].a[0] : " + Arrays.toString(v0A0.array));
System.out.println("r.a[0].a[31] : " + Arrays.toString(v0A31.array));
System.out.println("r.a[1].array[0] : " + Arrays.toString(v1A0.array));
```

这段代码的输出如下所示：

```
[1056, 1057, 1058, 1059, ... 1087]
[clojure.lang.PersistentVector$Node@2344fc66,
clojure.lang.PersistentVector$Node@458ad742, null, null, ... null]

r.a[0] : [clojure.lang.PersistentVector$Node@735f7ae5,
          clojure.lang.PersistentVector$Node@180bc464, ... ,
          clojure.lang.PersistentVector$Node@617c74e5]
r.a[1] : [clojure.lang.PersistentVector$Node@6ea12c19, null, ... , null]

r.a[0].a[0] : [0, 1, ... , 31]
r.a[0].a[31] : [992, 993, ... , 1023]
r.a[1].a[0] : [1024, 1025, ... , 1055]
```

注意在这个例子中，v0 和 v1 的数组字段不再包含 Integer 元素，而是包含 Node 对象。这就是数组字段被声明为 Object[] 的原因，以支持这种动态类型的使用。

> **注意** 如果继续添加元素，我们将构建一个多级结构，这使得 PersistentVector 能够处理任意大小的向量（尽管对于较大的向量来说，间接性的成本会增加）。

然而，Clojure 作为一种功能强大的并发编程语言，不仅仅依赖于其高效的数据结构设计。并发模型和执行机制对于实现高效的并发编程同样至关重要。幸运的是，Clojure 已经为开发者提供了全面的并发解决方案。

事实上，Clojure 通过多种方法为开发者提供了不同类型的并发模型：Future、pcall、ref 和 agent。我们将从简到繁，逐一介绍每种模型。

16.4.2 Future 和 pcall

首先，要明确一点，我们可以始终利用 Clojure 与 Java 的紧密集成来创建新的线程。实际上，在 Java 中能够实现的所有操作，在 Clojure 中同样可以实现，而且你可以在 Clojure 中轻松编写并发的 Java 代码。

但是，Clojure 对一些 Java 并发抽象进行了简化，使得它们更加简洁易用。例如，Clojure 提供了一种非常简洁的方式来处理第 6 章所提到的 Future 概念。以下是一个简单的示例（代码清单 16-2）。

代码清单 16-2   在 Clojure 中使用 Future

```
user=> (def simple-future
  (future (do
        (println "Line 0")
        (Thread/sleep 10000)
        (println "Line 1")
        (Thread/sleep 10000)
        (println "Line 2"))))

#'user/simple-future
Line 0                    ←————┐  立刻执行
user=> (future-done? simple-future)
user=> false
Line 1
user=> @simple-future     ←———— 解引用时阻塞执行
Line 2
nil
user=>
```

在上面的代码清单中，我们使用(future)创建了一个 Future。创建完成后，它会在后台线程上运行，这就是为什么你在 Clojure REPL 上首先看到了第 0 行（随后是第 1 行）的输出——代码已经开始在另一个线程上运行。

然后，你可以使用(future-done?)来检查代码是否已经完成执行，这是一个非阻塞调用（类似于 Java 中的 isDone()）。但是，尝试解引用 Future 会导致调用线程阻塞，直到 Future 中的计算执行完毕为止。

实际上，Clojure 提供了一个相对简洁的 Clojure 封装方式，对 Java Future 进行了语法上的优化。此外，Clojure 还提供了一些对并发编程非常有用的辅助函数，其中一个简单的函数是(pcalls)，它接受一系列无参数函数，并在并行线程上执行它们。

注意   (pcalls)与 Java 的 ExecutorService.invokeAll()辅助方法有些相似。

这些调用将在运行时管理的线程池上执行，并返回结果的惰性序列。尝试访问尚未完成的序列元素将导致访问线程阻塞。

代码清单 16-3 设置了一个名为(wait-with-for)的单参数函数。它使用了一个类似于 10.2.5 节所提及的循坏形式。通过这个函数，你可以创建多个无参数函数——(wait-1)、(wait-2)等，然后将它们传递给(pcalls)函数。

代码清单 16-3   Clojure 中的并行调用示例

```
user=> (defn wait-with-for [limit]
  (let [counter 1]
    (loop [ctr counter]
```

```
        (Thread/sleep 500)
        (println (str "Ctr=" ctr))
      (if (< ctr limit)
        (recur (inc ctr))
      ctr))))
#'user/wait-with-for

user=> (defn wait-1 [] (wait-with-for 1))
#'user/wait-1

user=> (defn wait-2 [] (wait-with-for 2))
#'user/wait-2

user=> (defn wait-3 [] (wait-with-for 3))
#'user/wait-3

user=> (def wait-seq (pcalls wait-1 wait-2 wait-3))
#'user/wait-seq
Ctr=1
Ctr=1
Ctr=1
Ctr=2
Ctr=2
Ctr=3

user=> (first wait-seq)
1

user=> (first (next wait-seq))
2
```

通过将线程休眠值调整为仅 500 毫秒，我们可以让等待函数迅速完成。为了验证 (pcalls) 返回的名为 wait-seq 的惰性序列是否具有阻塞行为，我们可以通过调整超时时间（例如将其延长到 10 秒）来进行测试。

这种简单的多线程构造对于不需要共享状态的情况是可行的，但在许多应用程序中，不同的处理线程需要进行通信。Clojure 提供了多种处理这种情况的模型，下面我们来看其中一种：通过 (ref) 实现的共享状态的事务处理。

16.4.3　软件事务内存

在处理并发编程时，最直接的方法就是避免共享状态。实际上，我们之前讨论的 Clojure 中的变量（var）并不支持真正的状态共享。如果两个线程使用相同的变量名，并在各自的线程内对其进行重新绑定，那么这些更改仅对当前线程可见，其他线程无法共享这些更改。

Clojure 刻意采用了这种设计，并提供了一种在线程间安全共享状态的替代方法：引用（ref）。这种方法依赖于运行时提供的模型，专门用于处理需要被多个线程同时访问和修改的状态变更。该模型通过在符号和值之间引入额外的间接层来实现，即符号绑定到值的引用，而不是直接绑定到值本身。

16

该系统基本上是事务性的，对底层值的更改由 Clojure 运行时协调。图 16-10 展示了这种机制。

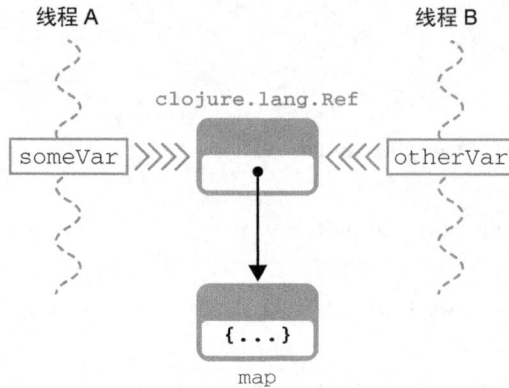

图 16-10 软件事务内存

这种间接性意味着在对引用进行修改或更新之前，它必须被放置在一个事务中。在事务完成后，所有的更新要么全部生效，要么全部都不生效，这与数据库中的事务概念类似。

这个概念可能有些抽象，那么让我们回顾一个之前的例子，即第 5 章和第 6 章提及的 Account 类。回想一下，为了避免并发问题，例如丢失更新，在 Java 中你必须用锁来保护每一个敏感的数据位，如下所示：

```
// ...

private final Lock lock = new ReentrantLock();
private int balance;

public boolean withdraw(final int amount) {
    // 检查 amount 是否大于 0，不大于 0 则抛出异常

    lock.lock();
    try {
        if (balance >= amount) {
            balance = balance - amount;
            return true;
        }
    } finally {
        lock.unlock();
    }
    return false;
}

// ...
```

现在，让我们看看如何在 Clojure 中尝试编写类似的代码。不过，在这里我们遇到了一个概念上的问题。

在 Java 中，默认情况下使用的是可变状态，这在先前的代码中有所体现。withdraw() 方法

接受一个参数，即取款金额，那么会发生以下 3 种情况之一。

- ❑ 金额小于或等于零：抛出 `IllegalArgumentException`，因为这是无效的取款请求。
- ❑ 取款成功：更新余额并返回 `true`。
- ❑ 取款失败（账户余额不足）：不更新账户余额，并返回 `false`。

除了无效的取款请求，这里涉及了两个不同的操作：更新可变状态，并通过返回代码来表示操作是否成功。

在函数式编程中，我们通常不会直接更新可变对象的状态，而是返回一个包含更新状态的新值。但是，如果取款失败，该代码的使用方如何知道账户余额是否已经更新呢？我们可以将返回值更改为一个包括返回代码和更新值的元组，不过这么做有些烦琐。

作为替代方案，我们采用了一个略微不同的单线程版本。在这个版本中，表单（`debit` 函数）会操作一个代表账户的映射，在取款成功时返回一个新映射——如果取款失败则抛出异常，如代码清单 16-4 所示。

代码清单 16-4　使用 Clojure 实现的一个简单的账户模型

```clojure
(defn make-new-acc [account-name opening-balance]
  {:name account-name :bal opening-balance})

(defn debit [account amount]
  (let [balance (:bal account) my-name (:name account)]
    (if (<= amount 0)
      (throw (AssertionError. "Withdrawal amount cannot be < 0")))
    (if (> balance amount)
      (make-new-acc my-name (- balance amount))
      (throw (AssertionError. "Withdrawal amount cannot exceed balance"))
      )))

(debit (make-new-acc "Ben" 5000) 1000)
```

与 Java 版本相比，这段代码显得非常简洁。虽然它仍然是单线程的，但相比于 Java，所需的代码量要少得多。运行这段代码能达到我们预期的效果：得到一个余额为 4000 的映射。

尽管这段代码看起来相对简单，但这还不完全令人满意——我们实际上是避重就轻，利用不同语义解决了不同的问题。下面，让我们正视这个问题，尝试将当前的单线程版本转化为支持并发执行的版本。

为了让这段代码支持并发执行，我们需要引入 Clojure 的 ref。它们通过 `(ref)` 形式创建，并且是 `clojure.lang.Ref` 类型的 JVM 对象。通常，它们使用 Clojure 映射来存储状态。

我们还需要 `(dosync)` 形式来设置一个事务。在这个事务中，我们会使用 `(alter)` 形式，用于修改 ref 的内容。让我们看看如何使用 ref 来实现多线程账户构造的方法，如代码清单 16-5 所示。

代码清单 16-5　利用多线程进行账户处理

```clojure
user=> (defn safe-debit [ref-account amount]
  (dosync
    (alter ref-account debit amount)
    ref-account))
```

16

```
#'user/safe-debit

user=> (def my-acc (make-new-acc "Ben" 5000))
#'user/my-acc

user=> (def r-my-acc (ref my-acc))
#'user/r-my-acc

user=> (safe-debit r-my-acc 1000)
#object[clojure.lang.Ref 0x6b1e7ad3 {:status :ready,
                                     :val {:name "Ben", :bal 4000}}]
```

如前所述，(alter) 形式通过应用带有参数的函数来操作引用。被操作的值是事务期间对该线程可见的本地值，这被称为**事务中的值**（in-transaction value）。(alter) 函数返回后，引用的新值将被设置。在你退出由 (dosync) 定义的事务块之前，该值在修改线程之外是不可见的。

与此同时，可能会有其他事务正在进行。Clojure 的软件事务内存（software transactional memory，STM）系统会持续跟踪这些事务，并确保只有与自事务开始以来已经提交的其他事务一致的事务才能被成功提交。如果不一致，事务将被回滚，并使用更新后的系统状态进行重试。

如果事务执行任何产生副作用的操作（例如写入日志文件或其他输出），这种重试行为可能会引发问题。在函数式编程的背景下（强调无副作用），你应尽可能使事务部分保持简单和纯粹。

对于某些多线程的方法来说，这种乐观的事务行为可能会显得比较烦琐。有些并发应用程序只需要偶尔以一种相对非对称的方式在不同线程之间进行通信。幸运的是，Clojure 提供了另一种轻量级的并发机制，允许我们启动操作后无须进一步跟踪。这是接下来将要讨论的主题。

16.4.4 代理

Clojure 还提供了代理（agent）这一并发原语。代理不依赖于共享状态，而是作为异步、面向消息的执行对象。它们类似于某些其他语言（如 Scala 和 Erlang）中的 actor 概念。

代理是一个可以接收消息（以函数形式）的执行环境，这些消息可以来自另一个线程（或同一线程）。使用 (agent) 函数声明新的代理，并通过 (send) 函数向代理发送消息。

> "它们必须通过快递送达，"她想，"真好笑，给自己的脚寄礼物！而且路线看起来多么奇怪啊！"
>
> ——刘易斯·卡罗尔

代理本身不是线程，而是比线程"更小"的可执行对象。它们在由 Clojure 运行时负责管理的线程池上进行调度，通常不是由程序员直接操作的。

注意 Clojure 中的代理具有较长的生命周期。但是在 Java 中，线程池中的任务对象的生命周期都是有限的。

运行时还确保了从外部看到的代理的值是隔离的和原子的。这意味着用户代码只能看到代理

在其之前或之后的状态的值。

注意　我们将在第 18 章中看到另一个比线程更小的可执行对象的示例。

代码清单 16-6 展示了一个简单的代理示例，与我们在讨论 Future 时使用的示例类似。

代码清单 16-6　Clojure 中的代理

```
user=> (defn wait-and-log [coll str-to-add]
  (do (Thread/sleep 10000)
    (let [my-coll (conj coll str-to-add)]
      (Thread/sleep 10000)
      (conj my-coll str-to-add))))
#'user/wait-and-log

user=> (def str-coll (agent []))
#'user/str-coll

user=> (send str-coll wait-and-log "foo")
#object[clojure.lang.Agent 0x38499e48 {:status :ready, :val []}]

user=> @str-coll
[]

// 等待以允许消息被处理

user=> @str-coll
["foo" "foo"]
```

(send) 函数向代理发送了一个 wait-and-log 调用，并使用 REPL 来获取代理的值。与预期一样，我们不能看到代理在执行过程中的任何中间状态——我们只能看到代理的初始状态和最终状态（其中"foo"字符串被添加了两次）。

在代理的方法中，我们给它分配了一个调度，尽管两个线程已经共享了同一个地址空间，我们仍然需要通过 Clojure 管理的线程池向它发送消息，这可能看起来有些奇怪。然而，这正是并发编程的一个关键概念：有时候为了使并发编程变得更加简洁、清晰，我们需要引入额外的抽象层。

在 Clojure 中，这种协同效应最明显，它将许多与线程和并发控制相关的底层细节委托给运行时系统。这使得程序员可以专注于良好的多线程设计和更重要的方面，这类似于 Java 的垃圾回收机制，它使程序员可以摆脱内存管理的烦琐细节。

小结

- □ 每种语言都以自己的方式扩展了执行的核心概念。
- □ Java 通过 Fork/Join 框架引入了可分解的任务和工作窃取算法；Kotlin 使用高级编译器技术生成协程；而 Clojure 内置了一种基于代理概念的 actor 模型。

16

❑ 这 3 种语言对状态的处理方式各不相同，这对并发编程来说至关重要。

❑ 在 Java 中，可变性是默认的，且通过 `CompletableFuture` 等提供了一些增强功能。

❑ Kotlin 更注重不可变性，但从根本上仍然采用了共享的可变状态。

❑ Clojure 基于软件事务内存实现了其不可变性，完善了其对象状态的管理，但这种方式不是没有代价的：程序员需要适应新的编程模式，且由于 Clojure 的软件事务内存与 Java 集合的集成不如 Java 本身那样紧密，Java 程序员在使用 Clojure 处理集合时会感到一些不便。

现代内核

17

本章重点
❏ JVM 内核概述
❏ 反射的内部机制
❏ 方法句柄
❏ 动态调用
❏ JVM 内核的最新变化
❏ `Unsafe` 类

Java 的虚拟机（JVM）是一个极其复杂的运行时环境，数十年以来，始终以保障稳定性和服务企业级应用为首要目标。在通常情况下，Java 开发者并不需要深入探究其内部机制，因为这些细节并不是日常开发工作所必需的。

然而，对那些充满好奇心、渴望深入了解 JVM 幕后实现细节的开发者来说，本章将揭开 JVM 的神秘面纱，带你一探究竟。我们将从方法调用开始，逐步深入到 JVM 内核。

17.1　JVM 内核概述

为了深入理解 JVM 的方法调用机制，我们先来看一个简单的示例，该示例由类 `Pet`、`Cat`、`Bear` 以及接口 `Furry` 组成。图 17-1 展示了这些类之间的关系。

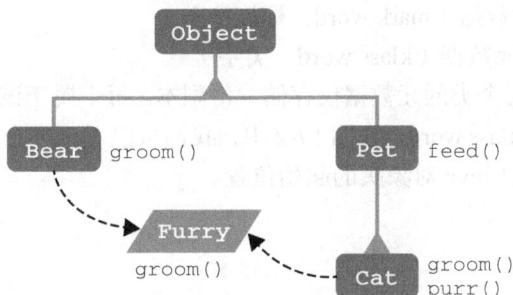

图 17-1　一个简单的继承层次结构

17

我们假设还存在其他 Pet 的子类（如 Dog 和 Fish），但为保持该图的清晰性，它们在图中并未展示。我们将通过这个示例详细解释不同的方法调用操作码是如何进行的，首先从 invokevirtual 开始。

17.1.1   调用虚方法

在 Java 中，最常见的方法调用是通过 invokevirtual 字节码指令来调用特定类（或其子类）对象的实例方法。这种调用方式称为**虚方法分派**（dispatch of a virtual method），意味着被调用的确切方法是在运行时根据对象的实际类型确定的，而不是在编译时。请看下面的代码：

```
Pet p = getPet();
p.feed();
```

在这里，feed()方法的具体实现是在运行时确定的。

根据变量 p 引用的是 Cat、Dog 还是 Pet（如果 Pet 不是抽象类），feed()方法的实现可能会有所不同。在程序执行过程中，getPet()可能返回 Pet 的不同子类型的对象。这一点并不影响方法调用的实现，因为每次执行方法时，都会动态查找正确的实现。这种机制是 Java 语言的核心特性之一，自 Java 语言诞生以来，方法调用就一直以这种方式工作。

为了实现这种动态方法分派，JVM 内部为每个类维护了一个表，称为**虚函数表**（vtable，类似于 C++中的虚表）。这个表存储在 JVM 的**元空间**（metaspace）中，这是一个专门用于存储元数据的内存区域。

注意   在 Java 7 及更早的版本中，这些元数据存储在 Java 堆的一个专门区域中，称为**永久代**（permgen）。

为了理解 vtable 的使用方式，我们需要简要探讨 Java 类的 JVM 元数据。在 Java 中，所有对象都驻留在 Java 堆上，并通过引用进行操作。

HotSpot 虚拟机使用术语 **oop**（ordinary object pointer，普通对象指针）来泛指堆中存储的各种内部数据结构。

每个 Java 对象都必须包含一个**对象头**（object header），该对象头包含两种类型的元数据：

❑ 特定于类实例的元数据（mark word，标记字）；

❑ 所有类实例共享的元数据（klass word，类字）。

为了优化内存使用，每个类的元数据仅存储一份副本。每个属于该类的对象都有一个指向这份共享元数据的指针，即 klass word。在图 17-2 中，我们可以看到一个 Java 引用的表示，它保存在局部变量中，并指向堆中 Java 对象头的起始位置。

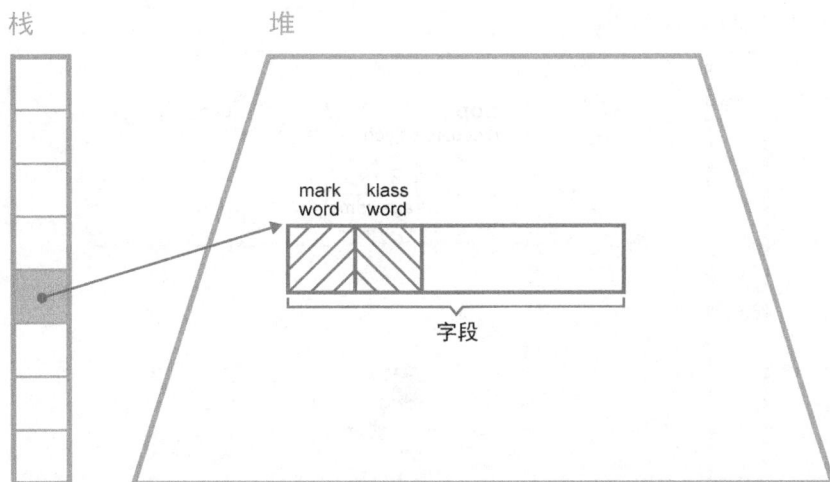

图 17-2　Java 对象头及其布局

在 JVM 中，klass 是对 Java 类的内部表示，它存储在元空间中。klass 包含了 JVM 在运行时处理该类所需的所有信息，例如方法定义和字段布局。

klass 中的一部分信息可以通过与该类型对应的 Class<?> 对象对 Java 程序员可见，但 klass 和 Class 是不同的概念。特别是，klass 包含了故意不让普通应用程序代码访问的信息。

注意　使用"klass"这一拼写方式是故意的，目的是明确区分在内部数据结构使用的"class"和在书面文档中使用的"class"，尽管在该词的英语发音上这种区分并不明显。你可能会看到"clazz"或"clz"这样的拼写，它们通常用于命名包含 Class 对象的 Java 变量。

现在，我们可以从 JVM 内部结构的角度来解释虚拟调度，这是通过 invokevirtual 字节码指令实现的，例如 klass 及其 vtable。当 JVM 执行 invokevirtual 指令时，它会从当前方法的评估栈中弹出接收对象和方法的任何参数。

注意　接收对象是指调用实例方法的对象。

JVM 对象头布局以 mark word 开始，紧随其后的是 klass word。因此，为了定位要执行的方法，JVM 会通过 klass word 指针进入元空间，在那里它会查询 klass 的 vtable，以确定需要执行的代码。这个过程如图 17-3 所示。

如果 klass 没有找到该方法的具体定义，JVM 会沿着指向直接父类 klass 的指针进行递归搜索。这个过程是 JVM 中方法重写机制的基础。

17

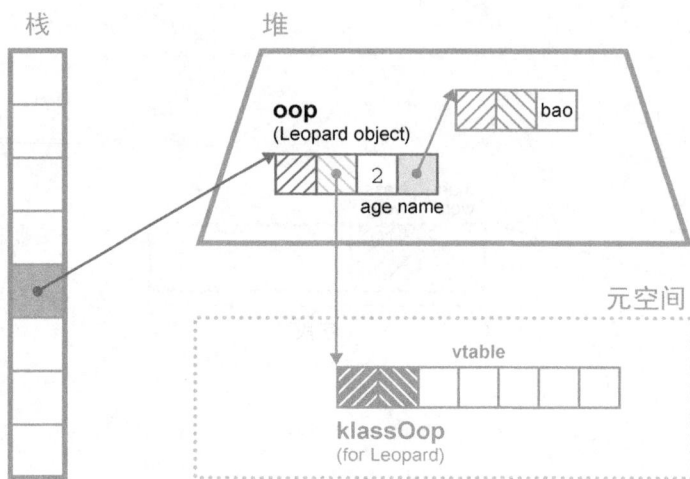

图 17-3　定位方法的实现过程

为了提高效率，**vtable** 的布局遵循特定的规则。每个 **klass** 的 **vtable** 首先按照其父类型定义的方法顺序进行布局，这些方法按照父类型的使用顺序精确排列。对于当前类型而言，新定义的且父类型未声明的方法则被添加到 **vtable** 的末尾。

当子类重写一个方法时，它在 **vtable** 中的偏移量与被重写的父类方法相同。这种布局方式简化了重写方法的查找过程，因为它们在 **vtable** 中的位置与父类保持一致。在图 **17-4** 中，我们可以看到示例中一些类的 **vtable** 布局。

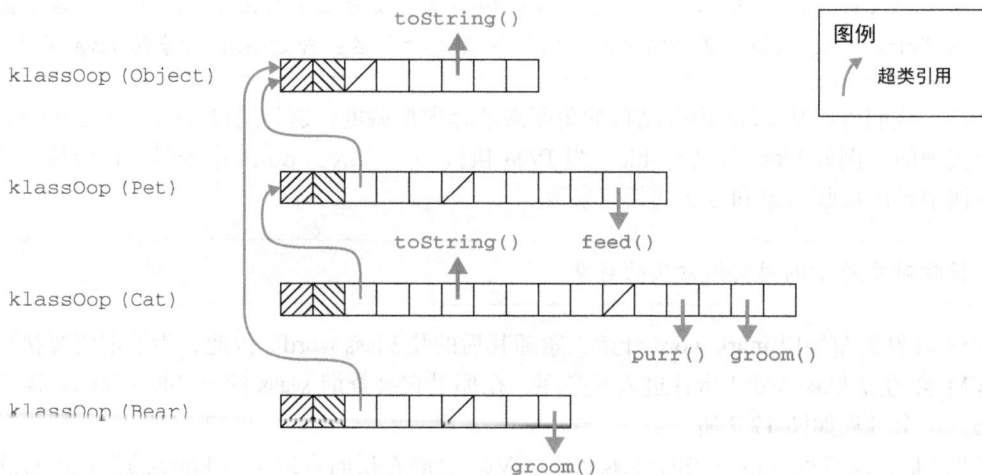

图 17-4　vtable 的结构

因此，当我们调用 Cat::feed 方法时，JVM 在 Cat 类的 **vtable** 中找不到重写的方法，于是沿着父类指针追溯到 Pet 的 **klass**。由于 Pet 类确实实现了 feed() 方法，因此将调用此方法的代码。

注意　vtable 的结构和高效的重写实现得益于 Java 的单继承特性。在 Java 中，任何类型都只有
　　　一个直接超类（除了 Object 类，它没有超类）。

17.1.2　调用接口方法

对于 invokeinterface 指令，情况稍微复杂一些。例如，对于 **Furry** 的每个实现，groom()
方法不一定会出现在虚拟方法表（**vtable**）的相同位置。Cat::groom 和 Bear::groom 的偏移量
不同，原因在于它们的类继承层次结构不同。最终的结果是，当编译时只知道接口类型，而调用
的是对象的方法时，就需要进行额外的查找。

注意　尽管调用接口方法的查找多做了一些工作，但也不应该通过避免使用接口来进行微优
　　　化。请记住，JVM 有 JIT 编译器，它基本上会消除两种情况的性能差异。

让我们通过一个具体的例子来理解这一点，比如以下代码：

```
Cat tom = new Cat();
Bear pooh = new Bear();
Furry f;

tom.groom();
pooh.groom();

f = tom;
f.groom();
f = pooh;
f.groom();
```

这段代码在编译后会生成相应的字节码：

```
 0: new           #2                  // class ch15/Cat
 3: dup
 4: invokespecial #3                  // Method ch15/Cat."<init>":()V
 7: astore_1
 8: new           #4                  // class ch15/Bear
11: dup
12: invokespecial #5                  // Method ch15/Bear."<init>":()V
15: astore_2
16: aload_1
17: invokevirtual #6                  // Method ch15/Cat.groom:()V
20: aload_2
21: invokevirtual #7                  // Method ch15/Bear.groom:()V
24: aload_1
25: astore_3
26: aload_3
27: invokeinterface #8,  1            // InterfaceMethod
```

17

```
                                        // ch15/Furry.groom:()V
32: aload_2
33: astore_3
34: aload_3
35: invokeinterface #8,  1            // InterfaceMethod
                                        // ch15/Furry.groom:()V
```

在 Java 代码中，第 27 行和第 35 行的两个 groom()方法调用看起来相同，但实际上会调用不同的方法实现，因为变量 f 的运行时类型不同。第 27 行的调用实际上会调用 Cat::groom 方法，而第 35 行的调用会调用 Bear::groom 方法。

17.1.3 调用"特殊"方法

在理解了 invokevirtual 和 invokeinterface 的背景知识后，invokespecial 的行为就很容易理解了。当一个方法通过 invokespecial 调用时，它不会进行虚拟查找。相反，JVM 只在指定的位置和 **vtable** 中查找所请求的方法。

invokespecial 用于以下两种情况：调用父类方法和调用构造函数体（在字节码中表现为一个名为<init>的方法）。在这两种情况下，都明确排除了虚拟查找和覆盖的可能性。

我们还应该提到两种可能需要使用 invokespecial（也称**精确调度**）的特殊情况。第一种是私有方法——它们不能被覆盖，并且在编译时就已经知道要调用的确切方法，因此似乎应该通过 invokespecial 进行调用。然而，这种情况实际上比表面上看起来要复杂。让我们通过一个示例来说明这一点：

```
public class ExamplePrivate {

  public void entry() {
    callThePrivate();
  }

  private void callThePrivate() {
    System.out.println("Private method");
  }
}
```

首先，我们使用 Java 8 对这段代码进行编译。然后，使用 javap 工具反编译它，得到以下结果：

```
$ javap -c ch15/ExamplePrivate.class
Compiled from "ExamplePrivate.java"
public class ch15.ExamplePrivate {
  public ch15.ExamplePrivate();
    Code:
       0: aload_0
       1: invokespecial #1 // Method java/lang/Object."<init>":()V
       4: return

  public void entry();
    Code:
```

```
        0: aload_0
        1: invokespecial #2 // Method callThePrivate:()V
        4: return
    }
```

请注意，当调用 javap 时没有使用 -p 开关，因此私有方法的反编译结果不会显示出来。到目前为止，一切看起来都很好——私有方法确实是通过 invokespecial 调用的。但是，如果我们使用 Java 11 重新编译并仔细观察，会发现结果有所不同，如下所示：

```
$ javap -c ch15/ExamplePrivate.class
Compiled from "ExamplePrivate.java"
public class ch15.ExamplePrivate {
    public ch15.ExamplePrivate();
        Code:
        0: aload_0
        1: invokespecial #1 // Method java/lang/Object."<init>":()V
        4: return

    public void entry();
        Code:
        0: aload_0
        1: invokevirtual #2 // Method callThePrivate:()V    ← 现在使用的是
        4: return                                              invokevirtual
    }
```

正如我们所看到的，在现代 Java 中，对私有方法的调用处理方式已经改变，我们将在 17.5.3 节对此做进一步的介绍。

17.1.4　final 方法

final 方法的调用是另一种特殊情况。乍一看，可能会认为 final 方法的调用会被编译为 invokespecial 指令，因为它们不能被覆盖，并且在编译时就已经确定了要调用的实现方法。然而，Java 语言规范对此有明确的规定：

> 将一个声明为 final 的方法更改为不再声明为 final，不会破坏与现有二进制文件的兼容性。

假设一个类中调用了另一个类中的 final 方法，该方法已被编译为 invokespecial 指令。如果后来将包含 final 方法的类更改为将该方法声明为非 final（并重新编译），它就可以在子类中被覆盖。

现在，假设一个子类的实例被传递到第一个类的调用方法中。如果执行 invokespecial 指令，就会调用错误的方法实现。这违反了 Java 面向对象的规则（严格来说，它违反了里氏替换原则）。因此，对 final 方法的调用必须被编译为 invokevirtual 指令。

17

注意　实际上，HotSpot 包含了一些优化措施，可以有效地检测和执行 final 方法的情况。

通过虚拟方法调用的视角，我们介绍了 HotSpot 内部的基础知识。此时，重读第 7 章中关于 JIT 编译的部分可能会很有趣，特别是关于单态调用和内联的部分。现在，你已经看到了一些它们的实现细节，所以能够更深入地理解这些技术。

17.2　反射的内部机制

通过第 4 章，我们知道反射是一种运行时通过动态调用方法处理对象的技术。鉴于我们已经了解了 vtable，接下来将更深入地探讨 JVM 是如何实现反射的。

回想一下，我们可以从类对象中获取一个 java.lang.reflect.Method 对象，然后对其执行调用，代码如下所示（为了便于说明，此处省略了异常处理）：

```
Class<?> clazz = // ... some class
Method m = clazz.getMethod("toString");
Object ret = m.invoke(this);
System.out.println(ret);
```

但是，这个 Method 对象究竟代表什么呢？它实际上代表了一种"在运行时动态调用特定方法的能力"。调用的动态性意味着在编译代码中，我们只看到对 Method 的 invoke()方法进行 invokevirtual 调用，如下所示：

```
 0: ldc           #7     // 某些类
 2: astore_1
 3: aload_1
 4: ldc           #24    // String toString
 6: iconst_0
 7: anewarray     #26    // class java/lang/Class
10: invokevirtual #28    // Method java/lang/
                         // Class.getMethod:
                         // (Ljava/lang/String;[Ljava/lang/Class;)
                         // Ljava/lang/reflect/Method;
13: astore_2
14: aload_2
15: aload_0
16: iconst_0
17: anewarray     #2     // class java/lang/Object
20: invokevirtual #32    // Method java/lang/reflect/
                         // Method.invoke:
                         // (Ljava/lang/Object;[Ljava/lang/Object;)
                         // Ljava/lang/Object;
23: astore_3
```

调用 getMethod()时使用了可变参数，并传递一个大小为 0 的 Class 对象数组

调用 invoke()时会传递一个大小为 0 的 Object 对象数组（作为参数）

请注意，此处并非通过方法描述符（例如 java/lang/Object.toString:()Ljava/lang/String;）直接引用 toString()方法，而是将方法名作为字符串参数传递。

现在，让我们回顾一下，类对象（如 String.class）实际上就是普通的 Java 对象——它们具有普通 Java 对象的属性，并由 oop 表示。每个类对象包含一个或多个 Method 对象，这些对象代表了类上的方法，而这些 Method 对象本身也是普通的 Java 对象。

注意 Method 对象是在类加载之后延迟创建的。在 IDE 的代码调试器中，你有时可以看到这一过程的痕迹。

那么，JVM 实际上是如何实现反射的呢？让我们看一下 Method 类的一部分源代码，并查看一些字段：

```
private Class<?>            clazz;          ←──── 方法所属的类
private int                 slot;          ←────
// This is guaranteed to be interned by the VM in the 1.4
// reflection implementation                            方法在 vtable
private String              name;                        中的偏移量
private Class<?>            returnType;
private Class<?>[]          parameterTypes;
private Class<?>[]          exceptionTypes;
private int                 modifiers;
// Generics and annotations support
private transient String    signature;
// generic info repository; lazily initialized
private transient MethodRepository genericInfo;
private byte[]              annotations;
private byte[]              parameterAnnotations;
private byte[]              annotationDefault;          执行实际调用的
private volatile MethodAccessor methodAccessor;    ←──── 委托对象
```

在 Java 中，调用实例方法涉及在 vtable 中查找该方法。因此，从概念上讲，我们希望利用 vtable 和 Class 对象持有的 Method 对象数组之间的对应关系。从图 17-5 中，我们可以看到 Method 对象数组由 Entry.class 持有，与 Entry 的 klassOop 上的 vtable 成对出现。

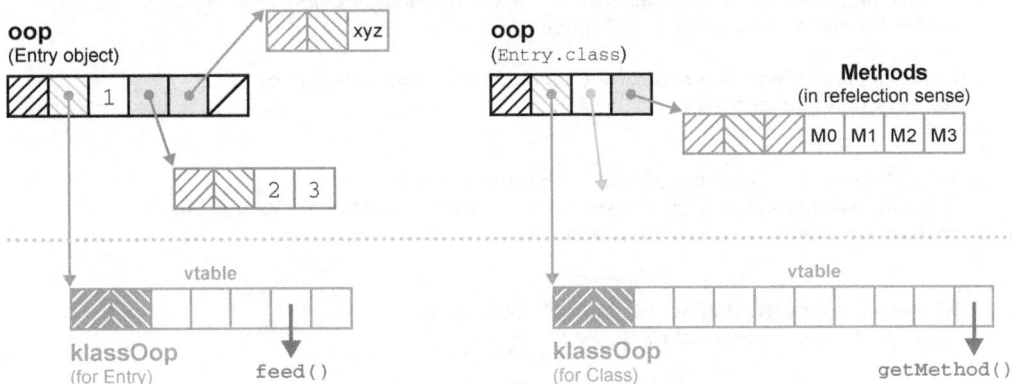

图 17-5　反射的内部机制

接下来，我们来看看 Method 是如何利用这种对应关系来实现反射的，其关键在于 Method-Accessor 对象。

> **注意** 以下代码经过简化，基于早期版本的 Java，以便更好地理解其工作原理。Java 11 及更高版本的当前生产代码更为复杂。

Method 上的 invoke() 方法可能看起来类似于这样：

```
public Object invoke(Object obj, Object... args)
    throws IllegalAccessException, IllegalArgumentException,
        InvocationTargetException {
  if (!override) {
    if (!Reflection.quickCheckMemberAccess(clazz, modifiers)) {
      Class<?> caller = Reflection.getCallerClass();
      checkAccess(caller, clazz, obj, modifiers);
    }
  }
  MethodAccessor ma = methodAccessor;
  if (ma == null) {
    ma = acquireMethodAccessor();
  }
  return ma.invoke(obj, args);
}
```

执行安全性访问检查（如果没有调用过 **setAccessible()** 方法）

←—— 访问器的 **Volatile** 读取[①]

←—— 将方法调用委托给 **MethodAccessor** 对象处理

在首次通过反射调用该方法时，acquireMethodAccessor() 方法会创建一个 Delegating-MethodAccessorImpl 实例，该实例包含对 NativeMethodAccessorImpl 的引用。这些类都是在 sun.reflect 包中定义，并且都实现了 MethodAccessor 接口。需要注意的是，这些类并不属于 java.base 模块的公开 API，因此不能直接在应用程序中调用。

DelegatingMethodAccessorImpl 的实现如下所示：

```
class DelegatingMethodAccessorImpl extends MethodAccessorImpl {
  private MethodAccessorImpl delegate;

  DelegatingMethodAccessorImpl(MethodAccessorImpl delegate) {
    setDelegate(delegate);
  }

  public Object invoke(Object obj, Object[] args)
      throws IllegalArgumentException, InvocationTargetException {
    return delegate.invoke(obj, args);
  }

  void setDelegate(MethodAccessorImpl delegate) {
    this.delegate = delegate;
  }
}
```

NativeMethodAccessorImpl 的实现如下所示：

[①] volatile 读取（volatile read）是一种在多线程环境中确保从主内存中读取最新值的操作，以避免受到其他线程缓存值的影响。当一个线程执行对 volatile 变量的读操作时，JVM 会强制该线程从主内存中读取变量的值，而不是从线程本地的缓存中读取。——译者注

```
class NativeMethodAccessorImpl extends MethodAccessorImpl {
    private Method method;
    private DelegatingMethodAccessorImpl parent;
    private int numInvocations;

    // ...

    public Object invoke(Object obj, Object[] args)
            throws IllegalArgumentException, InvocationTargetException {

        if (++numInvocations >
            ReflectionFactory.inflationThreshold()) {
          MethodAccessorImpl acc = (MethodAccessorImpl)
              new MethodAccessorGenerator()
                .generateMethod(method.getDeclaringClass(),
                        method.getName(),
                        method.getParameterTypes(),
                        method.getReturnType(),
                        method.getExceptionTypes(),
                        method.getModifiers());
            parent.setDelegate(acc);
        }

        return invoke0(method, obj, args);
    }
    private static native Object invoke0(Method m, Object obj, Object[] args);

    // ...
}
```

> 在达到调用阈值后进入

> 使用 **MethodAccessorGenerator** 创建一个实现反射调用的自定义类

> 用新的自定义类的实例替换当前委托对象

> 如果尚未达到阈值，则继续执行本地调用

这种技术采用了一个委托访问器，该访问器可以通过新生成的动态字节码访问器进行更新，如图 17-6 所示。请注意，自定义访问器类是 `MethodAccessorImpl` 的子类，以确保类型转换的成功。

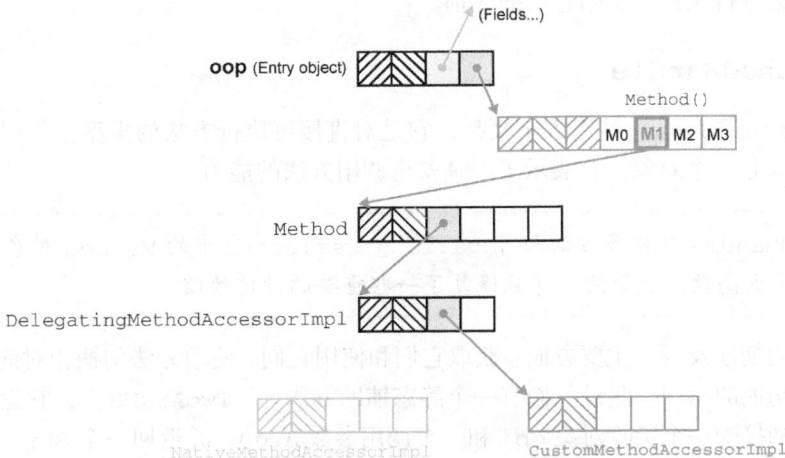

图 17-6　反射的实现

我们想在此对性能做下讨论：当通过 `Method` 对象调用方法时，JVM 需要在两种都有可能降低性能的调用方式之间做出权衡。一方面，原生访问器使用原生调用，其速度比 Java 方法调用慢，并且无法进行 JIT 编译。另一方面，通过 `MethodAccessorGenerator` 动态生成字节码可能会很慢，对于只被反射调用一次的方法来说，这可能是得不偿失的。这种懒加载访问器对象，然后动态修补调用点的技术，在本章后面部分会再次涉及，但形式上略有不同。

另一个需要注意的地方是，反射还会妨碍 JVM 对内联和标准方法分派的优化，因为这些优化机制在反射调用中效果较差。在修补后，`DelegatingMethodAccessorImpl` 的方法的调用点被认为是多态的（该方法有多个可能的实现），因为每个 `Method` 实例都有一个不同的、动态生成的方法访问器对象。这意味着 JVM 的一些主要优化机制在反射调用中无法很好地发挥作用。

因此，使用委托和替换原生访问器是一种在性能上的权衡，旨在在反射方法很少被调用时保持可接受的性能，同时尽可能保留 JIT 编译的一些优势。我们在第 4 章中讨论过这种性能权衡以及与反射相关的其他问题，这促使我们寻找更好的方法来解决动态调用和创建轻量级方法对象的问题。接下来，我们将介绍这种探索的第一项成果：**方法句柄**（Method Handle）API。

17.3 方法句柄

方法句柄 API 是在 Java 7 中引入的。该 API 的核心是 `java.lang.invoke` 包，特别是 `MethodHandle` 类。`MethodHandle` 类的实例表示调用方法的能力，并且可以直接执行，这与 `java.lang.reflect.Method` 对象类似。

该 API 最初是作为将 `invokedynamic`（将在 17.4 节讨论 `invokedynamic`）指令引入 JVM 的项目的一部分而产生的。但是方法句柄对象在框架和普通用户代码中的应用范围远远超出了 `invokedynamic` 的使用场景。

我们将从介绍方法句柄的基本技术开始，然后通过一个扩展示例来展示它们的应用，并与其他一些替代方案进行比较，总结它们的区别。

17.3.1 **MethodHandle**

什么是 `MethodHandle`？官方定义是，它是对直接可执行方法的类型化引用。换句话说，`MethodHandle` 是一个对象，它表示了一种安全调用方法的能力。

注意 `MethodHandle` 在许多方面与 `java.lang.reflect` 包中的 `Method` 对象相似，但它的 API 通常更高效、更简洁，并且修复了一些重要的设计缺陷。

使用方法句柄涉及两个主要方面：获取它们和使用它们。使用方法句柄相对简单。让我们看一个调用方法句柄的示例。假设我们有一个静态辅助方法 `getTwoArgMH()`，它返回一个方法句柄，该方法句柄接受一个接收对象 `obj` 和一个调用参数 `arg0`，并返回一个 `String`。

稍后，我们将解释如何获取与该签名匹配的方法句柄。现在，我们假设有一个辅助方法可以为我们创建方法句柄。下面的用法可能会让你联想到反射调用的方式：

```
MethodHandle mh = getTwoArgMH();   ◁── 从辅助方法中
                                        获取方法句柄
try {
    String result = mh.invokeExact(obj, arg0);   ◁── 传递目标对象和参数，
} catch (Throwable e) {                                并执行调用
    e.printStackTrace();
}
```

这看起来类似 4.5.1 节讨论的反射调用方法——我们在这里使用 MethodHandle 的 invoke-Exact() 方法，而不是在 Method 对象上使用 invoke() 方法。尽管如此，它们在表面上应该非常相似。但是，要实现这种调用，我们首先需要拥有一个方法句柄对象。那么，我们如何获取一个方法句柄对象呢？

要获取一个方法句柄，我们需要通过查找上下文进行查找。通常，我们通过调用静态辅助方法 MethodHandles.lookup() 来获取这个上下文。这将返回一个基于当前执行方法的查找上下文。通过这个查找上下文，我们可以通过调用 findVirtual()、findConstructor() 等一系列 find*() 方法来获取方法句柄。

查找上下文对象能够提供执行上下文中任何方法的句柄。但是，除了方法的查找上下文，我们还需要考虑如何表示我们希望获取句柄的方法的签名。

回想一下第 6 章提及的 Callable 接口。它表示要执行的代码块，类似于方法句柄。不过，Callable 接口的一个问题是它只能建模不带参数的方法。

如果我们想建模所有类型的方法，我们不得不创建其他接口，具有不断增加的类型参数数量。最终，我们会得到一组类似于下面这样的接口：

```
Function0<R>
Function1<R, P>
Function2<R, P1, P2>
Function3<R, P1, P2, P3>
...
```

这种方法会导致接口数量迅速增加。一些非 Java 语言（如 Scala）采用了这种方法，但 Java 没有采用。

此外，Clojure 的方法也值得关注。Clojure 的 IFn 接口有一个 invoke 方法，可以代表具有不同参数数量的所有函数（包括接受超过 20 个参数的变参数形式）。第 10 章提及了 IFn 的简化版本。

但是，由于 Clojure 是动态类型的，它的所有 invoke 方法对于每个参数都采用 Object 类型，返回的也是 Object 类型，这消除了处理泛型的复杂性。Clojure 的这种形式可以自然地写成变参形式——如果以错误的参数数量调用一个形式，Clojure 将抛出运行时异常。Java 并没有采用这两种方法。

Java 的方法句柄实现了一种可以模拟任何方法签名的方法，而无须产生大量的小类。这是通过新的 MethodType 类来实现的。

17.3.2 `MethodType`

`MethodType` 是一个不可变对象，它代表一个方法的类型签名。每个方法句柄都关联一个 `MethodType` 实例，其中包括返回类型和参数类型。但它不包括方法的名称或接收器类型，即实例方法被调用时的类型。

为了获取新的 `MethodType` 实例，你可以使用 `MethodType` 类中的工厂方法。以下是一些示例：

```
var mtToString = MethodType.methodType(String.class);
var mtSetter = MethodType.methodType(void.class, Object.class);
var mtStringComparator = MethodType.methodType(int.class,
                                        String.class, String.class);
```

这些是表示 `toString()` 方法、设置器方法（用于对象类型的成员）和由 `Comparator<String>` 定义的 `compareTo()` 方法的 `MethodType` 实例。通用实例的创建遵循相同的模式，首先传入返回类型，然后是参数类型（都表示为 `Class` 对象），如下所示：

```
MethodType.methodType(RetType.class, Arg0Type.class, Arg1Type.class, ...);
```

正如你所见，现在可以将不同的方法签名表示为普通的实例对象，而无须为每个所需的签名定义新类型。这种方法也提供了一种简单的方式来尽可能确保类型安全。如果你想验证候选方法句柄是否可以使用一组特定的参数进行调用，你可以检查属于该句柄的 `MethodType`。

注意 与反射中使用的烦琐的 `Class[]` 相比，传递单个 `MethodType` 对象要方便得多。

现在你已经了解了 `MethodType` 对象是如何解决接口扩张问题的。接下来，让我们看看如何创建指向特定类型方法的方法句柄。

17.3.3 查找方法句柄

现在，我们来看看如何获取一个指向当前类的 `toString()` 方法的方法句柄。请注意，我们希望 `mtToString` 与 `toString()` 方法的签名完全匹配——它的返回类型是 `String`，且不接受任何参数。对应的 `MethodType` 实例应该是 `MethodType.methodType(String.class)`，如下所示：

```
public MethodHandle getToStringMH() {
  MethodHandle mh;
  var mt = MethodType.methodType(String.class);     获取查找上下文
  var lk = MethodHandles.lookup();               ◄─────

  try {                                               从上下文中查找
    mh = lk.findVirtual(getClass(), "toString", mt); ◄───  方法句柄
  } catch (NoSuchMethodException | IllegalAccessException mhx) {
    throw (AssertionError)new AssertionError().initCause(mhx);
  }
```

```
        return mh;
    }
```

要从查找对象获取一个方法句柄，你需要提供包含所需方法的类、方法的名称，以及表示适当签名的 `MethodType`。方法类型对于处理重载方法是必要的。

通常情况下，使用查找上下文在当前类中查找方法是常见的做法，但实际上你可以使用上下文获取任何类型（包括 JDK 类型）的方法句柄。当然，如果你从不同的包或模块中的类获取句柄，查找上下文只能看到你有访问权限的方法（例如，导出包中公共类的公共方法）。这是方法句柄 API 的一个重要特性：方法句柄的访问控制是在找到方法时检查的，而不是在执行句柄时检查。

一旦获得方法句柄，调用它是安全的，因为没有额外的访问控制检查。方法句柄可以在一个允许访问的上下文中创建，然后传递到另一个不允许访问的上下文中执行，然后仍然可以正常工作。这是与反射的一个重要区别。

注意 方法句柄无法绕过访问控制，这与反射调用不同。第 4 章提及的反射 `setAccessible()` 方法没有相应的等价物。

现在我们有了一个方法句柄，对其进行的自然操作是执行它。API 提供了两种主要的执行方法：`invokeExact()` 和 `invoke()`。

`invokeExact()` 方法要求参数的类型与底层方法所期望的完全匹配。而 `invoke()` 方法会对类型进行一些转换，以尝试使它们匹配（比如，根据需要进行装箱或拆箱）。

下面，我们将展示一个更长的示例，演示方法句柄如何用于替代其他技术，例如反射和用于代理功能的小型内部类。

17.3.4 反射、代理和方法句柄

如果你曾经花费大量时间处理包含大量反射代码的代码库，那么你可能对反射代码带来的复杂性和困难深有体会。在本节中，我们将向你展示方法句柄如何用来替代大量的反射样板代码，从而让你的编码工作变得更加轻松。

为了展示方法句柄与其他技术的区别，这里提供了 3 种从类外部访问私有方法 `callThe-Private()` 的方式，其中包括两种常见技术：反射和使用作为代理的内部类。我们将这些方法与基于方法句柄的现代方法进行比较。3 种替代方案的示例将在代码清单 17-1 中展示。

代码清单 17-1　通过 3 种方法提供访问

```
public class ExamplePrivate {
    // Some state ...
    public void entry() {
        callThePrivate();
    }
```

我们希望提供访问
权限的私有方法

```java
private void callThePrivate() {
    System.out.println("Private method");
}

public Method makeReflective() {
    Method meth = null;

    try {
        Class<?>[] argTypes = new Class[] { Void.class };
        meth = ExamplePrivate.class
                    .getDeclaredMethod("callThePrivate", argTypes);
        meth.setAccessible(true);
    } catch (IllegalArgumentException |
                NoSuchMethodException |
                SecurityException e) {
        throw (AssertionError)new AssertionError().initCause(e);
    }

    return meth;
}

public static class Proxy {
    private Proxy() {}

    public static void invoke(ExamplePrivate priv) {
        priv.callThePrivate();
    }
}

public MethodHandle makeMh() {
    MethodHandle mh;
    var desc = MethodType.methodType(void.class);

    try {
        mh = MethodHandles.lookup()
                    .findVirtual(ExamplePrivate.class,
                        "callThePrivate", desc);
    } catch (NoSuchMethodException | IllegalAccessException e) {
        throw (AssertionError)new AssertionError().initCause(e);
    }

    return mh;
}
}
```

方法类型的创建：我们可以
使用确切的类型，而无须在
此处进行装箱操作

查找方法
句柄

作为示例的类展示了 3 种不同的方法，用于访问私有的 `callThePrivate()` 方法。实际上，在大多数情况下，它只会使用其中的一种功能——此处展示了 3 种方法，以便讨论它们的区别。在实际应用中，作为 API 的用户，你无须关心具体使用了哪种方法。

在表 17-1 中，你可以看到反射的主要优势是它的熟悉度。对于简单的用例，代理可能更容易理解，但我们认为方法句柄代表了反射和代理的最佳结合，所以强烈推荐在所有新应用中使用它们。

表 17-1 Java 的间接方法访问技术对比

特性	反射	内部类/Lambda	方法句柄
访问控制	必须使用 setAccessible()；活动安全管理器可以禁止其执行	内部类可以访问受限访问的方法	对当前上下文的所有方法有完全的访问，不受安全管理器影响
类型限定	无；不匹配时会抛出异常	静态类型；可能过于严格；可能需要大量的元空间来存储所有的代理	运行时类型安全；占用的元空间很少（如果有）
性能	相比于其他选择，速度较慢	和其他方法调用一样快速	旨在和其他方法调用一样快速

如果使用方法句柄，你可以在静态上下文中确定当前类的能力。如果你曾经编写过类似于 **Log4j** 的日志记录代码，你可能这样写过：

```
Logger lgr = LoggerFactory.getLogger(MyClass.class);
```

这段代码是脆弱的，其脆弱性在于，如果 `MyClass` 被重构移到父类或子类中，采用显式的类名将会导致问题。变通方法是使用方法句柄，代码可以这样写：

```
Logger lgr = LoggerFactory.getLogger(MethodHandles.lookup().lookupClass());
```

在这段代码中，`lookupClass()` 表达式可以当作 `getClass()` 的等效表达式，并且它还提供了一个额外的优势：在静态上下文中，它能动态地确定当前类，而无须硬编码类名。这在处理日志框架等情况下特别有用，因为通常每个类都有一个与之关联的记录器。

注意 方法句柄已经是一个通过考验的 Java API。在 Java 18 中（但不包括 Java 11 和 Java 17），反射的实现技术已经从之前的实现方式转变为依赖方法句柄。

在你的技术工具箱中，方法句柄技术已经成为一个强大的工具。结合你已掌握的第 4 章中有关字节码的知识，我们现在可以更深入地研究 invokedynamic 操作码的细节。invokedynamic 是 Java 7 唯一引入的新操作码，最初旨在帮助非 Java 语言充分利用 JVM 平台。但是现在，它已经成为 Java 平台内一个重要的变革因素。

17.4 动态调用

本节将探讨现代 Java 中一项技术复杂度较高的新特性。尽管这项特性功能强大，但并非所有开发人员都需要直接使用它。目前，该特性主要面向框架开发人员和非 Java 语言实现者。

因此，在第一次阅读本书时，可以先跳过本节内容。为了充分理解这一特性，你需要先阅读并掌握本章前面关于方法调用指令的内容，这将有助于你理解将要探讨的规则突破。

本节将详细阐述 invokedynamic（动态调用）的工作原理，并通过反编译示例展示如何使用新的字节码进行调用点操作。请注意，即使不深入理解 invokedynamic，也可以使用支持该特性的语言和框架。但作为核心内容，我们将深入探讨其细节。

顾名思义，invokedynamic 是一种新的方法调用指令类型，它允许 JVM 在运行时延迟决定具体调用哪个方法。

这看起来可能并不重要，毕竟，`invokevirtual` 和 `invokeinterface` 指令都是在运行时决定调用实现的。但是，这些指令的目标选择受到 Java 语言继承规则和类型系统的限制，因此在编译时至少已知部分调用目标信息。

相比之下，`invokedynamic` 的引入旨在放宽这些限制。它通过调用一个辅助方法，即"引导方法"（bootstrap method，BSM）来决定应该调用哪个方法。

注意　`invokedynamic` 调用点的目标方法（调用目标）不必遵循 Java 的继承层次规则——这是用户自定义的选择。

为了实现这种灵活性，`invokedynamic` 操作码引用了类常量池中一个特殊部分，该部分包含扩展条目以支持调用的动态性，即 BSM。BSM 是 `invokedynamic` 的核心组成部分，每个 `invokedynamic` 调用点都对应一个用于 BSM 的常量池条目。

BSM 接收关于调用点的信息并负责动态链接调用。BSM 至少需要 3 个参数，并返回一个 `CallSite` 对象。标准参数的类型如下。

- ❑ `MethodHandles.Lookup`：表示调用点所在类的查找对象。
- ❑ `String`：`NameAndType` 中提及的方法名称。
- ❑ `MethodType`：`NameAndType` 的解析类型描述符。

在这些参数之后，BSM 可能还需要其他参数，在文档中这些参数称为**额外的静态参数**。返回的调用点包含一个 `MethodHandle`，这是调用点的效果，它将被作为 `invokedynamic` 的实际调用执行。

注意　为了将 BSM 与特定的 `invokedynamic` 调用点关联起来，类文件格式中添加了一个新的常量池入口类型，也称为 InvokeDynamic。

`invokedynamic` 指令的调用点在类加载时被称为"未绑定"。这意味着尚未将任何目标方法关联调用点，并且在到达到调用点之前（当 JVM 尝试链接并执行特定的 `invokedynamic` 指令时）都不会关联。

此时，将调用 BSM 来确定实际应调用的方法。BSM 始终返回一个 `CallSite` 对象（其中包含一个 `MethodHandle`），并将其"绑定"到调用点。随着 `CallSite` 被链接，实际的方法调用就可以进行了——它指向 `CallSite` 持有的 `MethodHandle`。

最简单的情况是使用 `ConstantCallSite`，一旦查找完成，就不会再重复进行。之后的调用将直接调用点的目标，无须任何进一步的工作，它的行为类似 `CompletableFuture<CallSite>`。实际上，这意味着调用点现在是稳定的，因此对其他 JVM 子系统（如 JIT 编译器）是友好的。BSM 也提供了处理更复杂的调用站点选择，如 `MutableCallSite`（甚至是 `VolatileCallSite`），通过这些更复杂的选择允许调用站点随着执行时间的推移，动态链接到不同的目标方法。

在程序的整个生命周期中，非恒定调用点可以有多个方法句柄作为其目标。实际上，能够在特定调用点更改所调用的方法对非 Java 语言而言是很重要的一种能力。

例如，在 JavaScript 或 Ruby 中，某个特定类型的对象可以有该类的其他实例上没有定义的方法。这在 Java 中是不可能的——当类被加载时，类定义了一组构造 vtable 的方法，并且所有实例共享相同的 vtable。使用具有可变调用点的 invokedynamic 可以有效地实现这种非 Java 特性。

需要强调的是，javac 编译器无法通过常规方法调用产生 invokedynamic 指令——Java 中的方法调用通常会被编译成第 4 章所介绍的 4 种标准 invoke 操作码之一。但是，Java 框架和库（包括 JDK 中的那些）出于各种目的使用了 invokedynamic。Lambda 表达式就是这种用法的一个典型示例。接下来，我们将深入探讨这一主题。

实现 lambda 表达式

lambda 表达式在 Java 编程中已经变得无处不在，但许多 Java 程序员实际上并不了解它们的实现机制。让我们通过一个简单的示例了解一下：

```java
public class LambdaExample {
    private static final String HELLO = "Hello World!";

    public static void main(String[] args) throws Exception {
        Runnable r = () -> System.out.println(HELLO);
        Thread t = new Thread(r);
        t.start();
        t.join();
    }
}
```

你可能会猜测，lambda 表达式仅仅是对匿名实现 Runnable 接口的一种语法糖。但是，如果我们编译之前的这个类，我们会发现只生成了一个 LambdaExample.class 文件，而没有第二个类文件（正如我们在第 8 章中讨论的，内部类会生成单独的类文件）。因此，事情并不像表面上看起来那么简单，实际上还涉及更多内容。

而如果我们对编译后的类文件进行反编译，我们会发现 lambda 体实际上已经被编译成了主类中的一个私有静态方法：

```
private static void lambda$main$0();
    Code:
        0: getstatic     #7    // Field
                                // java/lang/System.out:Ljava/io/PrintStream;
        3: ldc           #9    // String Hello World!
        5: invokevirtual #10   // Method java/io/PrintStream.println:
                                // (Ljava/lang/String;)V
        8: return
```

主方法的实现如下：

```
public static void main(java.lang.String[]) throws java.lang.Exception;
    Code:
        0: invokedynamic #2,  0 // InvokeDynamic #0:run:
                                 // ()Ljava/lang/Runnable;
        5: astore_1
        6: new           #3    // class java/lang/Thread
```

```
 9: dup
10: aload_1
11: invokespecial #4      // Method java/lang/Thread."<init>"
                          // :(Ljava/lang/Runnable;)V
14: astore_2
15: aload_2
16: invokevirtual #5      // Method java/lang/Thread.start:()V
19: aload_2
20: invokevirtual #6      // Method java/lang/Thread.join:()V
23: return
```

invokedynamic 指令充当了一个调用特殊形式工厂方法的操作。该调用返回一个实现了 Runnable 接口的某种类型的实例。在字节码中并没有详细指定具体的类型,事实上这并不重要。实际上,返回的实际类型在编译时并不存在,它将在运行时按需创建。

我们知道,invokedynamic 调用点总是与一个引导方法相关联。对于我们简单的 Runnable 示例,在类文件的适当部分有一个单独的引导方法(BSM),如下所示:

```
BootstrapMethods:
  0: #28 REF_invokeStatic java/lang/invoke/LambdaMetafactory.metafactory:
         (Ljava/lang/invoke/MethodHandles$Lookup;Ljava/lang/String;
         Ljava/lang/invoke/MethodType;Ljava/lang/invoke/MethodType;
         Ljava/lang/invoke/MethodHandle;Ljava/lang/invoke/MethodType;)
         Ljava/lang/invoke/CallSite;
    Method arguments:
    #29 ()V
    #30 REF_invokeStatic LambdaExample.lambda$main$0:()V
    #29 ()V
```

这段内容可能不太易懂,所以让我们来解读一下。此调用站点的引导方法是常量池中的第 28 个条目,这是一个 MethodHandle 类型的条目。它指向了 java.lang.invoke 包中的一个静态工厂方法 LambdaMetafactory.metafactory()。metafactory 方法需要多个参数,其中大部分是由 BSM 的额外静态参数提供的(条目#29 和#30)。

一个 lambda 表达式生成了 3 个静态参数,这些参数被传递给了 BSM:lambda 的签名、lambda 的实际最终调用目标(lambda 体)的方法句柄,以及签名的擦除形式。

让我们深入到 java.lang.invoke 中,看看平台如何使用元工厂动态创建实际实现 lambda 表达式目标类型的类。BSM(对 metafactory 方法的调用)返回一个调用站点对象,就像通常那样。当执行 invokedynamic 指令时,调用站点中包含的方法句柄将返回一个实现 lambda 目标类型的类的实例。

注意　*如果 invokedynamic 指令从未被执行,动态创建的类将永远不会被创建。*

---

metafactory 方法的源代码相对简单,如下所示:

```
public static CallSite metafactory(MethodHandles.Lookup caller,
                        String invokedName,
                        MethodType invokedType,
                        MethodType samMethodType,
```

```
                                        MethodHandle implMethod,
                                        MethodType instantiatedMethodType)
            throws LambdaConversionException {
        AbstractValidatingLambdaMetafactory mf;
    mf = new InnerClassLambdaMetafactory(caller, invokedType,
                                         invokedName, samMethodType,
                                         implMethod,
                                         instantiatedMethodType,
                                         false, EMPTY_CLASS_ARRAY,
                                         EMPTY_MT_ARRAY);
        mf.validateMetafactoryArgs();
        return mf.buildCallSite();
    }
```

查找对象对应于调用 invokedynamic 指令的上下文。在本例中，这是与 lambda 定义在同一类中，因此查找上下文将具有访问编译为 lambda 体的私有方法的正确权限。

调用的名称和类型由 JVM 提供，并且是内部实现细节。最后 3 个参数是来自 BSM 的附加静态参数。

在当前的 lambda 实现中，元工厂负责创建 lambda 表达式的实例。为了生成这些实例，元工厂会使用 ASM 字节码库来动态地创建一个内部类，这个内部类实现了 Lambda 的目标类型。

我们应该注意到，完全有可能创建一个自定义类，使用 invokedynamic 来实现一些特殊功能。但要构建这样的类，你需要使用字节码操作库来生成包含 invokedynamic 指令的 .class 文件。ASM 库是一个很好的选择。我们之前多次提到过这个库，它是一个工业级别的库，广泛应用于许多著名的 Java 框架中（包括前面提到的 JDK 本身）。现在，我们对 invokedynamic 的讨论即将结束，下面让我们讨论一些更小但仍然重要的内部变化。

17.5　JVM 内核的最新变化

对语言来说，有时候小的改变可能会产生巨大的影响。在本节中，我们将介绍 JVM 内部 3 个小改动，它们可以提升性能或修复平台上的旧有问题。我们先从字符串连接开始讨论。

17.5.1　字符串连接

请记住，在 Java 中，String 的实例实际上是不可变的。那么，当你使用+运算符将两个字符串连接起来时会发生什么呢？JVM 必须创建一个新的 String 对象，但涉及的过程可能看起来不太明显。

假设我们有一个带有 main() 方法的简单类，如下所示：

```
public static void main(String[] args) {
  String str = "foo";
  if (args.length > 0) {
    str = args[0];
  }
  System.out.println("this is my string: " + str);
}
```

这个相对简单的 Java 8 方法对应的字节码如下所示：

```
public static void main(java.lang.String[]);
Code:
   0: ldc           #17         // String foo
   2: astore_2
   3: aload_1
   4: arraylength
   5: ifle 12
   8: aload_1
   9: iconst_0
  10: aaload
  11: astore_2
  12: getstatic     #19         // Field java/lang/System.out:
                                // Ljava/io/PrintStream;
  15: new           #25         // class java/lang/StringBuilder
  18: dup
  19: ldc           #27         // String this is my string:
  21: invokespecial #29         // Method java/lang/
                                // StringBuilder."<init>"
                                // :(Ljava/lang/String;)V
  24: aload_2
  25: invokevirtual #32         // Method java/lang/StringBuilder.append
                                // (Ljava/lang/String;)Ljava/lang/StringBuilder;
  28: invokevirtual #36         // Method java/lang/
                                // StringBuilder.toString:
                                // ()Ljava/lang/String;
  31: invokevirtual #40         // Method java/io/
                                // PrintStream.println:
                                // (Ljava/lang/String;)V
  34: return
```

（标注：`4: arraylength`／`5: ifle 12` 处）如果数组为空，跳转到指令行 12

（标注：`12: getstatic #19` 处）将 **System.out** 加载到栈上

（标注：`15~21` 处）设置 **StringBuilder**

（标注：`28: invokevirtual #36` 处）根据 **StringBuilder** 中的内容创建 **String** 对象

（标注：`31: invokevirtual #40` 处）输出 **String**

在这段字节码中，我们需要注意几个关键点。特别是，StringBuilder 的使用可能会让人感到意外——尽管我们需要连接一些字符串，但字节码显示实际上是创建了额外的对象，然后在这些对象上调用 append() 方法，最后再调用 toString() 方法。

指令 15~23 展示了临时 StringBuilder 对象的创建模式（new、dup、invokespecial），但在这种情况下，构造还包括在 dup 之后的 ldc（加载常量）。这种变量模式表示正在调用非 void 构造函数，即 StringBuilder(String)。

所有这一切背后的原因是 Java 的字符串（实际上）是不可变的。我们无法通过连接来修改字符串内容，因此我们必须创建一个新对象，StringBuilder 只是这样做的一种方便方式。

但是，Java 11 的字节码完全不同，如下所示：

```
public static void main(java.lang.String[]);
Code:
   0: ldc           #2          // String foo
   2: astore_1
   3: aload_0
   4: arraylength
   5: ifle          12
   8: aload_0
```

```
 9: iconst_0
10: aaload
11: astore_1
12: getstatic      #3        // Field java/lang/System.out:
                             // Ljava/io/PrintStream;
15: aload_1
16: invokedynamic #4, 0     // InvokeDynamic #0:makeConcatWithConstants:
                             // (Ljava/lang/String;)Ljava/lang/String;
21: invokevirtual #5        // Method java/io/PrintStream.println:
                             // (Ljava/lang/String;)V
24: return
```

前 12 条指令与 Java 8 的情况完全相同，但接下来的情况开始改变。一个明显的改变是 StringBuilder 临时对象完全消失了。相反，指令 16 处有一个 invokedynamic。这当然需要一个引导方法：

```
BootstrapMethods:
  0: #23 REF_invokeStatic java/lang/invoke/StringConcatFactory.
     makeConcatWithConstants:(Ljava/lang/invoke/MethodHandles$Lookup;
     Ljava/lang/String;Ljava/lang/invoke/MethodType;
     Ljava/lang/String;[Ljava/lang/Object;)Ljava/lang/invoke/CallSite;
    Method arguments:
     #24 this is my string: \u0001
```

这是对位于 java.lang.invoke 包中名为 StringConcatFactory 的类的静态工厂方法 makeConcatWithConstants() 的动态调用。该工厂方法接收一个字符串参数，即这些特定参数的连接方案，并生成一个 CallSite，该 CallSite 与一个为此特定情况定制的方法相关联。

总的来说，这已经是 JVM 内部实现代码的一部分。大多数的 Java 业务开发代码不会直接调用这些方法，而是依赖 JDK 代码或者库/框架来间接使用它们。

注意 引导方法的静态参数包括字符\u0001，它代表要插入连接方案中的普通参数。

如果需要，可以重复使用 invokedynamic 调用点，并且可以动态创建实现类。这些实现还可以访问私有 API，例如零拷贝的字符串构造函数，这是 StringBuilder 类所不公开提供的。

17.5.2　压缩字符串

在初次接触 Java 时，你可能已经了解到原始数据类型，并且知道在 Java 中 char 类型占用 2 字节。因此，你可能会推测 Java 字符串在底层是通过一个 char[] 数组来存储各个字符的。

但是，这种理解并不完全准确。在 Java 8 及之前的版本中，字符串的内容确实是以 char[] 数组的形式表示的。但是，这种表示方式可能导致一种不太明显的低效性，因此值得我们深入探讨。

对于仅包含西欧语言字符（ASCII 字符集）的字符串来说，Java 使用双字节的 char（表示 UTF-16 字符）实际上是一种空间上的浪费，因为对于这类字符串，每个 char 的第一个字节通常为零。对于这些语言来说，这导致字符串存储空间近 50% 的浪费，而且这种情况在这些语言中

17

很常见。

为了解决这个问题，Java 9 引入了一项性能优化：它允许字符串选择两种表示形式。字符串可以被编码为 Latin-1（用于 ASCII 字符集）或 UTF-16（原始表示形式）。

注意 Latin-1 字符集也被称为其标准编号——ISO-8859-1。不要将它与 ISO-8851-1 混淆，后者是测定黄油含水量等成分的国际标准。

在内部，字符串的表示形式已经变为一个 byte[]，如果字符串是 **Latin-1**，那么 n 个字符的字符串将用 n 字节表示，如果不是 **Latin-1**，那么将用 n * 2 字节表示。在 java.lang.String 中，代码如下所示：

```
private final byte[] value;

/**
 * The identifier of the encoding used to encode the bytes in
 * {@code value}. The supported values in this implementation are
 *
 * LATIN1
 * UTF16
 *
 * @implNote This field is trusted by the VM, and is a subject to
 * constant folding if String instance is constant. Overwriting this
 * field after construction will cause problems.
 */
private final byte coder;

static final byte LATIN1 = 0;
static final byte UTF16 = 1;
```

根据工作负载的性质，这种字符串存储优化在处理仅包含 Latin-1 字符集（如 ASCII）的字符串时，可能能够显著节省内存空间。但是，对于处理中、日、韩、越等 CJKV 语言文本的应用程序，这种优化对内存使用的影响微乎其微。

在实际应用中，仅通过这一改变，使用西方语言的应用程序从 Java 8 迁移到 Java 11 时，堆内存的使用量可节省 30% 甚至 40%。较小的堆意味着较小的容器资源占用，这在云计算环境中尤为重要，因为较小的内存需求表明可以租用更小的云服务实例，从而降低成本。

总结这次讨论时，我们需要认识到性能是一个实验性科学，应从顶层开始进行测量。引入两种不同的字符串表示形式确实涉及更多的代码执行，因为现在字符串操作需要两个独立的实现——一个用于 **Latin-1**，另一个用于 **UTF-16**——代码需要检查编码器并根据结果进行分支操作。

然而，关键的性能问题是，"额外的代码重要吗？"也就是说，收益是否超过了这种额外的"复杂性成本"？这个变化带来的好处包括以下几点：

❑ 较小的堆大小；
❑ 更快的垃圾回收时间；
❑ 对于 Latin-1 字符串，更好的缓存局部性。

虽然引入两种字符串表示形式会增加代码的复杂性，但这种复杂性可能不会对实际执行的代码量产生显著影响。这是因为 JIT 编译器会执行大量非显而易见的优化，并且能利用等待缓存未命中的时间来减少紧凑字符串所需的额外指令。因此，紧凑字符串所需的额外指令可能基本上是免费的，并不会对性能产生负面影响。

注意 总的来说，单纯"统计执行的指令数量"并不是评估 Java 性能的有效方式。

这种相互制衡和权衡的情况，其影响只有通过大规模的可观测数据测量才能确定，这就是我们在第 7 章讨论过的性能模型。在这种特定情况下，较小的堆大小可能直接转化为降低的云托管成本，因为可以使用较小的容器。

17.5.3 Nestmates

Nestmates 的概念在 **JEP 181** 中进行了规定，这一变化本质上是对一个早期实现上的折中方案进行了纠正，该方案可以追溯到 Java 1.1 的内部类。下面，我们通过一个示例来看看为了支持 Nestmate 而进行的字节码修改。

```java
public class Outer {
    private int i = 0;

    public class Inner {
        public int i() {
            return i;
        }
    }
}
```

无论使用 Java 8 还是 Java 17 编译这段代码，最终都会产生两个独立的类文件。但是，在两种情况下，字节码是不同的。我们可以使用 `javap` 来查看这两种情况的区别。以下是 Java 8 的示例：

```
Compiled from "Outer.java"
public class Outer {
  private int i;

  public Outer();
    Code:
       0: aload_0
       1: invokespecial #2         // Method java/lang/Object."<init>":()V
       4: aload_0
       5: iconst_0
       6: putfield       #1         // Field i:I
       9: return

  static int access$000(Outer);     ← 编译器插入了这个
    Code:                               "桥接"方法
       0: aload_0
```

```
    1: getfield       #1      // Field i:I
    4: ireturn
}
```

内部类会单独编译为另一个类文件：

```
Compiled from "Outer.java"
public class Outer$Inner {
  final Outer this$0;

  public Outer$Inner(Outer);
    Code:
       0: aload_0
       1: aload_1
       2: putfield        #1     // Field this$0:LOuter;
       5: aload_0
       6: invokespecial #2      // Method java/lang/Object."<init>":()V
       9: return

  public int i();
    Code:
       0: aload_0
       1: getfield        #1     // Field this$0:LOuter;
       4: invokestatic  #3      // Method
                                 // Outer.access$000:(LOuter;)I
       7: ireturn
}
```

这里用到
桥接方法

注意，合成访问方法（或桥接方法）access$000()已被添加到外部类中，以提供对内部类中访问的私有字段的包级私有访问。现在让我们看看如果在 Java 17（或 Java 11）中重新编译源代码会发生什么。

```
Compiled from "Outer.java"
public class Outer {
  private int i;

  public Outer();
    Code:
       0: aload_0
       1: invokespecial #2       // Method java/lang/Object."<init>":()V
       4: aload_0
       5: iconst_0
       6: putfield        #1      // Field i:I
       9: return
}
```

合成访问器已完全消失。取而代之，是下面展示的这个内部类：

```
Compiled from "Outer.java"
public class Outer$Inner {
  final Outer this$0;

  public Outer$Inner(Outer);
```

```
   Code:
     0: aload_0
     1: aload_1
     2: putfield        #1      // Field this$0:LOuter;
     5: aload_0
     6: invokespecial #2       // Method java/lang/Object."<init>":()V
     9: return

 public int i();
   Code:
     0: aload_0
     1: getfield        #1      // Field this$0:LOuter;
     4: getfield        #3      // Field Outer.i:I
     7: ireturn
}
```

现在已经可以对私有字段直接访问了，如下所示：

```
SourceFile: "Outer.java"
NestMembers:
  Outer$Inner
InnerClasses:
  public #6= #5 of #3;              // Inner=class Outer$Inner of class Outer
```

Java 11 引入了 nest 这一概念，这实际上是对现有嵌套类概念的一种泛化。在之前的 Java 版本中，为了共享相同的访问控制上下文，一个类的源代码必须物理地位于另一个类的源代码内部。而在 Java 11 中，一组类文件可以构成一个 nest，其成员共享一个通用的访问控制机制，并且彼此之间具有无限制的直接（和反射）访问权限，私有成员也不例外。

注意 nestmates 的出现微妙地改变了 private 的含义，就像我们之前讨论 invokespecial 时看到的那样。

这个改变虽然微小，但它不仅消除了一些实现上的不完美之处，而且为即将到来的平台变化提供了必要的支持。让我们从这些小改变中开始，讨论 JVM 内部的一个重要方面：Unsafe 类。

17.6 **Unsafe** 类

在 Java 平台中，如果某个特性或行为看似"神奇"，通常是通过反射、类加载（包括相关字节码转换）或 Unsafe 这 3 种主要机制中的一个实现的。

Java 的高级用户通常会了解这 3 种技术，即使只在必要时才使用它们。"你会做某事并不意味着你应该这样做"这一原则同样适用于软件设计中的选择。

在这 3 种机制中，Unsafe 是最具潜在危险性的，也是最强大的，因为它提供了一种执行某些本来不可能违反平台既定规则的操作方式。例如，Unsafe 允许 Java 代码执行以下操作：

❑ 直接访问硬件 CPU 功能；
❑ 创建对象但不运行其构造函数；

17

❑ 创建真正匿名的类而无须进行通常的验证；

❑ 手动管理堆外内存；

❑ 执行许多其他"不可能"的操作。

Java 8 中的 Unsafe 类（sun.misc.Unsafe）通过其类名以及所在的包名向我们提示其本质。sun.misc 包是一个内部的、与具体实现相关的位置，不是 Java 代码应该直接触及的东西。

注意　在 Java 9 及其后续版本中，Unsafe 的危险性变得更加明显，因为其功能已经被移动到一个名为 jdk.unsupported 的模块中。

当然，Java 库不应直接耦合这些实现细节。Java 平台的维护者长期以来一直强调，违反规则并链接到内部细节的最终用户自行承担风险。

然而，尽管该 API 是不受支持的，但事实是库作者广泛使用它。它不是 Java 的官方标准，却成为非标准但又必要的各种安全平台特性的存储地。

为了说明这一点，让我们来看一个 Unsafe 的经典用法：使用硬件功能"比较和交换"（compare and swap，CAS）。这个功能几乎存在于所有现代 CPU 上，但它不是 Java 内存模型（JMM）的一部分。

在示例中，我们将回顾第 5 章中遇到的 Account 类。出于技术原因，我们假设账户余额现在是一个 int 而不是 double。Account 接口定义如下：

```
public interface Account {
    boolean withdraw(int amount);

    void deposit(int amount);

    int getBalance();

    boolean transferTo(Account other, int amount);
}
```

我们将以两种不同的方式实现它。首先，我们将遵循规则并使用同步。在 Synchronized-Account 中，接口上的两个方法如下所示：

```
public class SynchronizedAccount implements Account {
    private int balance;

    public SynchronizedAccount(int openingBalance) {
        balance = openingBalance;
    }

    @Override
    public int getBalance() {
        synchronized (this) {
            return balance;
        }
    }
}
```

```
    @Override
    public void deposit(int amount) {
        // Check to see amount > 0, throw if not
        synchronized (this) {
            balance = balance + amount;
        }
    }
```

现在，我们将其与使用 Unsafe 实现的原子操作进行比较。由于需要通过反射方式访问 Unsafe 类，因此其中包含了相当多的样板代码：

```
public class AtomicAccount implements Account {        Unsafe 对象的拷贝
    private static final Unsafe unsafe;
    private static final long balanceOffset;           balance 字段相对于
                                                       对象起始位置的指针
    private volatile int balance = 0;                  偏移的数值

    static {
        try {
            Field f = Unsafe.class.getDeclaredField("theUnsafe");
            f.setAccessible(true);
            unsafe = (Unsafe) f.get(null);
            balanceOffset = unsafe.objectFieldOffset(    计算指针偏移量
                          AtomicAccount.class
                              .getDeclaredField("balance"));
        } catch (Exception ex) { throw new Error(ex); }
    }

    public AtomicAccount(int openingBalance) {
        balance = openingBalance;
    }

    @Override
    public double getBalance() {
        return balance;                  对 balance 字段执行 volatile read——无锁
    }

    @Override
    public void deposit(int amount) {
        // Check to see amount > 0, throw if not
        unsafe.getAndAddInt(this,                      使用 CAS 操作更新
                        balanceOffset, amount);        balance 字段
    }

    // ...
```

实际的 balance 字段定义 → private volatile int balance = 0;

通过反射查找 Unsafe 对象

在这个示例中，我们正在做一些在 Java 中被认为是不可能的事情。首先，我们正在计算一个指针偏移量（字段值相对于 AtomicAccount 对象起始位置的偏移量）。没有一系列 JVM 字节码指令可以提供这个功能，只有直接访问 JVM 内部数据结构的本机代码才能实现。Unsafe 对象上的方法 objectFieldOffset() 使我们能够做到这一点。

其次，我们正在对余额执行无锁、原子性的加法操作。根据 JMM 的规定，这是不可能的，因为 volatile 关键字只允许我们做一个操作（读或写），但加法需要同时进行读和写操作。我

17

们可以看看 Unsafe 中 getAndAddInt() 方法的代码实现，了解它是如何执行这个操作的：

```
public final int getAndAddInt(Object o, long offset, int delta) {
    int v;
    do {
        v = getIntVolatile(o, offset);          ← 编程式的 volatile
    } while (!compareAndSetInt(o, offset, v, v + delta));   访问        ← 底层的 CAS
    return v;                                                          操作
}
```

在这段代码中，我们采用了内存访问模式（在本例中为 volatile），而不是依赖变量的声明方式。此外，我们直接通过指针偏移访问内存，而非通过字段间接访问——这是 Java 标准库之外的一种操作。

> **注意** 出于封装的考虑，JDK 11+ 中的实现使用了"内部 Unsafe"对象，这段代码展示的就是这种实现方式。

CAS 方法的语义如下：对于对象 o，其在距对象头起始位置给定偏移量处有一个字段，作为单个 CPU 操作：

(1) 将内存位置（4 字节）的当前状态与 int v 进行比较；

(2) 如果 v 的值匹配，则将其更新为 v + delta；

(3) 如果替换成功则返回 true；如果替换失败则返回 false。

替换操作可能会失败，因为在进行 volatile 读取和 CAS 操作之间，另一个在另一个 CPU 上运行的线程可能已经更新了内存位置。在这种情况下，compareAndSetInt() 方法将返回 false，导致 do-while 循环重新尝试。

因此，这些操作虽然是无锁的，但并非无循环。对于那些被多个线程频繁访问且竞争激烈的字段，我们可能需要在循环中不断尝试，直到原子操作最终成功。这种循环尝试可以防止丢失更新，确保最终所有线程都能看到最新的数据状态。

> **注意** 如果我们进一步跟踪 JDK 中的代码，我们可以看到这个实现与 JDK 实际为 AtomicInteger 所做的工作非常接近。

为了完整性，我们也来看一下 withdraw() 方法的实现：

```
@Override
public boolean withdraw(int amount) {
    // Check to see amount > 0, throw if not
    var currBal = balance;          ←—— 对余额进行易失性读取
    var newBal = currBal - amount;
    if (newBal >= 0) {
        if (unsafe.compareAndSwapInt(this,
                                     balanceOffset,
                                     currBal, newBal)) {    尝试通过底层的 CAS
            return true;                                    操作更新余额
```

```
        }
    }
    return false;
}
```

在这种情况下，我们的做法略有不同，因为我们直接使用了底层 API 来更新账户余额。这是必要的，因为我们必须确保账户余额不会变为负数。这需要额外的操作，例如对新余额进行比较。

对于存款操作，我们可以使用更高级的 API，它会不断循环直到成功。但是，这是因为无论账户状态如何，都可以随时向其存款。如果我们在这里使用相同的技术，取款操作可能会无限循环，因为账户中可能没有足够的资金来满足取款要求。

相反，我们采取的方法是一次尝试，如果 CAS 操作失败，则取消取款。这种方法消除了两个取款操作争夺同一笔资金的竞争条件，但副作用是一个本应成功的取款可能会因为另一个线程在 volatile 读取之后进行存款操作而失败。

注意　我们可以在取款代码中引入一个 for 循环，以减少误报失败的概率，但它必须是一个可证明有限的循环。

在基准测试中，这两种方法的性能差异相当大——在现代硬件上，使用 Unsafe 实现的版本大约快两到三倍。不过，你不应该在最终用户代码中使用此类技术。正如之前所讨论的，许多（几乎所有）现代框架已经使用了 Unsafe。与直接使用 Unsafe 相比，使用你选择的框架提供的功能可能不会带来任何性能优势。

更重要的是，这样做违反了 Java 的规则：使用不一定按照用户代码应遵循的方式遵循规则的内部功能。在 17.7 节中，我们将讨论近期版本的 Java 是如何努力减少这些不受支持的 API，并用完全支持的替代方案取代它们的。

17.7　用支持的 API 替换 Unsafe

回想一下，在第 2 章中我们讨论了 Java 模块。这种封装机制提供了严格的导出能力，并禁止了调用内部包中代码的能力。这对 Unsafe 及使用它的代码有何影响呢？

考虑到依赖 Unsafe 的框架和库的数量，它们将无法升级到不允许反射访问 Unsafe 的 Java 版本。

注意　必须通过反射来访问 Unsafe 对象，因为平台已经阻止非 JDK 代码直接访问它。

在 Java 11+ 中，模块系统提供了 jdk.unsupported 模块，其声明如下：

```
module jdk.unsupported {
    exports sun.misc;
    exports sun.reflect;
    exports com.sun.nio.file;
```

17

```
    opens sun.misc;
    opens sun.reflect;
}
```

这段代码允许任何明确依赖不支持的模块的应用程序访问，而且重要的是，它还提供了对包含 Unsafe 的 sun.misc 的无限制反射访问。尽管这有助于将 Unsafe 转变为更符合模块化设计的形式，但我们有理由质疑这种妥协的访问方式会维持多久。

这仅仅是为 Unsafe 提供了一个短期的临时解决方案，真正的解决方案是由 Java 平台团队创建新的、受支持的 API，以替代 sun.misc.Unsafe 中的一些"安全"功能，然后，在 Java 库开发者有机会迁移到新的 API 后，删除或关闭 jdk.unsupported 模块。

> **注意** 关闭 Unsafe 将影响所有使用广泛框架的开发者，因为毫不夸张地说，几乎所有 Java 生态系统中的非平凡应用程序都以某种形式间接依赖 Unsafe。

主要需要替换的 Unsafe API 之一是用于内存编程访问的模式，例如 getIntVolatile()，其替代方案是 VarHandles API，这将是接下来的讨论内容。

17.7.1 VarHandles

VarHandles API 是在 Java 9 中引入的，旨在扩展方法句柄的概念，为字段和内存访问提供类似的功能。回想一下，在 JMM 中只提供了两种内存访问模式：普通访问和 volatile 访问（"重新从主内存中读取，忽略 CPU 缓存并阻塞直到读取完成"）。不仅如此，Java 语言只允许在字段级别上表达这些模式。除非字段被显式声明为易失性（volatile），否则所有访问都以普通模式进行。那么，如果这些规定对于现代应用程序来说还不够呢？

> **注意** volatile 是 Java 语言中的一个概念，而非内存硬件的实际特性。内存本身并不区分 volatile 和非 volatile 访问。

VarHandles 的一个重要目标是允许新的内存访问方式，提供一个支持和更优越的替代方案来使用 Unsafe，例如实现 CAS 操作或一般的 volatile 访问的替代方式。

为了直观理解这个过程，下面举了一个示例，快速展示了如何使用 VarHandles 来替代在账户类中使用 Unsafe 的方法：

```
public class VHAccount implements Account {
    private static final VarHandle vh;
    private volatile int balance = 0;

    static {
        try {
            var l = MethodHandles.lookup();          ◁──── 创建一个查找对象
            vh = l.findVarHandle(VHAccount.class,     ◁───┐
                            "balance", int.class);         │ 获取余额的 VarHandle
        } catch (Exception ex) { throw new Error(ex); }    │ 并进行缓存
```

```
    }

    @Override
    public void deposit(int amount) {                利用 volatile 内存语义,
        // Check to see amount > 0, throw if not     通过 VarHandle 访问文件
        vh.getAndAdd(this, amount);          ◄
    }

    // ...
}
```

这与使用 Unsafe 的版本在功能上是等效的, 但现在仅使用得到完全支持的 API。

MethodHandles.Lookup 的使用是一个重要的变化。与反射不同, 反射依赖 setAccessible() 来访问私有字段, 而 lookup 对象具有调用上下文所具有的任何权限, 包括对私有字段 balance 的访问权限。

从反射向方法和字段句柄的迁移表明, 在 Java 8 中 Unsafe 所提供的许多方法现在可以从不支持的 API 中删除, 包括以下方法:

- compareAndSwapInt();
- compareAndSwapLong();
- compareAndSwapObject()。

这些方法的等效方法可以在 VarHandle 上找到, 还包括有用的访问器方法。此外, 还有支持基本类型和对象的 get 和 put 方法, 以及适用于普通和 volatile 访问模式的方法:

- getAndAddInt();
- getAndAddLong();
- getAndSetInt();
- getAndSetLong();
- getAndSetObject()。

VarHandles 的另一个关键目标是允许对 JDK 9 及更高版本中提供的新内存序模式进行低级访问。对于 Java 9 的这些新的并发屏障模式, 还需要对 JMM 进行一些适度的更新。

总体而言, 我们在创建 Unsafe API 的替代方案方面已经取得显著进展。例如, 除了 VarHandles, Unsafe 的 getCallerClass() 功能现在可以由 JEP 259 定义的栈遍历 API 使用。尽管如此, 替代工作尚未完成, 仍有很多任务需要完成。

17.7.2 隐藏类

隐藏类 (hidden class) 在 JEP 371 中有所描述。这一内部特性专为平台和框架开发者设计。JEP 371 旨在为 Unsafe 的一个常见用法提供支持的 API, 即创建临时类, 这些类不能直接被其他类使用 (但可以间接操作)。

这些类有时被称为匿名类, 而 Unsafe 中的相关方法叫作 defineAnonymousClass()。不过这个术语可能会造成混淆, 因为在常规的 Java 应用程序代码中, 它通常指的是某个接口的嵌套实现, 该实现将其静态类型声明为该接口, 例如:

17

```
public class Scratch {
    public void foo() {
        Runnable r = new Runnable() {
            @Override
            public void run() {
                System.out.println("Only way possible before lambdas!");
            }
        };
    }
}
```

这通常称为"Runnable 的匿名实现"。但是，这样的类并不真正匿名——编译器将生成一个名为类似 Scratch$1 的类，这是一个真正可用的 Java 类。尽管类名在 Java 源代码中不可见，但可以使用该名称找到并访问该类，然后像使用任何其他类一样使用它。

隐藏类也不是真正匿名的，它们有一个名称，可以通过直接在其 Class 对象上调用 getName() 来获取。这个名称还可以在几个其他位置显示，包括诊断、JVM 工具接口（JVMTI）或 JDK 飞行记录器（JFR）事件中。然而，隐藏类不能像普通类那样通过类加载器或使用反射（例如通过 Class.forName()）等方式找到。

隐藏类的命名方式旨在明确地将它们置于与普通类不同的命名空间中——名称的不寻常形式可以确保它们对所有其他类都不可见。

这个命名方案利用了 JVM 中类通常有两种形式名称的事实：二进制名称（com.acme.Gadget，这是通过在类对象上调用 getName()返回的），以及内部形式（com/acme/Gadget）。隐藏类的命名方式不遵循这种模式。相反，通过在隐藏类的类对象上调用 getName()，将返回一个类似 com.acme.Gadget/1234 的名称。这既不是二进制名称也不是内部形式，因此，任何尝试创建一个与此名称匹配的普通类都会失败。下面是一个创建隐藏类的示例：

```
var fName = "/Users/ben/projects/books/resources/Ch15/ch15/Concat.class";
var buffy = Files.readAllBytes(Path.of(fName));
var lookup = MethodHandles.lookup();
var hiddenLookup = lookup.defineHiddenClass(buffy, true);
var klazz = hiddenLookup.lookupClass();
System.out.println(klazz.getName());
```

这种命名方案（以及以这种方式区分隐藏类）的一个优势在于，它们不必像 JVM 类加载机制中通常的类加载那样受到严格的审查。这符合整体设计的理念，即隐藏类旨在供框架开发者以及其他需要深度定制 Java 标准类加载机制的人员使用，它们不受 JVM 可靠性检查的限制。

注意 隐藏类是在 Java 15 中引入的，Java 11 中并没有隐藏类。

在 Unsafe 的背景下，**JEP 371** 旨在弃用 Unsafe 中的 defineAnonymousClass()方法，总体目标是在未来的版本中完全移除该方法。这是一种纯粹的内部更改——至少最初没有任何迹象表明隐藏类的引入会对 Java 编程语言本身产生影响。然而，像 LambdaMetaFactory、StringConcatFactory 以及其他"灵活工厂"方法的实现，很可能会更新以使用新的 API。

小结

- Java 提供了在 C++ 等语言中不容易获得的运行时内省功能：
  - 反射；
  - 方法句柄；
  - 动态调用；
  - Unsafe 类。

Java 的未来

本章重点
- 项目 Amber
- 项目 Panama
- 项目 Loom
- 项目 Valhalla
- Java 18

本章涵盖了 Java 17 发布后 Java 语言和平台的发展，包括尚未发布的功能。Java 通过 JEP 来管理语言和平台的发展，JEP 是对特定功能实现的具体描述。而在更高的层次上，OpenJDK 建立了几个长期运行的大型项目，它通过这些项目来更新 Java 语言和平台，规划未来几年要发布的功能。

我们将依次介绍这些项目，最后还将介绍 Java 18 的内容。我们先从项目 Amber 开始，探索项目 Amber 的模式匹配功能，并了解为什么模式匹配如此重要。

18.1 项目 Amber

在 OpenJDK 的所有主要项目中，Amber 接近完成，也是进展最快的。开发人员在日常工作中经常用到 Amber 提供的功能，因此相对来说，Amber 更易于理解。Amber 的项目介绍中写道：

> Amber 项目的目标是探索和孵化更小的 Java 语言特性，以提升生产力……
>
> ——项目 Amber

该项目的主要目标有：
- 局部变量类型推断（已发布）；
- `switch` 表达式（已发布）；
- `record`（已发布）；
- 密封类型（已发布）；
- 模式匹配。

可以看到，很多功能已经发布了，而且它们也非常实用。

Amber 的最后一个目标是实现模式匹配。正如我们在第 3 章中看到的那样，它以增量方式发布，首先发布的是在 `instanceof` 中使用类型模式。我们还提到过预览版的 `switch` 模式匹配。

根据项目 Amber 里其他功能的发布流程，我们可以合理预测 `switch` 模式匹配功能的发布流程：先是第一次预览，然后是第二次预览，最后作为标准功能发布。

未来，Amber 将推出更多关于模式匹配的 JEP。确定了模式匹配的基本形式并不意味着这个功能的开发工作就结束了，还有很多其他形式的模式要添加。随着发布节奏变为"每两年一个 LTS 版本"，出现在 Java 18 或 Java 19 里的预览功能可能会作为标准功能出现在 Java 21 里，Java 21 是一个 LTS 版本，计划在 2023 年 9 月发布。[①]

我们已经看到密封类型在当前的预览版模式匹配中发挥了巨大的作用。如果没有密封类型，模式匹配就不会那么有用。类似的，模式匹配里关于 `record` 的一些功能还未发布，比如**解构模式**（deconstruction pattern），它把 `record` 作为模式的一部分并将其分解。

注意　如果用过 Python、JS 或其他编程语言，你可能很熟悉解构。Java 中的解构思想与其类似，只不过它是基于 Java 的类型系统。

这之所以能实现，是因为 `record` 的定义就是这样的：`record` 实际上是各个组件的合并。因此，如果一个 `record` 只能通过组件拼接来构建，那么它就可以被分解成组件而不会产生任何语义上的问题。

在撰写本书时，解构模式的代码尚未进入 JDK 主干，甚至都还没提交到 JDK Amber 项目的代码库。不过其语法应该大致如下：

```
FXOrder order = // ...

// 警告：这里只是推测的语法原型！！！

var isMarket = switch (order) {
    case MarketOrder(int units, CurrencyPair pair, Side side,
                     LocalDateTime sent, boolean allOrNothing) -> true;
    case LimitOrder(int units, CurrencyPair pair, Side side,
                    LocalDateTime sent double price, int ttl) -> false;
};
```

注意，上面的代码显式指定了 `record` 组件的类型，我们还可以使用编译器来自动推断类型。

我们同样应该也能解构数组，因为本质上数组可以看作没有附加语义的元素容器。语法可能如下所示：

```
// 警告：这里只是推测的语法原型！！！

if (o instanceof String[] { String s1, String s2, ... }){
    System.out.println(s1 + s2);
}
```

---

① Java 21 已于 2023 年 9 月发布，是继 Java 17 之后的最新 LTS 版本。——编者注

可以看到，在这两个示例中，无论是 record 还是数组，我们都没有显式将元素容器绑定到变量上。

这里需要指出的是 Java 序列化带来的影响。Java 序列化存在很多问题，它违反了 Java 封装的一些基本规则。

> 序列化为每个对象提供了一个不可见但公共的构造器，以及一组不可见但公共的内部状态访问器。

—— Brian Goetz

幸运的是，record 和数组都非常简单：它们只是其内容的透明载体，因此无须担心序列化机制带来的问题。此外，我们可以使用公共 API 和标准构造器（canonical constructor）来序列化和反序列化 record。基于此，Java 甚至还计划做一些影响深远的探索，例如部分或完全移除序列化机制，并将解构扩展到某些（甚至所有）Java 类上。

总的来说，对于 Amber 项目提供的功能，如果你已经通过其他编程语言熟悉了它们，那就太好了。但是如果没有，也不用担心，因为它们在设计时已经尽可能向 Java 编程风格靠拢，并且在 Java 代码中很容易使用。

尽管有些功能很小，有些功能很大，但它们都能提升编码生产力，而且提升的效果和功能大小并不相关。一旦开始使用它们，我们就会发现这些功能为我们带来了极大的方便。下面我们将转向下一个项目，它的名字为 "Panama"。

18.2　项目 Panama

用 Panama 项目主页上的话来说，Panama 的目标如下：

> 改进并丰富 Java 虚拟机与定义良好的外部（非 Java）API 之间的连接，比如那些 C 程序员经常使用的接口。

—— 项目 Panama

Panama（巴拿马）这个名字来自地峡的概念，它表示连接两个较大的陆地的狭窄地带。在这个概念中，两个较大的陆地可以类比成 JVM 和本地代码。它包括两个主要领域的 JEP：

❑ 外部函数和内存 API；

❑ 矢量（Vector）API。

本节仅讨论外部函数和内存 API，矢量 API 还无法详细介绍，具体原因本章的后面将做出解释。

外部函数和内存 API

从 Java 1.1 开始，就有了调用本地代码的 Java 本地接口（Java Native Interface，JNI），但一直以来人们认为它存在很多问题：

❑ JNI 需要编写很多样板代码、进行额外工作；

❑ JNI 实际上只能与 C 和 C++库进行良好的互操作；

❑ JNI 无法自动将 Java 类型系统映射到 C 类型系统。

很多开发人员很清楚这些额外工作：除了本地方法对应的 Java API，JNI 还需要一个从 Java API 派生的 C 语言头文件（.h）和一个调用本地库的 C 实现文件。还有一些不太为人所知的内容，如果一门语言使用的调用约定与 JVM 的不同，那么本地方法就不能调用基于该语言的函数。

自 JNI 推出以来，人们进行了许多尝试，想提供更好的实现方案，例如 JNA。而其他非 JVM 语言与本地代码有着更好的互操作性，例如 Python 之所以能在机器学习领域得到广泛采用，很大程度上是因为它可以打包本地库并能在代码中方便地调用本地库。

Panama 的外部函数和内存 API 在 Java 中直接支持以下内容，从而弥补 Java 和其他语言的差距：

❑ 外部内存分配；

❑ 结构化外部内存的操作；

❑ 外部资源的生命周期管理；

❑ 调用外部函数。

这个 API 位于 jdk.incubator.foreign 模块下的 jdk.incubator.foreign 包中。它是基于第 17 章提到的方法句柄和 VarHandles 来实现的。

注意　外部函数和内存 API 在 Java 17 中位于孵化器模块。第 1 章讨论过孵化器模块及其重要性。要运行本节中的代码示例，我们需要将孵化器模块显式添加到模块路径中。

该 API 的第一部分依赖于 MemorySegment、MemoryAddress 和 SegmentAllocator 等类。它提供了对堆外内存的分配和处理，可以用来替代 ByteBuffer API 和 Unsafe。与 ByteBuffer 相比，外部函数和内存 API 没有 2 GB 的段大小的限制，且它是专门为堆外内存设计的。此外，与 Unsafe 相比，外部函数和内存 API 提供了更安全的内存访问方式，减少了因错误使用而导致 JVM 崩溃的风险。

注意　在呈现本节内容时，我们假设你熟悉 C 语言概念，能从源代码开始构建 C/C++ 程序，并了解它的编译、链接等阶段。

下面，我们来看看它的实际效果。首先需要下载 Panama 的早期访问（early-access）版本。虽然外部函数和内存 API 包含在 JDK 17 的孵化器模块中，但重要的 jextract 工具不在这里，而我们的示例需要这个工具。

安装好 Panama 的早期访问版本后，使用 jextract -h 对其进行测试。我们应该能看到如下输出：

```
WARNING: Using incubator modules:
        jdk.incubator.jextract, jdk.incubator.foreign
```

18

```
Non-option arguments:
[String] -- header file

Option                            Description
------                            -----------
-?, -h, --help                    print help
-C <String>                       pass through argument for clang
-I <String>                       specify include files path
-d <String>                       specify where to place generated files
--dump-includes <String>          dump included symbols into specified file
--header-class-name <String>      name of the header class
--include-function <String>       name of function to include
--include-macro <String>          name of constant macro to include
--include-struct <String>         name of struct definition to include
--include-typedef <String>        name of type definition to include
--include-union <String>          name of union definition to include
--include-var <String>            name of global variable to include
-l <String>                       specify a library
--source                          generate java sources
-t, --target-package <String>     target package for specified header files
```

接下来，我们将使用一个用 C 语言编写的简单的 PNG 库作为示例来演示相关内容：LibSPNG。

示例：LibSPNG

首先，通过 jextract 工具来获取一组可以使用的基础 Java 包。语法如下：

```
$ jextract --source -t <target Java package> -l <library name> \
    -I <path to /usr/include> <path to header file>
```

在 macOS 上，这段命令应该是这样的：

```
$ jextract --source -t org.libspng \
  -I /Applications/Xcode.app/Contents/Developer/Platforms/MacOSX.platform/ \
      Developer/SDKs/MacOSX.sdk/usr/include \
  -l spng /Users/ben/projects/libspng/spng/spng.h
```

运行此命令时可能会出现一些警告，具体取决于头文件的版本。执行成功后会在当前文件夹下创建一个目录结构，其中名为 org.libspng 的包将有许多 Java 类，稍后我们会在 Java 程序中使用这些类。

我们还需要构建一个共享对象，以便在程序运行时进行链接。可以参考 LibSPNG 源代码库上的项目构建说明进行操作。

构建完成后，本地将生成 libspng.dylib，将其放置到系统共享目录。运行项目时，我们需要确保这个动态库文件处于系统属性 java.library.path 设置的路径中，或者可以直接设置该属性来包含它的目录。在 macOS 上，该系统属性的默认目录是 ~/Library/Java/Extensions/。代码成功生成且库安装完成后，我们就可以编写 Java 代码了。

Panama 的目的是创建与要链接的 C 库函数相匹配的 Java 静态方法，这种匹配不仅包括名称，还包括参数类型。因此，生成的 Java 代码将遵循 C 语言的命名约定，其符号看起来与 Java 的命名方式不同。

Java 程序员看到的就是 Java 代码直接调用了 C 的函数。实际上，在底层 Panama 做了很多工作，它使用方法句柄等技术来隐藏这些复杂性。在正常情况下，大多数开发人员无须了解 Panama 的底层工作细节。

下面我们来看一个例子，它是一个使用 C 库从 PNG 文件中读取基本数据的程序。我们基于模块来构建这个程序。模块描述符 `module-info.java` 如下所示：

```
module wgjd.png {
  exports wgjd.png;

  requires jdk.incubator.foreign;
}
```

上面这段代码包含了从 C 代码自动生成的包 `org.libspng` 和单个导出包 `wgjd.png`。导出包里只有一个文件，我们完整地展示了它，因为它对理解我们要做的事情很重要：

```
package wgjd.png;

import jdk.incubator.foreign.MemoryAddress;          使用 C 风格进行内存
import jdk.incubator.foreign.MemorySegment;          管理的 Panama 类
import jdk.incubator.foreign.SegmentAllocator;
import org.libspng.spng_ihdr;

import static jdk.incubator.foreign.CLinker.toCString;
import static jdk.incubator.foreign.ResourceScope.newConfinedScope;
import static org.libspng.spng_h.*;

public class PngReader {
    public static void main(String[] args) {
        if (args.length < 1) {
            System.err.println("Usage: pngreader <fname>");
            System.exit(1);
        }

        try (var scope = newConfinedScope()) {
            var allocator = SegmentAllocator.ofScope(scope);

            MemoryAddress ctx = spng_ctx_new(0);
            MemorySegment ihdr = allocator.allocate(spng_ihdr.$LAYOUT());

            spng_set_crc_action(ctx, SPNG_CRC_USE(),
                                     SPNG_CRC_USE());

            int limit = 1024 * 1024 * 64;
            spng_set_chunk_limits(ctx, limit, limit);

            var cFname = toCString(args[0], scope);
            var cMode = toCString("rb", scope);
            var png = fopen(cFname, cMode);
            spng_set_png_file(ctx, png);

            int ret = spng_get_ihdr(ctx, ihdr);
```

spng.h 中 C 函数的 Java 包装器

以 64 M 的块大小读取数据

将 Java 字符串的内容复制到 C 字符串里

C 标准库函数的 Java 包装器

18

```
        if (ret != 0) {
            System.out.println("spng_get_ihdr() error: " +
                             spng_strerror(ret));
            System.exit(2);
        }

        final String colorTypeMsg;
        final byte colorType = spng_ihdr.color_type$get(ihdr);

        if (colorType ==
            SPNG_COLOR_TYPE_GRAYSCALE()) {
          colorTypeMsg = "grayscale";
        } else if (colorType ==
            SPNG_COLOR_TYPE_TRUECOLOR()) {
          colorTypeMsg = "truecolor";
        } else if (colorType ==
            SPNG_COLOR_TYPE_INDEXED()) {
          colorTypeMsg = "indexed color";
        } else if (colorType ==
            SPNG_COLOR_TYPE_GRAYSCALE_ALPHA()) {
          colorTypeMsg = "grayscale with alpha";
        } else {
          colorTypeMsg = "truecolor with alpha";
        }

        System.out.println("File type: " + colorTypeMsg);
      }
    }
}
```

C 常量的 Java 包装器

C 常量的 Java 包装器

下面是用来构建的 Gradle 脚本，如下所示：

```
plugins {
  id("org.beryx.jlink") version("2.24.2")
}

repositories {
  mavenCentral()
}

application {
  mainModule.set("wgjd.png")
  mainClass.set("wgjd.png.PngReader")
}

java {
    modularity.inferModulePath.set(true)
}

sourceSets {
  main {
    java {
      setSrcDirs(listOf("src/main/java/org",
                      "src/main/java/wgjd.png"))
```

```
      }
    }
  }

tasks.withType<JavaCompile> {
  options.compilerArgs = listOf()
}

tasks.jar {
  manifest {
    attributes("Main-Class" to application.mainClassName)
  }
}
```

程序可以这样运行：

```
$ java --add-modules jdk.incubator.foreign \
    --enable-native-access=ALL-UNNAMED \
    -jar build/libs/Panama.jar <FILENAME>.png
```

程序运行后会输出指定图像文件的一些基本元数据。

Panama 项目处理本地内存的方式

管理本地内存的一个关键点是本地内存的生命周期。由于 C 语言没有垃圾收集器，因此程序员必须手动分配和回收所有的内存。这很容易出错，对 Java 程序员来说一点儿也不方便。

为了解决这个问题，Panama 提供了几个类，它们作为 Java 句柄来执行 C 风格的内存管理，其中 ResourceScope 类十分重要，它使用 Java 的 try-with-resources 语句来做确定性清理。例如，示例中的代码基于词法作用域来管理本地内存的生命周期：

```
try (var scope = newConfinedScope()) {
    var allocator = SegmentAllocator.ofScope(scope);

    // ...

}
```

allocator 对象是 SegmentAllocator 接口的一个实例。它通过工厂方法来创建，接收一个 scope 对象。我们也可以基于 allocator 来创建 MemorySegment 对象。

MemorySegment 对象表示连续的内存块。通常，这个对象的底层结构是本地内存块，但也可以是堆上数组。这类似于 Java NIO API 中的 ByteBuffer。

注意 Panama API 还包含 MemoryAddress，它实际上是 C 指针（表示为 long 值）的 Java 包装器。

当 scope 不再有效后，系统会回调 allocator 来显式回收和释放它持有的资源。这其实就是**资源获取即初始化**（Resource Acquisition Is Initialization，RAII）模式，Java 通过 try-with-resources 实现了这个模式。scope 和 allocator 对象保存了对本地资源的引用，并在 TWR

块退出时自动释放它们。

此外，我们也可以隐式处理，在 `MemorySegment` 对象被垃圾回收后再清理本地内存。由于 GC 运行的时间是不确定的，因此使用这种方式来清理的时间也是不确定的。通常，建议使用第一种方式显式处理，尤其是当我们不熟悉堆外内存的潜在陷阱时。

在撰写本书时，`jextract` 只能理解 C 语言头文件。也就是说，如果要使用其他语言（例如 Rust），我们就要生成一个 C 头文件。一般来说，会有工具自动生成这些，这些工具的工作原理和 `rust-bindgen` 差不多，只不过其作用相反。

随着时间的推移，`jextract` 应该能支持更多的编程语言。该工具基于 LLVM，独立于编程语言，因此从理论上讲，它可以扩展到 LLVM 支持的任何语言，且可以处理 C 函数调用约定。

18.3　项目 Loom

用项目 Loom 自己的话来说，项目 Loom 是：

> Java 平台上一个易于使用且轻量级的高吞吐量并发编程模型。
>
> —— 项目 Loom

Java 为什么需要一个新的并发模型？让我们从历史的角度来探讨一下。

Java 不仅是一门编程语言，也是一个平台，它发布于 20 世纪 90 年代后期，对软件的发展方向做了许多战略性的预测。目前，这些预测在很大程度上得到了验证。当然，Java 之所以能够获得成功，是靠运气还是靠实力，人们对此有着不同的看法。

比如，线程是 Java 的一个关键特性。Java 是第一个将线程融入核心语言的主流编程平台。在此之前，最先进的技术是使用多个进程，并通过各种不尽如人意的机制（例如 Unix 共享内存）在进程之间进行通信。

在操作系统层面，线程属于进程独立调度的执行单元。每个线程都有一个执行指令计数器和一个调用栈，但与同一进程中的其他线程共享堆内存。

Java 堆被设计为进程堆的一个连续子集（至少在 HotSpot 中是这样，其他 JVM 可能会有所不同），因此操作系统级别的线程内存模型很自然地就延续到了 Java 语言中。

提到线程，自然而然地会想到轻量级上下文切换的概念。在同一进程中，线程之间的切换消耗的资源比其他方式要少。这是因为对同一进程中的线程来说，从虚拟内存地址转换为物理内存地址的映射表基本是相同的。

注意　创建线程也比创建进程消耗的资源少，至于少多少取决于所依赖的操作系统。

Java 语言规范并没有强制规定 Java 线程和操作系统线程之间的任何特定映射（这里我们假设操作系统支持线程的概念，尽管并非所有操作系统都是如此）。事实上，在 Java 的早期版本中，JVM 线程通过多路复用技术映射到操作系统的线程（也称为**平台线程**），那时候 Java 线程也称为**绿色线程**或 **M:1 线程**（因为实现时只使用了一个平台线程）。

这种做法在 Java 1.2 和 Java 1.3 中就被废弃了，而稍早一点儿的 Sun Solaris 操作系统也不再使用 Java 绿色线程。对在主流操作系统上运行的现代 Java 来说，一个 Java 线程通常就对应一个操作系统线程。调用 `Thread.start()` 会触发系统调用（例如 Linux 上的 `clone()` 函数）并实际创建一个新的操作系统线程。

项目 Loom 的主要目标是创建一个新的 `Thread` 对象，它可以执行代码但不对应于操作系统线程。换句话说，就是创建一个新的执行模型，在这个模型中，代表执行上下文的对象不需要由操作系统来调度。

所以在某种程度上，项目 Loom 是一种对绿色线程的重新实现。虽然外部环境已经发生了显著变化，但在编程和计算领域，的确会有些想法超前于它们所在的时代。

例如，我们可以将 EJB 视为一种对虚拟化/受限环境的建模，它过于雄心勃勃，试图将环境虚拟化。在现代 PaaS 系统中，Docker/K8s 受到了青睐，而 EJB 在某种程度上可以被视为这些技术的原型。

假设 Loom 是对绿色线程的（部分）回归，那么想要了解并掌握它，一个办法就是追根问底："过去，这个想法并不被人们认可，为什么现在它又被人们所接受，外部环境到底发生了哪些变化？"

为了探讨这个问题，我们来看一个例子。具体来说，我们尝试创建过多线程以使 JVM 崩溃。除非你已准备好应对可能的崩溃问题，否则不建议运行此示例中的代码：

```java
//
// Do not actually run this code... it may crash your JVM or laptop
//
public class CrashTheVM {
    private static void looper(int count) {
        var tid = Thread.currentThread().getId();
        if (count > 500) {
            return;
        }
        try {
            Thread.sleep(10);
            if (count % 100 == 0) {
                System.out.println("Thread id: "+ tid +" : "+ count);
            }
        } catch (InterruptedException e) {
            e.printStackTrace();
        }
        looper(count + 1);
    }

    public static Thread makeThread(Runnable r) {
        return new Thread(r);
    }

    public static void main(String[] args) {
        var threads = new ArrayList<Thread>();
        for (int i = 0; i < 20_000; i = i + 1) {
            var t = makeThread(() -> looper(1));
            t.start();
```

```
                    threads.add(t);
                    if (i % 1_000 == 0) {
                        System.out.println(i + " thread started");
                    }
                }
                // Join all the threads
                threads.forEach(t -> {
                    try {
                        t.join();
                    } catch (InterruptedException e) {
                        e.printStackTrace();
                    }
                });
            }
        }
```

这段代码启动了 20 000 个线程，并在每个线程中执行（或尝试执行）少量的操作。运行这个程序，通常会导致系统在达到稳定状态之前就崩溃，或计算机完全死机。

注意　如果机器或操作系统有限制，使得我们的程序不能足够快地创建线程，那么可能不会引起资源匮乏，此时示例代码会正常运行。

尽管这个示例不具有代表性，但它旨在演示可能发生的情况。例如，在一些 Web 服务环境中，每个连接可能都会有对应线程来处理，而现代高性能 Web 服务器需要处理 20 000 个并发连接的场景很常见，这个示例清楚地表明该场景不能使用连接和线程一对一的架构。

注意　我们还可以换一种方式思考 Loom：现代 Java 程序需要跟踪更多的可执行上下文，这些可执行上下文比它能创建的线程要多得多。

此外，线程可能比我们想象的要昂贵得多，它是现代 JVM 应用程序扩展的瓶颈。多年来，开发人员一直在尝试解决这个问题——要么通过控制线程的成本，要么通过使用非线程的执行上下文。

我们可以使用分阶段事件驱动架构（Staged Event Driven Architecture，SEDA）来解决这个问题。粗略地说，SEDA 是一种系统，在该系统中，域对象沿着多级管道从 A 移动到 Z，并在此过程中发生各种不同的转换。这可以通过分布式消息系统实现，也可以在单个进程中对每个阶段使用阻塞队列和线程池来实现。

在每个步骤中，域对象的处理都由一个 Java 对象描述，该对象还包含步骤转换的实现代码。为了使其正常工作，我们必须保证代码能正常终止，也就是没有无限循环，但这一点不能由框架强制实现。

这种方法有一些明显的缺点。如果想有效使用这个架构，程序员需要遵循一系列的规则。接下来，我们来了解一个更好的选择。

18.3.1 虚拟线程

项目 Loom 旨在通过以下新功能来为大规模应用程序提供更好的体验：

- 虚拟线程；
- 定界延续；
- 尾调用优化。

这里的关键是虚拟线程，它的设计理念是让程序员感觉"虚拟线程就是线程"。但是，虚拟线程是由 Java 运行时管理的，而不是操作系统线程的一对一包装器。它们在用户空间由 Java 运行时实现。虚拟线程希望带来以下优势：

- 创建和阻塞线程的成本很低；
- 可以使用标准的 Java 执行调度程序（线程池）；
- 虚拟线程栈不需要依赖操作系统级别的数据结构。

为了突破可伸缩性瓶颈，虚拟线程不再让操作系统管理其生命周期。我们的 JVM 应用程序可以处理数百万甚至数十亿个对象，那么为什么我们只能处理几千个操作系统可调度对象呢？（这也引发了对线程本质的思考。）打破这种限制并解锁新的并发编程风格正是项目 Loom 的主要目标。

下面，我们看看实际的虚拟线程。先下载 Loom 构建版本，然后启动 jshell（注意要启用预览模式以激活 Loom 功能），如下所示：

```
$ jshell --enable-preview
|  Welcome to JShell -- Version 18-loom
|  For an introduction type: /help intro
jshell> Thread.startVirtualThread(() -> {
   ...>      System.out.println("Hello World");
   ...> });
Hello World
$1 ==> VirtualThread[<unnamed>,<no carrier thread>]

jshell>
```

在输出中，我们可以看到虚拟线程的创建过程。我们使用新引入的静态方法 startVirtual-Thread() 在执行上下文中调用了一段 lambda 代码，从而创建了一个虚拟线程。这个过程是不是很简单？

即使 JDK 中加入了 Loom 相关的功能，既存代码库也应该可以不做任何更改就能继续运行。换句话说，虚拟线程并不是默认的使用选项。我们必须做出保守假设，认识到现有 Java 代码对传统线程对象的依赖，毕竟到目前为止，这种对操作系统线程的轻量级包装器线程是开发人员的唯一选择。

虚拟线程在很多方面为我们开辟了新的视野。到目前为止，Java 提供了以下两种创建新线程的方式：

- 继承 java.lang.Thread，然后调用继承的 start() 方法；
- 创建一个 Runnable 实例，并将其传递给 Thread 构造器，然后启动生成的对象。

18

如果线程的概念发生了变化，那么我们应该重新审视创建线程的方式。我们在前面看到过创建即发即弃（fire-and-forget）虚拟线程的新静态工厂方法，除此之外，线程 API 还在其他一些方面进行了改造。

18.3.2 线程构建器

一个很重要的新概念是 Thread.Builder 类，它是 Thread 的内部类。Thread 添加了两个新的工厂方法，以便访问平台和虚拟线程的构建器，如下所示：

```
jshell> var tb = Thread.ofPlatform();
tb ==> java.lang.ThreadBuilders$PlatformThreadBuilder@312b1dae

jshell> var tb = Thread.ofVirtual();
tb ==> java.lang.ThreadBuilders$VirtualThreadBuilder@506e1b77
```

在下面的代码中，我们使用构建器替换了示例中的 makeThread() 方法：

```
// 项目 Loom 的特有功能
public static Thread makeThread(Runnable r) {
    return Thread.ofVirtual().unstarted(r);
}
```

上面的代码示例调用 ofVirtual() 方法显式创建了一个虚拟线程，该虚拟线程会执行传入的 Runnable。当然，我们也可以改用 ofPlatform() 工厂方法，这样就可以得到一个传统的、操作系统可调度的线程对象。

我们使用虚拟线程重写了 makeThread() 方法，并使用支持 Loom 的 Java 版本重新编译了程序，现在程序能够正常运行。这个示例很好地演示了 Loom 的设计理念：应用程序只需更改创建线程的方式，其他代码无须做任何变动。

新线程库鼓励开发人员不再使用传统的线程模型，不过 Thread 的子类不能创建虚拟线程。因此，如果我们使用 Thread 子类，就只能继续使用传统的操作系统线程。

注意 随着时间的推移，虚拟线程应该变得越来越普遍，到那时开发人员就无须关心虚拟线程和操作系统线程的区别。我们应该尽量减少使用子类化机制，因为这样做总是会创建操作系统可调度的线程。

这样做的原因是保护基于 Thread 子类的现有代码，并遵循最小意外原则。

线程库的其他部分也需要升级以更好地支持 Loom。例如，ThreadBuilder 还可以构建 ThreadFactory 实例，这些实例可以传递给各种 Executor，如下所示：

```
jshell> var tb = Thread.ofVirtual();
tb ==> java.lang.ThreadBuilders$VirtualThreadBuilder@312b1dae

jshell> var tf = tb.factory();
tf ==> java.lang.ThreadBuilders$VirtualThreadFactory@506e1b77
```

```
jshell> var tb = Thread.ofPlatform();
tb ==> java.lang.ThreadBuilders$PlatformThreadBuilder@1ddc4ec2

jshell> var tf = tb.factory();
tf ==> java.lang.ThreadBuilders$PlatformThreadFactory@b1bc7ed
```

虚拟线程需要附加到实际的操作系统线程才能执行，这些操作系统线程称为**载体线程**（carrier thread）。在之前的示例中，我们已经在 jshell 输出中看到过载体线程。在其生命周期中，单个虚拟线程可能会运行在多个不同的载体线程上。这类似于常规线程会随着时间的推移在不同的物理 CPU 内核上执行，两者都涉及执行调度。

18.3.3　使用虚拟线程编程

虚拟线程带来了思维方式的改变。传统的线程模型有着固有的扩展限制，经常使用它们编写并发应用程序的 Java 程序员甚至已经（有意或无意地）习惯了这种局限性。

我们使用 Runnable 或 Callable 创建任务对象，然后将它们交给由线程池支持的执行者，线程池的设计初衷是为了节省宝贵的线程资源。然而，如果这一套处理模式突然不再适用，那该怎么办？

从本质上讲，项目 Loom 引入了一种新的线程概念来解决线程的扩展限制，该概念比现有概念消耗资源更少，并且不直接映射到操作系统线程。而正如我们理解的那样，这个新功能与传统的线程对象相似，使用起来两者区别不大。

Loom 并没有要求开发人员学习全新的编程风格（例如 CPS、Promise/Future 或回调），而是保留了传统的线程编程模型。虚拟线程就是线程，至少对程序员而言是这样的。

虚拟线程是**抢占式**（preemptive）的，用户代码不需要显式让步，调度点取决于虚拟线程调度器和 JDK。用户不能对它们发生的时间点做任何假设，因为这纯粹是一个底层实现细节。不过如果能理解调度系统所依赖的操作系统底层知识，那么我们就能更好地掌握虚拟线程。

当操作系统调度平台线程时，它会为线程分配一个 **CPU 时间片**（timeslice）。时间片结束后会产生一个硬件中断，然后内核就能够恢复控制，移出正在执行的平台（用户）线程，并用另一个线程替换它。

注意　上面这个机制就是 Unix（以及其他各种操作系统）能在不同任务之间分享处理器时间的原因，即使在几十年前，当计算机只有一个处理核心时也是如此。

不过，虚拟线程的处理方式与平台线程不同。现有的虚拟线程调度器并不基于时间片来调度虚拟线程。

注意　基于时间片来调度虚拟线程是可行的，因为虚拟机能够控制 Java 线程，这在 JVM 安全点机制中就是这样实现的。

当进行阻塞调用（例如 I/O）时，虚拟线程会自动放弃它们的承载线程。这是由库和运行时

18

处理的，无须程序员的显式控制。

因此，在 Loom 中，Java 程序员可以使用传统的线程风格编写代码，而不需要明确地管理线程让步，也不需要依赖非阻塞或回调等复杂的操作。这还带来了额外的好处，比如允许调试器和分析器以正常的方式工作。虽然工具制造商和运行时工程师需要做一些工作来支持虚拟线程，但这比将额外的认知负担强加给 Java 开发人员要好得多。此外，这种方式也不同于其他一些采用 async/await 方法的编程语言。

Loom 的设计者认为虚拟线程不需要被池化，它们也不应该被池化。相反，虚拟线程的创建应该不受任何约束。为此，Loom 添加了一个无界执行器，我们可以通过新引入的工厂方法 Executors.newVirtualThreadPerTaskExecutor() 来访问它。虚拟线程的默认调度程序是 ForkJoinPool 中的工作窃取调度程序。

> **注意**　有趣的是，由于虚拟线程的出现，Fork/Join 中的工作窃取机制变得比任务递归分解机制更重要。

Loom 设计者假设开发人员了解自己应用程序中的线程的计算开销。简而言之，如果应用程序中有大量线程在不断消耗 CPU 资源，那么无论调度机制多么强大，这个应用程序都会出现资源紧张的情况。此外，如果只有少数线程对 CPU 资源有较高需求，那么我们就需要将这些线程设置为平台线程并放入线程池中。

如果线程数量很多，但它们只是偶尔依赖 CPU，那么在这种情况下，使用虚拟线程是合适的，因为虚拟线程的工作窃取调度程序可以平滑 CPU 的利用率，即使有一些阻塞操作（例如阻塞 I/O），实际代码也能正常运行。

18.3.4　项目 Loom 什么时候发布

项目 Loom 的开发工作是在一个单独的代码仓库中进行的，代码尚未提交到 JDK 主线。尽管早期访问版本已经可用，但仍有一些还未解决的问题，例如项目运行时可能会发生崩溃（尽管发生这种情况的频率很低）。基本的 API 已经成型，但开发工作还没有完全结束。

Loom 设计者提交了 JEP 425，它将虚拟线程作为预览功能发布。截至本书撰写之时，这个 JEP 还未被合并到 JDK 版本中。我们可以合理地假设，如果它没有作为预览功能包含在 Java 19 中，那么虚拟线程就不会作为标准功能出现在 Java 21。构建在虚拟线程之上的 API 还有很多工作要做，比如结构化并发和其他更高级的功能。

开发人员很关心性能问题，但在新技术开发的早期阶段，我们很难得到确切的性能数据。对于 Loom，目前我们还不能进行有意义的性能比较，因为当前的指标并不能代表最终版本的性能表现。

与 OpenJDK 中的其他长期项目一样，Loom 会在准备就绪时发布。现在，我们已经有了可用的原型，可以自行体验，并了解 Java 未来的发展方向。接下来，我们将讨论 OpenJDK 的最后一个主要项目：Valhalla。

18.4 项目 Valhalla

使 JVM 的内存布局与现代硬件的访问成本模型保持一致。

——Brian Goetz

要想了解当前 Java 内存布局模型在什么地方达到极限并可能开始出现问题，让我们先看一个示例。在图 18-1 中，我们可以看到一个基本类型的 int 数组。因为这些值是基本类型而不是对象，所以它们被存储在相邻的内存位置上。

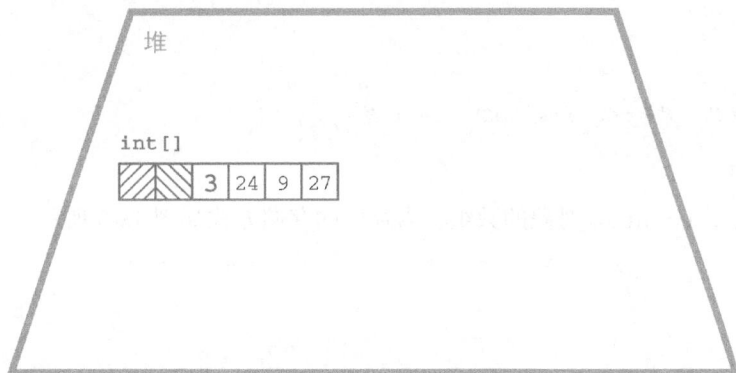

图 18-1　int 数组

要了解这个 int 数组与对象数组的区别，我们将其与包装类型进行对比。一个 Integer 对象数组是一个引用数组，如图 18-2 所示。

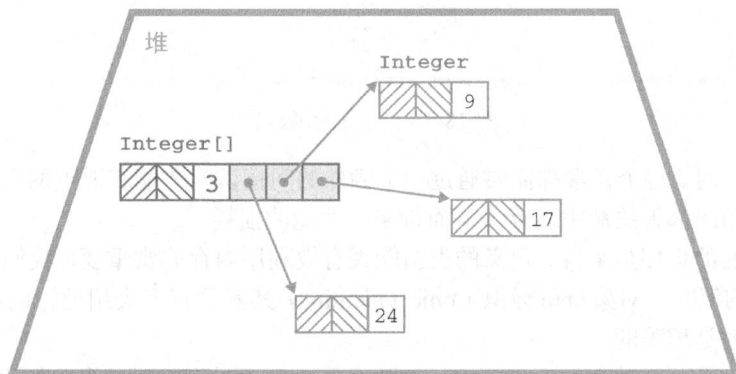

图 18-2　Integer 数组

每个 Integer 都是一个对象，所以它需要有一个对象头。我们在第 17 章中解释过这一点。也就是说，要想以 Java 对象的形式存在，就需要支付"人头税"(对象开销)。

二十多年来，这种内存布局模型一直是 Java 平台的运行方式。虽然这种模型简单易懂，但也存

18

在性能缺陷：处理对象数组时不可避免地会涉及指针的间接寻址，这往往会带来缓存未命中问题。

假设我们有一个名为 Point3D 的类，它表示三维空间中的点，由 3 个空间坐标字段组成。从 Java 17 开始，我们可以将它表示为含有 3 个字段的 record 对象。该类的代码如下所示：

```
public final class Point3D {
    private final double x;
    private final double y;
    private final double z;

    public Point3D(double a, double b, double c) {
        x = a;
        y = b;
        c = z;
    }

    // 其他方法，例如 getters、toString() 等

}
```

在 HotSpot 中，Point3D 对象的数组在内存中的存储方式如图 18-3 所示。

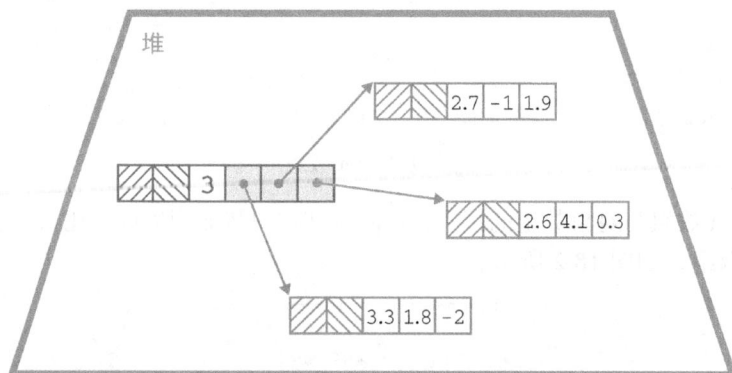

图 18-3　Point3D 数组

访问这个数组时，每个元素都需要通过一个额外的间接访问才能获取点的坐标，这导致了对数组中所有点的访问都无法命中缓存，从而带来了性能的损耗。

对于注重性能的程序员来说，定义的类型能否有效利用内存非常重要。我们还应该注意，在使用 Point3D 的值时，对象身份标识（object identity）其实没有多大用处，因为当所有字段都相等时，两个点就是相等的。

这个示例演示了两个独立的编程概念，这两个概念都通过删除对象身份标识来体现。

❑ 堆扁平化（heap flattening）：如果对象不需要身份标识，那么可以移除它的指针间接访问，从而实现更高效的内存利用。

❑ 标量化（scalarization）：将无身份标识对象分解为字段，并且当需要时可以在其他地方重新构建这些字段。

这些概念将对无身份标识对象的建模产生重要影响。

注意　事实证明，标量化（虚拟机自由地分解和重组值对象的能力）非常有用。JVM 提供了一种名为**逃逸分析**（escape analysis）的 JIT 技术。如果能将值对象拆分为字段，并在代码中自由使用这些字段，那么逃逸分析技术的效果将得到显著的提高。

牢记这些内容，我们就可以从"是否可以避免缴纳'人头税'？"这个问题开始，研究 Valhalla 项目。一般来说，答案是肯定的，但这是有前提条件的：

- ❑ 对象不需要身份标识；
- ❑ 类必须是 final 的，因此在类加载时就可以知道所有的方法调用路径。

基本上，堆扁平化消除了对对象头的需要，而标量化则大大减少了对 klass 的需求（有关 klass 的更多信息，可参考第 4 章和第 17 章）。

如果对象存储在堆上，那么就需要 klass，除非该对象已被展平为另一个对象中的实例字段，或者被展平为数组中的元素。之所以是这样，是因为 JVM 需要获取对象字段的布局来管理对象，比如在垃圾回收时遍历对象图。但是，当对象被标量化后，我们就不再需要对象头了。

因此，从开发人员的角度来看，Valhalla 的主要成果之一是在 Java 生态系统里实现了一种新形式的值，具体来说就是**值对象**（value object），它们是**值类**（value class）的实例。这些新类型通常很小、不可变，且不需要身份标识。

注意　值类在设计过程中经历过多次命名变更，比如曾经被称为**基本类**（primitive class）和**内联类型**（inline type）。为事物命名很难，尤其是在成熟的语言中，它们通常会选择其他语言中已经在用的概念名称。

值类的使用场景包括：

- ❑ 数字类型的变体，比如无符号 byte、128 位整数或半精度浮点数；
- ❑ 复数、颜色、向量和其他多维数值；
- ❑ 带单位的数字：规模、温度、速度、现金流等；
- ❑ 映射条目、数据库行或用来返回多个值的类型；
- ❑ 不可变游标、子数组、中间流或其他数据结构的抽象视图。

我们还可以对一些现有类型进行改造，使它们能够基于值类来表示。如果这种方式被证明是可行的，那么在未来的 JDK 版本中，很多符合条件的类可能会被改造成值类，比如 Optional 或 java.time 里的很多类。

注意　record 本身与值类无关，但很多时候 record 并不需要身份标识，因此**值记录**（value record）的使用场景会很广泛。

如果 JVM 能够支持这种新形式的值，那么对于 Point3D 这种表示空间点的类来说，图 18-4

18

所示的扁平内存布局将更加高效。

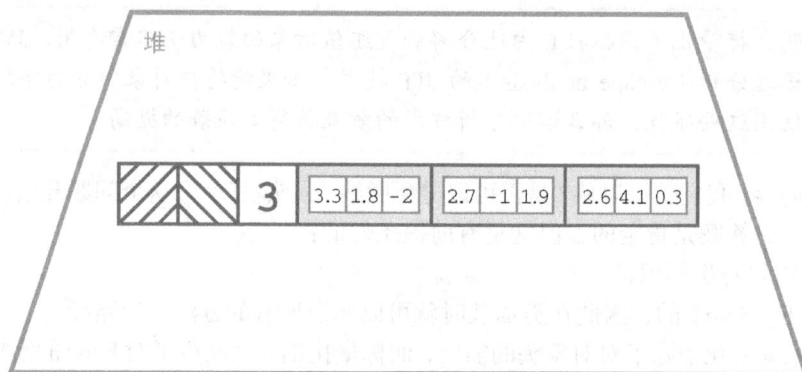

图 18-4　空间点数组

这种内存布局类似于 C 语言程序的结构（struct）数组，但它避免了暴露底层内存访问的风险。扁平化布局不仅减少了内存占用，还减少了垃圾收集器的工作负载。

18.4.1　改变语言模型

要想实现值类，我们需要将 java.lang.Object 修改为通用父类，因为它包含了一些与对象身份标识绑定的方法，比如 wait() 和 notify()。没有对象头，就没有标志词（mark word）来存储对象的监视器，因此也就无法实现等待和通知机制。实际上，这种对象也没有明确定义的生命周期，因为它可以被自由复制，并且生成的副本和原对象完全相同。**Valhalla** 没有采用这种方式来实现值类，而是在 java.lang 中定义了两个新接口：IdentityObject 和 ValueObject。JEP 401 详细描述了值对象，简单来说，所有值类都隐式实现了 ValueObject 接口。

所有需要身份标识的类都将隐式实现 IdentityObject 接口，而 JDK 中所有既存的具体类（concrete class）默认都需要身份标识。接口和大多数抽象类不会继承这两个新接口。如果 API 的功能与新语义不兼容，设计者可以在他们的接口中显式继承 IdentityObject。

值类是 final 的，不能是抽象的。它们并不一定会直接或间接地实现 IdentityObject 接口。可以使用 instanceof 来检查对象是否为值对象。

注意　除了不能在值对象上调用 wait() 或 notify()，值对象中也不能包含同步方法或同步代码块，因为值对象没有监视器。

Valhalla 项目的设计者还需要重新考虑 Object 类的定位，Object 类不会实现 IdentityObject 或 ValueObject 接口，它可能会演变成类似于抽象类或接口的形式。例如以下这段代码：

```
var o = new Object();
```

在 **Valhalla** 中，这段代码具有不一样的含义，变量 o 将是 Object 的某个匿名子类的实例。

同时，为了保持向后兼容性，它也可以被当作一个具有身份标识的对象。

　　尽管值类的最初目标似乎很明确，但事实证明，它产生了一系列深远的影响。为了使 Valhalla 项目成功发布，有必要考虑引入另一种类型的值对象。

18.4.2　值对象带来的影响

　　值对象的赋值操作很容易理解：位数据被复制，这与基本类型的赋值行为相同。对引用进行赋值时，也会复制位数据，但不同的是，我们得到的是对同一个堆位置的不同引用。如果我们想构造一个值对象，该对象是对原始对象进行修改后得到的副本，与原始对象不完全相同，那么我们应该如何操作呢？

　　回想一下，值对象是不可变的，它们只有 final 字段。这表明它们的状态不能被 putfield 操作更改，因此我们需要一种机制来生成与原始对象状态不同的值对象。为了实现这一点，我们需要一些新的字节码指令，如下所示：

- ❏ aconst_init;
- ❏ withfield。

withfield 指令在本质上相当于字节码级别的 wither 方法（我们在第 15 章中讨论过）。

　　另一条新指令 aconst_init 为值类的实例提供默认值。下面，我们看看为什么需要此指令。

　　迄今为止，Java 中的基本类型和对象引用都具有等同于"所有位为零"的默认值，null 也可以被理解为具有相似含义的引用。但是，当将这些语义扩展到值对象后，我们发现有两个问题：

- ❏ 某些值类没有合适的默认值；
- ❏ 存在**值撕裂**（value tearing）的可能性。

　　对于没有合适的默认值这一问题，实际上反映了我们并不总是希望值对象是一个具体的值。对这一问题 Java 提供了相应的解决方案：null。此外，Java 程序员经常会遇到未初始化的值，并且已经习惯了处理空指针异常（NPE）。

　　而值撕裂是一个老问题，只不过以新的形式出现。在早期版本的 Java 中，如果代码在 32 位硬件上运行，那么在处理 64 位值（例如 long）时就可能会出现一些微妙的潜在问题。具体来说，对 long 的写入是基于两个单独的 32 位写入操作实现的，这可能导致读取线程在写入过程中只看到了其中一个 32 位成功写入的中间状态。这使得读取线程观察到了 long 的撕裂值：一个既不是写入前状态，也不是写入后状态的中间值。

　　对于值类型，也可能存在这样的问题。如果值可以标量化，那么我们如何保证写入的原子性呢？

　　问题的解决方案是，认识到值类代表的并不是一种新形式的数据，而是两种不同的数据形式。如果想避免值撕裂，我们就需要用到引用。这是一种常见的解决方案，它引入了一个间接层，可以在不破坏值对象的情况下更新值。

　　此外，某些类的确没有对应于零的合理默认值。比如，将 LocalDate 转换为值类后，其默认值应该是什么？有人可能会争辩说，LocalDate 的零值应该是自 1970 年 1 月 1 日以来的偏移量，但这种做法很容易出错。

这会让人想起无标识引用（identity-free reference）的概念。尽管我们移除了对象的身份标识，但在底层，JVM 仍然可以执行 JIT 的调用约定优化（比如值的标量传递）和 JIT 代码标量化，只是不能优化堆上的内存利用。这些对象还是通过引用来操作，就像有身份标识的对象一样，并且它们的默认值也是 null。如果想要为对象设置一个特别的值，就需要使用对象的构造器或工厂方法来显式设置。

此外，还有一些特殊场景会用到**基本值类型**（primitive value type）。基本值类型类似于内置的基本类型，它可以在堆中展平并支持标量化。不过，除了这些优点，基本值类型也存在一些问题：它们需要接受零作为其默认值，并且在有数据竞争的情况下执行更新操作时，可能会出现值撕裂的风险。

注意　基本值类型实际上仅适用于小值（在目前的硬件上通常为 64 位~128 位或更小），在使用它们进行编程时需要格外小心。

尽管有些人可能认为撕裂问题之所以存在，是因为程序编写得不好，存在数据竞争。但无论原因如何，这都是一种新形式的并发错误，会给用户带去安全风险，需要使用锁才能解决这个问题。

在使用基本值类型时，我们需要了解它在内存中的布局。因此，不能在基本值类中直接或间接声明基本值类型字段。换句话说，基本值类型的实例不能嵌套包含其他基本值类型，它们必须具有固定大小的内存布局，以便能在堆中展平。总的来说，我们大部分时候使用的是没有身份标识的值对象，基本值类型的使用场景比较少见。

现在，我们来看一下值类在字节码中是如何表示的。回想一下第 4 章，我们提到过类型描述符的概念。在字节码中，类型**描述符 L**（L-type descriptor）用于表示有身份标识的引用类型，比如字符串表示为 Ljava/lang/String。

为了描述基本值类型，Java 引入了一个新的类型**描述符 Q**（Q-type descriptor）。以 Q 开头的描述符和以 L 开头的描述符具有相同的结构，比如，对基本值类型 Point3D 来说就是 QPoint3D。Q 值和 L 值都由同一组字节码操作，即以 a 开头的字节码，例如 aload 或 astore。

通过类型描述符 Q 引用的值（有时称为裸值）与值对象引用有以下区别：

- 与所有对象引用一样，值对象引用可以为空，而裸值则不能。
- 引用的加载和存储操作是原子的，因此对于比较大的裸值来说，加载和存储操作可能存在撕裂风险，就像在 32 位机器上操作 long 和 double 类型一样。
- 如果通过类型描述符 Q 来链接，对象图就不会是循环的，因为类 C 在其内存布局中不能直接或间接引用 QC。
- 由于一些技术原因，JVM 需要先加载类型描述符 Q 命名的类，然后再加载类型描述符 L 命名的类。

这几点其实就是前面讲过的值类和基本值类型的内容，只不过在字节码层面重新做了阐述。

在结束对 Valhalla 的学习之前，我们还需要重新审视一下泛型。值类和基本值类型的引入对泛型产生了广泛的影响。

18.4.3 回顾泛型

如果 Java 支持值类，那么我们可能自然而然地想问这样一个问题：值类是否可以在泛型中使用，比如是否可以将值类当作类型参数的值？如果值类不能在泛型中使用，这会严重影响该功能的实用性。因此，在设计值类时设计者就考虑到了这一点：值类可以用作增强型泛型的类型参数值。

幸运的是，Object 的角色在 Valhalla 中发生了微妙的变化，它被修改为值对象和有身份标识对象的超类。这使得我们可以将值对象包含在现有的泛型模型中。此外，在 Valhalla 中，将基本类型集成到泛型中也是可行的。

Valhalla 的长期目标是扩展泛型，使其能够包含所有类型，包括值类和现有的基本类型（以及 void）。如果想让人们使用 Valhalla 提供的功能，它就需要与现有的库兼容，尤其是 JDK 库。

此外，Valhalla 还会将基本类型（比如 int、boolean 等）更新为基本值类，这样基本类型就可以作为基本值类型对象，这也意味着我们需要修改包装类以适应基本值类。

这种泛型扩展为基本类型提供了一种**泛型特化**（generic specialization）形式。这类似于其他语言中的通用编程系统，例如 C++中的模板。在撰写本书时，泛型工作还处于早期阶段，所有与之相关的 JEP 都只是草案，没有最终确定。

18.5　Java 18

很多作者希望自己写的内容能具有前瞻性，但不可避免的是，这些内容可能会在读者阅读时已经过时。在撰写本书时，Java 17 已经发布，Java 18 也于 2022 年 3 月发布了。Java 18 包含以下 JEP，它们构成了这个版本的主要内容。

- ❏ JEP 400：将 UTF-8 设置为默认字符集。
- ❏ JEP 408：引入简单的 Web 服务器。
- ❏ JEP 413：在 Java API 文档中支持代码片段。
- ❏ JEP 416：使用方法句柄重新实现反射的核心功能。
- ❏ JEP 417：矢量 API（第三次孵化）。
- ❏ JEP 418：用于互联网地址解析的 SPI。
- ❏ JEP 419：外部函数和内存 API（第二次孵化）。
- ❏ JEP 420：switch 模式匹配（第二次预览）。
- ❏ JEP 421：弃用 Finalization 功能，方便以后删除。

在这些 JEP 中，将 UTF-8 设置为默认字符集、重新实现反射的核心功能和弃用 Finalization 是内部更改，它们对 Java 的内部结构进行了调整和简化，有助于后续版本的开发和构建。

与矢量 API、外部函数和内存 API 相关的 JEP 是 Panama 项目的重要里程碑，而 Amber 项目会在下一次迭代中正式发布模式匹配功能。Java 18 没有包含与 Loom 项目或 Valhalla 项目相关的 JEP。

18

小结

Java 最初的设计原则之一是谨慎发展：在完全理解对整个语言的影响之前，不应轻易添加新的语言功能。尽管其他很多语言的发展速度比 Java 快，开发人员偶尔也会抱怨 Java 的发展过于缓慢，但是，发展快并不一定是好事儿。其他语言可能会因为急于发展而后悔莫及，因为一旦有一个有缺陷的设计被融入语言中，它基本上就会永远存在。

此外，Java 采取了一种保守的发展策略：在添加语言特性之前，确保对其有全面的了解，包括它可能带来的影响；让其他语言先引入新特性，然后从它们的应用中吸取经验和教训。

事实上，这种相互影响，或者语言概念上的相互借鉴，是语言设计的一个显著特点，就好像那句名言"伟大的艺术家窃取"一样。这句话通常被认为是史蒂夫·乔布斯说的，但实际上不是——他是从其他思想家那里借鉴（或"窃取"）的。

实际上，这个说法早就有了，其中一个可以被明确追溯的原始说法是：

> （窃取）最可靠的验证方式就是诗人借用的方式。不成熟的诗人模仿，成熟的诗人窃取，糟糕的诗人玷污他们学到的东西，而优秀的诗人则将其变得更好，或者至少变得不同。

——T. S. 艾略特

T. S. 艾略特的观点不仅适用于诗人，也同样适用于语言设计师。真正伟大的编程语言（及其设计者）可以自由地借鉴（或窃取）好想法。一个出现在某种语言中的好想法并不会局限在那里，事实上，只有在某个概念被验证过之后，语言设计者才会考虑是否将它引入自己的语言。

作为本书的最后一章，本章介绍了 OpenJDK 的 4 个主要项目。总而言之，这些项目的目标是交付不同的功能，其中一些项目雄心勃勃，而另一些则相对保守。它们都将成为未来 Java 标准版本的一部分发布。我们在一年或三年后编写的 Java 代码可能会与现在的完全不同。

我们认为未来的 Java 主要包括以下变化。

❑ 对象模型和函数式编程的融合：Amber 将引入合并这些模型的新语言特性。

❑ 线程：Loom 将为处理 I/O 的线程引入一种新模型。

❑ 内存布局：Valhalla 将同时解决多方面的问题，以提高内存利用率并扩展泛型。

❑ 更好的本地代码互操作性：Panama 将解决 JNI 和其他本地代码的一些设计问题。

❑ 内部清理：Java 通过提交一系列的 JEP，逐步移除不再需要的平台功能。

Java 的未来形态仍在塑造之中，毕竟未来尚未到来。然而，可以肯定的是，经过二十多年的发展，Java 仍是软件开发领域一股不可忽视的力量。它在软件开发领域的几次重大变革中幸存并不断发展，这本身就是一项值得骄傲的成就，也预示着它有着光明的前景。

选择 Java 版本

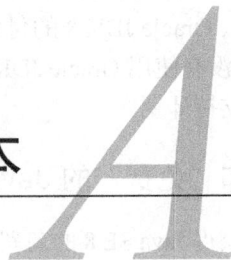

随着 Oracle JDK 的分发策略和支持政策的变化，构建时到底是使用 Oracle JDK、Oracle OpenJDK 还是其他供应商提供的 OpenJDK？使用这些 JDK 进行构建时，用户的权利到底有哪些？这些问题存在相当大的不确定性。从供应商处获得免费更新（包括安全性更新）和（新的及现有的）付费支持计划的方法多种多样。关于此主题，请参阅 Java Champions 社区上的指南文章 "Java Is Still Free 3.0.0"，该社区由 Java 行业的领导者组成，是一个独立机构。

A.1　Java 仍然免费

你仍然可以在 GPLv2+CE 许可下，自由地获取包括 Oracle 在内的多个供应商构建的 OpenJDK。在某些情况下，Oracle JDK 仍然免费（无成本）。请参阅本部分的其余内容，以了解它们的细微差别。

Java SE/OpenJDK/Oracle OpenJDK/Oracle JDK

OpenJDK 社区创建并维护 Java SE 规范的开源（GPLv2+CE）参考实现（RI），该规范由 JCP 管理，并通过发布 Java 规范请求（JSR）来定义每个功能。Java SE 的构建版本（主要是基于 OpenJDK）可从阿里巴巴、Amazon、Azul、BellSoft、Eclipse Adoptium（AdoptOpenJDK 的继承者）、IBM、Microsoft、Red Hat、Oracle、SAP 等供应商处获得。

Oracle JDK 8 已完成 "公共更新结束"（End of Public Updates）流程，这意味着如果想在生产环境中使用 Oracle JDK 8 在 2019 年 4 月之后的更新，你需要签署一份支持合同。如前所述，你也可以从其他供应商处获得完全免费的 OpenJDK 8、OpenJDK 11 和 OpenJDK 17。Oracle 为 Oracle JDK 17 提供了免费的二进制构建文件。

如果想获得 JDK，用户有多种选择。附录 A 将重点介绍 Java SE 8、Java SE 11 和 Java SE 17。

A.2　继续使用 Java SE 8

有些用户出于各种原因希望继续使用 Java SE 8。

(1) 自 2019 年 4 月起，Oracle JDK 8 的使用受到了商业限制。如果想获得最新的 Java SE 8，用户需要加入 Oracle JDK 8 的付费支持计划，或者使用其他供应商的 Java SE 8/OpenJDK 8。

(2) 如果没有使用 Oracle JDK 8，那么你所选择的 Java SE 8/OpenJDK 8 供应商可能也会提供更新或付费支持计划。

免费啤酒和"免费"的 Java SE 8[①]

如果想获得 Java SE 8 的免费更新（包括安全性更新），请使用通过 TCK 测试的 OpenJDK 发行版，这些发行版可以从 Amazon、Azul、BellSoft、Eclipse Adoptium、IBM、Microsoft、Red Hat、SAP 等供应商处获得。

A.3　获取 Java SE 11

你可以通过以下方式获取 Java SE 11。请仔细阅读，尤其是关于 Oracle JDK 如何发布和更新 Java SE 11 的信息。

(1) 对于 Java SE 11，Oracle 通过以下方式提供（基于 OpenJDK 的）JDK。

    a. 基于 GPLv2+CE 许可的 Oracle OpenJDK 11 构建版本。

    b. 基于付费商业许可的 Oracle JDK，但是对于个人使用、开发、测试、原型制作、演示以及某些特定类型的应用程序而言，则是免费的。如果你不想使用 GPLv2+CE 许可，或者正在使用基于 Oracle JDK 的 Oracle 产品或服务，那么就可以选择这个版本。

(2) 你还可以从其他供应商处获得 Java SE/OpenJDK 的二进制发行版。这些供应商会在不同的时间提供更新（包括安全性更新），并且通常对 LTS 版本的支持时间更长。

免费啤酒和"免费"的 Java SE 11

如果想要获得 Java SE 11 的免费更新（包括安全性更新），请使用通过 TCK 测试的 OpenJDK 发行版，这些发行版可以从 Amazon、Azul、BellSoft、Eclipse Adoptium、IBM、Microsoft、Red Hat、SAP 等供应商处获得。

A.4　获取 Java SE 17（LTS）

你可以通过以下方式获取 Java SE 17。请仔细阅读，尤其是关于 Oracle JDK 如何发布和更新 Java SE 17 的信息。

(1) 从 Java SE 17 开始，Oracle 通过以下方式提供（基于 OpenJDK 的）JDK。

    a. 基于 GPLv2+CE 许可的 Oracle OpenJDK 构建版本。

---

① 两个"免费"的含义是不同的。免费啤酒（free beer）是有价格的，只不过会免费送给顾客，而"免费"的 Java SE 软件指的是自由软件（free software），强调的是自由使用和修改权，且软件本身不应该有价格。——译者注

　　b. 对于 Oracle JDK，首先提供为期 3 年的免费条款和条件许可（No-Fee Terms and Conditions，
　　　NFTC），之后转为常规商业许可。

　（2）我们还可以从其他供应商处获得 Java SE/OpenJDK 二进制发行版。这些供应商会在不同
的时间为我们提供更新（包括安全性），并且对 LTS 版本的支持时间通常会更长。

注意 NFTC 许可对 Oracle JDK 17 的免费再分发设置了一些限制。请务必阅读许可信息以了解
　　相关的详细内容。

免费啤酒和"免费"的 Java SE 17

　　如果你想获得 Java SE 17 的免费更新（包括安全性更新），请使用通过了 TCK 测试的
OpenJDK 发行版，这些发行版可以从 Amazon、Azul、BellSoft、Eclipse Adoptium、IBM、Microsoft、
Red Hat、SAP 等供应商处获得。

A.5　付费支持

　　Azul、BellSoft、IBM、Oracle、Red Hat 等公司为 Java SE/OpenJDK 8、11 和 17 发行版提供
了广泛的付费支持选项，Azul 甚至还提供了中期支持版本。

回顾 Java 8 中的流

本附录回顾了 Java 8 中的流以及与之相关的函数式编程特性。如果你对 Java 8 的 lambda 表达式及其设计理念不熟悉，请先阅读相关资料，比如 *Modern Java in Action*（Manning, 2018）[①]。Java 8 引入的 lambda 表达式是 Lambda 项目的一部分，该项目的总体目标可以概括为：

□ 使开发人员能够编写更加简洁清晰的代码；
□ 对 Java 集合库进行现代化升级；
□ 引入可以方便使用基本函数式编程习语的框架。

在本附录中，我们将讨论集合库的升级、默认方法和流。流是对存储数据元素的函数式容器类型的抽象。

B.1　向后兼容性

Java 平台的一个核心概念是向后兼容性，这意味着早期版本编写的代码或编写的程序必须能够在更高版本上运行。这一原则使开发人员能够放心使用 Java 平台，不用担心 Java 平台的升级会影响当前正在运行的应用程序。

然而，向后兼容性带来的问题之一，就是它限制了平台的发展方式，这种限制可能会影响开发人员的工作。

注意　为了保持向后兼容性，Java 平台不能在 JDK 的现有接口中添加额外的方法。

想要理解这一点，请考虑以下场景：在 Java 平台的版本 N 中，如果某个接口 `IFoo` 打算添加一个新方法 `newWithPlatformReleaseN()`，那么基于平台版本 N-1（或更早版本）开发的 `IFoo` 实现中不会包含这个新方法，这会导致 `IFoo` 的旧实现在 Java 平台的版本 N 上编译失败。

这是 JDK 8 在实现 lambda 表达式时面临的一个严重问题，因为 lambda 表达式的主要设计目标是能够升级标准 JDK 的数据结构，以支持函数式编程语法，这需要在 Java 集合库中添加新方法（例如 `map()` 和 `filter()`），并使用这些新方法来进行函数式编程。

[①] 本书中文版《Java 实战（第 2 版）》由人民邮电出版社于 2019 年 12 月出版。——编者注

B.2　默认方法

为了解决这个问题，Java 提供了一种全新的机制：默认方法，它允许我们升级新版本的 Java 平台接口。

注意　从 Java 8 开始，默认方法（有时称为可选方法）可以被添加到任何接口中。这些默认方法必须同时提供默认实现，这些实现是内嵌在接口中的。这一变化意味着接口定义的演变，同时没有破坏向后兼容性。

默认方法的使用规则如下：

❑ 接口的实现类可以实现默认方法，但这不是强制要求；

❑ 如果一个实现类实现了默认方法，则在调用时将使用该类提供的实现；

❑ 如果实现类没有实现默认方法，则使用接口提供的默认实现。

下面我们来看一个示例。在 JDK 8 中，接口 List 新增了默认方法 sort()，其定义如下：

```
public default void sort(Comparator<? super E> c) {
    Collections.<E>sort(this, c);
}
```

这意味着任何 List 对象都会有一个实例方法 sort()，该方法接收一个比较器来对列表进行就地排序。List 的实现类可以提供自己的 sort() 逻辑，但如果没有提供，则使用接口中这个默认的 sort() 方法，可以看到该方法基于 Collections 类来实现排序。

默认方法机制在底层是通过类加载来实现的。当加载接口的实现时，JVM 会检查类文件，以确定该类是否自行实现了默认方法。如果已经实现，则类加载会正常进行。如果没有实现，JVM 则对实现类的字节码进行修补，将缺失的默认方法添加进去。

注意　默认方法代表着 Java 面向对象模型的一个根本变化。从 Java 8 开始，接口可以包含实现代码。许多开发人员认为这一变化放宽了 Java 的单一继承原则。

在 Java 的默认方法机制中，可能存在默认实现的冲突情况，开发人员需要了解这一点。默认实现的冲突分为两种情况。首先，如果一个实现类已经有一个方法，且它的方法签名与新的默认方法相同，那么 Java 将优先使用现有的实现而不是默认实现。

其次，如果一个类实现了两个接口，这两个接口都包含具有相同方法签名的默认方法，那么该类必须实现该方法（该类可以选择委托给指定接口的默认实现，或者完全自己实现）。在这种情况下，向接口添加默认方法可能会破坏客户端代码，因为如果客户端已经实现了另一个具有默认方法的接口，那么就存在默认实现冲突的可能性。但是在实践中，这种情况少见，可以将其视为使用默认方法所要付出的代价。

B.3   流

Lambda 项目的目标之一是为 Java 提供轻松表达函数式编程思想的能力。这意味着 Java 需要支持 map() 和 filter() 等函数式习惯用法。

在 Java 8 的最初设计中，这些习惯用法是作为默认方法直接添加到集合接口中的。但是，由于多种原因，这种做法并不令人满意。

比如，map() 和 filter() 是相对常见的名称，因此这种实现方式存在较高的风险：许多用户可能在自己的集合实现中使用了这些名称，从而导致与新默认方法的预期语义发生冲突。

因此，Java 提供了一种称为流的新抽象。流是一种容器类型，它在某些方面类似于迭代器，但它提供了更实用的方法来处理集合和聚合数据。

接口 Stream 基本包含了所有与函数式编程相关的方法，比如 map()、filter()、reduce()、forEach() 和 flatMap()。Stream 中的方法大量使用函数接口类型，并接收 lambda 表达式作为参数。

最好将流视为一次性使用的元素序列。这意味着从流中取出一个元素后，该元素就不再可用，这与 Iterator 的概念类似。

注意   因为流对象是一次性的，所以它们不应该被重用或存储在临时变量中。将流分配给局部变量通常表明代码可能存在问题。

原先的集合类，比如 List 和 Sct，被添加了一个新的默认方法 stream()。该方法会返回集合的 Stream 对象，其使用方式类似于在经典集合代码中使用 iterator()。

示例
下面这段代码展示了如何使用流和 lambda 表达式来实现过滤。

```
List<String> myStrings = getSomeStrings();
String search = getSearchString();

System.out.println(myStrings.stream()
                        .filter(s -> s.equals(search))
                        .collect(Collectors.toList()));
```

注意，在代码中我们还调用了 collect()，这是因为 filter() 返回的是另一个流。为了获得集合类型，在执行过滤操作后，我们主动将流转换为了集合类型。

整体流程如下所示：

```
    stream()   filter()    map()     collect()
集合   ->    流    ->    流    ->    流    ->    集合
```

开发人员建立了一个应用于流的操作"管道"，lambda 表达式则提供了实际的操作内容。在流程的最后，需要将结果转移到集合中，因此使用了 collect() 方法。

接下来，我们看一下 Stream 接口的部分方法定义，包括 map() 和 filter()。

```
public interface Stream<T> extends BaseStream<T, Stream<T>> {
    Stream<T> filter(Predicate<? super T> predicate);

    <R> Stream<R> map(Function<? super T, ? extends R> mapper);

    // ...

}
```

> **注意**　不要被方法定义中那些看似复杂的泛型参数吓倒。"? super" 和 "? extends" 子句要表达的含义其实就是当流中的对象有子类时需要注意的事项。

　　这些定义涉及两个新接口：Predicate 和 Function，它们都可以在 java.util.function 包中找到。这两个接口都只有一个方法，没有默认方法。因此，我们可以为它们编写一个 lambda 表达式，它们会自动将 lambda 表达式转换成正确的类型实例。

> **注意**　记住，在使用 lambda 表达式时，Java 会通过类型推断将其转换为正确的**函数接口**（functional interface）类型。

　　下面我们来看一个代码示例。假设我们正在为水獭种群建模，其中有些水獭是野生的，有些是在动物园。我们想知道动物园里的实习饲养员照顾着多少圈养的水獭。使用 lambda 表达式和流可以轻松实现这一点，如下所示：

```
Set<Otter> ots = getOtters();
System.out.println(ots.stream()
    .filter(o -> !o.isWild())
    .map(o -> o.getKeeper())
    .filter(k -> k.isTrainee())
    .collect(Collectors.toList())
    .size());
```

　　首先，我们过滤流，获取圈养的水獭。然后，我们通过 map() 来获取饲养员流，而不是水獭流（注意，该流的类型已从 Stream<Otter> 更改为 Stream<Keeper>）。然后，我们再次过滤，只选择实习饲养员，之后使用静态方法 Collectors.toList() 将其转换为一个具体的集合实例。最后，我们使用熟悉的 size() 方法获取集合实例的大小。

　　在这个示例中，我们将水獭流转为负责饲养它们的饲养员流，在此过程中并没有改变水獭流的任何状态，这种情况有时被称为**无副作用**（side-effect free）。

> **注意**　在 Java 中，一般认为 map() 和 filter() 表达式中的代码不应该有任何副作用。但是，这个"规则"并不是由 Java 运行时强制实施的，因此我们应该时刻注意，在代码中始终遵循此规则。

如果想改变外部状态，可以使用下面两种方法中的一个，至于选择哪一种取决于你想要实现的目标。如果你想获得聚合状态（比如水獭年龄的总和），可以使用 reduce()；而如果你想执行一般的状态转换（比如，在原先的饲养员离开后将水獭转交给新的饲养员），则 forEach() 更适合。

在下面的代码中，我们使用 reduce() 方法来计算水獭的平均年龄。

```
var kate = new Keeper();
var bob = new Keeper();
var splash = new Otter();
splash.incAge();
splash.setKeeper(kate);
Set<Otter> ots = Set.of(splash);

double aveAge = ((double) ots.stream()
    .map(o -> o.getAge())
    .reduce(0, (x, y) -> {return x + y;} )) / ots.size();
System.out.println("Average age: "+ aveAge);
```

首先，我们通过 map() 方法获取水獭的年龄，然后使用 reduce() 方法。该方法有两个参数：初始值（通常为零）和一个应用函数。在这个示例中，这只是一个简单的加法操作，因为我们想要获取所有水獭的年龄之和。最后，我们将年龄总和除以水獭的数量来计算平均年龄。

注意，reduce() 的第二个参数是一个双参数的 lambda 表达式。为了便于理解，可以这样想：这两个参数中的第一个是聚合操作的结果总计，第二个是迭代集合时的循环变量。

接下来，我们来看一下想要改变状态的情况，在这个场景中，我们可以使用 forEach() 操作。假设饲养员凯特正在度假，因此她负责照顾的所有水獭都需要交给鲍勃照顾。我们可以这样来实现：

```
ots.stream()
.filter(o -> !o.isWild())
.filter(o -> o.getKeeper().equals(kate))
.forEach(o -> o.setKeeper(bob));
```

注意，reduce() 和 forEach() 都没有使用 collect()。reduce() 在流上运行时会收集状态，而 forEach() 只是对流上的所有元素应用某个操作，因此，在这两种情况下都不需要转换流。

B.4　集合的限制

Java 的集合功能很强大，且使用起来也非常方便。但是，集合中的所有元素都是存在于内存中的。这意味着 Java 集合无法表示某些类型的数据，比如无限集。

考虑一个所有素数的集合，它不能建模为 Set<Integer>，因为我们不知道素数到底有多少，而且我们也没有足够的堆空间来存储它们。在 Java 的早期版本中，这个问题很难用标准集合来解决。

我们可以构建一个使用迭代器的数据视图，在底层使用集合来实现。不过，这个方案很复杂，使用 Java 集合来实现也不是一个很好的方法。过去，如果开发人员想支持这个功能，他们通常会依赖外部库。

幸运的是，Java 流引入的 Stream 接口解决了这个问题，它比基本的有限集合更适合处理通用的数据结构。这意味着 Stream 比 Iterator 或 Collection 更通用。

注意　流并不关心元素是如何存储的，也不提供直接访问流中单个元素的方法。

此外，流并不是真正的数据结构，它是处理数据的抽象，这两种情况的区别有些微妙。

B.5　无限流

下面，我们将探讨如何对无限数字序列进行建模。关于无限流，有几个关键点需要注意。

❏ 不能将整个流转为一个集合，因此像 collect() 这样的方法是不能用的。

❏ 如果想处理元素，必须先将它从流中取出。

❏ 需要用代码来生成下一个元素。

这意味着表达式的值在需要时才会计算。

在 Java 8 之前，表达式的值通常是在它绑定到变量或传递给方法时立即计算的，这种方式称为及早求值，当然，及早求值是主流编程语言中默认的表达式求值方式。

注意　Java 8 引入了一种新的编程范式：流会尽可能使用惰性求值。

惰性求值是一项非常强大的新功能，开发人员可能需要一些时间来适应这种表达式求值方式，我们在第 15 章对此进行了详细的讨论。Java 引入 lambda 表达式的目的是提升开发人员的编程效率，即使这意味着增加了平台的复杂性。

B.6　处理基本类型

到目前为止，我们一直没有讨论流 API 是如何处理基本类型的。因为基本类型不能作为 Java 泛型的类型参数，所以我们不能使用 Stream<int>。不过，流 API 提供了一些技巧来帮助我们处理这个问题。下面我们来看一个示例：

```
double totalAge = ((double) ots.stream()
                            .map(o -> o.getAge())
                            .reduce(0, (x, y) -> {return x + y;} ));

double aveAge = totalAge / ots.size();
System.out.println("Average age: "+ aveAge);
```

上面的示例主要使用了基本类型，下面解释一下，看看基本类型是如何在这段代码中使用的。

　　首先，不要被 double 的转换迷惑。这只是为了确保获得准确的平均值，避免执行整数除法而导致精度下降。

　　map() 的参数是一个 lambda 表达式，它接受一个 Otter 对象并返回一个 int。如果 Java 泛型支持基本类型，那么 lambda 表达式将被转换为 Function<Otter, int> 的实例。但 Java 泛型不支持这种做法，因此我们需要用不同的方式来处理 int 返回类型。这里我们将返回类型放在了类型的名称中，因此实际推断出的类型是 ToIntFunction<Otter>。这个类型被称为函数类型的基本类型特化，它能避免 int 和 Integer 之间的装箱和拆箱操作，节省不必要的对象生成。这里我们使用的是特定于某个基本类型的函数类型。

　　然后，我们分析一下平均值的计算。要获取每只水獭的年龄，我们使用以下表达式：

```
ots.stream().map(o -> o.getAge())
```

　　下面是被调用的 map() 方法的定义：

```
IntStream map(ToIntFunction<? super T> mapper);
```

　　由此可见，我们使用的是特殊的函数类型 ToIntFunction，并使用了一种特殊形式的流类型 IntStream。

　　接着，我们调用 reduce() 方法，其定义如下：

```
int reduce(int identity, IntBinaryOperator op);
```

　　这个方法同样是一种特殊形式，它只对 int 进行操作，并采用了一个双参数的 lambda 表达式（两个参数均为 int）来执行归约操作。

　　reduce() 是一个收集操作（及早求值），它会计算并返回一个值。之后，我们将该值转换为 double 类型，并计算总体平均值。

　　如果你不了解这些基本类型的细节，也不必担心——这就是类型推断的好处之一：在大多数时候，这些细节可以对开发人员隐藏。

　　最后，我们来讨论一个经常被开发人员误解的话题：流对并行操作的支持。

B.7　并行操作

　　在 Java 的早期版本（Java 7 及更早版本）中，所有对集合的操作都是串行的。无论集合有多大，都只使用一个 CPU 核来执行。随着数据集越来越大，这种做法变得极其低效。Lambda 项目的一个目标就是改进 Java 集合，使其能够高效地利用多核处理器。

注意　流的惰性求值特性使得 lambda 表达式能够支持并行操作。

　　流 API 通常会假设创建流对象——无论是从集合还是通过其他方式——都不会消耗太多的资源，但是在流处理管道中的一些操作可能会非常消耗资源。基于这个想法，Java 像下面这样实现了并行管道：

```
s.stream()
    .parallel()
    // 流操作序列
    .collect( ... );
```

parallel() 方法可以将串行流转换为并行流。开发人员可以将 parallel() 作为开始并行操作的入口点，这样就将提供并行支持的责任转移给了库的开发者而不是最终用户。

这听起来不错，但在实践中，具体实现和其他细节会削弱 parallel() 方法的有效性。第 16 章对此进行了深入讨论。

鉴于这些限制，我们强烈建议避免使用并行流，除非你可以证明（使用第 7 章提到的方法）应用程序能够从并行流中获益。在实践中，本书作者见到过的有效使用并行流的案例寥寥无几。

版 权 声 明